天津市房屋修缮工程预算基价

土建工程（一）

DBD 29-701-2020

天津市住房和城乡建设委员会
天津市建筑市场服务中心　主编

中国计划出版社

图书在版编目（CIP）数据

天津市房屋修缮工程预算基价. 土建工程 ：共五册 / 天津市建筑市场服务中心主编. -- 北京 ：中国计划出版社，2021.10
ISBN 978-7-5182-1278-1

Ⅰ. ①天… Ⅱ. ①天… Ⅲ. ①土木工程－修缮加固－建筑预算定额－天津 Ⅳ. ①TU723.34

中国版本图书馆CIP数据核字(2021)第060055号

天津市房屋修缮工程预算基价
土 建 工 程
DBD 29-701-2020
天津市住房和城乡建设委员会
天津市建筑市场服务中心　主编

中国计划出版社出版发行
网址：www.jhpress.com
地址：北京市西城区木樨地北里甲 11 号国宏大厦 C 座 3 层
邮政编码：100038　电话：(010)63906433(发行部)
三河富华印刷包装有限公司印刷

850mm×1168mm　横 1/16　65 印张　1946 千字
2021 年 10 月第 1 版　2021 年 10 月第 1 次印刷
印数 1—1000 册

ISBN 978-7-5182-1278-1
定价：520.00 元(全五册)

天津市住房和城乡建设委员会

津住建建市函〔2020〕30号

市住房城乡建设委关于发布2020《天津市建设工程计价办法》和天津市各专业工程预算基价的通知

各区住建委，各有关单位：

根据《天津市建筑市场管理条例》和《建设工程工程量清单计价规范》，在有关部门的配合和支持下，我委组织编制了2020《天津市建设工程计价办法》和《天津市建筑工程预算基价》、《天津市装饰装修工程预算基价》、《天津市安装工程预算基价》、《天津市市政工程预算基价》、《天津市仿古建筑及园林工程预算基价》、《天津市房屋修缮工程预算基价》、《天津市人防工程预算基价》、《天津市给水及燃气管道工程预算基价》、《天津市地铁及隧道工程预算基价》以及与其配套的各专业工程量清单计价指引和计价软件，现予以发布，自2020年4月1日起施行。2016《天津市建设工程计价办法》和天津市各专业工程预算基价同时废止。

特此通知。

2020年3月10日

主编部门：天津市建筑市场服务中心

主编单位：天津市房屋安全鉴定检测中心（天津市房屋修缮工程定额管理中心）

批准部门：天津市住房和城乡建设委员会

专 家 组：杨树海 宁培雄 兰明秀 李庆河 陈友林 袁守恒 马培祥 沈 萍 王海娜 潘 昕 程春爱 焦 进 杨连仓 周志良 张宇明 施水明 李春林 邵玉霞 柳向辉 张小红 聂 帆 徐 敏 李文同

综 合 组：高 迎 赵 斌 袁永生 姜学立 顾雪峰 陈召忠 沙佩泉 张绪明 杨 军 邢玉军 戴全才

编制人员：张学军 赵 亿 于 鹏 顾雪峰 马新颖 孙 雁 吴 琼 布 超 于晓红

费 用 组：邢玉军 张绪明 关 彬 于会逢 崔文琴 张依琛 许宝林 苗 旺

电 算 组：张绪明 于 堃 张 桐 苗 旺

审 定：杨瑞凡 华晓蕾 翟国利 黄 斌

发 行：倪效聃 贾 羽

总 说 明

一、天津市房屋修缮工程预算基价（以下简称“本基价”）是根据国家和本市有关法规、标准、规范等相关依据，按正常的施工工期和生产条件，考虑常规的施工工艺、合理的施工组织设计，结合本市实际编制的。本基价是完成单位合格产品所需人工、材料、机械台班及相应费用的基本标准，反映了社会平均水平。

二、本基价适用于天津市行政区域内已使用建筑物及其附属设备的修缮、翻建、房屋加固、改造、装饰装修工程以及随同房屋修缮工程施工的零星（300m^2以内）添建工程。

三、本基价是编制估算指标、概算定额和初步设计概算、施工图预算、竣工结算、招标控制价的基础，是建设项目投标报价的参考。

四、本基价各子目的预算基价由人工费、材料费和机械费组成。基价中的工作内容为主要施工工序，次要施工工序虽未做说明，但基价中已考虑。

五、本基价适用于采用一般计税方法计取增值税的土建工程，各子目中的材料和机械费为不含税的基期价格。

六、本基价人工费的规定和说明。

1. 人工消耗量是以现行《建设工程劳动定额》《房屋修缮工程消耗量定额》和《房屋建筑与装饰工程消耗量定额》为基础，结合本市实际确定，包括了施工操作的基本用工、辅助用工、材料在施工现场超运距用工及人工幅度差。人工效率按8小时工作制考虑。

2. 人工单价根据《中华人民共和国劳动法》的有关规定，参照编制期天津市建筑市场劳动力价格水平综合测算的。按技术含量分为三类：一类工每工日153元；二类工每工日135元；三类工每工日113元。

3. 人工费是支付给从事建筑安装工程施工的生产工人和附属生产单位工人的各项费用以及生产工具用具使用费。其中包括按照国家和本市有关规定，职工个人缴纳的养老保险、失业保险、医疗保险及住房公积金。

七、本基价材料费的规定和说明。

1. 材料包括主要材料和零星材料，主要材料为构成工程实体且能够计量的材料、成品、半成品，按品种、规格列出消耗量；零星材料为不构成工程实体且用量较小的材料，以“元”为单位列出。

2. 材料费包括主要材料费、零星材料费。

3. 材料消耗量均按合格的标准规格产品编制，包括正常施工消耗和材料从工地仓库、现场集中堆放或加工地点运至施工操作、安装地点的堆放和运输损耗及不可避免的施工操作损耗。

4. 当设计要求采用的材料、成品或半成品的品种、规格型号与基价中不同时，可按各章规定调整。

5. 材料价格按本基价编制期建筑市场材料价格综合取定，包括由材料供应地点运至工地仓库或施工现场堆放地点的费用和材料的采购及保管费。材料采购及保管费包括施工单位在组织采购、供应和保管材料过程中所需各项费用和工地仓库的储存损耗。

6. 工程建设中部分材料由建设单位供料，结算时退还建设单位所购材料的材料款（包括材料采购及保管费），材料单价以施工合同中约定的材料价格为准，材料数量按实际领用量确定。

7. 周转材料费中的周转材料按摊销量编制，且已包括回库维修等相关费用。

8. 本基价部分材料或成品、半成品的消耗量带有括号，并列于无括号材料消耗量之前，表示该材料未计价，基价总价未包括其价值，计价时应以括号中的消耗量乘以其价格，计入本基价的材料费和总价中；列于无括号材料消耗量之后，表示基价总价和材料费中已经包括了该材料的价值，括号内的材料不再计价。

9. 本基价的材料费未包括不容易计量的次要材料费，不容易计量的次要材料费按材料总价的 1% 计算，列入预算基价内。

八、本基价机械费的规定和说明。

1. 机械台班消耗量是按照正常的施工程序、合理的机械配置确定的。

2. 机械台班单价按照《建设工程施工机械台班费用编制规则》及《天津市施工机械台班参考基价》确定。

3. 本基价中型、小型机械费采取综合计费的方法计取，大型机械费根据施工需要，甲、乙双方协商认定，按实际发生计取。机械拆除按章说明执行。

4. 采用简易计税方法计取增值税时，本基价各子目中机械费按系数 1.0902 调整。

九、凡纳入重大风险源风险范围的分部分项工程均应按专家论证的专项方案另行计算相关费用。

十、本基价未包括施工用水、电费，施工用水、电费按实际发生计算。

十一、本基价凡注明“×× 以内”或“×× 以下”者，均包括 ×× 本身，注明“×× 以外”或“×× 以上”者，均不包括 ×× 本身。

十二、本基价材料、机械和构件的规格，用数值表示而未说明单位的，其计量单位为“mm”；工程量计算规则中，凡未说明计量单位的，按长度计算的以“m”为计量单位，按面积计算的以“m^2”为计量单位，按体积计算的以“m^3”为计量单位，按质量计算的以“kg”或“t”为计量单位。

建筑面积计算规则

一、建筑物的建筑面积应按自然层外墙结构外围水平面积之和计算。结构层高在 2.20m 及以上的，应计算全面积；结构层高在 2.20m 以下的，应计算 1/2 面积。

二、建筑物内设有局部楼层时，对于局部楼层的二层及以上楼层，有围护结构的应按其围护结构外围水平面积计算，无围护结构的应按其结构底板水平面积计算。结构层高在 2.20m 及以上的，应计算全面积；结构层高在 2.20m 以下的，应计算 1/2 面积。

三、形成建筑空间的坡屋顶，结构净高在 2.10m 及以上的部位应计算全面积；结构净高在 1.20m 及以上至 2.10m 以下的部位应计算 1/2 面积；结构净高在 1.20m 以下的部位不应计算建筑面积。

四、场馆看台下的建筑空间，结构净高在 2.10m 及以上的部位应计算全面积；结构净高在 1.20m 及以上至 2.10m 以下的部位应计算 1/2 面积；结构净高在 1.20m 以下的部位不应计算建筑面积。室内单独设置的有围护设施的悬挑看台，应按看台结构底板水平投影面积计算建筑面积。有顶盖无围护结构的场馆看台应按其顶盖水平投影面积的 1/2 计算面积。

五、地下室、半地下室应按其结构外围水平面积计算。结构层高在 2.20m 及以上的，应计算全面积；结构层高在 2.20m 以下的，应计算 1/2 面积。

六、出入口外墙外侧坡道有顶盖的部位，应按其外墙结构外围水平面积的 1/2 计算面积。

七、建筑物架空层及坡地建筑物吊脚架空层，应按其顶板水平投影计算建筑面积。结构层高在 2.20m 及以上的，应计算全面积；结构层高在 2.20m 以下的，应计算 1/2 面积。

八、建筑物的门厅、大厅应按一层计算建筑面积，门厅、大厅内设置的走廊应按走廊结构底板水平投影面积计算建筑面积。结构层高在 2.20m 及以上的，应计算全面积；结构层高在 2.20m 以下的，应计算 1/2 面积。

九、建筑物间的架空走廊，有顶盖和围护结构的，应按其围护结构外围水平面积计算全面积；无围护结构、有围护设施的，应按其结构底板水平投影面积计算 1/2 面积。

十、立体书库、立体仓库、立体车库，有围护结构的，应按其围护结构外围水平面积计算建筑面积；无围护结构、有围护设施的，应按其结构底板水平投影面积计算建筑面积。无结构层的应按一层计算，有结构层的应按其结构层面积分别计算。结构层高在 2.20m 及以上的，应计算全面积；结构层高在 2.20m 以下的，应计算 1/2 面积。

十一、有围护结构的舞台灯光控制室，应按其围护结构外围水平面积计算。结构层高在 2.20m 及以上的，应计算全面积；结构层高在 2.20m 以下的，应计算 1/2 面积。

十二、附属在建筑物外墙的落地橱窗，应按其围护结构外围水平面积计算。结构层高在 2.20m 及以上的，应计算全面积；结构层高在 2.20m 以下的，应计算 1/2 面积。

十三、窗台与室内楼地面高差在 0.45m 以下且结构净高在 2.10m 及以上的凸（飘）窗，应按其围护结构外围水平面积计算 1/2 面积。

十四、有围护设施的室外走廊（挑廊），应按其结构底板水平投影面积计算 1/2 面积；有围护设施（或柱）的檐廊，应按其围护设施（或柱）外围水平面积计算 1/2 面积。

十五、门斗应按其围护结构外围水平面积计算建筑面积。结构层高在 2.20m 及以上的,应计算全面积;结构层高在 2.20m 以下的,应计算 1/2 面积。

十六、门廊应按其顶板水平投影面积的 1/2 计算建筑面积;有柱雨篷应按其结构板水平投影面积的 1/2 计算建筑面积;无柱雨篷的结构外边线至外墙结构外边线的宽度在 2.10m 及以上的,应按雨篷结构板的水平投影面积的 1/2 计算建筑面积。

十七、设在建筑物顶部的、有围护结构的楼梯间、水箱间、电梯机房等,结构层高在 2.20m 及以上的应计算全面积;结构层高在 2.20m 以下的,应计算 1/2 面积。

十八、围护结构不垂直于水平面的楼层,应按其底板面的外墙外围水平面积计算。结构净高在 2.10m 及以上的部位,应计算全面积;结构净高在 1.20m 及以上至 2.10m 以下的部位,应计算 1/2 面积;结构净高在 1.20m 以下的部位,不应计算建筑面积。

十九、建筑物的室内楼梯、电梯井、提物井、管道井、通风排气竖井、烟道,应并入建筑物的自然层计算建筑面积。有顶盖的采光井应按一层计算面积,结构净高在 2.10m 及以上的,应计算全面积,结构净高在 2.10m 以下的,应计算 1/2 面积。

二十、室外楼梯应并入所依附建筑物自然层,并应按其水平投影面积的 1/2 计算建筑面积。

二十一、在主体结构内的阳台,应按其结构外围水平面积计算全面积;在主体结构外的阳台,应按其结构底板水平投影面积计算 1/2 面积。

二十二、有顶盖无围护结构的车棚、货棚、站台、加油站、收费站等,应按其顶盖水平投影面积的 1/2 计算建筑面积。

二十三、以幕墙作为围护结构的建筑物,应按幕墙外边线计算建筑面积。

二十四、建筑物的外墙外保温层,应按其保温材料的水平截面积计算,并计入自然层建筑面积。

二十五、与室内相通的变形缝,应按其自然层合并在建筑物建筑面积内计算。对于高低联跨的建筑物,当高低跨内部连通时,其变形缝应计算在低跨面积内。

二十六、对于建筑物内的设备层、管道层、避难层等有结构层的楼层,结构层高在 2.20m 及以上的,应计算全面积;结构层高在 2.20m 以下的,应计算 1/2 面积。

二十七、下列项目不应计算建筑面积。

1. 与建筑物内不相连通的建筑部件。

2. 骑楼、过街楼底层的开放公共空间和建筑物通道。

3. 舞台及后台悬挂幕布和布景的天桥、挑台等。

4. 露台、露天游泳池、花架、屋顶的水箱及装饰性结构构件。

5. 建筑物内的操作平台、上料平台、安装箱和罐体的平台。

6. 勒脚、附墙柱、垛、台阶、墙面抹灰、装饰面、镶贴块料面层、装饰性幕墙,主体结构外的空调室外机搁板(箱)、构件、配件,挑出宽度在 2.10m 以下的无柱雨篷和顶盖高度达到或超过两个楼层的无柱雨篷。

7. 窗台与室内地面高差在 0.45m 以下且结构净高在 2.10m 以下的凸(飘)窗,窗台与室内地面高差在 0.45m 及以上的凸(飘)窗。

8. 室外爬梯、室外专用消防钢楼梯。

9. 无围护结构的观光电梯。

10. 建筑物以外的地下人防通道,独立的烟囱、烟道、地沟、油(水)罐、气柜、水塔、贮油(水)池、贮仓、栈桥等构筑物。

总 目 录

土建工程(一)

土建工程(二)

土建工程(三)

土建工程(四)

土建工程(五)

目　　录

第六章　屋 面 工 程

册　说　明

一、本册包括拆除工程，土方工程，基础工程，砌筑工程，混凝土及钢筋混凝土工程，屋面工程，门窗工程，木作工程，防腐工程，天棚工程，墙、柱面工程，楼地面工程，金属结构工程，加固工程，油漆、涂刷、裱糊工程，其他工程，室外工程，零星工程，机械拆除工程，脚手架工程，楼层施工增加人工及高层脚手架增价，21 章，共 3536 条基价子目。

二、本册适用于天津市行政区域内已使用建筑物及其附属设备的修缮、翻建、房屋加固、改造、装饰装修工程以及随同房屋修缮工程施工的零星添建工程（300m^2 以内）。

三、本册所列综合工日包括基本工和人工幅度差、现场材料加工、运输等其他用工。其内容为生产前的准备，结束后的清理及场内领退材料，工序交接等全部操作过程并对修缮工程的地点分散、现场工作环境狭小、连续作业差，需要保护原有建筑物及环境设施造成的不利因素均做了综合考虑。

四、本册除注明包括全现场内水平运输外，均考虑了 50m 以内水平运输。如施工现场（从材料堆放中心至建筑物中心）超过 50m 时，按材料超运距加工基价增加人工。从材料堆放中心到材料场超过 300m（一次运输卸料点至施工现场在超运距加工范围以外）的运费按二倒费计算。

五、本册基价的施工方法以手工操作为主，中小型机械为辅。对于加工厂、构配件厂等集中流水作业机械生产者不得执行本基价。使用大型机械按规定执行。

六、本册的垂直运输是以人力和机械运输综合考虑的。

七、本册中的材料，均以标准规格、合格的质量为准。

八、本册中的材料消耗量，均包括现场内运输损耗和施工操作损耗。

九、本册中的混凝土养护均按自然养护编制的，如预制钢筋混凝土构件制作采用其他方法养护者，其费用另行计算。

十、本册中的模板、脚手架工具是按周转材料计价，如使用租赁价格，按实计算。

十一、本册未包括工程用水、电的费用，其费用按实计取。

十二、本基价中、小型机械费采取综合计费的方法计取，大型机械费根据施工需要，甲、乙双方协商认定，按实际发生计取。机械拆除按章说明执行。

十三、本册所涉及的工程，单工种单项工程在 5 工日以内，多工种多项工程在 10 工日以内者应按下表系数相应调整。

调整系数

章节	系数	章节	系数
第一章　拆除工程	1.05	第五章　混凝土及钢筋混凝土工程	1.02
第二章　土方工程	1.03	第六章　屋面工程	1.05
第三章　基础工程	1.02	第七章　门窗工程	1.02
第四章　砌筑工程	1.05	第八章　木作工程	1.02

续表

章节	系数	章节	系数
第九章　防腐工程	1.00	第十六章　其他工程	1.02
第十章　天棚工程	1.03	第十七章　室外工程	1.05
第十一章　墙、柱面工程	1.05	第十八章　零星工程	1.05
第十二章　楼地面工程	1.03	第十九章　机械拆除工程	1.00
第十三章　金属结构工程	1.03	第二十章　脚手架工程	1.00
第十四章　加固工程	1.02	第二十一章　楼层施工增加人工及高层脚手架增价	1.00
第十五章　油漆、涂刷、裱糊工程	1.05	综合系数	1.03

第一章　拆 除 工 程

说　明

一、本章包括整体房屋拆除，砌体拆除，混凝土、楼梯、栏杆拆除，屋架、檩拆除，屋面拆除，门窗、天棚、隔断拆除，墙面拆除，地面拆除，金属结构拆除，其他拆除 10 节，共 160 条基价子目。

二、工程计价时应注意的问题。

1. 凡符合整体拆除的工程项目，不得使用分项拆除基价。因修缮工程需要分项拆除的应套用相应分项拆除基价。

2. 整体房屋拆除包括 ±0.000（室内地坪）以上除设备以外的全部地上物，并将拆下可利用的材料运至 50m 以内指定地点分类码放整齐，污土原地清理堆放。基础、设备拆除另列项目计算。

3. 单项拆除工程均包括将拆下可利用材料运至 50m 以内指定地点分类码放整齐，并将污土原地清理堆放。未包括水、电及设备部位的保护，如发生时另行计算。

4. 地下室全部拆除项目是按砖混结构考虑的，如遇钢筋混凝土结构，按分项拆除基价执行。

5. 房屋整体拆除已综合考虑了楼、平房不同的层高，屋面坡度，泥背厚度，砖、瓦的规格等因素在内，不论任何情况，均应执行本册基价。

6. 楼房、平房层高的划分以 3.6m 折合一层计算，剩余高度超过 1.5m 按一层计算，不足 1.5m 不计层数。地下室拆除另列项目计算。特殊情况，按具体情况协商。

7. 屋架拆除包括切割锚固件、风撑、水平撑和屋架的各种附件的拆除。

8. 整体拆除工程和分项拆除工程，均不包括刮砖、刮瓦及搭拆各类脚手架。

9. 各种瓦屋面的拆除包括基层及其以上的屋面拆除。

10. 铲除屋面防水层不包括找平层的拆除。

11. 保温层（或防水层）与保护层一起拆除的项目乘以相应系数 0.80。

12. 拆除各种地面均不包括拆垫层。拆块料面层均按完好率 20% 以内考虑的，如完好率超过 20%，其超过部分每超 10%，每平方米增加人工 0.1 工日。拆除混凝土及钢筋混凝土地面厚度超过 150mm 执行拆混凝土及钢筋混凝土基础基价。

13. 钢筋混凝土小型构件是指单件体积 $0.1m^3$ 以内且未列项目的小型构件。

14. 金属压型板及采光屋面包括龙骨（骨架）拆除。

15. 屋面板（望板）、油毡、瓦条整体拆除包括屋面板、油毡及瓦条拆除。

16. 拆除工程项目中对原貌需进行保护所需费用按实计算。

工程量计算规则

一、房屋整体拆除面积的计算。

1. 平房按建筑物勒脚以上外围的水平面积以“m^2”计算。

2. 楼房按各层建筑面积的总和以“m^2”计算（其首层按建筑物外墙勒脚以上结构的外围水平面积计算，二层及二层以上按外墙结构的外围水平面积计算）。地下室按建筑物外墙外围水平面积以“m^2”计算。

3. 建筑物外的走廊及檐廊有顶盖和柱时，其面积应按柱外所包括的水平面积以“m^2”计算。有顶盖无柱时，其面积按顶盖水平面积的一半以“m^2”计算。

4. 突出墙外的眺望间、门斗、外部附墙烟囱及雨罩、挑阳台、室外楼梯均应计算拆除面积。但突出墙面台阶，挑檐及屋顶天窗均不计算面积。

二、单项拆除工程计算规则。

1. 拆除各种屋面均按面积以“m^2”计算。屋面坡长计算至檐口滴水，不扣除附墙烟囱、屋顶小气窗、天沟、斜沟所占的面积，其弯起部分的面积也不增加。带女儿墙屋面应计算其弯起部分的工程量。屋面保温层、找坡层、保护层拆除按实拆体积以“m^3”计算。

2. 木构件拆除：屋架拆除按跨度分类以榀计算，木柱、木梁拆除不分长短按实拆数量以“根”计算，木楼梯拆除按实拆水平投影面积计算，檩、椽拆除不分长短按实拆根数计算，屋面板、油毡、瓦条拆除按屋面的实拆面积以“m^2”计算。

3. 砖砌体、砌块砌体、空心砖砌体拆除按设计图示尺寸或实际拆除工程量以体积计算，不扣除 $0.03m^3$ 以内孔洞和构件所占的体积，带装饰面的砌体拆除时，计算装饰面及结合层的体积，并入砖砌体拆除工程量。

4. 混凝土及钢筋混凝土的拆除按实拆工程量以体积计算，楼梯拆除按实拆水平投影面积计算。

5. 铲墙皮是指铲后改变做法的单项基价，铲各种砂浆的墙皮均不扣除各种大小不同孔洞的面积，其侧壁面积也不增加。

6. 拆除各种天棚、隔断墙均按面积以“m^2”计算，不扣除门窗洞口面积。拆隔断墙两面算一面。抹灰天棚、隔断墙包括铲除面层灰皮，拆板条、苇箔及木龙骨。

7. 嵌入式柜体拆除按正立面边框外围尺寸垂直投影面积计算。

8. 拆木门窗框、扇是指单独拆除而言，如和拆墙同时拆落者，已包括在拆墙子目内，不得重复计算。

9. 拆除天窗按框料外围面积以“m^2”计算，其顶部拆除另套屋面拆除基价。

10. 拆除油漆涂料面按实际铲除面积以“m^2”计算。

11. 拆除各种地面均按主墙间的净空面积计算，不扣除柱、垛、轻质隔墙、附墙烟囱以及 $0.5m^2$ 以内的孔洞所占的面积，但门洞、空圈、暖气槽的开口部分也不增加面积。

12. 拆木地板按面积以“m^2”计算，踢脚线已综合在基价内，不得重复计算；拆除各种楼梯按斜长乘以宽度以“m^2”计算；拆除砖台阶、混凝土台阶均按水平投影面积以“m^2”计算。

13. 拆除屋顶烟囱不扣除孔洞，按砌体剖面面积乘以高度以“m^3”计算。拆独立烟囱扣除孔洞按体积以“m^3”计算。

14. 各种金属构件拆除均按实拆构件质量以“t”计算。

15. 各种水落管拆除按其垂直长度以“m”计算。

三、拆除工程废土发生量按下表计算。

房屋修缮拆除工程废土发生量计算表

工程名称			单位	废土产量(m^3)
整体房屋	混凝土板顶	24墙	m^2	1.07
	混凝土板顶	37墙	m^2	1.21
	加气混凝土板顶	24墙	m^2	1.04
	加气混凝土板顶	37墙	m^2	1.19
	黏土瓦顶	24墙	m^2	1.06
	黏土瓦顶	37墙	m^2	1.20
	黏土瓦顶	50墙	m^2	1.34
	干挂水泥瓦	24墙	m^2	0.90
	干挂水泥瓦	37墙	m^2	1.03
	石棉瓦顶	24墙	m^2	0.85
	石棉瓦顶	37墙	m^2	0.99
	青灰顶	24墙	m^2	1.05
	青灰顶	37墙	m^2	1.08
	棚子		m^2	0.70
屋架檩	木屋架		架	1.52
	檩		m^3	1.20
墙面	整体抹灰		m^2	0.03
	块料抹灰		m^2	0.035
	石材面层		m^2	0.10
砌体	砖、石墙、基础		m^3	1.46
	空心砖、加气混凝土块砖		m^3	1.30
	1/2砖墙拆砌		m^2	0.12
	1砖墙拆砌		m^2	0.19
	$1\frac{1}{2}$砖墙拆砌		m^2	0.26
	2砖墙拆砌		m^2	0.33
	带灰砖墙		m^2	0.40
门窗	木门窗		m^2	0.08
	窗帘盒		m^2	0.02
	窗台板		m^2	0.07
	门窗套		m^2	0.05

工程名称		单位	废土产量(m^3)
屋面	黏土瓦屋面	m^2	0.36
	红陶水泥挂瓦	m^2	0.07
	石棉瓦屋面(不带基层)	m^2	0.02
	卷材屋面面层(有粒砂)	m^2	0.02
	卷材屋面面层(无粒砂)	m^2	0.01
	天沟	m	0.01
	保温层	m^3	1.50
	瓦屋面修补面积30%以内	m^2	0.004
	瓦屋面修补面积60%以内	m^2	0.01
	瓦屋面修补面积60%以外	m^2	0.015
	揭瓦盖瓦	m^2	0.09
	屋面挑修(瓦屋面)	m^2	0.21
	屋面挑修干挂水泥瓦屋面	m^2	0.01
	混凝土屋面混凝土板	m^2	0.53
	混凝土屋面加气板	m^2	0.25
天棚隔断	板条天棚(带隔热层)	m^2	0.18
	板条、苇箔、钢板网	m^2	0.03
	石膏板	m^2	0.02
混凝土、楼梯、栏杆	混凝土	m^3	1.35
	混凝土楼梯	m^2	0.30
	木楼梯	m^2	0.12
	木栏杆	m^2	0.05
地面	黏土砖、水泥砖	m^2	0.10
	预制水磨石、大理石	m^2	0.10
	陶瓷锦砖	m^2	0.04
	整体面层	m^2	0.03
	混凝土垫层	m^3	1.50
	灰土、三合土、碎砖	m^3	1.50
	木地板(带龙骨)	m^2	0.08
	木地板(不带龙骨)	m^2	0.03
	台阶	m^2	0.30
	土方余土	m^3	1.35

四、工程渣土清运按下表计算。

工程渣土清运计价表

项目	单位	运距(km)					
		5 以内	10 以内	15 以内	20 以内	25 以内	30 以内
装运费	m^3	76.10	127.89	179.69	222.25	264.81	307.36
工程渣土清运每增加 1km 增加清运费 10 元							

注:1. 工作内容包括渣土集中点整理,人工装车、苫盖、运输及场地、车箱清理等。

2. 本基价综合考虑了清整用工,苫盖材料摊销费以及装载量不足吨位等因素。

3. 基价中未包括交纳场地费。

4. 委托专业部门清运,按实计价。

第一节　整体房屋拆除

工作内容：拆除屋面、墙身、门窗、天棚、隔断、一般水电设备（复杂设备另行处理），控制扬尘并将所拆下的可利用材料整理、堆放，污土原地清理归堆。

编　号				1-001	1-002	1-003	1-004	1-005	1-006	1-007
项目名称				平房		楼房		砖混结构地下室及人防工程	石棉瓦顶	简易棚
				砖木结构	砖混结构	砖木结构	砖混结构			
单　位				m^2						
总价（元）				**87.01**	**135.60**	**136.73**	**205.66**	**410.19**	**65.09**	**27.12**
其中	人工费（元）			87.01	135.60	136.73	205.66	410.19	65.09	27.12
	材料费（元）			—	—	—	—	—	—	—
名　称		单位	单价（元）	消　耗　量						
人工	综合工日	工日	113.00	0.770	1.200	1.210	1.820	3.630	0.576	0.240

第二节　砌体拆除

工作内容：拆砌体、砖石，拆落整樘门窗，控制扬尘，材料整理、堆放，污土归堆。

编　号				1-008	1-009	1-010	1-011	1-012	1-013	1-014
项目名称				整砖墙		斗墙		空心砖墙	加气混凝土块墙	零星砌体
				水泥砂浆	石灰砂浆	空心	实心			
单　位				m^3						
总价(元)				**122.04**	**110.74**	**44.75**	**75.94**	**67.80**	**68.93**	**139.10**
其中	人工费(元)			122.04	110.74	44.75	75.94	67.80	68.93	139.10
	材料费(元)			—	—	—	—	—	—	—
名　称		单位	单价(元)	消　耗　量						
人工	综合工日	工日	113.00	1.080	0.980	0.396	0.672	0.600	0.610	1.231

工作内容：拆砌体、砖石，拆落整樘门窗，控制扬尘，材料整理、堆放，污土归堆。

编　号				1-015	1-016	1-017	1-018
项目名称				砖基础	毛石基础	烟囱	
						屋顶	独立
单　位				m³			
总价（元）				**113.90**	**177.86**	**90.40**	**186.45**
其中	人工费（元）			113.90	177.86	90.40	186.45
	材料费（元）			—	—	—	—
名　称		单位	单价（元）	消　耗　量			
人工	综合工日	工日	113.00	1.008	1.574	0.800	1.650

第三节　混凝土、楼梯、栏杆拆除

工作内容：剔凿、断钢筋、拆除、控制扬尘、整理、堆放。

编　号				1-019	1-020	1-021	1-022	1-023
项目名称				预制钢筋混凝土				
				楼板	梁	柱	墙	小型构件
单　位				m^3				
总价（元）				**266.34**	**415.73**	**392.79**	**287.59**	**316.40**
其中	人工费（元）			266.34	415.73	392.79	287.59	316.40
	材料费（元）			—	—	—	—	—
名　称		单位	单价（元）	消　耗　量				
人工	综合工日	工日	113.00	2.357	3.679	3.476	2.545	2.800

工作内容：剔凿、断钢筋、拆除、控制扬尘、整理、堆放。

编号				1-024	1-025	1-026	1-027	1-028	1-029	1-030
项目名称				现浇钢筋混凝土						素混凝土
				基础	梁	墙	柱	板	小型构件	
单位				m³						
总价(元)				**668.17**	**727.72**	**744.33**	**750.32**	**706.93**	**406.80**	**305.10**
其中	人工费(元)			668.17	727.72	744.33	750.32	706.93	406.80	305.10
	材料费(元)			—	—	—	—	—	—	—
名称		单位	单价(元)	消耗量						
人工	综合工日	工日	113.00	5.913	6.440	6.587	6.640	6.256	3.600	2.700

工作内容:拆除、切割、控制扬尘、整理、堆放。

编　　号				1-031	1-032	1-033	1-034
项目名称				楼梯			
				现浇钢筋混凝土楼梯	预制钢筋混凝土楼梯	木楼梯	铁楼梯
单　　位				m^2			
总价(元)				**100.57**	**65.65**	**17.97**	**138.64**
其中	人工费(元)			100.57	65.65	17.97	135.60
	材料费(元)			—	—	—	3.04
名　　称		单位	单价(元)	消　耗　量			
人工	综合工日	工日	113.00	0.890	0.581	0.159	1.200
材料	电焊条	kg	7.59	—	—	—	0.400

工作内容：拆除、切割、控制扬尘、整理、堆放。

编号				1-035	1-036	1-037	1-038
项目名称				栏杆扶手			
				铁栏杆（带扶手）	木栏杆（带扶手）	玻璃栏杆	木扶手
单位				m^2		m	
总价（元）				**32.78**	**6.78**	**8.48**	**1.47**
其中	人工费（元）			31.64	6.78	8.48	1.47
	材料费（元）			1.14	—	—	—
名称		单位	单价（元）	消耗量			
人工	综合工日	工日	113.00	0.280	0.060	0.075	0.013
材料	电焊条	kg	7.59	0.150	—	—	—

第四节　屋架、檩拆除

工作内容：拆除废渣废料、清理归堆、控制扬尘。

编　　号				1-039	1-040	1-041	1-042	1-043	1-044
项目名称				人字屋架（跨度 m）				钢木屋架（跨度 m）	
				6 以内	8 以外	12 以内	16 以外	15 以内	15 以外
单　　位				榀					
总价（元）				**54.69**	**94.58**	**157.64**	**210.18**	**154.70**	**268.83**
其中	人工费（元）			54.69	94.58	157.64	210.18	154.70	268.83
	材料费（元）			—	—	—	—	—	—
名　　称		单位	单价（元）	消　耗　量					
人工	综合工日	工日	113.00	0.484	0.837	1.395	1.860	1.369	2.379

工作内容：拆除、控制扬尘、整理、堆放。

编号				1-045	1-046	1-047	1-048
项目名称				檩			拆椽子
				钢檩	木檩	混凝土檩	
单位				根			
总价（元）				**24.34**	**6.78**	**13.56**	**0.57**
其中	人工费（元）			22.60	6.78	13.56	0.57
	材料费（元）			1.74	—	—	—
名称		单位	单价（元）	消耗量			
人工	综合工日	工日	113.00	0.200	0.060	0.120	0.005
材料	电焊条	kg	7.59	0.200	—	—	—
	氧气	m^3	2.88	0.003	—	—	—
	乙炔气	m^3	16.13	0.013	—	—	—

工作内容：拆除、控制扬尘、整理、堆放。

编号				1-049	1-050	1-051	1-052	1-053
项目名称				屋面板（望板）、油毡、瓦条			木柱	木梁
				单拆瓦条	单拆屋面板、油毡	整体拆除		
单位				m^2	m^2		根	
总价（元）				**1.24**	**3.05**	**4.52**	**52.21**	**43.28**
其中	人工费（元）			1.24	3.05	4.52	52.21	43.28
	材料费（元）			—	—	—	—	—
名称		单位	单价（元）	消耗量				
人工	综合工日	工日	113.00	0.011	0.027	0.040	0.462	0.383

第五节　屋面拆除

工作内容：拆除、控制扬尘、整理、堆放。

编　号				1-054	1-055	1-056	1-057	1-058
项目名称				带泥背屋面				
				布瓦	水泥瓦	石板瓦	青灰顶	焦渣顶
单　位				m^2				
总价（元）				**12.20**	**7.35**	**8.48**	**10.06**	**9.72**
其中	人工费（元）			12.20	7.35	8.48	10.06	9.72
	材料费（元）			—	—	—	—	—
名　称		单位	单价（元）	消　耗　量				
人工	综合工日	工日	113.00	0.108	0.065	0.075	0.089	0.086

工作内容：拆除、控制扬尘、整理、堆放。

编号				1-059	1-060	1-061	1-062	1-063
项目名称				无泥背屋面				
				石棉瓦顶	镀锌瓦垄铁顶	玻璃钢顶	望板油毡顶	挂瓦条、水泥瓦顶
单位				m^2				
总价（元）				**4.97**	**3.62**	**3.84**	**5.09**	**5.20**
其中	人工费（元）			4.97	3.62	3.84	5.09	5.20
	材料费（元）			—	—	—	—	—
名称		单位	单价（元）	消耗量				
人工	综合工日	工日	113.00	0.044	0.032	0.034	0.045	0.046

工作内容：拆除、控制扬尘、整理、堆放。

编号				1-064	1-065	1-066	1-067	1-068	1-069	1-070	1-071
项目名称				金属压型板屋面				采光屋面			
				型钢龙骨		其他龙骨		型钢龙骨		其他龙骨	
				单板	复合板	单板	复合板	玻璃	阳光板	玻璃	阳光板
单位				m^2							
总价(元)				**29.97**	**30.99**	**6.89**	**7.68**	**23.34**	**21.76**	**7.01**	**5.99**
其中	人工费(元)			10.51	11.53	6.89	7.68	10.51	8.93	7.01	5.99
	材料费(元)			—	—	—	—	—	—	—	—
	机械费(元)			19.46	19.46	—	—	12.83	12.83	—	—
名称		单位	单价(元)	消耗量							
人工	综合工日	工日	113.00	0.093	0.102	0.061	0.068	0.093	0.079	0.062	0.053
机械	中小型机械费	元	—	19.46	19.46	—	—	12.83	12.83	—	—

工作内容：铲除卷材或涂料防水层、清理基层、控制扬尘。

编号				1-072	1-073	1-074	1-075
项目名称				屋面卷材防水层		屋面涂膜防水层	
				屋面	天沟、檐沟	屋面	天沟、檐沟
单位				m²			
总价(元)				**7.57**	**9.83**	**11.30**	**14.69**
其中	人工费(元)			7.57	9.83	11.30	14.69
	材料费(元)			—	—	—	—
名称		单位	单价(元)	消耗量			
人工	综合工日	工日	113.00	0.067	0.087	0.100	0.130

工作内容：铲除卷材或涂料防水层、清理基层、控制扬尘。

编号				1-076	1-077	1-078	1-079	1-080
项目名称				屋面保温层	屋面保温隔热层			
				其他块料保温	聚苯板（挤塑板）	岩棉板	水泥蛭石	水泥珍珠岩
单位				m^3				
总价（元）				**35.71**	**19.21**	**20.00**	**34.47**	**38.87**
其中	人工费（元）			35.71	19.21	20.00	34.47	38.87
	材料费（元）			—	—	—	—	—
名称		单位	单价（元）	消耗量				
人工	综合工日	工日	113.00	0.316	0.170	0.177	0.305	0.344

工作内容：铲除卷材或涂料防水层、清理基层、控制扬尘。

编　　号				1-081	1-082	1-083
项目名称				找坡层	找平层	保护层
单　　位				m^3	m^2	m^3
总价（元）				**187.58**	**7.01**	**248.83**
其中	人工费（元）			187.58	7.01	248.83
	材料费（元）			—	—	—
名　　称		单位	单价（元）	消　耗　量		
人工	综合工日	工日	113.00	1.660	0.062	2.202

第六节　门窗、天棚、隔断拆除

工作内容：落扇、剔墙、落框、控制扬尘、整理、码放。

编号				1-084	1-085	1-086	1-087
项目名称				木门窗			
				整樘	门窗框	门扇	窗扇
单位				樘		扇	
总价（元）				**28.25**	**21.47**	**4.07**	**3.39**
其中	人工费（元）			28.25	21.47	4.07	3.39
	材料费（元）			—	—	—	—
名称		单位	单价（元）	消耗量			
人工	综合工日	工日	113.00	0.250	0.190	0.036	0.030

工作内容：落扇、剔墙、落框、控制扬尘、整理、码放。

编　号				1-088	1-089	1-090	1-091	1-092
项目名称				钢窗	钢门	铝合金门窗	院墙厂房门	天窗
单　位				樘		m^2		
总价（元）				**33.90**	**39.10**	**14.58**	**49.72**	**37.29**
其中	人工费（元）			33.90	39.10	14.58	49.72	37.29
	材料费（元）			—	—	—	—	—
名　称		单位	单价（元）	消　耗　量				
人工	综合工日	工日	113.00	0.300	0.346	0.129	0.440	0.330

工作内容：拆除、控制扬尘、整理、堆放。

编号				1-093	1-094	1-095
项目名称				窗帘盒(带轨)	窗台板	
					木质	石材瓷板
单位				m		
总价(元)				**5.99**	**11.64**	**14.46**
其中	人工费(元)			5.99	11.64	14.46
	材料费(元)			—	—	—
名称		单位	单价(元)	消耗量		
人工	综合工日	工日	113.00	0.053	0.103	0.128

工作内容：拆除、控制扬尘、整理、堆放。

编号				1-096	1-097	1-098	1-099	1-100	1-101	1-102
项目名称				天棚、隔断墙		筒子板拆除	护墙板	玻璃隔断	轻质墙板墙	石膏板隔断墙
				木龙骨	轻钢龙骨					
单位				m²						
总价（元）				**9.04**	**13.56**	**5.42**	**3.39**	**11.98**	**5.99**	**11.19**
其中	人工费（元）			9.04	13.56	5.42	3.39	11.98	5.99	11.19
	材料费（元）			—	—	—	—	—	—	—
名称		单位	单价（元）	消耗量						
人工	综合工日	工日	113.00	0.080	0.120	0.048	0.030	0.106	0.053	0.099

工作内容：拆除、控制扬尘、整理、堆放。

编号				1-103	1-104	1-105	1-106
项目名称				间壁墙		挂檐板	嵌入式柜体
				木骨架			
				镜面玻璃面	其他装饰面		
单位				m^2			
总价（元）				**9.38**	**8.59**	**3.39**	**19.10**
其中	人工费（元）			9.38	8.59	3.39	19.10
	材料费（元）			—	—	—	—
名称		单位	单价（元）	消耗量			
人工	综合工日	工日	113.00	0.083	0.076	0.030	0.169

第七节　墙 面 拆 除

工作内容：面层全部铲、砍，控制扬尘，墙面清扫干净。

编　　号				1-107	1-108	1-109	1-110	1-111
项目名称				水刷石、干粘石	块料面砖	花岗岩、大理石墙面	铲墙皮	
							水泥砂浆	白灰砂浆
单　　位				m²				
总价（元）				**14.92**	**20.34**	**22.60**	**9.04**	**6.78**
其中	人工费（元）			14.92	20.34	22.60	9.04	6.78
	材料费（元）			—	—	—	—	—
名　　称		单位	单价（元）	消　耗　量				
人工	综合工日	工日	113.00	0.132	0.180	0.200	0.080	0.060

工作内容：面层全部铲、砍，控制扬尘，墙面清扫干净。

编号				1–112	1–113	1–114	1–115
项目名称				揭撕墙纸	抹灰面油漆涂料	混凝土凿毛	凿除混凝土保护层
单位				m^2			
总价（元）				**3.50**	**4.07**	**32.54**	**33.90**
其中	人工费（元）			3.50	4.07	32.54	33.90
	材料费（元）			—	—	—	—
名称		单位	单价（元）	消耗量			
人工	综合工日	工日	113.00	0.031	0.036	0.288	0.300

第八节 地面拆除

工作内容：拆除、整理、控制扬尘、堆放。

编号				1-116	1-117	1-118	1-119	1-120	1-121
项目名称				地面面层					
				黏土砖		面砖	预制水磨石及石材	陶瓷锦砖	塑胶面
				平墁	侧墁				
单位				m^2					
总价（元）				**4.97**	**8.14**	**17.52**	**20.91**	**19.21**	**9.49**
其中	人工费（元）			4.97	8.14	17.52	20.91	19.21	9.49
	材料费（元）			—	—	—	—	—	—
名称		单位	单价（元）	消耗量					
人工	综合工日	工日	113.00	0.044	0.072	0.155	0.185	0.170	0.084

工作内容：拆除、整理、控制扬尘、堆放。

编号				1-122	1-123	1-124	1-125	1-126	1-127
项目名称				地面面层				木地板	
				混凝土地面	水泥面	现制水磨石	地下室防水地面、墙面	带龙骨	不带龙骨
单位				m^3	m^2				
总价（元）				**277.98**	**12.54**	**20.34**	**18.08**	**6.78**	**4.86**
其中	人工费（元）			277.98	12.54	20.34	18.08	6.78	4.86
	材料费（元）			—	—	—	—	—	—
名称		单位	单价（元）	消耗量					
人工	综合工日	工日	113.00	2.460	0.111	0.180	0.160	0.060	0.043

工作内容：控制扬尘，各种踢脚线面层及结合层的拆除。

编号				1-128	1-129	1-130	1-131
项目名称				水泥砂浆踢脚线	块料踢脚线	木质踢脚线	金属踢脚线
单位				m			
总价（元）				**0.68**	**0.68**	**0.57**	**0.57**
其中	人工费（元）			0.68	0.68	0.57	0.57
	材料费（元）			—	—	—	—
名称		单位	单价（元）	消耗量			
人工	综合工日	工日	113.00	0.006	0.006	0.005	0.005

工作内容：控制扬尘，各种踢脚线面层及结合层的拆除。

编号				1-132	1-133	1-134	1-135	1-136
项目名称				垫层			路面	
				三合土、焦渣、素混凝土	灰土	钢筋混凝土	素混凝土	沥青混凝土
单位				m^3				
总价（元）				**293.80**	**203.40**	**474.60**	**293.80**	**316.40**
其中	人工费（元）			293.80	203.40	474.60	293.80	316.40
	材料费（元）			—	—	—	—	—
名称		单位	单价（元）	消耗量				
人工	综合工日	工日	113.00	2.600	1.800	4.200	2.600	2.800

第九节　金属构件拆除

工作内容：拆除、控制扬尘、整理、堆放。

编号				1-137	1-138	1-139	1-140
项目名称				钢梁(t)		钢柱(t)	
				1以内	1以外	1以内	1以外
单位				t			
总价(元)				**478.05**	**421.96**	**338.83**	**300.26**
其中	人工费(元)			403.75	351.20	264.53	229.50
	材料费(元)			—	—	—	—
	机械费(元)			74.30	70.76	74.30	70.76
名称		单位	单价(元)	消耗量			
人工	综合工日	工日	113.00	3.573	3.108	2.341	2.031
机械	中小型机械费	元	—	74.30	70.76	74.30	70.76

工作内容：拆除、控制扬尘、整理、堆放。

编号				1-141	1-142	1-143	1-144
项目名称				钢屋架	钢网架	钢支撑、钢墙架	其他金属构件
单位				t			
总价(元)				**614.73**	**482.47**	**456.14**	**453.57**
其中	人工费(元)			549.63	403.75	377.42	375.73
	材料费(元)			—	—	—	—
	机械费(元)			65.10	78.72	78.72	77.84
名称		单位	单价(元)	消耗量			
人工	综合工日	工日	113.00	4.864	3.573	3.340	3.325
机械	中小型机械费	元	—	65.10	78.72	78.72	77.84

第十节　其他拆除

工作内容：拆除、整理、控制扬尘、堆放。

编　号				1-145	1-146	1-147	1-148	1-149	1-150	1-151
项目名称				台阶		井类	池槽	薄钢板天沟、披水、烟囱根	刮砖	刮瓦
				砖砌	混凝土					
单　位				m^2		m^3		m^2	百块	
总价（元）				**45.20**	**67.80**	**226.00**	**180.80**	**11.30**	**19.21**	**16.95**
其中	人工费（元）			45.20	67.80	226.00	180.80	11.30	19.21	16.95
	材料费（元）			—	—	—	—	—	—	—
名　称		单位	单价（元）	消　耗　量						
人工	综合工日	工日	113.00	0.400	0.600	2.000	1.600	0.100	0.170	0.150

工作内容：拆除、整理、控制扬尘、堆放。

编号				1-152	1-153	1-154	1-155	1-156	1-157	1-158
项目名称				水落管					弯头	雨水斗
				白铁水落管	铸铁水落管	钢管水落管	塑料水落管	玻璃钢水落管		
单位				m					个	
总价（元）				**2.37**	**6.10**	**5.54**	**2.03**	**2.60**	**6.10**	**8.93**
其中	人工费（元）			2.37	6.10	5.54	2.03	2.60	6.10	8.93
	材料费（元）			—	—	—	—	—	—	—
名称		单位	单价（元）	消耗量						
人工	综合工日	工日	113.00	0.021	0.054	0.049	0.018	0.023	0.054	0.079

工作内容：1. 落房土过筛：过筛、归堆。2. 旧木料加工整理：起钉子、截锯破损糟朽木料。

编号				1-159	1-160
项目名称				落房土过筛	旧木料加工整理
单位				m^3	
总价（元）				**45.20**	**271.20**
其中	人工费（元）			45.20	271.20
	材料费（元）			—	—
名称		单位	单价（元）	消耗量	
人工	综合工日	工日	113.00	0.400	2.400

第二章　土 方 工 程

说　明

一、本章包括人工、机械土方，运土和运泥，支拆木挡土板、槽底钎探 3 节，共 22 条基价子目。

二、关于项目的界定。

1. 挖土工程，槽底宽度在 3m 以内，槽长度为宽度三倍以上者或槽底面积在 $20m^2$ 以内的地坑为地槽，其余称为挖土方。

2. 垂直方向处理厚度在 ±30cm 以内的就地挖填找平属于平整场地，当处理厚度超过 ±30cm 时应属于挖土（填土工程）。

3. 湿土或淤泥（流砂）的区分：地下静止水位以下的土层为湿土，具有流动状态的土（砂）称为淤泥（流砂）。

三、工程计价时应注意的问题。

1. 人工挖土方、地槽基价中，均已按天津市正常水位综合考虑了湿土因素，没有特殊情况不得调整。

2. 机械挖土深度超过 5m 时，应按经批准的专家论证施工方案计算；机械挖土基价内包括挖土机挖土后基底和边坡遗留厚度≤ 0.3m 的人工清理和修整，不包括卸土区所需的推土机台班，亦不包括平整道路及清除其他障碍物所需的推土机台班。

3. 小型挖土机系指斗容量≤ $0.3m^3$ 的挖掘机，适用于基础（含垫层）底宽≤ 1.2m 的沟槽土方工程或底面积≤ $8m^2$ 的基坑土方工程。

4. 在同一槽坑内土类别不同时应分别计算。挖柱基不分土壤类别，执行零星挖土基价。

5. 基价中未包括处理流砂、地下障碍物、打桩，如发生工、料、机械按实计算。

6. 土方工程各项均不包括运土。

7. 运土方不分土类别，均按挖土量以 "m^3" 计算。

8. 支拆挡土板基价，不分连续和断续综合考虑。

9. 凡放坡部分，不得计算挡土板工程量。

10. 土石方体积应按挖掘前的天然密实体积计算，如需按天然密实体积换算时，应按下表中系数计算。

土石方体积换算系数表

名称	虚方	松填	天然密实	夯填
土方	1.00	0.83	0.77	0.67
	1.20	1.00	0.92	0.80
	1.30	1.08	1.00	0.87
	1.50	1.25	1.15	1.00

土石方体积换算系数表(续表)

名称	虚方	松填	天然密实	夯填
石方	1.00 1.18 1.54	0.85 1.00 1.31	0.65 0.76 1.00	
块石	1.75	1.43	1.00	(码方)1.67
砂夹石	1.07	0.94	1.00	

工程量计算规则

一、平整场地是指厚度在 ±30cm 以内就地挖、填、找平,其工程量按建筑物底面积的外边线,每边各增加 2m 计算。

二、凡平整场地厚度在 ±30cm 以外,槽底宽度在 3m 以外,坑底面积在 $20m^2$ 以外的挖土均按体积以"m^3"计算,执行挖土方基价。

三、凡槽宽在 3m 以内,槽长为槽宽三倍以外的挖土,执行挖地槽基价。外墙地槽长度按中心线计算,内墙地槽长度按内墙地槽的净长计算。突出墙面的垛、柱、烟囱等均应增加挖土量。

四、挖冻土、淤泥(流砂)按体积以"m^3"计算。

五、挖土放坡起点及放坡系数(见下表)。

挖土放坡起点及放坡系数表

土质	起始深度	人工挖土	机械挖土		
			基坑内作业	基坑上作业	沟槽上作业
一般土	1.20m	1∶0.50	1∶0.33	1∶0.75	1∶0.50
砂砾坚土	2.00m	1∶0.25	1∶0.10	1∶0.33	1∶0.25

六、挖土方或挖地槽时应留出下步施工工序必需的工作面,工作面的宽度应按施工组织设计所确定的宽度计算,如无施工组织设计时可参照下表数据计算。

基础施工的工作面宽度计算表

基础材料	每面增加工作面宽度(mm)
砖基础	200
毛石、方整石基础	250
混凝土基础(支模板)	400
混凝土基础垫层(支模板)	150
基础垂直面做砂浆防潮层	400(自防潮层面)
基础垂直面做防水层或防腐层	1000(防水层面或防腐层面)
支挡土板	100(另加)

七、土方回填按体积以"m^3"计算。

1. 场地回填:回填面积乘以平均回填厚度。

2. 室内回填:主墙间净面积乘以回填厚度。

3. 基础回填:挖土方体积减去设计室外地坪以下埋设的基础体积(包括基础垫层及其他构筑物)或可按地槽挖土工程量的60%计算。

八、支挡土板工程量以槽坑垂直的支撑面积以"m^2"计算。双面支挡土板,按双面垂直面积计算。

九、槽底钎探以槽底面积计算。

第一节　人工、机械土方

工作内容：1. 平整场地：厚度在 ±30cm 以内局部挖、填、找平。2. 挖土方、地槽：挖土、将土抛出地面、修整底边、保持两侧或四周在 1m 内无弃土，不包括运土。

编　号				2-001	2-002	2-003	2-004	2-005	2-006
项目名称				平整场地	挖土方深度 4m 以内		挖地槽深度 4m 以内		零星挖土
					一般土	砂砾坚土	一般土	砂砾坚土	
单　位				m^2	m^3				
总价（元）				**9.15**	**51.64**	**76.39**	**62.15**	**99.89**	**111.64**
其中	人工费（元）			9.15	51.64	76.39	62.15	99.89	111.64
	材料费（元）			—	—	—	—	—	—
名　称		单位	单价（元）	消　耗　量					
人工	综合工日	工日	113.00	0.081	0.457	0.676	0.550	0.884	0.988

工作内容：1. 挖土机挖土：挖土、清理机下余土，清底洗坡和工作面内排水。2. 小型挖土机挖槽坑土方：挖土、弃土于5m以内，清理机下余土，人工清底修边。

编号				2-007	2-008	2-009	2-010
项目名称				挖土机挖土		小型挖土机挖槽坑土方	
				一般土	砂砾坚土	一般土	砂砾坚土
单位				m^3			
总价（元）				**4.82**	**6.36**	**11.70**	**12.12**
其中	人工费（元）			1.81	2.37	9.38	9.38
	材料费（元）			—	—	—	—
	机械费（元）			3.01	3.99	2.32	2.74
名称		单位	单价（元）	消耗量			
人工	综合工日	工日	113.00	0.016	0.021	0.083	0.083
机械	中小型机械费	元	—	3.01	3.99	2.32	2.74

工作内容：1. 挖灰土、泥沙，弃灰土、泥沙于5m以内，或装灰土、泥沙，修整边底。2. 挖冻土，弃土于5m以内或装土，修整边底。

编号				2-011	2-012	2-013	2-014
项目名称				挖灰土	人工挖冻土	人工挖淤泥流砂	回填土夯填
单位				m^3			
总价（元）				**146.45**	**132.32**	**102.49**	**159.44**
其中	人工费（元）			146.45	132.32	102.49	41.36
	材料费（元）			—	—	—	116.48
	机械费（元）			—	—	—	1.60
名称		单位	单价（元）	消耗量			
人工	综合工日	工日	113.00	1.296	1.171	0.907	0.366
材料	黄土	m^3	77.65	—	—	—	1.500
机械	中小型机械费	元	—	—	—	—	1.60

第二节　运土和运泥

工作内容：运土、运泥等全部工序。

编号				2-015	2-016	2-017	2-018
项目名称				50m 以内		每增加 50m	
				运土	运泥	运土	运泥
单位				m³			
总价（元）				**30.06**	**51.08**	**4.41**	**7.35**
其中	人工费（元）			30.06	51.08	4.41	7.35
	材料费（元）			—	—	—	—
名称		单位	单价（元）	消耗量			
人工	综合工日	工日	113.00	0.266	0.452	0.039	0.065

第三节 支拆木挡土板、槽底钎探

工作内容：1. 支拆木挡土板：支、拆挡土板等全部工序。2. 槽底钎探：探槽、打钎、拔钎。

编号				2-019	2-020	2-021	2-022
项目名称				支拆木挡土板		槽底钎探	人工槽底找平夯实
				单面	双面		
单位				m^2			
总价（元）				**48.15**	**41.97**	**7.23**	**3.96**
其中	人工费（元）			17.74	15.59	7.23	3.96
	材料费（元）			30.41	26.38	—	—
名称		单位	单价（元）	消耗量			
人工	综合工日	工日	113.00	0.157	0.138	0.064	0.035
材料	木模板	m^3	1982.88	0.015	0.013	—	—
	圆钉	kg	6.68	0.100	0.090	—	—

第三章　基 础 工 程

说　　明

一、本章包括基础垫层、防潮层，基础，现浇混凝土基础梁，设备螺栓套、设备基础二次灌浆 4 节，共 50 条基价子目。

二、关于项目的界定。

1. 砖基础与砖墙（身）划分应以设计室内地坪为界（有地下室的以地下室室内设计地坪为界），以下为基础，以上为墙（柱）身。基础与墙身使用不同材料，位于设计室内地坪 ±30cm 以内时以不同材料为界，超过 ±30cm，应以设计室内地坪为界。砖围墙应以设计室外地坪为界，以下为基础，以上为墙身。

2. 砖烟囱应按设计室外地坪为界，以下为基础，以上为筒身。

3. 混凝土基础与垫层的划分：混凝土厚度 12cm 以内者为垫层，执行垫层基价，厚度 12cm 以外者为基础，执行基础基价。

三、工程计价时应注意的问题。

1. 砖石基础基价未包括配制钢筋，如需要时可套用相应基价。

2. 混凝土垫层基价包括槽底打夯，其余垫层基价未包括槽底打夯，如设计要求时，可套用相应基价。

3. 本章中各项混凝土预算基价中混凝土价格均为预拌混凝土价格。如设计要求与基价不同时，采用现场搅拌者可参考附录五混凝土配合比所列相应混凝土品种换算。

4. 满堂基础底板适用于无梁式或有梁式满堂基础的底板。如底板下有打桩者，仍执行本基价，其中桩头处理按实际发生计算。

工程量计算规则

一、砖石基础按体积以“m^3”计算，外墙基础长度按外墙中心线，内墙基础长度按内墙基础净长计算，墙基大放脚重叠处因素已综合在基价内。墙垛、附墙烟囱的基础体积应增加合并在相应基价项目内计算。

二、砖基础工程量不扣除 $0.5m^2$ 以内的孔洞，基础内混凝土的体积应扣除，混凝土基础梁另行计算。

三、砖基础大放脚增加断面面积按下表计算。

砌页岩标砖基础大放脚增加断面计算表

单位：m^2

放脚层数	增加断面面积		放脚层数	增加断面面积	
	等高	不等高		等高	不等高
一	0.01575	0.01575	六	0.33075	0.25988
二	0.04725	0.03938	七	0.44100	0.34650
三	0.09450	0.07875	八	0.56700	0.44100
四	0.15750	0.12600	九	0.70875	0.55125
五	0.23625	0.18900	十	0.86625	0.66938

四、混凝土及钢筋混凝土基础，根据图示尺寸以体积计算，不扣除其中的钢筋、铁件、螺栓和预留螺栓孔洞所占体积。

1. 带形基础：凡在墙下基础或柱与柱之间与单独基础相连接的带形结构，统称为带形基础。与带形基础相连接的杯形基础，执行杯形基础基价。带形基础的长度外墙按中心线，内墙按基础净长计算。

2. 独立基础：包括各种形式的独立柱基和柱墩，独立基础的高度按图示尺寸计算。

3. 设备基础的钢制螺栓固定架按设计图纸套用铁件子目计算。木制设备螺栓套，按相应基价执行。

五、基础垫层按体积以“m^3”计算，外墙按中心线，内墙按垫层净长计算。

六、基础防潮层按面积以“m^2”计算，外墙按中心线，内墙按净长计算长度，凸出部分合并计算。

第一节 基础垫层、防潮层

工作内容：拌和、找平、分层夯实等操作过程。

编号				3-001	3-002	3-003	3-004	3-005	3-006
项目名称				素土夯实	灰土		砂垫层	干铺石屑	侧砖夯实
					3:7	2:8			
单位				m^3					
总价（元）				**177.02**	**322.02**	**309.57**	**234.60**	**232.79**	**431.75**
其中	人工费（元）			59.21	155.38	155.38	62.15	69.27	113.00
	材料费（元）			116.48	165.31	152.86	172.45	163.52	318.75
	机械费（元）			1.33	1.33	1.33	—	—	—
名称		单位	单价（元）	消耗量					
人工	综合工日	工日	113.00	0.524	1.375	1.375	0.550	0.613	1.000
材料	页岩标砖 240×115×53	块	0.51	—	—	—	—	—	625.000
	粗砂	t	86.14	—	—	—	2.002	—	—
	石屑	t	82.88	—	—	—	—	1.973	—
	黄土	m^3	77.65	1.500	1.170	1.330	—	—	—
	白灰	kg	0.30	—	248.200	165.300	—	—	—
机械	中小型机械费	元	—	1.33	1.33	1.33	—	—	—

工作内容：铺设、找平、压实、调制砂浆、灌浆等全部操作过程。

编号				3-007	3-008	3-009	3-010
项目名称				碎石		毛石	
				干铺	灌浆	干铺	灌浆
单位				m^3			
总价（元）				**259.33**	**360.85**	**280.42**	**385.36**
其中	人工费（元）			83.85	141.25	86.33	145.54
	材料费（元）			175.10	211.48	192.63	227.82
	机械费（元）			0.38	8.12	1.46	12.00
名称		单位	单价（元）	消耗量			
人工	综合工日	工日	113.00	0.742	1.250	0.764	1.288
材料	水泥	kg	0.39	—	62.350	—	60.200
	粗砂	t	86.14	0.415	0.555	0.400	0.536
	石子（55~30）	t	87.81	1.587	1.587	—	—
	毛石	t	89.21	—	—	1.773	1.773
	水泥砂浆 M5	m^3	—	—	（0.290）	—	（0.280）
机械	中小型机械费	元	—	0.38	8.12	1.46	12.00

工作内容：支、拆模板，混凝土浇筑、振捣、养护等操作过程。

编号					3-011	3-012
项目名称					无筋混凝土	
					C10	C15
单位					m^3	
总价（元）					**750.41**	**760.32**
其中	人工费（元）				284.31	284.31
	材料费（元）				463.60	473.51
	机械费（元）				2.50	2.50
名称			单位	单价（元）	消耗量	
人工	综合工日		工日	135.00	2.106	2.106
材料	预拌混凝土 AC10		m^3	430.17	1.020	—
	预拌混凝土 AC15		m^3	439.88	—	1.020
	木模板		m^3	1982.88	0.0105	0.0105
	圆钉		kg	6.68	0.600	0.600
机械	中小型机械费		元	—	2.50	2.50

工作内容：1. 基础防潮：清理基层、调制砂浆、抹灰、铺贴卷材、养护等。2. 钢筋混凝土防潮带：支、拆模板，钢筋制作、绑扎、安装，混凝土浇筑、振捣、养护等。

编号				3-013	3-014	3-015	3-016
项目名称				基础防潮		钢筋混凝土防潮带	
				一毡二油加抹水泥砂浆 1∶2 10mm 厚	水泥砂浆 1∶2 掺防水粉 20mm 厚	C15	C20
单位				m^2		m^3	
总价（元）				**53.11**	**26.80**	**2308.03**	**2318.92**
其中	人工费（元）			27.00	16.20	1019.39	1019.39
	材料费（元）			25.08	9.57	1274.06	1284.95
	机械费（元）			1.03	1.03	14.58	14.58
名称		单位	单价（元）	消耗量			
人工	综合工日	工日	135.00	0.200	0.120	7.551	7.551
材料	预拌混凝土 AC15	m^3	439.88	—	—	1.020	—
	预拌混凝土 AC20	m^3	450.56	—	—	—	1.020
	水泥	kg	0.39	6.578	13.156	—	—
	粗砂	t	86.14	0.016	0.032	—	—
	钢筋 *D*10 以内	kg	3.97	—	—	55.000	55.000

编号				3-013	3-014	3-015	3-016
项目名称				基础防潮		钢筋混凝土防潮带	
				一毡二油加抹水泥砂浆 1:2 10mm 厚	水泥砂浆 1:2 掺防水粉 20mm 厚	C15	C20
单位				m^2		m^3	
名称		单位	单价（元）	消耗量			
材料	钢筋 *D*10 以外	kg	3.80	—	—	65.000	65.000
	木模板	m^3	1982.88	—	—	0.144	0.144
	电焊条	kg	7.59	—	—	1.190	1.190
	镀锌钢丝 *D*0.7	kg	7.42	—	—	0.600	0.600
	镀锌钢丝 *D*4	kg	7.08	—	—	5.570	5.570
	圆钉	kg	6.68	—	—	2.860	2.860
	阻燃防火保温草袋片 840×760	m^2	3.34	—	—	0.740	0.740
	油毡	m^2	3.83	1.200	—	—	—
	石油沥青	kg	4.04	4.060	—	—	—
	煤	kg	0.53	0.260	—	—	—
	防水粉	kg	4.21	—	0.400	—	—
	水泥砂浆 1:2	m^3	—	（0.0115）	（0.023）	—	—
机械	中小型机械费	元	—	1.03	1.03	14.58	14.58

第二节　基　　础

工作内容：清槽底、弹线、运料、调制灰浆、砌筑等。

编　　号				3-017	3-018	3-019	3-020
项目名称				页岩标砖基础		毛石基础	
				水泥砂浆 M5	水泥砂浆 M10	水泥砂浆 M5	水泥砂浆 M10
单　　位				m^3			
总价（元）				**545.30**	**551.94**	**475.00**	**484.67**
其中	人工费（元）			203.85	203.85	194.40	194.40
	材料费（元）			333.06	339.70	268.12	277.79
	机械费（元）			8.39	8.39	12.48	12.48
名　　称		单位	单价（元）	消　耗　量			
人工	综合工日	工日	135.00	1.510	1.510	1.440	1.440
材料	页岩标砖 240×115×53	块	0.51	518.000	518.000	—	—
	水泥	kg	0.39	59.555	84.762	86.215	122.706
	粗砂	t	86.14	0.530	0.493	0.767	0.714
	毛石	t	89.21	—	—	1.888	1.888
	水泥砂浆 M5	m^3	—	（0.277）	—	（0.401）	—
	水泥砂浆 M10	m^3	—	—	（0.277）	—	（0.401）
机械	中小型机械费	元	—	8.39	8.39	12.48	12.48

工作内容：支、拆模板，混凝土浇筑、振捣、养护等。

编号				3-021	3-022	3-023	3-024
项目名称				带形基础			
				无筋混凝土		钢筋混凝土	
				C10	C15		C20
单位				m^3			
总价（元）				**962.06**	**971.97**	**1299.34**	**1310.24**
其中	人工费（元）			420.93	420.93	481.55	481.55
	材料费（元）			536.95	546.86	809.52	820.42
	机械费（元）			4.18	4.18	8.27	8.27
名称		单位	单价（元）	消耗量			
人工	综合工日	工日	135.00	3.118	3.118	3.567	3.567
材料	预拌混凝土 AC10	m^3	430.17	1.020	—	—	—
	预拌混凝土 AC15	m^3	439.88	—	1.020	1.020	—
	预拌混凝土 AC20	m^3	450.56	—	—	—	1.020
	水泥	kg	0.39	0.572	0.572	0.572	0.572
	粗砂	t	86.14	0.001	0.001	0.001	0.001
	钢筋 D10 以内	kg	3.97	—	—	17.000	17.000
	钢筋 D10 以外	kg	3.80	—	—	55.000	55.000
	木模板	m^3	1982.88	0.0421	0.0421	0.0333	0.0333
	电焊条	kg	7.59	—	—	0.730	0.730
	镀锌钢丝 D0.7	kg	7.42	0.010	0.010	0.300	0.300
	圆钉	kg	6.68	0.810	0.810	0.640	0.640
	零星卡具	kg	7.57	0.850	0.850	0.670	0.670
	阻燃防火保温草袋片 840×760	m^2	3.34	0.740	0.740	0.270	0.270
	水泥砂浆 1∶2	m^3	—	（0.001）	（0.001）	（0.001）	（0.001）
机械	中小型机械费	元	—	4.18	4.18	8.27	8.27

工作内容：支、拆模板，混凝土浇筑、振捣、养护等。

编　号			3-025	3-026	3-027	3-028	3-029	3-030	3-031
项目名称			独立基础				杯形基础		满堂基础底板
			无筋混凝土		钢筋混凝土				
			C10	C15		C20	C15	C20	
单　位			m³						
总价（元）			**1037.72**	**1047.63**	**1302.09**	**1312.98**	**1247.39**	**1258.29**	**959.97**
其中	人工费（元）		466.02	466.02	602.51	602.51	565.52	565.52	166.86
	材料费（元）		567.95	577.86	694.81	705.70	677.10	688.00	786.58
	机械费（元）		3.75	3.75	4.77	4.77	4.77	4.77	6.53
名　称	单位	单价（元）	消　耗　量						
人工　综合工日	工日	135.00	3.452	3.452	4.463	4.463	4.189	4.189	1.236
材料　预拌混凝土 AC10	m³	430.17	1.020	—	—	—	—	—	—
预拌混凝土 AC15	m³	439.88	—	1.020	1.020	—	1.020	—	—
预拌混凝土 AC20	m³	450.56	—	—	—	1.020	—	1.020	1.020
水泥	kg	0.39	0.572	0.572	0.572	0.572	0.572	0.572	—
粗砂	t	86.14	0.001	0.001	0.001	0.001	0.001	0.001	—
钢筋 *D*10 以内	kg	3.97	—	—	8.000	8.000	2.000	2.000	—
钢筋 *D*10 以外	kg	3.80	—	—	32.000	32.000	28.000	28.000	82.000
木模板	m³	1982.88	0.053	0.053	0.0371	0.0371	0.0463	0.0463	0.0009
电焊条	kg	7.59	—	—	—	—	0.340	0.340	0.941
镀锌钢丝 *D*0.7	kg	7.42	0.010	0.010	0.240	0.240	0.110	0.110	0.097
镀锌钢丝 *D*4	kg	7.08	1.810	1.810	1.280	1.280	1.260	1.260	0.240
圆钉	kg	6.68	0.440	0.440	0.310	0.310	0.620	0.620	0.053
组合钢模板	kg	10.97	—	—	—	—	—	—	0.167
零星卡具	kg	7.57	0.900	0.900	0.640	0.640	0.560	0.560	0.026
阻燃防火保温草袋片 840×760	m²	3.34	0.340	0.340	0.340	0.340	0.380	0.380	0.503
水泥砂浆 1∶2	m³	—	（0.001）	（0.001）	（0.001）	（0.001）	（0.001）	（0.001）	—
机械　中小型机械费	元	—	3.75	3.75	4.77	4.77	4.77	4.77	6.53

工作内容：支、拆模板，混凝土浇筑、振捣、养护等。

编号				3-032	3-033	3-034	3-035	3-036	3-037
项目名称				无筋混凝土块体设备基础（m^3）					
				1 以内		5 以内		5 以外	
				C10	C15	C10	C15	C10	C15
单位				m^3					
总价（元）				**1485.64**	**1495.54**	**1164.66**	**1174.57**	**1043.22**	**1053.13**
其中	人工费（元）			548.64	548.64	450.50	450.50	371.52	371.52
	材料费（元）			933.28	943.18	710.44	720.35	669.83	679.74
	机械费（元）			3.72	3.72	3.72	3.72	1.87	1.87
名称		单位	单价（元）	消耗量					
人工	综合工日	工日	135.00	4.064	4.064	3.337	3.337	2.752	2.752
材料	预拌混凝土 AC10	m^3	430.17	1.020	—	1.020	—	1.020	—
	预拌混凝土 AC15	m^3	439.88	—	1.020	—	1.020	—	1.020
	木模板	m^3	1982.88	0.2331	0.2331	0.1251	0.1251	0.1066	0.1066
	镀锌钢丝 *D*4	kg	7.08	1.270	1.270	0.910	0.910	0.750	0.750
	圆钉	kg	6.68	1.020	1.020	0.730	0.730	0.600	0.600
	零星卡具	kg	7.57	1.940	1.940	1.390	1.390	1.140	1.140
	阻燃防火保温草袋片 840×760	m^2	3.34	0.540	0.540	0.530	0.530	0.520	0.520
机械	中小型机械费	元	—	3.72	3.72	3.72	3.72	1.87	1.87

工作内容:支、拆模板,混凝土浇筑、振捣、养护等。

编号				3-038	3-039	3-040	3-041	3-042	3-043
项目名称				钢筋混凝土块体设备基础(m^3)					
				1以内		5以内		5以外	
				C10	C15	C10	C15	C10	C15
单位				m^3					
总价(元)				**1696.83**	**1706.73**	**1372.34**	**1382.25**	**1231.73**	**1241.64**
其中	人工费(元)			619.11	619.11	517.46	517.46	419.31	419.31
	材料费(元)			1072.43	1082.33	849.59	859.50	808.98	818.89
	机械费(元)			5.29	5.29	5.29	5.29	3.44	3.44
名称		单位	单价(元)	消耗量					
人工	综合工日	工日	135.00	4.586	4.586	3.833	3.833	3.106	3.106
材料	预拌混凝土 AC10	m^3	430.17	1.020	—	1.020	—	1.020	—
	预拌混凝土 AC15	m^3	439.88	—	1.020	—	1.020	—	1.020
	钢筋 *D*10以内	kg	3.97	14.000	14.000	14.000	14.000	14.000	14.000
	钢筋 *D*10以外	kg	3.80	21.000	21.000	21.000	21.000	21.000	21.000
	木模板	m^3	1982.88	0.2331	0.2331	0.1251	0.1251	0.1066	0.1066
	电焊条	kg	7.59	0.360	0.360	0.360	0.360	0.360	0.360
	镀锌钢丝 *D*0.7	kg	7.42	0.140	0.140	0.140	0.140	0.140	0.140
	镀锌钢丝 *D*4	kg	7.08	1.270	1.270	0.910	0.910	0.750	0.750
	圆钉	kg	6.68	1.020	1.020	0.730	0.730	0.600	0.600
	零星卡具	kg	7.57	1.940	1.940	1.390	1.390	1.140	1.140
	阻燃防火保温草袋片 840×760	m^2	3.34	0.540	0.540	0.530	0.530	0.520	0.520
机械	中小型机械费	元	—	5.29	5.29	5.29	5.29	3.44	3.44

第三节　现浇混凝土基础梁

工作内容：支、拆模板，混凝土浇筑、振捣、养护等。

编　　号				3-044	3-045	3-046
项目名称				钢筋混凝土基础梁		
				C15	C20	C25
单　　位				m^3		
总价（元）				**2383.48**	**2394.38**	**2405.27**
其中	人工费（元）			1045.98	1045.98	1045.98
	材料费（元）			1322.92	1333.82	1344.71
	机械费（元）			14.58	14.58	14.58
名　　称		单位	单价（元）	消　耗　量		
人工	综合工日	工日	135.00	7.748	7.748	7.748
材料	预拌混凝土　AC15	m^3	439.88	1.020	—	—
	预拌混凝土　AC20	m^3	450.56	—	1.020	—
	预拌混凝土　AC25	m^3	461.24	—	—	1.020
	水泥	kg	0.39	0.572	0.572	0.572
	粗砂	t	86.14	0.001	0.001	0.001
	钢筋　D10 以内	kg	3.97	54.000	54.000	54.000
	钢筋　D10 以外	kg	3.80	65.000	65.000	65.000
	木模板	m^3	1982.88	0.1758	0.1758	0.1758
	电焊条	kg	7.59	1.160	1.160	1.160
	镀锌钢丝　D0.7	kg	7.42	0.550	0.550	0.550
	圆钉	kg	6.68	3.830	3.830	3.830
	零星卡具	kg	7.57	3.090	3.090	3.090
	阻燃防火保温草袋片　840×760	m^2	3.34	0.630	0.630	0.630
	水泥砂浆　1:2	m^3	—	（0.001）	（0.001）	（0.001）
机械	中小型机械费	元	—	14.58	14.58	14.58

第四节　设备螺栓套、设备基础二次灌浆

工作内容：支、拆模板，混凝土浇筑、振捣、养护，螺栓制作、安装等。

编　号				3-047	3-048	3-049	3-050
项目名称				设备螺栓套（m）		设备基础二次灌浆	
				1 以内	1 以外	C20 细石混凝土	水泥砂浆 1:2
单　位				个		m^3	
总价（元）				**74.87**	**140.84**	**1053.21**	**1054.90**
其中	人工费（元）			29.70	48.60	581.85	633.15
	材料费（元）			44.63	91.59	465.75	378.77
	机械费（元）			0.54	0.65	5.61	42.98
名　称		单位	单价（元）	消　耗　量			
人工	综合工日	工日	135.00	0.220	0.360	4.310	4.690
材料	预拌混凝土 AC20	m^3	450.56	—	—	1.030	—
	水泥	kg	0.39	—	—	—	629.200
	粗砂	t	86.14	—	—	—	1.529
	木模板	m^3	1982.88	0.021	0.043	—	—
	镀锌钢丝 *D*4	kg	7.08	0.201	0.657	—	—
	圆钉	kg	6.68	0.234	0.250	—	—
	阻燃防火保温草袋片 840×760	m^2	3.34	—	—	0.500	0.500
	水泥砂浆 1:2	m^3	—	—	—	—	（1.100）
机械	中小型机械费	元	—	0.54	0.65	5.61	42.98

第四章　砌 筑 工 程

说　明

一、本章包括新砌砖墙，新砌砖柱，新砌零星砌体，砌块砌体，新砌石墙，拆砌工程，砖墙剔、掏碱，掏安门、窗口，砖构筑物，井类工程，预拌砂浆工程，11节，共237条基价子目。

二、关于项目的界定。

1. 砖基础与砖墙（身）划分应以设计室内地坪为界（有地下室的以地下室室内设计地坪为界），以下为基础，以上为墙（柱）身。基础与墙身使用不同材料，位于设计室内地坪 ±30cm 以内时以不同材料为界，超过 ±30cm，应以设计室内地坪为界。砖围墙应以设计室外地坪为界，以下为基础，以上为墙身。

2. 砖烟囱应按设计室外地坪为界，以下为基础，以上为筒身。

3. 砖烟道与炉体的划分应按第一道闸门为界。

三、工程计价时应注意的问题。

1. 标准砖尺寸应为 240mm × 115mm × 53mm。标准砖墙厚度应按下表计算。

标准砖墙厚度计算表

砖墙厚度（砖数）	$\frac{1}{4}$	$\frac{1}{2}$	$\frac{3}{4}$	1	$1\frac{1}{2}$	2	$2\frac{1}{2}$	3
计算厚度（mm）	53	115	180	240	365	490	615	740

2. 砌墙基价中已包括主体砂浆和附加砂浆。附加砂浆是指砖平拱、装饰线、出檐及墙身承重部分不同的砂浆；砖基础基价及砌墙基价均未包括配置钢筋，如需要时可套用相应基价。

3. 外墙已综合了窗台、虎头砖、砖平拱、砖过梁、装饰线、出檐的工料。内墙已综合了砖平拱的工料。

4. 砌砖工程除剔、掏碱及掏安门窗口外均不包括刮砖，如利用旧料刮砖可套用相应基价。

5. 砖柱不分柱身和柱基，其工程量合并计算，套用砖柱基价执行。

6. 屋顶烟囱基价内包括稳烟道管的人工，但不包括烟道管的材料，其材料另列项目计算。

7. 新砌化粪井、检查井、水表井按规格分别执行相应预算基价，如超出规定尺寸，分别执行挖土方、砌筑和内墙抹水泥基价。

8. 砌块墙现拌基价中砌块规格为 600mm × 300mm ×（150 ～ 200）mm。规格和品种不同时，可以换算，砌块耗用量中不包括改锯损耗。

9. 空心砖墙基价中空心砖规格为 240mm × 240mm × 115mm。规格不同时，可以换算。

10. 砖烟囱体积可按下式分段计算：

$$V=\sum h \times c \times \pi d$$

式中：V——筒身体积；

h——每段筒身垂直高度；

c——每段筒壁厚度；

d——每段筒壁平均直径。

11. 半圆拱基价包括拆支拱胎板。

12. 弧形墙与絮罗汉礤单项基价，其材料用量已综合在砌墙工程子目中，不得另行增加。

13. 拆砌墙工程如拆与砌砂浆强度等级不同时，可套用单项拆与砌墙基价子目分别计算。拆砌檐头已包括砖平拱，不得重复计算。

14. 剔碱以剔外皮为准，掏碱以掏透为准。

15. 掏砌子目页岩标砖尺寸 240mm×115mm×53mm，与实际不同时材料可以换算。

16. 轻集料混凝土小型空心砌块墙的门窗洞口等镶砌的同类实心砖部分已包含在定额内，不单独另行计算。

17. 零星砌体是指台阶、台阶挡墙、梯带、锅台、炉灶、蹲台、池槽、池槽腿、花台、花池、楼梯栏板、阳台栏板、地垄墙、不大于 0.3m^2 的孔洞填塞、突出屋面的烟囱、屋面伸缩缝砌体、隔热板砖墩等。

18. 加气混凝土类砌块墙预拌项目中已包括砌块另行切割改锯的损耗及费用。

工程量计算规则

一、新砌、拆砌各种砖墙、砌块墙按面积（体积）以“m^2（m^3）”计算。外墙按外墙中心线，内墙按净长计算长度。计算墙身时，应扣除门窗洞口、半圆拱、镶入墙身的钢筋混凝土柱、梁、圈梁等所占的面积，但不扣除面积在 0.5m^2 以内的孔洞及梁头、梁垫、混凝土板头、檩头、墙内加固钢筋所占的面积。墙垛、附墙烟囱、通风道、垃圾洞等凸出部分并入砌墙工程量内计算，不扣除其空心体积，但内衬抹灰亦不再计量。

二、墙身高度按下列规定计算。

1. 外墙。

（1）平屋顶：无挑檐，墙高算至屋面板上皮；带挑檐，墙高算至屋面板下皮。女儿墙高度自屋面板上皮算至图示高度（如有混凝土压顶算至压顶下表面），执行外墙基价。

（2）坡屋顶：檐口有檐口天棚，墙高算至屋架下弦底另加 0.2m；无檐口天棚，墙高算至屋面板下皮。山墙有檐口天棚，墙高算至屋面板下皮；无檐口天棚，墙高算至墙顶。

2. 内墙。

（1）平屋顶：墙高算至屋面板下皮。有框架梁时算至梁底。

（2）坡屋顶：硬山墙墙高算至屋面板下皮。有屋架者，墙高算至屋架下弦底。纵墙和横隔墙的高度算至天棚底另加 0.1m。

三、空花墙按带有空花部分的局部外形面积计算，空花所占面积不扣除。

四、各种形状的砖柱均按体积以“m^3”计算，扣除混凝土及钢筋混凝土梁垫、梁头、板头所占体积。

五、零星砌体按外形体积以“m^3”计算，不扣除各种孔洞的体积。

六、砖砌地沟按图示尺寸以实砌体积计算。

七、屋顶烟囱不扣除孔洞，按砌体剖面面积乘以高度以“m^3”计算。

八、各种井类砌筑以“座”计算。

九、炉体内外砌体按其设计体积以“m^3”计算。

十、毛石墙不分厚度按体积以“m^3”计算，其工程量计算方法同砖砌体的上述规定，遇同一工程部位有砖砌体时，应分别列项计算。

十一、半圆拱按实砌体积以“m^3”计算。

十二、拆砌檐头、山尖均按不同墙厚面积以“m^2”计算。

十三、剔碱按实剔面积以“m^2”计算。掏碱按实砌体积以“m^3”计算。

十四、掏安门窗口按不同墙厚面积以“m^2”计算。

十五、拆、砌门窗洞口按实际体积以“m^3”计算。

第一节 新砌砖墙

工作内容:调制砂浆、运料、砌砖、砌窗台虎头砖、腰线、门窗套、画缝、扫墙等。

编号				4-001	4-002	4-003	4-004	4-005	4-006	4-007	4-008
项目名称				页岩标砖 1/4 砖墙		页岩标砖 1/2 砖墙		页岩标砖 3/4 砖外墙		页岩标砖 3/4 砖内墙	
				混合砂浆 M5	水泥砂浆 M10	混合砂浆 M5	水泥砂浆 M10	混合砂浆 M5	水泥砂浆 M10	混合砂浆 M5	水泥砂浆 M10
单位				m^2							
总价(元)				**39.99**	**40.13**	**77.28**	**78.15**	**137.24**	**138.65**	**126.05**	**127.50**
其中	人工费(元)			20.25	20.25	35.10	35.10	72.90	72.90	62.10	62.10
	材料费(元)			18.84	18.98	39.93	40.80	61.63	63.04	61.24	62.69
	机械费(元)			0.90	0.90	2.25	2.25	2.71	2.71	2.71	2.71
	名称	单位	单价(元)	消耗量							
人工	综合工日	工日	135.00	0.150	0.150	0.260	0.260	0.540	0.540	0.460	0.460
材料	页岩标砖 240×115×53	块	0.51	33.000	33.000	66.000	66.000	100.000	100.000	98.000	98.000
	水泥	kg	0.39	1.323	2.142	4.725	7.650	8.127	13.158	8.637	13.984
	粗砂	t	86.14	0.012	0.012	0.044	0.045	0.075	0.077	0.080	0.081
	灰膏	m^3	181.42	0.001	—	0.002	—	0.004	—	0.004	—
	黄花松锯材 二类	m^3	2778.72	0.0001	0.0001	0.0001	0.0001	0.0001	0.0001	0.0001	0.0001
	混合砂浆 M5	m^3	—	(0.007)	—	(0.025)	—	(0.043)	—	(0.0457)	—
	水泥砂浆 M10	m^3	—	—	(0.007)	—	(0.025)	—	(0.043)	—	(0.0457)
机械	中小型机械费	元	—	0.90	0.90	2.25	2.25	2.71	2.71	2.71	2.71

工作内容:调制砂浆、运料、砌砖、砌窗台虎头砖、腰线、门窗套、画缝、扫墙等。

编号				4-009	4-010	4-011	4-012	4-013	4-014	4-015	4-016
项目名称				页岩标砖一砖外墙		页岩标砖一砖内墙		页岩标砖一砖半外墙		页岩标砖一砖半内墙	
				混合砂浆 M5	水泥砂浆 M10	混合砂浆 M5	水泥砂浆 M10	混合砂浆 M5	水泥砂浆 M10	混合砂浆 M5	水泥砂浆 M10
单位				m^2							
总价(元)				**155.04**	**156.95**	**146.60**	**148.48**	**228.88**	**231.89**	**217.72**	**220.80**
其中	人工费(元)			70.20	70.20	62.10	62.10	99.90	99.90	89.10	89.10
	材料费(元)			81.23	83.14	80.89	82.77	123.41	126.42	123.05	126.13
	机械费(元)			3.61	3.61	3.61	3.61	5.57	5.57	5.57	5.57
名称		单位	单价(元)	消耗量							
人工	综合工日	工日	135.00	0.520	0.520	0.460	0.460	0.740	0.740	0.660	0.660
材料	页岩标砖 240×115×53	块	0.51	131.000	131.000	129.000	129.000	197.000	197.000	194.000	194.000
	水泥	kg	0.39	10.924	17.687	11.586	18.758	17.407	28.183	18.446	29.866
	粗砂	t	86.14	0.101	0.103	0.107	0.109	0.161	0.164	0.171	0.174
	灰膏	m^3	181.42	0.005	—	0.006	—	0.008	—	0.009	—
	黄花松锯材 二类	m^3	2778.72	0.0002	0.0002	0.0001	0.0001	0.0003	0.0003	0.0002	0.0002
	混合砂浆 M5	m^3	—	(0.0578)	—	(0.0613)	—	(0.0921)	—	(0.0976)	—
	水泥砂浆 M10	m^3	—	—	(0.0578)	—	(0.0613)	—	(0.0921)	—	(0.0976)
机械	中小型机械费	元	—	3.61	3.61	3.61	3.61	5.57	5.57	5.57	5.57

工作内容：调制砂浆、运料、砌砖、砌窗台虎头砖、腰线、门窗套、画缝、扫墙等。

编号				4-017	4-018	4-019	4-020	4-021	4-022	4-023	4-024
项目名称				页岩标砖二砖外墙		页岩标砖二砖内墙		页岩标砖一砖双面清水墙		页岩标砖一砖半双面清水墙	
				混合砂浆 M5	水泥砂浆 M10	混合砂浆 M5	水泥砂浆 M10	混合砂浆 M5	水泥砂浆 M10	混合砂浆 M5	水泥砂浆 M10
单位				m^2							
总价（元）				**307.76**	**311.88**	**295.01**	**299.35**	**158.28**	**160.19**	**242.92**	**245.93**
其中	人工费（元）			133.65	133.65	121.50	121.50	73.44	73.44	113.94	113.94
	材料费（元）			166.88	171.00	166.28	170.62	81.23	83.14	123.41	126.42
	机械费（元）			7.23	7.23	7.23	7.23	3.61	3.61	5.57	5.57
名称		单位	单价（元）	消耗量							
人工	综合工日	工日	135.00	0.990	0.990	0.900	0.900	0.544	0.544	0.844	0.844
材料	页岩标砖 240×115×53	块	0.51	263.000	263.000	259.000	259.000	131.000	131.000	197.000	197.000
	水泥	kg	0.39	25.005	40.484	26.309	42.595	10.924	17.687	17.407	28.183
	粗砂	t	86.14	0.232	0.235	0.244	0.248	0.101	0.103	0.161	0.164
	灰膏	m^3	181.42	0.012	—	0.013	—	0.005	—	0.008	—
	黄花松锯材 二类	m^3	2778.72	0.0003	0.0003	0.0002	0.0002	0.0002	0.0002	0.0003	0.0003
	混合砂浆 M5	m^3	—	（0.1323）	—	（0.1392）	—	（0.0578）	—	（0.0921）	—
	水泥砂浆 M10	m^3	—	—	（0.1323）	—	（0.1392）	—	（0.0578）	—	（0.0921）
机械	中小型机械费	元	—	7.23	7.23	7.23	7.23	3.61	3.61	5.57	5.57

工作内容：调制砂浆、运料、砌筑等。

编号				4-025	4-026	4-027	4-028	4-029	4-030
项目名称				页岩标砖二砖双面清水墙		页岩标砖墙		页岩标砖空花墙	
				混合砂浆 M5	水泥砂浆 M10	混合砂浆 M5	水泥砂浆 M10	混合砂浆 M5	水泥砂浆 M10
单位				m^2		m^3		m^2	
总价（元）				**314.51**	**318.63**	**614.14**	**622.12**	**128.46**	**130.40**
其中	人工费（元）			140.40	140.40	261.50	261.50	59.67	59.67
	材料费（元）			166.88	171.00	337.58	345.56	65.18	67.12
	机械费（元）			7.23	7.23	15.06	15.06	3.61	3.61
名称		单位	单价（元）	消耗量					
人工	综合工日	工日	135.00	1.040	1.040	1.937	1.937	0.442	0.442
材料	页岩标砖 240×115×53	块	0.51	263.000	263.000	538.000	538.000	96.480	96.480
	水泥	kg	0.39	25.005	40.484	47.817	77.418	12.474	20.196
	粗砂	t	86.14	0.232	0.235	0.443	0.450	0.1165	0.11652
	灰膏	m^3	181.42	0.012	—	0.023	—	0.005928	—
	黄花松锯材 二类	m^3	2778.72	0.0003	0.0003	0.0008	0.0008	—	—
	混合砂浆 M5	m^3	—	（0.1323）	—	（0.253）	—	（0.066）	—
	水泥砂浆 M10	m^3	—	—	（0.1323）	—	（0.253）	—	（0.066）
机械	中小型机械费	元	—	7.23	7.23	15.06	15.06	3.61	3.61

工作内容：调制砂浆、运料、拆支拱胎板、砌砖等。

编号				4-031	4-032	4-033	4-034
项目名称				页岩标砖平拱		页岩标砖半圆拱	
				混合砂浆 M5	水泥砂浆 M10	混合砂浆 M5	水泥砂浆 M10
单位				m^3			
总价(元)				**950.14**	**959.22**	**1051.39**	**1060.47**
其中	人工费(元)			449.55	449.55	550.80	550.80
	材料费(元)			470.90	479.98	470.90	479.98
	机械费(元)			29.69	29.69	29.69	29.69
名称		单位	单价(元)	消耗量			
人工	综合工日	工日	135.00	3.330	3.330	4.080	4.080
材料	页岩标砖 240×115×53	块	0.51	545.000	545.000	545.000	545.000
	水泥	kg	0.39	55.037	89.107	55.037	89.107
	粗砂	t	86.14	0.510	0.518	0.510	0.518
	灰膏	m^3	181.42	0.027	—	0.027	—
	圆钉	kg	6.68	0.100	0.100	0.100	0.100
	黄花松锯材 二类	m^3	2778.72	0.0439	0.0439	0.0439	0.0439
	混合砂浆 M5	m^3	—	(0.2912)	—	(0.2912)	—
	水泥砂浆 M10	m^3	—	—	(0.2912)	—	(0.2912)
机械	中小型机械费	元	—	29.69	29.69	29.69	29.69

工作内容：砌体配筋包括制作、安放墙体力固筋等操作过程。

编号				4–035	4–036	4–037	4–038
项目名称				砌体配筋	弧形页岩标砖墙部分力工		
					半砖墙	一砖墙	一砖半墙
单位				kg	m^2		
总价（元）				**8.22**	**9.45**	**18.90**	**28.35**
其中	人工费（元）			3.38	9.45	18.90	28.35
	材料费（元）			4.81	—	—	—
	机械费（元）			0.03	—	—	—
名称		单位	单价（元）	消耗量			
人工	综合工日	工日	135.00	0.025	0.070	0.140	0.210
材料	钢筋 *D*10 以内	kg	3.97	1.040	—	—	—
	镀锌钢丝 *D*0.7	kg	7.42	0.092	—	—	—
机械	中小型机械费	元	—	0.03	—	—	—

第二节 新砌砖柱

工作内容：调制砂浆、运料、砌砖、画缝、清扫等。

编号				4-039	4-040	4-041	4-042
项目名称				页岩标砖方形柱		页岩标砖圆、半圆、多边形柱	
				混合砂浆 M5	水泥砂浆 M10	混合砂浆 M5	水泥砂浆 M10
单位				m^3			
总价(元)				**739.27**	**747.11**	**908.74**	**920.64**
其中	人工费(元)			378.00	378.00	442.80	445.50
	材料费(元)			340.83	348.67	444.21	453.41
	机械费(元)			20.44	20.44	21.73	21.73
名称		单位	单价(元)	消耗量			
人工	综合工日	工日	135.00	2.800	2.800	3.280	3.300
材料	页岩标砖 240×115×53	块	0.51	550.000	550.000	735.000	735.000
	水泥	kg	0.39	47.250	76.500	54.432	88.128
	粗砂	t	86.14	0.438	0.445	0.504	0.513
	灰膏	m^3	181.42	0.023	—	0.026	—
	混合砂浆 M5	m^3	—	(0.250)	—	(0.288)	—
	水泥砂浆 M10	m^3	—	—	(0.250)	—	(0.288)
机械	中小型机械费	元	—	20.44	20.44	21.73	21.73

第三节 新砌零星砌体

工作内容：调制砂浆、运料、砌砖、画缝、清扫等。

编号				4-043	4-044	4-045	4-046	4-047
项目名称				页岩标砖池槽砌体		页岩标砖零星砌体		页岩标砖地沟
				混合砂浆 M5	水泥砂浆 M10	混合砂浆 M5	水泥砂浆 M10	
单位				m^3				
总价（元）				**953.56**	**961.17**	**771.96**	**779.94**	**522.62**
其中	人工费（元）			589.95	589.95	409.05	409.05	166.46
	材料费（元）			341.67	349.28	340.97	348.95	344.54
	机械费（元）			21.94	21.94	21.94	21.94	11.62
名称		单位	单价（元）	消耗量				
人工	综合工日	工日	135.00	4.370	4.370	3.030	3.030	1.233
材料	页岩标砖 240×115×53	块	0.51	556.000	556.000	549.000	549.000	550.000
	水泥	kg	0.39	45.549	73.746	47.817	77.418	71.879
	粗砂	t	86.14	0.422	0.429	0.443	0.450	0.418
	灰膏	m^3	181.42	0.022	—	0.023	—	—
	混合砂浆 M5	m^3	—	（0.241）	—	（0.253）	—	—
	水泥砂浆 M10	m^3	—	—	（0.241）	—	（0.253）	（0.2349）
机械	中小型机械费	元	—	21.94	21.94	21.94	21.94	11.62

工作内容：调制砂浆、砍砖、砌砖、勾缝、安放加固筋。

编号				4-048	4-049
项目名称				页岩标砖屋顶烟囱	
				混合砂浆 M5	水泥砂浆 M10
单位				m^3	
总价（元）				**770.41**	**777.48**
其中	人工费（元）			422.55	422.55
	材料费（元）			332.80	339.87
	机械费（元）			15.06	15.06
名称		单位	单价（元）	消耗量	
人工	综合工日	工日	135.00	3.130	3.130
材料	页岩标砖 240×115×53	块	0.51	546.000	546.000
	水泥	kg	0.39	42.544	68.881
	粗砂	t	86.14	0.394	0.401
	灰膏	m^3	181.42	0.021	—
	混合砂浆 M5	m^3	—	(0.2251)	—
	水泥砂浆 M10	m^3	—	—	(0.2251)
机械	中小型机械费	元	—	15.06	15.06

第四节　砌块砌体

工作内容：调制砂浆、运料、砌筑等。

编　号				4-050	4-051	4-052
项目名称				砌块墙	页岩空心砖墙	
					斗砌	卧砌
				混合砂浆 M5	混合砂浆 M5	
单　位				m^3	m^3	
总价（元）				**568.63**	**443.21**	**417.12**
其中	人工费（元）			206.55	226.80	206.55
	材料费（元）			348.53	201.57	197.88
	机械费（元）			13.55	14.84	12.69
名　称		单位	单价（元）	消　耗　量		
人工	综合工日	工日	135.00	1.530	1.680	1.530
材料	页岩标砖 240×115×53	块	0.51	—	85.000	55.000
	页岩空心砖 240×240×115	块	1.09	—	121.000	123.000
	加气混凝土砌块 300×600×150	m^3	318.48	1.030	—	—
	水泥	kg	0.39	15.120	20.677	27.972
	粗砂	t	86.14	0.140	0.191	0.259
	灰膏	m^3	181.42	0.014	0.010	0.014
	混合砂浆 M5	m^3	—	（0.080）	（0.1094）	（0.148）
机械	中小型机械费	元	—	13.55	14.84	12.69

第五节　新砌石墙

工作内容：铺灰砌筑、石片或砂浆填实、灌浆、安放木砖、预制过梁、抗震构件及铁件、预留洞口等。

编号				4-053	4-054	4-055	4-056
项目名称				毛石墙			
				直形墙		圆弧形墙	
				混合砂浆 M5	水泥砂浆 M10	混合砂浆 M5	水泥砂浆 M10
单位				m^3			
总价（元）				**560.57**	**573.19**	**575.42**	**588.04**
其中	人工费（元）			259.20	259.20	274.05	274.05
	材料费（元）			286.31	298.93	286.31	298.93
	机械费（元）			15.06	15.06	15.06	15.06
名称		单位	单价（元）	消耗量			
人工	综合工日	工日	135.00	1.920	1.920	2.030	2.030
材料	水泥	kg	0.39	75.789	122.706	75.789	122.706
	粗砂	t	86.14	0.702	0.714	0.702	0.714
	灰膏	m^3	181.42	0.037	—	0.037	—
	毛石	t	89.21	2.125	2.125	2.125	2.125
	混合砂浆 M5	m^3	—	（0.401）	—	（0.401）	—
	水泥砂浆 M10	m^3	—	—	（0.401）	—	（0.401）
机械	中小型机械费	元	—	15.06	15.06	15.06	15.06

工作内容：铺灰砌筑、石片或砂浆填实、灌浆、安放木砖、预制过梁、抗震构件及铁件、预留洞口等。

编　号				4-057	4-058	4-059	4-060	4-061
项目名称				毛石挡土墙		毛石护墙		
				混合砂浆 M5	水泥砂浆 M10	浆砌		干砌
						混合砂浆 M5	水泥砂浆 M10	
单　位				m^3				
总价（元）				**492.52**	**505.14**	**525.42**	**539.36**	**366.64**
其中	人工费（元）			210.60	210.60	228.15	228.15	142.56
	材料费（元）			266.86	279.48	282.21	296.15	224.08
	机械费（元）			15.06	15.06	15.06	15.06	—
名　称		单位	单价（元）	消　耗　量				
人工	综合工日	工日	135.00	1.560	1.560	1.690	1.690	1.056
材料	水泥	kg	0.39	75.789	122.706	83.160	134.640	—
	粗砂	t	86.14	0.702	0.714	0.770	0.783	0.556
	灰膏	m^3	181.42	0.037	—	0.040	—	—
	毛石	t	89.21	1.907	1.907	1.975	1.975	1.975
	混合砂浆 M5	m^3	—	（0.401）	—	（0.440）	—	—
	水泥砂浆 M10	m^3	—	—	（0.401）	—	（0.440）	—
机械	中小型机械费	元	—	15.06	15.06	15.06	15.06	—

第六节 拆砌工程

工作内容：简单支顶加固、拆墙、调灰、运料、砌筑、剔接槎子、拆后杂物清理。

编号				4-062	4-063	4-064	4-065	4-066
项目名称				页岩标砖半砖墙		页岩标砖一砖外墙		
				混合砂浆 M5	水泥砂浆 M10	青灰条	混合砂浆 M5	水泥砂浆 M10
单位				m^2				
总价（元）				**97.51**	**98.47**	**172.44**	**188.78**	**200.92**
其中	人工费（元）			52.65	52.65	87.35	101.52	111.65
	材料费（元）			42.61	43.57	81.48	83.65	85.66
	机械费（元）			2.25	2.25	3.61	3.61	3.61
名称		单位	单价（元）	消耗量				
人工	综合工日	工日	135.00	0.390	0.390	0.647	0.752	0.827
材料	页岩标砖 240×115×53	块	0.51	71.000	71.000	144.000	131.000	131.000
	水泥	kg	0.39	5.103	8.262	0.602	12.096	19.584
	粗砂	t	86.14	0.047	0.048	0.005	0.112	0.114
	灰膏	m^3	181.42	0.002	—	0.019	0.006	—
	黄土	m^3	77.65	—	—	0.009	—	—
	青灰	kg	1.01	—	—	1.818	—	—
	黄花松锯材 二类	m^3	2778.72	—	—	0.0005	0.0005	0.0005
	混合砂浆 M5	m^3	—	(0.027)	—	—	(0.064)	—
	水泥砂浆 M5	m^3	—	—	—	(0.0028)	—	—
	水泥砂浆 M10	m^3	—	—	(0.027)	—	—	(0.064)
	掺灰泥浆 1:3	m^3	—	—	—	(0.008)	—	—
	青白灰浆	m^3	—	—	—	(0.019)	—	—
机械	中小型机械费	元	—	2.25	2.25	3.61	3.61	3.61

工作内容:简单支顶加固、拆墙、调灰、运料、砌筑、剔接槎子、拆后杂物清理。

编号				4-067	4-068	4-069	4-070	4-071	4-072	4-073
项目名称				页岩标砖一砖内墙		页岩标砖一砖半内墙		页岩标砖一砖半外墙		
				混合砂浆 M5	水泥砂浆 M10	混合砂浆 M5	水泥砂浆 M10	青灰条	混合砂浆 M5	水泥砂浆 M10
单位				m^2						
总价(元)				**174.29**	**185.26**	**253.95**	**271.13**	**244.16**	**273.87**	**291.23**
其中	人工费(元)			87.75	96.53	122.58	136.35	123.66	142.97	157.28
	材料费(元)			82.93	85.12	125.80	129.21	114.93	125.33	128.38
	机械费(元)			3.61	3.61	5.57	5.57	5.57	5.57	5.57
名称		单位	单价(元)	消耗量						
人工	综合工日	工日	135.00	0.650	0.715	0.908	1.010	0.916	1.059	1.165
材料	页岩标砖 240×115×53	块	0.51	130.000	130.000	194.000	194.000	215.000	196.000	196.000
	水泥	kg	0.39	12.852	20.808	20.601	33.354	1.183	18.333	29.682
	粗砂	t	86.14	0.119	0.121	0.191	0.194	0.011	0.170	0.173
	黄土	m^3	77.65	—	—	—	—	0.015	—	—
	青灰	kg	1.01	—	—	—	—	0.0314	—	—
	灰膏	m^3	181.42	0.006	—	0.010	—	0.004	0.009	—
	黄花松锯材 二类	m^3	2778.72	0.0001	0.0001	0.0002	0.0002	0.0007	0.0007	0.0007
	混合砂浆 M5	m^3	—	(0.068)	—	(0.109)	—	—	(0.097)	—
	水泥砂浆 M10	m^3	—	—	(0.068)	—	(0.109)	—	—	(0.097)
	水泥砂浆 M5	m^3	—	—	—	—	—	(0.0055)	—	—
	掺灰泥浆 1:3	m^3	—	—	—	—	—	(0.0134)	—	—
机械	中小型机械费	元	—	3.61	3.61	5.57	5.57	5.57	5.57	5.57

工作内容：简单支顶加固、拆墙、调灰、运料、砌筑、剔接槎子、拆后杂物清理。

编号				4–074	4–075	4–076	4–077	4–078
项目名称				页岩标砖二砖外墙			页岩标砖二砖内墙	
				青灰条	混合砂浆 M5	水泥砂浆 M10	混合砂浆 M5	水泥砂浆 M10
单位				m^2				
总价（元）				**328.91**	**359.67**	**382.41**	**346.49**	**368.14**
其中	人工费（元）			155.25	180.36	198.45	169.43	186.30
	材料费（元）			166.43	172.08	176.73	169.83	174.61
	机械费（元）			7.23	7.23	7.23	7.23	7.23
名称		单位	单价（元）	消耗量				
人工	综合工日	工日	135.00	1.150	1.336	1.470	1.255	1.380
材料	页岩标砖 240×115×53	块	0.51	287.000	263.000	263.000	259.000	259.000
	水泥	kg	0.39	1.656	27.594	44.676	28.917	46.818
	粗砂	t	86.14	0.015	0.256	0.260	0.268	0.272
	灰膏	m^3	181.42	0.049	0.013	—	0.014	—
	黄土	m^3	77.65	0.023	—	—	—	—
	青灰	kg	1.01	4.622	—	—	—	—
	黄花松锯材 二类	m^3	2778.72	0.001	0.001	0.001	0.0003	0.0003
	混合砂浆 M5	m^3	—	—	（0.146）	—	（0.153）	—
	水泥砂浆 M5	m^3	—	（0.0077）	—	—	—	—
	水泥砂浆 M10	m^3	—	—	—	（0.146）	—	（0.153）
	青白灰浆	m^3	—	（0.0483）	—	—	—	—
	掺灰泥浆 1∶3	m^3	—	（0.0207）	—	—	—	—
机械	中小型机械费	元	—	7.23	7.23	7.23	7.23	7.23

工作内容：简单支顶加固、拆墙、调灰、运料、砌筑、剔接槎子、拆后杂物清理。

编号				4-079	4-080	4-081	4-082
项目名称				页岩标砖碎砖墙		页岩标砖墙	
				混合砂浆 M5	水泥砂浆 M10	混合砂浆 M5	水泥砂浆 M10
单位				m^3			
总价(元)				**614.73**	**632.77**	**723.04**	**731.02**
其中	人工费(元)			433.35	433.35	367.34	367.34
	材料费(元)			162.66	180.70	340.64	348.62
	机械费(元)			18.72	18.72	15.06	15.06
名称		单位	单价(元)	消耗量			
人工	综合工日	工日	135.00	3.210	3.210	2.721	2.721
材料	页岩标砖 240×115×53	块	0.51	32.000	32.000	538.000	538.000
	水泥	kg	0.39	107.730	174.420	47.817	77.418
	粗砂	t	86.14	0.998	1.015	0.443	0.450
	灰膏	m^3	181.42	0.052	—	0.023	—
	黄花松锯材 二类	m^3	2778.72	—	—	0.0019	0.0019
	碎砖	m^3	55.77	0.160	0.160	—	—
	混合砂浆 M5	m^3	—	(0.570)	—	(0.253)	—
	水泥砂浆 M10	m^3	—	—	(0.570)	—	(0.253)
机械	中小型机械费	元	—	18.72	18.72	15.06	15.06

工作内容:简单支顶加固、拆墙、调灰、运料、砌筑、剔接槎子、拆后杂物清理。

编号			4-083	4-084	4-085	4-086	4-087	4-088
项目名称			页岩标砖一砖半女儿墙、檐头			页岩标砖一砖女儿墙、檐头		
			青灰条	混合砂浆 M5	水泥砂浆 M10	青灰条	混合砂浆 M5	水泥砂浆 M10
单位			m^2					
总价(元)			**331.13**	**353.82**	**377.78**	**218.41**	**234.90**	**250.69**
其中	人工费(元)		185.63	204.39	224.78	123.66	136.08	149.72
	材料费(元)		139.93	143.86	147.43	91.14	95.21	97.36
	机械费(元)		5.57	5.57	5.57	3.61	3.61	3.61
名称	单位	单价(元)	消耗量					
人工 综合工日	工日	135.00	1.375	1.514	1.665	0.916	1.008	1.109
材料 页岩标砖 240×115×53	块	0.51	251.000	229.000	229.000	165.000	153.000	153.000
水泥	kg	0.39	—	21.244	34.394	—	13.419	21.726
粗砂	t	86.14	—	0.197	0.200	—	0.124	0.126
灰膏	m^3	181.42	0.038	0.010	—	0.022	0.007	—
黄土	m^3	77.65	0.018	—	—	0.011	—	—
青灰	kg	1.01	3.589	—	—	2.125	—	—
混合砂浆 M5	m^3	—	—	(0.1124)	—	—	(0.071)	—
水泥砂浆 M10	m^3	—	—	—	(0.1124)	—		(0.071)
掺灰泥浆 1:3	m^3	—	(0.016)	—	—	(0.0095)		—
青白灰浆	m^3	—	(0.0375)	—	—	(0.0222)	—	—
机械 中小型机械费	元	—	5.57	5.57	5.57	3.61	3.61	3.61

工作内容：简单支顶加固、拆墙、调灰、运料、砌筑、剔接槎子、拆后杂物清理。

编号				4-089	4-090	4-091	4-092	4-093	4-094	4-095
项目名称				页岩标砖一砖山尖			页岩标砖一砖半山尖			絮罗汉槎附加工
				青灰条	混合砂浆 M5	水泥砂浆 M10	青灰条	混合砂浆 M5	水泥砂浆 M10	
单位				m^2						m
总价（元）				**239.54**	**256.87**	**275.28**	**318.72**	**341.14**	**364.29**	**49.41**
其中	人工费（元）			148.50	163.35	179.55	185.63	204.26	224.10	49.41
	材料费（元）			87.43	89.91	92.12	127.52	131.31	134.62	—
	机械费（元）			3.61	3.61	3.61	5.57	5.57	5.57	—
名称		单位	单价（元）	消耗量						
人工	综合工日	工日	135.00	1.100	1.210	1.330	1.375	1.513	1.660	0.366
材料	页岩标砖 240×115×53	块	0.51	158.000	144.000	144.000	229.000	209.000	209.000	—
	水泥	kg	0.39	—	12.947	20.961	—	19.429	31.457	—
	粗砂	t	86.14	—	0.120	0.122	—	0.180	0.183	—
	灰膏	m^3	181.42	0.022	0.006	—	0.034	0.009	—	—
	青灰	kg	1.01	2.058	—	—	3.283	—	—	—
	黄土	m^3	77.65	0.010	—	—	0.016	—	—	—
	混合砂浆 M5	m^3	—	—	（0.0685）	—	—	（0.1028）	—	—
	水泥砂浆 M10	m^3	—	—	—	（0.0685）	—	—	（0.1028）	—
	掺灰泥浆 1:3	m^3	—	（0.0092）	—	—	（0.0147）	—	—	—
	青白灰浆	m^3	—	（0.0215）	—	—	（0.0343）	—	—	—
机械	中小型机械费	元	—	3.61	3.61	3.61	5.57	5.57	5.57	—

工作内容: 简单支顶加固、拆墙、调灰、运料、砌筑、剔接槎子、拆后杂物清理。

编号					4-096	4-097	4-098	4-099	4-100
项目名称					页岩标砖屋顶烟囱		页岩标砖池槽	页岩标砖零星砌体	
					混合砂浆 M5	水泥砂浆 M10		水泥砂浆 M5	水泥砂浆 M10
单位					m^3				
总价(元)					**885.45**	**945.92**	**900.05**	**894.87**	**954.20**
其中	人工费(元)				523.80	576.45	523.80	523.80	576.45
	材料费(元)				339.71	347.53	354.31	349.13	355.81
	机械费(元)				21.94	21.94	21.94	21.94	21.94
名称			单位	单价(元)	消耗量				
人工	综合工日		工日	135.00	3.880	4.270	3.880	3.880	4.270
材料	页岩标砖 240×115×53		块	0.51	549.000	549.000	553.000	549.000	549.000
	水泥		kg	0.39	46.796	75.766	81.090	59.770	85.068
	粗砂		t	86.14	0.433	0.441	0.472	0.532	0.495
	灰膏		m^3	181.42	0.023	—	—	—	—
	水泥砂浆 M5		m^3	—	—	—	—	(0.278)	—
	水泥砂浆 M10		m^3	—	—	(0.2476)	(0.265)	—	(0.278)
	混合砂浆 M5		m^3	—	(0.2476)	—	—	—	—
机械	中小型机械费		元	—	21.94	21.94	21.94	21.94	21.94

第七节　砖墙剔、掏碱

工作内容：剔砖、换砖、调灰、运料、勾缝。

编　　号					4-101	4-102	4-103
项目名称					剔碱		
					青灰条	混合砂浆 M5	水泥砂浆 M10
单　　位					m^2		
总价（元）					**146.43**	**156.88**	**168.97**
其中	人工费（元）				99.09	108.95	119.88
	材料费（元）				45.09	45.68	46.84
	机械费（元）				2.25	2.25	2.25
名　　称			单位	单价（元）	消　耗　量		
人工	综合工日		工日	135.00	0.734	0.807	0.888
材料	页岩标砖 240×115×53		块	0.51	81.000	71.000	71.000
	水泥		kg	0.39	—	8.513	12.666
	粗砂		t	86.14	—	0.062	0.063
	细砂		t	87.33	—	0.003	0.003
	灰膏		m^3	181.42	0.012	0.003	—
	青灰		kg	1.01	1.129	—	—
	黄土		m^3	77.65	0.006	—	—
	混合砂浆 M5		m^3	—	—	（0.0355）	—
	水泥砂浆 M10		m^3	—	—	—	（0.0355）
	青白灰浆		m^3	—	（0.0118）	—	—
	掺灰泥浆 1∶3		m^3	—	（0.005）	—	—
	水泥细砂浆 1∶1.5		m^3	—	—	（0.003）	（0.003）
机械	中小型机械费		元	—	2.25	2.25	2.25

工作内容：掏砖、换砖、砌筑、调灰、运料、加楔。

编　　号				4–104	4–105	4–106
项目名称				掏碱		
				青灰条	混合砂浆 M5	水泥砂浆 M10
单　　位				m^3		
总价(元)				**799.19**	**859.75**	**918.00**
其中	人工费(元)			449.55	494.51	543.92
	材料费(元)			330.92	346.52	355.36
	机械费(元)			18.72	18.72	18.72
名　　称		单位	单价(元)	消　耗　量		
人工	综合工日	工日	135.00	3.330	3.663	4.029
材料	页岩标砖 240×115×53	块	0.51	600.000	546.000	546.000
	水泥	kg	0.39	—	53.298	86.292
	粗砂	t	86.14	—	0.494	0.502
	灰膏	m^3	181.42	0.079	0.026	—
	青灰	kg	1.01	7.560	—	—
	黄土	m^3	77.65	0.038	—	—
	混合砂浆 M5	m^3	—	—	(0.282)	—
	水泥砂浆 M10	m^3	—	—	—	(0.282)
	青白灰浆	m^3	—	(0.079)	—	—
	掺灰泥浆 1:3	m^3	—	(0.0339)	—	—
机械	中小型机械费	元	—	18.72	18.72	18.72

第八节　掏安门、窗口

工作内容:拆墙、剔接槎子、安过木、运料、外墙勾缝、内墙找补灰、修补一般地面。

编　号				4-107	4-108	4-109	4-110	4-111	4-112
项目名称				掏安混合砂浆 M5 页岩标砖门口			掏安水泥砂浆 M10 页岩标砖门口		
				一砖墙	一砖半墙	二砖墙	一砖墙	一砖半墙	二砖墙
单　位				m^2					
总价(元)				**213.03**	**310.01**	**418.06**	**227.30**	**330.81**	**446.02**
其中	人工费(元)			136.22	197.51	265.82	149.85	217.22	292.41
	材料费(元)			73.20	106.93	145.01	73.84	108.02	146.38
	机械费(元)			3.61	5.57	7.23	3.61	5.57	7.23
名　称		单位	单价(元)	消　耗　量					
人工	综合工日	工日	135.00	1.009	1.463	1.969	1.110	1.609	2.166
材料	页岩标砖 240×115×53	块	0.51	21.000	31.000	42.000	21.000	31.000	42.000
	水泥	kg	0.39	6.722	9.047	11.973	9.062	12.557	16.653
	粗砂	t	86.14	0.041	0.060	0.080	0.042	0.061	0.081
	细砂	t	87.33	0.002	0.002	0.003	0.002	0.002	0.003
	麻刀	kg	3.92	0.408	0.449	0.592	0.408	0.449	0.592
	灰膏	m^3	181.42	0.022	0.024	0.032	0.020	0.022	0.029
	黄花松锯材 二类	m^3	2778.72	0.0182	0.0274	0.0373	0.0182	0.0274	0.0373
	麻刀白灰浆	m^3	—	(0.020)	(0.022)	(0.029)	(0.020)	(0.022)	(0.029)
	水泥砂浆 1:3	m^3	—	(0.004)	(0.005)	(0.006)	(0.004)	(0.005)	(0.006)
	水泥细砂浆 1:1.5	m^3	—	(0.002)	(0.002)	(0.003)	(0.002)	(0.002)	(0.003)
	混合砂浆 M5	m^3	—	(0.020)	(0.030)	(0.040)	—	—	—
	水泥砂浆 M10	m^3	—	—	—	—	(0.020)	(0.030)	(0.040)
机械	中小型机械费	元	—	3.61	5.57	7.23	3.61	5.57	7.23

工作内容：拆墙、剔接槎子、安过木、运料、外墙勾缝、内墙找补灰、修补一般地面。

编号				4–113	4–114	4–115	4–116	4–117	4–118
项目名称				掏安混合砂浆 M5 页岩标砖窗口			掏安水泥砂浆 M10 页岩标砖窗口		
				一砖墙	一砖半墙	二砖墙	一砖墙	一砖半墙	二砖墙
单位				m^2					
总价（元）				**375.47**	**517.67**	**698.66**	**399.28**	**549.14**	**740.86**
其中	人工费（元）			226.94	297.00	399.47	249.62	326.70	439.43
	材料费（元）			144.92	215.10	291.96	146.05	216.87	294.20
	机械费（元）			3.61	5.57	7.23	3.61	5.57	7.23
名称		单位	单价（元）	消耗量					
人工	综合工日	工日	135.00	1.681	2.200	2.959	1.849	2.420	3.255
材料	页岩标砖 240×115×53	块	0.51	37.000	55.000	74.000	37.000	55.000	74.000
	水泥	kg	0.39	9.584	13.954	18.587	13.667	20.366	27.128
	粗砂	t	86.14	0.066	0.103	0.137	0.067	0.105	0.139
	细砂	t	87.33	0.003	0.003	0.004	0.003	0.003	0.004
	麻刀	kg	3.92	0.755	1.000	1.327	0.755	1.000	1.327
	灰膏	m^3	181.42	0.040	0.053	0.071	0.037	0.048	0.064
	黄花松锯材 二类	m^3	2778.72	0.0382	0.0572	0.078	0.0382	0.0572	0.078
	混合砂浆 M5	m^3	—	(0.0349)	(0.0548)	(0.073)	—	—	—
	麻刀白灰浆	m^3	—	(0.037)	(0.049)	(0.065)	(0.037)	(0.049)	(0.065)
	水泥砂浆 1:3	m^3	—	(0.003)	(0.0044)	(0.0059)	(0.003)	(0.0044)	(0.0059)
	水泥细砂浆 1:1.5	m^3	—	(0.0028)	(0.0028)	(0.0037)	(0.0028)	(0.0028)	(0.0037)
	水泥砂浆 M10	m^3	—	—	—	—	(0.0349)	(0.0548)	(0.073)
机械	中小型机械费	元	—	3.61	5.57	7.23	3.61	5.57	7.23

工作内容：1. 掏门窗洞口：拆除、材料整理、堆放、污土归堆。2. 砌门窗洞口：调制砂浆、运料、砌砖、画缝、清扫等。

编　　号				4–119	4–120
项目名称				掏页岩标砖门窗洞口	砌页岩标砖门窗洞口
单　　位				m^3	
总价(元)				**202.50**	**706.23**
其中	人工费(元)			202.50	335.34
	材料费(元)			—	348.95
	机械费(元)			—	21.94
名　　称		单位	单价(元)	消　耗　量	
人工	综合工日	工日	135.00	1.500	2.484
材料	页岩标砖 240×115×53	块	0.51	—	549.000
	水泥	kg	0.39	—	77.418
	粗砂	t	86.14	—	0.450
	水泥砂浆 M10	m^3	—	—	(0.253)
机械	中小型机械费	元	—	—	21.94

第九节 砖构筑物

工作内容：调制砂浆、砍砖、砌砖、勾缝、安放加固筋。

编号				4-121	4-122	4-123	4-124
项目名称				烟囱		烟囱内衬	烟道及锅炉底座
				内抹耐火土	水泥烟道管	耐火砖砌体	
单位				m^2	m	m^3	
总价(元)				**32.22**	**29.31**	**1749.75**	**1630.70**
其中	人工费(元)			22.82	6.75	456.30	303.75
	材料费(元)			8.44	22.56	1260.32	1306.08
	机械费(元)			0.96	—	33.13	20.87
名称		单位	单价(元)	消耗量			
人工	综合工日	工日	135.00	0.169	0.050	3.380	2.250
材料	水泥	kg	0.39	—	1.530	—	—
	粗砂	t	86.14	—	0.009	—	—
	耐火砖 230×115×65	块	2.08	—	—	574.000	596.000
	耐火土	kg	0.40	21.100	—	166.000	166.000
	水泥烟道管	m	20.37	—	1.040	—	—
	水泥砂浆 M10	m^3	—	—	(0.005)	—	—
机械	中小型机械费	元	—	0.96	—	33.13	20.87

工作内容：运料、调制砂浆、混凝土浇筑、振捣、砌筑、抹灰、压光、勾缝等。

编号				4-125	4-126	4-127	4-128
项目名称				C20钢筋混凝土锅炉基础	平墁耐火砖	锅炉基础抹水泥面	充填珍珠岩绝热层
单位				m^3	m^2		m^3
总价(元)				**1720.20**	**95.11**	**53.24**	**394.25**
其中	人工费(元)			636.12	17.55	42.53	273.24
	材料费(元)			1073.11	77.08	9.54	113.42
	机械费(元)			10.97	0.48	1.17	7.59
名称		单位	单价(元)	消耗量			
人工	综合工日	工日	135.00	4.712	0.130	0.315	2.024
材料	预拌混凝土 AC20	m^3	450.56	1.020	—	—	—
	水泥	kg	0.39	—	—	15.400	—
	粗砂	t	86.14	—	—	0.041	—
	钢筋 $D10$以内	kg	3.97	53.500	—	—	—
	钢筋 $D10$以外	kg	3.80	65.400	—	—	—
	木模板	m^3	1982.88	0.070	—	—	—
	耐火砖 230×115×65	块	2.08	—	36.000	—	—
	耐火土	kg	0.40	—	5.500	—	—
	珍珠岩	m^3	98.63	—	—	—	1.150
	镀锌钢丝 $D0.7$	kg	7.42	0.890	—	—	—
	圆钉	kg	6.68	1.080	—	—	—
机械	中小型机械费	元	—	10.97	0.48	1.17	7.59

工作内容：运料、调制砂浆、混凝土浇筑、振捣、砌筑、抹灰、压光、勾缝等。

编号				4-129	4-130	4-131	4-132	4-133
项目名称				砌耐火砖拱	浇筑耐火混凝土拱	炉内砌耐火砖	炉顶平铺耐火砖	浇筑耐火混凝土炉顶
单位				m^3			m^2	m^3
总价（元）				**3524.42**	**3478.40**	**2034.30**	**96.94**	**2323.35**
其中	人工费（元）			2004.75	2897.10	778.14	19.31	1849.50
	材料费（元）			1464.00	500.86	1234.56	77.08	422.50
	机械费（元）			55.67	80.44	21.60	0.55	51.35
名称		单位	单价（元）	消耗量				
人工	综合工日	工日	135.00	14.850	21.460	5.764	0.143	13.700
材料	耐火混凝土	m^3	—	—	(1.070)	—	—	(1.070)
	耐火砖 230×115×65	块	2.08	557.000	—	557.000	36.000	—
	耐火土	kg	0.40	140.000	—	190.000	5.500	—
	木模板	m^3	1982.88	0.123	0.247	—	—	0.209
	圆钉	kg	6.68	0.830	1.660	—	—	1.210
机械	中小型机械费	元	—	55.67	80.44	21.60	0.55	51.35

工作内容：运料、调制砂浆、混凝土浇筑、振捣、砌筑、抹灰、压光、勾缝等。

编号				4-134	4-135	4-136	4-137
项目名称				炉顶抹耐火土	炉顶抹白麻刀灰（20mm 厚）	炉顶铺珍珠岩	浇筑 C15 素混凝土水泵及除尘器台子
单位				m^2		m^3	
总价（元）				**38.97**	**38.90**	**394.25**	**1094.83**
其中	人工费（元）			29.70	25.65	273.24	489.24
	材料费（元）			8.44	12.54	113.42	591.49
	机械费（元）			0.83	0.71	7.59	14.10
名称		单位	单价（元）	消耗量			
人工	综合工日	工日	135.00	0.220	0.190	2.024	3.624
材料	预拌混凝土 AC15	m^3	439.88	—	—	—	1.020
	麻刀	kg	3.92	—	1.070	—	—
	灰膏	m^3	181.42	—	0.046	—	—
	木模板	m^3	1982.88	—	—	—	0.070
	耐火土	kg	0.40	21.100	—	—	—
	珍珠岩	m^3	98.63	—	—	1.150	—
	圆钉	kg	6.68	—	—	—	0.600
机械	中小型机械费	元	—	0.83	0.71	7.59	14.10

工作内容：拆除、控制扬尘、污土归堆等操作过程。

编号				4-138	4-139	4-140	4-141	4-142	4-143
项目名称				拆除砖砌锅炉、水泵除尘器	拆除砖砌锅炉基础	拆除砖砌炉墙	拆除炉内耐火砖	拆除耐火砖、混凝土拱	拆除炉顶层
单位				m^3					
总价（元）				**324.00**	**324.00**	**162.00**	**259.20**	**305.51**	**57.65**
其中	人工费（元）			324.00	324.00	162.00	259.20	305.51	57.65
	材料费（元）			—	—	—	—	—	—
名称		单位	单价（元）	消耗量					
人工	综合工日	工日	135.00	2.400	2.400	1.200	1.920	2.263	0.427

工作内容：拆除、控制扬尘、污土归堆、运料、拌和、浇筑、勾缝等操作过程。

编号				4–144	4–145	4–146
项目名称				拆砌炉内耐火砖	拆砌炉内耐火砖拱	拆砌炉内耐火混凝土拱
单位				m^3		
总价（元）				**2513.96**	**4313.05**	**4451.01**
其中	人工费（元）			1244.84	2772.09	3843.45
	材料费（元）			1234.56	1464.00	500.86
	机械费（元）			34.56	76.96	106.70
名称		单位	单价（元）	消耗量		
人工	综合工日	工日	135.00	9.221	20.534	28.470
材料	预拌耐火混凝土	m^3	—	—	—	（1.070）
	耐火砖 230×115×65	块	2.08	557.000	557.000	—
	耐火土	kg	0.40	190.000	140.000	—
	木模板	m^3	1982.88	—	0.123	0.247
	圆钉	kg	6.68	—	0.830	1.660
机械	中小型机械费	元	—	34.56	76.96	106.70

工作内容：拆除、控制扬尘、污土归堆、运料、拌和、浇筑、勾缝等操作过程。

编号				4–147	4–148	4–149	4–150
项目名称				页岩标砖独立烟囱			
				H20m 以内		H40m 以内	
				混合砂浆 M5	水泥砂浆 M10	混合砂浆 M5	水泥砂浆 M10
单位				m^3			
总价（元）				**852.48**	**861.50**	**870.70**	**879.72**
其中	人工费（元）			438.75	438.75	461.70	461.70
	材料费（元）			382.11	391.13	382.11	391.13
	机械费（元）			31.62	31.62	26.89	26.89
名称		单位	单价（元）	消耗量			
人工	综合工日	工日	135.00	3.250	3.250	3.420	3.420
材料	页岩标砖 240×115×53	块	0.51	615.000	615.000	615.000	615.000
	水泥	kg	0.39	53.676	86.904	53.676	86.904
	粗砂	t	86.14	0.497	0.506	0.497	0.506
	灰膏	m^3	181.42	0.026	—	0.026	—
	混合砂浆 M5	m^3	—	(0.284)	—	(0.284)	—
	水泥砂浆 M10	m^3	—	—	(0.284)	—	(0.284)
机械	中小型机械费	元	—	31.62	31.62	26.89	26.89

工作内容:拆除、控制扬尘、污土归堆、运料、拌和、浇筑、勾缝等操作过程。

编号				4-151	4-152	4-153	4-154
项目名称				烟道及锅炉底座		烟囱内衬	
				页岩标砖砌体			
				混合砂浆 M5	水泥砂浆 M10	混合砂浆 M5	水泥砂浆 M10
单位				m^3			
总价(元)				**616.47**	**625.26**	**807.13**	**816.16**
其中	人工费(元)			263.25	263.25	402.30	402.30
	材料费(元)			330.91	339.70	387.19	396.22
	机械费(元)			22.31	22.31	17.64	17.64
名称		单位	单价(元)	消耗量			
人工	综合工日	工日	135.00	1.950	1.950	2.980	2.980
材料	页岩标砖 240×115×53	块	0.51	518.000	518.000	624.000	624.000
	水泥	kg	0.39	52.353	84.762	54.054	87.516
	粗砂	t	86.14	0.485	0.493	0.501	0.509
	灰膏	m^3	181.42	0.025	—	0.026	—
	混合砂浆 M5	m^3	—	(0.277)	—	(0.286)	—
	水泥砂浆 M10	m^3	—	—	(0.277)	—	(0.286)
机械	中小型机械费	元	—	22.31	22.31	17.64	17.64

工作内容：拆除、控制扬尘、污土归堆、运料、拌和、浇筑、勾缝等操作过程。

编号				4-155	4-156	4-157	4-158
项目名称				M10 砂浆砌页岩标砖锅炉基础	M5 砂浆砌页岩标砖锅炉外墙	页岩标砖砌水泵及除尘器台子	拆砌页岩标砖炉墙（M5 砂浆）
单位				m^3			
总价（元）				**518.25**	**1028.26**	**528.77**	**1283.33**
其中	人工费（元）			164.97	611.82	181.44	928.53
	材料费（元）			342.31	401.38	342.30	339.74
	机械费（元）			10.97	15.06	5.03	15.06
名称		单位	单价（元）	消耗量			
人工	综合工日	工日	135.00	1.222	4.532	1.344	6.878
材料	页岩标砖 240×115×53	块	0.51	546.000	546.000	546.000	546.000
	水泥	kg	0.39	71.604	104.545	71.810	52.300
	粗砂	t	86.14	0.417	0.888	0.416	0.409
	细砂	t	87.33	—	0.019	—	0.019
	灰膏	m^3	181.42	—	0.022	—	0.022
	水泥砂浆 M10	m^3	—	（0.234）	—	—	—
	水泥砂浆 M5	m^3	—	—	（0.243）	—	—
机械	中小型机械费	元	—	10.97	15.06	5.03	15.06

第十节　井类工程

工作内容：挖土方、砌筑、抹灰、接管、支模板、绑钢筋、混凝土浇筑、振捣、养护、安装井盖、回填土方。

<table>
<tr><td colspan="4">编　　号</td><td>4-159</td><td>4-160</td><td>4-161</td><td>4-162</td><td>4-163</td></tr>
<tr><td colspan="4" rowspan="3">项目名称</td><td colspan="2">页岩标砖污水检查井（mm）</td><td colspan="3">页岩标砖水表井（mm）</td></tr>
<tr><td rowspan="2">H≤1400
D700 以内</td><td rowspan="2">H≤2000
D1000 以内</td><td rowspan="2">H≤1400
D1000 以内</td><td colspan="2">H≤1900</td></tr>
<tr><td>1250×1000 以内</td><td>1500×1000 以内</td></tr>
<tr><td colspan="4">单　　位</td><td colspan="5">座</td></tr>
<tr><td colspan="4">总价（元）</td><td>1623.40</td><td>3714.52</td><td>1713.01</td><td>3182.18</td><td>3463.50</td></tr>
<tr><td rowspan="3">其中</td><td colspan="3">人工费（元）</td><td>856.98</td><td>2585.12</td><td>725.63</td><td>1516.19</td><td>1668.33</td></tr>
<tr><td colspan="3">材料费（元）</td><td>744.75</td><td>1064.03</td><td>969.04</td><td>1627.65</td><td>1752.98</td></tr>
<tr><td colspan="3">机械费（元）</td><td>21.67</td><td>65.37</td><td>18.34</td><td>38.34</td><td>42.19</td></tr>
<tr><td colspan="2">名　　称</td><td>单位</td><td>单价（元）</td><td colspan="5">消　耗　量</td></tr>
<tr><td>人工</td><td>综合工日</td><td>工日</td><td>135.00</td><td>6.348</td><td>19.149</td><td>5.375</td><td>11.231</td><td>12.358</td></tr>
<tr><td rowspan="15">材料</td><td>预拌混凝土 AC10</td><td>m³</td><td>430.17</td><td>0.133</td><td>0.200</td><td>0.080</td><td>0.663</td><td>0.745</td></tr>
<tr><td>预拌混凝土 AC20</td><td>m³</td><td>450.56</td><td>0.026</td><td>0.026</td><td>0.045</td><td>0.163</td><td>0.194</td></tr>
<tr><td>页岩标砖 240×115×53</td><td>块</td><td>0.51</td><td>470.000</td><td>883.000</td><td>795.000</td><td>1223.000</td><td>1308.000</td></tr>
<tr><td>水泥</td><td>kg</td><td>0.39</td><td>101.508</td><td>203.254</td><td>178.084</td><td>283.116</td><td>306.916</td></tr>
<tr><td>粗砂</td><td>t</td><td>86.14</td><td>0.497</td><td>0.963</td><td>0.858</td><td>1.339</td><td>1.444</td></tr>
<tr><td>钢筋 D10 以内</td><td>kg</td><td>3.97</td><td>1.620</td><td>1.620</td><td>2.850</td><td>10.370</td><td>12.310</td></tr>
<tr><td>钢筋 D10 以外</td><td>kg</td><td>3.80</td><td>0.490</td><td>0.490</td><td>0.870</td><td>3.160</td><td>3.750</td></tr>
<tr><td>木模板</td><td>m³</td><td>1982.88</td><td>0.001</td><td>0.001</td><td>0.001</td><td>0.004</td><td>0.005</td></tr>
<tr><td>圆钉</td><td>kg</td><td>6.68</td><td>0.040</td><td>0.040</td><td>0.050</td><td>0.170</td><td>0.200</td></tr>
<tr><td>镀锌钢丝 D0.7</td><td>kg</td><td>7.42</td><td>0.010</td><td>0.010</td><td>0.020</td><td>0.070</td><td>0.100</td></tr>
<tr><td>防水粉</td><td>kg</td><td>4.21</td><td>1.330</td><td>1.330</td><td>2.600</td><td>4.500</td><td>4.990</td></tr>
<tr><td>铸铁井盖 D700</td><td>套</td><td>337.51</td><td>1.000</td><td>1.000</td><td>1.000</td><td>1.000</td><td>1.000</td></tr>
<tr><td>电焊条</td><td>kg</td><td>7.59</td><td>—</td><td>—</td><td>—</td><td>0.040</td><td>0.040</td></tr>
<tr><td>水泥砂浆 1:2</td><td>m³</td><td>—</td><td>（0.048）</td><td>（0.113）</td><td>（0.092）</td><td>（0.159）</td><td>（0.176）</td></tr>
<tr><td>水泥砂浆 M10</td><td>m³</td><td>—</td><td>（0.242）</td><td>（0.453）</td><td>（0.410）</td><td>（0.628）</td><td>（0.674）</td></tr>
<tr><td>机械</td><td>中小型机械费</td><td>元</td><td>—</td><td>21.67</td><td>65.37</td><td>18.34</td><td>38.34</td><td>42.19</td></tr>
</table>

工作内容：挖土方、砌筑、抹灰、接管、支模板、绑钢筋、混凝土浇筑、振捣、养护、安装井盖、回填土方。

编号				4–164	4–165	4–166	4–167	4–168	4–169
项目名称				页岩标砖圆形化粪井（容积 m^3）			页岩标砖方形化粪井（容积 m^3）		
				1.00 以内	2.00 以内	3.75 以内	4.70 以内	6.63 以内	12.90 以内
单位				座					
总价（元）				**5337.76**	**9902.05**	**11776.10**	**18949.22**	**21819.38**	**31819.55**
其中	人工费（元）			3492.86	6288.57	7546.10	9931.01	11718.95	19318.37
	材料费（元）			1756.59	3454.49	4039.21	8767.12	9804.15	12012.76
	机械费（元）			88.31	158.99	190.79	251.09	296.28	488.42
名称		单位	单价（元）	消耗量					
人工	综合工日	工日	135.00	25.873	46.582	55.897	73.563	86.807	143.099
材料	预拌混凝土 AC10	m^3	430.17	0.663	1.632	2.070	2.310	2.540	3.180
	预拌混凝土 AC15	m^3	439.88	0.145	0.290	0.290	1.120	1.210	1.420
	页岩标砖 240×115×53	块	0.51	1177.000	2167.000	2547.000	8068.000	9235.000	11675.000
	水泥	kg	0.39	436.278	799.934	946.282	2240.318	2558.232	3054.760
	粗砂	t	86.14	1.689	3.099	3.658	9.746	11.150	13.662
	钢筋 *D*10 以内	kg	3.97	9.200	18.500	18.500	71.200	76.700	90.300
	钢筋 *D*10 以外	kg	3.80	2.800	5.600	5.600	21.700	23.400	27.500
	木模板	m^3	1982.88	0.004	0.007	0.007	0.030	0.031	0.037
	单釉缸瓦管 150×600	节	11.33	2.000	—	—	—	—	—
	单釉缸瓦管 200×600	节	14.18	—	2.000	—	—	—	—

编号				4-164	4-165	4-166	4-167	4-168	4-169
项目名称				页岩标砖圆形化粪井（容积 m^3）			页岩标砖方形化粪井（容积 m^3）		
				1.00 以内	2.00 以内	3.75 以内	4.70 以内	6.63 以内	12.90 以内
单位				座					
名称		单位	单价（元）	消耗量					
材料	单釉缸瓦管 250×600	节	27.38	—	—	3.000	3.000	3.000	—
	单釉缸瓦管 300×600	节	30.40	—	—	—	—	—	3.000
	缸瓦三通 *D*150	个	11.20	2.000	—	—	—	—	—
	缸瓦三通 *D*200	个	14.66	—	2.000	—	—	—	—
	缸瓦三通 *D*250	个	18.38	—	—	3.000	3.000	3.000	—
	缸瓦三通 *D*300	个	19.66	—	—	—	—	—	3.000
	铸铁井盖 *D*700	套	337.51	1.000	2.000	2.000	2.000	2.000	2.000
	电焊条	kg	7.59	0.030	0.060	0.060	0.220	0.230	0.270
	防水粉	kg	4.21	12.400	22.800	27.000	48.100	54.550	75.850
	圆钉	kg	6.68	0.150	0.300	0.300	1.160	1.250	1.460
	镀锌钢丝 *D*0.7	kg	7.42	0.080	0.140	0.140	0.540	0.580	0.680
	水泥砂浆 1∶2	m^3	—	（0.438）	（0.802）	（0.953）	（1.696）	（1.926）	（2.120）
	水泥砂浆 M10	m^3	—	（0.607）	（1.115）	（1.311）	（4.151）	（4.760）	（6.020）
机械	中小型机械费	元	—	88.31	158.99	190.79	251.09	296.28	488.42

工作内容：拆、换井圈井盖，浇筑井口。

编　号				4-170	4-171
项目名称				更换检查井盖	
				*D*520 甲型	*D*650 乙型
单　位				座	
总价（元）				**305.01**	**370.48**
其中	人工费（元）			34.02	34.02
	材料费（元）			270.99	336.46
名　称		单位	单价（元）	消　耗　量	
人工	综合工日	工日	135.00	0.252	0.252
材料	水泥	kg	0.39	41.200	41.200
	粗砂	t	86.14	0.062	0.062
	铸铁井盖 *D*520	套	246.51	1.000	—
	铸铁井盖 *D*650	套	310.20	—	1.000
	零星材料费	元	—	3.07	4.85

第十一节　预拌砂浆工程

基　础(1)

工作内容: 清槽底、弹线、运料、调制灰浆、砌筑等。

编　号				4-172
项目名称				页岩标砖基础
				砌筑砂浆 M10
单　位				m^3
总价(元)				**671.26**
其中	人工费(元)			199.80
	材料费(元)			456.72
	机械费(元)			14.74
名　称		单位	单价(元)	消　耗　量
人工	综合工日	工日	135.00	1.480
材料	页岩标砖 240×115×53	块	0.51	518.000
	预拌砌筑砂浆 M10	t	325.68	0.5912
机械	中小型机械费	元	—	14.74

新砌砖墙(2)

工作内容:调制砂浆、运料、砌砖、砌窗台虎头砖、腰线、门窗套、画缝、扫墙等。

编号				4-173	4-174	4-175	4-176
项目名称				页岩标砖 1/4 砖墙	页岩标砖 1/2 砖墙	页岩标砖 3/4 砖外墙	页岩标砖 3/4 砖内墙
				砌筑砂浆 M10			
单位				m^2			
总价(元)				**42.06**	**87.03**	**154.89**	**145.44**
其中	人工费(元)			19.85	34.43	71.42	60.89
	材料费(元)			21.96	51.33	81.18	82.01
	机械费(元)			0.25	1.27	2.29	2.54
名称		单位	单价(元)	消耗量			
人工	综合工日	工日	135.00	0.147	0.255	0.529	0.451
材料	页岩标砖 240×115×53	块	0.51	33.000	66.000	100.000	98.000
	黄花松锯材 二类	m^3	2778.72	0.0001	0.0001	0.0001	0.0001
	预拌砌筑砂浆 M10	t	325.68	0.0149	0.0534	0.0918	0.0975
机械	中小型机械费	元	—	0.25	1.27	2.29	2.54

工作内容：调制砂浆、运料、砌砖、砌窗台虎头砖、腰线、门窗套、画缝、扫墙等。

编号				4-177	4-178	4-179	4-180	4-181	4-182
项目名称				页岩标砖一砖墙			页岩标砖一砖半墙		
				外墙	内墙	双面清水	外墙	内墙	双面清水
				砌筑砂浆 M10					
单位				m^2					
总价（元）				**179.45**	**172.86**	**182.56**	**268.04**	**260.02**	**281.81**
其中	人工费（元）			68.85	60.89	71.96	97.88	87.35	111.65
	材料费（元）			107.55	108.67	107.55	165.33	167.33	165.33
	机械费（元）			3.05	3.30	3.05	4.83	5.34	4.83
名称		单位	单价（元）	消耗量					
人工	综合工日	工日	135.00	0.510	0.451	0.533	0.725	0.647	0.827
材料	页岩标砖 240×115×53	块	0.51	131.000	129.000	131.000	197.000	194.000	197.000
	黄花松锯材 二类	m^3	2778.72	0.0002	0.0001	0.0002	0.0003	0.0002	0.0003
	预拌砌筑砂浆 M10	t	325.68	0.1234	0.1308	0.1234	0.1966	0.2083	0.1966
机械	中小型机械费	元	—	3.05	3.30	3.05	4.83	5.34	4.83

工作内容：调制砂浆、运料、砌砖、砌窗台虎头砖、腰线、门窗套、画缝、扫墙等。

编号				4-183	4-184	4-185	4-186	4-187
项目名称				页岩标砖二砖墙			页岩标砖墙	
				外墙	内墙	双面清水		
				砌筑砂浆 M10			砌筑砂浆 M5	砌筑砂浆 M10
单位				m^2			m^3	
总价（元）				**365.01**	**355.85**	**371.63**	**715.26**	**722.17**
其中	人工费（元）			130.95	119.07	137.57	256.23	256.23
	材料费（元）			226.94	229.41	226.94	445.56	452.47
	机械费（元）			7.12	7.37	7.12	13.47	13.47
名称		单位	单价（元）	消耗量				
人工	综合工日	工日	135.00	0.970	0.882	1.019	1.898	1.898
材料	页岩标砖 240×115×53	块	0.51	263.000	259.000	263.000	538.000	538.000
	黄花松锯材 二类	m^3	2778.72	0.0003	0.0002	0.0003	0.0008	0.0008
	预拌砌筑砂浆 M5	t	314.04	—	—	—	0.538	—
	预拌砌筑砂浆 M10	t	325.68	0.2824	0.2971	0.2824	—	0.540
机械	中小型机械费	元	—	7.12	7.37	7.12	13.47	13.47

工作内容：调制砂浆、运料、砌筑等。

编号				4-188
项目名称				页岩标砖空花墙 砌筑砂浆 M10
单位				m^3
总价（元）				**211.95**
其中	人工费（元）			86.00
	材料费（元）			122.39
	机械费（元）			3.56
名称		单位	单价（元）	消耗量
人工	综合工日	工日	135.00	0.637
材料	页岩标砖 240×115×53	块	0.51	150.000
	预拌砌筑砂浆 M10	t	325.68	0.1409
机械	中小型机械费	元	—	3.56

工作内容：调制砂浆、运料、拆支拱胎板、砌砖等。

编号				4-189	4-190
项目名称				页岩标砖半圆拱	页岩标砖平拱
				砌筑砂浆 M10	
单位				m^3	
总价（元）				**1158.25**	**1059.03**
其中	人工费（元）			539.73	440.51
	材料费（元）			603.01	603.01
	机械费（元）			15.51	15.51
名称		单位	单价（元）	消耗量	
人工	综合工日	工日	135.00	3.998	3.263
材料	页岩标砖 240×115×53	块	0.51	545.000	545.000
	预拌砌筑砂浆 M10	t	325.68	0.6215	0.6215
	黄花松锯材 二类	m^3	2778.72	0.0439	0.0439
	圆钉	kg	6.68	0.100	0.100
机械	中小型机械费	元	—	15.51	15.51

工作内容：选砖、浇砖、调制砂浆、运料、砌筑等。

编号				4-191	4-192
项目名称				页岩标砖砌围墙	
				半砖	一砖
				砌筑砂浆 M10	
单位				m^2	
总价（元）				**140.84**	**206.30**
其中	人工费（元）			50.22	75.47
	材料费（元）			88.08	127.02
	机械费（元）			2.54	3.81
名称		单位	单价（元）	消耗量	
人工	综合工日	工日	135.00	0.372	0.559
材料	页岩标砖 240×115×53	块	0.51	110.000	155.000
	预拌砌筑砂浆 M10	t	325.68	0.0982	0.1473
机械	中小型机械费	元	—	2.54	3.81

新砌砖柱(3)

工作内容:调制砂浆、运料、砌砖、画缝、清扫等。

编号				4-193	4-194
项目名称				页岩标砖方形柱	页岩标砖圆、半圆、多边形柱
				砌筑砂浆 M10	
单位				m^3	
总价(元)				**838.19**	**1027.15**
其中	人工费(元)			370.44	436.59
	材料费(元)			454.28	575.05
	机械费(元)			13.47	15.51
名称		单位	单价(元)	消耗量	
人工	综合工日	工日	135.00	2.744	3.234
材料	页岩标砖 240×115×53	块	0.51	550.000	735.000
	预拌砌筑砂浆 M10	t	325.68	0.5336	0.6147
机械	中小型机械费	元	—	13.47	15.51

新砌零星砌体(4)

工作内容：调制砂浆、运料、砌砖、画缝、清扫等。

编号				4-195
项目名称				页岩标砖零星砌体
				砌筑砂浆 M10
单位				m^3
总价(元)				**870.15**
其中	人工费(元)			400.82
	材料费(元)			455.86
	机械费(元)			13.47
名称		单位	单价(元)	消耗量
人工	综合工日	工日	135.00	2.969
材料	页岩标砖 240×115×53	块	0.51	549.000
	预拌砌筑砂浆 M10	t	325.68	0.540
机械	中小型机械费	元	—	13.47

砌块砌体（5）

工作内容：调制砂浆、运料、砌筑等。

编号				4–196	4–197	4–198	4–199	4–200	4–201
项目名称				轻集料混凝土小型空心砌块墙			烧结空心砌块墙		
				墙厚（mm）			墙厚（mm）卧砌		
				240	190	120	240	190	115
单位				m^3					
总价（元）				**635.84**	**850.40**	**719.73**	**449.39**	**459.92**	**463.97**
其中	人工费（元）			149.85	160.52	162.54	151.20	161.73	165.78
	材料费（元）			483.24	687.08	554.60	295.93	295.93	295.93
	机械费（元）			2.75	2.80	2.59	2.26	2.26	2.26
名称		单位	单价（元）	消耗量					
人工	综合工日	工日	135.00	1.110	1.189	1.204	1.120	1.198	1.228
材料	陶粒混凝土小型砌块 390×240×190	m^3	190.75	0.799	—	—	—	—	—
	陶粒混凝土小型砌块 390×190×190	m^3	240.95	—	0.799	—	—	—	—
	陶粒混凝土小型砌块 390×120×190	m^3	266.50	—	—	0.799	—	—	—
	陶粒混凝土实心砖 240×115×53	千块	3392.00	0.083	—	0.087	—	—	—
	陶粒混凝土实心砖 190×90×53	千块	3392.00	—	0.131	—	—	—	—
	烧结页岩空心砌块 290×115×190	m^3	276.00	—	—	—	—	—	0.925
	烧结页岩空心砌块 290×190×190	m^3	276.00	—	—	—	—	0.925	—
	烧结页岩空心砌块 290×240×190	m^3	276.00	—	—	—	0.925	—	—
	干混砌筑砂浆 DM M10	m^3	455.95	0.108	0.110	0.102	0.089	0.089	0.089
	零星材料费	元	—	0.06	0.06	0.06	0.05	0.05	0.05
机械	中小型机械费	元	—	2.75	2.80	2.59	2.26	2.26	2.26

工作内容：调制砂浆、运料、砌筑等。

编号				4-202	4-203	4-204	4-205	4-206
项目名称				蒸压加气混凝土砌块墙			页岩空心砖墙	
				墙厚（mm）			斗砌	卧砌
				150 以内	200 以内	300 以内	砌筑砂浆 M5	
单位				m^3				
总价（元）				**471.05**	**471.04**	**446.70**	**476.31**	**471.17**
其中	人工费（元）			166.32	166.32	142.02	222.21	202.37
	材料费（元）			302.92	302.91	302.87	248.25	260.92
	机械费（元）			1.81	1.81	1.81	5.85	7.88
名称		单位	单价（元）	消耗量				
人工	综合工日	工日	135.00	1.232	1.232	1.052	1.646	1.499
材料	蒸压粉煤灰加气混凝土砌块 600×120×240	m^3	276.87	0.977	—	—	—	—
	蒸压粉煤灰加气混凝土砌块 600×190×240	m^3	276.87	—	0.977	—	—	—
	蒸压粉煤灰加气混凝土砌块 600×240×240	m^3	276.83	—	—	0.977	—	—
	页岩标砖 240×115×53	块	0.51	—	—	—	85.000	55.000
	页岩空心砖 240×240×115	块	1.09	—	—	—	121.000	123.000
	干混砌筑砂浆 DM M10	m^3	455.95	0.071	0.071	0.071	—	—
	预拌砌筑砂浆 M5	t	314.04	—	—	—	0.2325	0.3146
	零星材料费	元	—	0.05	0.04	0.03	—	—
机械	中小型机械费	元	—	1.81	1.81	1.81	5.85	7.88

拆砌工程(6)

工作内容:简单支顶加固、拆墙、调灰、运料、砌筑、剔接槎子、拆后杂物清理。

编号				4-207	4-208	4-209	4-210	4-211
项目名称				页岩标砖半砖墙	页岩标砖一砖墙		页岩标砖一砖半墙	
					外墙	内墙	外墙	内墙
				砌筑砂浆 M10				
单位				m^2				
总价(元)				**108.07**	**225.34**	**212.03**	**328.57**	**314.75**
其中	人工费(元)			51.57	109.35	94.64	154.17	133.65
	材料费(元)			54.97	112.69	113.83	169.32	175.25
	机械费(元)			1.53	3.30	3.56	5.08	5.85
名称		单位	单价(元)	消耗量				
人工	综合工日	工日	135.00	0.382	0.810	0.701	1.142	0.990
材料	页岩标砖 240×115×53	块	0.51	71.000	131.000	130.000	196.000	194.000
	黄花松锯材 二类	m^3	2778.72	—	0.0005	0.0001	0.0007	0.0002
	预拌砌筑砂浆 M10	t	325.68	0.0576	0.1366	0.1451	0.207	0.2326
机械	中小型机械费	元	—	1.53	3.30	3.56	5.08	5.85

工作内容：简单支顶加固、拆墙、调灰、运料、砌筑、剔接槎子、拆后杂物清理。

<table>
<tr><td colspan="4">编　　号</td><td>4-212</td><td>4-213</td><td>4-214</td><td>4-215</td><td>4-216</td></tr>
<tr><td colspan="4" rowspan="3">项目名称</td><td colspan="2">页岩标砖二砖墙</td><td rowspan="2">页岩标砖碎砖墙</td><td colspan="2" rowspan="2">页岩标砖墙</td></tr>
<tr><td>外墙</td><td>内墙</td></tr>
<tr><td colspan="3">砌筑砂浆 M10</td><td>砌筑砂浆 M5</td><td>砌筑砂浆 M10</td></tr>
<tr><td colspan="4">单　　位</td><td colspan="2">m²</td><td colspan="3">m³</td></tr>
<tr><td colspan="4">总价(元)</td><td>440.81</td><td>429.94</td><td>876.68</td><td>822.13</td><td>829.05</td></tr>
<tr><td rowspan="3">其中</td><td colspan="3">人工费(元)</td><td>194.54</td><td>182.52</td><td>424.71</td><td>360.05</td><td>360.05</td></tr>
<tr><td colspan="3">材料费(元)</td><td>238.39</td><td>239.29</td><td>421.47</td><td>448.61</td><td>455.53</td></tr>
<tr><td colspan="3">机械费(元)</td><td>7.88</td><td>8.13</td><td>30.50</td><td>13.47</td><td>13.47</td></tr>
<tr><td colspan="2">名　　称</td><td>单位</td><td>单价(元)</td><td colspan="5">消　耗　量</td></tr>
<tr><td>人工</td><td>综合工日</td><td>工日</td><td>135.00</td><td>1.441</td><td>1.352</td><td>3.146</td><td>2.667</td><td>2.667</td></tr>
<tr><td rowspan="5">材料</td><td>页岩标砖 240×115×53</td><td>块</td><td>0.51</td><td>263.000</td><td>259.000</td><td>32.000</td><td>538.000</td><td>538.000</td></tr>
<tr><td>碎砖</td><td>m³</td><td>55.77</td><td>—</td><td>—</td><td>0.160</td><td>—</td><td>—</td></tr>
<tr><td>黄花松锯材 二类</td><td>m³</td><td>2778.72</td><td>0.001</td><td>0.0003</td><td>—</td><td>0.0019</td><td>0.0019</td></tr>
<tr><td>预拌砌筑砂浆 M5</td><td>t</td><td>314.04</td><td>—</td><td>—</td><td>—</td><td>0.538</td><td>—</td></tr>
<tr><td>预拌砌筑砂浆 M10</td><td>t</td><td>325.68</td><td>0.3116</td><td>0.3266</td><td>1.2166</td><td>—</td><td>0.540</td></tr>
<tr><td>机械</td><td>中小型机械费</td><td>元</td><td>—</td><td>7.88</td><td>8.13</td><td>30.50</td><td>13.47</td><td>13.47</td></tr>
</table>

工作内容：简单支顶加固、拆墙、调灰、运料、砌筑、剔接槎子、拆后杂物清理。

编号				4-217	4-218	4-219	4-220
项目名称				页岩标砖女儿墙、檐头		页岩标砖山尖	
				一砖	一砖半	一砖	一砖半
				砌筑砂浆 M10			
单位				m^2			
总价（元）				**277.93**	**421.34**	**300.52**	**403.28**
其中	人工费（元）			146.75	220.32	175.91	219.65
	材料费（元）			127.37	194.92	121.05	178.04
	机械费（元）			3.81	6.10	3.56	5.59
名称		单位	单价（元）	消耗量			
人工	综合工日	工日	135.00	1.087	1.632	1.303	1.627
材料	页岩标砖 240×115×53	块	0.51	153.000	229.000	144.000	209.000
	预拌砌筑砂浆 M10	t	325.68	0.1515	0.2399	0.1462	0.2194
机械	中小型机械费	元	—	3.81	6.10	3.56	5.59

工作内容: 简单支顶加固、拆墙、调灰、运料、砌筑、剔接槎子、拆后杂物清理。

编号					4-221	4-222
项目名称					页岩标砖屋顶烟囱	页岩标砖零星砌体
					砌筑砂浆 M10	
单位					m^3	
总价(元)					**1030.31**	**1052.97**
其中	人工费(元)				564.98	564.98
	材料费(元)				452.11	473.25
	机械费(元)				13.22	14.74
名称			单位	单价(元)	消耗量	
人工	综合工日		工日	135.00	4.185	4.185
材料	页岩标砖 240×115×53		块	0.51	549.000	549.000
	预拌砌筑砂浆 M10		t	325.68	0.5285	0.5934
机械	中小型机械费		元	—	13.22	14.74

砖墙剔、掏碱(7)

工作内容: 1. 剔碱:剔砖、换砖、调灰、运料、勾缝。2. 掏碱:掏砖、换砖、砌筑、调灰、运料、加楔。

编号				4-223	4-224
项目名称				剔碱	掏碱
				砌筑砂浆 M10	
单位				m^2	m^3
总价(元)				**181.09**	**1022.47**
其中	人工费(元)			117.45	532.98
	材料费(元)			61.86	474.49
	机械费(元)			1.78	15.00
名称		单位	单价(元)	消耗量	
人工	综合工日	工日	135.00	0.870	3.948
材料	页岩标砖 240×115×53	块	0.51	71.000	546.000
	水泥	kg	0.39	1.803	—
	细砂	t	87.33	0.003	—
	预拌砌筑砂浆 M10	t	325.68	0.0758	0.6019
	水泥细砂浆 1:1.5	m3	—	(0.003)	—
机械	中小型机械费	元	—	1.78	15.00

掏安门、窗口（8）

工作内容：拆墙、剔接槎子、安过木、运料、外墙勾缝、内墙找补灰、修补一般地面。

编号				4–225	4–226	4–227	4–228	4–229	4–230
项目名称				掏安 M5 砌筑砂浆页岩标砖门口			掏安 M10 砌筑砂浆页岩标砖门口		
				一砖墙	一砖半墙	二砖墙	一砖墙	一砖半墙	二砖墙
单位				m^2					
总价（元）				**218.77**	**315.50**	**424.92**	**244.88**	**353.34**	**475.73**
其中	人工费（元）			121.37	175.91	236.79	146.88	212.90	286.61
	材料费（元）			96.13	137.81	185.59	96.73	138.66	186.58
	机械费（元）			1.27	1.78	2.54	1.27	1.78	2.54
名称		单位	单价（元）	消耗量					
人工	综合工日	工日	135.00	0.899	1.303	1.754	1.088	1.577	2.123
材料	页岩标砖 240×115×53	块	0.51	46.000	62.000	83.000	46.000	62.000	83.000
	水泥	kg	0.39	1.202	1.202	1.803	1.202	1.202	1.803
	细砂	t	87.33	0.002	0.002	0.003	0.002	0.002	0.003
	麻刀	kg	3.92	0.408	0.449	0.592	0.408	0.449	0.592
	灰膏	m^3	181.42	0.020	0.022	0.029	0.020	0.022	0.029
	黄花松锯材 二类	m^3	2778.72	0.0182	0.0274	0.0373	0.0182	0.0274	0.0373
	预拌砌筑砂浆 M5	t	314.04	0.0425	0.0638	0.085	—	—	—
	预拌砌筑砂浆 M10	t	325.68	—	—	—	0.0427	0.064	0.085
	预拌抹灰砂浆 M15	t	338.94	0.0085	0.0107	0.0129	0.0086	0.0108	0.0129
	麻刀白灰浆	m^3	—	(0.020)	(0.022)	(0.029)	(0.020)	(0.022)	(0.029)
	水泥细砂浆 1∶1.5	m^3	—	(0.002)	(0.002)	(0.003)	(0.002)	(0.002)	(0.003)
机械	中小型机械费	元	—	1.27	1.78	2.54	1.27	1.78	2.54

工作内容：拆墙、剔接槎子、安过木、运料、外墙勾缝、内墙找补灰、修补一般地面。

编号				4-231	4-232	4-233	4-234	4-235	4-236
项目名称				掏安 M5 砌筑砂浆页岩标砖窗口			掏安 M10 砌筑砂浆页岩标砖窗口		
				一砖墙	一砖半墙	二砖墙	一砖墙	一砖半墙	二砖墙
单位				m^2					
总价（元）				**385.61**	**534.51**	**720.92**	**429.12**	**591.65**	**797.72**
其中	人工费（元）			202.10	264.60	355.86	244.62	320.22	430.65
	材料费（元）			181.48	266.86	360.74	182.47	268.38	362.75
	机械费（元）			2.03	3.05	4.32	2.03	3.05	4.32
名称		单位	单价（元）	消耗量					
人工	综合工日	工日	135.00	1.497	1.960	2.636	1.812	2.372	3.190
材料	页岩标砖 240×115×53	块	0.51	77.000	107.000	143.000	77.000	107.000	143.000
	水泥	kg	0.39	1.683	1.683	2.224	1.683	1.683	2.224
	细砂	t	87.33	0.003	0.003	0.004	0.003	0.003	0.004
	麻刀	kg	3.92	0.755	1.000	1.327	0.755	1.000	1.327
	灰膏	m^3	181.42	0.037	0.048	0.064	0.037	0.048	0.064
	黄花松锯材 二类	m^3	2778.72	0.0382	0.0572	0.078	0.0382	0.0572	0.078
	预拌砌筑砂浆 M5	t	314.04	0.0742	0.1165	0.1552	—	—	—
	预拌砌筑砂浆 M10	t	325.68	—	—	—	0.0745	0.117	0.1558
	预拌抹灰砂浆 M15	t	338.94	0.0064	0.0095	0.0127	0.0065	0.0095	0.0127
	麻刀白灰浆	m^3	—	(0.037)	(0.049)	(0.065)	(0.037)	(0.049)	(0.065)
	水泥细砂浆 1∶1.5	m^3	—	(0.0028)	(0.0028)	(0.0037)	(0.0028)	(0.0028)	(0.0037)
机械	中小型机械费	元	—	2.03	3.05	4.32	2.03	3.05	4.32

砖构筑物(9)

工作内容:调制砂浆、砍砖、砌砖、勾缝、安放加固筋。

编号				4-237
项目名称				页岩标砖屋顶烟囱
				砌筑砂浆 M10
单位				m^3
总价(元)				**860.95**
其中	人工费(元)			414.05
	材料费(元)			434.95
	机械费(元)			11.95
名称		单位	单价(元)	消耗量
人工	综合工日	工日	135.00	3.067
材料	页岩标砖 240×115×53	块	0.51	546.000
	预拌砌筑砂浆 M10	t	325.68	0.4805
机械	中小型机械费	元	—	11.95

第五章　混凝土及钢筋混凝土工程

说　　明

一、本章包括现浇混凝土柱，现浇混凝土梁，现浇混凝土墙，现浇混凝土板，现浇混凝土楼梯，现浇混凝土其他构件，预制混凝土构件制作，预制板间补缝、现浇混凝土超高增价，预制混凝土构件安装，混凝土构件运输（4m以内梁、空心板、实心楼板），铁件、钢筋调整11节，共133条基价子目。

二、关于项目的界定。

1. 预制楼板及屋面板间板缝，下口宽度在15cm以内，执行板补缝子目；宽度在15cm以外，执行平板子目。

2. 小型构件，是指单件体积0.1m^3以内且未列项目的小型构件。

三、工程计价时应注意的问题。

1. 本章各项混凝土工程均以人工操作为主，辅以部分机械操作综合考虑。

2. 现浇混凝土工程中的模板，分别按钢木混合模板、木模板二种计算，实际采用的模板种类与基价不同，按实计算。

3. 基价中钢筋以手工绑扎，部分焊接与点焊编制，如采用电弧焊，帮条焊可以调整。

4. 现浇混凝土项目中未包括预埋铁件，如设计要求预埋铁件，按设计用量以“kg”计算，套用预埋铁件基价。

5. 基价中钢筋用量，设计与基价不同时，按设计用量（包括图纸未注明的施工构造用钢筋）另加施工损耗率进行调整，损耗率为4.5%。

6. 本章中各项混凝土预算基价中混凝土价格均为预拌混凝土价格。如设计要求与基价不同时，采用现场搅拌者可参考附录五混凝土配合比所列相应混凝土品种换算。

7. 预制混凝土构件安装基价中已综合了预制构件的灌缝、找平的内容。

8. 预制混凝土楼板安装基价是按扒杆提升和卷扬机提升综合考虑的，如采用大型起重机机械吊装，不适用本基价。

工程量计算规则

一、现浇混凝土除注明按投影面积和延长米计算的以外，均按体积以“m^3”计算，不扣除钢筋、预埋件及预留孔洞所占的体积。

二、柱。

1. 有梁板柱：按柱基上表面（或楼板上表面）至上一层楼板上表面之间的高度乘以断面尺寸以“m^3”计算。

2. 无梁板柱：按柱基上表面至柱帽下表面的高度乘以断面尺寸以“m^3”计算。

3. 依附于柱上的牛腿，并入柱的体积内计算。

4. 构造柱按图示尺寸计算，其高度从柱基上表面算至柱顶，留马牙槎的构造柱，其断面尺寸按每面马牙槎增加30mm计算。

三、梁。

1. 梁的长度：梁柱交接时，梁长算至柱侧面，按柱与柱之间的净距离计算。

2. 次梁与主梁或与柱交接时，次梁长度算至主梁侧面或柱侧面的净距。

3. 梁与墙交接时，伸入墙内的梁头应包括在梁的长度内计算。

4. 梁头如有浇制垫块，其体积并入梁内一起计算。

5. 圈梁与梁连接时，圈梁体积应扣除伸入圈梁内的梁的体积。加固墙身的梁按圈梁计算。

6. 在圈梁部位挑出的混凝土檐，其挑出部分在 12cm 以内者，并入圈梁体积内计算；挑出部分在 12cm 以外者，以圈梁外皮为界，挑出部分套用挑檐基价。

四、混凝土墙应扣除门窗洞口所占的体积，不扣除 0.5m^2 以内的孔洞体积。墙的高度按下层板上皮至上一层板下皮的高度计算。

五、板。

1. 有梁板是指带有梁的板，按其形式可分为梁式楼板、井式楼板和密肋形楼板，板与梁的体积合并计算。

2. 无梁板是指不带梁、直接用柱支撑的楼板，柱帽（头）的体积与板合并计算。

3. 凡不同类型的楼板交接时，均以墙的中心线为界，伸入墙的板头并入板的体积计算。

4. 现浇钢筋混凝土挑檐、天沟与现浇屋面板连接时，以外墙皮为分界线；与圈梁连接时，以圈梁外皮为分界线。

六、整体楼梯：分层按水平投影面积以“m^2”计算，伸入墙内部分的体积已包括在基价内，不另计算；楼梯基础、栏杆、栏板、扶手应另列项目计算。楼梯的水平投影面积包括踏步、斜梁、休息平台、平台梁以及楼梯与楼板连接的梁（楼梯与楼板的划分以楼梯梁的外侧面为分界）。

七、楼梯、阳台的栏板、栏杆按长度以米计算（包括伸入墙内的部分）。楼梯斜长部分的栏板、栏杆的长度，可按其水平长度乘以系数 1.15 计算。

八、阳台、雨篷均按伸出墙外的水平投影面积计算，伸出墙外的牛腿已包括在基价内，不再计算，但嵌入墙内的梁应按相应基价另列项目计算。雨篷泛起总高度超过 0.4m，整个泛起部分按长度以“m”计算，执行栏板基价；凡墙外有梁的雨篷，按实体积计算，执行有梁板基价。阳台上的栏板、栏杆及扶手均另列项目计算。

九、小型构件是指单件体积在 0.1m^3 以内的构件，体积在 1m^3 以内的池槽按实体积以“m^3”计算。

十、混凝土地沟。

1. 适用于钢筋混凝土及混凝土现浇无肋地沟的底、壁、顶。不论方形（封闭式）、槽形（开口式）、阶梯形（变截面式）均按本章计算。

2. 沟壁与底的分界，以底板上表面为界；沟壁与顶的分界，以顶板下表面为界；上薄下厚的壁按平均厚度计算；阶梯形的壁，按加权平均厚度计算；八字角部分的数量并入沟壁工程量内计算。

十一、浇制混凝土梁、板、柱、墙层高超过 3.6m 的增价，按本层总混凝土工程量计算，每增高 1m 为一个计算单位，尾数不足 1m 者按 1m 计算。

第一节　现浇混凝土柱

工作内容：组合模板安装、清理、拆除、整理、装运，木模板制作、安装、补缝、拆除、整理，钢筋除浮锈、制作、绑扎、安装，混凝土浇筑、振捣、养护等。

编　号				5-001	5-002	5-003	5-004	5-005	5-006
项目名称				矩形柱					
				断面周长（1.2m）			断面周长（1.8m）		
				C15 以内	C20 以内	C25 以内	C15 以内	C20 以内	C25 以内
单　位				m^3					
总价（元）				**3094.30**	**3105.20**	**3116.09**	**2938.05**	**2948.95**	**2959.84**
其中	人工费（元）			1731.11	1731.11	1731.11	1528.61	1528.61	1528.61
	材料费（元）			1336.00	1346.90	1357.79	1387.11	1398.01	1408.90
	机械费（元）			27.19	27.19	27.19	22.33	22.33	22.33
名　称		单位	单价（元）	消　耗　量					
人工	综合工日	工日	135.00	12.823	12.823	12.823	11.323	11.323	11.323
材料	预拌混凝土 AC15	m^3	439.88	1.020	—	—	1.020	—	—
	预拌混凝土 AC20	m^3	450.56	—	1.020	—	—	1.020	—
	预拌混凝土 AC25	m^3	461.24	—	—	1.020	—	—	1.020
	木模板	m^3	1982.88	0.045	0.045	0.045	0.036	0.036	0.036
	钢筋 *D*10 以内	kg	3.97	17.000	17.000	17.000	25.000	25.000	25.000
	钢筋 *D*10 以外	kg	3.80	118.000	118.000	118.000	140.000	140.000	140.000
	组合钢模板	kg	10.97	11.800	11.800	11.800	9.400	9.400	9.400
	钢支撑	kg	3.66	21.800	21.800	21.800	17.400	17.400	17.400
	阻燃防火保温草袋片 840×760	m^2	3.34	0.120	0.120	0.120	0.120	0.120	0.120
	圆钉	kg	6.68	0.280	0.280	0.280	0.220	0.220	0.220
	电焊条	kg	7.59	1.450	1.450	1.450	1.770	1.770	1.770
	螺栓 M5×30	kg	14.58	1.540	1.540	1.540	1.540	1.540	1.540
	镀锌钢丝 *D*0.7	kg	7.42	0.530	0.530	0.530	0.640	0.640	0.640
	零星卡具	kg	7.57	4.400	4.400	4.400	3.500	3.500	3.500
机械	中小型机械费	元	—	27.19	27.19	27.19	22.33	22.33	22.33

工作内容：组合模板安装、清理、拆除、整理、装运，木模板制作、安装、补缝、拆除、整理，钢筋除浮锈、制作、绑扎、安装，混凝土浇筑、振捣、养护等。

编号				5-007	5-008	5-009	5-010	5-011	5-012
项目名称				矩形柱			构造柱		
				断面周长（1.8m）			C15	C20	C25
				C15 以外	C20 以外	C25 以外			
单位				m^3					
总价（元）				**2688.80**	**2699.70**	**2710.59**	**2726.67**	**2737.56**	**2748.45**
其中	人工费（元）			1334.21	1334.21	1334.21	1583.01	1583.01	1583.01
	材料费（元）			1335.46	1346.36	1357.25	1134.20	1145.09	1155.98
	机械费（元）			19.13	19.13	19.13	9.46	9.46	9.46
名称		单位	单价（元）	消耗量					
人工	综合工日	工日	135.00	9.883	9.883	9.883	11.726	11.726	11.726
材料	预拌混凝土 AC15	m^3	439.88	1.020	—	—	1.020	—	—
	预拌混凝土 AC20	m^3	450.56	—	1.020	—	—	1.020	—
	预拌混凝土 AC25	m^3	461.24	—	—	1.020	—	—	1.020
	木模板	m^3	1982.88	0.024	0.024	0.024	0.1297	0.1297	0.1297
	钢筋 *D*10 以内	kg	3.97	37.000	37.000	37.000	21.000	21.000	21.000
	钢筋 *D*10 以外	kg	3.80	137.000	137.000	137.000	78.000	78.000	78.000
	阻燃防火保温草袋片 840×760	m^2	3.34	0.120	0.120	0.120	0.100	0.100	0.100
	组合钢模板	kg	10.97	6.300	6.300	6.300	—	—	—
	钢支撑	kg	3.66	11.500	11.500	11.500	—	—	—
	铁件	kg	9.49	—	—	—	0.510	0.510	0.510
	螺栓 M5×30	kg	14.58	1.540	1.540	1.540	—	—	—
	圆钉	kg	6.68	0.150	0.150	0.150	1.790	1.790	1.790
	电焊条	kg	7.59	1.870	1.870	1.870	0.970	0.970	0.970
	镀锌钢丝 *D*0.7	kg	7.42	0.680	0.680	0.680	0.490	0.490	0.490
	零星卡具	kg	7.57	2.300	2.300	2.300	2.700	2.700	2.700
机械	中小型机械费	元	—	19.13	19.13	19.13	9.46	9.46	9.46

工作内容:组合模板安装、清理、拆除、整理、装运,木模板制作、安装、补缝、拆除、整理,钢筋除浮锈、制作、绑扎、安装,混凝土浇筑、振捣、养护等。

编号				5-013	5-014	5-015	5-016	5-017	5-018
项目名称				异型柱			圆形柱		
				C20	C25	C30	C20	C25	C30
单位				m^3					
总价(元)				**3881.75**	**3892.64**	**3904.53**	**3716.20**	**3727.09**	**3738.98**
其中	人工费(元)			1861.52	1861.52	1861.52	1798.74	1798.74	1798.74
	材料费(元)			1992.42	2003.31	2015.20	1889.66	1900.55	1912.44
	机械费(元)			27.81	27.81	27.81	27.80	27.80	27.80
名称		单位	单价(元)	消耗量					
人工	综合工日	工日	135.00	13.789	13.789	13.789	13.324	13.324	13.324
材料	预拌混凝土 AC20	m^3	450.56	1.020	—	—	1.020	—	—
	预拌混凝土 AC25	m^3	461.24	—	1.020	—	—	1.020	—
	预拌混凝土 AC30	m^3	472.89	—	—	1.020	—	—	1.020
	钢筋 *D*10 以内	kg	3.97	74.000	74.000	74.000	21.000	21.000	21.000
	钢筋 *D*10 以外	kg	3.80	91.000	91.000	91.000	143.000	143.000	143.000
	木模板	m^3	1982.88	0.404	0.404	0.404	0.371	0.371	0.371
	电焊条	kg	7.59	1.720	1.720	1.720	1.790	1.790	1.790
	镀锌钢丝 *D*4	kg	7.08	2.100	2.100	2.100	1.130	1.130	1.130
	镀锌钢丝 *D*0.7	kg	7.42	0.710	0.710	0.710	0.620	0.620	0.620
	圆钉	kg	6.68	5.570	5.570	5.570	5.760	5.760	5.760
	零星卡具	kg	7.57	0.500	0.500	0.500	—	—	—
	铁件	kg	9.49	1.580	1.580	1.580	—	—	—
	阻燃防火保温草袋片 840×760	m^2	3.34	0.900	0.900	0.900	0.900	0.900	0.900
机械	中小型机械费	元	—	27.81	27.81	27.81	27.80	27.80	27.80

第二节　现浇混凝土梁

工作内容：组合模板安装、清理、拆除、整理、装运，木模板制作、安装、补缝、拆除、整理，钢筋除浮锈、制作、绑扎、安装，混凝土浇筑、振捣、养护等。

编　号				5-019	5-020	5-021	5-022	5-023	5-024
项目名称				矩形梁、单梁、连续梁			异型梁		
				C20	C25	C30	C20	C25	C30
单　位				m^3					
总价（元）				**2355.09**	**2365.98**	**2377.86**	**2905.11**	**2916.00**	**2927.88**
其中	人工费（元）			1066.91	1066.91	1066.91	1270.49	1270.49	1270.49
	材料费（元）			1266.12	1277.01	1288.89	1608.59	1619.48	1631.36
	机械费（元）			22.06	22.06	22.06	26.03	26.03	26.03
名　称		单位	单价（元）	消　耗　量					
人工	综合工日	工日	135.00	7.903	7.903	7.903	9.411	9.411	9.411
材料	预拌混凝土 AC20	m^3	450.56	1.020	—	—	1.020	—	—
	预拌混凝土 AC25	m^3	461.24	—	1.020	—	—	1.020	—
	预拌混凝土 AC30	m^3	472.89	—	—	1.020	—	—	1.020
	水泥	kg	0.39	0.686	0.686	0.686	0.572	0.572	0.572
	粗砂	t	86.14	0.002	0.002	0.002	0.001	0.001	0.001
	钢筋 *D*10 以内	kg	3.97	25.000	25.000	25.000	55.000	55.000	55.000

编号				5-019	5-020	5-021	5-022	5-023	5-024
项目名称				矩形梁、单梁、连续梁			异型梁		
				C20	C25	C30	C20	C25	C30
单位				m^3					
名称		单位	单价（元）	消耗量					
材料	钢筋 *D*10 以外	kg	3.80	118.000	118.000	118.000	101.000	101.000	101.000
	木模板	m^3	1982.88	0.023	0.023	0.023	0.2425	0.2425	0.2425
	电焊条	kg	7.59	1.500	1.500	1.500	1.640	1.640	1.640
	镀锌钢丝 *D*0.7	kg	7.42	0.620	0.620	0.620	0.660	0.660	0.660
	镀锌钢丝 *D*4	kg	7.08	1.660	1.660	1.660	—	—	—
	圆钉	kg	6.68	0.050	0.050	0.050	6.840	6.840	6.840
	组合钢模板	kg	10.97	11.860	11.860	11.860	—	—	—
	零星卡具	kg	7.57	3.370	3.370	3.370	—	—	—
	钢支撑	kg	3.66	6.910	6.910	6.910	—	—	—
	阻燃防火保温草袋片 840×760	m^2	3.34	0.800	0.800	0.800	0.800	0.800	0.800
	尼龙帽	个	0.30	4.000	4.000	4.000	—	—	—
	水泥砂浆 1:2	m^3	—	（0.0012）	（0.0012）	（0.0012）	（0.001）	（0.001）	（0.001）
机械	中小型机械费	元	—	22.06	22.06	22.06	26.03	26.03	26.03

工作内容:组合模板安装、清理、拆除、整理、装运,木模板制作、安装、补缝、拆除、整理,钢筋除浮锈、制作、绑扎、安装,混凝土浇筑、振捣、养护等。

编号				5-025	5-026	5-027	5-028	5-029	5-030
项目名称				圈梁			过梁		
				C15	C20	C25	C15	C20	C25
单位				m³					
总价(元)				**2220.02**	**2230.91**	**2241.81**	**3058.36**	**3069.26**	**3080.15**
其中	人工费(元)			1074.20	1074.20	1074.20	1503.90	1503.90	1503.90
	材料费(元)			1134.19	1145.08	1155.98	1542.83	1553.73	1564.62
	机械费(元)			11.63	11.63	11.63	11.63	11.63	11.63
名称		单位	单价(元)	消耗量					
人工	综合工日	工日	135.00	7.957	7.957	7.957	11.140	11.140	11.140
材料	预拌混凝土 AC15	m³	439.88	1.020	—	—	1.020	—	—
	预拌混凝土 AC20	m³	450.56	—	1.020	—	—	1.020	—
	预拌混凝土 AC25	m³	461.24	—	—	1.020	—	—	1.020
	水泥	kg	0.39	1.716	1.716	1.716	0.686	0.686	0.686
	粗砂	t	86.14	0.004	0.004	0.004	0.002	0.002	0.002
	钢筋 *D*10 以内	kg	3.97	19.500	19.500	19.500	19.500	19.500	19.500

编号				5-025	5-026	5-027	5-028	5-029	5-030
项目名称				圈梁			过梁		
				C15	C20	C25	C15	C20	C25
单位				m^3					
名称		单位	单价（元）	消耗量					
材料	钢筋 *D*10 以外	kg	3.80	85.500	85.500	85.500	85.500	85.500	85.500
	木模板	m^3	1982.88	0.017	0.017	0.017	0.3107	0.3107	0.3107
	电焊条	kg	7.59	1.040	1.040	1.040	1.020	1.020	1.020
	镀锌钢丝 *D*0.7	kg	7.42	0.510	0.510	0.510	0.552	0.552	0.552
	镀锌钢丝 *D*4	kg	7.08	6.440	6.440	6.440	—	—	—
	圆钉	kg	6.68	3.300	3.300	3.300	8.440	8.440	8.440
	组合钢模板	kg	10.97	8.200	8.200	8.200	—	—	—
	零星卡具	kg	7.57	3.200	3.200	3.200	0.100	0.100	0.100
	钢支撑	kg	3.66	14.200	14.200	14.200	—	—	—
	阻燃防火保温草袋片 840 × 760	m^2	3.34	0.900	0.900	0.900	1.900	1.900	1.900
	水泥砂浆 1:2	m^3	—	（0.003）	（0.003）	（0.003）	（0.0012）	（0.0012）	（0.0012）
机械	中小型机械费	元	—	11.63	11.63	11.63	11.63	11.63	11.63

工作内容：组合模板安装、清理、拆除、整理、装运，木模板制作、安装、补缝、拆除、整理，钢筋除浮锈、制作、绑扎、安装，混凝土浇筑、振捣、养护等。

编号				5-031	5-032	5-033	5-034	5-035
项目名称				弧形梁			叠合梁后浇混凝土	
				C20	C25	C30	C20	C25
单位				m^3				
总价(元)				**3295.94**	**3306.83**	**3318.72**	**2348.16**	**2359.05**
其中	人工费(元)			1423.04	1423.04	1423.04	1083.11	1083.11
	材料费(元)			1849.17	1860.06	1871.95	1249.16	1260.05
	机械费(元)			23.73	23.73	23.73	15.89	15.89
名称		单位	单价(元)	消耗量				
人工	综合工日	工日	135.00	10.541	10.541	10.541	8.023	8.023
材料	预拌混凝土 AC20	m^3	450.56	1.020	—	—	1.020	—
	预拌混凝土 AC25	m^3	461.24	—	1.020	—	—	1.020
	预拌混凝土 AC30	m^3	472.89	—	—	1.020	—	—
	水泥	kg	0.39	0.686	0.686	0.686	—	—
	粗砂	t	86.14	0.002	0.002	0.002	—	—
	钢筋 *D*10 以内	kg	3.97	25.000	25.000	25.000	54.000	54.000
	钢筋 *D*10 以外	kg	3.80	120.000	120.000	120.000	56.000	56.000
	木模板	m^3	1982.88	0.364	0.364	0.364	0.1537	0.1537
	电焊条	kg	7.59	1.640	1.640	1.640	1.090	1.090
	镀锌钢丝 *D*0.7	kg	7.42	0.670	0.670	0.670	0.530	0.530
	镀锌钢丝 *D*4	kg	7.08	—	—	—	6.040	6.040
	圆钉	kg	6.68	13.680	13.680	13.680	0.100	0.100
	阻燃防火保温草袋片 840×760	m^2	3.34	1.000	1.000	1.000	0.600	0.600
	水泥砂浆 1:2	m^3	—	(0.0012)	(0.0012)	(0.0012)	—	—
机械	中小型机械费	元	—	23.73	23.73	23.73	15.89	15.89

第三节　现浇混凝土墙

工作内容：组合模板安装、清理、拆除、整理、装运，木模板制作、安装、补缝、拆除、整理，钢筋除浮锈、制作、绑扎、安装，混凝土浇筑、振捣、养护等。

编号				5-036	5-037	5-038	5-039
项目名称				钢筋混凝土墙			
				墙厚 100mm			
				C15 以内	C20 以内	C25 以内	C30 以内
单位				m^3			
总价（元）				**3180.49**	**3191.39**	**3202.28**	**3214.16**
其中	人工费（元）			1869.21	1869.21	1869.21	1869.21
	材料费（元）			1279.23	1290.13	1301.02	1312.90
	机械费（元）			32.05	32.05	32.05	32.05
名称		单位	单价（元）	消耗量			
人工	综合工日	工日	135.00	13.846	13.846	13.846	13.846
材料	预拌混凝土 AC15	m^3	439.88	1.020	—	—	—
	预拌混凝土 AC20	m^3	450.56	—	1.020	—	—
	预拌混凝土 AC25	m^3	461.24	—	—	1.020	—
	预拌混凝土 AC30	m^3	472.89	—	—	—	1.020
	钢筋 $D10$ 以内	kg	3.97	60.000	60.000	60.000	60.000
	钢筋 $D10$ 以外	kg	3.80	40.000	40.000	40.000	40.000
	木模板	m^3	1982.88	0.041	0.041	0.041	0.041
	电焊条	kg	7.59	0.830	0.830	0.830	0.830
	镀锌钢丝 $D0.7$	kg	7.42	0.610	0.610	0.610	0.610
	圆钉	kg	6.68	0.190	0.190	0.190	0.190
	组合钢模板	kg	10.97	20.700	20.700	20.700	20.700
	零星卡具	kg	7.57	5.540	5.540	5.540	5.540
	钢支撑	kg	3.66	19.730	19.730	19.730	19.730
	阻燃防火保温草袋片 840×760	m^2	3.34	0.100	0.100	0.100	0.100
	尼龙帽	个	0.30	18.000	18.000	18.000	18.000
机械	中小型机械费	元	—	32.05	32.05	32.05	32.05

工作内容：组合模板安装、清理、拆除、整理、装运，木模板制作、安装、补缝、拆除、整理，钢筋除浮锈、制作、绑扎、安装，混凝土浇筑、振捣、养护等。

编号				5-040	5-041	5-042	5-043	5-044	5-045	5-046	5-047
项目名称				钢筋混凝土墙							
				墙厚 200mm				墙厚 200mm			
				C15 以内	C20 以内	C25 以内	C30 以内	C15 以外	C20 以外	C25 以外	C30 以外
单位				m^3							
总价（元）				**2542.10**	**2552.99**	**2563.89**	**2575.77**	**2159.45**	**2170.34**	**2181.24**	**2193.12**
其中	人工费（元）			1415.07	1415.07	1415.07	1415.07	1155.33	1155.33	1155.33	1155.33
	材料费（元）			1108.39	1119.28	1130.18	1142.06	991.49	1002.38	1013.28	1025.16
	机械费（元）			18.64	18.64	18.64	18.64	12.63	12.63	12.63	12.63
名称		单位	单价（元）	消耗量							
人工	综合工日	工日	135.00	10.482	10.482	10.482	10.482	8.558	8.558	8.558	8.558
材料	预拌混凝土 AC15	m^3	439.88	1.020	—	—	—	1.020	—	—	—
	预拌混凝土 AC20	m^3	450.56	—	1.020	—	—	—	1.020	—	—
	预拌混凝土 AC25	m^3	461.24	—	—	1.020	—	—	—	1.020	—
	预拌混凝土 AC30	m^3	472.89	—	—	—	1.020	—	—	—	1.020
	钢筋 $D10$ 以内	kg	3.97	56.000	56.000	56.000	56.000	56.000	56.000	56.000	56.000
	钢筋 $D10$ 以外	kg	3.80	37.000	37.000	37.000	37.000	37.000	37.000	37.000	37.000
	木模板	m^3	1982.88	0.0272	0.0272	0.0272	0.0272	0.016	0.016	0.016	0.016
	电焊条	kg	7.59	0.980	0.980	0.980	0.980	0.980	0.980	0.980	0.980
	镀锌钢丝 $D0.7$	kg	7.42	0.530	0.530	0.530	0.530	0.530	0.530	0.530	0.530
	圆钉	kg	6.68	0.130	0.130	0.130	0.130	0.100	0.100	0.100	0.100
	组合钢模板	kg	10.97	13.740	13.740	13.740	13.740	8.100	8.100	8.100	8.100
	零星卡具	kg	7.57	3.700	3.700	3.700	3.700	2.200	2.200	2.200	2.200
	钢支撑	kg	3.66	13.100	13.100	13.100	13.100	7.700	7.700	7.700	7.700
	阻燃防火保温草袋片 840×760	m^2	3.34	0.100	0.100	0.100	0.100	0.100	0.100	0.100	0.100
	尼龙帽	个	0.30	12.000	12.000	12.000	12.000	7.000	7.000	7.000	7.000
机械	中小型机械费	元	—	18.64	18.64	18.64	18.64	12.63	12.63	12.63	12.63

第四节　现浇混凝土板

工作内容:组合模板安装、清理、拆除、整理、装运,木模板制作、安装、补缝、拆除、整理,钢筋除浮锈、制作、绑扎、安装,混凝土浇筑、振捣、养护等。

编　号				5-048	5-049	5-050	5-051	5-052	5-053	5-054	5-055
项目名称				有梁板							
				板厚 100mm				板厚 100mm			
				C15 以内	C20 以内	C25 以内	C30 以内	C15 以外	C20 以外	C25 以外	C30 以外
单　位				m^3							
总价(元)				**2092.65**	**2103.55**	**2114.44**	**2126.32**	**2121.48**	**2132.38**	**2143.27**	**2155.15**
其中	人工费(元)			955.94	955.94	955.94	955.94	889.11	889.11	889.11	889.11
	材料费(元)			1111.71	1122.61	1133.50	1145.38	1209.82	1220.72	1231.61	1243.49
	机械费(元)			25.00	25.00	25.00	25.00	22.55	22.55	22.55	22.55
名　称		单位	单价(元)	消　耗　量							
人工	综合工日	工日	135.00	7.081	7.081	7.081	7.081	6.586	6.586	6.586	6.586
材料	预拌混凝土 AC15	m^3	439.88	1.020	—	—	—	1.020	—	—	—
	预拌混凝土 AC20	m^3	450.56	—	1.020	—	—	—	1.020	—	—
	预拌混凝土 AC25	m^3	461.24	—	—	1.020	—	—	—	1.020	—
	预拌混凝土 AC30	m^3	472.89	—	—	—	1.020	—	—	—	1.020
	水泥	kg	0.39	0.572	0.572	0.572	0.572	0.572	0.572	0.572	0.572
	粗砂	t	86.14	0.001	0.001	0.001	0.001	0.001	0.001	0.001	0.001

续前

编号				5-048	5-049	5-050	5-051	5-052	5-053	5-054	5-055
项目名称				有梁板							
				板厚 100mm				板厚 100mm			
				C15 以内	C20 以内	C25 以内	C30 以内	C15 以外	C20 以外	C25 以外	C30 以外
单位				m^3							
名称		单位	单价（元）	消耗量							
材料	钢筋 *D*10 以内	kg	3.97	53.000	53.000	53.000	53.000	66.000	66.000	66.000	66.000
	钢筋 *D*10 以外	kg	3.80	42.000	42.000	42.000	42.000	75.000	75.000	75.000	75.000
	木模板	m^3	1982.88	0.027	0.027	0.027	0.027	0.025	0.025	0.025	0.025
	电焊条	kg	7.59	1.010	1.010	1.010	1.010	1.490	1.490	1.490	1.490
	镀锌钢丝 *D*0.7	kg	7.42	0.570	0.570	0.570	0.570	0.820	0.820	0.820	0.820
	镀锌钢丝 *D*4	kg	7.08	2.890	2.890	2.890	2.890	2.200	2.200	2.200	2.200
	圆钉	kg	6.68	0.220	0.220	0.220	0.220	0.170	0.170	0.170	0.170
	组合钢模板	kg	10.97	8.400	8.400	8.400	8.400	6.220	6.220	6.220	6.220
	零星卡具	kg	7.57	3.000	3.000	3.000	3.000	2.040	2.040	2.040	2.040
	钢支撑	kg	3.66	23.630	23.630	23.630	23.630	11.600	11.600	11.600	11.600
	阻燃防火保温草袋片 840×760	m^2	3.34	1.200	1.200	1.200	1.200	1.200	1.200	1.200	1.200
	水泥砂浆 1:2	m^3	—	(0.001)	(0.001)	(0.001)	(0.001)	(0.001)	(0.001)	(0.001)	(0.001)
机械	中小型机械费	元	—	25.00	25.00	25.00	25.00	22.55	22.55	22.55	22.55

工作内容: 组合模板安装、清理、拆除、整理、装运,木模板制作、安装、补缝、拆除、整理,钢筋除浮锈、制作、绑扎、安装,混凝土浇筑、振捣、养护等。

编号				5-056	5-057	5-058	5-059
项目名称				无梁板			
				C15	C20	C25	C30
单位				m^3			
总价(元)				**1700.71**	**1711.60**	**1722.50**	**1734.38**
其中	人工费(元)			719.96	719.96	719.96	719.96
	材料费(元)			967.56	978.45	989.35	1001.23
	机械费(元)			13.19	13.19	13.19	13.19
名称		单位	单价(元)	消耗量			
人工	综合工日	工日	135.00	5.333	5.333	5.333	5.333
材料	预拌混凝土 AC15	m^3	439.88	1.020	—	—	—
	预拌混凝土 AC20	m^3	450.56	—	1.020	—	—
	预拌混凝土 AC25	m^3	461.24	—	—	1.020	—
	预拌混凝土 AC30	m^3	472.89	—	—	—	1.020
	水泥	kg	0.39	0.572	0.572	0.572	0.572
	粗砂	t	86.14	0.001	0.001	0.001	0.001

续前

编号				5-056	5-057	5-058	5-059
项目名称				无梁板			
				C15	C20	C25	C30
单位				m^3			
名称		单位	单价（元）	消耗量			
材料	钢筋 $D10$ 以内	kg	3.97	8.000	8.000	8.000	8.000
	钢筋 $D10$ 以外	kg	3.80	97.000	97.000	97.000	97.000
	木模板	m^3	1982.88	0.020	0.020	0.020	0.020
	电焊条	kg	7.59	1.110	1.110	1.110	1.110
	镀锌钢丝 $D0.7$	kg	7.42	0.610	0.610	0.610	0.610
	圆钉	kg	6.68	0.400	0.400	0.400	0.400
	组合钢模板	kg	10.97	3.300	3.300	3.300	3.300
	零星卡具	kg	7.57	1.300	1.300	1.300	1.300
	钢支撑	kg	3.66	3.520	3.520	3.520	3.520
	阻燃防火保温草袋片 840×760	m^2	3.34	1.200	1.200	1.200	1.200
	水泥砂浆 1∶2	m^3	—	（0.001）	（0.001）	（0.001）	（0.001）
机械	中小型机械费	元	—	13.19	13.19	13.19	13.19

工作内容：组合模板安装、清理、拆除、整理、装运，木模板制作、安装、补缝、拆除、整理，钢筋除浮锈、制作、绑扎、安装，混凝土浇筑、振捣、养护等。

编号				5-060	5-061	5-062	5-063	5-064	5-065
项目名称				钢筋混凝土平板					
				100mm 厚			100mm 厚		
				C15 以内	C20 以内	C25 以内	C15 以外	C20 以外	C25 以外
单位				m^3					
总价（元）				**1861.44**	**1872.34**	**1883.23**	**1724.80**	**1735.70**	**1746.59**
其中	人工费（元）			820.53	820.53	820.53	751.68	751.68	751.68
	材料费（元）			1017.66	1028.56	1039.45	956.73	967.63	978.52
	机械费（元）			23.25	23.25	23.25	16.39	16.39	16.39
名称		单位	单价（元）	消耗量					
人工	综合工日	工日	135.00	6.078	6.078	6.078	5.568	5.568	5.568
材料	预拌混凝土 AC15	m^3	439.88	1.020	—	—	1.020	—	—
	预拌混凝土 AC20	m^3	450.56	—	1.020	—	—	1.020	—
	预拌混凝土 AC25	m^3	461.24	—	—	1.020	—	—	1.020
	水泥	kg	0.39	0.572	0.572	0.572	0.572	0.572	0.572
	粗砂	t	86.14	0.001	0.001	0.001	0.001	0.001	0.001

续前

编号				5-060	5-061	5-062	5-063	5-064	5-065
项目名称				钢筋混凝土平板					
				100mm 厚			100mm 厚		
				C15 以内	C20 以内	C25 以内	C15 以外	C20 以外	C25 以外
单位				m^3					
名称		单位	单价（元）	消耗量					
材料	钢筋 *D*10 以内	kg	3.97	24.000	24.000	24.000	23.000	23.000	23.000
	钢筋 *D*10 以外	kg	3.80	66.000	66.000	66.000	62.000	62.000	62.000
	木模板	m^3	1982.88	0.020	0.020	0.020	0.018	0.018	0.018
	电焊条	kg	7.59	0.950	0.950	0.950	0.900	0.900	0.900
	镀锌钢丝 *D*0.7	kg	7.42	0.540	0.540	0.540	0.510	0.510	0.510
	圆钉	kg	6.68	0.230	0.230	0.230	0.180	0.180	0.180
	组合钢模板	kg	10.97	9.280	9.280	9.280	7.210	7.210	7.210
	零星卡具	kg	7.57	3.000	3.000	3.000	2.330	2.330	2.330
	钢支撑	kg	3.66	11.110	11.110	11.110	8.630	8.630	8.630
	阻燃防火保温草袋片 840×760	m^2	3.34	1.500	1.500	1.500	1.500	1.500	1.500
	水泥砂浆 1:2	m^3	—	（0.001）	（0.001）	（0.001）	（0.001）	（0.001）	（0.001）
机械	中小型机械费	元	—	23.25	23.25	23.25	16.39	16.39	16.39

工作内容：组合模板安装、清理、拆除、整理、装运，木模板制作、安装、补缝、拆除、整理，钢筋除浮锈、制作、绑扎、安装，混凝土浇筑、振捣、养护等。

编号				5-066	5-067	5-068	5-069
项目名称				拱胎			
				圆形		半圆形	
				1.5m 跨	3.0m 跨	1.5m 跨	3.0m 跨
单位				个			
总价（元）				**617.32**	**1233.44**	**312.00**	**623.47**
其中	人工费（元）			298.35	596.70	152.55	305.10
	材料费（元）			318.97	636.74	159.45	318.37
名称		单位	单价（元）	消耗量			
人工	综合工日	工日	135.00	2.210	4.420	1.130	2.260
材料	木模板	m^3	1982.88	0.158	0.316	0.079	0.158
	圆钉	kg	6.68	0.850	1.520	0.420	0.760

工作内容:组合模板安装、清理、拆除、整理、装运,木模板制作、安装、补缝、拆除、整理,钢筋除浮锈、制作、绑扎、安装,混凝土浇筑、振捣、养护等。

编号				5-070	5-071	5-072	5-073	5-074	5-075
项目名称				栏板			挑檐、天沟		
				C15	C20	C25	C15	C20	C25
单位				m			m^3		
总价(元)				**361.53**	**362.28**	**363.03**	**5175.83**	**5186.72**	**5197.62**
其中	人工费(元)			185.90	185.90	185.90	2857.41	2857.41	2857.41
	材料费(元)			173.70	174.45	175.20	2278.75	2289.64	2300.54
	机械费(元)			1.93	1.93	1.93	39.67	39.67	39.67
名称		单位	单价(元)	消耗量					
人工	综合工日	工日	135.00	1.377	1.377	1.377	21.166	21.166	21.166
材料	预拌混凝土 AC15	m^3	439.88	0.070	—	—	1.020	—	—
	预拌混凝土 AC20	m^3	450.56	—	0.070	—	—	1.020	—
	预拌混凝土 AC25	m^3	461.24	—	—	0.070	—	—	1.020
	钢筋 *D*10 以内	kg	3.97	7.500	7.500	7.500	57.000	57.000	57.000
	钢筋 *D*10 以外	kg	3.80	—	—	—	38.000	38.000	38.000
	木模板	m^3	1982.88	0.0551	0.0551	0.0551	0.7121	0.7121	0.7121
	电焊条	kg	7.59	—	—	—	0.460	0.460	0.460
	镀锌钢丝 *D*0.7	kg	7.42	0.100	0.100	0.100	1.210	1.210	1.210
	圆钉	kg	6.68	0.460	0.460	0.460	4.370	4.370	4.370
	阻燃防火保温草袋片 840×760	m^2	3.34	0.020	0.020	0.020	1.710	1.710	1.710
机械	中小型机械费	元	—	1.93	1.93	1.93	39.67	39.67	39.67

工作内容：组合模板安装、清理、拆除、整理、装运，木模板制作、安装、补缝、拆除、整理，钢筋除浮锈、制作、绑扎、安装，混凝土浇筑、振捣、养护等。

编号				5-076	5-077	5-078	5-079	5-080	5-081
项目名称				雨篷			阳台		
				C15	C20	C25	C15	C20	C25
单位				m^2					
总价（元）				**429.01**	**430.08**	**431.14**	**545.06**	**546.45**	**547.84**
其中	人工费（元）			271.49	271.49	271.49	300.65	300.65	300.65
	材料费（元）			153.68	154.75	155.81	240.36	241.75	243.14
	机械费（元）			3.84	3.84	3.84	4.05	4.05	4.05
名称		单位	单价（元）	消耗量					
人工	综合工日	工日	135.00	2.011	2.011	2.011	2.227	2.227	2.227
材料	预拌混凝土 AC15	m^3	439.88	0.100	—	—	0.130	—	—
	预拌混凝土 AC20	m^3	450.56	—	0.100	—	—	0.130	—
	预拌混凝土 AC25	m^3	461.24	—	—	0.100	—	—	0.130
	钢筋 *D*10 以内	kg	3.97	6.100	6.100	6.100	13.000	13.000	13.000
	钢筋 *D*10 以外	kg	3.80	3.900	3.900	3.900	9.000	9.000	9.000
	木模板	m^3	1982.88	0.030	0.030	0.030	0.0411	0.0411	0.0411
	电焊条	kg	7.59	0.090	0.090	0.090	0.110	0.110	0.110
	镀锌钢丝 *D*0.7	kg	7.42	0.130	0.130	0.130	0.280	0.280	0.280
	圆钉	kg	6.68	1.360	1.360	1.360	1.860	1.860	1.860
	阻燃防火保温草袋片 840×760	m^2	3.34	0.130	0.130	0.130	0.160	0.160	0.160
机械	中小型机械费	元	—	3.84	3.84	3.84	4.05	4.05	4.05

第五节　现浇混凝土楼梯

工作内容：木模板制作、安装、补缝、拆除、整理，钢筋除浮锈、制作、绑扎、安装，混凝土浇筑、振捣、养护等。

编　号				5-082	5-083	5-084
项目名称				整体楼梯		
				C15	C20	C25
单　位				m^2		
总价（元）				**920.23**	**923.14**	**926.04**
其中	人工费（元）			347.90	347.90	347.90
	材料费（元）			568.18	571.09	573.99
	机械费（元）			4.15	4.15	4.15
名　称		单位	单价（元）	消　耗　量		
人工	综合工日	工日	135.00	2.577	2.577	2.577
材料	预拌混凝土 AC15	m^3	439.88	0.272	—	—
	预拌混凝土 AC20	m^3	450.56	—	0.272	—
	预拌混凝土 AC25	m^3	461.24	—	—	0.272
	钢筋 *D*10 以内	kg	3.97	10.500	10.500	10.500
	钢筋 *D*10 以外	kg	3.80	5.200	5.200	5.200
	木模板	m^3	1982.88	0.1844	0.1844	0.1844
	电焊条	kg	7.59	0.120	0.120	0.120
	镀锌钢丝 *D*0.7	kg	7.42	0.130	0.130	0.130
	圆钉	kg	6.68	2.720	2.720	2.720
	阻燃防火保温草袋片 840×760	m^2	3.34	0.420	0.420	0.420
机械	中小型机械费	元	—	4.15	4.15	4.15

第六节 现浇混凝土其他构件

工作内容：木模板制作、安装、补缝、拆除、整理，钢筋除浮锈、制作、绑扎、安装，混凝土浇筑、振捣、养护等。

编号				5-085	5-086	5-087
项目名称				池槽		门框
				C15	C20	
单位				m^3		
总价(元)				**4813.58**	**4824.48**	**2664.15**
其中	人工费(元)			2860.79	2860.79	1428.30
	材料费(元)			1896.97	1907.87	1213.66
	机械费(元)			55.82	55.82	22.19
名称		单位	单价(元)	消耗量		
人工	综合工日	工日	135.00	21.191	21.191	10.580
材料	预拌混凝土 AC15	m^3	439.88	1.020	—	—
	预拌混凝土 AC20	m^3	450.56	—	1.020	1.020
	钢筋 *D*10 以内	kg	3.97	52.000	52.000	21.000
	钢筋 *D*10 以外	kg	3.80	42.000	42.000	67.600
	木模板	m^3	1982.88	0.4545	0.4545	0.1641
	电焊条	kg	7.59	0.510	0.510	0.820
	镀锌钢丝 *D*0.7	kg	7.42	1.190	1.190	0.490
	镀锌钢丝 *D*4	kg	7.08	—	—	2.580
	圆钉	kg	6.68	24.350	24.350	8.910
	阻燃防火保温草袋片 840×760	m^2	3.34	1.700	1.700	0.240
机械	中小型机械费	元	—	55.82	55.82	22.19

工作内容：木模板制作、安装、补缝、拆除、整理，钢筋除浮锈、制作、绑扎、安装，混凝土浇筑、振捣、养护等。

编　号				5-088	5-089	5-090	5-091	5-092	5-093
项目名称				小型构件					
				有筋			无筋		
				C15	C20	C25	C15	C20	C25
单　位				m^3					
总价(元)				**5201.18**	**5212.07**	**5222.97**	**4402.98**	**4413.87**	**4424.77**
其中	人工费(元)			3019.14	3019.14	3019.14	2603.48	2603.48	2603.48
	材料费(元)			2133.71	2144.60	2155.50	1753.37	1764.26	1775.16
	机械费(元)			48.33	48.33	48.33	46.13	46.13	46.13
名　称		单位	单价(元)	消　耗　量					
人工	综合工日	工日	135.00	22.364	22.364	22.364	19.285	19.285	19.285
材料	预拌混凝土 AC15	m^3	439.88	1.020	—	—	1.020	—	—
	预拌混凝土 AC20	m^3	450.56	—	1.020	—	—	1.020	—
	预拌混凝土 AC25	m^3	461.24	—	—	1.020	—	—	1.020
	钢筋 *D*10 以内	kg	3.97	93.000	93.000	93.000	—	—	—
	木模板	m^3	1982.88	0.5904	0.5904	0.5904	0.5904	0.5904	0.5904
	镀锌钢丝 *D*0.7	kg	7.42	1.500	1.500	1.500	—	—	—
	圆钉	kg	6.68	20.010	20.010	20.010	20.010	20.010	20.010
	阻燃防火保温草袋片 840×760	m^2	3.34	0.100	0.100	0.100	0.100	0.100	0.100
机械	中小型机械费	元	—	48.33	48.33	48.33	46.13	46.13	46.13

工作内容：木模板制作、安装、补缝、拆除、整理，钢筋除浮锈、制作、绑扎、安装，混凝土浇筑、振捣、养护等。

编号				5-094	5-095	5-096	5-097	5-098	5-099
项目名称				压顶			沟盖板		
				C15	C20	C25	C15	C20	C25
单位				m^3					
总价（元）				**2256.23**	**2267.12**	**2278.02**	**1901.10**	**1911.99**	**1922.89**
其中	人工费（元）			1142.24	1142.24	1142.24	872.24	872.24	872.24
	材料费（元）			1103.65	1114.54	1125.44	980.53	991.42	1002.32
	机械费（元）			10.34	10.34	10.34	48.33	48.33	48.33
名称		单位	单价（元）	消耗量					
人工	综合工日	工日	135.00	8.461	8.461	8.461	6.461	6.461	6.461
材料	预拌混凝土 AC15	m^3	439.88	1.020	—	—	1.020	—	—
	预拌混凝土 AC20	m^3	450.56	—	1.020	—	—	1.020	—
	预拌混凝土 AC25	m^3	461.24	—	—	1.020	—	—	1.020
	钢筋 *D*10 以内	kg	3.97	58.000	58.000	58.000	88.400	88.400	88.400
	木模板	m^3	1982.88	0.1863	0.1863	0.1863	0.0736	0.0736	0.0736
	电焊条	kg	7.59	0.570	0.570	0.570	—	—	—
	镀锌钢丝 *D*0.7	kg	7.42	0.280	0.280	0.280	1.120	1.120	1.120
	圆钉	kg	6.68	5.370	5.370	5.370	3.940	3.940	3.940
	阻燃防火保温草袋片 840×760	m^2	3.34	3.900	3.900	3.900	0.100	0.100	0.100
机械	中小型机械费	元	—	10.34	10.34	10.34	48.33	48.33	48.33

工作内容：木模板制作、安装、补缝、拆除、整理，钢筋除浮锈、制作、绑扎、安装，混凝土浇筑、振捣、养护等。

编号				5-100	5-101	5-102
项目名称				钢筋混凝土地沟		
				底	壁	顶
单位				m^3		
总价（元）				**836.20**	**1472.58**	**1113.43**
其中	人工费（元）			327.11	691.20	488.97
	材料费（元）			506.10	776.55	620.79
	机械费（元）			2.99	4.83	3.67
名称		单位	单价（元）	消耗量		
人工	综合工日	工日	135.00	2.423	5.120	3.622
材料	预拌混凝土 AC20	m^3	450.56	1.045	1.045	1.045
	钢筋 *D*10 以内	kg	3.97	0.018	0.020	0.018
	钢筋 *D*10 以外	kg	3.80	0.076	0.083	0.074
	木模板	m^3	1982.88	0.0123	0.1453	0.0692
	镀锌钢丝 *D*0.7	kg	7.42	0.433	0.474	0.422
	圆钉	kg	6.68	0.175	1.133	0.639
	阻燃防火保温草袋片 840×760	m^2	3.34	0.567	0.175	0.113
	零星材料费	元	—	4.24	5.54	4.61
机械	中小型机械费	元	—	2.99	4.83	3.67

第七节　预制混凝土构件制作

工作内容：组合模板安装、清理、拆除、整理、装运，木模板制作、安装、补缝、拆除、整理，钢筋除浮锈、制作、绑扎、安装，混凝土浇筑、振捣、养护等。

编　号				5-103	5-104	5-105	5-106	5-107	5-108	5-109	5-110
项目名称				矩形梁		异型梁		过梁	沟盖板	梁垫、井圈、池槽	烟道、垃圾道、通风道
				C20	C25	C20	C25	C20			
单　位				m^3							
总价（元）				**2230.08**	**2240.97**	**2925.42**	**2936.31**	**2615.71**	**1633.59**	**3752.30**	**4273.35**
其中	人工费（元）			1002.24	1002.24	1244.16	1244.16	1121.45	790.97	1851.53	1943.46
	材料费（元）			1203.70	1214.59	1653.46	1664.35	1478.99	828.61	1883.67	2310.57
	机械费（元）			24.14	24.14	27.80	27.80	15.27	14.01	17.10	19.32
名　称		单位	单价（元）	消　耗　量							
人工	综合工日	工日	135.00	7.424	7.424	9.216	9.216	8.307	5.859	13.715	14.396
材料	预拌混凝土 AC20	m^3	450.56	1.020	—	1.020	—	1.020	1.020	1.020	1.020
	预拌混凝土 AC25	m^3	461.24	—	1.020	—	1.020	—	—	—	—
	水泥	kg	0.39	0.572	0.572	0.572	0.572	1.144	—	—	—
	粗砂	t	86.14	0.001	0.001	0.001	0.001	0.003	—	—	—
	钢筋 *D*10 以内	kg	3.97	30.000	30.000	52.000	52.000	74.000	64.000	63.000	59.000
	钢筋 *D*10 以外	kg	3.80	130.000	130.000	118.000	118.000	46.000	—	25.000	6.000

续前

编号				5-103	5-104	5-105	5-106	5-107	5-108	5-109	5-110
项目名称				矩形梁		异型梁		过梁	沟盖板	梁垫、井圈、池槽	烟道、垃圾道、通风道
				C20	C25	C20	C25	C20			
单位				m^3							
名称		单位	单价（元）	消耗量							
材料	木模板	m^3	1982.88	0.0194	0.0194	0.2382	0.2382	0.233	0.0525	0.4545	0.6466
	电焊条	kg	7.59	1.680	1.680	1.790	1.790	1.170	—	0.320	—
	镀锌钢丝 *D*0.7	kg	7.42	0.690	0.690	0.710	0.710	0.630	0.810	1.120	1.330
	镀锌钢丝 *D*4	kg	7.08	1.570	1.570	—	—	—	—	—	—
	冷拔钢丝 *D*5	kg	3.91	—	—	—	—	—	—	—	17.000
	圆钉	kg	6.68	0.050	0.050	6.720	6.720	10.100	0.260	24.400	34.650
	组合钢模板	kg	10.97	3.750	3.750	—	—	—	—	—	—
	零星卡具	kg	7.57	0.750	0.750	—	—	0.100	—	—	—
	钢支撑	kg	3.66	3.400	3.400	—	—	—	—	—	—
	阻燃防火保温草袋片 840×760	m^2	3.34	0.740	0.740	0.800	0.800	1.900	0.930	1.210	1.210
	尼龙帽	个	0.30	4.000	4.000	—	—	—	—	—	—
	水泥砂浆 1∶2	m^3	—	（0.001）	（0.001）	（0.001）	（0.001）	（0.002）	—	—	—
机械	中小型机械费	元	—	24.14	24.14	27.80	27.80	15.27	14.01	17.10	19.32

工作内容：组合模板安装、清理、拆除、整理、装运，木模板制作、安装、补缝、拆除、整理，钢筋除浮锈、制作、绑扎、安装，混凝土浇筑、振捣、养护等。

编号				5-111	5-112	5-113	5-114	5-115
项目名称				混凝土花饰	上人孔板	小型构件	隔断板、栏板	
				C20				水泥砂浆 1:3
单位				m^2	m^3			
总价（元）				**383.89**	**3249.33**	**3821.58**	**2848.35**	**3246.29**
其中	人工费（元）			267.30	1297.35	2541.78	1028.84	1490.40
	材料费（元）			112.90	1933.76	1262.70	1793.78	1671.22
	机械费（元）			3.69	18.22	17.10	25.73	84.67
名称		单位	单价（元）	消耗量				
人工	综合工日	工日	135.00	1.980	9.610	18.828	7.621	11.040
材料	预拌混凝土 AC20	m^3	450.56	0.040	1.020	1.200	1.020	—
	钢筋 *D*10 以内	kg	3.97	7.000	—	57.000	27.000	27.000
	钢筋 *D*10 以外	kg	3.80	—	—	—	52.000	52.000
	水泥	kg	0.39	—	—	—	—	478.500
	粗砂	t	86.14	—	—	—	—	1.746
	木模板	m^3	1982.88	0.023	0.4545	0.1498	0.436	0.436
	电焊条	kg	7.59	—	—	—	0.770	0.770
	镀锌钢丝 *D*0.7	kg	7.42	0.130	1.630	1.290	0.400	0.400
	冷拔钢丝 *D*5	kg	3.91	1.300	101.000	23.000	—	—
	圆钉	kg	6.68	2.150	24.240	14.000	1.450	1.450
	零星卡具	kg	7.57	—	—	—	0.400	0.400
	铁件	kg	9.49	—	—	—	15.000	15.000
	阻燃防火保温草袋片 840×760	m^2	3.34	0.070	1.210	1.700	0.300	0.300
	黄花松锯材 二类	m^3	2778.72	0.0003	—	—	—	—
	水泥砂浆 1:3	m^3	—	—	—	—	—	（1.100）
机械	中小型机械费	元	—	3.69	18.22	17.10	25.73	84.67

第八节　预制板间补缝、现浇混凝土超高增价

工作内容：组合模板安装、清理、拆除、整理、装运，木模板制作、安装、补缝、拆除、整理，钢筋除浮锈、制作、绑扎、安装，混凝土浇筑、振捣、养护等。

编　号				5-116	5-117	5-118	5-119
项目名称				预制板间补缝			浇制混凝土梁、板、柱、墙超过 3.6m，每超过 1m 增价
				C15	C20	C25	
单　位				m^3			
总价（元）				**2111.91**	**2122.80**	**2133.69**	**378.86**
其中	人工费（元）			1053.95	1053.95	1053.95	363.83
	材料费（元）			1046.73	1057.62	1068.51	15.03
	机械费（元）			11.23	11.23	11.23	—
名　称		单位	单价（元）	消　耗　量			
人工	综合工日	工日	135.00	7.807	7.807	7.807	2.695
材料	预拌混凝土 AC15	m^3	439.88	1.020	—	—	—
	预拌混凝土 AC20	m^3	450.56	—	1.020	—	—
	预拌混凝土 AC25	m^3	461.24	—	—	1.020	—
	钢筋 *D*10 以外	kg	3.80	130.000	130.000	130.000	—
	木模板	m^3	1982.88	0.015	0.015	0.015	0.0063
	镀锌钢丝 *D*0.7	kg	7.42	0.460	0.460	0.460	—
	镀锌钢丝 *D*4	kg	7.08	2.700	2.700	2.700	—
	圆钉	kg	6.68	0.780	0.780	0.780	0.380
	组合钢模板	kg	10.97	2.600	2.600	2.600	—
	零星卡具	kg	7.57	0.900	0.900	0.900	—
	钢支撑	kg	3.66	1.700	1.700	1.700	—
	阻燃防火保温草袋片 840×760	m^2	3.34	1.500	1.500	1.500	—
机械	中小型机械费	元	—	11.23	11.23	11.23	—

第九节　预制混凝土构件安装

工作内容：调运砂浆、堵孔、吊装矫正、坐浆找平、稳固、灌浆等。

编号				5-120	5-121	5-122	5-123	5-124	5-125
项目名称				圆孔板	轻质楼板	混凝土屋架	混凝土梁	C20 混凝土花饰	小型构件及沟盖板
单位				m^3				m^2	m^3
总价（元）				**707.62**	**673.92**	**1027.65**	**559.86**	**118.81**	**634.40**
其中	人工费（元）			618.30	608.85	885.60	515.97	114.48	619.11
	材料费（元）			87.68	63.43	66.77	28.46	4.33	15.29
	机械费（元）			1.64	1.64	75.28	15.43	—	—
名称		单位	单价（元）	消耗量					
人工	综合工日	工日	135.00	4.580	4.510	6.560	3.822	0.848	4.586
材料	预拌混凝土 AC20	m^3	450.56	0.084	0.084	0.052	—	—	—
	页岩标砖 240×115×53	块	0.51	35.000	—	—	—	—	—
	水泥	kg	0.39	18.705	9.570	0.435	18.705	5.720	21.750
	粗砂	t	86.14	0.068	0.035	0.002	0.068	0.014	0.079
	钢筋 *D*10 以内	kg	3.97	1.000	1.000	—	—	—	—
	木模板	m^3	1982.88	0.005	0.005	—	—	—	—
	电焊条	kg	7.59	—	—	1.800	1.550	—	—
	镀锌钢丝 *D*4	kg	7.08	—	—	—	0.500	—	—
	圆钉	kg	6.68	0.700	0.700	—	—	—	—
	铁件	kg	9.49	—	—	1.660	—	—	—
	方木	m^3	2716.33	0.0001	0.0001	0.005	—	—	—
	108 胶	kg	4.45	—	—	—	—	0.200	—
	水泥砂浆 1∶2	m^3	—	—	—	—	—	(0.010)	—
	水泥砂浆 1∶3	m^3	—	(0.043)	(0.022)	(0.001)	(0.043)	—	(0.050)
机械	中小型机械费	元	—	1.64	1.64	75.28	15.43	—	—

第十节　混凝土构件运输（4m 以内梁、空心板、实心楼板）

工作内容：设置一般支架、垫方木、装车绑扎、运往规定地点卸车堆放、支垫稳固。

编号				5-126	5-127	5-128	5-129	5-130
项目名称				混凝土构件运输（km）				
				5 以内	10 以内	15 以内	20 以内	25 以内
单位				m^3				
总价（元）				**194.03**	**233.48**	**312.69**	**337.22**	**400.26**
其中	人工费（元）			107.60	131.49	179.55	194.40	232.61
	材料费（元）			16.57	16.57	16.57	16.57	16.57
	机械费（元）			69.86	85.42	116.57	126.25	151.08
名称		单位	单价（元）	消耗量				
人工	综合工日	工日	135.00	0.797	0.974	1.330	1.440	1.723
材料	规格木料	m^3	2716.33	0.0061	0.0061	0.0061	0.0061	0.0061
机械	运费	元	—	69.86	85.42	116.57	126.25	151.08

第十一节　铁件、钢筋调整

工作内容：制作、安装等全部操作过程。

编　　号				5-131	5-132	5-133
项目名称				铁件制作、安装	预埋螺栓安装	钢筋增减调整
单　　位				t		
总价（元）				**13553.84**	**12536.38**	**6008.93**
其中	人工费（元）			2956.50	2956.50	2052.00
	材料费（元）			10150.91	9133.45	3916.33
	机械费（元）			446.43	446.43	40.60
名　　称		单位	单价（元）	消　耗　量		
人工	综合工日	工日	135.00	21.900	21.900	15.200
材料	铁件	kg	9.49	1035.000	—	—
	钢筋 *D*10 以内	kg	3.97	—	—	305.000
	钢筋 *D*10 以外	kg	3.80	—	—	695.000
	镀锌钢丝 *D*0.7	kg	7.42	—	—	4.760
	六角螺栓	kg	8.39	—	1035.000	—
	低合金钢焊条 E43 系列	kg	7.59	36.000	52.680	—
	电焊条	kg	7.59	—	—	1.020
	零星材料费	元	—	55.52	49.96	21.42
机械	中小型机械费	元	—	446.43	446.43	40.60

第六章　屋 面 工 程

说　明

一、本章包括屋面保温，找平层，屋面板、封檐板，瓦、型材屋面，屋面防水，屋面修补，屋面排水 7 节，共 190 条基价子目。

二、工程计价时应注意的问题。

1. 保温工程是按照标准或常用材料编制，设计与定额不同时，材料可以换算，人工机械不变。

2. 保温隔热材料应根据设计规范，必须达到国家规定要求的等级标准。

3. 除新做瓦陇铁屋面不包括木基层外，其他新做屋面均包括木基层。

4. 木基层挂瓦条、屋面板、椽子按二类木材考虑。

5. 石棉瓦、瓦陇铁、平铁屋面、玻璃钢瓦顶不包括披水、烟囱根抹灰。

6. 卷材屋面不包括瓦檐，瓦陇铁、平铁屋面不包括屋脊，其项目可另套相应基价计算。

7. 新做及揭瓦各种瓦屋面均包括调脊工料，不得重复计算。各种瓦屋面修补和加腮均不包括调脊，如需要可另套相应基价计算。

8. 屋面连同天窗顶铺油毡，其天窗做法层数相同时，则天窗工程量可并入屋面内，执行同一基价，如作法层数不同时，可分别单列项目计算。

9. 卷材屋面不分屋面形式，如平屋面、锯齿形屋面、弧形屋面等，均执行同一基价。

10. 屋面坡度加工是指坡度大于$\frac{1}{2}$（即高跨比 1∶4）的屋面，按该项综合工日乘以系数 0.1023 增加人工。多坡顶加工是指三坡以上的多坡，按该项综合工日乘以系数 0.0503 增加人工。

11. 躺沟、立水管所用铁件的工料均已综合在基价内，不得重复计算，安装雨水管的脚手架另行计算。

12. 镀锌薄钢板排水子目，镀锌薄钢板咬口搭接的工料已包括在基价内，不得另行计算。

13. 屋面排水、卷材防水面层工程包括全现场运距，其他工程包括 50m 运距。

14. 牛舌瓦的规格为标准规格。揭瓦牛舌瓦屋面是按双摆瓦考虑的。

15. 拆换屋面板、封檐板包括拆除、制作、安装全部内容。

16. 屋面板制作板材厚度按毛料计算，如厚度不同，锯材按比例换算，其他不变。

17. 瓦屋面修补是指屋面局部渗漏进行修补，操作面积在 3m^2 以内为准，超过 3m^2 者可套用加腮基价执行。卷材屋面修补适用于分散零星修补工程。

工程量计算规则

一、屋面保温隔热层工程量按设计图示尺寸以体积计算。设计无规定时，按实做尺寸以体积计算。扣除大于 0.3m^2 的孔洞所占面积。

二、各种瓦屋面按水平投影面积乘以屋面坡度延尺系数（见下表）以 “m^2” 计算，不扣除屋顶烟囱、屋顶小气窗、斜沟等所占的面积，而屋顶小气窗出檐与屋面重叠部分的面积亦不增加，但天窗出檐部分重叠的面积，计入相应的屋面工程量内。

屋面坡度延尺系数表

高跨比	延尺系数	高跨比	延尺系数
1/2	1.4142	1/12	1.0138
1/3	1.2019	1/16	1.0078
1/4	1.1180	1/20	1.0050
1/5	1.0770	1/24	1.0035
1/8	1.0308	1/30	1.0022
1/10	1.0198		

三、各种防水做法的屋面工程量均以实做面积按“m^2”计算，斜屋面按斜面积计算，不扣除 $0.3m^2$ 以内的孔洞所占的面积；平台面连接处的立墙防水层高度在 0.5m 以内者，按展开面积计算，并入屋面防水项目的工程量；立墙防水层高度超高 0.5m 的，按立墙防水层的面积计算；屋面防水搭接、拼缝、压边、留槎用量已综合考虑，不另行计算。

四、树脂瓦拆换按实际面积以“m^2”计算。

五、油毡天沟按露明沟宽乘以长以“m^2”计算，压入瓦底部分已综合在基价内，不得展开计算。

六、各种镀锌薄钢板躺沟按檐口外围长度以“m”计算，其顺长度方向咬口或搭接的镀锌薄钢板已包括在基价内。躺沟周长包括沟尾压顶部分不得重复计算。

七、立水管按安装后长度以“m”计算，其接口插入部分已综合在基价内，不得重复计算。立水管中的下水嘴、灯叉弯合并在立水管基价内。弓形弯制作安装另列项目计算。

八、镀锌薄钢板天沟、披水、烟囱根按展开面积以“m^2”计算，其顺长度方向咬口或搭接的镀锌薄钢板已包括在基价内，不得重复计算。

九、拆换屋面板、笆砖按设计面积以“m^2”计算。

十、屋面板刨光，按面积以“m^2”计算。

十一、铲修卷材屋面、各种瓦屋面加腮、修补、托屋面板均按面积以“m^2”计算。铲修、修补卷材屋面，其弯起部分展开并入屋面工程量内。屋面抹水泥砂浆找平层的工程量与卷材屋面相等。

第一节 屋面保温

工作内容：清理基层，调制保温混合料及铺设保温层，养护。

编号				6-001	6-002	6-003	6-004	6-005
项目名称				干铺保温层				
				加气混凝土块	珍珠岩	水泥蛭石块	蛭石	沥青珍珠岩块
单位				m^3				
总价（元）				**404.65**	**241.26**	**528.54**	**293.51**	**401.09**
其中	人工费（元）			58.86	137.16	73.04	142.02	73.04
	材料费（元）			345.79	104.10	455.50	151.49	328.05
名称		单位	单价（元）	消耗量				
人工	综合工日	工日	135.00	0.436	1.016	0.541	1.052	0.541
材料	加气混凝土砌块 600×240×180	m^3	318.48	1.075	—	—	—	—
	珍珠岩	m^3	98.63	—	1.045	—	—	—
	水泥蛭石块	m^3	442.15	—	—	1.020	—	—
	蛭石	m^3	119.61	—	—	—	1.254	—
	沥青珍珠岩板	m^3	318.43	—	—	—	—	1.020
	零星材料费	元	—	3.42	1.03	4.51	1.50	3.25

工作内容：清理基层，调制保温混合料及铺设保温层，养护。

编　号				6-006	6-007	6-008
项目名称				干铺沥青矿渣棉	现浇水泥珍珠岩	现浇水泥蛭石
单　位				m^3		
总价（元）				**214.58**	**188.60**	**159.57**
其中	人工费（元）			169.83	188.60	159.57
	材料费（元）			44.75	—	—
名　称		单位	单价（元）	消　耗　量		
人工	综合工日	工日	135.00	1.258	1.397	1.182
材料	沥青矿渣棉毡	m^3	42.40	1.045	—	—
	水泥珍珠岩 1∶8	m^3	—	—	（1.045）	—
	水泥蛭石 1∶8	m^3	—	—	—	（1.045）
	零星材料费	元	—	0.44	—	—

工作内容：清理基层，人工调、运砂浆，调制保温混合料及铺设保温层，养护。

编号				6-009	6-010
项目名称				浆铺加气混凝土块	水泥炉渣
单位				m^3	
总价（元）				**590.64**	**94.64**
其中	人工费（元）			96.26	94.64
	材料费（元）			494.38	—
名称		单位	单价（元）	消耗量	
人工	综合工日	工日	135.00	0.713	0.701
材料	加气混凝土砌块 600×240×180	m^3	318.48	1.075	—
	干混砌筑砂浆 DM M7.5	m^3	445.84	0.330	—
	水泥炉渣 1∶6	m^3	—	—	（1.020）
	零星材料费	元	—	4.89	—

工作内容：清理基层、铺设保温块料。

编号				6-011	6-012	6-013
项目名称				沥青珍珠岩板	干铺岩棉板	干铺挤塑聚苯板
单位				m^3		
总价（元）				**457.60**	**220.26**	**700.36**
其中	人工费（元）			123.12	64.26	69.12
	材料费（元）			334.48	156.00	631.24
名称		单位	单价（元）	消耗量		
人工	综合工日	工日	135.00	0.912	0.476	0.512
材料	沥青珍珠岩板	m^3	318.43	1.040	—	—
	岩棉板 δ50	m^3	151.43	—	1.020	—
	聚乙烯挤塑板	m^3	618.80	—	—	1.010
	零星材料费	元	—	3.31	1.54	6.25

第二节　找　平　层

工作内容：调制砂浆、抹水泥砂浆找平层。

编　号				6-014	6-015	6-016
项目名称				水泥砂浆 1:3(厚度 mm)		
				20	30	每增减 5
单　位				m^2		
总价(元)				**17.22**	**23.13**	**3.87**
其中	人工费(元)			9.59	12.29	2.03
	材料费(元)			6.92	10.28	1.69
	机械费(元)			0.71	0.56	0.15
名　称		单位	单价(元)	消　耗　量		
人工	综合工日	工日	135.00	0.071	0.091	0.015
材料	水泥	kg	0.39	9.788	14.660	2.349
	粗砂	t	86.14	0.036	0.053	0.009
	水泥砂浆 1:3	m^3	—	(0.0225)	(0.0337)	(0.0054)
机械	中小型机械费	元	—	0.71	0.56	0.15

第三节　屋面板、封檐板

工作内容：1. 屋面板制作。2. 拆除，屋面板、封檐板制作、安装，钉椽子及挂瓦条。

编号				6–017	6–018	6–019	6–020	6–021	6–022	6–023
项目名称				屋面板制作	屋面板拆换 板厚 15mm		封檐板 板宽≤ 200mm		封檐板 板宽≤ 300mm	
					平口	错口	制作、安装	拆换	制作、安装	拆换
单位				m^2			m			
总价（元）				**43.26**	**37.58**	**40.08**	**20.08**	**23.05**	**26.53**	**14.58**
其中	人工费（元）			3.65	8.51	9.72	9.86	12.83	11.21	14.58
	材料费（元）			38.48	29.07	30.36	10.22	10.22	15.32	—
	机械费（元）			1.13	—	—	—	—	—	—
名称		单位	单价（元）	消耗量						
人工	综合工日	工日	135.00	0.027	0.063	0.072	0.073	0.095	0.083	0.108
材料	板枋材	m^3	2001.17	0.019	—	—	—	—	—	—
	原木	m^3	1686.44	—	0.017	0.018	0.006	0.006	0.009	—
	铁铆钉	kg	9.22	—	0.043		0.011	0.011	0.015	—
	零星材料费	元	—	0.46	—	—	—	—	—	—
机械	中小型机械费	元	—	1.13	—	—	—	—	—	—

工作内容：1. 拆除木椽、起钉、检查、清理檩基面、安装钉固木椽等工作。2. 钉顺水条、挂瓦条。3. 钉屋面板、铺油毡、挂瓦条等工作。

编号				6-024	6-025	6-026	6-027
项目名称				椽子拆钉	钉瓦条	单钉屋面板	钉屋面板、油毡、瓦条
单位				根	m^2		
总价（元）				**5.24**	**25.08**	**6.91**	**25.66**
其中	人工费（元）			5.00	6.21	6.62	8.37
	材料费（元）			0.24	18.87	0.29	17.29
名称		单位	单价（元）	消耗量			
人工	综合工日	工日	135.00	0.037	0.046	0.049	0.062
材料	板枋材	m^3	2001.17	—	0.009	—	0.002
	屋面板	m^2	—	—	—	（1.050）	（1.050）
	石油沥青油毡 350#	m^2	3.83	—	—	—	1.100
	板条 1000×30×8	百根	401.68	—	—	—	0.021
	圆钉	kg	6.68	0.036	0.094	0.043	0.064
	防腐油	kg	0.52	—	0.015	0.007	0.010
	零星材料费	元	—	—	0.22	—	0.21

第四节　瓦、型材屋面

工作内容：铺钉屋面板、铺油毡、甩油焊口、钉顺水条及挂瓦条、挂瓦、瓦打眼栓镀锌钢丝、披水烟囱根抹灰。

编　号				6-028	6-029	6-030	6-031	6-032
项目名称				红陶挂瓦	水泥挂瓦	红陶瓦坐泥		
				20mm 厚屋面板		椽子笆砖	椽子苇箔	20mm 厚屋面板
单　位				m^2				
总价（元）				**138.93**	**143.92**	**165.54**	**140.90**	**190.75**
其中	人工费（元）			30.24	30.24	55.22	54.41	68.85
	材料费（元）			108.69	113.68	110.32	86.49	121.90
名　称		单位	单价（元）	消　耗　量				
人工	综合工日	工日	135.00	0.224	0.224	0.409	0.403	0.510
材料	水泥	kg	0.39	—	0.843	—	—	—
	灰膏	m^3	181.42	0.003	0.003	0.003	0.003	0.003
	青灰	kg	1.01	0.381	—	0.381	0.381	0.381
	麻刀	kg	3.92	0.141	0.069	0.141	0.141	0.141
	黄土	m^3	77.65	0.001	—	0.080	0.150	0.150
	红陶瓦	块	1.09	18.000	—	18.000	18.000	18.000
	红陶脊瓦	块	1.26	0.450	—	0.450	0.450	0.450
	水泥挂瓦	块	1.38	—	18.000	—	—	—

续前

编号				6-028	6-029	6-030	6-031	6-032
项目名称				红陶挂瓦	水泥挂瓦	红陶瓦坐泥		
				20mm 厚屋面板		椽子笆砖	椽子苇箔	20mm 厚屋面板
单位				m^2				
名称		单位	单价（元）	消耗量				
材料	水泥脊瓦 455×195	块	1.46	—	0.520	—	—	—
	红白松锯材 二类	m^3	3266.74	0.0238	0.0238	0.0128	0.0108	0.0238
	板条 1200×38×6	百根	58.69	0.020	0.020	—	0.020	—
	油毡	m^2	3.83	1.200	1.200	—	1.200	1.200
	石油沥青	kg	4.04	0.620	0.620	—	0.620	0.620
	笆砖	块	1.10	—	—	35.000	—	—
	苇箔	m^2	2.35	—	—	—	3.150	—
	镀锌钢丝 *D*0.9	kg	7.34	0.004	0.004	—	—	—
	圆钉	kg	6.68	0.130	0.130	0.080	0.090	0.130
	煤	kg	0.53	0.040	0.040	—	0.040	0.040
	滑秸	kg	0.98	—	—	1.600	1.600	2.900
	防腐油	kg	0.52	—	—	0.050	0.050	—
	水泥白灰麻刀浆 1:5	m^3	—	—	（0.0034）	—	—	—
	青麻刀灰浆	m^3	—	（0.0034）	—	（0.0034）	（0.0034）	（0.0034）

工作内容: 铺钉屋面板、铺油毡、甩油焊口、钉顺水条及挂瓦条、挂瓦、瓦打眼栓镀锌钢丝、披水烟囱根抹灰。

编号				6-033	6-034	6-035	6-036
项目名称				干岔瓦		低背密垄大筒瓦	
				椽子笆砖	20mm 厚屋面板	椽子笆砖	20mm 厚屋面板
单位				m^2			
总价(元)				**245.96**	**256.97**	**283.43**	**289.99**
其中	人工费(元)			88.43	94.77	92.88	94.77
	材料费(元)			157.53	162.20	190.55	195.22
名称		单位	单价(元)	消耗量			
人工	综合工日	工日	135.00	0.655	0.702	0.688	0.702
材料	灰膏	m^3	181.42	0.008	0.008	0.011	0.011
	麻刀	kg	3.92	0.365	0.365	0.544	0.544
	青灰	kg	1.01	0.986	0.986	1.467	1.467
	黄土	m^3	77.65	0.080	0.150	0.120	0.190
	笆砖	块	1.10	35.000	—	35.000	—
	大筒瓦	块	2.33	—	—	39.000	39.000
	大筒脊瓦	块	5.13	—	—	0.450	0.450
	小青瓦 15×14	块	0.50	130.000	130.000	—	—
	红白松锯材 二类	m^3	3266.74	0.0128	0.0238	0.0128	0.0238
	防腐油	kg	0.52	0.050	0.420	0.050	0.420
	滑秸	kg	0.98	1.600	2.900	1.600	2.900
	圆钉	kg	6.68	0.080	0.130	0.080	0.130
	青麻刀灰浆	m^3	—	(0.0088)	(0.0088)	(0.0131)	(0.0131)

工作内容：铺钉屋面板、铺油毡、甩油焊口、钉顺水条及挂瓦条、挂瓦、瓦打眼栓镀锌钢丝、披水烟囱根抹灰。

编号				6-037	6-038	6-039	6-040	6-041	6-042
项目名称				石棉瓦			瓦垄铁		
				20mm 厚屋面板 油毡	木楞	铁楞	木楞	铁楞	旧瓦垄铁调垄
单位				m^2					张
总价（元）				**128.57**	**36.14**	**42.62**	**58.98**	**59.52**	**27.00**
其中	人工费（元）			16.88	9.99	16.47	20.25	20.79	27.00
	材料费（元）			111.69	26.15	26.15	38.73	38.73	—
名称		单位	单价（元）	消耗量					
人工	综合工日	工日	135.00	0.125	0.074	0.122	0.150	0.154	0.200
材料	石棉瓦（小波）1800×720×6	块	20.21	1.000	1.000	1.000	—	—	—
	石棉脊瓦（小波）700×180×5	块	22.36	0.140	0.140	0.140	—	—	—
	油毡	m^2	3.83	1.200	—	—	—	—	—
	石油沥青	kg	4.04	0.620	—	—	—	—	—
	红白松锯材 二类	m^3	3266.74	0.0238	—	—	—	—	—
	镀锌瓦楞铁 δ0.46	m^2	28.51	—	—	—	1.260	1.260	—
	圆钉	kg	6.68	0.100	—	—	—	—	—
	镀锌瓦钉带垫 60	套	0.45	6.000	6.000	6.000	6.000	6.000	—
	煤	kg	0.53	0.040	—	—	—	—	—
	铅油	kg	11.17	0.010	0.010	0.010	0.010	0.010	—

工作内容：铺钉屋面板、铺油毡、甩油焊口、钉顺水条及挂瓦条、挂瓦、瓦打眼栓镀锌钢丝、披水烟囱根抹灰。

编号					6-043	6-044	6-045	6-046
项目名称					平铁屋面	镀锌薄钢板屋脊		玻璃钢瓦顶
						圆形	八字	
单位					m^2	m		m^2
总价（元）					**49.60**	**16.00**	**13.33**	**20.14**
其中	人工费（元）				28.62	7.43	4.59	6.48
	材料费（元）				20.98	8.57	8.74	13.66
名称		单位	单价（元）		消耗量			
人工	综合工日	工日	135.00		0.212	0.055	0.034	0.048
材料	镀锌薄钢板 δ0.46	m^2	17.48		1.200	0.490	0.500	—
	玻璃钢瓦 1800×720	块	11.30		—	—	—	0.970
	镀锌瓦钉带垫 60	套	0.45		—	—	—	6.000

工作内容：铺钉油毡瓦、树脂瓦、彩钢板、阳光板等全部操作过程。

编号				6-047	6-048	6-049	6-050	6-051	6-052	6-053
项目名称				坡屋面						
				油毡瓦	树脂瓦	彩色压型钢板波形瓦顶新做		彩色压型钢板		阳光板
						不带保温	带保温	不带保温	带保温	
单位				m^2						
总价（元）				**99.05**	**68.23**	**86.14**	**147.07**	**102.72**	**145.69**	**327.43**
其中	人工费（元）			8.51	6.48	36.45	37.80	26.60	27.00	126.23
	材料费（元）			90.26	61.53	48.80	108.37	75.23	117.79	196.99
	机械费（元）			0.28	0.22	0.89	0.90	0.89	0.90	4.21
名称		单位	单价（元）	消耗量						
人工	综合工日	工日	135.00	0.063	0.048	0.270	0.280	0.197	0.200	0.935
材料	油毡瓦	m^2	26.55	2.936	—	—	—	—	—	—
	树脂瓦	m^2	35.02	—	1.300	—	—	—	—	—
	彩色压型钢板波形瓦不带保温	m^2	34.19	—	—	1.060	—	—	—	—
	彩色压型钢板波形瓦带保温	m^2	89.74	—	—	—	1.060	—	—	—
	彩色压型钢板（不带保温）	m^2	63.81	—	—	—	—	1.061	—	—
	彩色压型钢板（带保温）	m^2	103.40	—	—	—	—	—	1.061	—

续前

编号				6-047	6-048	6-049	6-050	6-051	6-052	6-053
项目名称				坡屋面						
				油毡瓦	树脂瓦	彩色压型钢板波形瓦顶新做		彩色压型钢板		阳光板
						不带保温	带保温	不带保温	带保温	
单位				m^2						
名称		单位	单价（元）	消耗量						
材料	阳光板	m^2	69.32	—	—	—	—	—	—	1.185
	冷弯钢板挂瓦条	m	4.65	—	—	2.580	2.580	—	—	—
	密封胶条	m	4.25	—	—	—	—	1.545	1.545	—
	铝拉铆钉	个	0.13	—	—	—	—	3.090	3.090	—
	不锈钢方管 50×50	m	51.28	—	—	—	—	—	—	1.597
	铝合金压条 15×14	m	6.34	—	—	—	—	—	—	1.257
	P 形橡胶条	m	6.14	—	—	—	—	—	—	3.255
	海绵橡胶密封条	m	0.74	—	—	—	—	—	—	3.574
	胶黏剂	kg	28.27	0.422	—	—	—	—	—	—
	零星材料费	元	—	0.38	16.00	0.56	1.25	0.56	1.11	2.35
机械	中小型机械费	元	—	0.28	0.22	0.89	0.90	0.89	0.90	4.21

第五节 屋面防水

工作内容：熬沥青、清理基层、涂刷沥青、铺油毡、撒粒砂（豆石）。

编号				6-054	6-055	6-056	6-057	6-058
项目名称				一毡二油		二毡三油		
				不带粒砂	带粒砂	不带粒砂	带粒砂	带粒石
单位				m²				
总价（元）				**37.12**	**47.45**	**54.97**	**65.70**	**67.23**
其中	人工费（元）			12.69	16.47	18.63	22.41	22.68
	材料费（元）			24.43	30.98	36.34	43.29	44.55
名称		单位	单价（元）	消耗量				
人工	综合工日	工日	135.00	0.094	0.122	0.138	0.166	0.168
材料	油毡	m²	3.83	1.200	1.200	2.400	2.400	2.400
	石油沥青	kg	4.04	4.500	5.600	6.100	7.300	7.300
	粒砂	t	87.03	—	0.011	—	0.011	—
	豆粒石	t	139.19	—	—	—	—	0.014
	煤	kg	0.53	0.720	0.940	1.110	1.330	1.550
	木柴	kg	1.03	1.240	2.240	1.860	2.860	3.010

工作内容：熬沥青、清理基层、涂刷沥青、铺油毡、撒粒砂（豆石）。

编　号				6-059	6-060	6-061
项目名称				乳化沥青一毡二油		天沟二毡三油粒砂
				不带粒砂	带粒砂	
单　位				m^2		
总价（元）				**77.59**	**89.97**	**85.84**
其中	人工费（元）			9.72	13.50	31.86
	材料费（元）			67.87	76.47	53.98
名　称		单位	单价（元）	消　耗　量		
人工	综合工日	工日	135.00	0.072	0.100	0.236
材料	油毡	m^2	3.83	—	—	3.400
	玻璃棉毡	m^2	30.42	1.480	1.480	—
	石油沥青	kg	4.04	—	—	8.900
	乳化沥青	kg	4.81	4.750	6.340	—
	粒砂	t	87.03	—	0.011	0.011
	煤	kg	0.53	—	—	1.600
	木柴	kg	1.03	—	—	3.100

工作内容：钉屋面板、刷沥青、钉椽子、铺苇箔、摆笆砖、抹草泥、找平、熬油、铺焊油毡、焊砂。

编号				6-062	6-063	6-064	6-065	6-066
项目名称				一毡二油焊砂			二毡三油焊砂	
				椽子笆砖	20mm 厚屋面板	椽子苇箔	椽子笆砖	20mm 厚屋面板
单位				m^2				
总价（元）				**167.71**	**171.09**	**136.81**	**187.31**	**190.69**
其中	人工费（元）			44.28	46.98	46.85	51.57	54.27
	材料费（元）			123.43	124.11	89.96	135.74	136.42
名称		单位	单价（元）	消耗量				
人工	综合工日	工日	135.00	0.328	0.348	0.347	0.382	0.402
材料	水泥	kg	0.39	9.483	9.483	9.483	9.483	9.483
	粗砂	t	86.14	0.035	0.035	0.035	0.035	0.035
	粒砂	t	87.03	0.011	0.011	0.011	0.011	0.011
	黄土	m^3	77.65	0.050	0.080	0.080	0.050	0.080
	红白松锯材 二类	m^3	3266.74	0.0128	0.0238	0.0108	0.0128	0.0238
	板条 1200×38×6	百根	58.69	—	—	0.020	—	—

续前

编号				6-062	6-063	6-064	6-065	6-066
项目名称				一毡二油焊砂			二毡三油焊砂	
				椽子笆砖	20mm 厚屋面板	椽子苇箔	椽子笆砖	20mm 厚屋面板
单位				m^2				
名称		单位	单价（元）	消耗量				
材料	油毡	m^2	3.83	1.200	1.200	1.200	2.400	2.400
	石油沥青	kg	4.04	5.600	5.600	5.600	7.300	7.300
	笆砖	块	1.10	35.000	—	—	35.000	—
	苇箔	m^2	2.35	—	—	3.150	—	—
	圆钉	kg	6.68	0.080	0.100	0.090	0.080	0.100
	防腐油	kg	0.52	0.050	0.420	0.050	0.050	0.420
	煤	kg	0.53	0.940	0.940	0.940	1.330	1.330
	木柴	kg	1.03	2.240	2.240	2.240	2.860	2.860
	滑秸	kg	0.98	1.000	1.600	1.600	1.000	1.600
	水泥砂浆 1∶3	m^3	—	（0.0218）	（0.0218）	（0.0218）	（0.0218）	（0.0218）

工作内容：清理基层，配置涂料刷底胶，裁、扫，铺贴卷材防水等。

编号				6-067	6-068	6-069	6-070
项目名称				修补防水工程			
				屋面防水			
				三元乙丙	氯丁橡胶	建筑油膏	聚氨酯涂膜
单位				m^2			
总价（元）				**79.50**	**71.90**	**47.73**	**81.68**
其中	人工费（元）			17.01	17.01	12.69	39.56
	材料费（元）			62.49	54.89	35.04	42.12
名称		单位	单价（元）	消耗量			
人工	综合工日	工日	135.00	0.126	0.126	0.094	0.293
材料	三元乙丙橡胶卷材	m^2	41.22	1.130	—	—	—
	氯丁橡胶卷材	m^2	36.63	—	1.133	—	—
	防水油膏	kg	5.07	—	—	6.900	—
	聚氨酯嵌缝膏	kg	10.02	0.060	0.031	—	—
	基层处理剂	kg	3.42	0.210	0.210	—	—
	404 黏结剂	kg	20.00	0.420	—	—	—
	丁基黏结剂	kg	14.45	0.130	—	—	—
	二甲苯	kg	5.21	0.220	0.220	—	0.133
	彩色着色剂涂料	kg	13.68	0.200	0.210	—	—
	XY409 胶	kg	15.38	—	0.530	—	—
	聚氨酯甲料	kg	15.28	—	—	—	1.129
	聚氨酯乙料	kg	14.85	—	—	—	1.616
	零星材料费	元	—	0.43	0.19	0.06	0.18

工作内容：基层清理、刷基层处理剂、收头钉压条等全部操作过程。

编号				6-071	6-072	6-073	6-074	6-075	6-076	6-077	6-078
项目名称				改性沥青卷材							
				热熔法一层		热熔法每增一层		冷粘法一层		冷粘法每增一层	
				平面	立面	平面	立面	平面	立面	平面	立面
单位				m^2							
总价（元）				**53.92**	**56.89**	**44.73**	**47.29**	**61.94**	**65.04**	**53.54**	**55.83**
其中	人工费（元）			3.92	6.89	3.38	5.94	3.65	6.75	3.11	5.40
	材料费（元）			50.00	50.00	41.35	41.35	58.29	58.29	50.43	50.43
名称		单位	单价（元）	消耗量							
人工	综合工日	工日	135.00	0.029	0.051	0.025	0.044	0.027	0.050	0.023	0.040
材料	SBS 改性沥青防水卷材	m^2	34.20	1.156	1.156	1.156	1.156	1.156	1.156	1.156	1.156
	改性沥青嵌缝油膏	kg	8.44	0.060	0.060	0.060	0.060	0.060	0.060	0.060	0.060
	聚丁胶黏合剂	kg	17.31	—	—	—	—	0.547	0.547	0.600	0.600
	液化石油气	kg	4.36	0.270	0.270	0.301	0.301	—	—	—	—
	SBS 弹性沥青防水胶	kg	30.29	0.290	0.290	—	—	0.290	0.290	—	—

工作内容：基层清理、刷基层处理剂、收头钉压条等全部操作过程。

编号				6-079	6-080	6-081	6-082	6-083
项目名称				高聚物改性沥青自粘卷材				耐根穿刺复合铜胎基改性沥青卷材
				自粘法一层		自粘法每增一层		
				平面	立面	平面	立面	
单位				m^2				
总价（元）				**45.88**	**48.31**	**42.38**	**44.40**	**54.46**
其中	人工费（元）			3.24	5.67	2.84	4.86	4.46
	材料费（元）			42.64	42.64	39.54	39.54	50.00
名称		单位	单价（元）	消耗量				
人工	综合工日	工日	135.00	0.024	0.042	0.021	0.036	0.033
材料	高聚物改性沥青自粘卷材	m^2	34.20	1.156	1.156	1.156	1.156	—
	复合铜胎基 SBS 改性沥青卷材	m^2	34.20	—	—	—	—	1.156
	冷底子油 30∶70	kg	6.41	0.485	0.485	—	—	—
	改性沥青嵌缝油膏	kg	8.44	—	—	—	—	0.060
	液化石油气	kg	4.36	—	—	—	—	0.270
	SBS 弹性沥青防水胶	kg	30.29	—	—	—	—	0.290

工作内容: 基层清理、刷基层处理剂、收头钉压条等全部操作过程。

编号				6-084	6-085	6-086	6-087	6-088	6-089	6-090	6-091
项目名称				聚氯乙烯卷材							
				冷粘法一层		冷粘法每增一层		热风焊接法一层		热风焊接法每增一层	
				平面	立面	平面	立面	平面	立面	平面	立面
单位				m^2							
总价(元)				**60.21**	**63.58**	**59.26**	**61.83**	**45.98**	**49.62**	**44.90**	**47.87**
其中	人工费(元)			5.00	8.37	4.05	6.62	5.54	9.18	4.46	7.43
	材料费(元)			55.21	55.21	55.21	55.21	40.44	40.44	40.44	40.44
名称		单位	单价(元)	消耗量							
人工	综合工日	工日	135.00	0.037	0.062	0.030	0.049	0.041	0.068	0.033	0.055
材料	FL-15 胶黏剂	kg	15.58	1.171	1.171	1.171	1.171	—	—	—	—
	聚氯乙烯防水卷材	m^2	31.98	1.156	1.156	1.156	1.156	1.156	1.156	1.156	1.156
	聚氯乙烯薄膜	m^2	1.24	—	—	—	—	0.125	0.125	0.125	0.125
	水泥钉	kg	7.36	—	—	—	—	0.001	0.001	0.001	0.001
	防水密封胶	支	12.98	—	—	—	—	0.150	0.150	0.150	0.150
	黏合剂	kg	3.12	—	—	—	—	0.207	0.207	0.207	0.207
	焊剂	kg	8.22	—	—	—	—	0.015	0.015	0.015	0.015
	焊丝 $\phi3.2$	kg	6.92	—	—	—	—	0.085	0.085	0.085	0.085

工作内容：1. 基层清理、刷基层处理剂、收头钉压条等全部操作过程。2. 清理基层、配置涂刷冷底子油。3. 清理基层、刷石油沥青、撒砂。

编号				6-092	6-093	6-094	6-095	6-096	6-097	6-098
项目名称				高分子自粘胶膜卷材				冷底子油		防水层表面撒砂砾
				自粘法一层		自粘法每增一层		第一遍	第二遍	
				平面	立面	平面	立面			
单位				m^2						
总价（元）				**40.56**	**43.53**	**36.52**	**38.95**	**5.57**	**4.39**	**9.35**
其中	人工费（元）			4.59	7.56	3.65	6.08	2.43	2.03	1.76
	材料费（元）			35.97	35.97	32.87	32.87	3.11	2.33	7.49
	机械费（元）			—	—	—	—	0.03	0.03	0.10
名称		单位	单价（元）	消耗量						
人工	综合工日	工日	135.00	0.034	0.056	0.027	0.045	0.018	0.015	0.013
材料	高分子自粘胶膜卷材	m^2	28.43	1.156	1.156	1.156	1.156	—	—	—
	冷底子油 30：70	kg	6.41	0.485	0.485	—	—	0.485	0.364	—
	石油沥青 10#	kg	4.04	—	—	—	—	—	—	1.470
	砂粒	m^3	258.38	—	—	—	—	—	—	0.006
机械	中小型机械费	元	—	—	—	—	—	0.03	0.03	0.10

第六节 屋面修补

工作内容: 1. 抹弯水:调制砂浆、抹面压光。2. 瓦檐:调灰浆、摆瓦、堵燕窝、砖水檐抹灰等。

编号				6-099	6-100	6-101	6-102	6-103
项目名称				抹弯水	剔弯水	瓦檐		
						青瓦		红陶瓦
						单瓦	双瓦	
单位				m				
总价(元)				**22.55**	**22.55**	**12.98**	**18.05**	**11.73**
其中	人工费(元)			19.31	22.55	7.43	8.37	4.86
	材料费(元)			3.24	—	5.55	9.68	6.87
名称		单位	单价(元)	消耗量				
人工	综合工日	工日	135.00	0.143	0.167	0.055	0.062	0.036
材料	水泥	kg	0.39	5.000	—	0.572	0.572	0.572
	粗砂	t	86.14	0.015	—	0.001	0.001	0.001
	红陶瓦	块	1.09	—	—	—	—	5.000
	小青瓦 17×16	块	0.59	—	—	7.000	14.000	—
	灰膏	m^3	181.42	—	—	0.002	0.002	0.002
	青灰	kg	1.01	—	—	0.302	0.302	0.302
	麻刀	kg	3.92	—	—	0.112	0.112	0.112
	水泥砂浆 1:2	m^3	—	—	—	(0.001)	(0.001)	(0.001)
	水泥砂浆 1:2.5	m^3	—	(0.0101)	—	—	—	—
	青麻刀灰浆	m^3	—	—	—	(0.0027)	(0.0027)	(0.0027)

工作内容: 1. 揭瓦瓦顶:揭瓦、落土清扫、抹泥瓦瓦、加腮、捞灰梗及披水烟囱根抹灰。2. 挂瓦顶:拆瓦、挂瓦条、油毡、重焊油毡、钉顺水条、挂瓦条、挂瓦等。

编号				6-104	6-105	6-106	6-107	6-108
项目名称				揭瓦瓦屋面				
				干岔瓦	合瓦顶	大筒瓦	低背密垄大筒瓦	簸箕瓦
单位				m²				
总价(元)				**182.42**	**196.28**	**215.89**	**208.76**	**91.21**
其中	人工费(元)			93.29	109.35	109.35	99.09	47.66
	材料费(元)			89.13	86.93	106.54	109.67	43.55
名称		单位	单价(元)	消耗量				
人工	综合工日	工日	135.00	0.691	0.810	0.810	0.734	0.353
材料	小青瓦 17×16	块	0.59	130.000	115.000	—	—	—
	簸箕瓦	块	1.33	—	—	—	—	20.000
	大筒瓦	块	2.33	—	—	37.000	39.000	—
	大筒脊瓦	块	5.13	—	—	0.450	0.450	—
	红陶脊瓦	块	1.26	—	—	—	—	0.450
	灰膏	m³	181.42	0.008	0.018	0.013	0.011	0.003
	青灰	kg	1.01	0.986	2.318	1.624	1.467	0.381
	黄土	m³	77.65	0.090	0.110	0.130	0.120	0.080
	麻刀	kg	3.92	0.365	0.859	0.602	0.544	0.141
	油毡	m²	3.83	—	—	—	—	1.200
	石油沥青	kg	4.04	—	—	—	—	0.620
	滑秸	kg	0.98	1.600	1.600	1.600	1.600	1.600
	煤	kg	0.53	—	—	—	—	0.040
	青麻刀灰浆	m³	—	(0.0088)	(0.0207)	(0.0145)	(0.0131)	(0.0034)

工作内容：1. 揭瓦瓦顶：揭瓦、落土清扫、抹泥瓦瓦、加腮、捞灰梗及披水烟囱根抹灰。2. 挂瓦顶：拆瓦、挂瓦条、油毡、重焊油毡、钉顺水条、挂瓦条、挂瓦等。

编号				6-109	6-110	6-111	6-112	6-113	6-114
项目名称				揭瓦瓦屋面					树脂瓦拆换
				红陶瓦坐泥	仰瓦灰梗	红陶挂瓦	水泥挂瓦	牛舌瓦	
单位				m^2					
总价（元）				**95.57**	**173.93**	**66.05**	**72.23**	**199.65**	**82.43**
其中	人工费（元）			59.00	97.47	28.62	28.62	90.59	18.63
	材料费（元）			36.57	76.46	37.43	43.61	109.06	63.80
名称		单位	单价（元）	消耗量					
人工	综合工日	工日	135.00	0.437	0.722	0.212	0.212	0.671	0.138
材料	水泥	kg	0.39	—	—	—	1.300	—	—
	粗砂	t	86.14	—	—	—	0.003	—	—
	灰膏	m^3	181.42	0.003	0.018	0.003	0.003	0.003	—
	青灰	kg	1.01	0.381	2.363	0.381	0.381	0.381	—
	麻刀	kg	3.92	0.141	0.876	0.141	0.141	0.141	—
	红陶瓦	块	1.09	18.000	—	18.000	—	—	—
	红陶脊瓦	块	1.26	0.450	—	0.450	—	0.470	—
	水泥挂瓦	块	1.38	—	—	—	18.000	—	—
	水泥脊瓦 455×195	块	1.46	—	—	—	0.520	—	—
	小青瓦 17×16	块	0.59	—	101.000	—	—	—	—

续前

编号				6-109	6-110	6-111	6-112	6-113	6-114
项目名称				揭瓦瓦屋面					树脂瓦拆换
				红陶瓦坐泥	仰瓦灰梗	红陶挂瓦	水泥挂瓦	牛舌瓦	
单位				m^2					
名称		单位	单价（元）	消耗量					
材料	牛舌瓦	块	1.33	—	—	—	—	68.000	—
	树脂瓦	m^2	35.02	—	—	—	—	—	1.365
	板条 1200×38×6	百根	58.69	—	—	0.020	0.020	0.020	—
	黄土	m^3	77.65	0.080	0.080	0.001	0.001	0.005	—
	石油沥青	kg	4.04	0.620	—	0.620	0.620	0.620	—
	油毡	m^2	3.83	1.200	—	1.200	1.200	1.200	—
	红白松锯材 二类	m^3	3266.74	—	—	0.0022	0.0022	0.0022	—
	圆钉	kg	6.68	—	—	0.026	0.026	0.089	—
	煤	kg	0.53	0.040	—	0.040	0.040	0.040	—
	滑秸	kg	0.98	1.600	1.600	—	—	—	—
	镀锌钢丝 *D*0.9	kg	7.34	—	—	0.004	0.004	0.011	—
	青麻刀灰浆	m^3	—	（0.0034）	（0.0211）	（0.0034）	（0.0034）	（0.0034）	—
	零星材料费	元	—	—	—	—	—	—	16.00

工作内容：铲除、清扫、熬沥青、裁铺油毡、焊砂粒或粒石。

编号				6-115	6-116	6-117	6-118	6-119
项目名称				铲作卷材屋面				
				一毡二油		二毡三油		
				不带粒砂	带粒砂	不带粒砂	带粒砂	带粒石
单位				m^2				
总价（元）				**40.90**	**52.45**	**60.51**	**72.45**	**73.98**
其中	人工费（元）			16.47	21.47	24.17	29.16	29.43
	材料费（元）			24.43	30.98	36.34	43.29	44.55
名称		单位	单价（元）	消耗量				
人工	综合工日	工日	135.00	0.122	0.159	0.179	0.216	0.218
材料	油毡	m^2	3.83	1.200	1.200	2.400	2.400	2.400
	石油沥青	kg	4.04	4.500	5.600	6.100	7.300	7.300
	粒砂	t	87.03	—	0.011	—	0.011	—
	豆粒石	t	139.19	—	—	—	—	0.014
	煤	kg	0.53	0.720	0.940	1.110	1.330	1.550
	木柴	kg	1.03	1.240	2.240	1.860	2.860	3.010

工作内容：屋面板、椽子刨光、拆换笆砖。

编号				6-120	6-121
项目名称				屋面板、椽子刨光	拆换笆砖
单位				m^2	
总价(元)				**26.65**	**50.25**
其中	人工费(元)			16.20	11.75
	材料费(元)			10.45	38.50
名称		单位	单价(元)	消耗量	
人工	综合工日	工日	135.00	0.120	0.087
材料	红白松锯材 二类	m^3	3266.74	0.0032	—
	笆砖	块	1.10	—	35.000

工作内容：铲除灰腮、浇水扫垄（撞垄）、换补块瓦、重新加腮及披水烟囱根抹灰。

编号				6–122	6–123	6–124	6–125	6–126	6–127
项目名称				瓦屋面加腮					
				红陶挂瓦	小青瓦	大筒瓦	小筒瓦	簸箕瓦	牛舌瓦（圆）
单位				m^2					
总价（元）				**27.39**	**59.79**	**58.41**	**92.11**	**14.23**	**41.58**
其中	人工费（元）			22.82	49.41	49.41	74.25	13.50	37.13
	材料费（元）			4.57	10.38	9.00	17.86	0.73	4.45
名称		单位	单价（元）	消耗量					
人工	综合工日	工日	135.00	0.169	0.366	0.366	0.550	0.100	0.275
材料	青灰	kg	1.01	0.896	2.016	1.478	3.528	0.112	0.112
	灰膏	m^3	181.42	0.007	0.016	0.012	0.028	0.001	0.001
	麻刀	kg	3.92	0.332	0.747	0.548	1.307	0.042	0.042
	黄土	m^3	77.65	—	0.002	0.005	0.004	—	—
	红陶瓦	—	1.09	1.000	—	—	—	—	—
	大筒瓦	块	2.33	—	—	1.200	—	—	—
	小筒瓦	块	1.26	—	—	—	3.000	—	—
	小青瓦 17×16	块	0.59	—	4.000	—	—	—	—
	簸箕瓦	块	1.33	—	—	—	—	0.200	—
	牛舌瓦	块	1.33	—	—	—	—	—	3.000
	青麻刀灰浆	m^3	—	（0.008）	（0.018）	（0.0132）	（0.0315）	（0.001）	（0.001）

工作内容：铲除、清扫、浇水、笨泥撞垄、瓦瓦加腮、调脊、带浆压光等。

编号				6-128	6-129	6-130	6-131	6-132
项目名称				瓦屋面调脊				整理瓦屋面（归瓦）
				红陶挂瓦	水泥挂瓦	大筒瓦	扛子脊	
单位				m				m^2
总价（元）				**35.83**	**34.87**	**45.81**	**45.63**	**2.70**
其中	人工费（元）			24.84	24.84	27.00	37.13	2.70
	材料费（元）			10.99	10.03	18.81	8.50	—
名称		单位	单价（元）	消耗量				
人工	综合工日	工日	135.00	0.184	0.184	0.200	0.275	0.020
材料	水泥	kg	0.39	—	5.655	—	—	—
	粗砂	t	86.14	—	0.021	—	0.003	—
	灰膏	m^3	181.42	0.011	—	0.011	0.007	—
	青灰	kg	1.01	1.456	—	1.467	0.795	—
	麻刀	kg	3.92	0.540	—	0.544	0.295	—
	页岩标砖 240×115×53	块	0.51	—	—	—	8.000	—
	红陶脊瓦	块	1.26	3.000	—	—	—	—
	水泥脊瓦 455×195	块	1.46	—	3.000	—	—	—
	大筒瓦	块	2.33	—	—	4.000	—	—
	黄土	m^3	77.65	0.021	0.021	0.050	0.012	—
	青麻刀灰浆	m^3	—	（0.013）	—	（0.0131）	（0.0071）	—
	水泥砂浆 1:3	m^3	—	—	（0.013）	—	—	—
	白灰砂浆 1:3	m^3	—	—	—	—	（0.0015）	—

工作内容: 清扫屋面、换瓦、加腮、清除污土等。

编号			6-133	6-134	6-135	6-136	6-137	6-138	6-139	6-140
项目名称			瓦屋面修补							堵燕窝
			水泥挂瓦及红陶挂瓦	仰瓦灰梗	小青瓦	大筒瓦	小筒瓦	簸箕瓦	瓦垄铁、石棉瓦粘布条	
单位			m^2							m
总价(元)			**32.12**	**66.49**	**80.21**	**62.99**	**85.19**	**20.22**	**12.24**	**19.63**
其中 人工费(元)			29.70	59.40	74.25	59.40	74.25	18.63	7.43	17.82
其中 材料费(元)			2.42	7.09	5.96	3.59	10.94	1.59	4.81	1.81
名称	单位	单价(元)	消耗量							
人工 综合工日	工日	135.00	0.220	0.440	0.550	0.440	0.550	0.138	0.055	0.132
材料 水泥	kg	0.39	—	—	—	—	—	—	—	1.215
灰膏	m^3	181.42	0.005	0.014	0.012	0.007	0.022	0.003	—	0.004
青灰	kg	1.01	0.616	1.848	1.534	0.941	2.822	0.426	—	—
麻刀	kg	3.92	0.228	0.685	0.569	0.349	1.046	0.158	—	0.100
碎砖	m^3	55.77	—	—	—	—	—	—	—	0.004
石油沥青	kg	4.04	—	—	—	—	—	—	0.800	—
豆包布	m	3.88	—	—	—	—	—	—	0.400	—
煤	kg	0.53	—	—	—	—	—	—	0.050	—
青麻刀灰浆	m^3	—	(0.0055)	(0.0165)	(0.0137)	(0.0084)	(0.0252)	(0.0038)	—	—
水泥白灰麻刀浆 1∶5	m^3	—	—	—	—	—	—	—	—	(0.0049)

工作内容：清基层、熬沥青、铺贴油毡等。

编号				6-141	6-142	6-143	6-144	6-145
项目名称				卷材屋面修补				
				一毡二油		二毡三油		
				带粒砂	不带粒砂	带粒砂	不带粒砂	带粒石
单位				m^2				
总价（元）				**56.77**	**44.14**	**78.26**	**65.37**	**79.92**
其中	人工费（元）			25.79	19.71	34.97	29.03	35.37
	材料费（元）			30.98	24.43	43.29	36.34	44.55
名称		单位	单价（元）	消耗量				
人工	综合工日	工日	135.00	0.191	0.146	0.259	0.215	0.262
材料	油毡	m^2	3.83	1.200	1.200	2.400	2.400	2.400
	石油沥青	kg	4.04	5.600	4.500	7.300	6.100	7.300
	粒砂	t	87.03	0.011	—	0.011	—	—
	豆粒石	t	139.19	—	—	—	—	0.014
	煤	kg	0.53	0.940	0.720	1.330	1.110	1.550
	木柴	kg	1.03	2.240	1.240	2.860	1.860	3.010

工作内容：拆除破碎部位防水层、清理基层、铺贴卷材等全部操作过程。

编号				6-146	6-147	6-148	6-149	6-150
项目名称				卷材屋面修补				
				SBS 改性沥青卷材修补	乳化沥青补漏不带砂粒	烟囱根、披水一毡二油不带砂粒	托土板 苇把	铲作油毡沟嘴
单位				m^2				个
总价（元）				**94.81**	**78.67**	**83.67**	**68.61**	**43.61**
其中	人工费（元）			31.05	10.80	15.80	10.40	33.75
	材料费（元）			63.76	67.87	67.87	58.21	9.86
名称		单位	单价（元）	消耗量				
人工	综合工日	工日	135.00	0.230	0.080	0.117	0.077	0.250
材料	石油沥青	kg	4.04	—	—	—	—	1.800
	油毡	m^2	3.83	—	—	—	—	0.500
	红白松锯材 二类	m^3	3266.74	—	—	—	0.0178	—
	乳化沥青	kg	4.81	—	4.750	4.750	—	—
	玻璃棉毡	m^2	30.42	—	1.480	1.480	—	—
	圆钉	kg	6.68	—	—	—	0.010	—
	煤	kg	0.53	—	—	—	—	0.300
	木柴	kg	1.03	—	—	—	—	0.500
	改性沥青防水卷材 SBS 3.0	m^2	34.20	1.400	—	—	—	—
	SBS 弹性沥青防水胶	kg	30.29	0.360	—	—	—	—
	聚氨酯嵌缝膏	kg	10.02	0.040	—	—	—	—
	汽油	kg	7.74	0.500	—	—	—	—
	零星材料费	元	—	0.70	—	—	—	—

第七节　屋面排水

工作内容：量尺，画线，裁铁，起线，卷边，咬口，焊口，钉钉子，制作、安装卡子。

编号				6-151	6-152	6-153	6-154	6-155
项目名称				镀锌薄钢板躺沟				
				半圆形		冰盘沿周长450mm	马槽形	
				周长 300mm	周长 450mm		周长 450mm	周长 520mm
单位				m				
总价（元）				**32.25**	**36.09**	**42.57**	**36.09**	**38.57**
其中	人工费（元）			22.68	22.68	29.16	22.68	22.68
	材料费（元）			9.57	13.41	13.41	13.41	15.89
名称		单位	单价（元）	消耗量				
人工	综合工日	工日	135.00	0.168	0.168	0.216	0.168	0.168
材料	镀锌薄钢板 $\delta0.46$	m^2	17.48	0.320	0.480	0.480	0.480	0.600
	铁件	kg	9.49	0.350	0.460	0.460	0.460	0.500
	焊锡	kg	59.85	0.011	0.011	0.011	0.011	0.011

工作内容：量尺，画线，裁铁，起线，卷边，咬口，焊口，钉钉子，制作、安装卡子。

编号				6–156	6–157	6–158	6–159	6–160	6–161
项目名称				镀锌薄钢板雨水管（mm）					
				圆形				方形	
				带箍		不带箍		带箍	
				*D*100	*D*130	*D*100	*D*130	80 × 120	100 × 150
单位				m					
总价（元）				**45.39**	**48.43**	**38.21**	**40.59**	**53.30**	**57.56**
其中	人工费（元）			32.81	32.81	27.54	27.54	39.69	39.69
	材料费（元）			12.58	15.62	10.67	13.05	13.61	17.87
名称		单位	单价（元）	消耗量					
人工	综合工日	工日	135.00	0.243	0.243	0.204	0.204	0.294	0.294
材料	镀锌薄钢板 δ0.46	m^2	17.48	0.370	0.470	0.360	0.460	0.470	0.590
	铁件	kg	9.49	0.430	0.490	0.430	0.490	0.430	0.500
	焊锡	kg	59.85	0.034	0.046	0.005	0.006	0.022	0.047

工作内容：量尺，画线，裁铁，起线，卷边，咬口，焊口，钉钉子，制作、安装卡子。

编号				6-162	6-163	6-164	6-165	6-166	6-167	6-168
项目名称				镀锌薄钢板（mm）						
				雨水管（不带箍方形）		雨水斗	出墙水嘴（下口圆形）		出墙水嘴（下口方形）	
				80×120	100×150		*D*100	*D*130	80×120	100×150
单位				m		个				
总价（元）				**42.48**	**45.24**	**101.40**	**52.73**	**54.77**	**54.65**	**56.87**
其中	人工费（元）			30.78	30.78	89.10	44.55	44.55	44.55	44.55
	材料费（元）			11.70	14.46	12.30	8.18	10.22	10.10	12.32
名称		单位	单价（元）	消耗量						
人工	综合工日	工日	135.00	0.228	0.228	0.660	0.330	0.330	0.330	0.330
材料	镀锌薄钢板 δ0.46	m^2	17.48	0.460	0.580	0.460	0.420	0.530	0.530	0.650
	铁件	kg	9.49	0.360	0.430	—	—	—	—	—
	圆钉	kg	6.68	—	—	0.010	—	—	—	—
	焊锡	kg	59.85	0.004	0.004	0.070	0.014	0.016	0.014	0.016

工作内容：量尺，画线，裁铁，起线，卷边，咬口，焊口，钉钉子，制作、安装卡子。

编号				6-169	6-170	6-171
项目名称				镀锌薄钢板(mm)		
				烟囱根制作、安装	虾体弯制作、安装	
					D100	D150
单位				m^2	个	
总价(元)				**96.16**	**41.38**	**42.99**
其中	人工费(元)			74.25	37.80	37.80
	材料费(元)			21.91	3.58	5.19
名称		单位	单价(元)	消耗量		
人工	综合工日	工日	135.00	0.550	0.280	0.280
材料	镀锌薄钢板 δ0.46	m^2	17.48	1.120	0.102	0.160
	圆钉	kg	6.68	0.080	—	—
	焊锡	kg	59.85	0.030	0.030	0.040

工作内容：量尺，画线，裁铁，起线，卷边，咬口，焊口，钉钉子，制作、安装卡子。

编号				6–172	6–173	6–174	6–175	6–176	6–177
项目名称				镀锌薄钢板			铸铁出墙水嘴	铸铁弯头	镀锌钢丝网球 *DN*100
				方形、圆形立水管					
				下水嘴	弓形弯	灯叉弯			
单位				个					
总价（元）				**15.21**	**61.48**	**31.28**	**73.80**	**124.39**	**15.47**
其中	人工费（元）			12.29	48.60	24.84	8.10	74.79	7.43
	材料费（元）			2.92	12.88	6.44	65.70	49.60	8.04
名称		单位	单价（元）	消耗量					
人工	综合工日	工日	135.00	0.091	0.360	0.184	0.060	0.554	0.055
材料	镀锌薄钢板 δ0.46	m^2	17.48	0.133	0.600	0.300	—	—	—
	铸铁落水口 *D*100×300	套	49.08	—	—	—	1.010	—	—
	铸铁弯头排水口	个	41.42	—	—	—	—	1.010	—
	镀锌钢丝网球 *D*100	个	8.04	—	—	—	—	—	1.000
	石油沥青	kg	4.04	—	—	—	—	0.406	—
	铁件	kg	9.49	—	—	—	1.700	—	—
	清油	kg	15.06	—	—	—	—	0.045	—
	稀料	kg	10.88	—	—	—	—	0.451	—
	焊锡	kg	59.85	0.010	0.040	0.020	—	—	—
	零星材料费	元	—	—	—	—	—	0.54	—

工作内容：量尺，画线，裁铁，起线，卷边，咬口，焊口，钉钉子，制作、安装卡子。

编号				6-178	6-179	6-180	6-181	6-182
项目名称				镀锌薄钢板				阳台出水口
				天沟制作、安装	披水制作、安装	伸缩缝盖面	屋面排水制作、安装下水嘴	
单位				m^2		m	个	
总价（元）				**40.13**	**32.81**	**215.06**	**20.17**	**13.35**
其中	人工费（元）			19.85	12.42	184.68	16.88	10.80
	材料费（元）			20.28	20.39	30.38	3.29	2.55
名称		单位	单价（元）	消耗量				
人工	综合工日	工日	135.00	0.147	0.092	1.368	0.125	0.080
材料	镀锌薄钢板 $\delta0.46$	m^2	17.48	1.080	1.060	0.610	0.150	—
	圆钉	kg	6.68	0.030	0.100	0.110	—	—
	焊锡	kg	59.85	0.020	0.020	—	—	—
	硬塑料管 *DN*50	kg	11.02	—	—	—	—	0.220
	焊锡丝	kg	60.79	—	—	—	0.011	—
	红白松锯材 二类	m^3	3266.74	—	—	0.0058	—	—
	防腐油	kg	0.52	—	—	0.069	—	—
	零星材料费	元	—	—	—	—	—	0.13

工作内容：安装、固定等全部操作过程。

编号				6-183	6-184	6-185	6-186	6-187	6-188	6-189	6-190
项目名称				玻璃钢					UPVC		
				雨水管	雨水斗	出墙水嘴	半圆形躺沟	马槽形躺沟	雨水管	雨水斗	弯头
单位				m	个		m			个	
总价（元）				**38.77**	**37.88**	**39.06**	**28.57**	**28.57**	**76.29**	**52.28**	**35.22**
其中	人工费（元）			14.58	14.85	21.20	14.58	14.58	43.34	42.39	17.69
	材料费（元）			24.19	23.03	17.86	13.99	13.99	32.95	9.89	17.53
名称		单位	单价（元）	消耗量							
人工	综合工日	工日	135.00	0.108	0.110	0.157	0.108	0.108	0.321	0.314	0.131
材料	玻璃钢雨水管 100mm	m	17.86	1.050	—	—	—	—	—	—	—
	玻璃钢雨水斗 400×300	个	23.03	—	1.000	—	—	—	—	—	—
	玻璃钢出墙水嘴	个	17.86	—	—	1.000	—	—	—	—	—
	玻璃钢躺沟	m	7.52	—	—	—	1.050	1.050	—	—	—
	UPVC 雨水管 100mm	m	25.96	—	—	—	—	—	1.061	—	—
	UPVC 雨水斗 400×300	个	9.79	—	—	—	—	—	—	1.010	—
	UPVC 弯头 *D*110	个	17.36	—	—	—	—	—	—	—	1.010
	铁件	kg	9.49	0.570	—	—	0.640	0.640	0.570	—	—
	胶黏剂 404	kg	18.17	0.0013	—	—	0.0013	0.0013	—	—	—

天津市房屋修缮工程预算基价

土建工程（二）

DBD 29-701-2020

天津市住房和城乡建设委员会
天津市建筑市场服务中心　主编

中国计划出版社

目　录

第七章　门窗工程

第八章　木作工程

第九章　防腐工程

第十章　天棚工程

第七章　门 窗 工 程

说　　明

一、本章包括木门，全玻门，半玻门，金属门，厂库房大门，其他门，木窗，金属窗，五金配件，门窗套，窗帘盒、窗帘轨，窗台板，门窗扇修理，修理木板门、老式大门，添配门窗框扇，拆换筒子板、贴脸，门窗安装，门窗修理 18 节，共 318 条基价子目。

二、工程计价时应注意的问题。

1. 木种分类。

第一类：红松、杉木。

第二类：白松、杉松、杨柳木、椴木、樟子松、云杉。

第三类：青松、水曲柳、黄花松、秋子松、马尾松、榆木、柏木、樟木、苦栋木、梓木、黄菠萝、槐木、椿木、楠木。

第四类：柞木、檀木、红木、荔木、柚木、麻栗木、桦木。

2. 本章项目均以第一类、第二类木种为准，如采用第三类、第四类木种时，应按基价相应项目的综合工日乘以系数 1.35。

3. 本章基价中木材断面或厚度均以毛料为准，如设计要求刨光时，板材、方材一面刨光加 3mm，两面刨光加 5mm。

4. 门窗框扇按规格材考虑的，使用板材的人工已综合考虑了顺锯破料人工，不另行增加破料工。基价中的门框料是按无下槛计算的，如设计有下槛时，另套用相应基价计算。

5. 木门窗制作包括框口圈刷防腐油，其人工已综合在基价内。

6. 基价中包括玻璃安装的项目，玻璃品种及厚度均为参考规格，如实际使用的玻璃品种及厚度与基价不同时应按实调整，其消耗量不变。

7. 装饰板门扇制作、安装按木骨架、基层、饰面板面层分别计算。

8. 成品套装门安装包括门套和门扇安装。

9. 自由门的弹簧合页已包括在小五金费内，不另行计算，但其他各种门如使用弹簧合页时，应另行计算。

10. 门窗如带通风百叶，按百叶框外围面积另执行百叶窗基价，其相应门窗工料不做调整。全百叶门执行百叶窗基价。

11. 各种天窗均包括钉板条、抹灰等全部工程。

12. 门窗安装基价中只包括普通小五金，特殊五金不包括在内，设计施工需要安装时应按设计用量另行计算，套用相应基价。

13. 塑钢门窗安装子目是按单玻考虑的，如实际采用双玻，人工费乘以系数 1.15。

14. 修理铝合金窗和塑钢窗调换滑轮子目按每扇窗 2 个导轨轮考虑。

15. 门窗槽铁三角包括落扇，不包括换料，如需换料，另套相应基价计算。

16. 添配门窗框扇，包括破损拆除、添配制作与安装全部操作。

17. 凡由现场以外的附属加工厂制作的门窗，一律增加场外运输费。

18. 利用旧料加工以成品完成量所利用旧料占预算基价本项工程应用木料量 50% 以外为准，按照基价工程项目中综合工日乘以系数 1.20。

工程量计算规则

一、新做各种门窗均按门窗框外围面积以“m^2”计算，矩形天窗、老虎嘴天窗以“个”计算。山墙百叶窗按“m^2”计算。

二、成品木门框安装按设计图示框的中心线长度计算。成品木门扇安装按设计图示扇面积计算。

三、木门扇皮制隔声面层和装饰板隔声面层，按单面面积计算。

四、成品套装木门安装按设计图示数量计算。

五、不锈钢板包门框、门窗套、花岗岩门套、门窗筒子板按展开面积计算，门窗贴脸、窗帘盒、窗帘轨按延长米计算。

六、窗台板按实铺面积计算。

七、修理各种门窗按扇计算；修理门窗框及改换开启方向按“樘”计算。

八、换门心板按设计数量以块计算。装钉双层板按块计算。

九、包镶门补换纤维板或胶合板，按面积以“m^2”计算，不足 $0.5m^2$ 的按 $0.5m^2$ 计算。

十、纱门窗拆钉铁纱按扇外围面积以“m^2”计算。

十一、老式大门换下槛按数量以“根”计算。

十二、添配门窗框按长度以“m”计算，添配门扇、窗扇按设计扇的外围面积以“m^2”计算。

十三、铝合金门窗、彩板组角门窗、塑钢门窗、断桥铝合金门窗安装均按洞口面积以“m^2”计算。纱扇制作安装按扇外围面积以“m^2”计算。

十四、卷闸门安装按其安装高度乘以门的实际宽度按面积以“m^2”计算。安装高度算至滚筒顶点为准，带卷筒罩的按展开面积增加。电动装置安装以“套”计算。小门安装以“个”计算，小门面积不扣除。

十五、阳台封闭窗、飘窗按设计图示框型材外边线尺寸以展开面积算。

十六、防盗门、防盗窗、不锈钢格栅门按框外围面积以“m^2”计算。

十七、成品防火门以框外围面积计算，防火卷帘门从（楼）地面算至端板顶点乘以设计宽度。

第一节 木　　门

工作内容：门框以榫为准，包括制作掳子、加楔。门扇以单榫倒八字楞或起线为准，包括框扇制作、安装、使胶、加楔、净面、裁钉铁纱、装配小五金等。

编　　号				7-001	7-002	7-003	7-004	7-005	7-006
项目名称				装板门		胶合板门			
						门扇不带玻璃		门扇带玻璃	
				无上亮	带上亮	无上亮	带上亮	无上亮	带上亮
单　　位				m^2					
总价（元）				**465.24**	**468.35**	**424.45**	**430.04**	**444.72**	**450.46**
其中	人工费（元）			195.84	225.52	191.25	203.34	204.56	216.80
	材料费（元）			266.43	240.00	230.57	224.13	237.80	231.36
	机械费（元）			2.97	2.83	2.63	2.57	2.36	2.30
名　　称		单位	单价（元）	消　耗　量					
人工	综合工日	工日	153.00	1.280	1.474	1.250	1.329	1.337	1.417
材料	框木料	m^3	4294.24	0.0224	0.0212	0.020	0.0212	0.020	0.0212
	扇木料	m^3	4294.24	0.0369	0.0314	0.0218	0.020	0.023	0.0212
	胶合板 3mm	m^2	20.88	—	—	1.930	1.600	1.930	1.600
	平板玻璃 3mm	m^2	19.91	—	0.150	—	0.150	0.100	0.250
	松木锯材 三类	m^3	1661.90	0.0029	0.0023	0.0024	0.0021	0.0024	0.0021
	圆钉	kg	6.68	0.070	0.060	0.090	0.080	0.090	0.080
	油灰	kg	2.94	—	0.130	—	0.130	0.030	0.160
	胶	kg	15.12	0.250	0.230	0.250	0.230	0.250	0.230
	五金费	元	—	2.71	3.05	2.40	2.93	2.40	2.93
机械	中小型机械费	元	—	2.97	2.83	2.63	2.57	2.36	2.30

工作内容：门框以榫为准，包括制作掳子、加楔。门扇以单榫倒八字楞或起线为准，包括框扇制作、安装、使胶、加楔、净面、裁钉铁纱、装配小五金等。

编　号				7-007	7-008	7-009	7-010
项目名称				纤维板门			
				门扇不带玻璃		门扇带玻璃	
				无上亮	带上亮	无上亮	带上亮
单　位				m^2			
总价（元）				**432.18**	**439.06**	**454.59**	**461.47**
其中	人工费（元）			201.20	214.20	216.65	229.65
	材料费（元）			228.35	222.29	235.58	229.52
	机械费（元）			2.63	2.57	2.36	2.30
名　称		单位	单价（元）	消　耗　量			
人工	综合工日	工日	153.00	1.315	1.400	1.416	1.501
材料	框木料	m^3	4294.24	0.020	0.0212	0.020	0.0212
	扇木料	m^3	4294.24	0.0218	0.020	0.023	0.0212
	平板玻璃 3mm	m^2	19.91	—	0.150	0.100	0.250
	松木锯材 三类	m^3	1661.90	0.0024	0.0021	0.0024	0.0021
	纤维板 1000×2150×3.2	m^2	19.73	1.930	1.600	1.930	1.600
	圆钉	kg	6.68	0.090	0.080	0.090	0.080
	油灰	kg	2.94	—	0.130	0.030	0.160
	胶	kg	15.12	0.250	0.230	0.250	0.230
	五金费	元	—	2.40	2.93	2.40	2.93
机械	中小型机械费	元	—	2.63	2.57	2.36	2.30

工作内容：门框、门扇制作与安装等全部操作过程。

编号				7-011	7-012	7-013	7-014
项目名称				成品木门框安装	实木镶板门扇（凸凹型）	实木镶板半玻门扇（网格式）	实木全玻门（网格式）
单位				m	m^2		
总价（元）				**121.90**	**400.10**	**393.21**	**467.13**
其中	人工费（元）			10.10	137.70	125.46	137.70
	材料费（元）			111.80	259.43	265.39	327.61
	机械费（元）			—	2.97	2.36	1.82
名称		单位	单价（元）	消耗量			
人工	综合工日	工日	153.00	0.066	0.900	0.820	0.900
材料	水泥	kg	0.39	0.479	—	—	—
	粗砂	t	86.14	0.002	—	—	—
	成品木门框	m	101.63	1.020	—	—	—
	硬木锯材	m^3	6977.77	0.0011	0.036	0.031	0.034
	磨砂玻璃 5mm	m^2	46.68	—	—	0.300	0.570
	线条（压玻线）	m	6.62	—	—	4.030	8.090
	聚醋酸乙烯乳液	kg	9.51	—	0.070	0.070	0.070
	防腐油	kg	0.52	0.0671	—	—	—
	圆钉	kg	6.68	0.010	—	—	—
	零星材料费	元	—	—	7.56	7.73	9.54
	水泥砂浆 1:3	m^3	—	（0.0011）	—	—	—
机械	中小型机械费	元	—	—	2.97	2.36	1.82

工作内容：门框、门扇制作与安装等全部操作过程。

编　号				7-015	7-016	7-017	7-018
项目名称				装饰板门扇制作			成品木门扇安装
				木骨架	基层	装饰面层	
单　位				m^2			
总价（元）				**150.23**	**295.99**	**169.88**	**574.39**
其中	人工费（元）			78.03	38.25	78.03	28.76
	材料费（元）			72.20	257.74	91.85	545.63
名　称		单位	单价（元）	消　耗　量			
人工	综合工日	工日	153.00	0.510	0.250	0.510	0.188
材料	杉木锯材	m^3	2596.26	0.027	—	—	—
	大芯板（细木工板）	m^2	122.10	—	2.040	—	—
	红棒木夹板 3mm	m^2	28.12	—	—	2.130	—
	成品装饰门扇	m^2	528.49	—	—	—	1.000
	收口线	m	8.06	—	—	3.490	—
	不锈钢合页	个	14.46	—	—	—	1.151
	聚醋酸乙烯乳液	kg	9.51	—	0.120	0.120	—
	沉头木螺钉 $L32$	个	0.03	—	—	—	7.249
	水砂纸	张	1.12	—	—	—	0.245
	零星材料费	元	—	2.10	7.51	2.68	—

工作内容：门套、门扇、五金安装、框周边塞缝等全部工作。

编　号				7-019	7-020	7-021
项目名称				成品套装木门安装		
				单扇门	双扇门	子母门
单　位				樘		
总价（元）				**1394.57**	**2332.71**	**1821.25**
其中	人工费（元）			90.12	132.35	130.66
	材料费（元）			1304.45	2200.36	1690.59
名　称		单位	单价（元）	消　耗　量		
人工	综合工日	工日	153.00	0.589	0.865	0.854
材料	水泥	kg	0.39	2.958	5.916	4.437
	粗砂	t	86.14	0.011	0.022	0.016
	单扇套装平开实木门	樘	1270.41	1.000	—	—
	双扇套装平开实木门	樘	2134.28	—	1.000	—
	双扇套装子母对开实木门	樘	1626.12	—	—	1.000
	杉木锯材	m^3	2596.26	0.0003	0.0002	0.0002
	不锈钢合页	副	14.46	2.000	4.000	4.000
	沉头木螺钉 *L*32	个	0.03	12.600	25.200	25.200
	水砂纸	张	1.12	0.500	0.500	0.500
	零星材料费	元	—	1.30	2.20	1.69
	水泥砂浆 1∶3	m^3	—	（0.0068）	（0.0136）	（0.0102）

工作内容：门框以榫为准，包括制作掳子、加楔。门扇以单榫倒八字楞或起线为准，包括框扇制作、安装、使胶、加楔、净面、裁钉铁纱、装配小五金等。

编号				7-022	7-023	7-024	7-025	7-026
项目名称				木门扇（隔声面层）		棋格门	半截百叶门	厕所、浴室隔断门
				皮制	装饰板			
单位				m^2				
总价（元）				**327.75**	**180.38**	**1337.77**	**556.29**	**319.47**
其中	人工费（元）			82.62	99.45	1121.95	303.55	140.15
	材料费（元）			245.13	80.93	212.52	249.44	177.49
	机械费（元）			—	—	3.30	3.30	1.83
名称		单位	单价（元）	消耗量				
人工	综合工日	工日	153.00	0.540	0.650	7.333	1.984	0.916
材料	框木料	m^3	4294.24	—	—	—	0.019	—
	扇木料	m^3	4294.24	—	—	—	0.0364	0.0395
	松木锯材 三类	m^3	1661.90	—	—	—	0.0026	—
	红榉木夹板 3mm	m^2	28.12	1.050	1.100	—	—	—
	胶合板 5mm	m^2	30.54	1.050	1.050	—	—	—
	皮制面层	m^2	117.99	1.120	—	—	—	—
	海绵 40mm	m^2	38.68	1.050	—	—	—	—
	塑料泡沫 30.0mm	kg	10.83	—	1.050	—	—	—
	木压条	m	0.90	3.400	3.400	—	—	—
	钢材	kg	3.66	—	—	42.400	—	—
	聚醋酸乙烯乳液	kg	9.51	0.060	0.120	—	—	—
	圆钉	kg	6.68	—	—	—	0.050	0.030
	胶	kg	15.12	—	—	—	0.230	0.260
	电焊条	kg	7.59	—	—	1.760	—	—
	螺栓 M5×30	kg	14.58	—	—	1.660	—	—
	氧气	m^3	2.88	—	—	0.560	—	—
	乙炔气	m^3	16.13	—	—	0.130	—	—
	铁件	kg	9.49	—	—	1.350	—	—
	五金费	元	—	—	—	3.25	3.41	3.74
	零星材料费	元	—	7.14	2.36	—	—	—
机械	中小型机械费	元	—	—	—	3.30	3.30	1.83

工作内容: 门框以榫为准,包括制作掳子、加楔。门扇以单榫倒八字楞或起线为准,包括框扇制作、安装、使胶、加楔、净面、裁钉铁纱、装配小五金等。

编号				7-027	7-028	7-029
项目名称				木纱门	联窗门	
					不带纱扇	带纱扇
单位				m^2		
总价(元)				**323.66**	**439.06**	**642.46**
其中	人工费(元)			192.78	241.13	388.01
	材料费(元)			129.46	195.52	250.65
	机械费(元)			1.42	2.41	3.80
名称		单位	单价(元)	消耗量		
人工	综合工日	工日	153.00	1.260	1.576	2.536
材料	扇木料	m^3	4294.24	0.0256	0.020	0.0297
	框木料	m^3	4294.24	—	0.020	0.021
	松木锯材 三类	m^3	1661.90	—	0.0021	0.0015
	平板玻璃 3mm	m^2	19.91	—	0.610	0.610
	铁窗纱	m^2	7.46	0.950	—	0.850
	圆钉	kg	6.68	0.098	0.080	0.090
	胶	kg	15.12	0.260	0.140	0.200
	油灰	kg	2.94	—	0.390	0.390
	五金费	元	—	7.85	4.32	7.18
机械	中小型机械费	元	—	1.42	2.41	3.80

第二节 全 玻 门

工作内容：1. 门框以榫为准，包括制作拼子、加楔。门扇以单榫倒八字楞或起线为准，包括框扇制作、安装、使胶、加楔、净面、裁钉铁纱、装配小五金等。
2. 全玻门扇安装，包括定位，安装地弹簧、门扇（玻璃），校正等。

<table>
<tr><td colspan="4">编 号</td><td>7-030</td><td>7-031</td><td>7-032</td><td>7-033</td><td>7-034</td></tr>
<tr><td colspan="4" rowspan="3">项目名称</td><td colspan="2">全玻门</td><td colspan="3">全玻门扇安装</td></tr>
<tr><td colspan="2">不带纱扇</td><td rowspan="2">有框门扇</td><td rowspan="2">无框（条夹）门扇</td><td rowspan="2">无框（点夹）门扇</td></tr>
<tr><td>无上亮</td><td>带上亮</td></tr>
<tr><td colspan="4">单 位</td><td colspan="5">m²</td></tr>
<tr><td colspan="4">总价（元）</td><td>**422.60**</td><td>**464.87**</td><td>**509.48**</td><td>**509.48**</td><td>**513.00**</td></tr>
<tr><td rowspan="3">其中</td><td colspan="3">人工费（元）</td><td>204.87</td><td>255.05</td><td>66.86</td><td>66.86</td><td>70.38</td></tr>
<tr><td colspan="3">材料费（元）</td><td>215.91</td><td>207.92</td><td>442.62</td><td>442.62</td><td>442.62</td></tr>
<tr><td colspan="3">机械费（元）</td><td>1.82</td><td>1.90</td><td>—</td><td>—</td><td>—</td></tr>
<tr><td colspan="2">名 称</td><td>单位</td><td>单价（元）</td><td colspan="5">消 耗 量</td></tr>
<tr><td>人工</td><td>综合工日</td><td>工日</td><td>153.00</td><td>1.339</td><td>1.667</td><td>0.437</td><td>0.437</td><td>0.460</td></tr>
<tr><td rowspan="16">材料</td><td>水泥</td><td>kg</td><td>0.39</td><td>—</td><td>—</td><td>1.945</td><td>1.945</td><td>1.945</td></tr>
<tr><td>粗砂</td><td>t</td><td>86.14</td><td>—</td><td>—</td><td>0.005</td><td>0.005</td><td>0.005</td></tr>
<tr><td>框木料</td><td>m³</td><td>4294.24</td><td>0.020</td><td>0.0212</td><td>—</td><td>—</td><td>—</td></tr>
<tr><td>扇木料</td><td>m³</td><td>4294.24</td><td>0.0241</td><td>0.0209</td><td>—</td><td>—</td><td>—</td></tr>
<tr><td>松木锯材 三类</td><td>m³</td><td>1661.90</td><td>0.0015</td><td>0.0012</td><td>—</td><td>—</td><td>—</td></tr>
<tr><td>全玻有框门扇</td><td>m²</td><td>320.00</td><td>—</td><td>—</td><td>1.000</td><td>—</td><td>—</td></tr>
<tr><td>全玻无框（条夹）门扇</td><td>m²</td><td>320.00</td><td>—</td><td>—</td><td>—</td><td>1.000</td><td>—</td></tr>
<tr><td>全玻无框（点夹）门扇</td><td>m²</td><td>320.00</td><td>—</td><td>—</td><td>—</td><td>—</td><td>1.000</td></tr>
<tr><td>平板玻璃 3mm</td><td>m²</td><td>19.91</td><td>—</td><td>0.180</td><td>—</td><td>—</td><td>—</td></tr>
<tr><td>平板玻璃 5mm</td><td>m²</td><td>28.62</td><td>0.600</td><td>0.480</td><td>—</td><td>—</td><td>—</td></tr>
<tr><td>地弹簧</td><td>套</td><td>265.14</td><td>—</td><td>—</td><td>0.458</td><td>0.458</td><td>0.458</td></tr>
<tr><td>圆钉</td><td>kg</td><td>6.68</td><td>0.090</td><td>0.120</td><td>—</td><td>—</td><td>—</td></tr>
<tr><td>油灰</td><td>kg</td><td>2.94</td><td>0.510</td><td>0.560</td><td>—</td><td>—</td><td>—</td></tr>
<tr><td>胶</td><td>kg</td><td>15.12</td><td>0.170</td><td>0.150</td><td>—</td><td>—</td><td>—</td></tr>
<tr><td>五金费</td><td>元</td><td>—</td><td>2.20</td><td>3.10</td><td>—</td><td>—</td><td>—</td></tr>
<tr><td>水泥砂浆 1:2</td><td>m³</td><td>—</td><td>—</td><td>—</td><td>（0.0034）</td><td>（0.0034）</td><td>（0.0034）</td></tr>
<tr><td>机械</td><td>中小型机械费</td><td>元</td><td>—</td><td>1.82</td><td>1.90</td><td>—</td><td>—</td><td>—</td></tr>
</table>

第三节 半玻门

工作内容:门框以榫为准,包括制作捞子、加楔。门扇以单榫倒八字楞或起线为准,包括框扇制作、安装、使胶、加楔、净面、裁钉铁纱、装配小五金等。

编号				7-035	7-036	7-037	7-038	7-039
项目名称				半玻门				半玻自由门
				不带纱扇		带纱扇		
				无上亮	带上亮	无上亮	带上亮	
单位				m^2				
总价(元)				**418.49**	**448.41**	**667.42**	**723.03**	**478.02**
其中	人工费(元)			186.20	227.66	313.19	374.54	224.30
	材料费(元)			229.93	218.45	350.45	344.77	251.37
	机械费(元)			2.36	2.30	3.78	3.72	2.35
名称		单位	单价(元)	消耗量				
人工	综合工日	工日	153.00	1.217	1.488	2.047	2.448	1.466
材料	扇木料	m^3	4294.24	0.029	0.0246	0.048	0.045	0.031
	框木料	m^3	4294.24	0.020	0.0212	0.0265	0.0277	0.015
	松木锯材 三类	m^3	1661.90	0.0024	0.0023	0.0024	0.0023	0.0014
	平板玻璃 3mm	m^2	19.91	0.430	0.520	0.430	0.520	0.200
	平板玻璃 5mm	m^2	28.62	—	—	—	—	0.300
	铁窗纱	m^2	7.46	—	—	1.030	1.040	—
	圆钉	kg	6.68	0.120	0.090	0.140	0.120	0.090
	油灰	kg	2.94	0.370	0.450	0.370	0.450	0.180
	胶	kg	15.12	0.190	0.170	0.280	0.260	0.210
	五金费	元	—	2.20	3.10	4.04	4.59	34.63
机械	中小型机械费	元	—	2.36	2.30	3.78	3.72	2.35

第四节　金　属　门

工作内容: 放样、弹线、截料、拼装、成品矫正、安装等全部操作。

<table>
<tr><td colspan="3">编　号</td><td>7-040</td><td>7-041</td><td>7-042</td><td>7-043</td><td>7-044</td><td>7-045</td></tr>
<tr><td colspan="3" rowspan="3">项目名称</td><td colspan="4">铁门制作、安装</td><td colspan="2">平开钢栏门</td></tr>
<tr><td colspan="2">院墙铁门</td><td colspan="2">花饰铁门</td><td rowspan="2">制作</td><td rowspan="2">安装</td></tr>
<tr><td>半板</td><td>全板</td><td>一般</td><td>复杂</td></tr>
<tr><td colspan="3">单　位</td><td colspan="2">m²</td><td colspan="3">t</td><td>m²</td></tr>
<tr><td colspan="3">总价(元)</td><td>557.09</td><td>523.77</td><td>16870.06</td><td>20304.62</td><td>11336.99</td><td>34.80</td></tr>
<tr><td rowspan="3">其中</td><td colspan="2">人工费(元)</td><td>371.25</td><td>297.00</td><td>11137.50</td><td>14566.50</td><td>5205.60</td><td>25.92</td></tr>
<tr><td colspan="2">材料费(元)</td><td>167.63</td><td>212.21</td><td>5304.94</td><td>5310.50</td><td>5703.77</td><td>8.77</td></tr>
<tr><td colspan="2">机械费(元)</td><td>18.21</td><td>14.56</td><td>427.62</td><td>427.62</td><td>427.62</td><td>0.11</td></tr>
<tr><td colspan="2">名　称</td><td>单位</td><td>单价(元)</td><td colspan="6">消　耗　量</td></tr>
<tr><td>人工</td><td>综合工日</td><td>工日</td><td>135.00</td><td>2.750</td><td>2.200</td><td>82.500</td><td>107.900</td><td>38.560</td><td>0.192</td></tr>
<tr><td rowspan="7">材料</td><td>钢栏门</td><td>m²</td><td>—</td><td>—</td><td>—</td><td>—</td><td>—</td><td>—</td><td>(1.000)</td></tr>
<tr><td>钢材</td><td>kg</td><td>3.66</td><td>26.920</td><td>40.800</td><td>1060.000</td><td>1060.000</td><td>—</td><td>—</td></tr>
<tr><td>钢板网 2000×600×(0.7~0.9)</td><td>m²</td><td>15.92</td><td>0.530</td><td>—</td><td>—</td><td>—</td><td>—</td><td>—</td></tr>
<tr><td>薄钢板(热轧)≥δ2</td><td>kg</td><td>3.72</td><td>—</td><td>—</td><td>—</td><td>—</td><td>43.410</td><td>—</td></tr>
<tr><td>等边角钢 25×4</td><td>kg</td><td>3.72</td><td>—</td><td>—</td><td>—</td><td>—</td><td>193.810</td><td>—</td></tr>
<tr><td>扁钢 20×3</td><td>kg</td><td>3.68</td><td>—</td><td>—</td><td>—</td><td>—</td><td>204.060</td><td>—</td></tr>
<tr><td>镀锌焊接管 DN50</td><td>kg</td><td>4.23</td><td>—</td><td>—</td><td>—</td><td>—</td><td>418.920</td><td>—</td></tr>
</table>

编号				7-040	7-041	7-042	7-043	7-044	7-045
项目名称				铁门制作、安装				平开钢栏门	
				院墙铁门		花饰铁门		制作	安装
				半板	全板	一般	复杂		
单位				m^2		t			m^2
	名称	单位	单价（元）	消耗量					
材料	栏杆圆钢	kg	3.84	—	—	—	—	202.070	—
	电焊条	kg	7.59	1.150	1.350	26.000	26.000	19.400	0.040
	铁件	kg	9.49	4.800	4.800	120.000	120.000	142.000	0.680
	红白松锯材 一类	m^3	4069.17	—	—	—	—	0.005	—
	氧气	m^3	2.88	0.250	0.280	0.700	0.700	0.713	—
	乙炔气	m^3	16.13	0.110	0.120	0.310	0.310	0.320	—
	膨胀螺栓 M8×80	套	1.16	—	—	—	—	—	1.100
	水泥	kg	0.39	0.800	0.800	17.000	17.000	—	1.000
	粗砂	t	86.14	0.001	0.001	0.040	0.040	—	—
	细砂	t	87.33	—	—	—	—	—	0.001
	石子（5~20）	t	85.85	0.003	0.003	0.063	0.063	—	0.003
	五金费	元	—	3.23	3.69	66.70	72.26	—	—
机械	中小型机械费	元	—	18.21	14.56	427.62	427.62	427.62	0.11

工作内容：定位放线、安装龙骨、钉木基层、粘贴不锈钢板面层、清理等全部操作过程。

编号				7-046	7-047	7-048	7-049
项目名称				木门窗包铁	门扇双面包不锈钢板	不锈钢板包门框	
						木龙骨	钢龙骨
单位				m^2			
总价（元）				**132.43**	**286.46**	**712.27**	**744.78**
其中	人工费（元）			98.99	48.96	148.41	148.41
	材料费（元）			33.44	237.50	563.86	594.77
	机械费（元）			—	—	—	1.60
名称		单位	单价（元）	消耗量			
人工	综合工日	工日	153.00	0.647	0.320	0.970	0.970
材料	不锈钢板	m^2	99.72	—	2.240	—	—
	镀锌薄钢板 δ0.46	m^2	17.48	1.540	—	—	—
	圆钉	kg	6.68	0.300	—	—	—
	玻璃胶	支	23.15	—	0.600	—	—
	镜面不锈钢片 8k	m^2	329.70	—	—	1.020	1.020
	大芯板（细木工板）	m^2	122.10	—	—	1.020	1.020
	不锈钢卡口槽	m	19.16	—	—	2.250	2.250
	杉木锯材	m^3	2596.26	—	—	0.013	—
	钢骨架	kg	7.29	—	—	—	8.690
	万能胶	kg	17.95	—	—	0.300	0.300
	带帽螺栓	个	3.30	—	—	4.270	—
	自攻螺钉 M4×15	个	0.06	—	—	5.190	57.700
	预埋铁件	kg	9.49	—	—	0.610	1.450
	电焊条	kg	7.59	—	—	—	0.560
	五金费	元	—	4.52	—	—	—
	零星材料费	元	—	—	0.24	0.59	0.62
机械	中小型机械费	元	—	—	—	—	1.60

工作内容：1. 制作：型材矫正、放样、下料、切割、断料、钻孔、组装、制作、搬运。2. 安装：现场搬运、安装、校正框扇、裁安玻璃、五金配件、周边塞口、清扫等。

编号				7-050	7-051	7-052	7-053	7-054
项目名称				铝合金单扇平开门		铝合金双扇平开门		门纱扇制作、安装
				无上亮	带上亮	无上亮	带上亮	
单位				m^2				
总价(元)				**492.27**	**478.80**	**426.65**	**418.36**	**159.71**
其中	人工费(元)			168.45	170.29	173.50	170.29	61.35
	材料费(元)			323.29	308.03	252.86	247.83	98.36
	机械费(元)			0.53	0.48	0.29	0.24	—
名称		单位	单价(元)	消耗量				
人工	综合工日	工日	153.00	1.101	1.113	1.134	1.113	0.401
材料	铝合金型材	kg	24.90	7.9922	7.6752	6.3516	6.2055	2.6887
	平板玻璃 6mm	m^2	33.40	0.9488	0.9848	0.9351	0.9904	—
	窗纱	m^2	7.46	—	—	—	—	0.9378
	地脚	个	3.85	6.3492	5.7613	3.4392	3.0864	—
	软填料	kg	19.90	0.2953	0.2837	0.132	0.1621	—
	纱门窗压条	m	2.28	—	—	—	—	2.900
	密封毛条	m	4.30	6.2033	4.868	6.3578	4.989	4.140
	膨胀螺栓	套	0.82	12.6984	11.5226	6.8783	6.1728	—
	螺钉	个	0.21	15.2593	15.2593	13.0794	11.8683	—
	合金钢钻头 *D*10	个	9.20	0.0794	0.072	0.043	0.0386	—
	玻璃胶	支	23.15	0.5291	0.575	0.2646	0.4644	—
	密封油膏	kg	17.99	0.4803	0.4614	0.2825	0.2637	—
	零星材料费	元	—	0.36	0.34	0.28	0.27	—
机械	中小型机械费	元	—	0.53	0.48	0.29	0.24	—

工作内容：1. 制作：型材矫正、放样、下料、切割、断料、钻孔、组装、制作、搬运。2. 安装：现场搬运、安装、校正框扇、裁安玻璃、五金配件、周边塞口、清扫等。

编号				7-055	7-056	7-057	7-058	7-059	7-060	7-061	7-062
项目名称				铝合金单扇地弹门		铝合金双扇地弹门				铝合金四扇地弹门	
						无侧亮		有侧亮			
				无上亮	带上亮	无上亮	带上亮	无上亮	带上亮	无上亮	带上亮
单位				m^2							
总价（元）				**476.37**	**473.31**	**459.72**	**427.78**	**406.73**	**396.94**	**442.70**	**433.72**
其中	人工费（元）			193.09	190.94	197.52	190.94	177.63	169.07	200.43	190.94
	材料费（元）			282.76	281.84	261.87	236.55	228.83	227.64	242.07	242.59
	机械费（元）			0.52	0.53	0.33	0.29	0.27	0.23	0.20	0.19
名称		单位	单价（元）	消耗量							
人工	综合工日	工日	153.00	1.262	1.248	1.291	1.248	1.161	1.105	1.310	1.248
材料	铝合金型材	kg	24.90	7.2442	7.125	7.1134	6.3275	6.0291	6.0437	6.7422	6.7535
	平板玻璃 6mm	m^2	33.40	0.8477	0.8798	0.9054	0.8312	0.9716	0.9922	0.916	0.9399
	地脚	个	3.85	6.1905	6.2963	3.9683	3.4979	3.1746	2.716	2.399	2.2447
	软填料	kg	19.90	0.5506	0.5271	0.3582	0.3294	0.2541	0.2306	0.2274	0.2171
	密封毛条	m	4.30	2.0295	1.5987	1.6914	1.3323	1.0113	0.7994	2.1628	1.6956
	膨胀螺栓	套	0.82	12.381	12.5926	7.9365	6.9959	6.3492	5.4321	4.798	4.4893
	拉杆螺栓	kg	17.74	0.1306	0.1309	0.1336	0.134	0.1349	0.1352	0.1355	0.1357
	螺钉	100个	21.00	0.0392	0.1068	0.0436	0.0848	0.0916	0.1322	0.0416	0.0925
	玻璃胶	支	23.15	0.359	0.4288	0.3943	0.4396	0.4677	0.519	0.4105	0.4791
	密封油膏	kg	17.99	0.4407	0.4219	0.2867	0.2637	0.2034	0.1846	0.182	0.1738
	合金钢钻头 *D*10	个	9.20	0.0774	0.0787	0.0496	0.0437	0.0397	0.0337	0.030	0.0281
	零星材料费	元	—	0.31	0.31	0.29	0.26	0.25	0.25	0.27	0.27
机械	中小型机械费	元	—	0.52	0.53	0.33	0.29	0.27	0.23	0.20	0.19

第五节　厂库房大门

工作内容：选配截料、弹线、打眼、作榫、刨槽、起线、倒楞、使胶、加楔、组装成活、净面，安装五金、铁件、滑轮、滑道等。

<table>
<tr><td colspan="4">编　　号</td><td>7-063</td><td>7-064</td><td>7-065</td><td>7-066</td></tr>
<tr><td colspan="4" rowspan="4">项目名称</td><td colspan="4">木板门制作、安装</td></tr>
<tr><td colspan="3">转轴门</td><td rowspan="3">推拉大门</td></tr>
<tr><td colspan="2">9m² 以内</td><td rowspan="2">3m² 以内</td></tr>
<tr><td>不带小门</td><td>带小门</td></tr>
<tr><td colspan="4">单　　位</td><td colspan="4">m²</td></tr>
<tr><td colspan="4">总价（元）</td><td>541.01</td><td>573.97</td><td>459.32</td><td>585.39</td></tr>
<tr><td rowspan="3">其中</td><td colspan="3">人工费（元）</td><td>220.05</td><td>240.57</td><td>222.21</td><td>239.22</td></tr>
<tr><td colspan="3">材料费（元）</td><td>318.75</td><td>331.19</td><td>234.90</td><td>343.96</td></tr>
<tr><td colspan="3">机械费（元）</td><td>2.21</td><td>2.21</td><td>2.21</td><td>2.21</td></tr>
<tr><td colspan="2">名　　称</td><td>单位</td><td>单价（元）</td><td colspan="4">消　耗　量</td></tr>
<tr><td>人工</td><td>综合工日</td><td>工日</td><td>135.00</td><td>1.630</td><td>1.782</td><td>1.646</td><td>1.772</td></tr>
<tr><td rowspan="8">材料</td><td>水泥</td><td>kg</td><td>0.39</td><td>5.770</td><td>5.770</td><td>5.100</td><td>—</td></tr>
<tr><td>粗砂</td><td>t</td><td>86.14</td><td>0.014</td><td>0.014</td><td>0.013</td><td>—</td></tr>
<tr><td>石子（5~20）</td><td>t</td><td>85.85</td><td>0.021</td><td>0.021</td><td>0.019</td><td>—</td></tr>
<tr><td>铁件</td><td>kg</td><td>9.49</td><td>9.790</td><td>9.790</td><td>3.480</td><td>12.650</td></tr>
<tr><td>圆钉</td><td>kg</td><td>6.68</td><td>0.200</td><td>0.200</td><td>0.100</td><td>0.200</td></tr>
<tr><td>扇木料</td><td>m³</td><td>4294.24</td><td>0.050</td><td>0.0528</td><td>0.0454</td><td>0.050</td></tr>
<tr><td>胶</td><td>kg</td><td>15.12</td><td>0.300</td><td>0.300</td><td>0.100</td><td>0.300</td></tr>
<tr><td>五金费</td><td>元</td><td>—</td><td>—</td><td>0.42</td><td>—</td><td>3.33</td></tr>
<tr><td>机械</td><td>中小型机械费</td><td>元</td><td>—</td><td>2.21</td><td>2.21</td><td>2.21</td><td>2.21</td></tr>
</table>

工作内容:制作与安装门扇、装配玻璃及小五金零件、固定铁角、钉薄钢板、密封皮等。

编号				7-067	7-068	7-069	7-070	7-071	7-072
项目名称				钢木大门制作、安装					
				平开钢木大门		推拉钢木大门		钢木大门	
				一面板	双面板	一般	防风沙	上翻板	折叠式
单位				m^2					
总价(元)				**640.44**	**783.27**	**679.50**	**844.11**	**846.33**	**624.33**
其中	人工费(元)			250.70	316.04	306.32	385.02	333.72	337.64
	材料费(元)			388.02	464.67	370.98	455.95	510.93	285.03
	机械费(元)			1.72	2.56	2.20	3.14	1.68	1.66
名称		单位	单价(元)	消耗量					
人工	综合工日	工日	135.00	1.857	2.341	2.269	2.852	2.472	2.501
材料	扇木料	m^3	4294.24	0.0354	0.050	0.0375	0.0543	0.029	0.0255
	钢骨架	kg	7.29	22.900	23.300	13.000	13.000	21.600	15.900
	镀锌薄钢板 $\delta0.46$	m^2	17.48	—	—	—	0.150	0.140	—
	平板玻璃 3mm	m^2	19.91	0.080	0.080	—	—	0.220	0.200
	铁件	kg	9.49	6.290	6.710	11.270	11.820	14.970	4.000
	电焊条	kg	7.59	—	—	—	—	0.330	—
	油毡	m^2	3.83	—	—	—	1.090	—	—
	油灰	kg	2.94	0.070	0.070	—	—	0.184	0.170
	五金费	元	—	7.57	14.62	8.22	9.03	76.99	17.17
机械	中小型机械费	元	—	1.72	2.56	2.20	3.14	1.68	1.66

工作内容：放样、弹线、截料、拼装、成品矫正、安装等全部操作。

编号				7-073	7-074	7-075	7-076	7-077	7-078
项目名称				板式钢门					
				制作			安装		
				平开门	折叠门	推拉门	平开门	折叠门	推拉门
单位				t			m^2		
总价（元）				**12280.40**	**15663.71**	**12569.63**	**52.62**	**87.60**	**179.89**
其中	人工费（元）			6129.00	8988.30	6678.45	31.05	74.25	153.90
	材料费（元）			5792.95	6195.34	5514.16	17.40	7.19	11.01
	机械费（元）			358.45	480.07	377.02	4.17	6.16	14.98
名称		单位	单价（元）	消耗量					
人工	综合工日	工日	135.00	45.400	66.580	49.470	0.230	0.550	1.140
材料	红白松锯材 一类	m^3	4069.17	0.005	0.005	0.005	—	—	—
	薄钢板（冷轧）≥ $\delta2$	kg	4.05	337.150	368.440	346.230	—	—	—
	扁钢 20×3	kg	3.68	43.590	—	—	—	—	—
	等边角钢 25×4	kg	3.72	275.380	701.560	723.770	—	—	—
	镀锌焊接管 *DN*50	kg	4.23	413.060	—	—	—	—	—
	铁件	kg	9.49	120.000	184.000	112.000	0.809	—	0.591
	橡胶板 2mm	m^2	21.33	—	—	—	0.212	—	—
	橡胶板 3mm	m^2	32.88	—	—	—	0.120	—	0.104
	帆布橡胶板 3mm	m^2	34.34	—	—	—	—	—	0.028
	橡皮条 九字形 2 型	m	3.61	—	—	—	—	1.530	—
	电焊条	kg	7.59	33.690	33.690	33.690	—	—	—
	螺栓 M5×30	kg	14.58	0.500	0.630	0.500	0.025	0.062	0.048
	镀锌螺钉 M3×25	个	0.16	—	—	—	5.580	4.770	2.030
	氧气	m^3	2.88	7.132	6.110	7.132	—	—	—
	乙炔气	m^3	16.13	3.270	2.750	3.270	—	—	—
机械	中小型机械费	元	—	358.45	480.07	377.02	4.17	6.16	14.98

第六节　其　他　门

工作内容：定位，弹线，安装轨道、门、电动装置，调试，清理等。

编　　号				7-079	7-080	7-081	7-082	7-083
项目名称				电子感应自动门		全玻璃转门	不锈钢电动伸缩门	伸缩门电动装置
				玻璃门	电磁感应装置	直径2m不锈钢柱（玻璃12.0mm）		
单　　位				樘	套	樘	m	套
总价（元）				**17263.49**	**587.04**	**17809.45**	**1249.76**	**23087.62**
其中	人工费（元）			1866.60	301.41	2295.00	96.39	301.41
	材料费（元）			15396.89	285.63	15514.45	1153.37	22786.21
名　　称		单位	单价（元）	消　耗　量				
人工	综合工日	工日	153.00	12.200	1.970	15.000	0.630	1.970
材料	电子感应自动门	樘	15219.46	1.000	—	—	—	—
	电磁感应装置	套	263.92	—	1.000	—	—	—
	全玻璃转门（含玻璃转轴全套）	樘	15498.95	—	—	1.000	—	—
	不锈钢伸缩门（含轨道）	m	1148.45	—	—	—	1.000	—
	伸缩门电动装置系统	套	22786.21	—	—	—	—	1.000
	玻璃胶	支	23.15	7.000	—	—	—	—
	角钢	kg	3.47	—	4.000	—	—	—
	铁件	kg	9.49	—	—	—	0.411	—
	电焊条	kg	7.59	—	0.500	—	—	—
	不锈钢焊条（综合）	kg	51.05	—	—	—	0.020	—
	金属膨胀螺栓 M8	套	0.66	—	6.120	—	—	—
	零星材料费	元	—	15.38	—	15.50	—	—

工作内容：制作与安装门扇、铺钉镀辞薄钢板、安装保温材料、钉密封条、装配五金零件等。

编号				7-084	7-085	7-086	7-087	7-088	7-089
项目名称				冷藏门					
				制作				安装	
				保温层厚度 100mm		保温层厚度 150mm		库门	冻结库门
				库门	冻结间门	库门	冻结间门		
单位				m^2					
总价（元）				**650.32**	**711.88**	**725.48**	**781.76**	**293.56**	**393.01**
其中	人工费（元）			318.60	373.95	326.70	382.05	132.30	178.20
	材料费（元）			331.45	337.66	398.51	399.44	161.26	214.81
	机械费（元）			0.27	0.27	0.27	0.27	—	—
名称		单位	单价（元）	消耗量					
人工	综合工日	工日	135.00	2.360	2.770	2.420	2.830	0.980	1.320
材料	红白松锯材 一类	m^3	4069.17	0.0293	0.032	0.0404	0.0422	—	—
	钢骨架	kg	7.29	10.800	10.200	10.800	10.200	—	—
	镀锌薄钢板 δ0.89	m^2	34.69	2.506	2.337	2.638	2.458	—	—
	镀锌薄钢板 δ0.25	m^2	12.22	—	0.240	—	0.240	—	—
	聚苯乙烯泡沫塑料板硬质自熄性 50mm	m^2	19.40	1.646	1.562	2.456	2.308	—	—
	圆钉	kg	6.68	—	—	—	—	2.910	6.870
	橡胶板 3mm	m^2	32.88	—	—	—	—	3.890	4.680
	胶	kg	15.12	0.0465	0.0465	0.0465	0.0465	—	—
	木螺钉	100个	16.00	0.870	1.130	0.970	1.230	0.870	0.940
机械	中小型机械费	元	—	0.27	0.27	0.27	0.27	—	—

工作内容: 安装铁件、制作与安装框扇、铺钉胶合板、安装保温材料、钉密封条、装配五金零件等。

编号				7-090	7-091
项目名称				保温隔声门	
				制作	安装
单位				m^2	
总价(元)				**520.36**	**139.54**
其中	人工费(元)			236.25	106.65
	材料费(元)			281.48	32.89
	机械费(元)			2.63	—
名称		单位	单价(元)	消耗量	
人工	综合工日	工日	135.00	1.750	0.790
材料	红白松锯材 一类	m^3	4069.17	0.0493	0.0033
	胶合板 3mm	m^2	20.88	0.646	—
	胶合板 5mm	m^2	30.54	1.414	—
	矿渣棉 135kg	m^3	82.25	0.020	—
	铁件	kg	9.49	—	1.243
	橡胶板 2mm	m^2	21.33	0.033	—
	橡皮条 九字形 2 型	m	3.61	2.396	1.337
	圆钉	kg	6.68	0.046	0.030
	木螺钉 M5	100 个	8.00	—	0.320
	胶	kg	15.12	0.0622	—
	麻丝	kg	14.54	0.7327	—
	防腐油	kg	0.52	2.490	0.153
机械	中小型机械费	元	—	2.63	—

工作内容: 制作与安装门扇、铺钉镀锌薄钢板、铺设石棉板、安装保温材料、钉密封条、装配五金零件等。

编号				7-092	7-093	7-094	7-095	7-096
项目名称				防火门				
				制作				安装
				实拼式			框架式	
				双面衬石棉板	单面衬石棉板	不带衬		
单位				m^2				
总价(元)				**724.31**	**707.56**	**663.83**	**525.15**	**145.56**
其中	人工费(元)			313.20	329.40	287.55	326.70	120.15
	材料费(元)			407.62	374.67	372.79	194.96	25.41
	机械费(元)			3.49	3.49	3.49	3.49	—
名称		单位	单价(元)	消耗量				
人工	综合工日	工日	135.00	2.320	2.440	2.130	2.420	0.890
材料	红白松锯材 一类	m^3	4069.17	0.067	0.067	0.067	0.022	—
	镀锌薄钢板 δ0.25	m^2	12.22	2.760	2.760	2.760	2.760	—
	石棉板 5mm	m^2	27.69	2.440	1.250	1.180	1.170	—
	铁件	kg	9.49	3.070	3.070	3.070	3.070	2.574
	沥青矿棉毡 50mm	m^2	12.77	—	—	—	0.650	—
	圆钉	kg	6.68	0.440	0.440	0.450	0.100	—
	木螺钉 M5	100个	8.00	—	—	—	—	0.123
	焊锡	kg	59.85	0.020	0.020	0.020	—	—
	胶	kg	15.12	—	—	—	0.080	—
	木炭	kg	4.76	0.085	0.085	0.085	—	—
	盐酸	kg	4.27	0.004	0.004	0.004	—	—
机械	中小型机械费	元	—	3.49	3.49	3.49	3.49	—

第七节 木 窗

工作内容:窗框以榫为准,包括制作捞子、加楔。窗扇以单榫倒八字楞或起线为准,包括框扇制作、安装、使胶、加楔、净面、裁钉铁纱、装配小五金等。

编号				7-097	7-098	7-099	7-100
项目名称				单层玻璃			
				无上亮			带上亮
				0.5m² 以内	1m² 以内	1m² 以外	
单位				m²			
总价(元)				**706.43**	**453.64**	**394.52**	**483.37**
其中	人工费(元)			402.08	232.41	196.45	259.64
	材料费(元)			301.68	218.56	195.40	221.06
	机械费(元)			2.67	2.67	2.67	2.67
名称		单位	单价(元)	消耗量			
人工	综合工日	工日	153.00	2.628	1.519	1.284	1.697
材料	框木料	m^3	4294.24	0.0386	0.0254	0.0222	0.0252
	扇木料	m^3	4294.24	0.0224	0.0187	0.0169	0.019
	松木锯材 三类	m^3	1661.90	0.008	0.004	0.0031	0.0027
	平板玻璃 3mm	m^2	19.91	0.620	0.690	0.740	0.850
	圆钉	kg	6.68	0.040	0.030	0.025	0.030
	油灰	kg	2.94	0.530	0.600	0.640	0.580
	胶	kg	15.12	0.140	0.130	0.120	0.130
	五金费	元	—	10.15	4.87	3.75	5.97
机械	中小型机械费	元	—	2.67	2.67	2.67	2.67

工作内容：窗框以榫为准，包括制作掳子、加楔。窗扇以单榫倒八字楞或起线为准，包括框扇制作、安装、使胶、加楔、净面、裁钉铁纱、装配小五金等。

<table>
<tr><td colspan="4">编　号</td><td>7-101</td><td>7-102</td><td>7-103</td><td>7-104</td><td>7-105</td><td>7-106</td><td>7-107</td><td>7-108</td></tr>
<tr><td colspan="4" rowspan="3">项目名称</td><td colspan="4">一玻一纱</td><td colspan="4">二玻一纱</td></tr>
<tr><td colspan="3">无上亮</td><td>带上亮</td><td colspan="3">无上亮</td><td>带上亮</td></tr>
<tr><td>$0.5m^2$ 以内</td><td>$1m^2$ 以内</td><td colspan="2">$1m^2$ 以外</td><td>$0.5m^2$ 以内</td><td>$1m^2$ 以内</td><td colspan="2">$1m^2$ 以外</td></tr>
<tr><td colspan="4">单　位</td><td colspan="8">m^2</td></tr>
<tr><td colspan="4">总价（元）</td><td>1095.34</td><td>738.30</td><td>647.31</td><td>779.52</td><td>1790.48</td><td>1185.85</td><td>1036.95</td><td>1256.35</td></tr>
<tr><td rowspan="3">其中</td><td colspan="3">人工费（元）</td><td>650.10</td><td>402.85</td><td>334.15</td><td>449.36</td><td>1052.18</td><td>635.26</td><td>530.60</td><td>709.31</td></tr>
<tr><td colspan="3">材料费（元）</td><td>440.84</td><td>331.05</td><td>308.76</td><td>325.76</td><td>732.37</td><td>544.66</td><td>500.42</td><td>541.11</td></tr>
<tr><td colspan="3">机械费（元）</td><td>4.40</td><td>4.40</td><td>4.40</td><td>4.40</td><td>5.93</td><td>5.93</td><td>5.93</td><td>5.93</td></tr>
<tr><td colspan="2">名　称</td><td>单位</td><td>单价（元）</td><td colspan="8">消　耗　量</td></tr>
<tr><td>人工</td><td>综合工日</td><td>工日</td><td>153.00</td><td>4.249</td><td>2.633</td><td>2.184</td><td>2.937</td><td>6.877</td><td>4.152</td><td>3.468</td><td>4.636</td></tr>
<tr><td rowspan="9">材料</td><td>框木料</td><td>m^3</td><td>4294.24</td><td>0.0522</td><td>0.0344</td><td>0.0301</td><td>0.0336</td><td>0.0908</td><td>0.0598</td><td>0.0523</td><td>0.0588</td></tr>
<tr><td>扇木料</td><td>m^3</td><td>4294.24</td><td>0.0377</td><td>0.031</td><td>0.0302</td><td>0.0317</td><td>0.0601</td><td>0.0497</td><td>0.0471</td><td>0.0507</td></tr>
<tr><td>松木锯材 三类</td><td>m^3</td><td>1661.90</td><td>0.008</td><td>0.004</td><td>0.0031</td><td>0.0027</td><td>0.016</td><td>0.008</td><td>0.0062</td><td>0.0054</td></tr>
<tr><td>平板玻璃 3mm</td><td>m^2</td><td>19.91</td><td>0.620</td><td>0.690</td><td>0.740</td><td>0.850</td><td>1.240</td><td>1.388</td><td>1.480</td><td>1.700</td></tr>
<tr><td>铁窗纱</td><td>m^2</td><td>7.46</td><td>0.850</td><td>0.940</td><td>0.960</td><td>0.970</td><td>0.850</td><td>0.940</td><td>0.960</td><td>0.970</td></tr>
<tr><td>圆钉</td><td>kg</td><td>6.68</td><td>0.058</td><td>0.050</td><td>0.050</td><td>0.050</td><td>0.098</td><td>0.080</td><td>0.075</td><td>0.080</td></tr>
<tr><td>油灰</td><td>kg</td><td>2.94</td><td>0.530</td><td>0.600</td><td>0.640</td><td>0.740</td><td>1.060</td><td>1.120</td><td>1.280</td><td>1.320</td></tr>
<tr><td>胶</td><td>kg</td><td>15.12</td><td>0.170</td><td>0.160</td><td>0.150</td><td>0.150</td><td>0.310</td><td>0.290</td><td>0.270</td><td>0.280</td></tr>
<tr><td>五金费</td><td>元</td><td>—</td><td>18.29</td><td>18.29</td><td>18.29</td><td>11.92</td><td>18.29</td><td>18.29</td><td>18.29</td><td>12.18</td></tr>
<tr><td>机械</td><td>中小型机械费</td><td>元</td><td>—</td><td>4.40</td><td>4.40</td><td>4.40</td><td>4.40</td><td>5.93</td><td>5.93</td><td>5.93</td><td>5.93</td></tr>
</table>

工作内容：窗框以榫为准，包括制作掳子、加楔。窗扇以单榫倒八字楞或起线为准，包括框扇制作、安装、使胶、加楔、净面、裁钉铁纱、装配小五金等。

编号				7-109	7-110	7-111	7-112	7-113
项目名称				推拉窗	百叶窗	橱窗	圆形窗（直径1.5m以内）	护窗板
单位				m^2				
总价（元）				**498.17**	**564.68**	**215.40**	**1077.67**	**270.71**
其中	人工费（元）			255.51	336.60	104.04	729.81	112.30
	材料费（元）			240.19	221.86	110.01	346.18	158.41
	机械费（元）			2.47	6.22	1.35	1.68	—
名称		单位	单价（元）	消耗量				
人工	综合工日	工日	153.00	1.670	2.200	0.680	4.770	0.734
材料	框木料	m^3	4294.24	0.028	—	0.0157	0.0459	0.0012
	扇木料	m^3	4294.24	0.0206	0.049	0.0023	0.0232	0.031
	松木锯材 三类	m^3	1661.90	0.004	0.004	0.0008	0.0163	0.0006
	平板玻璃 3mm	m^2	19.91	0.760	—	—	0.852	—
	平板玻璃 5mm	m^2	28.62	—	—	0.950	—	—
	铁件	kg	9.49	—	—	—	—	1.370
	圆钉	kg	6.68	0.030	0.050	0.050	0.250	0.030
	油灰	kg	2.94	0.700	—	0.830	0.960	—
	胶	kg	15.12	0.140	0.290	0.030	0.060	0.210
	防腐油	kg	0.52	—	0.140	—	—	—
	五金费	元	—	5.34	—	0.97	—	2.76
机械	中小型机械费	元	—	2.47	6.22	1.35	1.68	—

工作内容：框扇制作与安装、骨架框扇上下槛及挡木上下踏板、盖口条、封檐板、裁钉铁纱、制钉压条、使胶、加楔、净面、安装小五金。

编号				7-114	7-115	7-116	7-117	7-118
项目名称				固定无框玻窗	天窗		1m×1.2m 矩形小天窗	0.9m×0.9m 老虎窗
					不带纱扇	带纱扇		
单位				m^2			个	
总价(元)				**240.18**	**719.93**	**982.41**	**2072.66**	**1147.78**
其中	人工费(元)			53.55	373.17	523.11	1005.21	537.80
	材料费(元)			186.63	344.78	457.32	1065.07	608.37
	机械费(元)			—	1.98	1.98	2.38	1.61
名称		单位	单价(元)	消耗量				
人工	综合工日	工日	153.00	0.350	2.439	3.419	6.570	3.515
材料	框木料	m^3	4294.24	—	0.0373	0.0417	0.180	0.095
	扇木料	m^3	4294.24	—	0.031	0.0513	0.035	0.027
	松木锯材 三类	m^3	1661.90	—	0.0027	0.0027	—	—
	板条 1200×38×6	100根	58.69	—	0.210	0.210	1.460	0.850
	平板玻璃 3mm	m^2	19.91	—	0.850	0.850	0.580	0.290
	钢化玻璃 12mm	m^2	177.64	1.030	—	—	—	—
	玻璃胶	支	23.15	0.150	—	—	—	—
	铁窗纱	m^2	7.46	—	—	0.770	—	—
	灰膏	m^3	181.42	—	0.010	0.010	0.067	0.039
	水泥	kg	0.39	—	2.900	2.900	20.100	11.660
	圆钉	kg	6.68	—	0.130	0.170	0.800	0.600
	油灰	kg	2.94	—	0.730	0.730	0.500	0.200
	胶	kg	15.12	—	0.100	0.130	0.100	0.100
	麻刀	kg	3.92	—	0.240	0.240	1.650	0.960
	五金费	元	—	—	9.34	9.34	9.79	7.32
	零星材料费	元	—	0.19	—	—	—	—
机械	中小型机械费	元	—	—	1.98	1.98	2.38	1.61

第八节 金 属 窗

工作内容：1. 钢栏窗：矫正、放样、弹线、切断、平直、钻孔、倒楞、焊接、成品矫正、整理堆放、安装框扇、连接件及五金配件等。2. 窗护栏：制作、安装等全部操作过程。

编 号				7-119	7-120	7-121	7-122
项目名称				钢栏窗			窗护栏
				制作	安装		
					2m² 以内	2m² 以外	
单 位				t	樘		m²
总价（元）				**9791.85**	**132.57**	**186.68**	**265.35**
其中	人工费（元）			5397.84	115.67	161.57	211.14
	材料费（元）			4362.90	14.69	22.01	52.18
	机械费（元）			31.11	2.21	3.10	2.03
名 称		单位	单价（元）	消 耗 量			
人工	综合工日	工日	153.00	35.280	0.756	1.056	1.380
材料	膨胀螺栓 M8×80	套	1.16	—	3.000	4.000	—
	红白松锯材 一类	m³	4069.17	0.005	—	—	—
	扁钢 20×3	kg	3.68	94.930	—	—	—
	等边角钢 25×4	kg	3.72	550.790	—	—	—
	钢材	kg	3.66	—	—	—	7.000
	栏杆圆钢	kg	3.84	414.570	—	—	6.300
	电焊条	kg	7.59	19.400	0.130	0.260	0.300
	铁件	kg	9.49	20.850	0.860	1.300	—
	氧气	m³	2.88	0.713	—	—	0.009
	乙炔气	m³	16.13	0.320	—	—	0.004
	射钉	个	0.36	—	2.000	3.000	—
	水泥	kg	0.39	—	1.450	2.180	—
	细砂	t	87.33	—	0.004	0.006	—
	石子（5~20）	t	85.85	—	0.005	0.007	—
机械	中小型机械费	元	—	31.11	2.21	3.10	2.03

工作内容：1. 制作：型材矫正、放样、下料、切割、断料、钻孔、组装、制作、搬运。2. 安装：现场搬运、安装、矫正框扇、裁安玻璃、五金配件、周边塞口、清扫等。

编号				7-123	7-124	7-125	7-126	7-127	7-128
项目名称				铝合金推拉窗					
				双扇		三扇		四扇	
				无上亮	带上亮	无上亮	带上亮	无上亮	带上亮
单位				m^2					
总价(元)				**509.76**	**472.72**	**452.10**	**432.19**	**477.01**	**451.39**
其中	人工费(元)			168.15	166.46	171.05	168.45	168.15	168.45
	材料费(元)			341.01	305.79	280.64	263.42	308.47	282.62
	机械费(元)			0.60	0.47	0.41	0.32	0.39	0.32
名称		单位	单价(元)	消耗量					
人工	综合工日	工日	153.00	1.099	1.088	1.118	1.101	1.099	1.101
材料	铝合金型材	kg	24.90	8.6748	8.1098	7.1827	6.9855	8.0459	7.532
	平板玻璃 5mm	m^2	28.62	0.879	0.9315	0.9174	0.9704	0.9132	0.9674
	软填料	kg	19.90	0.5253	0.4378	0.394	0.3189	0.394	0.3189
	地脚	个	3.85	7.111	5.556	4.8889	3.8095	4.6667	3.8095
	密封毛条	m	4.30	6.0583	4.1086	5.0167	3.650	6.1684	4.506
	膨胀螺栓	套	0.82	14.222	11.111	9.778	7.619	9.333	7.619
	螺钉	100个	21.00	0.1465	0.1017	0.1007	0.0719	0.1465	0.1046
	密封油膏	kg	17.99	0.4746	0.3955	0.356	0.2882	0.356	0.2882
	玻璃胶	支	23.15	0.4834	0.4239	0.4164	0.4789	0.491	0.5344
	合金钢钻头 *D*10	个	9.20	0.0888	0.0694	0.0611	0.0476	0.0584	0.0476
	零星材料费	元	—	0.68	0.61	0.56	0.53	0.62	0.56
机械	中小型机械费	元	—	0.60	0.47	0.41	0.32	0.39	0.32

工作内容：1. 制作：型材矫正、放样、下料、切割、断料、钻孔、组装、制作、搬运。2. 安装：现场搬运、安装、校正框扇、裁安玻璃、五金配件、周边塞口、清扫等。

编号				7-129	7-130	7-131	7-132	7-133
项目名称				铝合金单扇平开窗		铝合金双扇平开窗		铝合金纱扇窗安装
				无上亮	带上亮	无上亮	带上亮	
单位				m^2				
总价（元）				**477.81**	**475.79**	**443.46**	**416.48**	**146.28**
其中	人工费（元）			158.05	166.62	165.24	166.62	61.35
	材料费（元）			318.59	308.05	277.52	249.21	84.93
	机械费（元）			1.17	1.12	0.70	0.65	—
名称		单位	单价（元）	消耗量				
人工	综合工日	工日	153.00	1.033	1.089	1.080	1.089	0.401
材料	铝合金型材	kg	24.90	5.1257	5.2219	5.1351	4.571	2.2358
	平板玻璃 5mm	m^2	28.62	0.8466	0.885	0.8976	0.9219	—
	铁窗纱	m^2	7.46	—	—	—	—	0.9139
	地脚	个	3.85	13.889	13.333	8.333	7.778	—
	软填料	kg	19.90	0.4378	0.4086	0.2918	0.2627	—
	密封毛条	m	4.30	9.3333	6.7667	9.0417	6.5333	3.3943
	膨胀螺栓	套	0.82	27.7778	26.6667	16.6667	15.5556	—
	螺钉	100个	21.00	0.4578	0.412	0.343	0.298	—
	玻璃胶	支	23.15	0.5952	0.7143	0.6111	0.6794	—
	密封油膏	kg	17.99	0.8899	0.8306	0.5933	0.534	—
	合金钢钻头 *D*10	个	9.20	0.1736	0.1667	0.1042	0.0972	—
	纱门窗压条	m	2.28	—	—	—	—	3.440
	零星材料费	元	—	0.64	0.61	0.55	0.50	—
机械	中小型机械费	元	—	1.17	1.12	0.70	0.65	—

工作内容：1. 制作：型材矫正、放样、下料、切割、断料、钻孔、组装、制作、搬运。2. 安装：现场搬运、安装、矫正框扇、裁安玻璃、五金配件、周边塞口、清扫等。

编号				7-134	7-135	7-136
项目名称				铝合金固定窗（矩形）		铝合金异型固定窗
				38 系列	25.4×101.5 方管	
单位				m^2		
总价（元）				**340.76**	**380.09**	**420.75**
其中	人工费（元）			153.00	153.00	168.30
	材料费（元）			187.11	226.44	251.70
	机械费（元）			0.65	0.65	0.75
名称		单位	单价（元）	消耗量		
人工	综合工日	工日	153.00	1.000	1.000	1.100
材料	铝合金型材	kg	24.90	3.216	4.520	5.198
	平板玻璃 4mm	m^2	24.50	—	—	1.019
	平板玻璃 5mm	m^2	28.62	0.9264	0.9264	—
	地脚	个	3.85	7.7778	7.7778	8.8889
	软填料	kg	19.90	0.250	0.591	0.6501
	膨胀螺栓	套	0.82	15.5556	15.5556	17.7778
	螺钉	个	0.21	22.8889	22.8889	25.1778
	合金钢钻头 *D*10	个	9.20	0.0972	0.0972	0.1111
	玻璃胶	支	23.15	0.7413	0.7413	0.7857
	密封油膏	kg	17.99	0.534	0.534	0.5874
	零星材料费	元	—	0.37	0.45	0.50
机械	中小型机械费	元	—	0.65	0.65	0.75

第九节　五金配件

工作内容：定位、安装、调校、清扫。

编号				7-137	7-138	7-139	7-140	7-141
项目名称				吊装滑动门轨	L 形执手锁	球形执手锁	地锁	门轧头
单位				m	把			副
总价（元）				**39.21**	**119.72**	**50.49**	**112.76**	**10.84**
其中	人工费（元）			6.89	61.20	30.60	61.20	7.65
	材料费（元）			32.32	58.52	19.89	51.56	3.19
名称		单位	单价（元）	消耗量				
人工	综合工日	工日	153.00	0.045	0.400	0.200	0.400	0.050
材料	吊装滑动门轨	m	31.58	1.010	—	—	—	—
	L 形执手锁	把	57.94	—	1.010	—	—	—
	球形执手锁	把	19.69	—	—	1.010	—	—
	地锁	把	51.05	—	—	—	1.010	—
	门轧头	个	3.16	—	—	—	—	1.010
	螺钉	个	0.21	2.000	—	—	—	—

工作内容：定位、安装、调校、清扫。

编号				7-142	7-143	7-144	7-145
项目名称				防盗门扣	门吸	自由门	
						弹簧合页	地弹簧
单位				个			
总价(元)				**18.68**	**33.33**	**68.43**	**363.87**
其中	人工费(元)			6.73	16.07	18.36	96.08
	材料费(元)			11.95	17.26	50.07	267.79
名称		单位	单价(元)	消耗量			
人工	综合工日	工日	153.00	0.044	0.105	0.120	0.628
材料	防盗门扣	副	11.83	1.010	—	—	—
	门磁吸	只	17.09	—	1.010	—	—
	弹簧合页	副	49.57	—	—	1.010	—
	地弹簧	套	265.14	—	—	—	1.010

工作内容:定位、安装、调校、清扫。

编　号				7-146	7-147	7-148	7-149	7-150	7-151
项目名称				门眼(猫眼)	门碰珠	高档门拉手	电子锁(磁卡锁)	闭门器安装	
								明装	暗装
单　位				只		副	把	副	
总价(元)				**33.78**	**9.49**	**96.59**	**551.48**	**232.96**	**271.21**
其中	人工费(元)			7.65	7.65	38.25	61.20	22.95	61.20
	材料费(元)			26.13	1.84	58.34	490.28	210.01	210.01
名　称		单位	单价(元)	消　耗　量					
人工	综合工日	工日	153.00	0.050	0.050	0.250	0.400	0.150	0.400
材料	门眼(猫眼)	只	25.87	1.010	—	—	—	—	—
	门碰珠	个	1.82	—	1.010	—	—	—	—
	高档门拉手	副	57.76	—	—	1.010	—	—	—
	电子锁	把	485.43	—	—	—	1.010	—	—
	闭门器	套	207.93	—	—	—	—	1.010	1.010

工作内容：定位、安装、调校、清扫。

编号				7-152	7-153	7-154	7-155
项目名称				铝合金门（制作）五金配件			
				单扇地弹门	双扇地弹门	四扇地弹门	单扇平开门
单位				樘			
总价（元）				**311.65**	**613.65**	**1236.95**	**45.39**
其中	人工费（元）			—	—	—	—
	材料费（元）			311.65	613.65	1236.95	45.39
名称		单位	单价（元）	消耗量			
材料	地弹簧	个	265.14	1.000	2.000	4.000	—
	铝合金拉手	对	31.32	1.000	2.000	4.000	—
	螺钉	个	0.21	—	—	—	14.000
	门插	个	2.77	—	2.000	2.000	—
	门铰	个	13.63	—	—	—	2.000
	门锁	把	15.19	1.000	1.000	3.000	1.000

工作内容：定位、安装、调校、清扫。

编号				7-156	7-157	7-158	7-159	7-160
项目名称				铝合金窗(制作)五金配件				
				推拉窗			单扇平开窗	双扇平开窗
				双扇	三扇	四扇	不带顶窗	
单位				樘				
总价(元)				**100.47**	**125.05**	**180.01**	**80.49**	**160.98**
其中	人工费(元)			—	—	—	—	—
	材料费(元)			100.47	125.05	180.01	80.49	160.98
名称		单位	单价(元)	消耗量				
材料	滑轮	套	12.29	4.000	6.000	8.000	—	—
	铰拉	套	20.93	1.000	1.000	1.000	—	—
	门锁	把	15.19	2.000	2.000	4.000	—	—
	风撑 90°	支	13.63	—	—	—	2.000	4.000
	拉把	支	12.24	—	—	—	1.000	2.000
	执手	套	17.52	—	—	—	1.000	2.000
	拉手	个	15.71	—	—	—	1.000	2.000
	角码	个	1.94	—	—	—	4.000	8.000

第十节　门　窗　套

工作内容：1. 木质：清理基层、找平、安装门窗套等。2. 石材：清理基层、找平、镶嵌、固定、预埋铁件、调运砂浆、灌浆、养护、擦缝等。

编　号				7-161	7-162	7-163
项目名称				成品木质门窗套（筒子板）安装	成品石材门窗套（筒子板）安装	不锈钢窗套
单　位				m^2		
总价（元）				**257.72**	**390.86**	**654.25**
其中	人工费（元）			24.63	50.95	91.80
	材料费（元）			233.09	339.91	562.45
名　称		单位	单价（元）	消　耗　量		
人工	综合工日	工日	153.00	0.161	0.333	0.600
材料	水泥	kg	0.39	—	21.285	—
	粗砂	t	86.14	—	0.065	—
	木质门窗套	m^2	213.68	1.060	—	—
	花岗岩门套	m^2	286.11	—	1.020	—
	大芯板（细木工板）	m^2	122.10	—	—	1.050
	锯材	m^3	1632.53	—	—	0.0164
	不锈钢片 1mm	m^2	329.70	—	—	1.100
	电焊条	kg	7.59	—	0.020	—
	圆钢 *D*6	kg	3.97	—	1.270	—
	铜丝	kg	73.55	—	0.080	—
	石材（云石）胶	kg	19.69	—	0.200	—
	玻璃胶	支	23.15	—	0.400	1.000
	聚醋酸乙烯乳液	kg	9.51	0.450	—	—
	零星材料费	元	—	2.31	9.90	21.65
	水泥砂浆 1∶2.5	m^3	—	—	（0.043）	—

工作内容：选料、制作、安装、剔砖打洞、下木砖、立木筋、起缝、对缝、钉压条等全部操作过程。

编号				7-164	7-165	7-166
项目名称				筒子板		
				硬木		榉木装饰面层木工板基层
				带木筋	不带木筋	
单位				m^2		
总价（元）				**268.79**	**207.18**	**216.74**
其中	人工费（元）			83.23	56.30	48.65
	材料费（元）			184.01	150.13	168.09
	机械费（元）			1.55	0.75	—
名称		单位	单价（元）	消耗量		
人工	综合工日	工日	153.00	0.544	0.368	0.318
材料	大芯板（细木工板）	m^2	122.10	—	—	1.050
	红榉木夹板 3mm	m^2	28.12	—	—	1.100
	松木锯材 三类	m^3	1661.90	0.001	0.001	0.001
	硬木锯材	m^3	6977.77	0.0212	0.0212	—
	杉木锯材	m^3	2596.26	0.013	—	—
	圆钉	kg	6.68	0.100	0.080	0.230
	聚醋酸乙烯乳液	kg	9.51	—	—	0.500
	零星材料费	元	—	—	—	1.00
机械	中小型机械费	元	—	1.55	0.75	—

工作内容: 制作、安装等全部操作过程。

编号				7-167	7-168	7-169	7-170	7-171
项目名称				门窗贴脸(宽度 mm)			门窗披水	门窗盖口条
				60~80	80~100	100~120		
单位				m				
总价(元)				**12.53**	**18.19**	**24.15**	**17.22**	**9.88**
其中	人工费(元)			3.06	6.12	7.65	10.71	3.37
	材料费(元)			9.47	12.07	16.50	6.51	6.51
名称		单位	单价(元)	消耗量				
人工	综合工日	工日	153.00	0.020	0.040	0.050	0.070	0.022
材料	贴脸 80mm	m	8.50	1.060	—	—	—	—
	贴脸 100mm	m	10.82	—	1.060	—	—	—
	贴脸 120mm	m	14.84	—	—	1.060	—	—
	红白松锯材 一类烘干	m^3	4650.86	—	—	—	0.0014	0.0014
	圆钉	kg	6.68	0.060	0.080	0.100	—	—
	零星材料费	元	—	0.06	0.07	0.10	—	—

第十一节　窗帘盒、窗帘轨

工作内容：制作、安装、剔砖打洞、铁件制作等全部操作过程。

编　号				7-172	7-173	7-174	7-175	7-176	7-177
项目名称				窗帘盒					
				硬木			松木		
				木棍窗帘杆	金属单轨道	金属双轨道	木棍窗帘杆	金属单轨道	金属双轨道
单　位				m					
总价（元）				**132.97**	**160.99**	**213.03**	**116.04**	**143.91**	**193.13**
其中	人工费（元）			54.77	54.77	62.73	42.08	42.08	48.20
	材料费（元）			77.98	106.00	150.00	73.74	101.61	144.63
	机械费（元）			0.22	0.22	0.30	0.22	0.22	0.30
名　称		单位	单价（元）	消　耗　量					
人工	综合工日	工日	153.00	0.358	0.358	0.410	0.275	0.275	0.315
材料	硬杂木锯材 一类烘干	m^3	4966.66	0.0134	0.0139	0.017	—	—	—
	红白松锯材 一类烘干	m^3	4650.86	—	—	—	0.0134	0.0139	0.017
	松木锯材 三类	m^3	1661.90	0.0032	0.0032	0.0032	0.0032	0.0032	0.0032
	窗帘金属轨带滑轮（带支撑杆）	m	21.19	—	1.200	2.550	—	1.200	2.550
	铁件	kg	9.49	0.620	0.630	0.630	0.620	0.630	0.630
	圆钉	kg	6.68	0.030	0.030	0.030	0.030	0.030	0.030
	防腐油	kg	0.52	0.040	0.070	0.070	0.040	0.070	0.070
机械	中小型机械费	元	—	0.22	0.22	0.30	0.22	0.22	0.30

工作内容: 制作、安装、剔砖打洞等全部操作过程。

编号				7-178	7-179
项目名称				窗帘盒	
				细木工板	榉木饰面板细木工板基层
单位				m	
总价(元)				**68.37**	**100.27**
其中	人工费(元)			12.24	30.60
	材料费(元)			56.08	69.62
	机械费(元)			0.05	0.05
名称		单位	单价(元)	消耗量	
人工	综合工日	工日	153.00	0.080	0.200
材料	大芯板(细木工板)	m^2	122.10	0.450	0.450
	红榉木夹板 3mm	m^2	28.12	—	0.470
	膨胀螺栓	套	0.82	1.100	1.100
	合金钢钻头 *D*10	个	9.20	0.0069	0.0069
	聚醋酸乙烯乳液	kg	9.51	—	0.030
	零星材料费	元	—	0.17	0.21
机械	中小型机械费	元	—	0.05	0.05

工作内容：组配窗帘轨、安装支撑及配件，校正等。

编　　号				7-180	7-181	7-182	7-183
项目名称				成品窗帘轨			
				暗装		明装	
				单轨	双轨	单轨	双轨
单　　位				m			
总价(元)				**28.78**	**62.52**	**61.70**	**117.12**
其中	人工费(元)			4.74	7.65	7.04	7.80
	材料费(元)			24.04	54.87	54.66	109.32
名　　称		单位	单价(元)	消　耗　量			
人工	综合工日	工日	153.00	0.031	0.050	0.046	0.051
材料	铝合金窗帘轨　单轨成套	m	21.22	1.000	—	—	—
	铝合金窗帘轨　双轨成套	m	49.23	—	1.000	—	—
	成品窗帘杆	m	50.43	—	—	1.000	2.000
	膨胀螺栓　M6×75	套	0.94	3.000	6.000	4.500	9.000

第十二节　窗　台　板

工作内容：选料、制作、安装、剔砖打洞、下木砖、立木筋、起缝、对缝、钉压条、调制砂浆等全部操作过程。

编　号				7-184	7-185	7-186
项目名称				窗台板（25mm 厚）		
				硬木	装饰板面层木工板基层	大理石
单　位				m^2		
总价（元）				**182.57**	**234.32**	**415.41**
其中	人工费（元）			36.72	55.08	102.51
	材料费（元）			145.85	179.24	312.84
	机械费（元）			—	—	0.06
名　称		单位	单价（元）	消　耗　量		
人工	综合工日	工日	153.00	0.240	0.360	0.670
材料	水泥	kg	0.39	—	—	10.395
	粗砂	t	86.14	—	—	0.032
	硬杂木锯材 一类烘干	m^3	4966.66	0.026	—	—
	红榉木夹板 3mm	m^2	28.12	—	1.100	—
	大芯板（细木工板）	m^2	122.10	—	1.050	—
	杉木锯材	m^3	2596.26	0.006	0.006	—
	大理石板	m^2	299.93	—	—	1.020
	聚醋酸乙烯乳液	kg	9.51	—	0.300	—
	圆钉	kg	6.68	0.170	0.170	—
	石料切割锯片	片	28.55	—	—	0.0035
	零星材料费	元	—	—	0.54	—
	水泥砂浆 1∶2.5	m^3	—	—	—	（0.021）
机械	中小型机械费	元	—	—	—	0.06

第十三节 门窗扇修理

工作内容：1. 简修：平口严缝、帮条补洞、修理开关灵活、添配小五金等。2. 小修：落扇、使胶、加楔、帮条补洞、紧纱、添配小五金等。3. 中修、大修：落扇换料、拆除及安装玻璃、使胶、加楔、帮条补洞、紧纱、添配小五金等。

编号				7-187	7-188	7-189	7-190	7-191	7-192	7-193
项目名称				修理门扇						
				简修（不落扇、不换料）	小修（落扇不换料）		中修（换 1~2 块料）		大修（换 3~4 块料）	
					$2m^2$ 以内	$2m^2$ 以外	$2m^2$ 以内	$2m^2$ 以外	$2m^2$ 以内	$2m^2$ 以外
单位				扇						
总价（元）				**13.13**	**26.28**	**30.44**	**114.49**	**141.17**	**196.08**	**269.20**
其中	人工费（元）			10.40	21.11	24.02	67.78	84.15	112.30	168.30
	材料费（元）			2.65	5.00	6.22	46.16	56.33	83.24	99.52
	机械费（元）			0.08	0.17	0.20	0.55	0.69	0.54	1.38
名称		单位	单价（元）	消耗量						
人工	综合工日	工日	153.00	0.068	0.138	0.157	0.443	0.550	0.734	1.100
材料	红白松锯材 一类	m^3	4069.17	0.0005	0.001	0.0013	0.011	0.0135	0.020	0.024
	五金费	元	—	0.62	0.93	0.93	1.40	1.40	1.86	1.86
机械	中小型机械费	元	—	0.08	0.17	0.20	0.55	0.69	0.54	1.38

工作内容：1. 简修：平口严缝、帮条补洞、修理开关灵活、添配小五金等。2. 小修：落扇、使胶、加楔、帮条补洞、紧纱、添配小五金等。3. 中修、大修：落扇换料、拆除及安装玻璃、使胶、加楔、帮条补洞、紧纱、添配小五金等。

编号				7-194	7-195	7-196	7-197	7-198
项目名称				门芯板			包镶门	
				换纤维板		单圈压条	补换纤维板	补换胶合板
				装板	圈压条			
单位				块		m	m^2	
总价（元）				**38.64**	**38.46**	**7.19**	**58.36**	**59.56**
其中	人工费（元）			28.15	21.11	5.51	37.33	37.33
	材料费（元）			10.26	17.18	1.63	20.72	21.92
	机械费（元）			0.23	0.17	0.05	0.31	0.31
名称		单位	单价（元）	消耗量				
人工	综合工日	工日	153.00	0.184	0.138	0.036	0.244	0.244
材料	红白松锯材 一类	m^3	4069.17	—	0.0017	0.0004	—	—
	胶合板 3mm	m^2	20.88	—	—	—	—	1.050
	纤维板 1000×2150×3.2	m^2	19.73	0.520	0.520	—	1.050	—
机械	中小型机械费	元	—	0.23	0.17	0.05	0.31	0.31

工作内容：1. 简修：平口严缝、帮条补洞、修理开关灵活、添配小五金等。2. 小修：落扇、使胶、加楔、帮条补洞、紧纱、添配小五金等。3. 中修、大修：落扇换料、拆除及安装玻璃、使胶、加楔、帮条补洞、紧纱、添配小五金等。

编号					7-199	7-200	7-201	7-202	7-203
项目名称					修理窗扇				
					简修（不落扇、不换料）	小修（落扇、不换料）	中修（换 1~2 块料）		
							0.5m² 以内	1m² 以内	1m² 以外
单位					扇				
总价（元）					**8.96**	**16.80**	**39.77**	**51.75**	**75.80**
其中	人工费（元）				7.19	13.92	28.15	33.97	42.08
	材料费（元）				1.71	2.76	11.39	17.50	33.37
	机械费（元）				0.06	0.12	0.23	0.28	0.35
名称		单位	单价（元）		消耗量				
人工	综合工日	工日	153.00		0.047	0.091	0.184	0.222	0.275
材料	红白松锯材 一类	m³	4069.17		0.0003	0.0005	0.0025	0.004	0.0079
	五金费	元	—		0.49	0.73	1.22	1.22	1.22
机械	中小型机械费	元	—		0.06	0.12	0.23	0.28	0.35

工作内容：1. 简修：平口严缝、帮条补洞、修理开关灵活、添配小五金等。2. 小修：落扇、使胶、加楔、帮条补洞、紧纱、添配小五金等。3. 中修、大修：落扇换料、拆除及安装玻璃、使胶、加楔、帮条补洞、紧纱、添配小五金等。

编号				7-204	7-205	7-206
项目名称				修理窗扇		
				大修（换 3~4 块料）		
				$0.5m^2$ 以内	$1m^2$ 以内	$1m^2$ 以外
单位				扇		
总价（元）				**60.42**	**84.62**	**141.18**
其中	人工费（元）			42.08	56.00	85.07
	材料费（元）			17.99	28.16	55.42
	机械费（元）			0.35	0.46	0.69
名称		单位	单价（元）	消耗量		
人工	综合工日	工日	153.00	0.275	0.366	0.556
材料	红白松锯材 一类	m^3	4069.17	0.004	0.0065	0.0132
	五金费	元	—	1.71	1.71	1.71
机械	中小型机械费	元	—	0.35	0.46	0.69

工作内容：1. 简修：平口严缝、帮条补洞、修理开关灵活、添配小五金等。2. 小修：落扇、使胶、加楔、帮条补洞、紧纱、添配小五金等。3. 中修、大修：落扇换料、拆除及安装玻璃、使胶、加楔、帮条补洞、紧纱、添配小五金等。

编号				7-207	7-208	7-209
项目名称				百叶窗		
				换立边	换上、下料	单配叶
单位				扇		块
总价（元）				**96.59**	**33.47**	**12.66**
其中	人工费（元）			84.15	28.15	8.42
	材料费（元）			11.75	5.09	4.17
	机械费（元）			0.69	0.23	0.07
名称		单位	单价（元）	消耗量		
人工	综合工日	工日	153.00	0.550	0.184	0.055
材料	红白松锯材 一类	m^3	4069.17	0.0027	0.0012	0.001
	五金费	元	—	0.76	0.21	0.10
机械	中小型机械费	元	—	0.69	0.23	0.07

工作内容：1. 简修：平口严缝、帮条补洞、修理开关灵活、添配小五金等。2. 小修：落扇、使胶、加楔、帮条补洞、紧纱、添配小五金等。3. 中修、大修：落扇换料、拆除及安装玻璃、使胶、加楔、帮条补洞、紧纱、添配小五金等。

编号				7-210	7-211	7-212	7-213
项目名称				纱门扇			
				简修（不落扇、不换料）	小修（落扇、不换料）	中修（换 1~2 块料）	大修（换 3~4 块料）
单位				扇			
总价（元）				**11.39**	**26.06**	**85.86**	**136.49**
其中	人工费（元）			8.42	18.67	42.08	67.32
	材料费（元）			2.90	7.24	43.43	68.62
	机械费（元）			0.07	0.15	0.35	0.55
名称		单位	单价（元）	消耗量			
人工	综合工日	工日	153.00	0.055	0.122	0.275	0.440
材料	红白松锯材 一类	m^3	4069.17	0.0004	0.0012	0.0098	0.0157
	五金费	元	—	1.27	2.36	3.55	4.73
机械	中小型机械费	元	—	0.07	0.15	0.35	0.35

工作内容：1. 简修：平口严缝、帮条补洞、修理开关灵活、添配小五金等。2. 小修：落扇、使胶、加楔、帮条补洞、紧纱、添配小五金等。3. 中修、大修：落扇换料、拆除及安装玻璃、使胶、加楔、帮条补洞、紧纱、添配小五金等。

编号				7-214	7-215	7-216	7-217
项目名称				纱窗扇			
				简修（不落扇、不换料）	小修（落扇、不换料）	中修（换 1~2 块料）	大修（换 3~4 块料）
单位				扇			
总价（元）				**7.73**	**15.61**	**36.60**	**57.75**
其中	人工费（元）			6.43	11.93	18.67	33.66
	材料费（元）			1.25	3.58	17.78	23.81
	机械费（元）			0.05	0.10	0.15	0.28
名称		单位	单价（元）	消耗量			
人工	综合工日	工日	153.00	0.042	0.078	0.122	0.220
材料	红白松锯材 一类	m^3	4069.17	0.0002	0.0003	0.0034	0.0045
	五金费	元	—	0.44	2.36	3.94	5.50
机械	中小型机械费	元	—	0.05	0.10	0.15	0.28

工作内容：1. 门窗框修理：扶正加楔、帮条补洞、换料等。2. 槽铁三角、木门窗拆钉铁纱：修理、安装等全部过程。

编号				7-218	7-219	7-220	7-221	7-222	7-223
项目名称				门窗框修理			槽铁三角（mm）		木门窗拆钉铁纱
				不换料	换料	扫地门添下槛	100	150	
单位				樘	m	根	个		m^2
总价（元）				**16.24**	**62.53**	**43.91**	**5.04**	**5.96**	**51.40**
其中	人工费（元）			9.18	37.33	16.83	3.37	4.28	38.25
	材料费（元）			6.98	24.89	26.94	1.64	1.64	12.83
	机械费（元）			0.08	0.31	0.14	0.03	0.04	0.32
名称		单位	单价（元）	消耗量					
人工	综合工日	工日	153.00	0.060	0.244	0.110	0.022	0.028	0.250
材料	红白松锯材 一类	m^3	4069.17	0.0017	0.0061	0.0066	—	—	0.001
	铁窗纱	m^2	7.46	—	—	—	—	—	1.160
	木螺钉 M5	100个	8.00	—	—	—	0.050	0.050	—
	铁三角	个	1.24	—	—	—	1.000	1.000	—
	圆钉	kg	6.68	0.010	0.010	0.010	—	—	0.016
	防腐油	kg	0.52	—	—	0.025	—	—	—
机械	中小型机械费	元	—	0.08	0.31	0.14	0.03	0.04	0.32

工作内容：制作、安装等全部操作过程。

编号				7-224	7-225	7-226	7-227	7-228
项目名称				门窗改换开启方向		修护窗板	门窗口长高	木过木制作、安装
				门扇	窗扇			
单位				樘		m^2	樘	m^3
总价（元）				**81.41**	**86.21**	**140.57**	**162.20**	**4294.17**
其中	人工费（元）			56.00	67.32	67.47	153.00	560.44
	材料费（元）			24.95	18.34	72.55	7.95	3729.14
	机械费（元）			0.46	0.55	0.55	1.25	4.59
名称		单位	单价（元）	消耗量				
人工	综合工日	工日	153.00	0.366	0.440	0.441	1.000	3.663
材料	红白松锯材 一类	m^3	4069.17	0.006	0.0042	0.016	—	—
	红白松锯材 二类	m^3	3266.74	—	—	—	—	1.132
	松木锯材 三类	m^3	1661.90	—	—	—	0.004	—
	铁件	kg	9.49	—	—	0.700	—	—
	圆钉	kg	6.68	0.008	0.007	—	—	4.650
	木螺钉 M5	100个	8.00	0.060	0.150	0.100	0.150	—
	防腐油	kg	0.52	—	—	—	0.200	0.240
机械	中小型机械费	元	—	0.46	0.55	0.55	1.25	4.59

第十四节　修理木板门、老式大门

工作内容： 1. 简修：严缝、帮条补洞、修理开关灵活、添配小五金等。2. 小修：落扇、使胶、加楔、帮条补洞、整修门芯板及铁件、添配小五金等。3. 中修、大修：落扇换料、使胶、加楔、帮条补洞、拆配铁件、门芯板、添配小五金等。

编号				7-229	7-230	7-231	7-232	7-233	7-234
项目名称				木板门					
				简修（不落扇、不换料）	小修（落扇、不换料）	中修（换 1~2 块料）		大修（换 3~4 块料）	
						$2.5m^2$ 以内	$2.5m^2$ 以外	$2.5m^2$ 以内	$2.5m^2$ 以外
单位				扇					
总价（元）				**27.27**	**90.74**	**305.38**	**463.55**	**442.60**	**605.33**
其中	人工费（元）			24.02	84.15	210.38	336.60	280.60	420.75
	材料费（元）			3.05	5.90	93.28	124.20	159.70	181.13
	机械费（元）			0.20	0.69	1.72	2.75	2.30	3.45
名称		单位	单价（元）	消耗量					
人工	综合工日	工日	153.00	0.157	0.550	1.375	2.200	1.834	2.750
材料	红白松锯材 一类	m^3	4069.17	0.0007	0.0014	0.0203	0.0258	0.0339	0.0381
	铁件	kg	9.49	—	—	1.100	2.000	2.250	2.700
	圆钉	kg	6.68	0.030	0.030	0.035	0.035	0.060	0.070
机械	中小型机械费	元	—	0.20	0.69	1.72	2.75	2.30	3.45

工作内容：修接门轴、修换门楹子、穿带、压带门插棍、门芯板、修理开关灵活、使胶、加楔、添配小五金等。

编号				7-235	7-236	7-237	7-238
项目名称				老式大门			
				小修（落扇、不换料）	中修（换 1~2 块料）	大修（换 3~4 块料）	换下槛
单位				扇			根
总价（元）				**27.86**	**118.37**	**206.86**	**151.53**
其中	人工费（元）			21.11	52.63	76.50	52.63
	材料费（元）			6.58	65.31	129.74	98.47
	机械费（元）			0.17	0.43	0.62	0.43
名称		单位	单价（元）	消耗量			
人工	综合工日	工日	153.00	0.138	0.344	0.500	0.344
材料	红白松锯材 一类	m^3	4069.17	0.0016	0.016	0.0318	0.0242
	圆钉	kg	6.68	0.010	0.031	0.051	—
机械	中小型机械费	元	—	0.17	0.43	0.62	0.43

第十五节　添配门窗框扇

工作内容：破损拆除、添配、制作、安装等全部操作过程。

编号				7-239	7-240	7-241	7-242
项目名称				门窗框		门扇	
				单槽	双槽	玻璃门	装板门
单位				m		m^2	
总价（元）				**47.52**	**57.91**	**302.40**	**318.98**
其中	人工费（元）			22.19	26.32	153.00	153.00
	材料费（元）			25.14	31.37	148.15	164.73
	机械费（元）			0.19	0.22	1.25	1.25
名称		单位	单价（元）	消耗量			
人工	综合工日	工日	153.00	0.145	0.172	1.000	1.000
材料	红白松口扇料 烘干	m^3	4151.56	0.006	0.0075	0.0323	0.038
	平板玻璃 3mm	m^2	19.91	—	—	0.420	—
	防腐油	kg	0.52	0.060	0.060	—	—
	圆钉	kg	6.68	0.030	0.030	0.110	0.070
	油灰	kg	2.94	—	—	0.360	—
	胶	kg	15.12	—	—	0.100	0.250
	五金费	元	—	—	—	2.39	2.72
机械	中小型机械费	元	—	0.19	0.22	1.25	1.25

工作内容：破损拆除、添配、制作、安装等全部操作过程。

编号				7-243	7-244	7-245	7-246	7-247
项目名称				门扇			窗扇	
				胶合板门	纤维板门	纱门	玻璃窗	纱窗
单位				m^2				
总价（元）				**293.92**	**291.49**	**257.79**	**271.40**	**237.88**
其中	人工费（元）			153.00	153.00	153.00	159.89	153.00
	材料费（元）			139.67	137.24	103.54	110.20	83.63
	机械费（元）			1.25	1.25	1.25	1.31	1.25
名称		单位	单价（元）	消耗量				
人工	综合工日	工日	153.00	1.000	1.000	1.000	1.045	1.000
材料	红白松口扇料 烘干	m^3	4151.56	0.0214	0.0214	0.0217	0.0197	0.017
	胶合板 3mm	m^2	20.88	2.120	—	—	—	—
	纤维板 1000×2150×3.2	m^2	19.73	—	2.120	—	—	—
	铁窗纱	m^2	7.46	—	—	1.030	—	1.160
	平板玻璃 3mm	m^2	19.91	—	—	—	0.930	—
	油灰	kg	2.94	—	—	—	0.800	—
	胶	kg	15.12	0.250	0.250	0.170	0.130	0.080
	圆钉	kg	6.68	0.080	0.080	0.090	0.030	0.020
	五金费	元	—	2.25	2.25	2.60	5.38	3.06
机械	中小型机械费	元	—	1.25	1.25	1.25	1.31	1.25

第十六节　拆换筒子板、贴脸

工作内容: 拆除、制作、安装等全部操作过程。

编　　号				7-248	7-249	7-250	7-251	7-252	7-253
项目名称				筒子板	窗台板	贴脸	挂镜线	窗帘盒	筒子板贴脸加固
单　　位				m^2		m			
总价(元)				**201.61**	**373.54**	**32.11**	**21.89**	**129.68**	**8.62**
其中	人工费(元)			54.32	128.21	16.83	13.77	56.00	8.42
	材料费(元)			147.29	245.33	15.28	8.12	73.68	0.20
名　　称		单位	单价(元)	消　耗　量					
人工	综合工日	工日	153.00	0.355	0.838	0.110	0.090	0.366	0.055
材料	红白松锯材 一类烘干	m^3	4650.86	0.0288	0.050	0.0032	0.0013	0.0134	—
	松木锯材 三类	m^3	1661.90	0.0077	0.007	—	0.0012	0.0032	—
	铁件	kg	9.49	—	—	—	—	0.620	—
	圆钉	kg	6.68	0.060	0.150	0.060	0.010	0.020	0.030
	防腐油	kg	0.52	0.290	0.300	—	0.020	0.041	—

第十七节　门 窗 安 装

工作内容：现场搬运、安装框扇、矫正、安装玻璃及五金配件、周边塞口、清扫等。

编　号				7-254	7-255	7-256	7-257	7-258
项目名称				铝合金（成品）安装				
				地弹门	平开门	推拉门	推拉窗	固定窗
单　位				m^2				
总价（元）				**509.35**	**517.82**	**501.22**	**438.49**	**406.78**
其中	人工费（元）			95.93	85.68	97.77	84.00	69.46
	材料费（元）			413.11	431.75	403.26	354.07	336.67
	机械费（元）			0.31	0.39	0.19	0.42	0.65
名　称		单位	单价（元）	消　耗　量				
人工	综合工日	工日	153.00	0.627	0.560	0.639	0.549	0.454
材料	全玻地弹门（不含玻璃）	m^2	365.88	0.960	—	—	—	—
	铝合金平开门（不含玻璃）	m^2	382.82	—	0.950	—	—	—
	铝合金推拉门（不含玻璃）	m^2	352.33	—	—	0.960	—	—
	铝合金推拉窗（不含玻璃）	m^2	299.04	—	—	—	0.950	—
	铝合金固定窗（不含玻璃）	m^2	268.96	—	—	—	—	0.930
	平板玻璃 5mm	m^2	28.62	—	—	—	0.950	0.930
	平板玻璃 6mm	m^2	33.40	0.960	0.950	0.960	—	—
	地脚	个	3.85	3.690	4.660	4.570	5.000	7.780
	合金钢钻头 *D*10	个	9.20	0.0461	0.0583	0.0286	0.622	0.923
	玻璃胶	支	23.15	0.430	0.460	0.420	0.470	0.730
	密封油膏	kg	17.99	0.260	0.370	0.270	0.360	0.230
	零星材料费	元	—	0.54	0.56	0.52	0.46	0.44
机械	中小型机械费	元	—	0.31	0.39	0.19	0.42	0.65

工作内容：现场搬运、安装框扇、矫正、安装玻璃及五金配件、周边塞口、清扫等。

编号				7-259	7-260	7-261	7-262	7-263
项目名称				铝合金（成品）安装			断桥铝（成品）安装	
				平开窗	防盗窗	百叶窗	推拉门	平开门
单位				m^2				
总价（元）				**467.41**	**439.67**	**457.74**	**953.16**	**979.70**
其中	人工费（元）			82.31	63.65	63.65	97.77	85.68
	材料费（元）			384.21	375.32	393.44	855.20	893.63
	机械费（元）			0.89	0.70	0.65	0.19	0.39
名称		单位	单价（元）	消耗量				
人工	综合工日	工日	153.00	0.538	0.416	0.416	0.639	0.560
材料	铝合金平开窗（不含玻璃）	m^2	319.44	0.900	—	—	—	—
	铝合金防盗窗	m^2	331.39	—	1.000	—	—	—
	铝合金百叶窗	m^2	352.55	—	—	1.000	—	—
	断桥铝推拉门（含中空玻璃）	m^2	816.44	—	—	—	0.9698	—
	断桥铝平开门（含中空玻璃）	m^2	846.93	—	—	—	—	0.9604
	平板玻璃 5mm	m^2	28.62	0.900	—	—	—	—
	密封油膏	kg	17.99	0.700	0.570	0.530	—	—
	玻璃胶	支	23.15	0.660	—	—	—	—
	地脚	个	3.85	10.740	8.370	7.780	4.459	5.755
	硅酮耐候密封胶	kg	35.94	—	—	—	0.667	0.860
	聚氨酯发泡密封胶（750mL/支）	支	20.16	—	—	—	0.998	1.231
	合金钢钻头 *D*10	个	9.20	0.1344	0.1046	0.0973	—	—
	塑料膨胀螺栓	套	0.10	—	—	—	4.459	5.755
	零星材料费	元	—	0.50	0.49	0.51	1.71	1.78
机械	中小型机械费	元	—	0.89	0.70	0.65	0.19	0.39

工作内容：开箱、解捆、定位、画线、吊正、找平、安装、框周边塞缝等。

编号				7-264	7-265	7-266	7-267	7-268	7-269
项目名称				断桥铝（成品）安装				隔热断桥铝合金飘凸窗安装	
				平开窗	推拉窗	内平开下悬	阳台封闭窗安装	平开	内平开下悬
单位				m^2					
总价（元）				**805.06**	**878.90**	**792.21**	**862.20**	**816.54**	**800.78**
其中	人工费（元）			82.31	84.00	69.46	69.46	83.08	67.32
	材料费（元）			721.86	794.48	721.86	792.09	732.57	732.57
	机械费（元）			0.89	0.42	0.89	0.65	0.89	0.89
名称		单位	单价（元）	消耗量					
人工	综合工日	工日	153.00	0.538	0.549	0.454	0.454	0.543	0.440
材料	隔热断桥铝合金平开窗（含中空玻璃）	m^2	660.61	0.946	—	—	—	—	—
	隔热断桥铝合金推拉窗（含中空玻璃）	m^2	740.90	—	0.954	—	—	—	—
	铝合金隔热断桥内平开下悬窗（含中空玻璃）	m^2	660.61	—	—	0.946	—	—	—
	隔热断桥铝合金阳台封闭窗（含中空玻璃）	m^2	729.00	—	—	—	1.000	—	—
	隔热断桥铝合金飘凸窗平开（含中空玻璃）	m	660.61	—	—	—	—	1.000	—
	隔热断桥铝合金飘凸窗内平开下悬（含中空玻璃）	m	660.61	—	—	—	—	—	1.000
	地脚	个	3.85	7.146	5.526	7.146	4.527	4.524	4.524
	聚氨酯发泡密封胶（750mL/ 支）	支	20.16	1.514	1.427	1.514	0.989	1.188	1.188
	硅酮耐候密封胶	kg	35.94	1.022	0.987	1.022	0.659	0.798	0.798
	塑料膨胀螺栓	套	0.10	7.216	5.581	7.216	4.571	4.568	4.568
	零星材料费	元	—	1.44	1.59	1.44	1.58	1.46	1.46
机械	中小型机械费	元	—	0.89	0.42	0.89	0.65	0.89	0.89

工作内容：1. 卷闸门安装：安装导槽、端板及支撑、卷轴及门片、附件、门锁、调试全部操作过程。2. 彩板组角钢门窗安装：矫正框扇、安装玻璃、装配五金、焊接连接件、周边塞口、清扫等全部操作过程。

编号				7-270	7-271	7-272	7-273	7-274
项目名称				卷闸门安装			彩板组角钢门窗安装	
				铝合金	电动装置	活动小门增加费	彩板门	彩板窗
单位				m^2	套	扇	m^2	
总价（元）				**413.68**	**2465.14**	**1006.71**	**568.05**	**320.85**
其中	人工费（元）			122.40	153.00	153.00	62.73	55.08
	材料费（元）			287.49	2312.14	853.71	505.11	265.46
	机械费（元）			3.79	—	—	0.21	0.31
名称		单位	单价（元）	消耗量				
人工	综合工日	工日	153.00	0.800	1.000	1.000	0.410	0.360
材料	铝合金卷闸门	m^2	287.11	1.000	—	—	—	—
	卷闸门电动装置	套	2312.14	—	1.000	—	—	—
	卷闸门活动小门	扇	853.71	—	—	1.000	—	—
	彩板门	m^2	487.84	—	—	—	0.940	—
	彩板窗	m^2	238.84	—	—	—	—	0.920
	平板玻璃 5mm	m^2	28.62	—	—	—	—	0.960
	平板玻璃 6mm	m^2	33.40	—	—	—	0.980	—
	塑料盖	个	0.05	—	—	—	5.250	7.480
	膨胀螺栓	套	0.82	—	—	—	5.100	7.260
	合金钢钻头 *D*10	个	9.20	—	—	—	0.0319	0.0454
	电焊条	kg	7.59	0.050	—	—	—	—
	建筑密封膏	kg	19.04	—	—	—	0.450	0.590
	零星材料费	元	—	—	—	—	0.50	0.27
机械	中小型机械费	元	—	3.79	—	—	0.21	0.31

工作内容：校正框扇、安装门窗、裁安玻璃、装配五金配件、周边塞缝等全部操作过程。

编号				7-275	7-276	7-277	7-278
项目名称				塑钢门（全板）安装		塑钢窗安装	
				带上亮	无上亮	单层	带纱
单位				m^2			
总价（元）				**721.76**	**752.09**	**477.33**	**466.08**
其中	人工费（元）			97.92	99.45	85.68	110.16
	材料费（元）			623.58	652.36	391.38	355.65
	机械费（元）			0.26	0.28	0.27	0.27
名称		单位	单价（元）	消耗量			
人工	综合工日	工日	153.00	0.640	0.650	0.560	0.720
材料	塑钢门（带上亮）	m^2	505.62	0.960	—	—	—
	塑钢门（无上亮）	m^2	556.44	—	0.960	—	—
	单层塑钢窗	m^2	255.43	—	—	0.950	—
	塑钢窗带纱窗	m^2	217.82	—	—	—	0.950
	平板玻璃 6mm	m^2	33.40	0.720	—	0.730	0.730
	膨胀螺栓	套	0.82	6.290	6.580	6.340	6.340
	螺钉	个	0.21	6.470	6.770	6.530	6.530
	合金钢钻头 $D10$	个	9.20	0.0394	0.411	0.0396	0.0396
	塑料压条	m	3.23	1.030	—	4.280	4.280
	连接件	kg	14.33	6.290	6.580	6.340	6.340
	氯丁腻子 JN-10	kg	13.28	0.080	—	—	—
	软填料	kg	19.90	0.260	0.270	0.260	0.260
	密封油膏	kg	17.99	0.420	0.440	0.420	0.420
机械	中小型机械费	元	—	0.26	0.28	0.27	0.27

工作内容：矫正门框扇、凿洞、安装门窗、塞缝等全部操作过程。

编号				7-279	7-280	7-281
项目名称				防盗装饰门窗安装		
				防盗门	不锈钢防盗窗	不锈钢格栅门
单位				m^2		
总价（元）				**1511.74**	**389.06**	**1021.88**
其中	人工费（元）			58.14	64.26	102.51
	材料费（元）			1453.46	324.31	919.13
	机械费（元）			0.14	0.49	0.24
名称		单位	单价（元）	消耗量		
人工	综合工日	工日	153.00	0.380	0.420	0.670
材料	水泥	kg	0.39	1.131	—	—
	粗砂	t	86.14	0.004	—	—
	防盗门	m^2	1473.67	0.9781	—	—
	不锈钢防盗窗	m^2	309.98	—	1.000	—
	不锈钢格栅门	m^2	912.15	—	—	1.000
	电焊条	kg	7.59	0.097	—	—
	铁件	kg	9.49	0.958	—	0.310
	软填料	kg	19.90	—	0.720	—
	不锈钢焊丝	kg	67.28	—	—	0.060
	零星材料费	元	—	1.45	—	—
	水泥砂浆 1:3	m^3	—	（0.0026）	—	—
机械	中小型机械费	元	—	0.14	0.49	0.24

工作内容：1. 防火门：门洞整修、凿洞、成品防火门安装、周边塞缝等。2. 防火卷帘门安装：支架、导槽、附件安装、试开等全部操作过程。

编号				7-282	7-283	7-284	7-285
项目名称				防火门安装		防火卷帘门安装	防火卷帘门手动装置安装
				钢质	木质		
单位				m²			套
总价（元）				**920.06**	**681.01**	**633.75**	**511.25**
其中	人工费（元）			143.82	143.82	137.70	153.00
	材料费（元）			776.24	537.19	494.99	358.25
	机械费（元）			—	—	1.06	—
名称		单位	单价（元）	消耗量			
人工	综合工日	工日	153.00	0.940	0.940	0.900	1.000
材料	水泥	kg	0.39	5.873	5.873	—	—
	粗砂	t	86.14	0.021	0.021	—	—
	钢质防火门（成品）	m²	785.11	0.9825	—	—	—
	木质防火门（成品）	m²	542.04	—	0.9825	—	—
	防火卷帘门	m²	494.61	—	—	1.000	—
	防火卷帘门手动装置	套	358.25	—	—	—	1.000
	电焊条	kg	7.59	—	—	0.050	—
	零星材料费	元	—	0.77	0.54	—	—
	水泥砂浆 1:3	m³	—	（0.0135）	（0.0135）	—	—
机械	中小型机械费	元	—	—	—	1.06	—

第十八节　门 窗 修 理

工作内容：1. 整修：不卸扇的矫正变形、五金配件调整、锥丝改孔等工作。2. 拆除、修理、安装：整修全部工作。

编　　号				7-286	7-287	7-288	7-289	7-290	7-291
项目名称				金属门整修	金属窗整修	拆卸、修理、安装			
						金属门	金属窗	金属纱门	金属纱窗
单　　位				扇					
总价(元)				33.28	27.73	194.43	172.14	174.85	150.49
其中	人工费(元)			33.05	27.54	184.67	163.86	173.50	149.33
	材料费(元)			—	—	8.32	7.00	—	—
	机械费(元)			0.23	0.19	1.44	1.28	1.35	1.16
名　　称		单位	单价(元)	消　耗　量					
人工	综合工日	工日	153.00	0.216	0.180	1.207	1.071	1.134	0.976
材料	钢窗料	kg	3.66	—	—	2.190	1.830	—	—
	电焊条	kg	7.59	—	—	0.040	0.040	—	—
机械	中小型机械费	元	—	0.23	0.19	1.44	1.28	1.35	1.16

工作内容：1. 整修：不卸扇的矫正变形、五金配件调整、锥丝改孔等工作。2. 拆除、修理、安装：整修全部工作。

编号				7-292	7-293	7-294	7-295	7-296	7-297
项目名称				院墙铁门		棋格门		钢门窗防寒	
				落扇	不落扇	落扇	不落扇	油毡	毛毡
单位				扇		m^2		m	
总价（元）				**366.04**	**185.90**	**116.15**	**58.07**	**2.17**	**24.97**
其中	人工费（元）			336.60	168.30	113.22	56.61	1.53	21.42
	材料费（元）			26.69	16.22	2.00	1.00	0.64	3.55
	机械费（元）			2.75	1.38	0.93	0.46	—	—
名称		单位	单价（元）	消耗量					
人工	综合工日	工日	153.00	2.200	1.100	0.740	0.370	0.010	0.140
材料	铁件	kg	9.49	2.500	1.500	—	—	—	—
	油毡	m^2	3.83	—	—	—	—	0.140	—
	圆钉	kg	6.68	—	—	—	—	0.015	0.015
	毛毡	m^2	24.66	—	—	—	—	—	0.140
	电焊条	kg	7.59	0.300	0.200	—	—	—	—
	氧气	m^3	2.88	0.070	0.050	—	—	—	—
	乙炔气	m^3	16.13	0.030	0.020	—	—	—	—
	五金费	元	—	—	—	2.00	1.00	—	—
机械	中小型机械费	元	—	2.75	1.38	0.93	0.46	—	—

工作内容：焊接部位清理、除锈、焊接、矫正局部热变形及清除焊渣、磨平等工作。

编　　号				7-298	7-299	7-300	7-301	7-302	7-303
项目名称				钢门窗框加固	拆除、安装整樘钢门窗	钢门窗焊接	钢门窗换纱	拆换钢门窗	
								执手	联动执手
单　　位				樘		点	m^2	只	
总价（元）				**45.28**	**88.07**	**23.37**	**74.91**	**25.52**	**94.46**
其中	人工费（元）			27.54	76.50	22.95	64.26	7.65	15.30
	材料费（元）			17.51	11.39	0.23	10.65	17.87	79.16
	机械费（元）			0.23	0.18	0.19	—	—	—
名　　称		单位	单价（元）	消　耗　量					
人工	综合工日	工日	153.00	0.180	0.500	0.150	0.420	0.050	0.100
材料	钢窗料	kg	3.66	3.020	—	—	—	—	—
	铁窗纱	m^2	7.46	—	—	—	1.200	—	—
	执手	套	17.52	—	—	—	—	1.020	—
	联动执手	个	77.61	—	—	—	—	—	1.020
	铁件	kg	9.49	0.600	1.200	—	—	—	—
	电焊条	kg	7.59	0.100	—	0.030	—	—	—
	五金费	元	—	—	—	—	1.70	—	—
机械	中小型机械费	元	—	0.23	0.18	0.19	—	—	—

工作内容:拆除、安装、配置损坏部件等全部制作、安装工作。

编号				7-304	7-305	7-306	7-307	7-308	7-309
项目名称				拆换钢门窗		换配压紧螺栓	拆换掏灰门	拆换倒灰门	修理掏灰门、倒灰门
				支撑	钢门插销				
单位				只			个		
总价(元)				**12.91**	**30.37**	**2.22**	**527.17**	**400.05**	**45.42**
其中	人工费(元)			9.18	22.95	1.53	420.75	336.60	42.08
	材料费(元)			3.73	7.42	0.69	106.42	63.45	3.34
名称		单位	单价(元)	消耗量					
人工	综合工日	工日	153.00	0.060	0.150	0.010	2.750	2.200	0.275
材料	水泥	kg	0.39	—	—	—	3.200	3.200	—
	粗砂	t	86.14	—	—	—	0.009	0.009	—
	钢支撑	kg	3.66	1.020	—	—	—	—	—
	插销	个	7.27	—	1.020	—	—	—	—
	压紧螺栓	套	0.68	—	—	1.020	—	—	—
	钢垃圾倒灰门	kg	3.09	—	—	—	30.000	17.400	—
	电焊条	kg	7.59	—	—	—	0.960	0.680	0.340
	氧气	m^3	2.88	—	—	—	0.210	0.150	0.080
	乙炔气	m^3	16.13	—	—	—	0.091	0.065	0.033
	螺栓 M5×30	kg	14.58	—	—	—	0.160	0.070	—

工作内容：调换等全部操作过程。

编号				7-310	7-311	7-312	7-313	7-314
项目名称				修理铝合金窗				
				调换内锁销	调换滑轮	打密封胶	换橡皮条	换毛条
单位				只	扇	m		
总价（元）				**12.61**	**14.76**	**7.10**	**8.18**	**7.85**
其中	人工费（元）			9.64	12.70	6.43	4.28	3.21
	材料费（元）			2.97	2.06	0.67	3.90	4.64
名称		单位	单价（元）	消耗量				
人工	综合工日	工日	153.00	0.063	0.083	0.042	0.028	0.021
材料	铝合金窗内锁销	只	2.97	1.000	—	—	—	—
	导轨轮	个	1.00	—	2.060	—	—	—
	密封胶	支	6.71	—	—	0.100	—	—
	橡皮条	m	3.61	—	—	—	1.080	—
	密封毛条	m	4.30	—	—	—	—	1.080

工作内容: 调换等全部操作过程。

编号				7-315	7-316	7-317	7-318
项目名称				修理塑钢窗			
				调换滑轮	打密封胶	换橡皮条	换毛条
单位				扇	m		
总价(元)				**16.32**	**8.01**	**8.64**	**7.85**
其中	人工费(元)			14.08	7.34	4.74	3.21
	材料费(元)			2.24	0.67	3.90	4.64
名称		单位	单价(元)	消耗量			
人工	综合工日	工日	153.00	0.092	0.048	0.031	0.021
材料	导轨轮	个	1.00	2.060	—	—	—
	机油	kg	7.21	0.025	—	—	—
	密封胶	支	6.71	—	0.100	—	—
	橡皮条	m	3.61	—	—	1.080	—
	密封毛条	m	4.30	—	—	—	1.080

第八章　木 作 工 程

说　　明

一、本章包括屋架,木构件,木楼梯 3 节,共 45 条基价子目。

二、工程计价时应注意的问题。

1. 新做屋架包括制作与安装、拼接的铁件及稳固铁件用的砂浆等材料及套样板工料在内。

2. 屋架项目均以不刨光为准,如设计需要刨光时,综合工日乘以系数 1.20,木料增加 10%。

3. 圆柱、圆檩等圆形截面构件是直接采用原木加工考虑的,其余构件是按板枋材加工考虑的。

4. 拆换项目包括拆除、制作、安装全部内容,制作、安装项目为加固时新增加的木作,包括制作、安装内容。

5. 各种柱、梁、枋项目综合考虑了其不同位置,采用卯榫连结。若使用箍头榫,另行计算用工。

6. 圆木檩条项目内已包括刨光工料,如设计规定檩条需滚圆取直时,其木材材积乘以系数 1.10,人工乘以系数 1.25。

7. 搭拆临时支撑项目已综合考虑材料的周转使用。

工程量计算规则

一、新做各种屋架按不同跨度以“榀”计算。屋架跨度是指屋架两端上、下弦中心线交点之间的距离。

二、钢木屋架项目已包括钢构件的用量,不再另行计算。

三、木柱、梁、枋、檩等以“m^3”计算,以其长度乘以截面面积,长度和截面计算按下列规则。

1. 圆柱形构件按其最大截面,矩形构件按矩形截面,多角形构件按多角形截面计算。

2. 柱长按图示尺寸,有柱顶面由其上皮算至梁、枋或檩的下皮,套顶榫按实长计入体积内。

3. 梁、枋端头为半榫或银锭榫的,其长度算至柱中,透榫或箍头榫算至榫头外端。

第一节 屋 架

工作内容：屋架制作、拼装、安装、装配钢构件、锚定、梁端刷防腐油。

编号				8-001	8-002	8-003	8-004	8-005	8-006
项目名称				方木人字屋架制作、安装（跨度）					
				6m 以内	8m 以内	10m 以内	12m 以内	14m 以内	16m 以内
单位				榀					
总价（元）				**1099.82**	**1817.02**	**2899.20**	**3889.78**	**5357.74**	**6568.01**
其中	人工费（元）			284.18	420.93	674.19	846.32	1104.71	1360.53
	材料费（元）			815.64	1396.09	2225.01	3043.46	4253.03	5207.48
名称		单位	单价（元）	消耗量					
人工	综合工日	工日	135.00	2.105	3.118	4.994	6.269	8.183	10.078
材料	板枋材	m^3	2001.17	0.261	0.433	0.691	0.893	1.182	1.523
	铁件（综合）	kg	9.49	19.550	36.760	56.840	87.261	141.812	162.259
	圆钉	kg	6.68	0.600	0.690	0.850	0.980	1.070	1.140
	六角螺栓 M12	套	1.90	37.100	60.000	86.100	90.200	90.200	82.000
	六角螺栓 M24	套	7.74	1.900	4.100	10.300	22.600	32.800	36.900
	六角螺栓 M30	套	12.21	—	—	—	—	—	4.100
	扒钉	kg	8.58	1.020	1.590	3.170	4.560	6.850	6.850
	防腐油	kg	0.52	0.346	0.380	0.425	0.461	0.475	0.482
	零星材料费	元	—	9.67	16.55	26.38	36.09	50.43	61.75

工作内容： 屋架制作、拼装、安装、装配钢构件、锚定、梁端刷防腐油。

编号				8-007	8-008	8-009	8-010	8-011	8-012
项目名称				圆木人字屋架制作、安装（跨度）					
				6m 以内	8m 以内	10m 以内	12m 以内	14m 以内	16m 以内
单位				榀					
总价（元）				**1119.80**	**1658.05**	**2327.57**	**3944.12**	**5201.99**	**6311.48**
其中	人工费（元）			341.15	454.82	731.16	1137.38	1462.05	1705.59
	材料费（元）			778.65	1203.23	1596.41	2806.74	3739.94	4605.89
名称		单位	单价（元）	消耗量					
人工	综合工日	工日	135.00	2.527	3.369	5.416	8.425	10.830	12.634
材料	原木	m^3	1686.44	0.218	0.304	0.453	0.822	0.812	1.094
	板枋材	m^3	2001.17	0.098	0.120	0.100	0.167	0.242	0.300
	铁件（综合）	kg	9.49	14.506	30.219	42.569	74.600	142.275	163.064
	圆钉	kg	6.68	0.657	0.721	0.902	1.085	1.112	1.190
	六角螺栓 M12	套	1.90	30.800	61.100	75.900	98.400	90.200	82.000
	六角螺栓 M24	套	7.74	—	2.500	4.100	14.400	32.800	36.900
	六角螺栓 M30	套	12.21	—	—	—	—	—	4.100
	扒钉	kg	8.58	0.570	1.035	3.170	4.560	6.850	6.850
	防腐油	kg	0.52	0.392	0.433	0.487	0.523	0.537	0.554
	零星材料费	元	—	9.23	14.27	18.93	33.28	44.35	54.62

工作内容：屋架制作、拼装、安装、装配钢构件、锚定、梁端刷防腐油。

编号				8-013	8-014	8-015	8-016	8-017	8-018
项目名称				钢木人字屋架制作、安装（跨度）					
				6m 以内	8m 以内	10m 以内	12m 以内	14m 以内	16m 以内
单位				榀					
总价（元）				**1143.49**	**1827.78**	**2562.37**	**4522.60**	**5686.12**	**6711.77**
其中	人工费（元）			406.08	617.36	852.93	1161.54	1315.85	1681.29
	材料费（元）			737.41	1210.42	1709.44	3361.06	4370.27	5030.48
名称		单位	单价（元）	消耗量					
人工	综合工日	工日	135.00	3.008	4.573	6.318	8.604	9.747	12.454
材料	板枋材	m^3	2001.17	0.220	0.366	0.529	0.654	0.868	1.045
	铁件（综合）	kg	9.49	20.148	35.530	47.299	180.569	240.352	263.799
	圆钉	kg	6.68	0.313	0.374	0.537	0.532	0.775	0.924
	六角螺栓 M12	套	1.90	28.700	24.600	32.800	61.500	61.500	73.800
	六角螺栓 M24	套	7.74	4.100	8.200	12.300	20.500	20.500	24.600
	扒钉	kg	8.58	1.014	1.585	2.377	2.280	2.280	4.560
	防腐油	kg	0.52	0.298	0.304	0.338	0.403	0.445	0.448
	零星材料费	元	—	8.74	14.35	20.27	39.85	51.82	59.65

工作内容：屋架制作、拼装、安装、装配钢构件、锚定、梁端刷防腐油。

编号				8-019	8-020	8-021	8-022
项目名称				方木半柁架制作、安装			方木平柁制作、安装
				4m 以内	6m 以内	8m 以内	
单位				架			m^3
总价（元）				**1342.15**	**3428.67**	**5153.43**	**4724.93**
其中	人工费（元）			222.75	268.65	340.20	398.25
	材料费（元）			1119.40	3160.02	4813.23	4326.68
名称		单位	单价（元）	消耗量			
人工	综合工日	工日	135.00	1.650	1.990	2.520	2.950
材料	红白松锯材 一类	m^3	4069.17	0.2112	0.650	0.960	1.060
	红白松锯材 二类	m^3	3266.74	0.0066	0.007	0.007	—
	铁件	kg	9.49	24.850	51.470	92.710	—
	圆钉	kg	6.68	0.390	0.560	0.620	2.000

第二节　木　构　件

工作内容：1. 拆除。2. 选料、截料、刨光、制样板、雕凿成形、试装全部操作过程。3. 安装包括翻身就位、修整卯榫入位、栽销、校正等全部操作过程。

编　号				8-023	8-024	8-025	8-026	8-027	8-028	8-029	8-030
项目名称				木单梁				木柱			
				方木		圆木		方木		圆木	
				制作、安装	拆换	制作、安装	拆换	制作、安装	拆换	制作、安装	拆换
单　位				m^3							
总价（元）				**3358.28**	**3761.69**	**3315.11**	**3751.43**	**3364.34**	**3693.97**	**3407.37**	**3799.22**
其中	人工费（元）			1148.04	1508.22	1290.33	1683.45	1004.94	1306.26	1218.51	1584.09
	材料费（元）			2210.24	2253.47	2024.78	2067.98	2359.40	2387.71	2188.86	2215.13
名　称		单位	单价（元）	消　耗　量							
人工	综合工日	工日	135.00	8.504	11.172	9.558	12.470	7.444	9.676	9.026	11.734
材料	原木	m^3	1686.44	—	—	1.180	1.180	—	—	1.293	1.293
	板枋材	m^3	2001.17	1.086	1.086	—	—	1.175	1.175	—	—
	防腐油	kg	0.52	0.925	0.955	0.955	0.925	—	—	—	—
	铁件（综合）	kg	9.49	0.500	5.000	0.500	5.000	—	—	—	—
	铁铆钉	kg	9.22	0.600	0.600	0.600	0.600	0.870	0.870	0.900	0.900
	零星材料费	元	—	26.21	26.72	24.01	24.52	—	28.31	—	26.27

工作内容：拆除，檩木制作、拼装、安装，锚固梁端，刷防腐油。

编号				8-031	8-032	8-033	8-034
项目名称				方檩木		圆檩木	
				制作、安装	拆换	制作、安装	拆换
单位				m^3			
总价(元)				**2881.47**	**3119.61**	**3034.60**	**3297.98**
其中	人工费(元)			476.69	714.83	526.64	790.02
	材料费(元)			2404.78	2404.78	2507.96	2507.96
名称		单位	单价(元)	消耗量			
人工	综合工日	工日	135.00	3.531	5.295	3.901	5.852
材料	原木	m^3	1686.44	—	—	1.170	1.170
	板枋材	m^3	2001.17	1.165	1.165	0.230	0.230
	铁铆钉	kg	9.22	4.650	4.650	4.700	4.700
	防腐油	kg	0.52	3.890	3.890	2.850	2.850
	零星材料费	元	—	28.52	28.52	29.74	29.74

工作内容：拆除，支撑制作、拼装、安装，锚固梁端，刷防腐油。

编号				8-035	8-036	8-037	8-038	8-039	8-040
项目名称				支撑				临时支撑搭拆	
				方木		圆木		方木	圆木
				制作、安装	拆换	制作、安装	拆换		
单位				m^3					
总价（元）				**3322.46**	**3556.41**	**3288.35**	**3563.48**	**591.87**	**651.07**
其中	人工费（元）			1015.34	1249.29	1308.15	1583.28	297.27	382.59
	材料费（元）			2307.12	2307.12	1980.20	1980.20	294.60	268.48
名称		单位	单价（元）	消耗量					
人工	综合工日	工日	135.00	7.521	9.254	9.690	11.728	2.202	2.834
材料	板枋材	m^3	2001.17	1.130	1.130	0.050	0.050	0.138	0.055
	原木	m^3	1686.44	—	—	1.090	1.090	—	0.083
	铁铆钉	kg	9.22	2.000	2.000	2.000	2.000	2.000	2.000
	零星材料费	元	—	27.36	27.36	23.48	23.48	—	—

第三节　木　楼　梯

工作内容：1. 新作：制作、安装踏板，踢脚线，楼梯帮，休息平台的龙骨及地板等。2. 简修：局部添配踏板、三角木，整理、加固等。3. 大修：修理、调换、添配楼梯帮、木柱、踏板、踢脚线、三角木等。

编　号				8-041	8-042	8-043	8-044	8-045
项目名称				新作		修理		
				装帮（不包括扶手、栏杆）	三角帮（不包括扶手、栏杆）	简修	大修	
							装帮	三角
单　位				m^2		蹬		
总价（元）				**571.86**	**512.13**	**48.17**	**132.93**	**111.87**
其中	人工费（元）			185.63	135.00	24.84	54.95	32.94
	材料费（元）			386.23	377.13	23.33	77.98	78.93
名　称		单位	单价（元）	消　耗　量				
人工	综合工日	工日	135.00	1.375	1.000	0.184	0.407	0.244
材料	红白松锯材　一类	m^3	4069.17	0.0715	0.0691	0.0057	0.019	0.0192
	红白松锯材　二类	m^3	3266.74	0.0246	0.0246	—	—	—
	铁件（综合）	kg	9.49	1.220	1.220	—	—	—
	圆钉	kg	6.68	0.500	0.600	0.020	0.100	0.120

第九章　防 腐 工 程

说　　明

一、本章包括特种砂浆，防腐耐酸面层 2 节，共 27 条基价子目。
二、工程计价时应注意的问题。
各种胶泥、砂浆配合比，如设计与基价不同时，可以换算。

工程量计算规则

防腐耐酸面层按设计图示尺寸以面积计算。

第一节 特种砂浆

工作内容：调制胶泥（熬沥青）、铺灰、找平、压光（粘贴）、养护、勾缝。

编号				9-001	9-002
项目名称				耐酸砂浆墙面、墙裙	
				沥青砂浆	水玻璃砂浆
单位				m^2	
总价（元）				**64.00**	**82.80**
其中	人工费（元）			40.50	40.50
	材料费（元）			21.41	40.21
	机械费（元）			2.09	2.09
名称		单位	单价（元）	消耗量	
人工	综合工日	工日	135.00	0.300	0.300
材料	水泥	kg	0.39	6.177	6.177
	粗砂	t	86.14	0.045	0.023
	石油沥青	kg	4.04	2.928	—
	石英砂	kg	0.28	—	11.639
	石英粉	kg	0.42	—	7.686
	滑石粉	kg	0.59	5.588	—
	水玻璃	kg	2.38	—	6.149
	氟硅酸钠	kg	7.99	—	1.839
	水泥砂浆 1:3	m^3	—	（0.0142）	（0.0142）
	沥青砂浆 1:2:7	m^3	—	（0.0122）	—
	水玻璃耐酸砂浆	m^3	—	—	（0.0122）
机械	中小型机械费	元	—	2.09	2.09

工作内容：清理基层、抹结合层、贴面层、擦缝、清洁表面。

编号				9-003	9-004	9-005
项目名称				贴耐酸瓷板		
				环氧树脂胶泥	环氧酚醛树脂胶泥	环氧呋喃树脂胶泥
单位				m^2		
总价（元）				**517.06**	**511.82**	**491.74**
其中	人工费（元）			233.55	233.55	233.55
	材料费（元）			282.67	277.43	257.35
	机械费（元）			0.84	0.84	0.84
名称		单位	单价（元）	消耗量		
人工	综合工日	工日	135.00	1.730	1.730	1.730
材料	耐酸瓷板 150×150×30	块	3.00	45.000	45.000	45.000
	石英粉	kg	0.42	9.187	8.740	8.449
	环氧树脂 6101	kg	28.33	4.629	3.401	3.515
	酚醛树脂	kg	24.09	—	1.456	—
	糠醇树脂（呋喃树脂）	kg	7.74	—	—	1.505
	乙二胺	kg	21.96	0.369	0.241	0.249
	丙酮	kg	9.89	0.462	0.206	0.213
	环氧树脂胶泥	m^3	—	（0.0071）	—	—
	环氧酚醛树脂胶泥	m^3	—	—	（0.0071）	—
	环氧呋喃树脂胶泥	m^3	—	—	—	（0.0071）
机械	中小型机械费	元	—	0.84	0.84	0.84

工作内容：清理基层、抹结合层、贴面层、擦缝、清洁表面。

编号				9-006	9-007
项目名称				镶贴耐酸瓷砖	
				砖墙面	混凝土墙面
单位				m^2	
总价（元）				**625.67**	**629.02**
其中	人工费（元）			280.80	283.50
	材料费（元）			344.03	344.68
	机械费（元）			0.84	0.84
名称		单位	单价（元）	消耗量	
人工	综合工日	工日	135.00	2.080	2.100
材料	水泥	kg	0.39	5.829	7.498
	粗砂	kg	86.14	0.021	0.021
	石英砂	t	0.28	10.017	10.017
	石英粉	kg	0.42	6.615	6.615
	水玻璃	kg	2.38	5.292	5.292
	氟硅酸钠	kg	7.99	0.791	0.791
	耐酸瓷板 230×113×65	块	6.88	45.850	45.850
	水玻璃耐酸砂浆	m^3	—	（0.0105）	（0.0105）
	水泥砂浆 1:3	m^3	—	（0.0134）	（0.0134）
	素水泥浆	m^3	—	—	（0.0011）
机械	中小型机械费	元	—	0.84	0.84

第二节　防腐耐酸面层

工作内容：清扫基层，制运砂浆、混凝土、胶泥，涂刷胶泥，铺设压实等。

编　　号				9-008	9-009	9-010	9-011
项目名称				水玻璃			
				耐酸砂浆		耐酸混凝土	
				20mm 厚	每增减 5mm	60mm 厚	每增减 5mm
单　　位				m^2			
总价（元）				**95.90**	**17.87**	**192.74**	**16.50**
其中	人工费（元）			36.18	3.92	46.31	5.00
	材料费（元）			59.02	13.77	143.09	11.23
	机械费（元）			0.70	0.18	3.34	0.27
名　　称		单位	单价（元）	消　耗　量			
人工	综合工日	工日	135.00	0.268	0.029	0.343	0.037
材料	铸石粉	kg	1.11	1.380	0.230	18.530	1.464
	石英石	kg	0.58	—	—	57.161	4.763
	石英砂	kg	0.28	19.271	4.818	43.146	3.596
	石英粉	kg	0.42	14.106	3.412	16.817	1.321
	水玻璃	kg	2.38	12.914	3.001	19.294	1.448
	氟硅酸钠	kg	7.99	1.932	0.449	3.042	0.230
	水玻璃耐酸砂浆	m^3	—	（0.0202）	（0.00505）	—	—
	水玻璃稀胶泥	m^3	—	（0.003）	（0.0005）	（0.0021）	—
	水玻璃耐酸混凝土	m^3	—	—	—	（0.0612）	（0.0051）
机械	中小型机械费	元	—	0.70	0.18	3.34	0.27

工作内容：清扫基层，制运砂浆、混凝土、胶泥，涂刷胶泥，铺设压实等。

编号				9-012	9-013	9-014	9-015	9-016	9-017
项目名称				铁屑砂浆 30mm 厚		重晶石砂浆		重晶石混凝土 60mm	不发火地面 沥青 20mm
				一般抹面	梁抹面	30mm 厚	每增减 5mm		
单位				m^2					
总价(元)				**158.98**	**160.60**	**111.23**	**20.20**	**226.08**	**113.43**
其中	人工费(元)			25.25	26.87	21.60	5.40	23.76	37.67
	材料费(元)			132.68	132.68	88.58	14.62	199.13	75.76
	机械费(元)			1.05	1.05	1.05	0.18	3.19	—
名称		单位	单价(元)	消耗量					
人工	综合工日	工日	135.00	0.187	0.199	0.160	0.040	0.176	0.279
材料	水泥	kg	0.39	34.408	34.408	17.736	2.695	20.725	—
	粗砂	t	86.14	0.009	0.009	—	—	—	—
	重晶石	kg	1.05	—	—	—	—	113.140	—
	重晶石砂	kg	1.00	—	—	81.658	13.569	69.326	—
	白云石砂	kg	0.47	—	—	—	—	—	26.664
	石油沥青	kg	4.04	—	—	—	—	—	10.575
	石棉粉(温石棉)	kg	2.14	—	—	—	—	—	4.424
	硅藻土	kg	1.76	—	—	—	—	—	4.525
	铁屑	kg	2.37	49.995	49.995	—	—	—	—
	冷底子油	kg	6.41	—	—	—	—	—	0.480
	零星材料费	元	—	—	—	—	—	2.92	—
	素水泥浆	m^3	—	(0.00101)	(0.00101)	(0.001)	—	—	—
	铁屑砂浆	m^3	—	(0.0303)	(0.0303)	—	—	—	—
	重晶石砂浆 1:4:0.8	m^3	—	—	—	(0.0331)	(0.0055)	—	—
	重晶石混凝土	m^3	—	—	—	—	—	(0.0606)	—
	沥青胶泥	m^3	—	—	—	—	—	—	(0.00202)
	不发火沥青砂浆	m^3	—	—	—	—	—	—	(0.0202)
机械	中小型机械费	元	—	1.05	1.05	1.05	0.18	3.19	—

工作内容:清理基层,调料干燥,过筛,腻子配置及嵌刮,胶浆配置涂刷,贴布(包括脱脂下料),面漆等。

编号				9-018	9-019	9-020	9-021
项目名称				玻璃钢底漆及腻子		环氧玻璃钢	
				底漆每层	刮腻子	贴布每层	树脂每层
单位				m^2			
总价(元)				**12.45**	**5.90**	**20.66**	**10.48**
其中	人工费(元)			6.08	3.65	5.13	3.78
	材料费(元)			5.95	1.58	13.43	6.28
	机械费(元)			0.42	0.67	2.10	0.42
名称		单位	单价(元)	消耗量			
人工	综合工日	工日	135.00	0.045	0.027	0.038	0.028
材料	玻璃丝布 0.2	m^2	3.12	—	—	1.150	—
	环氧树脂	kg	28.33	0.165	0.0359	0.300	0.200
	丙酮	kg	9.89	0.0968	0.0072	0.0609	0.0429
	乙二胺	kg	21.96	0.0084	0.0025	0.0126	0.0084
	石英粉	kg	0.42	0.0239	0.0718	0.0359	0.0084
	砂布	张	0.93	—	0.400	0.200	—
	零星材料费	元	—	0.12	0.03	0.26	—
机械	中小型机械费	元	—	0.42	0.67	2.10	0.42

工作内容:清理基层,调料干燥,过筛,腻子配置及嵌刮,胶浆配置涂刷,贴布(包括脱脂下料),面漆等。

编号				9-022	9-023	9-024	9-025	9-026	9-027
项目名称				环氧酚醛玻璃钢		酚醛玻璃钢		环氧呋喃玻璃钢	
				贴布每层	树脂每层	贴布每层	树脂每层	贴布每层	树脂每层
单位				m^2					
总价(元)				**65.87**	**9.87**	**71.34**	**9.39**	**64.11**	**8.89**
其中	人工费(元)			50.90	3.78	55.89	3.78	50.90	3.78
	材料费(元)			12.87	5.67	13.35	5.19	11.11	4.69
	机械费(元)			2.10	0.42	2.10	0.42	2.10	0.42
名称		单位	单价(元)	消耗量					
人工	综合工日	工日	135.00	0.377	0.028	0.414	0.028	0.377	0.028
材料	玻璃丝布 0.2	m^2	3.12	1.150	—	1.150	—	1.150	—
	环氧树脂	kg	28.33	0.210	0.140	0.210	—	0.210	0.140
	酚醛树脂	kg	24.09	0.090	0.060	0.090	0.200	—	—
	丙酮	kg	9.89	0.0519	0.012	0.0519	—	0.0269	0.012
	乙二胺	kg	21.96	0.009	0.006	0.0157	—	0.009	0.006
	石英粉	kg	0.42	0.0359	0.012	0.0716	0.012	0.0269	0.012
	砂布	张	0.93	0.200	—	—	—	0.200	—
	苯磺酰氯	kg	14.49	—	—	0.0161	0.0108	—	—
	酒精	kg	6.06	—	—	0.0429	0.0349	—	—
	糠醇树脂(呋喃树脂)	kg	7.74	—	—	—	—	0.090	0.060
	零星材料费	元	—	0.25	—	0.26	—	0.22	—
机械	中小型机械费	元	—	2.10	0.42	2.10	0.42	2.10	0.42

第十章　天 棚 工 程

说　　明

一、本章包括天棚保温，天棚抹灰，天棚龙骨，天棚基层、面层，艺术造型天棚，其他吊顶，天棚其他装饰，铲补抹天棚及灰线，天棚拆换面层，灯槽、灯孔，预拌砂浆 11 节，共 299 条基价子目。

二、工程计价时应注意的问题。

1. 混凝土楼板抹缝用于天棚不抹灰将楼板缝隙填实抹平，如需天棚抹灰不得重复计算。

2. 本章除部分子目为龙骨、基层、面层合并列项外，其余均为天棚龙骨、基层、面层分别列项编制。

3. 天棚面层在同一标高为平面天棚，天棚面层不在同一标高为跌级天棚（跌级天棚其面层人工乘以系数 1.10）。

4. 本章中平面天棚和跌级天棚指一般直线形天棚，不包括灯光槽的制作、安装，灯光槽制作、安装应按本章相应子目计算。

5. 轻钢龙骨、铝合金龙骨基价中为双层结构（即中、小龙骨紧贴大龙骨底面吊挂），如为单层结构时（大、中龙骨底面在同一水平上），人工乘以系数 0.85。

6. 龙骨架、基层、面层的防火处理，应按第十五章"油漆、涂料、裱糊工程"相应子目计算。

7. 天棚检查孔的工料已包括在基价项目内，不另行计算。

8. 新做板条天棚抹灰均为中级抹灰水平，包括小圆角。如设计要求抹灰线时，可另列项目计算。

9. 楞底钉板条，包括板条刨光。

10. 铲抹、补抹天棚的划分：操作面积在 3m^2 以内为补抹，3m^2 以外为铲抹。

11. 开灯光孔、风口以方形为准，如为圆形，其人工乘以系数 1.30。

12. 天棚抹灰工程室内高度在 3.6m 以内可套用内墙及天棚抹灰脚手架，吊天棚可按 5m 以内满堂脚手架执行；室内高度超过 3.6m 时，可按相应脚手架基价执行。

工程量计算规则

一、天棚抹灰按水平投影面积以"m^2"计算，不扣除间壁墙、垛、柱、附墙烟囱、检查口和管道所占的面积，带梁天棚、梁两侧抹灰面积并入天棚面积内，板式楼梯底面抹灰按斜面积计算，锯齿形楼梯底板抹灰按展开面积计算。

二、混凝土楼板抹缝按混方面积以"m^2"计算。梁面抹灰按展开面积以"m^2"计算。

三、灰线分为三道线以内、五道线以内、五道线以外（每一突出棱角为一道线）按长度以"m"计算。

四、天棚吊顶按面积以"m^2"计算，不扣除间壁墙、检查口、附墙烟囱、柱垛和管道所占面积，扣除单个 0.5m^2 以外的孔洞、独立柱、灯槽与天棚相连的窗帘盒所占的面积。

五、天棚基层按展开面积以"m^2"计算。

六、天棚找平加吊挂按天棚面积混方面积以“m^2”计算。
七、灯带按设计图示尺寸按框外围面积以“m^2”计算。
八、送风口、回风口按数量以“个”计算。
九、补抹、铲抹、拆换、补钉各种天棚均按面积以“m^2”计算。
十、补抹灰线按长度以“m”计算。

第一节 天棚保温

工作内容:清扫底层、铺保温层等。

编号				10-001	10-002	10-003	10-004	10-005	10-006
项目名称				聚苯泡沫保温		矿棉保温		珍珠岩保温	
				50mm 厚	每增 10mm	50mm 厚	每增 10mm	50mm 厚	每增 10mm
单位				m^2					
总价(元)				**56.09**	**10.66**	**28.37**	**6.05**	**27.61**	**5.46**
其中	人工费(元)			20.39	3.38	23.76	5.13	21.06	4.19
	材料费(元)			35.70	7.28	4.61	0.92	6.55	1.27
名称		单位	单价(元)	消耗量					
人工	综合工日	工日	135.00	0.151	0.025	0.176	0.038	0.156	0.031
材料	聚苯乙烯泡沫塑料板硬质 40mm	m^3	335.89	0.053	0.011	—	—	—	—
	矿渣棉	kg	0.58	—	—	7.210	1.442	—	—
	珍珠岩	m^3	98.63	—	—	—	—	0.062	0.012
	沥青玛琋脂	kg	12.40	1.400	0.280	—	—	—	—
	塑料袋	个	0.18	—	—	2.400	0.480	2.400	0.480
	汽油	kg	7.74	0.070	0.014	—	—	—	—

工作内容：清扫底层、铺保温层等。

编号				10-007	10-008	10-009
项目名称				岩棉保温		天棚保温衬板
				50mm 厚	每增 10mm	
单位				m^2		
总价（元）				**33.53**	**7.11**	**68.54**
其中	人工费（元）			24.98	5.40	0.80
	材料费（元）			8.55	1.71	57.74
名称		单位	单价（元）	消耗量		
人工	综合工日	工日	135.00	0.185	0.040	0.080
材料	岩棉板	m^2	8.14	1.050	0.210	—
	油毡	m^2	3.83	—	—	1.120
	红白松锯材 二类	m^3	3266.74	—	—	0.0159
	板条 1200×38×6	100 根	58.69	—	—	0.020
	圆钉	kg	6.68	—	—	0.050

第二节 天棚抹灰

工作内容：筛砂、调制砂浆、抹灰、找平、罩面及压光等。

编号				10-010	10-011	10-012	10-013
项目名称				混凝土天棚		混凝土梁	
				水泥砂浆 1:3	水泥砂浆勾缝	水泥砂浆 1:3	
						矩形	异型
单位				m^2			
总价（元）				**39.83**	**6.76**	**50.10**	**69.00**
其中	人工费（元）			30.65	5.94	39.42	58.32
	材料费（元）			7.38	0.56	7.98	7.98
	机械费（元）			1.80	0.26	2.70	2.70
名称		单位	单价（元）	消耗量			
人工	综合工日	工日	135.00	0.227	0.044	0.292	0.432
材料	水泥	kg	0.39	12.307	0.783	13.387	13.387
	粗砂	t	86.14	0.030	0.003	0.032	0.032
	素水泥浆	m^3	—	(0.0022)	—	(0.0021)	(0.0021)
	水泥砂浆 1:2	m^3	—	—	—	(0.0081)	(0.0081)
	水泥砂浆 1:2.5	m^3	—	(0.0103)	—	—	—
	水泥砂浆 1:3	m^3	—	(0.0089)	(0.0018)	(0.0128)	(0.0128)
机械	中小型机械费	元	—	1.80	0.26	2.70	2.70

工作内容: 筛砂、调制砂浆、抹灰、找平、罩面及压光等。

编号				10-014	10-015	10-016
项目名称				灰线		
				三道线以内	五道线以内	五道线以外
单位				m		
总价(元)				**21.18**	**34.72**	**45.54**
其中	人工费(元)			16.47	26.60	34.56
	材料费(元)			3.42	5.99	8.21
	机械费(元)			1.29	2.13	2.77
名称		单位	单价(元)	消耗量		
人工	综合工日	工日	135.00	0.122	0.197	0.256
材料	水泥	kg	0.39	2.520	4.410	6.090
	粗砂	t	86.14	0.018	0.032	0.045
	麻刀	kg	3.92	0.041	0.061	0.082
	灰膏	m^3	181.42	0.004	0.007	0.009
	麻刀白灰浆	m^3	—	(0.002)	(0.003)	(0.004)
	水泥白灰砂浆 1:1:6	m^3	—	(0.012)	(0.021)	(0.029)
机械	中小型机械费	元	—	1.29	2.13	2.77

第三节 天 棚 龙 骨

工作内容：制作、安装木楞（包括检查孔）、搁在砖墙的楞头、刷防腐油。

编号				10-017	10-018	10-019	10-020	10-021
项目名称				方木天棚龙骨（吊在人字架或搁在砖墙上）				
				单层楞	双层楞			
					面层规格（mm）			
					300×300	450×450	600×600	600×600以外
单位				m^2				
总价（元）				**103.19**	**135.09**	**113.21**	**89.62**	**76.89**
其中	人工费（元）			18.97	25.09	23.56	22.03	20.50
	材料费（元）			84.22	110.00	89.65	67.59	56.39
名称		单位	单价（元）	消耗量				
人工	综合工日	工日	153.00	0.124	0.164	0.154	0.144	0.134
材料	红白松锯材 一类烘干	m^3	4650.86	0.0176	0.023	0.0187	0.0141	0.0118
	铁件	kg	9.49	0.2488	0.3185	0.2815	0.2119	0.1593
	防腐油	kg	0.52	0.0081	0.0103	0.0091	0.0069	0.0052

工作内容：吊件加工、安装，定位、弹线、射钉，选料、下料、定位杆控制高度、平整、安装龙骨及吊配附件、孔洞预留等，临时加固、调整、矫正，灯箱风口封边、龙骨设置，预留位置、整体调整。

编号				10-022	10-023	10-024	10-025	10-026	10-027	10-028	10-029
项目名称				装配式U形轻钢天棚龙骨（不上人型）							
				面层规格（mm）							
				300×300		450×450		600×600		600×600以外	
				平面	跌级	平面	跌级	平面	跌级	平面	跌级
单位				m^2							
总价（元）				**107.54**	**119.12**	**100.17**	**112.58**	**87.56**	**99.98**	**85.97**	**98.37**
其中	人工费（元）			35.19	36.72	32.13	35.19	29.07	32.13	27.54	30.60
	材料费（元）			72.26	82.31	67.95	77.30	58.40	67.76	58.34	67.68
	机械费（元）			0.09	0.09	0.09	0.09	0.09	0.09	0.09	0.09
名称		单位	单价（元）	消耗量							
人工	综合工日	工日	153.00	0.230	0.240	0.210	0.230	0.190	0.210	0.180	0.200
材料	轻钢龙骨不上人型（平面）300×300	m^2	65.49	1.050	—	—	—	—	—	—	—
	轻钢龙骨不上人型（跌级）300×300	m^2	71.17	—	1.050	—	—	—	—	—	—
	轻钢龙骨不上人型（平面）450×450	m^2	61.16	—	—	1.050	—	—	—	—	—
	轻钢龙骨不上人型（跌级）450×450	m^2	66.84	—	—	—	1.050	—	—	—	—
	轻钢龙骨不上人型（平面）600×600	m^2	49.79	—	—	—	—	1.050	—	—	—
	轻钢龙骨不上人型（跌级）600×600	m^2	55.48	—	—	—	—	—	1.050	—	—
	轻钢龙骨不上人型（平面）600×600以外	m^2	49.79	—	—	—	—	—	—	1.050	—

编号				10-022	10-023	10-024	10-025	10-026	10-027	10-028	10-029
项目名称				装配式U形轻钢天棚龙骨（不上人型）							
				面层规格（mm）							
				300×300		450×450		600×600		600×600以外	
				平面	跌级	平面	跌级	平面	跌级	平面	跌级
单位				m^2							
名称		单位	单价（元）	消耗量							
材料	轻钢龙骨不上人型（跌级）600×600以外	m^2	55.48	—	—	—	—	—	—	—	1.050
	吊筋	kg	3.84	0.240	0.357	0.280	0.360	0.275	0.357	0.2598	0.339
	高强螺栓	kg	15.92	0.0106	0.0099	0.0122	0.0103	0.0122	0.0103	0.0106	0.009
	螺母	个	0.09	3.090	7.830	3.520	4.130	3.520	4.130	3.740	4.130
	射钉	个	0.36	1.530	1.550	1.530	1.550	1.530	1.550	1.530	1.550
	垫圈	个	0.06	1.550	3.920	1.760	2.070	1.760	2.070	1.870	2.150
	铁件	kg	9.49	—	0.0114	—	0.007	0.400	0.407	0.400	0.407
	红白松锯材 二类	m^3	3266.74	—	0.0007	—	0.0007	—	0.0007	—	0.0007
	扁钢	kg	3.67	—	0.0154	—	0.0154	—	0.0154	—	0.0154
	钢板	kg	4.03	—	0.005	—	0.005	—	0.005	—	0.005
	角钢	kg	3.47	0.400	0.400	0.400	0.400	—	—	—	—
	矩形钢管 25×25×2.5	m	9.79	—	0.0612	—	0.0612	—	0.0612	—	0.0612
	电焊条	kg	7.59	0.0128	0.0128	0.0128	0.0128	0.0128	0.0128	0.0128	0.0128
机械	中小型机械费	元	—	0.09	0.09	0.09	0.09	0.09	0.09	0.09	0.09

工作内容:吊件加工、安装,定位、弹线、射钉,选料、下料、定位杆控制高度、平整、安装龙骨及吊配附件、孔洞预留等,临时加固、调整、矫正,灯箱风口封边、龙骨设置,预留位置、整体调整。

编号				10-030	10-031	10-032	10-033
项目名称				装配式U形轻钢天棚龙骨(上人型)			
				面层规格(mm)			
				300×300		450×450	
				平面	跌级	平面	跌级
单位				m^2			
总价(元)				**154.39**	**165.37**	**137.72**	**155.50**
其中	人工费(元)			35.19	38.25	27.54	36.72
	材料费(元)			119.11	127.03	110.09	118.69
	机械费(元)			0.09	0.09	0.09	0.09
名称		单位	单价(元)	消耗量			
人工	综合工日	工日	153.00	0.230	0.250	0.180	0.240
材料	轻钢龙骨上人型(平面)300×300	m^2	93.91	1.050	—	—	—
	轻钢龙骨上人型(跌级)300×300	m^2	98.40	—	1.050	—	—
	轻钢龙骨上人型(平面)450×450	m^2	85.25	—	—	1.050	—
	轻钢龙骨上人型(跌级)450×450	m^2	90.39	—	—	—	1.050
	吊筋	kg	3.84	0.870	1.000	0.870	1.000

编号				10-030	10-031	10-032	10-033
项目名称				装配式U形轻钢天棚龙骨（上人型）			
				面层规格（mm）			
				300×300		450×450	
				平面	跌级	平面	跌级
单位				m^2			
名称		单位	单价（元）	消耗量			
材料	高强螺栓	kg	15.92	0.0116	0.0099	0.0131	0.0113
	螺母	个	0.09	3.160	3.190	3.610	3.610
	垫圈	个	0.06	1.580	1.600	1.810	1.810
	铁件	kg	9.49	0.0044	0.0114	0.0044	0.0114
	预埋铁件	kg	9.49	1.700	1.7047	1.700	1.7047
	电焊条	kg	7.59	0.0128	0.0128	0.0128	0.0128
	红白松锯材 二类	m^3	3266.74	0.0001	0.0007	0.0001	0.0007
	扁钢	kg	3.67	—	0.0154	—	0.0154
	矩形钢管 25×25×2.5	m	9.79	—	0.0612	—	0.0612
机械	中小型机械费	元	—	0.09	0.09	0.09	0.09

工作内容：吊件加工、安装，定位、弹线、射钉，选料、下料、定位杆控制高度、平整、安装龙骨及吊配附件、孔洞预留等，临时加固、调整、矫正，灯箱风口封边、龙骨设置，预留位置、整体调整。

编号				10-034	10-035	10-036	10-037	10-038	10-039
项目名称				装配式U形轻钢天棚龙骨（上人型）				轻钢天棚龙骨	
				面层规格（mm）				弧形	
				600×600		600×600以外		不上人型	上人型
				平面	跌级	平面	跌级		
单位				m^2					
总价（元）				**132.18**	**143.33**	**130.22**	**141.31**	**114.62**	**132.90**
其中	人工费（元）			30.60	33.66	29.07	32.13	56.61	59.67
	材料费（元）			101.49	109.58	101.06	109.09	57.93	73.15
	机械费（元）			0.09	0.09	0.09	0.09	0.08	0.08
名称		单位	单价（元）	消耗量					
人工	综合工日	工日	153.00	0.200	0.220	0.190	0.210	0.370	0.390
材料	轻钢龙骨上人型（平面）600×600	m^2	76.59	1.050	—	—	—	—	—
	轻钢龙骨上人型（跌级）600×600	m^2	81.73	—	1.050	—	—	—	—
	轻钢龙骨上人型（平面）600×600以外	m^2	76.59	—	—	1.050	—	—	—
	轻钢龙骨上人型（跌级）600×600以外	m^2	81.73	—	—	—	1.050	—	—
	轻钢龙骨不上人型（圆弧形）	m^2	51.15	—	—	—	—	1.050	—
	轻钢龙骨上人型（圆弧形）	m^2	62.51	—	—	—	—	—	1.050
	吊筋	kg	3.84	0.9642	0.995	0.871	0.884	0.6429	1.500

续前

编号				10-034	10-035	10-036	10-037	10-038	10-039
项目名称				装配式U形轻钢天棚龙骨（上人型）				轻钢天棚龙骨	
				面层规格（mm）				弧形	
				600×600		600×600以外		不上人型	上人型
				平面	跌级	平面	跌级		
单位				m^2					
名称		单位	单价（元）	消耗量					
材料	高强螺栓	kg	15.92	0.0134	0.0113	0.0116	0.0099	—	—
	膨胀螺栓	套	0.82	—	—	—	—	2.000	2.000
	螺母	个	0.09	3.610	3.610	3.190	3.300	—	—
	垫圈	个	0.06	1.810	1.810	1.600	1.650	—	—
	铁件	kg	9.49	0.0044	0.0114	0.0044	0.0114	—	—
	预埋铁件	kg	9.49	1.700	1.7047	1.700	1.7047	—	—
	电焊条	kg	7.59	0.0128	0.0128	0.0128	0.0128	—	—
	红白松锯材 二类	m^3	3266.74	0.0001	0.0007	0.0001	0.0007	—	—
	扁钢	kg	3.67	—	0.0154	—	0.0154	—	—
	矩形钢管 25×25×2.5	m	9.79	0.0128	0.0612	0.0128	0.0612	—	—
	合金钢钻头	个	11.81	—	—	—	—	0.010	0.010
机械	中小型机械费	元	—	0.09	0.09	0.09	0.09	0.08	0.08

工作内容：定位、弹线、射钉、膨胀螺栓及吊筋安装，选料、下料组装，安装龙骨及吊配附件、临时固定支撑，预留空洞、安装封边龙骨，调整、矫正。

编号				10–040	10–041	10–042	10–043	10–044	10–045	10–046	10–047
项目名称				装配式T形铝合金天棚龙骨（不上人型）							
				面层规格（mm）							
				300×300		450×450		600×600		600×600以外	
				平面	跌级	平面	跌级	平面	跌级	平面	跌级
单位				m^2							
总价（元）				**94.17**	**113.40**	**114.52**	**128.34**	**80.85**	**93.19**	**79.52**	**91.81**
其中	人工费（元）			26.01	27.54	22.95	26.01	21.42	22.95	19.89	21.42
	材料费（元）			68.11	85.81	91.52	102.28	59.38	70.19	59.58	70.34
	机械费（元）			0.05	0.05	0.05	0.05	0.05	0.05	0.05	0.05
名称		单位	单价（元）	消耗量							
人工	综合工日	工日	153.00	0.170	0.180	0.150	0.170	0.140	0.150	0.130	0.140
材料	铝合金龙骨不上人型（平面）300×300	m^2	61.59	1.050	—	—	—	—	—	—	—
	铝合金龙骨不上人型（跌级）300×300	m^2	72.53	—	1.050	—	—	—	—	—	—
	铝合金龙骨不上人型（平面）450×450	m^2	83.89	—	—	1.050	—	—	—	—	—
	铝合金龙骨不上人型（跌级）450×450	m^2	88.22	—	—	—	1.050	—	—	—	—
	铝合金龙骨不上人型（平面）600×600	m^2	49.79	—	—	—	—	1.050	—	—	—
	铝合金龙骨不上人型（跌级）600×600	m^2	54.12	—	—	—	—	—	1.050	—	—
	铝合金龙骨不上人型（平面）600×600以外	m^2	49.79	—	—	—	—	—	—	1.050	—

编号				10-040	10-041	10-042	10-043	10-044	10-045	10-046	10-047
项目名称				装配式T形铝合金天棚龙骨（不上人型）							
				面层规格（mm）							
				300×300		450×450		600×600		600×600以外	
				平面	跌级	平面	跌级	平面	跌级	平面	跌级
单位				m^2							
名称		单位	单价（元）	消耗量							
材料	铝合金龙骨不上人型（跌级）600×600以外	m^2	54.12	—	—	—	—	—	—	—	1.050
	吊筋	kg	3.84	0.316	0.356	0.316	0.356	0.316	0.356	0.316	0.356
	高强螺栓	kg	15.92	0.0107	0.0098	0.0105	0.0096	0.014	0.014	0.014	0.014
	膨胀螺栓	套	0.82	1.300	1.300	1.300	1.300	1.300	1.300	1.300	1.300
	螺母	个	0.09	3.040	3.320	3.040	3.320	1.500	2.140	3.140	3.360
	射钉	个	0.36	1.520	1.480	1.520	1.480	1.520	1.480	1.520	1.480
	垫圈	个	0.06	1.520	1.660	1.520	1.660	0.750	1.070	1.520	1.680
	合金钢钻头	个	11.81	0.0065	0.0065	0.0065	0.0065	0.0065	0.0065	0.0065	0.0065
	铁件	kg	9.49	—	0.0541	—	0.0541	—	0.0536	—	0.0536
	预埋铁件	kg	9.49	0.0004	0.0004	0.0004	0.0004	0.400	0.400	0.400	0.400
	红白松锯材 二类	m^3	3266.74	—	0.0004	—	0.0004	—	0.0004	—	0.0004
	角钢	kg	3.47	—	1.220	—	1.220	—	1.220	—	1.220
机械	中小型机械费	元	—	0.05	0.05	0.05	0.05	0.05	0.05	0.05	0.05

工作内容：定位、弹线、射钉、膨胀螺栓及吊筋安装，选料、下料组装，安装龙骨及吊配附件、临时固定支撑，预留空洞、安装封边龙骨，调整、矫正。

编号				10-048	10-049	10-050	10-051	10-052	10-053	10-054	10-055
项目名称				装配式T形铝合金天棚龙骨（上人型）							
				面层规格（mm）							
				300×300		450×450		600×600		600×600以外	
				平面	跌级	平面	跌级	平面	跌级	平面	跌级
单位				m²							
总价（元）				**139.29**	**154.75**	**133.23**	**145.72**	**119.63**	**133.63**	**124.25**	**132.21**
其中	人工费（元）			26.01	29.07	24.48	26.01	22.95	24.48	21.42	22.95
	材料费（元）			113.14	125.54	108.61	119.57	96.54	109.01	102.69	109.12
	机械费（元）			0.14	0.14	0.14	0.14	0.14	0.14	0.14	0.14
名称		单位	单价（元）	消耗量							
人工	综合工日	工日	153.00	0.170	0.190	0.160	0.170	0.150	0.160	0.140	0.150
材料	铝合金龙骨上人型（平面）300×300	m²	88.22	1.050	—	—	—	—	—	—	—
	铝合金龙骨上人型（跌级）300×300	m²	93.91	—	1.050	—	—	—	—	—	—
	铝合金龙骨上人型（平面）450×450	m²	83.89	—	—	1.050	—	—	—	—	—
	铝合金龙骨上人型（跌级）450×450	m²	88.22	—	—	—	1.050	—	—	—	—
	铝合金龙骨上人型（平面）600×600	m²	72.53	—	—	—	—	1.050	—	—	—
	铝合金龙骨上人型（跌级）600×600	m²	78.21	—	—	—	—	—	1.050	—	—
	铝合金龙骨上人型（平面）600×600以外	m²	78.21	—	—	—	—	—	—	1.050	—

续前

编号				10-048	10-049	10-050	10-051	10-052	10-053	10-054	10-055
项目名称				装配式T形铝合金天棚龙骨(上人型)							
				面层规格(mm)							
				300×300		450×450		600×600		600×600以外	
				平面	跌级	平面	跌级	平面	跌级	平面	跌级
单位				m^2							
	名称	单位	单价(元)	消耗量							
材料	铝合金龙骨上人型(跌级)600×600以外	m^2	78.21	—	—	—	—	—	—	—	1.050
	吊筋	kg	3.84	0.577	0.668	0.577	0.668	0.5773	0.668	0.5773	0.668
	高强螺栓	kg	15.92	0.0107	0.0098	0.0115	0.0104	0.014	0.014	0.014	0.014
	膨胀螺栓	套	0.82	1.300	1.300	1.300	1.300	1.300	1.300	1.300	1.300
	螺母	个	0.09	3.210	3.500	3.210	3.500	1.680	2.320	3.210	3.500
	垫圈	个	0.06	1.610	1.750	1.610	1.750	0.840	1.610	1.610	1.750
	合金钢钻头	个	11.81	0.0065	0.0065	0.0065	0.0065	0.0065	0.0065	0.0065	0.0065
	铁件	kg	9.49	0.0044	0.058	0.0044	0.058	0.0044	0.0585	0.0044	0.0585
	预埋铁件	kg	9.49	1.700	1.700	1.700	1.700	1.700	1.700	1.700	1.700
	电焊条	kg	7.59	0.0128	0.0128	0.0128	0.0128	0.0128	0.0128	0.0128	0.0128
	红白松锯材 二类	m^3	3266.74	0.0001	0.0005	0.0001	0.0005	0.0001	0.0005	0.0001	0.0005
	角钢	kg	3.47	—	1.220	—	1.220	—	1.220	—	1.220
机械	中小型机械费	元	—	0.14	0.14	0.14	0.14	0.14	0.14	0.14	0.14

工作内容：定位、弹线、射钉、膨胀螺栓及吊筋安装，选料、下料组装，安装龙骨及吊配附件、临时固定支撑，预留空洞、安装封边龙骨，调整、矫正。

编号				10-056	10-057	10-058	10-059	10-060	10-061
项目名称				铝合金方板天棚龙骨（不上人型）			铝合金方板天棚龙骨（上人型）		
				嵌入式					
				面层规格（mm）					
				500×500	600×600	600×600以外	500×500	600×600	600×600以外
单位				m^2					
总价（元）				**92.34**	**83.60**	**65.91**	**106.61**	**97.35**	**81.19**
其中	人工费（元）			22.95	21.42	19.89	24.48	22.95	21.42
	材料费（元）			69.30	62.09	45.93	82.04	74.31	59.68
	机械费（元）			0.09	0.09	0.09	0.09	0.09	0.09
名称		单位	单价（元）	消耗量					
人工	综合工日	工日	153.00	0.150	0.140	0.130	0.160	0.150	0.140
材料	铝合金中龙骨（T形）$h30$	m	6.55	2.3031	1.9166	1.1935	2.3031	1.9166	1.1935
	铝合金龙骨主接件	个	1.40	0.590	0.580	0.570	0.590	0.580	0.570
	铝合金龙骨次接件	个	1.40	0.340	0.280	0.190	0.340	0.280	0.190
	铝合金大龙骨垂直吊挂件	个	1.40	1.560	1.520	1.310	1.560	1.520	1.310
	铝合金中龙骨垂直吊挂件	个	1.40	5.490	4.560	2.630	5.490	4.560	2.630
	铝合金中龙骨平面连接件	个	1.40	0.690	0.580	0.370	0.690	0.580	0.370

编号				10-056	10-057	10-058	10-059	10-060	10-061
项目名称				铝合金方板天棚龙骨（不上人型）			铝合金方板天棚龙骨（上人型）		
				嵌入式					
				面层规格（mm）					
				500×500	600×600	600×600以外	500×500	600×600	600×600以外
单位				m^2					
名称		单位	单价（元）	消耗量					
材料	铝合金大龙骨（U形）*h*45	m	12.75	1.3376	1.3366	1.226	1.3376	1.3366	1.226
	吊筋	kg	3.84	0.2444	0.2373	0.2053	0.8664	0.721	0.7279
	高强螺栓	kg	15.92	0.0108	0.0105	0.0091	0.0119	0.0116	0.010
	半圆头螺栓	个	3.23	5.490	4.560	3.010	5.490	4.560	3.010
	螺母	个	0.09	3.140	3.040	2.680	3.140	3.050	2.630
	射钉	个	0.36	1.560	1.520	1.310	—	—	—
	预埋铁件	kg	9.49	—	—	—	1.700	1.700	1.700
	电焊条	kg	7.59	0.0128	0.0128	0.0128	0.0128	0.0128	0.0107
	角钢	kg	3.47	1.510	1.510	1.130	—	—	—
	铁件	kg	9.49	0.0001	0.0001	0.0001	0.0001	0.0001	0.0001
机械	中小型机械费	元	—	0.09	0.09	0.09	0.09	0.09	0.09

工作内容：定位、弹线、射钉、膨胀螺栓及吊筋安装，选料、下料组装，安装龙骨及吊配附件、临时固定支撑，预留空洞、安装封边龙骨，调整、矫正。

编号				10-062	10-063	10-064	10-065	10-066	10-067
项目名称				铝合金方板天棚龙骨（不上人型）			铝合金方板天棚龙骨（上人型）		
				浮搁式					
				面层规格（mm）					
				500×500	600×600	600×600以外	500×500	600×600	600×600以外
单位				m²					
总价（元）				**87.20**	**78.77**	**66.74**	**103.08**	**94.46**	**80.43**
其中	人工费（元）			21.42	19.89	18.36	22.95	21.42	19.89
	材料费（元）			65.73	58.83	48.33	79.99	72.90	60.40
	机械费（元）			0.05	0.05	0.05	0.14	0.14	0.14
名称		单位	单价（元）	消耗量					
人工	综合工日	工日	153.00	0.140	0.130	0.120	0.150	0.140	0.130
材料	铝合金中龙骨（T形）*h*30	m	6.55	2.2757	1.8952	1.1935	2.2757	1.8952	1.1935
	铝合金边龙骨（T形）*h*22	m	6.55	0.6555	0.6677	0.6866	0.6555	0.6677	0.6866
	铝合金小龙骨（T形）*h*22	m	6.55	2.310	1.935	1.211	2.310	1.9352	1.210
	铝合金龙骨主接件	个	1.40	0.590	0.530	0.570	0.590	0.530	0.570
	铝合金龙骨次接件	个	1.40	0.340	0.300	0.190	0.340	0.300	0.190
	铝合金龙骨小连接件	个	1.40	0.170	0.160	0.170	0.170	0.160	0.170
	铝合金大龙骨垂直吊挂件	个	1.40	1.490	1.420	1.310	1.490	1.420	1.310

编号				10-062	10-063	10-064	10-065	10-066	10-067
项目名称				铝合金方板天棚龙骨（不上人型）			铝合金方板天棚龙骨（上人型）		
				浮搁式					
				面层规格（mm）					
				500×500	600×600	600×600以外	500×500	600×600	600×600以外
单位				m^2					
名称		单位	单价（元）	消耗量					
材料	铝合金中龙骨垂直吊挂件	个	1.40	2.740	2.430	2.630	2.740	2.410	2.630
	铝合金大龙骨（U形）h45	m	12.75	1.3376	1.2455	1.226	—	—	—
	铝合金大龙骨（U形）h60	m	12.75	—	—	—	1.3376	1.2455	1.226
	吊筋	kg	3.84	0.244	0.221	0.205	0.8587	0.7838	0.730
	高强螺栓	kg	15.92	0.0108	0.0098	0.0091	0.0119	0.0107	0.010
	膨胀螺栓	套	0.82	1.300	1.300	1.300	1.300	1.300	1.300
	螺母	个	0.09	3.040	2.890	2.680	3.140	2.870	2.630
	射钉	个	0.36	1.560	1.410	1.310	—	—	—
	合金钢钻头	个	11.81	0.0065	0.0065	0.0065	0.0065	0.0065	0.0065
	铁件	kg	9.49	0.400	0.400	0.300	1.700	1.700	1.400
	电焊条	kg	7.59	—	—	—	0.0128	0.0128	0.0107
机械	中小型机械费	元	—	0.05	0.05	0.05	0.14	0.14	0.14

工作内容：定位、弹线、射钉、膨胀螺栓及吊筋安装，选料、下料组装，安装龙骨及吊配附件、临时固定支撑，预留空洞、安装封边龙骨，调整、矫正。

编号				10-068	10-069	10-070
项目名称				铝合金轻型方板天棚龙骨		
				中龙骨直接吊挂骨架		
				面层规格（mm）		
				500 × 500	600 × 600	600 × 600 以外
单位				m^2		
总价（元）				**67.59**	**58.77**	**42.67**
其中	人工费（元）			18.36	16.83	15.30
	材料费（元）			49.05	41.76	27.19
	机械费（元）			0.18	0.18	0.18
名称		单位	单价（元）	消耗量		
人工	综合工日	工日	153.00	0.120	0.110	0.100
材料	铝合金中龙骨（T 形）$h45$	m	9.69	2.3041	1.8663	1.1885
	铝合金小龙骨（T 形）$h22$	m	6.55	2.2091	1.8941	1.1381
	铝合金边龙骨（T 形）$h22$	m	6.55	0.6409	0.6511	0.6603
	铝合金中龙骨垂直吊挂件	个	1.40	2.620	2.320	1.220
	铝合金龙骨连接件	个	1.40	0.160	0.170	0.170
	吊筋	kg	3.84	0.1553	0.1258	0.0721
	射钉	个	0.36	2.620	2.120	1.220
	角钢	kg	3.47	0.700	0.600	0.300
	电焊条	kg	7.59	0.0256	0.0256	0.0256
机械	中小型机械费	元	—	0.18	0.18	0.18

工作内容：1. 龙骨：定位、弹线、射钉、膨胀螺栓及吊筋安装，选料、下料组装，安装龙骨及吊配附件、临时固定支撑，预留空洞、安装封边龙骨，调整、矫正。
2. 吊顶：定位、弹线、选料、下料、制作、安装等。

编　号				10-071	10-072	10-073	10-074	10-075
项目名称				铝合金条板天棚龙骨		铝合金格片式天棚龙骨		轻钢龙骨石膏板吊顶
						间距（mm）		
				中型	轻型	100	150	
单　位				m^2				
总价（元）				**43.20**	**42.89**	**29.26**	**29.05**	**106.05**
其中	人工费（元）			21.42	21.42	12.24	12.24	51.87
	材料费（元）			21.60	21.29	16.84	16.63	54.09
	机械费（元）			0.18	0.18	0.18	0.18	0.09
名　称		单位	单价（元）	消　耗　量				
人工	综合工日	工日	153.00	0.140	0.140	0.080	0.080	0.339
材料	铝合金条板龙骨 *h*35	m	6.55	0.9438	0.9438	1.0188	1.0188	—
	铝合金条板龙骨 *h*45	m	6.55	0.9728	0.9728	1.0188	1.0188	—
	铝合金龙骨主接件	个	1.40	0.420	0.420	—	—	—
	铝合金大龙骨垂直吊挂件	个	1.40	0.830	0.830	—	—	—
	铝合金条板龙骨垂直吊挂件	个	1.40	0.830	0.830	0.750	0.600	—
	小龙骨	m	3.14	—	—	—	—	4.750
	小龙骨垂直吊挂	个	1.40	—	—	—	—	2.490

续前

编号				10-071	10-072	10-073	10-074	10-075
项目名称				铝合金条板天棚龙骨		铝合金格片式天棚龙骨		轻钢龙骨石膏板吊顶
						间距(mm)		
				中型	轻型	100	150	
单位				m²				
名称		单位	单价(元)	消耗量				
材料	小龙骨平面连接件	个	1.40	—	—	—	—	8.850
	中龙骨	m	3.14	—	—	—	—	1.220
	中龙骨垂直吊挂	个	1.40	—	—	—	—	1.220
	吊筋	kg	3.84	0.1296	0.0492	0.020	0.020	1.080
	半圆头螺栓	个	3.23	0.830	0.830	—	—	—
	螺母	个	0.09	4.120	4.120	—	—	—
	射钉	个	0.36	0.830	0.830	0.750	0.750	—
	石膏板	m²	10.58	—	—	—	—	1.050
	预埋铁件	kg	9.49	0.220	0.220	0.200	0.200	—
	电焊条	kg	7.59	0.0256	0.0256	0.0256	0.0256	—
	镀锌螺栓 M5×40	套	0.24	—	—	—	—	1.200
	自攻螺钉 M4×25	个	0.06	—	—	—	—	37.000
机械	中小型机械费	元	—	0.18	0.18	0.18	0.18	0.09

第四节　天棚基层、面层

工作内容：安装天棚基层等全部操作过程。

编　号				10-076	10-077	10-078	10-079
项目名称				天棚基层			
				胶合板基层（mm）			石膏板天棚基层
				3	5	9	
单　位				m²			
总价（元）				**34.28**	**44.43**	**70.30**	**29.32**
其中	人工费（元）			12.24	12.24	12.24	16.83
	材料费（元）			22.04	32.19	58.06	12.49
名　称		单位	单价（元）	消　耗　量			
人工	综合工日	工日	153.00	0.080	0.080	0.080	0.110
材料	胶合板 3mm	m²	20.88	1.050	—	—	—
	胶合板 5mm	m²	30.54	—	1.050	—	—
	胶合板 9mm	m²	55.18	—	—	1.050	—
	石膏板	m²	10.58	—	—	—	1.050
	自攻螺钉 M4×15	个	0.06	—	—	—	23.000
	圆钉	kg	6.68	0.018	0.018	0.018	—

工作内容：选配裁制面层材料、边缝修整、制作与安装检查孔及拼对安装的工作。

编号				10-080	10-081	10-082	10-083	10-084
项目名称				天棚面层				
				板条	漏风条	胶合板	木丝板	薄板(厚15mm)
单位				m^2				
总价(元)				**122.39**	**39.66**	**44.71**	**64.65**	**46.55**
其中	人工费(元)			9.18	21.42	12.24	12.24	15.30
	材料费(元)			113.21	18.24	32.47	52.41	31.25
名称		单位	单价(元)	消耗量				
人工	综合工日	工日	153.00	0.060	0.140	0.080	0.080	0.100
材料	板条 1000×30×8	100根	401.68	0.2735	—	—	—	—
	松木锯材	m^3	1661.90	0.0002	0.0107	—	—	—
	锯材	m^3	1632.53	—	—	—	—	0.0189
	胶合板 5mm	m^2	30.54	—	—	1.050	—	—
	木丝板	m^2	49.42	—	—	—	1.035	—
	镀锌薄钢板 δ0.55	m^2	20.08	—	—	—	0.0037	—
	圆钉	kg	6.68	0.0558	0.0466	0.018	0.0416	0.0372
	零星材料费	元	—	2.65	0.15	0.28	0.91	0.15

工作内容: 选配裁制面层材料、边缝修整、制作与安装检查孔及拼对安装的工作。

编 号				10-085	10-086	10-087
项目名称				天棚面层		
				胶压刨花木屑板	玻璃纤维板(搁放型)	宝丽板
单 位				m^2		
总价(元)				**43.17**	**59.78**	**71.09**
其中	人工费(元)			12.24	30.60	24.54
	材料费(元)			30.93	29.18	46.55
名 称		单位	单价(元)	消 耗 量		
人工	综合工日	工日	153.00	0.080	0.200	0.1604
材料	胶压刨花木屑板	m^2	28.60	1.035	—	—
	玻璃纤维板	m^2	27.26	—	1.050	—
	宝丽板	m^2	42.84	—	—	1.050
	镀锌薄钢板 δ0.55	m^2	20.08	0.0164	—	—
	圆钉	kg	6.68	0.1142	—	0.018
	胶黏剂	kg	3.12	—	—	0.3255
	零星材料费	元	—	0.24	0.56	0.43

工作内容：选配裁制面层材料、边缝修整、制作与安装检查孔及拼对安装的工作。

编号				10-088	10-089	10-090	10-091
项目名称				天棚面层			
				塑料板	钢板网	铝板网	
						搁在龙骨上	钉在龙骨上
单位				m^2			
总价（元）				**56.71**	**106.41**	**38.30**	**39.99**
其中	人工费（元）			19.89	24.48	16.83	18.36
	材料费（元）			36.82	81.93	21.47	21.63
名称		单位	单价（元）	消耗量			
人工	综合工日	工日	153.00	0.130	0.160	0.110	0.120
材料	硬塑料板	m^2	31.95	1.050	—	—	—
	钢板网 0.8mm	m^2	15.92	—	1.050	—	—
	铝板网	m^2	20.27	—	—	1.050	1.050
	板条 1000×30×8	100根	401.68	—	0.160	—	—
	塑料胶黏剂	kg	9.73	0.3255	—	—	—
	扣钉	kg	5.24	—	0.0308	—	0.0308
	圆钉	kg	6.68	—	0.0128	—	—
	零星材料费	元	—	0.11	0.70	0.19	0.19

工作内容：选配裁制面层材料、边缝修整、制作与安装检查孔及拼对安装的工作。

编号				10-092	10-093	10-094	10-095
项目名称				天棚面层			
				铝塑板		矿棉板	
				贴在混凝土板下	贴在龙骨底	贴在混凝土板下	搁放在龙骨上
单位				m^2			
总价（元）				**178.21**	**174.34**	**59.86**	**48.16**
其中	人工费（元）			26.01	22.95	26.01	15.30
	材料费（元）			152.20	151.39	33.85	32.86
名称		单位	单价（元）	消耗量			
人工	综合工日	工日	153.00	0.170	0.150	0.170	0.100
材料	铝塑板	m^2	143.67	1.050	1.050	—	—
	矿棉板	m^2	31.15	—	—	1.050	1.050
	胶黏剂	kg	3.12	0.3255	0.058	0.3255	—
	零星材料费	元	—	0.33	0.36	0.13	0.15

工作内容：选配裁制面层材料、边缝修整、制作与安装检查孔及拼对安装的工作。

编号				10-096	10-097	10-098	10-099
项目名称				天棚面层			
				钙塑板		石膏板	
				安在U形轻钢龙骨上	安在T形铝合金龙骨上	安在U形轻钢龙骨上	安在T形铝合金龙骨上
单位				m^2			
总价（元）				**40.50**	**26.73**	**31.65**	**20.94**
其中	人工费（元）			21.42	7.65	18.36	7.65
	材料费（元）			19.08	19.08	13.29	13.29
名称		单位	单价（元）	消耗量			
人工	综合工日	工日	153.00	0.140	0.050	0.120	0.050
材料	钙塑板	m^2	16.08	1.050	1.050	—	—
	石膏板	m^2	10.58	—	—	1.050	1.050
	自攻螺钉 M4×15	个	0.06	34.500	34.500	34.500	34.500
	零星材料费	元	—	0.13	0.13	0.11	0.11

工作内容：选配裁制面层材料、边缝修整、制作与安装检查孔及拼对安装的工作。

编号				10-100	10-101	10-102	10-103	10-104
项目名称				天棚面层				
				防火板（贴在木龙骨上）	竹片	不锈钢板	阻燃聚丙烯板	空腹 PVC 扣板
单位				m^2				
总价（元）				**45.11**	**47.75**	**271.93**	**93.83**	**84.94**
其中	人工费（元）			18.36	37.03	51.26	18.36	36.72
	材料费（元）			26.75	10.72	220.67	75.47	48.22
名称		单位	单价（元）	消耗量				
人工	综合工日	工日	153.00	0.120	0.242	0.335	0.120	0.240
材料	防火胶板	m^2	25.23	1.050	—	—	—	—
	镜面不锈钢板 0.8mm	m^2	202.62	—	—	1.050	—	—
	阻燃聚丙烯板	m^2	69.22	—	—	—	1.050	—
	PVC 边条	m	5.64	—	—	—	—	1.4583
	PVC 扣板	m^2	36.95	—	—	—	—	1.050
	自攻螺钉 M4×15	个	0.06	—	—	—	34.000	16.650
	竹片 $D20$	m^2	9.27	—	1.050	—	—	—
	立时得胶	kg	22.71	—	—	0.330	—	—
	圆钉	kg	6.68	—	0.100	0.030	—	—
	胶黏剂	kg	3.12	0.0108	—	—	—	—
	零星材料费	元	—	0.22	0.32	0.22	0.75	0.20

工作内容：选配裁制面层材料、边缝修整、制作与安装检查孔及拼对安装的工作。

编号				10-105	10-106	10-107
项目名称				天棚面层		
				胶合装饰板		
				方格式		花式
				密铺	分缝	
单位				m^2		
总价（元）				**43.28**	**46.34**	**54.38**
其中	人工费（元）			15.30	18.36	18.36
	材料费（元）			27.98	27.98	36.02
名称		单位	单价（元）	消耗量		
人工	综合工日	工日	153.00	0.100	0.120	0.120
材料	胶合板 3mm	m^2	20.88	1.100	1.100	1.150
	硬木锯材	m^3	6977.77	—	—	0.001
	射钉（枪钉）	盒	36.00	0.110	0.110	0.110
	胶黏剂	kg	3.12	0.3255	0.3255	0.3255
	零星材料费	元	—	0.04	0.04	0.05

工作内容: 选配裁制面层材料、边缝修整、制作与安装检查孔及拼对安装工作。

编号				10-108	10-109	10-110	10-111	10-112
项目名称				天棚面层				
				吸声板天棚				
				矿棉吸声板	石膏吸声板	胶合板穿孔面板	铝合金穿孔面板	隔声板
单位				m^2				
总价(元)				**59.97**	**39.87**	**78.96**	**156.52**	**71.57**
其中	人工费(元)			22.95	22.95	43.91	32.13	22.95
	材料费(元)			37.02	16.92	35.05	124.39	48.62
名称		单位	单价(元)	消耗量				
人工	综合工日	工日	153.00	0.150	0.150	0.287	0.210	0.150
材料	矿棉吸声板	m^2	34.73	1.050	—	—	—	—
	石膏吸声板	m^2	15.88	—	1.050	—	—	—
	胶合板 5mm	m^2	30.54	—	—	1.050	—	—
	铝合金穿孔面板	m^2	84.29	—	—	—	1.050	—
	隔声板	m^2	15.23	—	—	—	—	1.050
	铆钉	个	0.44	—	—	—	80.000	—
	自攻螺钉 M4×15	个	0.06	—	—	40.000	—	—
	胶黏剂	kg	3.12	—	—	0.020	0.020	0.325
	双面胶带纸 2mm	m^2	29.42	—	—	—	—	1.050
	零星材料费	元	—	0.55	0.25	0.52	0.62	0.72

工作内容: 选配裁制面层材料、边缝修整、制作与安装检查孔及拼对安装工作。

编号				10-113	10-114	10-115	10-116	10-117
项目名称				天棚面层				
				铝合金方板天棚			铝板天棚	
				嵌入式平板	浮搁式平板	吸声板	600×600	1200×300
单位				m^2				
总价(元)				**127.88**	**134.26**	**129.62**	**208.67**	**189.56**
其中	人工费(元)			13.77	13.77	13.77	18.36	19.89
	材料费(元)			114.11	120.49	115.85	190.31	169.67
名称		单位	单价(元)	消耗量				
人工	综合工日	工日	153.00	0.090	0.090	0.090	0.120	0.130
材料	铝合金嵌入式方板	m^2	110.18	1.000	—	—	—	—
	铝合金浮搁式方板	m^2	117.56	—	1.000	—	—	—
	铝合金吸声板	m^2	112.93	—	—	1.000	—	—
	铝合金靠墙条板	m^2	47.60	0.050	0.050	0.050	—	—
	铝板 600×600	m^2	173.24	—	—	—	1.050	—
	铝板 1200×300	m^2	153.60	—	—	—	—	1.050
	膨胀螺栓 M8×75	套	0.94	1.083	—	—	—	—
	玻璃胶	支	23.15	—	—	—	0.355	0.355
	零星材料费	元	—	0.53	0.55	0.54	0.19	0.17

工作内容：选配裁制面层材料、边缝修整、制作与安装检查孔及拼对安装工作。

编号				10–118	10–119	10–120	10–121	10–122
项目名称				天棚面层				
				铝合金条板		铝合金扣板天棚	方形铝扣板	
				闭缝	开缝		300 × 300	600 × 600
单位				m^2				
总价（元）				**111.68**	**81.59**	**205.81**	**220.59**	**258.08**
其中	人工费（元）			24.48	16.83	18.36	22.95	18.36
	材料费（元）			87.20	64.76	187.45	197.64	239.72
名称		单位	单价（元）	消耗量				
人工	综合工日	工日	153.00	0.160	0.110	0.120	0.150	0.120
材料	铝合金条板 宽 100mm	m^2	70.34	0.868	0.868	—	—	—
	铝合金扣板	m^2	180.62	—	—	1.030	—	—
	铝扣板 300 × 300	m^2	193.30	—	—	—	1.020	—
	铝扣板 600 × 600	m^2	234.46	—	—	—	—	1.020
	铝合金靠墙条板	m^2	47.60	0.0102	0.0102	—	—	—
	铝合金插接件	个	0.91	3.390	3.390	—	—	—
	铝合金插缝板	m^2	51.86	0.422	—	—	—	—
	膨胀螺栓	套	0.82	0.632	—	—	—	—
	自攻螺钉 M4 × 15	个	0.06	—	—	16.000	—	—
	零星材料费	元	—	0.17	0.13	0.45	0.47	0.57

工作内容：选配裁制面层材料、边缝修整、制作与安装检查孔及拼对安装工作。

编号				10-123	10-124	10-125	10-126
项目名称				天棚面层			
				长条形铝扣板	铝扣板收边线	银白铝铝合金扣板雨篷	方形不锈钢镜面板
单位				m^2	m	m^2	
总价（元）				**204.85**	**19.05**	**242.58**	**247.06**
其中	人工费（元）			22.19	7.65	27.54	45.44
	材料费（元）			182.66	11.40	215.04	201.62
名称		单位	单价（元）	消耗量			
人工	综合工日	工日	153.00	0.145	0.050	0.180	0.297
材料	条形铝扣板	m^2	178.65	1.020	—	—	—
	铝合金扣板	m^2	180.62	—	—	1.080	—
	不锈钢镜面板（方形）	m^2	179.05	—	—	—	1.010
	铝收边线	m	11.00	—	1.030	—	—
	角铝	m	10.30	—	—	1.800	—
	锯材	m^3	1632.53	—	—	—	0.008
	自攻螺钉 M4×15	个	0.06	—	—	16.000	—
	圆钉	kg	6.68	—	0.010	—	0.050
	立时得胶	kg	22.71	—	—	—	0.325
	零星材料费	元	—	0.44	—	0.47	—

工作内容：选配裁制面层材料、边缝修整、制作与安装检查孔及拼对安装工作。

编号				10-127	10-128	10-129	10-130	10-131
项目名称				天棚面层				
				镜面玻璃	镭射玻璃		镜面玻璃	
				平面		异型	井格形	锥形
单位				m^2				
总价（元）				**294.64**	**339.95**	**648.81**	**255.04**	**386.17**
其中	人工费（元）			55.08	50.49	78.03	82.62	88.13
	材料费（元）			239.56	289.46	570.78	172.42	298.04
名称		单位	单价（元）	消耗量				
人工	综合工日	工日	153.00	0.360	0.330	0.510	0.540	0.576
材料	镜面玻璃 6mm	m^2	67.98	1.030	—	—	1.030	—
	镭射玻璃（成品）	m^2	248.08	—	1.030	—	—	—
	镭射玻璃（异型）	m^2	521.15	—	—	1.030	—	—
	镜面玻璃（异型）5mm	m^2	157.98	—	—	—	—	1.030
	镜钉	个	11.47	13.000	—	—	—	—
	双面胶带纸 2mm	m^2	29.42	0.225	0.350	0.350	0.224	0.230
	玻璃胶	支	23.15	0.580	1.000	1.000	—	—
	圆钉	kg	6.68	—	0.056	0.056	0.126	0.110
	锯材	m^3	1632.53	—	—	—	0.058	0.078
	零星材料费	元	—	0.38	0.12	0.17	0.28	0.48

工作内容：选配裁制面层材料、边缝修整、制作与安装检查孔及拼对安装工作。

编号				10-132	10-133	10-134	10-135
项目名称				天棚面层			
				方格形有机胶片	金属板		嵌入式不锈钢格栅
					烤漆板条	烤漆板条（异型）	
					吊顶		
单位				m^2			
总价（元）				**40.01**	**257.93**	**279.22**	**169.40**
其中	人工费（元）			18.36	18.36	24.48	18.36
	材料费（元）			21.65	239.57	254.74	151.04
名称		单位	单价（元）	消耗量			
人工	综合工日	工日	153.00	0.120	0.120	0.160	0.120
材料	方格形有机胶片	m^2	21.20	1.020	—	—	—
	金属烤漆板条	m^2	216.34	—	1.020	—	—
	金属烤漆板条（异型）	m^2	221.65	—	—	1.050	—
	不锈钢格栅	m^2	147.64	—	—	—	1.020
	角铝	m	10.30	—	1.800	2.100	—
	镀锌钢丝	kg	7.42	—	—	—	0.040
	零星材料费	元	—	0.03	0.36	0.38	0.15

第五节　艺术造型天棚

工作内容：吊件加工、安装，定位、弹线、安膨胀螺栓，选料、下料、定位杆控制高度、平整、安装龙骨及吊配附件（或调整横支撑附件）、孔洞预留等，临时加固、调整、矫正，灯箱风口封边、龙骨设置，预留位置、整体调整。

编号				10-136	10-137	10-138	10-139	10-140	10-141	10-142
项目名称				艺术造型天棚（轻钢龙骨）						
				藻井天棚				吊挂式天棚		
				平面		拱形		弧拱形	圆形	矩形
				圆弧形	矩形	圆弧形	矩形			
单位				m^2						
总价（元）				**115.66**	**109.40**	**131.14**	**123.31**	**123.21**	**95.98**	**90.25**
其中	人工费（元）			47.43	42.84	61.20	55.08	64.26	38.25	33.66
	材料费（元）			68.15	66.48	69.86	68.15	58.87	57.65	56.51
	机械费（元）			0.08	0.08	0.08	0.08	0.08	0.08	0.08
名称		单位	单价（元）	消耗量						
人工	综合工日	工日	153.00	0.310	0.280	0.400	0.360	0.420	0.250	0.220
材料	镀锌轻钢大龙骨 38 系列	m	4.28	2.030	1.930	2.130	2.030	—	—	—
	镀锌轻钢中小龙骨	m	4.28	6.040	5.750	6.340	6.040	—	—	—
	大龙骨	m	2.27	—	—	—	—	2.180	2.070	1.970
	中小龙骨	m	3.14	—	—	—	—	6.470	6.160	5.870
	轻钢龙骨主接件	个	4.87	0.600	0.600	0.600	0.600	0.600	0.600	0.600
	轻钢龙骨平面连接件	个	1.44	7.600	7.600	7.600	7.600	7.600	7.600	7.600
	紧固件	套	0.87	2.000	2.000	2.000	2.000	2.000	2.000	2.000
	38 吊件	件	0.97	4.500	4.500	4.500	4.500	4.500	4.500	4.500
	吊杆	kg	7.92	1.500	1.500	1.500	1.500	1.500	1.500	1.500
	膨胀螺栓	套	0.82	2.000	2.000	2.000	2.000	2.000	2.000	2.000
	合金钢钻头	个	11.81	0.010	0.010	0.010	0.010	0.010	0.010	0.010
机械	中小型机械费	元	—	0.08	0.08	0.08	0.08	0.08	0.08	0.08

工作内容: 吊件加工、安装,定位、弹线、安膨胀螺栓,选料、下料、定位杆控制高度、平整、安装龙骨及吊配附件(或调整横支撑附件)、孔洞预留等,临时加固、调整、矫正,灯箱风口封边、龙骨设置,预留位置、整体调整。

编号				10-143	10-144	10-145	10-146	10-147	10-148
项目名称				艺术造型天棚(轻钢龙骨)				艺术造型天棚(方木龙骨)	
				阶梯形天棚		锯齿形天棚		方木天棚龙骨	
				直线形	弧线形	直线形	弧线形	圆形	半圆形
单位				m^2					
总价(元)				**131.99**	**141.06**	**135.52**	**144.73**	**61.31**	**55.22**
其中	人工费(元)			70.38	78.03	70.38	78.03	22.19	19.58
	材料费(元)			61.53	62.95	65.06	66.62	39.05	35.57
	机械费(元)			0.08	0.08	0.08	0.08	0.07	0.07
名称		单位	单价(元)	消耗量					
人工	综合工日	工日	153.00	0.460	0.510	0.460	0.510	0.145	0.128
材料	大龙骨	m	2.27	2.190	2.300	2.470	2.590	—	—
	中小龙骨	m	3.14	7.310	7.680	8.230	8.640	—	—
	轻钢龙骨主接件	个	4.87	0.600	0.600	0.600	0.600	—	—
	轻钢龙骨平面连接件	个	1.44	7.600	7.600	7.600	7.600	—	—
	紧固件	套	0.87	2.000	2.000	2.000	2.000	—	—
	38 吊件	件	0.97	4.500	4.500	4.500	4.500	—	—
	吊杆	kg	7.92	1.500	1.500	1.500	1.500	—	—
	锯材	m^3	1632.53	—	—	—	—	0.022	0.020
	圆钉	kg	6.68	—	—	—	—	0.210	0.190
	膨胀螺栓	套	0.82	2.000	2.000	2.000	2.000	1.700	1.600
	镀锌钢丝	kg	7.42	—	—	—	—	0.030	0.030
	合金钢钻头	个	11.81	0.010	0.010	0.010	0.010	0.010	0.010
机械	中小型机械费	元	—	0.08	0.08	0.08	0.08	0.07	0.07

工作内容：钉天棚基层板、面层等全部操作过程。

编号				10-149	10-150	10-151	10-152	10-153	10-154	10-155	10-156
项目名称				艺术造型天棚（基层）							
				藻井天棚（平面）				藻井天棚（拱形）			
				圆弧形		矩形		圆弧形		矩形	
				石膏板	胶合板	石膏板	胶合板	石膏板	胶合板	石膏板	胶合板
单位				m^2							
总价（元）				**43.50**	**63.05**	**38.86**	**56.94**	**51.60**	**72.30**	**42.36**	**50.49**
其中	人工费（元）			27.54	22.95	24.48	21.42	35.19	32.13	27.54	26.01
	材料费（元）			15.96	40.10	14.38	35.52	16.41	40.17	14.82	24.48
名称		单位	单价（元）	消耗量							
人工	综合工日	工日	153.00	0.180	0.150	0.160	0.140	0.230	0.210	0.180	0.170
材料	石膏板	m^2	10.58	1.300	—	1.150	—	1.300	—	1.150	—
	胶合板 3mm	m^2	20.88	—	—	—	—	—	—	—	1.150
	胶合板 5mm	m^2	30.54	—	1.300	—	1.150	—	1.300	—	—
	自攻螺钉 M4×15	个	0.06	36.800	—	36.800	—	44.200	—	44.200	—
	圆钉	kg	6.68	—	0.060	—	0.060	—	0.070	—	0.070

工作内容：钉天棚基层板、面层等全部操作过程。

编　号				10-157	10-158	10-159	10-160	10-161	10-162
项目名称				艺术造型天棚（基层）					
				吊挂式天棚					
				弧拱形		圆形		矩形	
				石膏板	胶合板	石膏板	胶合板	石膏板	胶合板
单　位				m^2					
总价（元）				**47.01**	**55.15**	**45.25**	**53.59**	**40.40**	**47.28**
其中	人工费（元）			30.60	27.54	29.07	26.01	26.01	22.95
	材料费（元）			16.41	27.61	16.18	27.58	14.39	24.33
名　称		单位	单价（元）	消　耗　量					
人工	综合工日	工日	153.00	0.200	0.180	0.190	0.170	0.170	0.150
材料	石膏板	m^2	10.58	1.300	—	1.300	—	1.150	—
	胶合板 3mm	m^2	20.88	—	1.300	—	1.300	—	1.150
	自攻螺钉 M4×15	个	0.06	44.200	—	40.500	—	37.000	—
	圆钉	kg	6.68	—	0.070	—	0.066	—	0.047

工作内容：钉天棚基层板、面层等全部操作过程。

编号				10-163	10-164	10-165	10-166	10-167	10-168	10-169	10-170
项目名称				艺术造型天棚（基层）							
				阶梯形天棚				锯齿形天棚			
				直线形		弧线形		直线形		弧线形	
				石膏板	胶合板	石膏板	胶合板	石膏板	胶合板	石膏板	胶合板
单位				m^2							
总价（元）				**63.50**	**67.41**	**70.09**	**76.77**	**62.15**	**65.91**	**67.25**	**75.28**
其中	人工费（元）			47.43	42.84	52.02	48.96	45.90	41.31	48.96	47.43
	材料费（元）			16.07	24.57	18.07	27.81	16.25	24.60	18.29	27.85
名称		单位	单价（元）	消耗量							
人工	综合工日	工日	153.00	0.310	0.280	0.340	0.320	0.300	0.270	0.320	0.310
材料	石膏板	m^2	10.58	1.150	—	1.300	—	1.150	—	1.300	—
	胶合板 3mm	m^2	20.88	—	1.150	—	1.300	—	1.150	—	1.300
	自攻螺钉 M4×15	个	0.06	65.000	—	72.000	—	68.100	—	75.600	—
	圆钉	kg	6.68	—	0.0838	—	0.100	—	0.088	—	0.105

工作内容:钉天棚基层板、面层等全部操作过程。

编号				10–171	10–172	10–173	10–174	10–175	10–176
项目名称				艺术造型天棚(面层)					
				藻井天棚(平面)					
				圆弧形			矩形		
				石膏板	胶合饰面板	金属板	石膏板	胶合饰面板	金属板
单位				m^2					
总价(元)				**44.99**	**57.48**	**496.95**	**39.97**	**52.17**	**439.29**
其中	人工费(元)			29.07	24.48	62.73	26.01	22.95	55.08
	材料费(元)			15.92	33.00	434.22	13.96	29.22	384.21
名称		单位	单价(元)	消耗量					
人工	综合工日	工日	153.00	0.190	0.160	0.410	0.170	0.150	0.360
材料	石膏板	m^2	10.58	1.300	—	—	1.150	—	—
	胶合板 3mm	m^2	20.88	—	1.300	—	—	1.150	—
	金属板	m^2	328.23	—	—	1.300	—	—	1.150
	自攻螺钉 M4×15	个	0.06	34.000	—	—	28.000	—	—
	射钉(枪钉)	盒	36.00	—	0.130	—	—	0.115	—
	胶黏剂	kg	3.12	—	0.350	—	—	0.320	—
	万能胶	kg	17.95	—	—	0.390	—	—	0.350
	零星材料费	元	—	0.13	0.08	0.52	0.11	0.07	0.46

工作内容：钉天棚基层板、面层等全部操作过程。

编号				10-177	10-178	10-179	10-180	10-181	10-182
项目名称				艺术造型天棚（面层）					
				藻井天棚（拱形）					
				圆弧形			矩形		
				石膏板	胶合饰面板	金属板	石膏板	胶合饰面板	金属板
单位				m^2					
总价（元）				**54.47**	**66.26**	**508.74**	**44.98**	**58.54**	**451.79**
其中	人工费（元）			38.25	33.66	73.44	30.60	29.07	65.79
	材料费（元）			16.22	32.60	435.30	14.38	29.47	386.00
名称		单位	单价（元）	消耗量					
人工	综合工日	工日	153.00	0.250	0.220	0.480	0.200	0.190	0.430
材料	石膏板	m^2	10.58	1.300	—	—	1.150	—	—
	胶合板 3mm	m^2	20.88	—	1.300	—	—	1.150	—
	金属板	m^2	328.23	—	—	1.300	—	—	1.150
	自攻螺钉 M4×15	个	0.06	39.000	—	—	35.000	—	—
	射钉（枪钉）	盒	36.00	—	0.115	—	—	0.115	—
	胶黏剂	kg	3.12	—	0.400	—	—	0.400	—
	万能胶	kg	17.95	—	—	0.450	—	—	0.450
	零星材料费	元	—	0.13	0.07	0.52	0.11	0.07	0.46

工作内容：钉天棚基层板、面层等全部操作过程。

编号				10-183	10-184	10-185	10-186	10-187	10-188
项目名称				艺术造型天棚（面层）					
				吊挂式天棚					
				弧拱形			圆形		
				石膏板	胶合饰面板	金属板	石膏板	胶合饰面板	金属板
单位				m^2					
总价（元）				**51.29**	**63.21**	**505.86**	**46.46**	**60.44**	**494.70**
其中	人工费（元）			35.19	30.60	73.44	30.60	27.54	61.20
	材料费（元）			16.10	32.61	432.42	15.86	32.90	433.50
名称		单位	单价（元）	消耗量					
人工	综合工日	工日	153.00	0.230	0.200	0.480	0.200	0.180	0.400
材料	石膏板	m^2	10.58	1.300	—	—	1.300	—	—
	胶合板 3mm	m^2	20.88	—	1.300	—	—	1.300	—
	金属板	m^2	328.23	—	—	1.300	—	—	1.300
	自攻螺钉 M4×15	个	0.06	37.000	—	—	33.000	—	—
	射钉（枪钉）	盒	36.00	—	0.130	—	—	0.130	—
	胶黏剂	kg	3.12	—	0.230	—	—	0.320	—
	万能胶	kg	17.95	—	—	0.290	—	—	0.350
	零星材料费	元	—	0.13	0.07	0.52	0.13	0.08	0.52

工作内容: 钉天棚基层板、面层等全部操作过程。

编号				10-189	10-190	10-191
项目名称				艺术造型天棚(面层)		
				吊挂式天棚		
				矩形		
				石膏板	胶合饰面板	金属板
单位				m^2		
总价(元)				**44.76**	**55.18**	**461.84**
其中	人工费(元)			30.60	26.01	61.20
	材料费(元)			14.16	29.17	400.64
名称		单位	单价(元)	消耗量		
人工	综合工日	工日	153.00	0.200	0.170	0.400
材料	石膏板	m^2	10.58	1.150	—	—
	胶合板 3mm	m^2	20.88	—	1.150	—
	金属板	m^2	328.23	—	—	1.200
	自攻螺钉 M4×15	个	0.06	31.000	—	—
	射钉(枪钉)	盒	36.00	—	0.115	—
	胶黏剂	kg	3.12	—	0.300	—
	万能胶	kg	17.95	—	—	0.350
	零星材料费	元	—	0.13	0.08	0.48

工作内容: 钉天棚基层板、面层等全部操作过程。

编号				10-192	10-193	10-194	10-195	10-196	10-197
项目名称				艺术造型天棚(面层)					
				阶梯形天棚					
				直线形			弧线形		
				石膏板	胶合饰面板	金属板	石膏板	胶合饰面板	金属板
单位				m^2					
总价(元)				**73.79**	**85.05**	**460.52**	**87.99**	**96.57**	**515.66**
其中	人工费(元)			58.14	55.08	70.38	70.38	62.73	74.97
	材料费(元)			15.65	29.97	390.14	17.61	33.84	440.69
名称		单位	单价(元)	消耗量					
人工	综合工日	工日	153.00	0.380	0.360	0.460	0.460	0.410	0.490
材料	石膏板	m^2	10.58	1.150	—	—	1.300	—	—
	胶合板 3mm	m^2	20.88	—	1.150	—	—	1.300	—
	金属板	m^2	328.23	—	—	1.150	—	—	1.300
	自攻螺钉 M4×15	个	0.06	56.000	—	—	62.000	—	—
	射钉(枪钉)	盒	36.00	—	0.115	—	—	0.130	—
	胶黏剂	kg	3.12	—	0.560	—	—	0.620	—
	万能胶	kg	17.95	—	—	0.680	—	—	0.750
	零星材料费	元	—	0.12	0.07	0.47	0.14	0.08	0.53

工作内容：钉天棚基层板、面层等全部操作过程。

编号				10-198	10-199	10-200	10-201	10-202	10-203
项目名称				艺术造型天棚（面层）					
				锯齿形天棚					
				直线形			弧线形		
				石膏板	胶合饰面板	金属板	石膏板	胶合饰面板	金属板
单位				m^2					
总价（元）				**70.92**	**82.08**	**459.53**	**86.64**	**95.10**	**514.49**
其中	人工费（元）			55.08	52.02	68.85	68.85	61.20	73.44
	材料费（元）			15.84	30.06	390.68	17.79	33.90	441.05
名称		单位	单价（元）	消耗量					
人工	综合工日	工日	153.00	0.360	0.340	0.450	0.450	0.400	0.480
材料	石膏板	m^2	10.58	1.150	—	—	1.300	—	—
	胶合板 3mm	m^2	20.88	—	1.150	—	—	1.300	—
	金属板	m^2	328.23	—	—	1.150	—	—	1.300
	自攻螺钉 M4×15	个	0.06	59.000	—	—	65.000	—	—
	射钉（枪钉）	盒	36.00	—	0.115	—	—	0.130	—
	胶黏剂	kg	3.12	—	0.590	—	—	0.640	—
	万能胶	kg	17.95	—	—	0.710	—	—	0.770
	零星材料费	元	—	0.13	0.07	0.47	0.14	0.08	0.53

第六节 其他吊顶

工作内容：吊件加工、安装，定位、弹线、射钉，选料、下料、定位杆控制高度、平整、安装龙骨及吊配附件、孔洞预留等，临时加固、调整、矫正，灯箱风口封边、龙骨设置，预留位置、整体调整。

编号				10-204	10-205
项目名称				烤漆龙骨天棚（龙骨和面层）	
				复合式烤漆T形龙骨吊顶	H形矿棉吸声板轻钢吊顶
				明架式吊顶	暗架式吊顶
单位				m^2	
总价（元）				**100.41**	**112.33**
其中	人工费（元）			42.84	45.90
	材料费（元）			57.52	66.38
	机械费（元）			0.05	0.05
名称		单位	单价（元）	消耗量	
人工	综合工日	工日	153.00	0.280	0.300
材料	复合主龙骨（T形）25×32	m	3.98	0.830	—
	次龙骨 25×24	m	3.98	2.800	—
	边龙骨 22×22	m	3.98	0.600	0.600
	UC38主龙骨 12×38	m	3.98	—	0.800
	H形龙骨 20×20	m	3.98	—	3.300

编号				10-204	10-205
项目名称				烤漆龙骨天棚(龙骨和面层)	
				复合式烤漆T形龙骨吊顶	H形矿棉吸声板轻钢吊顶
				明架式吊顶	暗架式吊顶
单位				m^2	
名称		单位	单价(元)	消耗量	
材料	吊筋	kg	3.84	0.7756	0.7756
	矿棉吸声板	m^2	34.73	1.030	1.030
	插片	件	0.50	—	5.600
	38接长件	件	0.50	—	0.300
	38吊件	件	0.97	—	0.800
	弹簧件	件	1.16	—	2.800
	膨胀螺栓	套	0.82	1.300	1.300
	合金钢钻头	个	11.81	0.0065	0.0065
	铁件	kg	9.49	0.0744	0.0744
	零星材料费	元	—	0.09	0.10
机械	中小型机械费	元	—	0.05	0.05

工作内容：制作、安装骨架、天棚面层等。

编　号				10-206	10-207	10-208	10-209
项目名称				中空玻璃采光天棚		钢化玻璃采光天棚	
				铝骨架	钢骨架	铝骨架	钢骨架
单　位				m^2			
总价（元）				**567.82**	**463.13**	**457.88**	**333.36**
其中	人工费（元）			153.00	189.87	114.75	136.32
	材料费（元）			414.82	273.26	343.13	197.04
名　称		单位	单价（元）	消　耗　量			
人工	综合工日	工日	153.00	1.000	1.241	0.750	0.891
材料	中空玻璃 16mm	m^2	125.28	1.000	1.070	—	—
	钢化玻璃 6mm	m^2	106.12	—	—	1.000	1.092
	镀锌薄钢板 δ0.55	m^2	20.08	—	0.010	—	0.010
	型钢	kg	3.70	—	19.663	—	11.204
	铝骨架	kg	42.02	5.0237	—	3.7678	—
	镀锌螺栓	套	2.27	11.000	—	11.000	—
	螺栓 M12	kg	10.56	—	0.045	—	0.0328
	调和漆	kg	14.11	—	0.380	—	0.1326
	圆钉	kg	6.68	—	0.014	—	—
	铁件	kg	9.49	—	0.7465	—	—
	耐热胶垫	m	17.74	1.700	—	1.700	—
	橡胶垫条	m	3.63	—	3.200	—	1.3772
	橡胶垫片	m	7.27	—	1.600	—	0.4591
	建筑油膏	kg	5.07	—	0.900	—	0.900
	玻璃胶	支	23.15	1.000	1.000	1.000	1.000
	零星材料费	元	—	0.17	2.28	0.41	1.23

工作内容：制作、安装骨架、天棚面层等。

编号				10–210	10–211	10–212	10–213
项目名称				夹丝玻璃采光天棚		夹层玻璃采光天棚	
				铝骨架	钢骨架	铝骨架	钢骨架
单位				m^2			
总价（元）				**439.82**	**305.38**	**471.48**	**290.84**
其中	人工费（元）			114.75	136.32	114.75	74.97
	材料费（元）			325.07	169.06	356.73	215.87
名称		单位	单价（元）	消耗量			
人工	综合工日	工日	153.00	0.750	0.891	0.750	0.490
材料	夹丝玻璃	m^2	87.95	1.000	1.000	—	—
	夹层玻璃	m^2	119.56	—	—	1.000	1.000
	镀锌薄钢板 δ0.55	m^2	20.08	—	0.010	—	0.010
	型钢	kg	3.70	—	11.204	—	11.204
	铝骨架	kg	42.02	3.7678	—	3.7678	—
	镀锌螺栓	套	2.27	11.000	—	11.000	—
	螺栓 M12	kg	10.56	—	0.045	—	0.045
	调和漆	kg	14.11	—	0.1326	—	0.1326
	耐热胶垫	m	17.74	1.700	—	1.700	—
	橡胶垫条	m	3.63	—	1.3772	—	3.200
	橡胶垫片	m	7.27	—	0.4591	—	1.600
	建筑油膏	kg	5.07	—	0.900	—	0.900
	玻璃胶	支	23.15	1.000	1.000	1.000	1.000
	零星材料费	元	—	0.52	1.06	0.57	1.35

工作内容： 1. 雨篷底吊铝骨架铝条天棚：电锤打眼、埋膨胀螺栓、制作与安装骨架、面层。2. 铝合金格栅吊顶天棚：定位、弹线、膨胀螺栓及吊筋安装，选料、下料、组装，安装龙骨及吊配附件、临时固定支撑，预留孔洞、安装封边龙骨，调整、矫正。

编号				10-214	10-215	10-216	10-217
项目名称				雨篷底吊铝骨架铝条天棚	铝合金格栅吊顶天棚		
					铝格栅（包括吊配件）规格（mm）		
					100×100×4.5	125×125×4.5	150×150×4.5
单位				m^2			
总价（元）				**170.30**	**210.84**	**222.18**	**205.07**
其中	人工费（元）			30.60	19.89	19.89	19.89
	材料费（元）			139.53	190.74	202.08	184.97
	机械费（元）			0.17	0.21	0.21	0.21
名称		单位	单价（元）	消耗量			
人工	综合工日	工日	153.00	0.200	0.130	0.130	0.130
材料	铝龙骨	m	11.68	1.4257	—	—	—
	铝格栅（含配件）100×100×4.5	m^2	182.13	—	1.020	—	—
	铝格栅（含配件）125×125×4.5	m^2	193.12	—	—	1.020	—
	铝格栅（含配件）150×150×4.5	m^2	176.38	—	—	—	1.020
	铝合金格片	m^2	102.74	1.050	—	—	—
	角钢	kg	3.47	1.9016	—	—	—
	角铝	m	10.30	0.1851	—	—	—
	膨胀螺栓	套	0.82	4.120	3.200	3.200	3.200
	螺钉	个	0.21	13.030	—	—	—
	合金钢钻头	个	11.81	0.0206	0.0065	0.016	0.016
	预埋铁件	kg	9.49	—	0.200	0.200	0.200
	电焊条	kg	7.59	—	0.010	0.010	0.010
	零星材料费	元	—	0.14	0.29	0.31	0.28
机械	中小型机械费	元	—	0.17	0.21	0.21	0.21

工作内容: 电锤打眼,埋膨胀螺栓,吊安天棚面层。

编号				10-218	10-219	10-220	10-221	10-222
项目名称				铝合金格栅天棚(直接吊在天棚下)				
				方块形铝合金格栅天棚			铝合金花片格栅天棚	
				规格(mm)				
				90×90×60	125×125×60	158×158×60	25×25×25	40×40×40
单位				m^2				
总价(元)				**368.88**	**439.97**	**459.31**	**535.03**	**526.00**
其中	人工费(元)			21.42	21.42	19.89	21.42	21.42
	材料费(元)			347.33	418.42	439.29	513.48	504.45
	机械费(元)			0.13	0.13	0.13	0.13	0.13
名称		单位	单价(元)	消耗量				
人工	综合工日	工日	153.00	0.140	0.140	0.130	0.140	0.140
材料	铝合金格栅(含配件)90×90×60	m^2	336.05	1.020	—	—	—	—
	铝合金格栅(含配件)125×125×60	m^2	405.46	—	1.020	—	—	—
	铝合金格栅(含配件)158×158×60	m^2	425.84	—	—	1.020	—	—
	铝合金花片格栅(含配件)25×25×25	m^2	498.29	—	—	—	1.020	—
	铝合金花片格栅(含配件)40×40×40	m^2	489.47	—	—	—	—	1.020
	膨胀螺栓	套	0.82	3.200	3.200	3.200	3.200	3.200
	镀锌钢丝	kg	7.42	0.050	0.050	0.050	0.050	0.050
	合金钢钻头	个	11.81	0.016	0.016	0.016	0.016	0.016
	零星材料费	元	—	1.38	1.67	1.75	2.04	2.01
机械	中小型机械费	元	—	0.13	0.13	0.13	0.13	0.13

工作内容：电锤打眼，埋膨胀螺栓，吊安天棚面层。

编号				10-223	10-224	10-225	10-226
项目名称				铝合金格栅天棚（直接吊在天棚下）			
				直条形铝合金格栅天棚			
				规格（mm）			
				1260×90×60	630×90×60	1260×60×126	630×60×126
单位				m^2			
总价（元）				**475.52**	**484.26**	**463.94**	**500.06**
其中	人工费（元）			21.42	21.42	21.42	21.42
	材料费（元）			453.97	462.71	442.39	478.51
	机械费（元）			0.13	0.13	0.13	0.13
名称		单位	单价（元）	消耗量			
人工	综合工日	工日	153.00	0.140	0.140	0.140	0.140
材料	直条形铝合金格栅（含配件）1260×90×60	m^2	440.17	1.020	—	—	—
	直条形铝合金格栅（含配件）630×90×60	m^2	448.71	—	1.020	—	—
	直条形铝合金格栅（含配件）1260×60×126	m^2	428.87	—	—	1.020	—
	直条形铝合金格栅（含配件）630×60×126	m^2	464.13	—	—	—	1.020
	膨胀螺栓	套	0.82	3.200	3.200	3.200	3.200
	镀锌钢丝	kg	7.42	0.050	0.050	0.050	0.050
	合金钢钻头	个	11.81	0.016	0.016	0.016	0.016
	零星材料费	元	—	1.81	1.84	1.76	1.91
机械	中小型机械费	元	—	0.13	0.13	0.13	0.13

工作内容：电锤打眼，埋膨胀螺栓，吊安天棚面层。

编号				10-227	10-228	10-229	10-230	10-231
项目名称				铝合金格栅天棚（直接吊在天棚下）				
				铝合金空腹格栅天棚			铝合金吸声格栅天棚	
				条形	方形	多边形	条形	方形或三角形
单位				m^2				
总价（元）				**535.32**	**116.71**	**145.59**	**576.50**	**121.90**
其中	人工费（元）			21.42	21.42	22.95	21.42	22.95
	材料费（元）			513.77	95.16	122.51	554.95	98.82
	机械费（元）			0.13	0.13	0.13	0.13	0.13
名称		单位	单价（元）	消耗量				
人工	综合工日	工日	153.00	0.140	0.140	0.150	0.140	0.150
材料	条形铝合金空腹格栅（含配件）	m^2	498.56	1.020	—	—	—	—
	方形铝合金空腹格栅（含配件）	m^2	89.80	—	1.020	—	—	—
	多边形铝合金空腹格栅（含配件）	m^2	116.51	—	—	1.020	—	—
	条形铝合金吸声格栅（含配件）	m^2	538.78	—	—	—	1.020	—
	方形、三角形铝合金吸声格栅（含配件）	m^2	93.38	—	—	—	—	1.020
	膨胀螺栓	套	0.82	3.200	3.200	3.200	3.200	3.200
	镀锌钢丝	kg	7.42	0.050	0.050	0.050	0.050	0.050
	合金钢钻头	个	11.81	0.016	0.016	0.016	0.016	0.016
	零星材料费	元	—	2.05	0.38	0.49	2.21	0.39
机械	中小型机械费	元	—	0.13	0.13	0.13	0.13	0.13

工作内容：定位、放线、下料、制作、安装等。

编号				10-232	10-233	10-234	10-235
项目名称				木格栅天棚			
				井格 规格（mm）			
				100×100×55	150×150×80	200×200×100	250×250×120
单位				m^2			
总价（元）				**213.65**	**198.56**	**182.20**	**164.12**
其中	人工费（元）			74.97	67.32	58.14	47.43
	材料费（元）			138.62	131.18	124.00	116.63
	机械费（元）			0.06	0.06	0.06	0.06
名称		单位	单价（元）	消耗量			
人工	综合工日	工日	153.00	0.490	0.440	0.380	0.310
材料	硬木锯材	m^3	6977.77	0.018	0.017	0.016	0.015
	38 吊件	件	0.97	1.200	1.200	1.200	1.200
	扁钢	kg	3.67	2.200	2.200	2.200	2.200
	膨胀螺栓	套	0.82	1.490	1.400	1.400	1.400
	圆钉	kg	6.68	0.029	0.029	0.029	0.029
	合金钢钻头	个	11.81	0.0075	0.007	0.007	0.007
	聚醋酸乙烯乳液	kg	9.51	0.220	0.180	0.160	0.120
	零星材料费	元	—	0.19	0.18	0.17	0.16
机械	中小型机械费	元	—	0.06	0.06	0.06	0.06

工作内容：定位、放线、下料、制作、安装等。

编号				10-236	10-237	10-238	10-239
项目名称				胶合板格栅天棚			
				井格 规格（mm）			
				100×100×55	150×150×80	200×200×100	250×250×120
单位				m^2			
总价（元）				**154.24**	**147.74**	**133.84**	**125.17**
其中	人工费（元）			47.43	42.84	35.19	30.60
	材料费（元）			106.75	104.84	98.59	94.51
	机械费（元）			0.06	0.06	0.06	0.06
名称		单位	单价（元）	消耗量			
人工	综合工日	工日	153.00	0.310	0.280	0.230	0.200
材料	胶合板 12mm	m^2	71.97	1.300	1.280	1.200	1.150
	38 吊件	件	0.97	1.200	1.200	1.200	1.200
	扁钢	kg	3.67	2.200	2.200	2.200	2.200
	膨胀螺栓	套	0.82	1.400	1.400	1.400	1.400
	圆钉	kg	6.68	0.029	0.029	0.029	0.029
	合金钢钻头	个	11.81	0.007	0.007	0.007	0.007
	聚醋酸乙烯乳液	kg	9.51	0.250	0.200	0.150	0.100
	零星材料费	元	—	0.15	0.15	0.14	0.13
机械	中小型机械费	元	—	0.06	0.06	0.06	0.06

工作内容：电锤打眼，埋膨胀螺栓，吊装、安装天棚面层。

编　号				10-240	10-241	10-242	10-243	10-244
项目名称				铝合金筒形天棚（直接吊在天棚下）				
				圆筒形		方筒形		
				分组规格（mm）				
				600×600	800×800	600×600	900×900	1200×1200
单　位				m^2				
总价（元）				**851.33**	**769.12**	**780.96**	**806.51**	**769.16**
其中	人工费（元）			26.01	24.48	24.48	22.95	21.42
	材料费（元）			825.19	744.51	756.35	783.43	747.61
	机械费（元）			0.13	0.13	0.13	0.13	0.13
名　称		单位	单价（元）	消　耗　量				
人工	综合工日	工日	153.00	0.170	0.160	0.160	0.150	0.140
材料	圆筒形铝合金（含配件）600×600	m^2	802.66	1.020	—	—	—	—
	圆筒形铝合金（含配件）800×800	m^2	723.88	—	1.020	—	—	—
	方筒形铝合金（含配件）600×600	m^2	735.45	—	—	1.020	—	—
	方筒形铝合金（含配件）900×900	m^2	761.89	—	—	—	1.020	—
	方筒形铝合金（含配件）1200×1200	m^2	726.91	—	—	—	—	1.020
	膨胀螺栓	套	0.82	3.200	3.200	3.200	3.200	3.200
	镀锌钢丝	kg	7.42	0.050	0.050	0.050	0.050	0.050
	合金钢钻头	个	11.81	0.016	0.016	0.016	0.016	0.016
	零星材料费	元	—	3.29	2.97	3.01	3.12	2.98
机械	中小型机械费	元	—	0.13	0.13	0.13	0.13	0.13

工作内容：安装网架等全部操作过程。

编号				10-245	10-246
项目名称				钢网架天棚	不锈钢钢管网架天棚
单位				m^2	
总价(元)				**54.99**	**241.10**
其中	人工费(元)			16.83	27.54
	材料费(元)			38.08	213.45
	机械费(元)			0.08	0.11
名称		单位	单价(元)	消耗量	
人工	综合工日	工日	153.00	0.110	0.180
材料	钢网架	m^2	35.70	1.010	—
	不锈钢管	m	21.49	—	9.800
	膨胀螺栓	套	0.82	2.000	2.500
	镀锌钢丝	kg	7.42	0.030	0.060
	合金钢钻头	个	11.81	0.010	0.0125
	零星材料费	元	—	0.04	0.21
机械	中小型机械费	元	—	0.08	0.11

工作内容：制作、安装木楞、吊挂、检查孔、烟囱拐木、防火装置、做防腐、钉板条、运料、调灰、抹灰等。

编号				10-247	10-248	10-249
项目名称				白灰麻刀浆		
				板条		
				楞木吊在屋架上、混凝土梁或砖墙上	楞木吊在混凝土板上	楞底钉板条
单位				m^2		
总价（元）				**113.22**	**133.67**	**57.32**
其中	人工费（元）			50.49	58.75	36.41
	材料费（元）			61.05	73.24	19.23
	机械费（元）			1.68	1.68	1.68
名称		单位	单价（元）	消耗量		
人工	综合工日	工日	153.00	0.330	0.384	0.238
材料	粗砂	t	86.14	0.027	0.027	0.027
	灰膏	m^3	181.42	0.012	0.012	0.012
	麻刀	kg	3.92	0.274	0.274	0.274
	红白松锯材 二类	m^3	3266.74	0.0127	0.0156	—
	板条 1200×38×6	100根	58.69	0.210	0.210	0.210
	防腐油	kg	0.52	0.040	0.040	0.040
	铁件	kg	9.49	—	0.120	—
	镀锌钢丝 *D*4	kg	7.08	0.100	0.370	0.100
	圆钉	kg	6.68	0.140	0.090	0.090
	白灰麻刀砂浆 1∶3	m^3	—	（0.0098）	（0.0098）	（0.0098）
	白灰砂浆 1∶2.5	m^3	—	（0.0065）	（0.0065）	（0.0065）
	麻刀白灰浆	m^3	—	（0.0053）	（0.0053）	（0.0053）
机械	中小型机械费	元	—	1.68	1.68	1.68

工作内容：嵌缝包括贴绷带、刮嵌缝膏等。

编号				10-250	10-251	10-252
项目名称				镀锌钢丝网天棚 混合灰底麻刀灰面	楞底钉棋格式板条	石膏板缝 贴绷带、刮腻子
单位				m^2		m
总价（元）				**138.51**	**75.45**	**8.78**
其中	人工费（元）			78.95	56.00	7.83
	材料费（元）			57.88	19.45	0.95
	机械费（元）			1.68	—	—
名称		单位	单价（元）	消耗量		
人工	综合工日	工日	153.00	0.516	0.366	0.0512
材料	水泥	kg	0.39	8.372	—	—
	粗砂	t	86.14	0.026	—	—
	麻刀	kg	3.92	0.200	—	—
	灰膏	m^3	181.42	0.010	—	—
	拧花镀锌钢丝网 914×900×13	m^2	7.30	1.050	—	—
	红白松锯材 二类	m^3	3266.74	0.0127	—	—
	板条 1200×38×6	100 根	58.69	—	0.320	—
	绷带	m	0.53	—	—	1.050
	嵌缝膏	kg	1.57	—	—	0.2511
	防腐油	kg	0.52	0.040	—	—
	圆钉	kg	6.68	0.090	0.100	—
	水泥白灰砂浆 1∶1∶6	m^3	—	(0.0092)	—	—
	水泥白灰麻刀浆 1∶5	m^3	—	(0.0098)	—	—
	水泥砂浆 1∶2.5	m^3	—	(0.0081)	—	—
机械	中小型机械费	元	—	1.68	—	—

第七节　天棚其他装饰

工作内容：制作、安装等全部操作过程。

编　号				10-253	10-254	10-255	10-256
项目名称				天棚灯片（搁放型）			
				乳白胶片	分光铝格栅	塑料透光片	玻璃纤维片
单　位				m^2			
总价（元）				**62.23**	**153.75**	**34.49**	**53.13**
其中	人工费（元）			24.48	24.48	24.48	24.48
	材料费（元）			37.75	129.27	10.01	28.65
名　称		单位	单价（元）	消　耗　量			
人工	综合工日	工日	153.00	0.160	0.160	0.160	0.160
材料	乳白胶片	m^2	35.91	1.050	—	—	—
	分光银色铝型格栅	m^2	122.99	—	1.050	—	—
	塑料透光片	m^2	9.52	—	—	1.050	—
	玻璃纤维板	m^2	27.26	—	—	—	1.050
	零星材料费	元	—	0.04	0.13	0.01	0.03

工作内容：对口、号眼、安装木柜条、过滤网及风口矫正、上螺钉、固定等。

编　号				10-257	10-258	10-259	10-260
项目名称				硬木		铝合金	
				送风口	回风口	送风口	回风口
单　位				个			
总价(元)				**109.23**	**111.33**	**196.03**	**192.04**
其中	人工费(元)			19.89	19.89	19.89	19.89
	材料费(元)			89.34	91.44	176.14	172.15
	名　称	单位	单价(元)	消耗量			
人工	综合工日	工日	153.00	0.130	0.130	0.130	0.130
材料	硬木风口(成品)	个	85.09	1.050	1.050	—	—
	铝合金送风口(成品)	个	167.75	—	—	1.050	—
	铝合金回风口(成品)	个	161.96	—	—	—	1.050
	尼龙过滤网	m^2	10.47	—	0.200	—	0.200

第八节　铲补抹天棚及灰线

工作内容：铲灰皮、运料、筛砂、调制砂浆、打底、罩面、找平、压光、清理污土等。

编号				10-261	10-262	10-263	10-264	10-265	10-266
项目名称				板条天棚		苇箔天棚		补抹灰线	
				铲抹麻刀灰面	补抹麻刀灰面		拆换苇箔抹麻刀灰面	五道线以内	五道线以外
单位				m^2				m	
总价（元）				**42.08**	**50.58**	**51.83**	**59.07**	**52.00**	**68.09**
其中	人工费（元）			33.89	42.39	44.55	47.93	43.88	57.11
	材料费（元）			6.51	6.51	5.60	9.46	5.99	8.21
	机械费（元）			1.68	1.68	1.68	1.68	2.13	2.77
名称		单位	单价（元）	消耗量					
人工	综合工日	工日	135.00	0.251	0.314	0.330	0.355	0.325	0.423
材料	水泥	kg	0.39	—	—	—	—	4.410	6.090
	粗砂	t	86.14	0.027	0.027	0.027	0.027	0.032	0.045
	麻刀	kg	3.92	0.274	0.274	0.280	0.280	0.061	0.082
	灰膏	m^3	181.42	0.012	0.012	0.012	0.012	0.007	0.009
	苇箔	m^2	2.35	—	—	—	1.080	—	—
	镀锌钢丝 *D*1.2	kg	7.20	—	—	—	0.110	—	—
	圆钉	kg	6.68	0.140	0.140	—	0.080	—	—
	白灰麻刀砂浆 1∶3	m^3	—	（0.0098）	（0.0098）	（0.010）	（0.010）	—	—
	白灰砂浆 1∶2.5	m^3	—	（0.0065）	（0.0065）	（0.0066）	（0.0066）	—	—
	水泥白灰砂浆 1∶1∶6	m^3	—	—	—	—	—	（0.021）	（0.029）
	麻刀白灰浆	m^3	—	（0.0053）	（0.0053）	（0.0054）	（0.0054）	（0.003）	（0.004）
机械	中小型机械费	元	—	1.68	1.68	1.68	1.68	2.13	2.77

工作内容:铲灰皮、运料、筛砂、调制砂浆、打底、罩面、找平、压光、清理污土等。

编号					10-267	10-268	10-269	10-270	10-271	10-272
项目名称					混凝土天棚				混凝土梁	
					铲抹混合灰底麻刀灰面	补抹混合灰底麻刀灰面	铲抹水泥砂浆面	补抹水泥砂浆面	补抹水泥砂浆面	
									矩形	异型
单位					m²					
总价(元)					**41.04**	**49.54**	**45.91**	**52.79**	**69.81**	**98.16**
其中	人工费(元)				33.35	41.85	36.59	43.47	59.13	87.48
	材料费(元)				6.12	6.12	7.52	7.52	7.98	7.98
	机械费(元)				1.57	1.57	1.80	1.80	2.70	2.70
名称		单位	单价(元)		消耗量					
人工	综合工日	工日	135.00		0.247	0.310	0.271	0.322	0.438	0.648
材料	水泥	kg	0.39		6.235	6.235	13.101	13.101	13.387	13.387
	粗砂	t	86.14		0.021	0.021	0.028	0.028	0.032	0.032
	麻刀	kg	3.92		0.108	0.108	—	—	—	—
	灰膏	m³	181.42		0.008	0.008	—	—	—	—
	素水泥浆	m³	—		(0.0022)	(0.0022)	(0.0022)	(0.0022)	(0.0021)	(0.0021)
	水泥砂浆 1:2	m³	—		—	—	(0.0103)	(0.0103)	(0.0081)	(0.0081)
	水泥砂浆 1:3	m³	—		—	—	(0.0089)	(0.0089)	(0.0128)	(0.0128)
	水泥白灰砂浆 1:1:6	m³	—		(0.0138)	(0.0138)	—	—	—	—
	麻刀白灰浆	m³	—		(0.0053)	(0.0053)	—	—	—	—
机械	中小型机械费	元	—		1.57	1.57	1.80	1.80	2.70	2.70

工作内容:制作、安装等全部过程。

编号				10-273	10-274
项目名称				天棚加吊挂	补钉板条
单位				m^2	
总价(元)				**8.26**	**39.79**
其中	人工费(元)			2.97	27.00
	材料费(元)			5.29	12.79
名称		单位	单价(元)	消耗量	
人工	综合工日	工日	135.00	0.022	0.200
材料	红白松锯材 二类	m^3	3266.74	0.0016	—
	板条 1200×38×6	100根	58.69	—	0.210
	圆钉	kg	6.68	0.010	0.070

第九节　天棚拆换面层

工作内容：整修木楞、拆换面层、拆钉、制作与安装压条、压边等。

编　号				10-275	10-276	10-277	10-278	10-279	10-280	10-281
项目名称				天棚拆换面层						拆作检查孔
				胶合板	隔声板	刨花板	锯末板	纤维板	石膏板	
单　位				m^2						个
总价(元)				**60.22**	**80.14**	**72.86**	**58.14**	**59.03**	**53.16**	**110.36**
其中	人工费(元)			25.55	30.60	30.60	30.60	25.55	33.66	56.00
	材料费(元)			34.67	49.54	42.26	27.54	33.48	19.50	54.36
名　称		单位	单价(元)	消　耗　量						
人工	综合工日	工日	153.00	0.167	0.200	0.200	0.200	0.167	0.220	0.366
材料	胶合板 3mm	m^2	20.88	1.040	—	—	—	—	—	—
	矿棉吸声板 596×596×18	m^2	34.73	—	1.040	—	—	—	—	—
	刨花板 2440×1220×12	m^2	27.28	—	—	1.040	—	—	—	—
	锯末板	m^2	13.12	—	—	—	1.040	—	—	—
	纤维板 1000×2150×3.2	m^2	19.73	—	—	—	—	1.040	—	—
	石膏板 9mm	m^2	10.58	—	—	—	—	—	1.050	—
	红白松锯材 一类烘干	m^3	4650.86	0.0027	0.0027	0.0027	0.0027	0.0027	—	—
	红白松锯材 二类烘干	m^3	3759.27	—	—	—	—	—	0.002	—
	红白松锯材 二类	m^3	3266.74	—	—	—	—	—	—	0.0166
	圆钉	kg	6.68	0.060	0.130	0.200	0.200	0.060	0.130	0.020

第十节　灯槽、灯孔

工作内容：天棚面层开孔。

编　　号				10-282	10-283	10-284	10-285	10-286
项目名称				灯光孔、风口（每个面积在 m^2 以内）开孔				格栅灯带
				0.02	0.04	0.1	0.5	
单　　位				个				m
总价（元）				**6.27**	**7.80**	**10.40**	**13.01**	**17.14**
其中	人工费（元）			6.27	7.80	10.40	13.01	17.14
	材料费（元）			—	—	—	—	—
名　　称		单位	单价（元）	消　耗　量				
人工	综合工日	工日	153.00	0.041	0.051	0.068	0.085	0.112

工作内容：定位、弹线、下料、钻孔埋木楔、灯槽制作与安装。

编号				10-287	10-288	10-289	10-290
项目名称				悬挑式灯槽			附加式灯槽
				直形		弧形	
				胶合板面	细木工板面	胶合板面	
单位				m^2			
总价（元）				**129.60**	**299.47**	**155.22**	**278.79**
其中	人工费（元）			74.82	84.46	97.77	180.85
	材料费（元）			54.78	215.01	57.45	97.94
名称		单位	单价（元）	消耗量			
人工	综合工日	工日	153.00	0.489	0.552	0.639	1.182
材料	胶合板 5mm	m^2	30.54	1.750	—	1.833	3.150
	大芯板（细木工板）	m^2	122.10	—	1.750	—	—
	圆钉	kg	6.68	0.200	0.200	0.220	0.260

第十一节　预 拌 砂 浆

工作内容：调制砂浆、抹灰、找平、罩面及压光等。

编　号				10–291	10–292	10–293
项目名称				混凝土天棚	矩形混凝土梁	异形混凝土梁
				抹灰砂浆		
单　位				m^2		
总价(元)				**46.67**	**56.55**	**75.05**
其中	人工费(元)			29.97	38.61	57.11
	材料费(元)			15.66	16.82	16.82
	机械费(元)			1.04	1.12	1.12
名　称		单位	单价(元)	消　耗　量		
人工	综合工日	工日	135.00	0.222	0.286	0.423
材料	水泥	kg	0.39	3.337	3.186	3.186
	预拌抹灰砂浆 M15	t	342.18	0.0191	0.0275	0.0275
	预拌抹灰砂浆 M20	t	352.17	0.0222	0.0175	0.0175
	素水泥浆	m^3	—	(0.0022)	(0.0021)	(0.0021)
机械	中小型机械费	元	—	1.04	1.12	1.12

工作内容：铲灰皮、运料、调制砂浆、打底、罩面、找平、压光、清理污土等。

编号				10-294	10-295	10-296	10-297	10-298	10-299
项目名称				混凝土天棚				矩形混凝土梁	异型混凝土梁
				铲抹M5砂浆底麻刀灰面	补抹M5砂浆底麻刀灰面	铲抹抹灰砂浆	补抹抹灰砂浆		
单位				m²					
总价（元）				**45.37**	**53.74**	**52.61**	**59.36**	**75.86**	**103.67**
其中	人工费（元）			32.67	41.04	35.91	42.66	57.92	85.73
	材料费（元）			11.96	11.96	15.66	15.66	16.82	16.82
	机械费（元）			0.74	0.74	1.04	1.04	1.12	1.12
名称		单位	单价（元）	消耗量					
人工	综合工日	工日	135.00	0.242	0.304	0.266	0.316	0.429	0.635
材料	水泥	kg	0.39	3.337	3.337	3.337	3.337	3.186	3.186
	麻刀	kg	3.92	0.108	0.108	—	—	—	—
	灰膏	m³	181.42	0.005	0.005	—	—	—	—
	预拌抹灰砂浆 M5	t	317.43	0.0294	0.0294	—	—	—	—
	预拌抹灰砂浆 M15	t	342.18	—	—	0.0191	0.0191	0.0275	0.0275
	预拌抹灰砂浆 M20	t	352.17	—	—	0.0222	0.0222	0.0175	0.0175
	素水泥浆	m³	—	(0.0022)	(0.0022)	(0.0022)	(0.0022)	(0.0021)	(0.0021)
	麻刀白灰浆	m³	—	(0.0053)	(0.0053)	—	—	—	—
机械	中小型机械费	元	—	0.74	0.74	1.04	1.04	1.12	1.12

天津市房屋修缮工程预算基价

土建工程（三）

DBD 29-701-2020

天津市住房和城乡建设委员会
天 津 市 建 筑 市 场 服 务 中 心　主编

中 国 计 划 出 版 社

目　　录

第十一章　墙、柱面工程

第十二章　楼地面工程

第十一章　墙、柱面工程

说　明

一、本章包括墙面抹灰，墙面勾缝，柱面抹灰，零星抹灰，墙体保温，墙面镶贴块料，柱面镶贴块料，零星镶贴块料，墙饰面，柱（梁）饰面，隔断，幕墙，其他铲、补抹，成品保护，预拌砂浆 15 节，共 508 条基价子目。

二、工程计价时应注意的问题。

1. 基价中注明的砂浆种类、配合比、饰面材料及型材的型号规格与设计不同时，可按设计规定调整。

2. 石灰砂浆、水泥砂浆、混合砂浆、麻刀白灰浆、纸筋白灰浆等抹灰为一般抹灰。水刷石、剁假石、干粘石等为装饰抹灰。基价中抹白灰砂浆、混合砂浆、水泥砂浆均是中级抹灰，当基价所规定的各种抹灰厚度与设计取定不同时可参照抹灰厚度表进行调整，如设计要求抹灰不压光时，其人工乘以系数 0.87。

3. 内墙抹灰不包括水泥护角，如需要时可另套相应项目。

4. 室内抹灰工程，室内高度在 3.6m 以内时，可套用 3.6m 以内内墙抹灰脚手架；室内高度超过 3.6m 时，可按相应脚手架基价执行。

5. 圆弧形、锯齿形等不规则墙面抹灰、镶贴块料按相应项目人工乘以系数 1.15，材料乘以系数 1.05。

6. 水刷石、干粘石、剁假石等，凡面层和素浆用白水泥代替普通水泥，其基价内水泥用量不变，价格允许调整；凡需要增加颜料的项目，可按每“m^3”砂（石）浆增加颜料 20kg；凡采用色石子或大理石石子的，材料用量不变，价格可按市场价格调整。

7. 保温工程按标准或常用材料编制，设计与基价不同时，材料可以换算，人工机械不变。

8. 基价中墙面聚苯板、岩棉板的材料厚度按 50mm 计取，实际保温材料厚度与基价不同时，只换算保温材料含量，其他不予调整。

9. 弧形墙面保温隔热层，按相应项目的人工乘以系数 1.10。

10. 保温隔热材料应符合设计规范，且必须达到国家规定的等级标准。

11. 墙面镶贴块料、饰面高度在 300mm 以内者，按踢脚线基价执行。

12. 除基价已列有柱帽、柱墩的子目外，其他项目的柱帽、柱墩工程量按设计图示尺寸以展开面积计算，并入相应柱面积内，每个柱帽或柱墩另增人工抹灰 0.25 工日、块料 0.38 工日、饰面 0.5 工日。

13. 镶贴块料的零星项目适用于挑檐、天沟、腰线、窗台线、门窗套、压顶、扶手、雨篷周边等（0.5m^2 以内少量分散的抹灰和镶贴块料面层可套用零星子目）。

14. 木龙骨基层是按双向计算的，如设计为单向时，材料、人工乘以系数 0.55。

15. 基价木材种类除注明外，均以一、二类木种为准，如采用三、四类木种时，人工及机械乘以系数 1.30。

16. 面层、隔墙基价内，除注明外均未包括压条、收边、装饰线（板），如设计要求时，应套用本定额第十六章“其他工程”的相应子目。

17. 面层、木基层均未包括刷防火涂料，如设计要求时，应按本定额第十五章“油漆、涂料、裱糊工程”相应子目计算。

18. 玻璃幕墙设计有平开、推拉窗者，仍执行幕墙基价，窗型材、窗五金相应增加，其他不变。

19. 玻璃幕墙中的玻璃按成品玻璃考虑，幕墙中的避雷装置、防火隔离层基价已综合考虑，但幕墙的封边、封顶的费用另行计算。

20. 铲抹、补抹工程均包括铲除旧墙皮及清理墙面。补抹以每一操作面积在 3m^2 以内为准，超过 3m^2 则按铲抹基价执行。

21. 钢筋混凝土补抹水泥面是指钢筋混凝土阳台、雨篷、楼梯梁、板、柱等构件保护层脱落露筋的工程抹灰。

工程量计算规则

一、内墙抹灰面积应扣除门窗洞口和空圈所占的面积，不扣除 0.5m^2 以内的孔洞所占的面积，墙抹灰的长度以主墙间的净长尺寸计算，其高度为由地面或楼板面起算至楼板下皮，门窗、洞口空圈和垛的侧面抹灰展开并入墙面抹灰工程量内。如有墙裙时应减除墙裙高度，即由墙裙顶算至楼板下皮。有吊天棚的内墙抹灰，其高度自楼板地面到天棚下皮另加 100mm 计算。

二、内墙裙抹灰面积，扣除门窗洞口和空圈所占的面积，洞口侧壁和顶面的面积、垛的侧面抹灰并入墙裙工程量内。

三、各种外墙面、墙裙抹灰应扣除门窗洞口、空圈所占的面积，不扣除 0.5m^2 以内的孔洞所占面积，但门窗洞口、空圈和垛的侧壁面积均展开并入抹灰工程量内。

四、墙面装饰抹灰及墙面镶贴块料等各项工程均按面积计算以 “m^2” 计量，门窗洞口和空圈所占的面积应予扣除，侧壁展开并入相应基价中计算。

五、柱面抹灰按柱断面周长乘以高度按面积计算以 “m^2” 计量。

六、墙、柱面勾缝：按混方面积计算以 “m^2” 计量。

七、零星抹灰按面积计算以 “m^2” 计量。

八、墙面保温工程量按设计图示尺寸以面积计算。设计无规定时，按实做尺寸以面积计算。扣除门窗洞口及面积大于 0.5m^2 的梁、孔洞所占面积；门窗洞口侧壁以及与墙相连的柱，并入保温墙体工程量内。面积大于 0.5m^2 的孔洞侧壁周围及梁头、连系梁等其他零星工程保温隔热工程量，并入墙面的保温隔热工程量内。

九、墙面干挂石材骨架按质量以 “t” 计量。

十、柱面、零星镶贴块料按面积计算以 “m^2” 计量。

十一、挂贴大理石、花岗岩中其他零星项目的花岗岩、大理石是按成品考虑的，花岗岩、大理石柱墩、柱帽按最大外径周长计算。

十二、墙饰面按墙净长乘以净高按面积计算以 “m^2” 计量，扣除门窗洞口及单个 0.5m^2 以外的孔洞所占面积。

十三、柱（梁）饰面按设计图示饰面外围尺寸以面积计算，柱帽、柱墩并入相应柱饰面工程量内。

十四、隔断按设计图示框外围尺寸按面积计算以 “m^2” 计量，扣除单个 0.5m^2 以外的孔洞所占面积；浴厕门的材质与隔断相同时，门的面积并入隔断面积内。全玻隔断的不锈钢边框工程量按边框展开面积计算以 “m^2” 计量。

十五、带骨架幕墙按框外围尺寸面积计算以 “m^2” 计量，与幕墙同种材质的窗所占面积不扣除。

十六、全玻幕墙按设计图示尺寸以面积计算，带肋全玻幕墙按展开面积计算。

十七、装饰线分五道线以内、十道线以内、十道线以外均按长度计算以 “m” 计量；每一凸出棱角视为一道装饰线。

十八、项目成品保护工程量计算规则按相应子目规则执行。

十九、阳台、雨篷抹灰按水平投影面积计算，基价中包括底面、顶面、侧面及牛腿的全部抹灰面积，但阳台的栏杆、栏板抹灰应另列项目，按相应基价计算。

二十、栏板、栏杆的双面抹灰按栏板、栏杆水平中心长度乘高度（由阳台面起到栏板、栏杆顶面）单面面积乘以系数2.10，以“m^2”计量。有栏杆压顶者乘以系数2.50。

二十一、水泥字、烟囱眼、镶石膏花按数量计算以“个”计量。作水泥字如框内抹灰、套用抹灰相应基价以“m^2”计量。

二十二、铲、补抹隔断按面积以“m^2”计量。

第一节　墙面抹灰

工作内容：调制砂浆、清扫墙面、浇水、弹线、挂线、找方、冲筋、上杠、抹灰、堵脚手眼、清扫落地灰等。

编　　号				11-001	11-002	11-003	11-004
项目名称				砖外墙面		弧形砖外墙面	
				水泥砂浆	混合砂浆	水泥砂浆	混合砂浆
单　　位				m^2			
总价（元）				**37.24**	**32.79**	**41.84**	**36.83**
其中	人工费（元）			27.81	24.84	32.27	28.76
	材料费（元）			7.53	6.04	7.67	6.16
	机械费（元）			1.90	1.91	1.90	1.91
名　　称		单位	单价（元）	消　耗　量			
人工	综合工日	工日	135.00	0.206	0.184	0.239	0.213
材料	水泥	kg	0.39	10.859	5.624	10.989	5.708
	粗砂	t	86.14	0.037	0.035	0.038	0.036
	灰膏	m^3	181.42	—	0.004	—	0.004
	零星材料费	元	—	0.11	0.11	0.11	0.11
	水泥砂浆 1∶2.5	m^3	—	(0.0077)	—	(0.0077)	—
	水泥砂浆 1∶3	m^3	—	(0.0162)	(0.0010)	(0.0165)	(0.0010)
	水泥白灰砂浆 1∶1∶4	m^3	—	—	(0.0066)	—	(0.0066)
	水泥白灰砂浆 1∶1∶6	m^3	—	—	(0.0161)	—	(0.0165)
机械	中小型机械费	元	—	1.90	1.91	1.90	1.91

工作内容:调制砂浆、清扫墙面、浇水、弹线、挂线、找方、冲筋、上杠、抹灰、堵脚手眼、清扫落地灰等。

编号				11-005	11-006	11-007	11-008	11-009
项目名称				混凝土外墙面		砌块、空心砖外墙面	砌块外墙面	陶粒空心砖外墙面
				素水泥浆底水泥砂浆面	素水泥浆底混合砂浆面	混合砂浆	TG 胶浆底抹 TG 砂浆、混合砂浆、水泥砂浆面	混合砂浆
单位				m^2				
总价(元)				**38.43**	**34.49**	**34.06**	**41.16**	**35.24**
其中	人工费(元)			29.16	26.19	24.84	28.08	24.84
	材料费(元)			7.17	6.18	6.81	10.65	7.99
	机械费(元)			2.10	2.12	2.41	2.43	2.41
名称		单位	单价(元)	消耗量				
人工	综合工日	工日	135.00	0.216	0.194	0.184	0.208	0.184
材料	水泥	kg	0.39	11.697	7.728	6.453	8.388	7.461
	粗砂	t	86.14	0.029	0.027	0.036	0.047	0.043
	灰膏	m^3	181.42	—	0.004	0.005	0.003	0.006
	TG 胶	kg	4.41	—	—	—	0.606	—
	108 胶	kg	4.45	—	—	0.040	—	0.040
	零星材料费	元	—	0.11	0.11	0.11	0.11	0.11
	素水泥浆	m^3	—	(0.002)	(0.002)	—	—	—
	水泥砂浆 1:2.5	m^3	—	(0.0088)	—	—	(0.0055)	—
	水泥砂浆 1:3	m^3	—	(0.0099)	(0.0010)	(0.0010)	(0.0010)	(0.0010)
	水泥白灰砂浆 1:1:4	m^3	—	—	(0.0088)	(0.0143)	—	(0.0143)
	水泥白灰砂浆 1:1:6	m^3	—	—	(0.0088)	(0.010)	(0.0143)	(0.0148)
	水泥 TG 胶浆	m^3	—	—	—	—	(0.001)	—
	水泥 TG 胶砂浆	m^3	—	—	—	—	(0.00834)	—
机械	中小型机械费	元	—	2.10	2.12	2.41	2.43	2.41

工作内容：调制砂浆、清扫墙面、浇水、弹线、挂线、找方、冲筋、上杠、抹灰、堵脚手眼、清扫落地灰等。

编号				11-010	11-011	11-012	11-013
项目名称				弧形砖墙外墙裙	弧形混凝土墙外墙裙	混凝土外墙裙	砖墙外墙裙
				水泥砂浆	素水泥浆底水泥砂浆面		水泥砂浆
单位				m^2			
总价（元）				**43.30**	**45.23**	**40.50**	**39.91**
其中	人工费（元）			32.54	34.16	29.43	28.35
	材料费（元）			8.93	9.24	9.24	8.93
	机械费（元）			1.83	1.83	1.83	2.63
名称		单位	单价（元）	消耗量			
人工	综合工日	工日	135.00	0.241	0.253	0.218	0.210
材料	水泥	kg	0.39	12.684	14.809	14.809	12.684
	粗砂	t	86.14	0.045	0.039	0.039	0.045
	零星材料费	元	—	0.11	0.11	0.11	0.11
	素水泥浆	m^3	—	—	（0.002）	（0.002）	—
	水泥砂浆 1:2.5	m^3	—	（0.0055）	（0.0121）	（0.0121）	（0.0055）
	水泥砂浆 1:3	m^3	—	（0.0229）	（0.0133）	（0.0133）	（0.0229）
机械	中小型机械费	元	—	1.83	1.83	1.83	2.63

工作内容：调制砂浆、清扫墙面、浇水、弹线、挂线、找方、冲筋、上杠、抹灰、堵脚手眼、清扫落地灰等。

编号				11-014	11-015	11-016
项目名称				砌块墙外墙裙	空心砖墙外墙裙	陶粒空心砖墙外墙裙
				TG 胶浆底抹 TG 砂浆、混合砂浆、水泥砂浆面	混合砂浆底水泥砂浆面	
单位				m^2		
总价（元）				**41.30**	**39.72**	**39.76**
其中	人工费（元）			28.62	28.76	28.76
	材料费（元）			10.26	8.54	8.58
	机械费（元）			2.42	2.42	2.42
名称		单位	单价（元）	消耗量		
人工	综合工日	工日	135.00	0.212	0.213	0.213
材料	水泥	kg	0.39	7.956	10.070	10.175
	粗砂	t	86.14	0.045	0.046	0.046
	灰膏	m^3	181.42	0.003	0.003	0.003
	TG 胶	kg	4.41	0.556	—	—
	108 胶	kg	4.45	0.040	—	—
	零星材料费	元	—	0.11	0.11	0.11
	水泥砂浆 1∶2.5	m^3	—	（0.0055）	（0.0133）	（0.0133）
	水泥白灰砂浆 1∶1∶6	m^3	—	（0.0154）	（0.0166）	（0.0171）
	水泥 TG 胶浆	m^3	—	（0.001）	—	—
	水泥 TG 胶砂浆	m^3	—	（0.0074）	—	—
机械	中小型机械费	元	—	2.42	2.42	2.42

工作内容：调制砂浆、清扫墙面、浇水、弹线、挂线、找方、冲筋、上杠、抹灰、堵脚手眼、清扫落地灰等。

编号				11-017	11-018	11-019	11-020	11-021
项目名称				砖内墙面、墙裙			弧形砖内墙面、墙裙	
				水泥砂浆	混合砂浆	水泥砂浆面打底灰	水泥砂浆	混合砂浆
单位				m²				
总价（元）				**38.19**	**35.90**	**30.39**	**43.05**	**40.47**
其中	人工费（元）			28.76	27.95	23.63	33.48	32.40
	材料费（元）			7.53	6.04	5.10	7.67	6.16
	机械费（元）			1.90	1.91	1.66	1.90	1.91
名称		单位	单价（元）	消耗量				
人工	综合工日	工日	135.00	0.213	0.207	0.175	0.248	0.240
材料	水泥	kg	0.39	10.859	5.624	7.047	10.989	5.708
	粗砂	t	86.14	0.037	0.035	0.026	0.038	0.036
	灰膏	m³	181.42	—	0.004	—	—	0.004
	零星材料费	元	—	0.11	0.11	0.11	0.11	0.11
	水泥砂浆 1:2.5	m³	—	(0.0077)	—	—	(0.0077)	—
	水泥砂浆 1:3	m³	—	(0.0162)	(0.0010)	(0.0162)	(0.0165)	(0.0010)
	水泥白灰砂浆 1:1:4	m³	—	—	(0.0066)	—	—	(0.0066)
	水泥白灰砂浆 1:1:6	m³	—	—	(0.0161)	—	—	(0.0165)
机械	中小型机械费	元	—	1.90	1.91	1.66	1.90	1.91

工作内容：调制砂浆、清扫墙面、浇水、弹线、挂线、找方、冲筋、上杠、抹灰、堵脚手眼、清扫落地灰等。

编号				11-022	11-023	11-024	11-025	11-026	11-027
项目名称				混凝土内墙面、墙裙		混凝土内墙面打底灰	空心砖内墙面、墙裙	砌块墙内墙面、墙裙	陶粒空心砖内墙面、墙裙
				素水泥浆底水泥砂浆面	素水泥浆底混合砂浆面		混合砂浆	TG胶浆底抹TG砂浆、混合砂浆、水泥砂浆	混合砂浆
单位				m^2					
总价（元）				**39.38**	**37.60**	**29.85**	**37.17**	**43.19**	**37.30**
其中	人工费（元）			30.11	29.30	24.17	27.95	30.11	27.95
	材料费（元）			7.17	6.18	3.84	6.81	10.65	6.94
	机械费（元）			2.10	2.12	1.84	2.41	2.43	2.41
名称		单位	单价（元）	消耗量					
人工	综合工日	工日	135.00	0.223	0.217	0.179	0.207	0.223	0.207
材料	水泥	kg	0.39	11.697	7.728	5.317	6.453	8.388	6.558
	粗砂	t	86.14	0.029	0.027	0.015	0.036	0.047	0.037
	灰膏	m^3	181.42	—	0.004	0.002	0.005	0.003	0.005
	TG胶	kg	4.41	—	—	—	—	0.606	—
	108胶	kg	4.45	—	—	—	0.040	—	0.040
	零星材料费	元	—	0.11	0.11	0.11	0.11	0.11	0.11
	素水泥浆	m^3	—	（0.002）	（0.002）	（0.002）	—	—	—
	水泥砂浆 1∶2.5	m^3	—	（0.0088）	—	—	—	（0.0055）	—
	水泥砂浆 1∶3	m^3	—	（0.0099）	（0.0010）	（0.0010）	（0.0010）	（0.0010）	（0.0010）
	水泥白灰砂浆 1∶1∶4	m^3	—	—	（0.0088）	—	（0.0143）	—	（0.0143）
	水泥白灰砂浆 1∶1∶6	m^3	—	—	（0.0088）	（0.0088）	（0.010）	（0.0143）	（0.0105）
	水泥TG胶浆	m^3	—	—	—	—	—	（0.0010）	—
	水泥TG胶砂浆	m^3	—	—	—	—	—	（0.00834）	—
机械	中小型机械费	元	—	2.10	2.12	1.84	2.41	2.43	2.41

工作内容:清理基层、贴布、挂网、抹灰等。

编号				11-028	11-029	11-030	11-031
项目名称				墙面钉铁丝网	铁丝网抹灰	贴玻纤网格布	挂钢板网
单位				m^2			
总价(元)				**31.94**	**39.88**	**12.43**	**32.12**
其中	人工费(元)			23.09	30.38	4.05	5.40
	材料费(元)			8.85	7.99	8.38	26.72
	机械费(元)			—	1.51	—	—
名称		单位	单价(元)	消耗量			
人工	综合工日	工日	135.00	0.171	0.225	0.030	0.040
材料	玻璃纤维网格布	m^2	2.16	—	—	1.050	—
	钢板网	m^2	24.95	—	—	—	1.050
	胶黏剂 YJ-Ⅲ	kg	18.17	—	—	0.330	—
	水泥	kg	0.39	—	6.999	—	—
	粗砂	t	86.14	—	0.017	—	—
	灰膏	m^3	181.42	—	0.019	—	—
	纸筋	kg	3.70	—	0.093	—	—
	镀锌钢丝 *D*4	kg	7.08	0.167	—	—	—
	拧花镀锌钢丝网 914×900×19	m^2	7.30	1.050	—	—	—
	零星材料费	元	—	—	—	0.12	0.52
	纸筋白灰浆	m^3	—	—	(0.0024)	—	—
	混合砂浆 1:1:6	m^3	—	—	(0.0101)	—	—
	水泥白灰砂浆 1:5	m^3	—	—	(0.0175)	—	—
	水泥砂浆 1:3	m^3	—	—	(0.0011)	—	—
机械	中小型机械费	元	—	—	1.51	—	—

工作内容：清理基层、贴布、挂网、抹灰等。

编号				11-032	11-033	11-034	11-035
项目名称				抹灰层每增减 1mm			
				水泥砂浆	混合砂浆	水泥豆石浆	水泥白石子浆
单位				m^2			
总价（元）				**1.12**	**1.32**	**1.51**	**1.55**
其中	人工费（元）			0.68	0.81	0.81	0.81
	材料费（元）			0.38	0.45	0.64	0.68
	机械费（元）			0.06	0.06	0.06	0.06
名称		单位	单价（元）	消耗量			
人工	综合工日	工日	135.00	0.005	0.006	0.006	0.006
材料	水泥	kg	0.39	0.522	0.252	0.940	0.886
	粗砂	t	86.14	0.002	0.002	—	—
	灰膏	m^3	181.42	—	0.001	—	—
	豆粒石	t	139.19	—	—	0.002	—
	白石渣	kg	0.19	—	—	—	1.758
	水泥砂浆 1:3	m^3	—	（0.0012）	—	—	—
	水泥白灰砂浆 1:1:6	m^3	—	—	（0.0012）	—	—
	水泥豆石浆 1:1.25	m^3	—	—	—	（0.0012）	—
	水泥石渣浆 1:1.5	m^3	—	—	—	—	（0.0012）
机械	中小型机械费	元	—	0.06	0.06	0.06	0.06

工作内容：调制砂浆、清扫墙面、修理基层表面、浇水、打底、弹线、找平、贴尺、制镶米厘条、嵌条、抹面、剁面、堵脚手眼、刷洗门窗、清扫落地灰及完工清理等全部工作。

编　号				11-036	11-037	11-038	11-039
项目名称				墙面、墙裙			
				水刷石	水刷豆石	干粘石	剁假石
单　位				m^2			
总价（元）				**89.58**	**78.63**	**61.26**	**226.88**
其中	人工费（元）			72.98	67.32	50.95	210.38
	材料费（元）			15.64	10.35	9.43	15.62
	机械费（元）			0.96	0.96	0.88	0.88
名　称		单位	单价（元）	消　耗　量			
人工	综合工日	工日	153.00	0.477	0.440	0.333	1.375
材料	水泥	kg	0.39	18.489	16.772	13.826	17.872
	粗砂	t	86.14	0.028	0.020	0.028	0.025
	白石子 大、中、小八厘	kg	0.19	18.020	—	6.640	20.529
	豆粒石	t	139.19	—	0.015	—	—
	灰膏	m^3	181.42	—	—	0.002	—
	108 胶	kg	4.45	0.060	—	—	0.060
	红白松锯材 一类烘干	m^3	4650.86	0.0005	—	—	0.0005
	素水泥浆	m^3	—	（0.0011）	（0.0011）	—	（0.0022）
	水泥砂浆 1∶3	m^3	—	（0.0178）	（0.0124）	（0.0178）	（0.0156）
	水泥白石浆（刷石、磨石用）1∶2	m^3	—	—	—	—	（0.0123）
	水泥白石浆（刷石、磨石用）1∶1.5	m^3	—	（0.0123）	—	—	—
	水泥豆石浆 1∶1.25	m^3	—	—	（0.0124）	—	—
	水泥白灰浆 1∶0.3	m^3	—	—	—	（0.0055）	—
机械	中小型机械费	元	—	0.96	0.96	0.88	0.88

工作内容：清扫基层、剁面、清理等全部操作过程。

编号				11-040	11-041	11-042	11-043
项目名称				底层处理			刷冷底子油一遍
				砖墙面剁麻面	砖墙面开缝	水泥墙面、地面剁麻面	
单位				m^2			
总价（元）				**27.00**	**33.75**	**40.50**	**5.54**
其中	人工费（元）			27.00	33.75	40.50	2.43
	材料费（元）			—	—	—	3.11
名称		单位	单价（元）	消耗量			
人工	综合工日	工日	135.00	0.200	0.250	0.300	0.018
材料	冷底子油	kg	6.41	—	—	—	0.485

第二节　墙 面 勾 缝

工作内容：清扫基层、调制砂浆、勾缝等全部操作。

编　　号				11-044	11-045	11-046	11-047	11-048
项目名称				1∶1.5 水泥细砂勾缝				
				新墙			旧墙	毛石基础
				刀缝	喂缝	凸缝		
单　　位				m^2				
总价（元）				**30.82**	**22.32**	**51.22**	**34.99**	**24.36**
其中	人工费（元）			29.70	21.20	49.41	33.75	22.55
	材料费（元）			1.12	1.12	1.81	1.24	1.81
名　　称		单位	单价（元）	消　耗　量				
人工	综合工日	工日	135.00	0.220	0.157	0.366	0.250	0.167
材料	水泥	kg	0.39	1.983	1.983	—	2.284	3.306
	白水泥	kg	0.64	—	—	2.284	—	—
	细砂	t	87.33	0.004	0.004	0.004	0.004	0.006
	水泥细砂浆 1∶1.5	m^3	—	（0.0033）	（0.0033）	—	（0.0038）	（0.0055）
	白水泥细砂浆 1∶1.5	m^3	—	—	—	（0.0038）	—	—

第三节 柱面抹灰

工作内容：调制砂浆、清扫柱面、浇水、弹线、挂线、找方、冲筋、上杠、抹灰、堵脚手眼、清扫落地灰等。

编号				11-049	11-050	11-051	11-052
项目名称				水泥砂浆抹灰			
				砖柱		混凝土柱	
				方形	异型	方形	异型
单位				m^2			
总价（元）				**47.04**	**85.45**	**47.11**	**85.96**
其中	人工费（元）			37.13	74.52	36.72	74.66
	材料费（元）			7.76	7.76	8.12	8.12
	机械费（元）			2.15	3.17	2.27	3.18
名称		单位	单价（元）	消耗量			
人工	综合工日	工日	135.00	0.275	0.552	0.272	0.553
材料	水泥	kg	0.39	11.737	11.737	13.742	13.742
	粗砂	t	86.14	0.037	0.037	0.032	0.032
	素水泥浆	m^3	—	—	—	（0.0022）	（0.0022）
	水泥砂浆 1:2	m^3	—	（0.0082）	（0.0082）	（0.0080）	（0.0080）
	水泥砂浆 1:3	m^3	—	（0.0162）	（0.0162）	（0.0134）	（0.0134）
机械	中小型机械费	元	—	2.15	3.17	2.27	3.18

工作内容：调制砂浆、清理基层、弹线、嵌条、抹面、起线、修整等全部操作过程。

编号				11-053	11-054	11-055	11-056	11-057	11-058
项目名称				水刷石		水刷豆石		干粘石	剁假石
				梁、柱				梁、柱	
				矩形	异型	矩形	异型		
单位				m^2					
总价（元）				**115.80**	**127.43**	**103.07**	**113.63**	**77.62**	**256.40**
其中	人工费（元）			99.30	110.93	91.80	102.36	67.32	239.14
	材料费（元）			15.64	15.64	10.35	10.35	9.44	16.40
	机械费（元）			0.86	0.86	0.92	0.92	0.86	0.86
名称		单位	单价（元）	消耗量					
人工	综合工日	工日	153.00	0.649	0.725	0.600	0.669	0.440	1.563
材料	水泥	kg	0.39	18.489	18.489	16.772	16.772	13.826	19.340
	粗砂	t	86.14	0.028	0.028	0.020	0.020	0.028	0.021
	灰膏	m^3	181.42	—	—	—	—	0.002	—
	白石子 大、中、小八厘	kg	0.19	18.020	18.020	—	—	6.700	22.532
	豆粒石	t	139.19	—	—	0.015	0.015	—	—
	红白松锯材 一类烘干	m^3	4650.86	0.0005	0.0005	—	—	—	0.0005
	108 胶	kg	4.45	0.060	0.060	—	—	—	0.100
	素水泥浆	m^3	—	（0.0011）	（0.0011）	（0.0011）	（0.0011）	—	（0.0033）
	水泥砂浆 1:3	m^3	—	（0.0178）	（0.0178）	（0.0124）	（0.0124）	（0.0178）	（0.0134）
	水泥白灰浆 1:0.3	m^3	—	—	—	—	—	（0.0055）	—
	水泥豆石浆 1:1.25	m^3	—	—	—	（0.0124）	（0.0124）	—	—
	水泥白石浆（刷石、磨石用）1:1.5	m^3	—	（0.0123）	（0.0123）	—	—	—	—
	水泥白石浆（刷石、磨石用）1:2	m^3	—	—	—	—	—	—	（0.0135）
机械	中小型机械费	元	—	0.86	0.86	0.92	0.92	0.86	0.86

第四节 零星抹灰

工作内容：调制砂浆、清扫面层、浇水、弹线、清扫落地灰等。

编号					11-059	11-060	11-061
项目名称					零星抹灰		
					白灰砂浆	混合砂浆	水泥砂浆
单位					m^2		
总价（元）					**48.53**	**49.26**	**56.37**
其中	人工费（元）				39.69	40.23	44.15
	材料费（元）				5.91	5.65	8.87
	机械费（元）				2.93	3.38	3.35
名称		单位	单价（元）		消耗量		
人工	综合工日	工日	135.00		0.294	0.298	0.327
材料	水泥	kg	0.39		4.410	5.330	14.793
	粗砂	t	86.14		0.032	0.033	0.036
	纸筋	kg	3.70		0.093	—	—
	灰膏	m^3	181.42		0.006	0.004	—
	素水泥浆	m^3	—		—	—	（0.0022）
	水泥砂浆 1:2	m^3	—		—	—	（0.0090）
	水泥砂浆 1:3	m^3	—		—	—	（0.0145）
	纸筋白灰浆	m^3	—		（0.0024）	—	—
	水泥白灰砂浆 1:1:6	m^3	—		（0.0210）	（0.0139）	—
	水泥白灰砂浆 1:1:4	m^3	—		—	（0.0088）	—
机械	中小型机械费	元	—		2.93	3.38	3.35

工作内容：调制砂浆、清扫面层、打底、浇水、弹线、贴尺、制镶米厘条、嵌条、抹面、刷浆、起线、剁面、修整、清扫落地灰及完工清理等全部工作。

编号				11-062	11-063	11-064
项目名称				零星		
				水刷石	干粘石	剁假石
单位				m^2		
总价（元）				**231.90**	**157.30**	**297.86**
其中	人工费（元）			215.73	146.27	280.60
	材料费（元）			15.31	10.17	16.40
	机械费（元）			0.86	0.86	0.86
名称		单位	单价（元）	消耗量		
人工	综合工日	工日	153.00	1.410	0.956	1.834
材料	水泥	kg	0.39	22.487	14.696	19.340
	粗砂	t	86.14	0.028	0.031	0.021
	白石子 大、中、小八厘	kg	0.19	19.631	7.400	22.532
	灰膏	m^3	181.42	—	0.002	—
	108 胶	kg	4.45	0.090	—	0.100
	红白松锯材 一类烘干	m^3	4650.86	—	—	0.0005
	素水泥浆	m^3	—	（0.0032）	—	（0.0033）
	水泥砂浆 1∶3	m^3	—	（0.0178）	（0.0198）	（0.0134）
	水泥白石浆（刷石、磨石用）1∶2	m^3	—	—	—	（0.0135）
	水泥白灰浆 1∶0.3	m^3	—	—	（0.0055）	—
	水泥白石浆（刷石、磨石用）1∶1.5	m^3	—	（0.0134）	—	—
机械	中小型机械费	元	—	0.86	0.86	0.86

第五节 墙体保温

工作内容：拆除、清理基层、修补墙面、砂浆调制、运输、抹平等。

编号				11-065	11-066	11-067	11-068
项目名称				聚苯颗粒保温砂浆		无机轻集料保温砂浆	
				厚度（mm）			
				25	每增 5	25	每增 5
单位				m^2			
总价（元）				**50.24**	**6.09**	**49.30**	**5.92**
其中	人工费（元）			38.48	3.73	37.94	3.65
	材料费（元）			10.82	2.17	10.52	2.10
	机械费（元）			0.94	0.19	0.84	0.17
名称		单位	单价（元）	消耗量			
人工	综合工日	工日	135.00	0.285	0.0276	0.281	0.027
材料	胶粉聚苯颗粒保温浆料	m^3	370.00	0.02888	0.00578	—	—
	膨胀玻化微珠保温浆料	m^3	360.00	—	—	0.02888	0.00578
	零星材料费	元	—	0.13	0.03	0.12	0.02
机械	中小型机械费	元	—	0.94	0.19	0.84	0.17

工作内容：拆除、清理基层，刷界面剂，粘贴保温层等。

编号					11-069	11-070
项目名称					聚苯乙烯板	挤塑板
					厚度（mm）	
					50	
单位					m^2	
总价（元）					**63.60**	**50.37**
其中	人工费（元）				38.07	39.02
	材料费（元）				25.53	11.35
名称			单位	单价（元）	消耗量	
人工	综合工日		工日	135.00	0.282	0.289
材料	界面剂		kg	1.74	0.800	—
	聚苯乙烯泡沫塑料板		m^3	387.94	0.051	—
	聚乙烯挤塑板		m^3	220.00	—	0.051
	聚合物黏结砂浆		kg	0.75	4.600	—
	塑料膨胀螺栓		套	0.10	6.000	—
	零星材料费		元	—	0.30	0.13

工作内容：拆除、清理基层，抹保温砂浆，喷发保温层等。

编号					11-071	11-072
项目名称					硬泡聚氨酯现场喷发	
					厚度（mm）	
					50	每增减 5
单位					m^2	
总价（元）					**99.23**	**7.97**
其中	人工费（元）				29.43	1.35
	材料费（元）				69.80	6.62
名称		单位	单价（元）		消耗量	
人工	综合工日	工日	135.00		0.218	0.010
材料	硬泡聚氨酯组合料	kg	20.92		3.126	0.3126
	聚氨酯防潮底漆	kg	20.34		0.113	—
	界面砂浆DB	m^3	1159.00		0.0011	—
	零星材料费	元	—		0.83	0.08

工作内容： 拆除、清理基层、刷界面剂、固定托架、钻孔锚钉、粘贴铺设保温层、聚合物砂浆、挂钢丝网片、膨胀螺栓固定等。

编　号				11-073	11-074
项目名称				单面钢丝网聚苯乙烯板	干挂岩棉板
				厚度（mm）	
				50	
单　位				m²	
总价（元）				**115.67**	**91.88**
其中	人工费（元）			48.47	53.87
	材料费（元）			67.20	38.01
名　称		单位	单价（元）	消　耗　量	
人工	综合工日	工日	135.00	0.359	0.399
材料	单面钢丝聚苯乙烯板 15kg/m³	m²	40.00	1.020	—
	岩棉板厚 50mm	m³	624.00	—	0.051
	界面处理剂	kg	2.06	0.258	0.100
	聚合物黏结砂浆	kg	0.75	6.670	—
	锡纸	m²	3.03	—	1.560
	塑料膨胀螺栓	套	0.10	6.000	8.000
	钢丝网片	m²	16.93	1.150	—
	零星材料费	元	—	0.80	0.45

工作内容：裁剪、铺设网格布，砂浆调制、运输、抹平等。

编号				11-075	11-076
项目名称				抗裂保护层	
				耐碱网格布抗裂砂浆	增加一层网格布抗裂砂浆
				厚度 4mm	厚度 2mm
单位				m^2	
总价（元）				**45.11**	**17.23**
其中	人工费（元）			28.62	5.27
	材料费（元）			16.49	11.96
名称		单位	单价（元）	消耗量	
人工	综合工日	工日	135.00	0.212	0.039
材料	聚合物抗裂砂浆	kg	1.52	5.500	2.750
	耐碱玻纤网格布（标准）	m^2	6.78	1.170	1.127
	零星材料费	元	—	0.20	0.14

第六节　墙面镶贴块料

工作内容：清理、修补基层表面、刷浆、预埋铁件、制作与安装钢筋网、电焊固定，选料湿水、钻孔成槽、镶贴面层、穿丝固定，调制砂浆、磨光打蜡、擦缝、养护。

编号				11-077	11-078	11-079	11-080	11-081
项目名称				挂贴大理石		挂贴花岗岩		挂贴汉白玉
				砖墙面	混凝土墙面	砖墙面	混凝土墙面	墙面
单位				m^2				
总价（元）				**477.95**	**482.33**	**534.99**	**539.37**	**534.42**
其中	人工费（元）			135.86	138.16	135.86	138.16	201.96
	材料费（元）			340.38	342.24	397.39	399.25	330.21
	机械费（元）			1.71	1.93	1.74	1.96	2.25
名称		单位	单价（元）	消耗量				
人工	综合工日	工日	153.00	0.888	0.903	0.888	0.903	1.320
材料	水泥	kg	0.39	28.990	28.990	28.990	28.990	29.389
	白水泥	kg	0.64	0.155	0.155	0.155	0.155	0.153
	粗砂	t	86.14	0.083	0.083	0.083	0.083	0.084
	大理石板	m^2	299.93	1.020	1.020	—	—	—
	花岗岩板	m^2	355.92	—	—	1.020	1.020	—
	汉白玉板 400×400	m^2	286.14	—	—	—	—	1.020
	合金钢钻头	个	11.81	—	0.0655	—	0.0655	0.1000
	硬白蜡	kg	18.46	0.0265	0.0265	0.0265	0.0265	—
	铁件	kg	9.49	0.3487	—	0.3487	—	—

续前

编号				11-077	11-078	11-079	11-080	11-081
项目名称				挂贴大理石		挂贴花岗岩		挂贴汉白玉
				砖墙面	混凝土墙面	砖墙面	混凝土墙面	墙面
单位				m^2				
名称		单位	单价（元）	消耗量				
材料	膨胀螺栓	套	0.82	—	5.240	—	5.240	—
	石料切割锯片	片	28.55	0.0269	0.0269	0.0421	0.0421	0.0270
	电焊条	kg	7.59	0.0151	0.0151	0.0151	0.0151	0.0230
	塑料薄膜	m^2	1.90	0.2805	0.2805	—	—	—
	棉纱	kg	16.11	0.010	0.010	0.010	0.010	0.011
	铜丝	kg	73.55	0.0777	0.0777	0.0777	0.0777	0.1240
	清油	kg	15.06	0.0053	0.0053	0.0053	0.0053	—
	煤油	kg	7.49	0.040	0.040	0.040	0.040	—
	松节油	kg	7.93	0.006	0.006	0.006	0.006	—
	草酸	kg	10.93	0.010	0.010	0.010	0.010	—
	钢筋	kg	3.97	1.0765	1.100	1.076	1.100	1.330
	射钉	个	0.36	—	—	—	—	7.900
	素水泥浆	m^3	—	（0.001）	（0.001）	（0.001）	（0.001）	（0.0011）
	水泥砂浆 1∶2.5	m^3	—	（0.0555）	（0.0555）	（0.0555）	（0.0555）	（0.056）
机械	中小型机械费	元	—	1.71	1.93	1.74	1.96	2.25

工作内容：清理基层、调制砂浆、打底刷浆，镶贴块料面层、切割面料，磨光、擦缝、打蜡养护。

编号				11-082	11-083	11-084	11-085	11-086
项目名称				大理石		花岗岩		凹凸假麻石块
				水泥砂浆粘贴				
				砖墙面	混凝土墙面	砖墙面	混凝土墙面	墙面
单位				m^2				
总价（元）				**410.08**	**419.68**	**467.19**	**476.76**	**164.70**
其中	人工费（元）			87.36	93.48	87.36	93.48	74.05
	材料费（元）			321.89	325.41	379.00	382.52	89.92
	机械费（元）			0.83	0.79	0.83	0.76	0.73
名称		单位	单价（元）	消耗量				
人工	综合工日	工日	153.00	0.571	0.611	0.571	0.611	0.484
材料	水泥	kg	0.39	9.189	8.189	9.189	8.189	12.739
	白水泥	kg	0.64	0.155	0.155	0.155	0.155	0.155
	粗砂	t	86.14	0.031	0.028	0.031	0.028	0.031
	大理石板	m^2	299.93	1.020	1.020	—	—	—
	花岗岩板	m^2	355.92	—	—	1.020	1.020	—
	凹凸假麻石墙面砖	m^2	80.41	—	—	—	—	1.020
	硬白蜡	kg	18.46	0.0265	0.0265	0.0265	0.0265	—

续前

编号				11-082	11-083	11-084	11-085	11-086
项目名称				大理石		花岗岩		凹凸假麻石块
				水泥砂浆粘贴				
				砖墙面	混凝土墙面	砖墙面	混凝土墙面	墙面
单位				m^2				
名称		单位	单价（元）	消耗量				
材料	胶黏剂 YJ-Ⅲ	kg	18.17	0.421	0.421	0.421	0.421	—
	胶黏剂 YJ-302	kg	26.39	—	0.158	—	0.158	—
	棉纱	kg	16.11	0.010	0.010	0.010	0.010	0.010
	清油	kg	15.06	0.0053	0.0053	0.0053	0.0053	—
	煤油	kg	7.49	0.040	0.040	0.040	0.040	—
	松节油	kg	7.93	0.006	0.006	0.006	0.006	—
	草酸	kg	10.93	0.010	0.010	0.010	0.010	—
	石料切割锯片	片	28.55	0.0269	0.0269	0.0269	0.0269	—
	素水泥浆	m^3	—	—	—	—	—	（0.002）
	水泥砂浆 1:2	m^3	—	—	—	—	—	（0.0067）
	水泥砂浆 1:2.5	m^3	—	（0.0067）	（0.0067）	（0.0067）	（0.0067）	—
	水泥砂浆 1:3	m^3	—	（0.0135）	（0.0112）	（0.0135）	（0.0112）	（0.0135）
机械	中小型机械费	元	—	0.83	0.79	0.83	0.76	0.73

工作内容：清理基层、清理石材、钻孔成槽、安铁件（螺栓）、挂石材，刷胶、打蜡、清洁面层。

编号					11-087	11-088	11-089	11-090	11-091
项目名称					墙面				
					干挂大理石		干挂花岗岩		钢骨架干挂花岗岩板
					密缝	勾缝	密缝	勾缝	
单位					m^2				
总价（元）					**459.10**	**526.94**	**518.52**	**584.47**	**534.64**
其中	人工费（元）				127.91	161.57	129.74	163.25	137.85
	材料费（元）				330.78	364.97	388.33	420.82	396.65
	机械费（元）				0.41	0.40	0.45	0.40	0.14
名称		单位	单价（元）		消耗量				
人工	综合工日	工日	153.00		0.836	1.056	0.848	1.067	0.901
材料	大理石板	m^2	299.93		1.020	0.990	—	—	—
	花岗岩板	m^2	355.92		—	—	1.020	0.990	1.020
	不锈钢连接件	个	2.36		6.610	6.420	6.610	6.420	—
	不锈钢干挂件（钢骨架干挂材专用）	套	3.74		—	—	—	—	5.610
	合金钢钻头	套	11.81		0.0826	0.0803	0.0826	0.0803	—
	硬白蜡	kg	18.46		0.0265	0.0265	0.0265	0.0265	0.0265

续前

编号				11-087	11-088	11-089	11-090	11-091
项目名称				墙面				
				干挂大理石		干挂花岗岩		钢骨架干挂花岗岩板
				密缝	勾缝	密缝	勾缝	
单位				m^2				
名称		单位	单价（元）	消耗量				
材料	结构胶	kg	43.70	—	—	—	—	0.200
	密封胶	kg	31.90	—	1.3752	—	1.3752	—
	石材（云石）胶	kg	19.69	0.046	0.0446	0.046	0.0446	—
	膨胀螺栓	套	0.82	6.610	6.420	6.610	6.420	—
	石料切割锯片	片	28.55	0.0269	0.0261	0.0421	0.0408	0.0269
	棉纱	kg	16.11	0.010	0.010	0.010	0.010	0.010
	清油	kg	15.06	0.0053	0.0053	0.0053	0.0053	—
	煤油	kg	7.49	0.040	0.040	0.040	0.040	0.040
	松节油	kg	7.93	0.006	0.006	0.006	0.006	0.006
	草酸	kg	10.93	0.010	0.010	0.010	0.010	0.010
	密封胶	支	6.71	—	—	—	—	0.300
机械	中小型机械费	元	—	0.41	0.40	0.45	0.40	0.14

工作内容：清理基层、调制砂浆、打底刷浆，镶贴块料面层、灌缝，磨光、擦缝、打蜡养护。

编号				11-092	11-093	11-094	11-095
项目名称				拼碎大理石		拼碎花岗岩	
				砖墙面	混凝土墙面	砖墙面	混凝土墙面
单位				m^2			
总价（元）				**269.40**	**269.01**	**225.91**	**225.52**
其中	人工费（元）			163.86	163.86	163.86	163.86
	材料费（元）			104.56	104.31	61.07	60.82
	机械费（元）			0.98	0.84	0.98	0.84
名称		单位	单价（元）	消耗量			
人工	综合工日	工日	153.00	1.071	1.071	1.071	1.071
材料	水泥	kg	0.39	15.673	15.480	15.673	15.480
	粗砂	t	86.14	0.037	0.031	0.037	0.031
	灰膏	m^3	181.42	0.001	0.002	0.001	0.002
	大理石碎块	m^2	86.85	1.020	1.020	—	—
	花岗岩碎块	m^2	44.22	—	—	1.020	1.020
	草酸	kg	10.93	0.030	0.030	0.030	0.030

编号				11-092	11-093	11-094	11-095
项目名称				拼碎大理石		拼碎花岗岩	
				砖墙面	混凝土墙面	砖墙面	混凝土墙面
单位				m^2			
名称		单位	单价（元）	消耗量			
材料	硬白蜡	kg	18.46	0.050	0.050	0.050	0.050
	松节油	kg	7.93	0.150	0.150	0.150	0.150
	108 胶	kg	4.45	0.440	0.4765	0.440	0.4765
	锡纸	kg	61.00	0.003	0.003	0.003	0.003
	棉纱	kg	16.11	0.010	0.010	0.010	0.010
	金刚石三角形	块	8.31	0.210	0.210	0.210	0.210
	素水泥浆	m^3	—	（0.001）	（0.002）	（0.001）	（0.002）
	水泥砂浆 1∶1.5	m^3	—	（0.0051）	（0.0051）	（0.0051）	（0.0051）
	水泥砂浆 1∶3	m^3	—	（0.009）	—	（0.009）	—
	混合砂浆 1∶0.2∶2	m^3	—	（0.0132）	（0.0135）	（0.0132）	（0.0135）
	混合砂浆 1∶0.5∶3	m^3	—	—	（0.0056）	—	（0.0056）
机械	中小型机械费	元	—	0.98	0.84	0.98	0.84

工作内容：清理修补基层表面、打底抹灰、砂浆找平，选料、抹结合层砂浆、贴面砖、擦缝、清洁表面。

编号				11-096	11-097	11-098	11-099	11-100	11-101
项目名称				95×95 面砖（水泥砂浆粘贴）			150×75 面砖（水泥砂浆粘贴）		
				面砖灰缝（mm）					
				5 以内	10 以内	20 以内	5 以内	10 以内	20 以内
单位				m^2					
总价（元）				**132.48**	**130.85**	**127.81**	**138.98**	**137.20**	**133.74**
其中	人工费（元）			94.40	94.10	93.64	93.94	93.79	93.48
	材料费（元）			37.25	35.88	33.23	44.21	42.54	39.32
	机械费（元）			0.83	0.87	0.94	0.83	0.87	0.94
名称		单位	单价（元）	消耗量					
人工	综合工日	工日	153.00	0.617	0.615	0.612	0.614	0.613	0.611
材料	水泥	kg	0.39	11.470	12.051	13.628	11.470	12.051	13.628
	粗砂	t	86.14	0.035	0.036	0.038	0.035	0.036	0.038
	墙面砖 95×95	m^2	31.74	0.9260	0.8729	0.7646	—	—	—
	墙面砖 150×75	m^2	39.03	—	—	—	0.9312	0.8804	0.7777
	石料切割锯片	片	28.55	0.0075	0.0075	0.0075	0.0075	0.0075	0.0075
	棉纱	kg	16.11	0.010	0.010	0.010	0.010	0.010	0.010
	水泥砂浆 1∶1	m^3	—	（0.0015）	（0.0022）	（0.0041）	（0.0015）	（0.0022）	（0.0041）
	水泥砂浆 1∶2	m^3	—	（0.0051）	（0.0051）	（0.0051）	（0.0051）	（0.0051）	（0.0051）
	水泥砂浆 1∶3	m^3	—	（0.0168）	（0.0168）	（0.0168）	（0.0168）	（0.0168）	（0.0168）
机械	中小型机械费	元	—	0.83	0.87	0.94	0.83	0.87	0.94

工作内容：清理修补基层表面、打底抹灰、砂浆找平，选料、抹结合层砂浆、贴面砖、擦缝、清洁表面。

编 号				11-102	11-103	11-104	11-105	11-106	11-107
项目名称				194×94 面砖（水泥砂浆粘贴）			240×60 面砖（水泥砂浆粘贴）		
				面砖灰缝（mm）					
				5 以内	10 以内	20 以内	5 以内	10 以内	20 以内
单 位				m²					
总价（元）				**137.99**	**135.98**	**131.63**	**132.75**	**131.09**	**125.83**
其中	人工费（元）			79.10	78.95	78.64	79.10	78.95	78.49
	材料费（元）			58.06	56.16	52.05	52.82	51.27	46.40
	机械费（元）			0.83	0.87	0.94	0.83	0.87	0.94
名 称		单位	单价（元）	消 耗 量					
人工	综合工日	工日	153.00	0.517	0.516	0.514	0.517	0.516	0.513
材料	水泥	kg	0.39	11.138	11.885	12.798	11.470	12.051	13.628
	粗砂	t	86.14	0.035	0.036	0.037	0.035	0.036	0.038
	墙面砖 194×94	m²	52.97	0.9501	0.9071	0.8211	—	—	—
	墙面砖 240×60	m²	48.47	—	—	—	0.9275	0.8891	0.7724
	石料切割锯片	片	28.55	0.0075	0.0075	0.0075	0.0075	0.0075	0.0075
	棉纱	kg	16.11	0.010	0.010	0.010	0.010	0.010	0.010
	水泥砂浆 1:1	m³	—	（0.0011）	（0.0020）	（0.0031）	（0.0015）	（0.0022）	（0.0041）
	水泥砂浆 1:2	m³	—	（0.0051）	（0.0051）	（0.0051）	（0.0051）	（0.0051）	（0.0051）
	水泥砂浆 1:3	m³	—	（0.0168）	（0.0168）	（0.0168）	（0.0168）	（0.0168）	（0.0168）
机械	中小型机械费	元	—	0.83	0.87	0.94	0.83	0.87	0.94

工作内容：清理修补基层表面、打底抹灰、砂浆找平，选料、抹结合层砂浆、贴面砖、擦缝、清洁表面。

编号				11-108	11-109	11-110	11-111	11-112	11-113
项目名称				面砖（水泥砂浆粘贴）					
				周长（mm）					
				800 以内	1200 以内	1600 以内	2000 以内	2400 以内	3200 以内
单位				m^2					
总价（元）				**128.31**	**128.39**	**152.01**	**163.68**	**195.56**	**224.26**
其中	人工费（元）			71.15	68.09	64.72	61.51	63.95	66.56
	材料费（元）			56.34	59.48	86.47	101.35	130.79	156.88
	机械费（元）			0.82	0.82	0.82	0.82	0.82	0.82
名称		单位	单价（元）	消耗量					
人工	综合工日	工日	153.00	0.465	0.445	0.423	0.402	0.418	0.435
材料	水泥	kg	0.39	10.269	10.269	10.269	10.269	10.269	10.269
	白水泥	kg	0.64	0.206	0.206	0.206	0.103	0.103	0.103
	粗砂	t	86.14	0.034	0.034	0.034	0.034	0.034	0.034
	墙面砖 200×150	m^2	47.18	1.0350	—	—	—	—	—
	墙面砖 300×300	m^2	49.97	—	1.0400	—	—	—	—
	墙面砖 400×400	m^2	75.92	—	—	1.0400	—	—	—
	墙面砖 450×450	m^2	90.29	—	—	—	1.0400	—	—
	墙面砖 500×500	m^2	118.60	—	—	—	—	1.0400	—
	墙面砖 800×800	m^2	143.69	—	—	—	—	—	1.0400
	石料切割锯片	片	28.55	0.010	0.010	0.010	0.010	0.010	0.010
	棉纱	kg	16.11	0.010	0.010	0.010	0.010	0.010	0.010
	水泥砂浆 1:2	m^3	—	(0.0051)	(0.0051)	(0.0051)	(0.0051)	(0.0051)	(0.0051)
	水泥砂浆 1:3	m^3	—	(0.0169)	(0.0169)	(0.0169)	(0.0169)	(0.0169)	(0.0169)
机械	中小型机械费	元	—	0.82	0.82	0.82	0.82	0.82	0.82

工作内容：清理基层、钻孔成槽、安装铁件（螺栓）、挂面板，刷胶、打蜡、清洗面层等全部操作过程。

编号				11-114	11-115	11-116	11-117	11-118	11-119
项目名称				面砖 1000×800			面砖 1200×1000		
				膨胀螺栓干挂	钢丝网挂贴	型钢龙骨干挂	膨胀螺栓干挂	钢丝网挂贴	型钢龙骨干挂
单位				m²					
总价（元）				**344.82**	**376.16**	**367.00**	**367.93**	**399.33**	**380.37**
其中	人工费（元）			134.95	127.60	113.53	134.95	127.60	112.91
	材料费（元）			209.29	246.48	253.33	232.40	269.67	267.32
	机械费（元）			0.58	2.08	0.14	0.58	2.06	0.14
名称		单位	单价（元）	消耗量					
人工	综合工日	工日	153.00	0.882	0.834	0.742	0.882	0.834	0.738
材料	水泥	kg	0.39	—	29.336	—	—	29.336	—
	粗砂	t	86.14	—	0.084	—	—	0.084	—
	麻丝快硬水泥	m3	551.03	0.0024	—	—	0.0024	—	—
	不锈钢干挂件（钢骨架干挂材专用）	套	3.74	—	—	9.630	—	—	7.170
	墙面砖 1000×800	m²	189.16	1.040	1.040	1.040	—	—	—
	墙面砖 1200×1000	m²	211.46	—	—	—	1.040	1.040	1.040
	钢丝网	m²	16.93	—	1.050	—	—	1.050	—
	合金钢钻头	个	11.81	0.1403	—	—	0.1403	—	—
	膨胀管（干挂石材专用）	只	0.63	—	—	6.250	—	—	6.250
	硬白蜡	kg	18.46	0.0265	0.0265	0.0265	0.0265	0.0265	0.0265

续前

编号				11-114	11-115	11-116	11-117	11-118	11-119
项目名称				面砖 1000×800			面砖 1200×1000		
				膨胀螺栓干挂	钢丝网挂贴	型钢龙骨干挂	膨胀螺栓干挂	钢丝网挂贴	型钢龙骨干挂
单位				m^2					
名称		单位	单价（元）	消耗量					
材料	结构胶 DC995	L	63.82	—	—	0.200	—	—	0.200
	密封胶	支	6.71	—	—	0.300	—	—	0.300
	水泥钉	个	0.34	—	15.000	—	—	15.000	—
	石料切割锯片	片	28.55	0.0421	0.0269	0.0269	0.0421	0.0269	0.0269
	塑料薄膜	m^2	1.90	—	0.2805	—	—	0.2805	—
	棉纱	kg	16.11	0.010	0.010	0.010	0.010	0.010	0.010
	铜丝	kg	73.55	—	0.0777	—	—	0.0777	—
	清油	kg	15.06	0.0053	0.0053	—	0.0053	0.0053	—
	煤油	kg	7.49	0.040	0.040	0.040	0.040	0.040	0.040
	松节油	kg	7.93	0.006	0.006	0.006	0.006	0.006	0.006
	草酸	kg	10.93	0.010	0.010	0.010	0.010	0.010	0.010
	膨胀螺栓	套	0.82	8.780	—	—	8.670	—	—
	素水泥浆	m^3	—	—	（0.001）	—	—	（0.001）	—
	水泥砂浆 1∶2.5	m^3	—	—	（0.0562）	—	—	（0.0562）	—
机械	中小型机械费	元	—	0.58	2.08	0.14	0.58	2.06	0.14

工作内容：清理修补基层表面、打底抹灰、砂浆找平，选料、抹结合层砂浆、贴面层、擦缝、清洁表面。

编号				11-120	11-121	11-122	11-123
项目名称				墙面			
				水泥砂浆粘贴			
				水磨石预制板	陶瓷锦砖	玻璃锦砖	文化石
单位				m^2			
总价（元）				**169.26**	**151.27**	**157.99**	**220.33**
其中	人工费（元）			65.79	103.43	101.59	92.41
	材料费（元）			101.22	47.28	55.54	127.00
	机械费（元）			2.25	0.56	0.86	0.92
名称		单位	单价（元）	消耗量			
人工	综合工日	工日	153.00	0.430	0.676	0.664	0.604
材料	水泥	kg	0.39	25.493	8.599	11.069	12.584
	白水泥	kg	0.64	—	0.258	1.775	—
	粗砂	t	86.14	0.077	0.024	0.035	0.037
	灰膏	m^3	181.42	—	0.001	0.001	—
	水磨石板 305×305×25	m^2	73.48	1.020	—	—	—
	陶瓷锦砖（马赛克）	m^2	39.71	—	1.020	—	—
	玻璃锦砖（马赛克）	m^2	44.92	—	—	1.020	—
	文化石	m^2	114.52	—	—	—	1.035
	石料切割锯片	片	28.55	—	—	—	0.0075

续前

编号				11-120	11-121	11-122	11-123
项目名称				墙面			
				水泥砂浆粘贴			
				水磨石预制板	陶瓷锦砖	玻璃锦砖	文化石
单位				m^2			
名称		单位	单价（元）	消耗量			
材料	棉纱	kg	16.11	—	0.010	0.010	0.010
	钢筋 *D*10 以内	kg	3.97	0.924	—	—	—
	铁件	kg	9.49	0.325	—	—	—
	108 胶	kg	4.45	—	0.191	0.2056	—
	铜丝	kg	73.55	0.040	—	—	—
	素水泥浆	m^3	—	—	（0.001）	—	—
	水泥砂浆 1∶1	m^3	—	—	—	—	（0.0021）
	水泥砂浆 1∶2	m^3	—	—	—	—	（0.0061）
	水泥砂浆 1∶2.5	m^3	—	（0.0515）	—	—	—
	水泥砂浆 1∶3	m^3	—	—	（0.0135）	（0.0157）	（0.0169）
	白水泥浆	m^3	—	—	—	（0.001）	—
	混合砂浆 1∶0.2∶2	m^3	—	—	—	（0.0082）	—
	水泥白灰砂浆 1∶1∶2	m^3	—	—	（0.0031）	—	—
机械	中小型机械费	元	—	2.25	0.56	0.86	0.92

工作内容：清理修补基层表面、打底抹灰、砂浆找平，选料、抹结合层砂浆、贴面层、擦缝、清洁表面。

编　号				11-124	11-125	11-126	11-127	11-128	11-129
项目名称				墙面					墙面面砖腰线
				水泥砂浆粘贴					
				瓷板					
				152×152	200×150	200×200	200×250	200×300	
单　位				m^2					m
总价（元）				**145.94**	**134.65**	**126.27**	**126.65**	**129.43**	**95.35**
其中	人工费（元）			97.31	71.30	71.30	68.09	64.87	5.66
	材料费（元）			47.91	62.52	54.14	57.73	63.73	89.69
	机械费（元）			0.72	0.83	0.83	0.83	0.83	—
名　称		单位	单价（元）	消　耗　量					
人工	综合工日	工日	153.00	0.636	0.466	0.466	0.445	0.424	0.037
材料	水泥	kg	0.39	13.195	13.932	13.932	13.932	13.932	0.566
	白水泥	kg	0.64	0.155	0.155	0.155	0.155	0.155	0.010
	粗砂	t	86.14	0.026	0.033	0.033	0.033	0.033	0.002
	瓷板 152×152	m^2	38.54	1.035	—	—	—	—	—
	瓷板 200×150	m^2	51.86	—	1.035	—	—	—	—
	瓷板 200×200	m^2	43.76	—	—	1.035	—	—	—

续前

编号				11-124	11-125	11-126	11-127	11-128	11-129
项目名称				墙面					墙面面砖腰线
				水泥砂浆粘贴					
				瓷板					
				152 × 152	200 × 150	200 × 200	200 × 250	200 × 300	
单位				m^2					m
名称		单位	单价（元）	消耗量					
材料	瓷板 200 × 250	m^2	47.23	—	—	—	1.035	—	—
	瓷板 200 × 300	m^2	53.03	—	—	—	—	1.035	—
	面砖腰线 200 × 65	千块	17170.68	—	—	—	—	—	0.0052
	石料切割锯片	片	28.55	0.0096	0.0075	0.0075	0.0075	0.0075	—
	棉纱	kg	16.11	0.010	0.010	0.010	0.010	0.010	—
	108 胶	kg	4.45	0.0221	0.0221	0.0221	0.0221	0.0221	—
	素水泥浆	m^3	—	（0.001）	（0.001）	（0.001）	（0.001）	（0.001）	—
	水泥砂浆 1∶1	m^3	—	（0.0082）	（0.0061）	（0.0061）	（0.0061）	（0.0061）	—
	水泥砂浆 1∶3	m^3	—	（0.0112）	（0.0169）	（0.0169）	（0.0169）	（0.0169）	（0.0013）
机械	中小型机械费	元	—	0.72	0.83	0.83	0.83	0.83	—

工作内容：清理修补基层表面、打底抹灰、砂浆找平，选料、抹结合层砂浆、贴面层、擦缝、清洁表面。

编号				11-130	11-131	11-132	11-133	11-134	11-135
项目名称				墙面贴劈离砖			墙面贴金属面砖		
				密缝	缝宽（mm）		密缝	缝宽（mm）	
					10 以内	20 以内		10 以内	20 以内
单位				m^2					
总价（元）				**134.70**	**142.46**	**139.90**	**353.22**	**324.19**	**294.23**
其中	人工费（元）			100.22	110.62	110.16	107.71	119.65	119.65
	材料费（元）			33.77	31.07	28.93	244.74	203.73	173.72
	机械费（元）			0.71	0.77	0.81	0.77	0.81	0.86
名称		单位	单价（元）	消耗量					
人工	综合工日	工日	153.00	0.655	0.723	0.720	0.704	0.782	0.782
材料	水泥	kg	0.39	11.719	12.964	14.209	13.905	15.067	16.146
	白水泥	kg	0.64	0.153	—	—	0.153	—	—
	粗砂	t	86.14	0.028	0.030	0.031	0.030	0.031	0.033
	灰膏	m^3	181.42	0.002	0.002	0.002	0.001	0.001	0.001
	劈离砖 194×94×11	块	0.35	56.200	48.300	42.000	—	—	—
	金属面砖 60×240	块	3.29	—	—	—	71.200	58.600	49.300

续前

编号				11-130	11-131	11-132	11-133	11-134	11-135
项目名称				墙面贴劈离砖			墙面贴金属面砖		
				密缝	缝宽(mm)		密缝	缝宽(mm)	
					10以内	20以内		10以内	20以内
单位				m^2					
名称		单位	单价(元)	消耗量					
材料	胶黏剂 YJ-302	kg	26.39	0.241	0.222	0.203	—	—	—
	108胶	kg	4.45	0.028	0.028	0.028	0.456	0.456	0.456
	棉纱	kg	16.11	0.011	0.011	0.011	0.011	0.011	0.011
	素水泥浆	m^3	—	(0.0011)	(0.0011)	(0.0011)	(0.0011)	(0.0011)	(0.0011)
	水泥砂浆 1:1	m^3	—	—	(0.0015)	(0.0030)	—	(0.0014)	(0.0027)
	水泥砂浆 1:2	m^3	—	—	—	—	(0.0091)	(0.0091)	(0.0091)
	水泥砂浆 1:3	m^3	—	(0.0045)	(0.0045)	(0.0045)	—	—	—
	混合砂浆 1:0.2:2	m^3	—	(0.0136)	(0.0136)	(0.0136)	(0.0136)	(0.0136)	(0.0136)
	混合砂浆 1:0.5:3	m^3	—	(0.0029)	(0.0029)	(0.0029)	—	—	—
机械	中小型机械费	元	—	0.71	0.77	0.81	0.77	0.81	0.86

工作内容：铁件加工安装、龙骨安装、焊接等全部操作过程。

编　号				11-136	11-137
项目名称				钢骨架	不锈钢骨架
单　位				t	
总价（元）				**14333.02**	**26467.09**
其中	人工费（元）			3847.64	4090.15
	材料费（元）			9932.44	21694.34
	机械费（元）			552.94	682.60
名　称		单位	单价（元）	消 耗 量	
人工	综合工日	工日	153.00	25.148	26.733
材料	钢骨架	kg	7.29	1060.000	—
	不锈钢型材	kg	16.32	—	1060.000
	合金钢钻头	个	11.81	25.000	42.000
	电焊条	kg	7.59	23.4242	—
	穿墙螺栓 M16	套	4.33	400.000	530.000
	不锈钢焊丝	kg	67.28	—	23.844
机械	中小型机械费	元	—	552.94	682.60

第七节　柱面镶贴块料

工作内容：1. 挂贴：清理、修补基层表面、刷浆、预埋铁件、制作与安装钢筋网、电焊固定，选料湿水、钻孔成槽、镶贴面层、穿丝固定，调制砂浆、磨光打蜡、擦缝、养护。2. 干挂：清理基层、清理石材、钻孔成槽、安铁件（螺栓）、挂石材，刷胶、打蜡、清洗面层。

编号				11-138	11-139	11-140	11-141	11-142
项目名称				挂贴大理石		干挂大理石	大理石	
				砖柱面	混凝土柱面	柱面	包圆柱	方柱包圆柱
单位				m^2				
总价（元）				**506.77**	**533.85**	**523.17**	**987.76**	**1078.95**
其中	人工费（元）			150.25	170.14	173.96	178.70	224.60
	材料费（元）			354.81	361.50	348.70	807.29	852.04
	机械费（元）			1.71	2.21	0.51	1.77	2.31
名称		单位	单价（元）	消耗量				
人工	综合工日	工日	153.00	0.982	1.112	1.137	1.168	1.468
材料	水泥	kg	0.39	30.821	31.663	—	16.993	19.270
	白水泥	kg	0.64	0.155	0.155	—	0.299	0.299
	粗砂	t	86.14	0.089	0.092	—	0.042	0.049
	不锈钢连接件	个	2.36	—	—	7.932	—	—
	大理石板	m^2	299.93	1.060	1.060	1.060	—	—
	大理石板异型（成品）	m^2	728.48	—	—	—	1.060	1.060
	硬白蜡	kg	18.46	0.0265	0.0265	0.0265	—	—
	圆钢	kg	3.88	—	—	—	2.130	0.798
	扁钢	kg	3.67	—	—	—	—	1.190

编号				11-138	11-139	11-140	11-141	11-142
项目名称				挂贴大理石		干挂大理石	大理石	
				砖柱面	混凝土柱面	柱面	包圆柱	方柱包圆柱
单位				m^2				
名称		单位	单价（元）	消耗量				
材料	角钢	kg	3.47	—	—	—	—	12.450
	合金钢钻头	个	11.81	—	0.115	0.2084	0.3200	0.3200
	铁件	kg	9.49	0.306	—	—	—	—
	石材（云石）胶	kg	19.69	—	—	0.046	—	—
	石料切割锯片	片	28.55	0.0269	0.0269	0.0349	—	—
	塑料薄膜	m^2	1.90	0.2805	0.2805	—	0.013	0.013
	棉纱	kg	16.11	0.010	0.010	0.010	—	—
	电焊条	kg	7.59	0.0139	0.0278	—	0.030	0.150
	钢筋	kg	3.97	1.483	1.483	—	—	—
	铜丝	kg	73.55	0.0777	0.0777	—	0.0707	0.070
	清油	kg	15.06	0.0053	0.0053	0.0053	0.0069	0.0069
	煤油	kg	7.49	0.040	0.040	0.040	0.050	0.050
	松节油	kg	7.93	0.006	0.006	0.006	0.0078	0.0078
	草酸	kg	10.93	0.010	0.010	0.010	—	—
	膨胀螺栓	套	0.82	—	9.200	7.932	8.080	8.080
	素水泥浆	m^3	—	（0.001）	（0.001）	—	（0.002）	（0.002）
	水泥砂浆 1:2.5	m^3	—	（0.0592）	（0.0609）	—	（0.0282）	（0.0328）
机械	中小型机械费	元	—	1.71	2.21	0.51	1.77	2.31

工作内容： 1. 挂贴：清理、修补基层表面、刷浆、预埋铁件、制作与安装钢筋网、电焊固定，选料湿水、钻孔成槽、镶贴面层、穿丝固定，调制砂浆、磨光打蜡、擦缝、养护。2. 干挂：清理基层、清理石材、钻孔成槽、安铁件（螺栓）、挂石材，刷胶、打蜡、清洗面层。

编号				11-143	11-144	11-145	11-146	11-147
项目名称				挂贴花岗岩		干挂花岗岩	花岗岩	
				砖柱面	混凝土柱面	柱面	包圆柱	方柱包圆柱
单位				m^2				
总价（元）				**566.05**	**593.13**	**585.79**	**1134.60**	**1225.79**
其中	人工费（元）			150.25	170.14	176.26	178.70	224.60
	材料费（元）			414.06	420.75	408.61	954.13	998.88
	机械费（元）			1.74	2.24	0.92	1.77	2.31
名称		单位	单价（元）	消耗量				
人工	综合工日	工日	153.00	0.982	1.112	1.152	1.168	1.468
材料	水泥	kg	0.39	30.821	31.663	—	16.993	19.270
	白水泥	kg	0.64	0.155	0.155	—	0.299	0.299
	粗砂	t	86.14	0.089	0.092	—	0.042	0.049
	花岗岩板	m^2	355.92	1.060	1.060	1.060	—	—
	花岗岩板异型（成品）	m^2	867.01	—	—	—	1.060	1.060
	不锈钢连接件	个	2.36	—	—	7.932	—	—
	扁钢	kg	3.67	—	—	—	—	1.190
	圆钢	kg	3.88	—	—	—	2.130	0.798
	角钢	kg	3.47	—	—	—	—	12.450
	铁件	kg	9.49	0.306	—	—	—	—

续前

编号				11-143	11-144	11-145	11-146	11-147
项目名称				挂贴花岗岩		干挂花岗岩	花岗岩	
				砖柱面	混凝土柱面	柱面	包圆柱	方柱包圆柱
单位				m^2				
名称		单位	单价（元）	消耗量				
材料	硬白蜡	kg	18.46	0.0265	0.0265	0.0265	—	—
	合金钢钻头	个	11.81	—	0.115	0.2084	0.320	0.320
	石材（云石）胶	kg	19.69	—	—	0.046	—	—
	石料切割锯片	片	28.55	0.0421	0.0421	0.0545	—	—
	棉纱	kg	16.11	0.010	0.010	0.010	—	—
	塑料薄膜	m^2	1.90	—	—	—	0.013	0.013
	电焊条	kg	7.59	0.0139	0.0278	—	0.030	0.150
	钢筋	kg	3.97	1.483	1.483	—	—	—
	铜丝	kg	73.55	0.0777	0.0777	—	0.0707	0.070
	清油	kg	15.06	0.0053	0.0053	0.0053	0.0069	0.0069
	煤油	kg	7.49	0.040	0.040	0.040	0.050	0.050
	松节油	kg	7.93	0.006	0.006	0.006	0.0078	0.0078
	草酸	kg	10.93	0.010	0.010	0.010	—	—
	膨胀螺栓	套	0.82	—	9.200	7.932	8.080	8.080
	素水泥浆	m^3	—	（0.001）	（0.001）	—	（0.002）	（0.002）
	水泥砂浆 1∶2.5	m^3	—	（0.0592）	（0.0609）	—	（0.0282）	（0.0328）
机械	中小型机械费	元	—	1.74	2.24	0.92	1.77	2.31

工作内容：1. 挂贴：清理、修补基层表面、刷浆、预埋铁件、制作与安装钢筋网、电焊固定，选料湿水、钻孔成槽、镶贴面层、穿丝固定，调制砂浆、磨光打蜡、擦缝、养护。2. 干挂：清理基层、清理石材、钻孔成槽、安铁件（螺栓）、挂石材，刷胶、打蜡、清洗面层。

编　号				11–148	11–149	11–150
项目名称				凹凸假麻石块（水泥砂浆粘贴）	钢骨架上干挂花岗岩板	挂贴汉白玉
				柱面		
单　位				m^2		
总价（元）				**213.57**	**559.64**	**664.93**
其中	人工费（元）			119.03	149.79	238.68
	材料费（元）			93.81	409.71	423.66
	机械费（元）			0.73	0.14	2.59
名　称		单位	单价（元）	消　耗　量		
人工	综合工日	工日	153.00	0.778	0.979	1.560
材料	水泥	kg	0.39	13.806	—	32.359
	白水泥	kg	0.64	0.155	—	0.194
	粗砂	t	86.14	0.034	—	0.093
	凹凸假麻石墙面砖	m^2	80.41	1.060	—	—
	花岗岩板	m^2	355.92	—	1.060	—
	汉白玉板 400×400	m^2	286.14	—	—	1.320
	不锈钢干挂件（钢骨架干挂材专用）	套	3.74	—	4.720	—
	硬白蜡	kg	18.46	—	0.0265	—
	合金钢钻头	个	11.81	—	—	0.180

编号				11-148	11-149	11-150
项目名称				凹凸假麻石块（水泥砂浆粘贴）	钢骨架上干挂花岗岩板	挂贴汉白玉
				柱面		
单位				m^2		
名称		单位	单价（元）	消耗量		
材料	结构胶	kg	43.70	—	0.200	—
	密封胶	支	6.71	—	0.200	—
	射钉	个	0.36	—	—	14.300
	钢筋 *D*10 以内	kg	3.97	—	—	1.840
	电焊条	kg	7.59	—	—	0.041
	石料切割锯片	片	28.55	—	0.0269	0.035
	棉纱	kg	16.11	0.010	0.010	0.012
	铜丝	kg	73.55	—	—	0.124
	煤油	kg	7.49	—	0.040	—
	松节油	kg	7.93	—	0.006	—
	草酸	kg	10.93	—	0.010	—
	泡沫塑料密封条	m	0.91	—	3.100	—
	素水泥浆	m^3	—	（0.0020）	—	（0.0011）
	水泥砂浆 1∶2	m^3	—	（0.0075）	—	—
	水泥砂浆 1∶2.5	m^3	—	—	—	（0.0620）
	水泥砂浆 1∶3	m^3	—	（0.0149）	—	—
机械	中小型机械费	元	—	0.73	0.14	2.59

工作内容：清理基层、调制砂浆、打底刷浆，镶贴块料面层、灌缝，磨光、擦缝、打蜡养护。

编号				11-151	11-152	11-153	11-154
项目名称				拼碎大理石		拼碎花岗岩	
				砖柱面	混凝土柱面	砖柱面	混凝土柱面
单位				m^2			
总价（元）				**304.06**	**303.61**	**258.87**	**258.42**
其中	人工费（元）			194.92	194.92	194.92	194.92
	材料费（元）			108.16	107.83	62.97	62.64
	机械费（元）			0.98	0.86	0.98	0.86
名称		单位	单价（元）	消耗量			
人工	综合工日	工日	153.00	1.274	1.274	1.274	1.274
材料	水泥	kg	0.39	15.777	15.568	15.777	15.568
	粗砂	t	86.14	0.038	0.031	0.038	0.031
	灰膏	m^3	181.42	0.001	0.002	0.001	0.002
	大理石碎块	m^2	86.85	1.060	1.060	—	—
	花岗岩碎块	m^2	44.22	—	—	1.060	1.060
	硬白蜡	kg	18.46	0.050	0.050	0.050	0.050
	锡纸	kg	61.00	0.003	0.003	0.003	0.003

编号				11-151	11-152	11-153	11-154
项目名称				拼碎大理石		拼碎花岗岩	
				砖柱面	混凝土柱面	砖柱面	混凝土柱面
单位				m^2			
名称		单位	单价（元）	消耗量			
材料	棉纱	kg	16.11	0.010	0.010	0.010	0.010
	松节油	kg	7.93	0.150	0.150	0.150	0.150
	草酸	kg	10.93	0.030	0.030	0.030	0.030
	108 胶	kg	4.45	0.440	0.480	0.440	0.480
	金刚石三角形	块	8.31	0.210	0.210	0.210	0.210
	素水泥浆	m^3	—	（0.001）	（0.002）	（0.001）	（0.002）
	水泥砂浆 1:1.5	m^3	—	（0.0051）	（0.0051）	（0.0051）	（0.0051）
	水泥砂浆 1:3	m^3	—	（0.0090）	—	（0.0090）	—
	混合砂浆 1:0.2:2	m^3	—	（0.0134）	（0.0136）	（0.0134）	（0.0136）
	混合砂浆 1:0.5:3	m^3	—	—	（0.0057）	—	（0.0057）
机械	中小型机械费	元	—	0.98	0.86	0.98	0.86

工作内容：清理修补基层表面、打底抹灰、砂浆找平，选料、抹结合层砂浆、贴面层、擦缝、清洁表面。

编号				11-155	11-156	11-157	11-158
项目名称				柱（梁）面			
				水泥砂浆粘贴			
				陶瓷锦砖	玻璃锦砖	瓷板 152×152	水磨石预制板
单位				m^2			
总价（元）				**179.00**	**180.87**	**161.59**	**194.08**
其中	人工费（元）			130.36	123.17	112.00	90.27
	材料费（元）			48.08	56.84	48.87	101.22
	机械费（元）			0.56	0.86	0.72	2.59
名称		单位	单价（元）	消耗量			
人工	综合工日	工日	153.00	0.852	0.805	0.732	0.590
材料	水泥	kg	0.39	8.599	11.537	13.195	25.493
	白水泥	kg	0.64	0.258	1.775	0.155	—
	粗砂	t	86.14	0.024	0.037	0.026	0.077
	灰膏	m^3	181.42	0.001	0.001	—	—
	陶瓷锦砖（马赛克）	m^2	39.71	1.040	—	—	—
	玻璃锦砖（马赛克）	m^2	44.92	—	1.040	—	—
	瓷板 152×152	m^2	38.54	—	—	1.060	—
	水磨石板 305×305×25	m^2	73.48	—	—	—	1.020
	石料切割锯片	片	28.55	—	—	0.0096	—

编号				11-155	11-156	11-157	11-158
项目名称				柱（梁）面			
				水泥砂浆粘贴			
				陶瓷锦砖	玻璃锦砖	瓷板 152×152	水磨石预制板
单位				m^2			
名称		单位	单价（元）	消耗量			
材料	钢筋 *D*10 以内	kg	3.97	—	—	—	0.924
	铁件	kg	9.49	—	—	—	0.325
	铜丝	kg	73.55	—	—	—	0.040
	棉纱	kg	16.11	0.010	0.010	0.010	—
	108 胶	kg	4.45	0.1921	0.216	0.0221	—
	素水泥浆	m^3	—	（0.001）	—	（0.001）	—
	水泥砂浆 1∶1	m^3	—	—	—	（0.0082）	—
	水泥砂浆 1∶2.5	m^3	—	—	—	—	（0.0515）
	水泥砂浆 1∶3	m^3	—	（0.0135）	（0.0163）	（0.0112）	—
	白水泥浆	m^3	—	—	（0.001）	—	—
	混合砂浆 1∶0.2∶2	m^3	—	—	（0.0086）	—	—
	水泥白灰砂浆 1∶1∶2	m^3	—	（0.0031）	—	—	—
机械	中小型机械费	元	—	0.56	0.86	0.72	2.59

第八节　零星镶贴块料

工作内容：清理、修补基层表面、刷浆、预埋铁件、制作与安装钢筋网、电焊固定，选料湿水、钻孔成槽、镶贴面层、穿丝固定，调制砂浆、磨光打蜡、擦缝、养护。

<table>
<tr><td colspan="4">编　　号</td><td>11-159</td><td>11-160</td><td>11-161</td><td>11-162</td><td>11-163</td><td>11-164</td></tr>
<tr><td colspan="4" rowspan="3">项目名称</td><td colspan="6">零星项目</td></tr>
<tr><td rowspan="2">挂贴大理石</td><td rowspan="2">挂贴花岗岩</td><td colspan="3">水泥砂浆粘贴</td><td rowspan="2">钢骨架上干挂花岗岩板</td></tr>
<tr><td>大理石</td><td>花岗岩</td><td>凹凸假麻石块</td></tr>
<tr><td colspan="4">单　　位</td><td colspan="6">m²</td></tr>
<tr><td colspan="4">总价（元）</td><td>**537.53**</td><td>**596.69**</td><td>**436.54**</td><td>**492.19**</td><td>**221.11**</td><td>**554.04**</td></tr>
<tr><td rowspan="3">其中</td><td colspan="3">人工费（元）</td><td>182.84</td><td>182.84</td><td>96.85</td><td>96.24</td><td>125.61</td><td>160.04</td></tr>
<tr><td colspan="3">材料费（元）</td><td>352.40</td><td>411.58</td><td>338.77</td><td>395.03</td><td>94.66</td><td>393.86</td></tr>
<tr><td colspan="3">机械费（元）</td><td>2.29</td><td>2.27</td><td>0.92</td><td>0.92</td><td>0.84</td><td>0.14</td></tr>
<tr><td colspan="2">名　　称</td><td>单位</td><td>单价（元）</td><td colspan="6">消　耗　量</td></tr>
<tr><td>人工</td><td>综合工日</td><td>工日</td><td>153.00</td><td>1.195</td><td>1.195</td><td>0.633</td><td>0.629</td><td>0.821</td><td>1.046</td></tr>
<tr><td rowspan="11">材料</td><td>水泥</td><td>kg</td><td>0.39</td><td>20.971</td><td>20.971</td><td>10.194</td><td>10.194</td><td>15.220</td><td>—</td></tr>
<tr><td>白水泥</td><td>kg</td><td>0.64</td><td>0.155</td><td>0.155</td><td>0.175</td><td>0.175</td><td>0.1856</td><td>—</td></tr>
<tr><td>粗砂</td><td>t</td><td>86.14</td><td>0.059</td><td>0.059</td><td>0.035</td><td>0.035</td><td>0.037</td><td>—</td></tr>
<tr><td>大理石板</td><td>m²</td><td>299.93</td><td>1.060</td><td>—</td><td>1.060</td><td>—</td><td>—</td><td>—</td></tr>
<tr><td>花岗岩板</td><td>m²</td><td>355.92</td><td>—</td><td>1.060</td><td>—</td><td>1.060</td><td>—</td><td>1.060</td></tr>
<tr><td>凹凸假麻石墙面砖</td><td>m²</td><td>80.41</td><td>—</td><td>—</td><td>—</td><td>—</td><td>1.060</td><td>—</td></tr>
<tr><td>不锈钢干挂件（钢骨架干挂材专用）</td><td>套</td><td>3.74</td><td>—</td><td>—</td><td>—</td><td>—</td><td>—</td><td>0.630</td></tr>
<tr><td>硬白蜡</td><td>kg</td><td>18.46</td><td>0.0390</td><td>0.0390</td><td>0.0294</td><td>0.0294</td><td>—</td><td>0.0265</td></tr>
<tr><td>合金钢钻头</td><td>个</td><td>11.81</td><td>0.115</td><td>—</td><td>—</td><td>—</td><td>—</td><td>—</td></tr>
<tr><td>胶黏剂 YJ-302</td><td>kg</td><td>26.39</td><td>—</td><td>—</td><td>0.117</td><td>—</td><td>—</td><td>—</td></tr>
<tr><td>胶黏剂 YJ-Ⅲ</td><td>kg</td><td>18.17</td><td>—</td><td>—</td><td>0.467</td><td>0.467</td><td>—</td><td>—</td></tr>
</table>

编号				11-159	11-160	11-161	11-162	11-163	11-164
项目名称				零星项目					
				挂贴大理石	挂贴花岗岩	水泥砂浆粘贴			钢骨架上干挂花岗岩板
						大理石	花岗岩	凹凸假麻石块	
单位				m^2					
名称		单位	单价（元）	消耗量					
材料	结构胶	kg	43.70	—	—	—	—	—	0.200
	密封胶	支	6.71	—	—	—	—	—	0.200
	石料切割锯片	片	28.55	0.0349	0.0449	0.0299	0.0299	—	0.0269
	泡沫塑料密封条	m	0.91	—	—	—	—	—	2.500
	棉纱	kg	16.11	0.0125	0.0125	0.0111	0.0111	0.0111	0.010
	电焊条	kg	7.59	0.0266	0.0266	—	—	—	—
	钢筋	kg	3.97	1.578	1.578	—	—	—	—
	铜丝	kg	73.55	0.0777	0.090	—	—	—	—
	清油	kg	15.06	0.0069	0.0069	0.0059	0.0059	—	—
	煤油	kg	7.49	0.0518	0.0518	0.0444	0.0444	—	0.040
	松节油	kg	7.93	0.0078	0.0078	0.0067	0.0067	—	0.006
	草酸	kg	10.93	0.0119	0.0119	0.0111	0.0111	—	0.010
	膨胀螺栓	套	0.82	6.060	6.060	—	—	—	—
	素水泥浆	m^3	—	（0.0010）	（0.0010）	—	—	（0.0024）	—
	水泥砂浆 1∶2	m^3	—	—	—	—	—	（0.0080）	—
	水泥砂浆 1∶2.5	m^3	—	（0.0393）	（0.0393）	（0.0075）	（0.0075）	—	—
	水泥砂浆 1∶3	m^3	—	—	—	（0.0149）	（0.0149）	（0.0161）	—
机械	中小型机械费	元	—	2.29	2.27	0.92	0.92	0.84	0.14

工作内容: 清理修补基层表面、刷浆、预埋铁件、制作与安装钢筋网、电焊固定,选料湿水、钻孔成槽、镶贴面层及阴阳角、穿丝固定,调制砂浆、磨光打蜡、擦缝、养护。

编号				11–165	11–166	11–167	11–168
项目名称				挂贴石材			
				圆柱腰线	阴角线	柱墩	柱帽
单位				m			
总价(元)				**185.27**	**307.95**	**649.54**	**694.15**
其中	人工费(元)			30.91	31.37	181.61	188.19
	材料费(元)			153.89	276.08	465.29	503.71
	机械费(元)			0.47	0.50	2.64	2.25
名称		单位	单价(元)	消耗量			
人工	综合工日	工日	153.00	0.202	0.205	1.187	1.230
材料	水泥	kg	0.39	9.306	17.474	32.950	37.533
	白水泥	kg	0.64	0.012	0.0247	0.232	0.232
	粗砂	t	86.14	0.028	0.053	0.095	0.077
	大理石圆弧腰线 80mm	m	130.92	1.060	—	—	—
	大理石圆弧阴角线 180mm	m	244.39	—	1.060	—	—
	大理石柱墩 高 400mm	m	381.86	—	—	1.060	—
	大理石柱帽 高 250mm	m	416.77	—	—	—	1.060
	铁件	kg	9.49	0.255	0.0571	0.412	0.357

编号				11-165	11-166	11-167	11-168
项目名称				挂贴石材			
				圆柱腰线	阴角线	柱墩	柱帽
单位				m			
名称		单位	单价（元）	消耗量			
材料	合金钢钻头	个	11.81	0.015	0.022	0.152	0.152
	硬白蜡	kg	18.46	0.0021	0.011	0.078	0.078
	石料切割锯片	片	28.55	0.022	0.010	0.072	0.065
	棉纱	kg	16.11	0.008	0.040	0.026	0.026
	电焊条	kg	7.59	0.0012	0.005	0.032	0.035
	钢筋	kg	3.97	0.181	0.426	2.870	2.660
	铜丝	kg	73.55	0.062	0.015	0.102	0.140
	清油	kg	15.06	0.008	0.018	0.018	0.018
	松节油	kg	7.93	0.032	0.072	—	—
	草酸	kg	10.93	0.0008	0.0016	0.026	0.026
	膨胀螺栓	套	0.82	—	—	12.220	12.120
	素水泥浆	m^3	—	—	—	（0.0010）	（0.0081）
	水泥砂浆 1∶2.5	m^3	—	（0.0188）	（0.0353）	（0.0635）	（0.051）
机械	中小型机械费	元	—	0.47	0.50	2.64	2.25

工作内容：清理基层、调制砂浆、打底刷浆，镶贴块料面层、灌缝，磨光、擦缝、打蜡养护。

编号				11-169	11-170
项目名称				零星项目	
				拼碎大理石	拼碎花岗岩
单位				m²	
总价（元）				**332.98**	**287.79**
其中	人工费（元）			223.84	223.84
	材料费（元）			108.16	62.97
	机械费（元）			0.98	0.98
名称		单位	单价（元）	消耗量	
人工	综合工日	工日	153.00	1.463	1.463
材料	水泥	kg	0.39	15.777	15.777
	粗砂	t	86.14	0.038	0.038
	灰膏	m³	181.42	0.001	0.001
	大理石碎块	m²	86.85	1.060	—
	花岗岩碎块	m²	44.22	—	1.060
	草酸	kg	10.93	0.030	0.030
	硬白蜡	kg	18.46	0.050	0.050

编号				11-169	11-170
项目名称				零星项目	
				拼碎大理石	拼碎花岗岩
单位				m^2	
名称		单位	单价（元）	消耗量	
材料	锡纸	kg	61.00	0.003	0.003
	棉纱	kg	16.11	0.010	0.010
	松节油	kg	7.93	0.150	0.150
	108 胶	kg	4.45	0.440	0.440
	金刚石三角形	块	8.31	0.210	0.210
	素水泥浆	m^3	—	（0.001）	（0.001）
	水泥砂浆 1:1.5	m^3	—	（0.0051）	（0.0051）
	水泥砂浆 1:3	m^3	—	（0.0090）	（0.0090）
	混合砂浆 1:0.2:2	m^3	—	（0.0134）	（0.0134）
机械	中小型机械费	元	—	0.98	0.98

工作内容：清理修补基层表面、打底抹灰、砂浆找平，选料、抹结合层砂浆、贴面层、擦缝、清洁表面。

编号				11-171	11-172	11-173	11-174	11-175
项目名称				零星项目				
				水泥砂浆粘贴				
				瓷板				
				152×152	200×150	200×200	200×250	200×300
单位				m^2				
总价（元）				**175.12**	**144.92**	**136.33**	**136.18**	**138.81**
其中	人工费（元）			124.54	78.80	78.80	74.97	71.45
	材料费（元）			49.77	65.16	56.57	60.25	66.40
	机械费（元）			0.81	0.96	0.96	0.96	0.96
名称		单位	单价（元）	消耗量				
人工	综合工日	工日	153.00	0.814	0.515	0.515	0.490	0.467
材料	水泥	kg	0.39	14.659	16.305	16.305	16.305	16.305
	粗砂	t	86.14	0.029	0.037	0.037	0.037	0.037
	白水泥	kg	0.64	0.175	0.175	0.175	0.175	0.175
	瓷板 152×152	m^2	38.54	1.060	—	—	—	—
	瓷板 200×150	m^2	51.86	—	1.060	—	—	—
	瓷板 200×200	m^2	43.76	—	—	1.060	—	—
	瓷板 200×250	m^2	47.23	—	—	—	1.060	—
	瓷板 200×300	m^2	53.03	—	—	—	—	1.060
	石料切割锯片	片	28.55	0.0107	0.0084	0.0084	0.0084	0.0084
	棉纱	kg	16.11	0.0111	0.0111	0.0111	0.0111	0.0111
	108 胶	kg	4.45	0.0245	0.0245	0.0245	0.0245	0.0245
	素水泥浆	m^3	—	（0.0011）	（0.0011）	（0.0011）	（0.0011）	（0.0011）
	水泥砂浆 1∶1	m^3	—	（0.0091）	（0.0082）	（0.0082）	（0.0082）	（0.0082）
	水泥砂浆 1∶3	m^3	—	（0.0125）	（0.0180）	（0.0180）	（0.0180）	（0.0180）
机械	中小型机械费	元	—	0.81	0.96	0.96	0.96	0.96

工作内容：清理修补基层表面、打底抹灰、砂浆找平，选料、抹结合层砂浆、贴面层、擦缝、清洁表面。

编号				11-176	11-177	11-178	11-179
项目名称				镶贴水磨石预制板	零星项目		
				其他面	水泥砂浆粘贴		
					陶瓷锦砖	玻璃锦砖	文化石
单位				m^2			
总价（元）				**176.91**	**218.02**	**225.24**	**234.22**
其中	人工费（元）			73.44	168.61	166.77	102.05
	材料费（元）			101.22	48.78	57.51	131.12
	机械费（元）			2.25	0.63	0.96	1.05
名称		单位	单价（元）	消耗量			
人工	综合工日	工日	153.00	0.480	1.102	1.090	0.667
材料	水泥	kg	0.39	25.493	9.520	12.317	14.595
	白水泥	kg	0.64	—	0.289	1.958	—
	粗砂	t	86.14	0.077	0.027	0.039	0.042
	灰膏	m^3	181.42	—	0.001	0.001	—
	陶瓷锦砖（马赛克）	m^2	39.71	—	1.040	—	—
	玻璃锦砖（马赛克）	m^2	44.92	—	—	1.040	—
	文化石	m^2	114.52	—	—	—	1.060
	水磨石板 305×305×25	m^2	73.48	1.020	—	—	—
	钢筋 $D10$ 以内	kg	3.97	0.924	—	—	—

续前

编号				11-176	11-177	11-178	11-179
项目名称				镶贴水磨石预制板	零星项目		
				其他面	水泥砂浆粘贴		
					陶瓷锦砖	玻璃锦砖	文化石
单位				m^2			
名称		单位	单价（元）	消耗量			
材料	铁件	kg	9.49	0.325	—	—	—
	铜丝	kg	73.55	0.040	—	—	—
	石料切割锯片	片	28.55	—	—	—	0.0084
	棉纱	kg	16.11	—	0.0111	0.0111	0.0111
	108 胶	kg	4.45	—	0.2010	0.2293	—
	素水泥浆	m^3	—	—	（0.0011）	—	—
	水泥砂浆 1∶1	m^3	—	—	—	—	（0.0025）
	水泥砂浆 1∶2	m^3	—	—	—	—	（0.0082）
	水泥砂浆 1∶3	m^3	—	—	（0.0150）	（0.0175）	（0.0180）
	白水泥浆	m^3	—	—	—	（0.0011）	—
	混合砂浆 1∶0.2∶2	m^3	—	—	—	（0.0091）	—
	水泥白灰砂浆 1∶1∶2	m^3	—	—	（0.0034）	—	—
	水泥砂浆 1∶2.5	m^3	—	（0.0515）	—	—	—
机械	中小型机械费	元	—	2.25	0.63	0.96	1.05

第九节　墙　饰　面

工作内容：基层清理、定位下料、钻眼、钉木楔、铺钉龙骨基层等。

编　　号				11-180	11-181	11-182	11-183	11-184
项目名称				龙骨基层（cm^2）				
				断面 7.5 以内		断面 13 以内		
				木龙骨平均中距（cm）				
				30 以内	40 以内	30 以内	40 以内	45 以内
单　　位				m^2				
总价（元）				**37.98**	**31.32**	**48.94**	**40.13**	**37.14**
其中	人工费（元）			15.30	12.85	15.30	12.85	12.24
	材料费（元）			22.61	18.41	33.57	27.22	24.85
	机械费（元）			0.07	0.06	0.07	0.06	0.05
名　　称		单位	单价（元）	消　耗　量				
人工	综合工日	工日	153.00	0.100	0.084	0.100	0.084	0.080
材料	杉木锯材	m^3	2596.26	0.00861	0.00702	0.01283	0.01041	0.00952
	圆钉	kg	6.68	0.0383	0.02826	0.0383	0.02826	0.01939
机械	中小型机械费	元	—	0.07	0.06	0.07	0.06	0.05

工作内容：基层清理、定位下料、钻眼、钉木楔、铺钉龙骨基层等。

编号				11-185	11-186	11-187	11-188	11-189	11-190	11-191	11-192
项目名称				龙骨基层							
				断面 $20cm^2$ 以内				断面 $30cm^2$ 以内			
				木龙骨平均中距（cm）							
				30 以内	40 以内	45 以内	50 以内	40 以内	45 以内	50 以内	55 以内
单位				m^2							
总价（元）				**63.16**	**52.90**	**49.13**	**44.60**	**71.53**	**66.33**	**62.05**	**56.60**
其中	人工费（元）			15.30	14.23	13.77	11.93	14.99	14.54	14.38	14.23
	材料费（元）			47.79	38.61	35.31	32.62	56.48	51.74	47.62	42.33
	机械费（元）			0.07	0.06	0.05	0.05	0.06	0.05	0.05	0.04
名称		单位	单价（元）	消耗量							
人工	综合工日	工日	153.00	0.100	0.093	0.090	0.078	0.098	0.095	0.094	0.093
材料	杉木锯材	m^3	2596.26	0.01831	0.0148	0.01355	0.01252	0.02168	0.01988	0.0183	0.01627
	圆钉	kg	6.68	0.03830	0.02826	0.01939	0.01680	0.02826	0.01939	0.01682	0.01401
机械	中小型机械费	元	—	0.07	0.06	0.05	0.05	0.06	0.05	0.05	0.04

工作内容：基层清理、定位下料、钻眼、钉木楔、铺钉龙骨基层等。

编号				11-193	11-194	11-195
项目名称				龙骨基层		
				断面 $45cm^2$ 以内		
				木龙骨平均中距（cm）		
				50 以内	60 以内	80 以内
单位				m^2		
总价（元）				**81.04**	**73.53**	**66.23**
其中	人工费（元）			15.45	15.45	15.45
	材料费（元）			65.54	58.04	50.75
	机械费（元）			0.05	0.04	0.03
名称		单位	单价（元）	消耗量		
人工	综合工日	工日	153.00	0.101	0.101	0.101
材料	杉木锯材	m^3	2596.26	0.02520	0.02232	0.01952
	圆钉	kg	6.68	0.01680	0.01401	0.01074
机械	中小型机械费	元	—	0.05	0.04	0.03

工作内容：定位、弹线、安膨胀螺栓、安装龙骨。

编号				11-196	11-197	11-198	11-199
项目名称				龙骨基层			
				轻钢龙骨	铝合金龙骨	型钢龙骨	石膏龙骨
单位				m^2			
总价（元）				**67.22**	**68.03**	**36.22**	**86.85**
其中	人工费（元）			14.84	16.68	16.83	13.16
	材料费（元）			52.28	51.23	17.77	73.69
	机械费（元）			0.10	0.12	1.62	—
名称		单位	单价（元）	消耗量			
人工	综合工日	工日	153.00	0.097	0.109	0.110	0.086
材料	轻钢龙骨 75×40	kg	15.62	1.0469	—	—	—
	轻钢龙骨 75×50	kg	18.06	1.8087	—	—	—
	铝合金龙骨	m	11.68	—	4.028	—	—
	石膏龙骨 50×70	m	12.98	—	—	—	4.6433
	槽钢	kg	3.62	—	—	—	0.840
	等边角钢 45×4	kg	3.75	—	—	4.080	—

编号				11-196	11-197	11-198	11-199
项目名称				龙骨基层			
				轻钢龙骨	铝合金龙骨	型钢龙骨	石膏龙骨
单位				m^2			
名称		单位	单价（元）	消耗量			
材料	石膏粉	kg	0.94	—	—	—	3.130
	胶黏剂 791	kg	6.49	—	—	—	0.7625
	胶黏剂 792	kg	15.79	—	—	—	0.0235
	圆钉	kg	6.68	—	—	—	0.051
	膨胀螺栓	套	0.82	2.490	5.100	2.490	2.170
	电焊条	kg	7.59	—	—	0.0143	—
	乙炔气	m^3	16.13	—	—	0.0141	—
	氧气	m^3	2.88	—	—	0.0324	—
	射钉	个	0.36	1.510	—	—	—
	自攻螺钉 M4×25	个	0.06	11.200	—	—	—
机械	中小型机械费	元	—	0.10	0.12	1.62	—

工作内容：龙骨上钉基层。

编号				11-200	11-201	11-202	11-203	11-204	11-205
项目名称				夹板、卷材基层					
				玻璃棉毡隔离层	石膏板基层	胶合板基层（mm）		细木工板基层	油毡隔离层
						5	9		
单位				m^2					
总价（元）				**36.88**	**22.84**	**43.91**	**71.81**	**143.94**	**11.21**
其中	人工费（元）			4.90	10.40	9.33	10.86	12.70	5.81
	材料费（元）			31.98	12.44	33.79	59.77	130.06	5.40
	机械费（元）			—	—	0.79	1.18	1.18	—
名称		单位	单价（元）	消耗量					
人工	综合工日	工日	153.00	0.032	0.068	0.061	0.071	0.083	0.038
材料	石膏板（饰面）	m^2	10.58	—	1.050	—	—	—	—
	胶合板 5mm	m^2	30.54	—	—	1.050	—	—	—
	胶合板 9mm	m^2	55.18	—	—	—	1.050	—	—
	大芯板（细木工板）	m^2	122.10	—	—	—	—	1.050	—
	玻璃棉毡	m^2	30.42	1.050	—	—	—	—	—
	油毡（油纸）	m^2	3.83	—	—	—	—	—	1.050
	射钉（枪钉）	盒	36.00	—	—	0.006	0.009	0.009	—
	圆钉	kg	6.68	0.0060	—	0.0256	0.0256	0.0291	0.006
	聚醋酸乙烯乳液	kg	9.51	—	0.1404	0.1404	0.1404	0.1404	0.1404
机械	中小型机械费	元	—	—	—	0.79	1.18	1.18	—

工作内容：清理基层、打胶、贴或钉面层、钉压条、清理等全部操作过程。硬木板条包括踢脚线部分。

编号				11-206	11-207	11-208	11-209
项目名称				面层			
				墙面			
				镜面玻璃		镭射玻璃	
				在胶合板上粘贴	在砂浆面上粘贴	在胶合板上粘贴	在砂浆面上粘贴
单位				m^2			
总价(元)				**140.77**	**216.69**	**330.53**	**405.82**
其中	人工费(元)			27.08	37.79	25.25	35.34
	材料费(元)			113.69	178.70	305.28	370.28
	机械费(元)			—	0.20	—	0.20
名称		单位	单价(元)	消耗量			
人工	综合工日	工日	153.00	0.177	0.247	0.165	0.231
材料	镜面玻璃 6mm	m^2	67.98	1.050	1.050	—	—
	镭射玻璃(成品)	m^2	248.08	—	—	1.060	1.060
	不锈钢压条 6.5×15	m	11.77	1.2465	—	1.2465	—
	不锈钢钉	kg	30.55	0.0247	—	0.0247	—
	铝收口条压条	m	11.00	—	6.8085	—	6.8085
	双面强力弹性胶带	m	5.52	—	5.0526	—	5.0526
	镀锌螺钉	个	0.16	11.7903	8.1633	11.7903	8.1633
	合金钢钻头	个	11.81	—	0.060	—	0.060
	杉木锯材	m^3	2596.26	—	0.0008	—	0.0008
	玻璃胶	支	23.15	1.080	—	1.080	—
	XY-518 胶	kg	17.89	—	0.0248	—	0.0248
机械	中小型机械费	元	—	—	0.20	—	0.20

工作内容：清理基层、打胶、贴或钉面层、钉压条、清理等全部操作过程。硬木板条包括踢脚线部分。

编号				11-210	11-211	11-212	11-213	11-214
项目名称				面层				
				墙面、墙裙				
				不锈钢面板	贴人造革	贴丝绒	塑料板面	胶合板面
单位				m^2				
总价（元）				**456.24**	**175.19**	**185.26**	**59.03**	**51.93**
其中	人工费（元）			59.98	74.05	23.56	9.79	22.95
	材料费（元）			396.26	101.14	161.70	49.24	27.40
	机械费（元）			—	—	—	—	1.58
名称		单位	单价（元）	消耗量				
人工	综合工日	工日	153.00	0.392	0.484	0.154	0.064	0.150
材料	镜面不锈钢板（成型）8k	m^2	324.10	1.1565	—	—	—	—
	人造革	m^2	17.74	—	1.100	—	—	—
	丝绒面料	m^2	139.60	—	—	1.120	—	—
	塑料面板	m^2	26.55	—	—	—	1.050	—
	胶合板 3mm	m^2	20.88	—	—	—	—	1.100
	铝合金压条	m	8.10	—	1.0638	—	—	—
	塑料踢脚盖板	m	5.24	—	—	—	0.5895	—

编　号			11-210	11-211	11-212	11-213	11-214
项目名称			面层				
			墙面、墙裙				
			不锈钢面板	贴人造革	贴丝绒	塑料板面	胶合板面
单　位			m^2				
名　称	单位	单价（元）	消　耗　量				
材料 塑料板压口盖板	m	5.48	—	—	—	0.5895	—
塑料板阴阳角卡口板	m	27.04	—	—	—	0.5263	—
螺钉带垫圈 50	个	1.61	—	16.0714	—	—	—
泡沫塑料 30mm	m^2	30.93	—	1.050	—	—	—
万能胶	kg	17.95	—	—	0.220	—	—
硬木锯材	m^3	6977.77	—	0.0021	—	—	—
锯材	m^3	1632.53	—	—	0.0005	—	—
木螺钉	个	0.16	—	—	—	5.102	—
圆钉	kg	6.68	—	—	0.004	—	—
射钉（枪钉）	盒	36.00	—	—	—	—	0.012
贴缝纸带	m	1.12	—	—	0.500	—	—
聚醋酸乙烯乳液	kg	9.51	—	—	—	—	0.4211
玻璃胶	支	23.15	0.9259	—	—	—	—
机械 中小型机械费	元	—	—	—	—	—	1.58

工作内容：清理基层、打胶、贴或钉面层、钉压条、清理等全部操作过程。硬木板条包括踢脚线部分。

编号				11-215	11-216	11-217	11-218
项目名称				面层			
				硬木条吸声墙面	硬木板条墙面	石膏板墙面	FC 板墙面
单位				m^2			
总价（元）				**215.23**	**163.71**	**26.47**	**44.85**
其中	人工费（元）			49.57	40.09	14.99	15.30
	材料费（元）			164.44	121.97	11.48	29.55
	机械费（元）			1.22	1.65	—	—
名称		单位	单价（元）	消耗量			
人工	综合工日	工日	153.00	0.324	0.262	0.098	0.100
材料	石膏板（饰面）	m^2	10.58	—	—	1.050	—
	硬杂木锯材 一类烘干	m^3	4966.66	0.0232	0.0245	—	—
	FC 板	m^2	25.92	—	—	—	1.100
	钢板网	m^2	24.95	1.050	—	—	—
	超细玻璃棉	kg	21.33	1.0526	—	—	—
	嵌缝膏	kg	1.57	—	—	0.0195	0.0195
	圆钉	kg	6.68	0.0839	0.0428	0.0508	—
	自攻螺钉 M4×15	个	0.06	—	—	—	16.723
机械	中小型机械费	元	—	1.22	1.65	—	—

工作内容：清理基层、打胶、贴或钉面层、钉压条、清理等全部操作过程。硬木板条包括踢脚线部分。

编号					11-219	11-220	11-221	11-222	11-223	11-224
项目名称					面层					
					电化铝板墙面	铝合金装饰板墙面	铝合金复合板墙面		竹片内墙面	镀锌薄钢板墙面
							胶合板基层上	木龙骨基层上		
单位					m^2					
总价（元）					**108.10**	**68.26**	**237.52**	**224.24**	**49.59**	**46.10**
其中	人工费（元）				31.82	25.70	49.27	49.27	38.25	21.11
	材料费（元）				76.28	42.56	188.25	174.97	11.34	24.99
名称		单位	单价（元）		消耗量					
人工	综合工日	工日	153.00		0.208	0.168	0.322	0.322	0.250	0.138
材料	电化角铝 25.4×2	m	10.30		1.7766	—	—	—	—	—
	电化铝装饰板 宽 100mm	m^2	51.99		1.060	—	—	—	—	—
	铝合金装饰板	m^2	25.38		—	1.060	—	—	—	—
	铝塑板	m^2	143.67		—	—	1.148	1.148	—	—
	半圆竹片 *D*20	m^2	9.27		—	—	—	—	1.050	—

编号				11-219	11-220	11-221	11-222	11-223	11-224
项目名称				面层					
				电化铝板墙面	铝合金装饰板墙面	铝合金复合板墙面		竹片内墙面	镀锌薄钢板墙面
						胶合板基层上	木龙骨基层上		
单位				m^2					
名称		单位	单价（元）	消耗量					
材料	镀锌薄钢板 $\delta0.55$	m^2	20.08	—	—	—	—	—	1.145
	铝收口条压条	m	11.00	—	1.0589	—	—	—	—
	镀锌半圆头钉	kg	8.70	—	—	—	—	0.0727	—
	铝拉铆钉	个	0.13	20.6633	—	—	—	—	—
	圆钉	kg	6.68	—	—	—	—	—	0.0199
	镀锌螺钉	个	0.16	—	25.0612	—	—	—	—
	镀锌钢丝 $D0.7$	kg	7.42	—	—	—	—	0.1306	—
	SY-19 胶	kg	17.74	0.0105	—	—	—	—	—
	玻璃胶	支	23.15	—	—	0.8608	0.2869	—	—
	密封胶	支	6.71	—	—	0.5053	0.5053	—	—
	焊锡	kg	59.85	—	—	—	—	—	0.0311

工作内容：清理基层、打胶、贴或钉面层、钉压条、清理等全部操作过程。硬木板条包括踢脚线部分。

编号				11-225	11-226	11-227	11-228	11-229	11-230
项目名称				面层					
				纤维板	刨花板	杉木薄板	木丝板	塑料扣板	柚木皮
单位				m^2					
总价(元)				**52.29**	**56.92**	**126.93**	**80.49**	**42.38**	**91.49**
其中	人工费(元)			22.19	22.19	63.34	22.49	9.33	35.19
	材料费(元)			30.10	34.73	63.59	58.00	33.05	56.30
名称		单位	单价(元)	消耗量					
人工	综合工日	工日	153.00	0.145	0.145	0.414	0.147	0.061	0.230
材料	刨花板 12mm	m^2	27.28	—	1.100	—	—	—	—
	杉木锯材	m^3	2596.26	—	—	0.0244	—	—	—
	木丝板	m^2	49.42	—	—	—	1.100	—	—
	塑料扣板(空腹)	m^2	27.69	—	—	—	—	1.050	—
	柚木皮	m^2	46.03	—	—	—	—	—	1.100
	塑料压条	m	3.23	—	—	—	—	1.1696	—
	锯材	m^3	1632.53	—	0.0025	—	0.0020	—	—
	镀锌薄钢板 δ0.55	m^2	20.08	—	0.0110	—	0.0086	—	—
	玻璃纤维板 5mm	m^2	27.26	1.100	—	—	—	—	—
	万能胶	kg	17.95	—	—	—	—	—	0.3158
	圆钉	kg	6.68	0.0169	0.063	0.0362	0.0299	0.0300	—

工作内容：清理基层、打胶、贴或钉面层、钉压条、清理等全部操作过程。硬木板条包括踢脚线部分。

编号				11-231	11-232	11-233	11-234	11-235
项目名称				面层				
				石棉板墙面		岩棉吸声板	超细玻璃棉板	木制饰面板拼色、拼花
				钉在木梁上	安在钢梁上			
单位				m^2				
总价（元）				**27.14**	**37.58**	**22.33**	**46.37**	**103.30**
其中	人工费（元）			8.11	12.39	8.87	7.04	61.20
	材料费（元）			19.03	25.19	13.46	39.33	40.31
	机械费（元）			—	—	—	—	1.79
名称		单位	单价（元）	消耗量				
人工	综合工日	工日	153.00	0.053	0.081	0.058	0.046	0.400
材料	石棉板	m^2	17.19	1.050	1.050	—	—	—
	岩棉吸声板	m^2	11.94	—	—	1.050	—	—
	超细玻璃棉板 50mm	m^2	35.65	—	—	—	1.100	—
	榉木夹板 3mm	m^2	28.70	—	—	—	—	1.250
	杉木锯材	m^3	2596.26	—	—	0.0003	—	—
	镀锌瓦钩	个	1.16	—	6.1531	—	—	—
	射钉（枪钉）	盒	36.00	—	—	—	—	0.012
	圆钉	kg	6.68	—	—	0.0212	0.0169	—
	聚醋酸乙烯乳液	kg	9.51	—	—	—	—	0.4211
	木螺钉	个	0.16	6.1531	—	—	—	—
机械	中小型机械费	元	—	—	—	—	—	1.79

工作内容：放线、型材矫正、下料、钻孔、拼装固定、安装铝塑复合板、周边封口打胶。

编号				11-236	11-237	11-238	11-239
项目名称				铝塑复合板内墙面（3×1220×2440）			
				带骨架		不带骨架	
				钢骨架	铝骨架	轻钢龙骨	铝合金龙骨
单位				m^2			
总价（元）				**470.10**	**656.89**	**311.84**	**326.43**
其中	人工费（元）			153.00	153.00	125.46	125.46
	材料费（元）			317.10	503.89	186.38	200.97
名称		单位	单价（元）	消耗量			
人工	综合工日	工日	153.00	1.000	1.000	0.820	0.820
材料	铝塑板	m^2	143.67	1.050	1.050	1.050	1.050
	钢骨架	kg	7.29	16.500	—	—	—
	铝合金骨架	kg	42.02	—	7.600	—	—
	轻钢龙骨	m	6.82	1.800	—	1.800	—
	铝合金龙骨	kg	11.68	—	—	—	2.300
	不锈钢装饰条 20×10×0.5	m	7.18	1.400	1.400	1.400	1.400
	铁件	kg	9.49	2.000	2.000	0.900	0.900
	膨胀螺栓	套	0.82	0.900	0.900	0.900	0.900
	强力胶	kg	15.07	0.260	0.260	0.260	0.260

第十节 柱(梁)饰面

工作内容:定位、弹线、下料、截割龙骨、安装、基层安装、固定、包面、镶条、清理等。

编号				11-240	11-241	11-242	11-243	11-244
项目名称				圆柱包铜		方柱包圆铜	包方柱镶条	
				木龙骨	钢龙骨	木龙骨	不锈钢条板镶钛金条	不锈钢条板包圆角
单位				m^2				
总价(元)				**573.81**	**561.75**	**598.72**	**519.15**	**614.12**
其中	人工费(元)			113.83	146.12	141.37	138.47	136.94
	材料费(元)			455.86	414.71	452.43	375.65	472.20
	机械费(元)			4.12	0.92	4.92	5.03	4.98
名称		单位	单价(元)	消耗量				
人工	综合工日	工日	153.00	0.744	0.955	0.924	0.905	0.895
材料	装饰铜板	m^2	327.31	1.107	1.1066	1.1066	—	—
	钛金板	m^2	419.95	—	—	—	0.3581	0.8155
	不锈钢板	m^2	99.72	—	—	—	0.8784	0.2802
	锯材	m^3	1632.53	0.0161	—	0.0061	0.0160	0.0273
	大芯板(细木工板)	m^2	122.10	0.2406	—	0.1341	—	—
	胶合板 3mm	m^2	20.88	1.050	—	1.050	—	—
	胶合板 5mm	m^2	30.54	—	—	—	1.050	—
	胶合板 9mm	m^2	55.18	—	—	—	1.050	0.750
	钢板	kg	4.03	—	1.0636	—	—	—

续前

编号				11-240	11-241	11-242	11-243	11-244
项目名称				圆柱包铜		方柱包圆铜	包方柱镶条	
				木龙骨	钢龙骨	木龙骨	不锈钢条板镶钛金条	不锈钢条板包圆角
单位				m^2				
名称		单位	单价（元）	消耗量				
材料	角钢	kg	3.47	—	7.7998	—	—	—
	带帽螺栓	个	3.30	—	—	1.500	—	—
	扁钢	kg	3.67	—	2.294	—	—	—
	射钉（枪钉）	盒	36.00	0.0862	—	0.0862	0.1645	0.046
	圆钉	kg	6.68	0.1689	—	0.0974	0.1169	0.0941
	塑料薄膜	m^2	1.90	—	—	0.4563	—	—
	电焊条	kg	7.59	—	0.0722	—	—	—
	杉木锯材	m^3	2596.26	—	—	0.0068	—	—
	聚醋酸乙烯乳液	kg	9.51	0.2737	—	0.4211	0.5579	0.3985
	万能胶	kg	17.95	0.4238	0.4238	0.4211	0.4733	0.4707
	射钉	个	0.36	—	1.7681	—	—	—
	膨胀螺栓 M8×80	套	1.16	0.5487	3.0309	2.0958	—	—
	零星材料费	元	—	0.86	0.43	0.75	1.04	1.31
机械	中小型机械费	元	—	4.12	0.92	4.92	5.03	4.98

工作内容：定位、弹线、下料、截割龙骨、安装、基层安装、固定、包面、镶条、清理等。

编号				11-245	11-246	11-247	11-248	11-249	11-250
项目名称				包方柱镶条					
				钛金条板镶不锈钢条板	钛金条板包圆角	柚木夹板镶不锈钢条板	柚木夹板镶钛金条板	不锈钢板镶磨砂钢板	钛金钢板镶磨砂钢板
单位				m^2					
总价（元）				**686.99**	**614.88**	**273.76**	**413.02**	**326.35**	**573.00**
其中	人工费（元）			139.23	137.70	107.10	107.10	128.52	128.52
	材料费（元）			542.73	472.20	160.95	300.21	193.18	439.83
	机械费（元）			5.03	4.98	5.71	5.71	4.65	4.65
名称		单位	单价（元）	消耗量					
人工	综合工日	工日	153.00	0.910	0.900	0.700	0.700	0.840	0.840
材料	不锈钢板	m^2	99.72	0.3581	0.2802	0.4337	—	0.7681	—
	钛金板	m^2	419.95	0.8784	0.8155	—	0.4337	—	0.7681
	磨砂钢板	m^2	65.65	—	—	—	—	0.4337	0.4337
	锯材	m^3	1632.53	0.0160	0.0273	0.0120	0.0120	0.0120	0.0120
	胶合板 5mm	m^2	30.54	1.050	—	1.050	1.050	1.050	1.050
	胶合板 9mm	m^2	55.18	1.050	0.750	0.370	0.370	0.370	0.370
	柚木夹板 3mm	m^2	42.20	—	—	0.7334	0.7334	—	—
	聚醋酸乙烯乳液	kg	9.51	0.5579	0.3985	0.5579	0.5579	0.1368	0.1368
	万能胶	kg	17.95	0.4733	0.4707	0.166	0.166	0.460	0.460
	圆钉	kg	6.68	0.1169	0.0941	0.0691	0.0691	0.0691	0.0691
	射钉（枪钉）	盒	36.00	0.1645	0.046	0.1522	0.1522	0.1522	0.1522
	零星材料费	元	—	1.51	1.31	0.45	0.83	0.54	1.22
机械	中小型机械费	元	—	5.03	4.98	5.71	5.71	4.65	4.65

工作内容：定位、弹线、下料、截割龙骨、安装、基层安装、固定、包面、镶条、清理等。

编号				11-251	11-252	11-253	11-254
项目名称				包圆柱镶条			
				柚木板		防火板	
				镶钛金条	镶防火板条	镶钛金条	镶不锈钢条
单位				m^2			
总价（元）				**288.53**	**239.98**	**404.54**	**355.54**
其中	人工费（元）			90.12	85.99	96.39	96.39
	材料费（元）			195.09	150.89	304.67	255.67
	机械费（元）			3.32	3.10	3.48	3.48
名称		单位	单价（元）	消耗量			
人工	综合工日	工日	153.00	0.589	0.562	0.630	0.630
材料	钛金板	m^2	419.95	0.1524	—	0.1524	—
	防火板	m^2	153.76	—	0.1313	0.9687	0.9687
	不锈钢板	m^2	99.72	—	—	—	0.1524
	大芯板（细木工板）	m^2	122.10	0.240	0.240	0.240	0.240
	胶合板 3mm	m^2	20.88	1.050	1.050	1.050	1.050
	锯材	m^3	1632.53	0.0161	0.0161	0.0161	0.0161
	柚木夹板 3mm	m^2	42.20	0.9687	0.9687	—	—
	聚醋酸乙烯乳液	kg	9.51	0.6947	0.6947	0.2737	0.2737
	立时得胶	kg	22.71	—	0.0503	0.3707	0.3707
	万能胶	kg	17.95	0.0583	—	—	—
	圆钉	kg	6.68	0.1689	0.1579	0.1579	0.1579
	射钉（枪钉）	盒	36.00	0.0862	0.0800	0.0243	0.0243
	零星材料费	元	—	0.81	0.63	1.26	1.06
机械	中小型机械费	元	—	3.32	3.10	3.48	3.48

工作内容：定位、弹线、下料、截割龙骨、安装、基层安装、固定、包面、镶条、清理等。

编号				11-255	11-256	11-257	11-258
项目名称				包圆柱镶条			
				波音板		波音板包圆柱	波音软片包圆柱
				镶钛金条	镶防火板条		
单位				m^2			
总价（元）				**359.19**	**309.77**	**300.23**	**322.30**
其中	人工费（元）			117.96	112.61	114.44	140.61
	材料费（元）			236.97	193.07	181.64	176.60
	机械费（元）			4.26	4.09	4.15	5.09
名称		单位	单价（元）	消耗量			
人工	综合工日	工日	153.00	0.771	0.736	0.748	0.919
材料	钛金板	m^2	419.95	0.1524	—	—	—
	防火板	m^2	153.76	—	0.1313	—	—
	波音板	m^2	67.06	0.9687	0.9687	1.1000	—
	波音软片	m^2	58.32	—	—	—	1.100
	大芯板（细木工板）	m^2	122.10	0.240	0.240	0.240	0.240
	胶合板 3mm	m^2	20.88	1.050	1.050	1.050	1.050
	杉木锯材	m^3	2596.26	0.0161	0.0161	0.0161	0.0161
	无光调和漆	kg	16.79	—	—	—	0.2737
	聚醋酸乙烯乳液	kg	9.51	0.2737	0.2737	0.2737	0.2737
	立时得胶	kg	22.71	0.3707	0.4211	0.4211	0.4211
	万能胶	kg	17.95	0.0583	—	—	—
	射钉（枪钉）	—	36.00	0.0243	0.0243	0.0243	0.0243
	圆钉	kg	6.68	0.1579	0.1579	0.1579	0.1579
	零星材料费	元	—	0.98	0.80	0.75	0.73
机械	中小型机械费	元	—	4.26	4.09	4.15	5.09

工作内容：定位、弹线、下料、截割龙骨、安装、基层安装、固定、包面、镶条、清理等。

编号				11-259	11-260	11-261	11-262
项目名称				包圆柱			
				木龙骨三夹板衬里			
				人造革	饰面夹板	防火板	铝板
单位				m^2			
总价（元）				**263.34**	**201.44**	**348.87**	**365.73**
其中	人工费（元）			118.73	78.80	83.23	79.41
	材料费（元）			138.25	118.40	261.24	282.68
	机械费（元）			6.36	4.24	4.40	3.64
名称		单位	单价（元）	消耗量			
人工	综合工日	工日	153.00	0.776	0.515	0.544	0.519
材料	人造革	m^2	17.74	1.100	—	—	—
	饰面夹板	m^2	26.59	—	1.100	—	—
	防火板	m^2	153.76	—	—	1.100	—
	大芯板（细木工板）	m^2	122.10	0.240	0.240	0.240	0.240
	胶合板 3mm	m^2	20.88	1.050	1.050	1.050	1.050
	铝板 1.5mm	m^2	173.24	—	—	—	1.100
	锯材	m^3	1632.53	0.0161	0.0161	0.0161	0.0161
	杉木锯材	m^3	2596.26	—	—	—	—
	泡沫塑料 40mm	m^2	34.61	1.0526	—	—	—
	立时得胶	kg	22.71	—	—	0.4211	0.420
	聚醋酸乙烯乳液	kg	9.51	0.2737	0.6947	0.2737	0.273
	射钉（枪钉）	盒	36.00	0.0243	0.1043	0.0243	0.02428
	圆钉	kg	6.68	0.1579	0.1579	0.1579	0.15779
	零星材料费	元	—	0.26	0.22	0.50	0.54
机械	中小型机械费	元	—	6.36	4.24	4.40	3.64

工作内容：定位、弹线、下料、截割龙骨、安装、基层安装、固定、包面、镶条、清理等。

编号				11-263	11-264	11-265	11-266	11-267
项目名称				包方柱				
				木龙骨胶合板衬里				
				镜面玻璃	镭射玻璃	饰面夹板	防火板	铝板
单位				m^2				
总价（元）				**448.69**	**608.40**	**214.32**	**222.92**	**345.08**
其中	人工费（元）			74.97	74.05	81.86	87.06	78.80
	材料费（元）			373.58	534.21	129.53	132.71	262.64
	机械费（元）			0.14	0.14	2.93	3.15	3.64
名称		单位	单价（元）	消耗量				
人工	综合工日	工日	153.00	0.490	0.484	0.535	0.569	0.515
材料	胶合板 5mm	m^2	30.54	1.050	1.050	1.050	1.050	1.050
	饰面夹板	m^2	26.59	—	—	1.100	—	—
	铝板 1.5mm	m^2	173.24	—	—	—	—	1.100
	防火胶板	m^2	25.23	—	—	—	1.100	—
	杉木锯材	m^3	2596.26	0.0071	0.0071	0.0092	0.0092	0.0091
	榉木条	m	9.95	—	—	—	—	0.0091
	榉木线 50×10	m	9.95	—	—	3.0395	3.0395	—

编号				11-263	11-264	11-265	11-266	11-267
项目名称				包方柱				
				木龙骨胶合板衬里				
				镜面玻璃	镭射玻璃	饰面夹板	防火板	铝板
单位				m^2				
名称		单位	单价（元）	消耗量				
材料	不锈钢压条 2mm	m	34.89	2.169	2.169	—	—	—
	镜面玻璃 6mm	m^2	67.98	1.050	—	—	—	—
	镭射玻璃 400×400×8	m^2	220.97	—	1.050	—	—	—
	不锈钢钉	kg	30.55	4.7653	4.7653	—	—	—
	射钉（枪钉）	盒	36.00	—	—	0.1100	0.0857	0.0153
	镀锌螺钉	个	0.16	3.2857	3.2857	—	—	—
	圆钉	kg	6.68	0.036	0.036	0.036	0.036	0.036
	聚醋酸乙烯乳液	kg	9.51	0.5579	0.5579	1.0390	0.6180	0.6164
	立时得胶	kg	22.71	—	—	—	0.4211	0.4200
	玻璃胶	支	23.15	1.0526	1.0526	—	—	—
机械	中小型机械费	元	—	0.14	0.14	2.93	3.15	3.64

工作内容：清理基层、打胶、贴或钉面层、钉压条、清理等全部操作过程。

编号				11-268	11-269	11-270	11-271
项目名称				面层			
				镜面玻璃		镭射玻璃	
				柱（梁）面			
				在胶合板上粘贴	在砂浆面上粘贴	在胶合板上粘贴	在砂浆面上粘贴
单位				m^2			
总价（元）				**149.10**	**221.65**	**339.30**	**411.87**
其中	人工费（元）			28.31	50.18	26.93	48.81
	材料费（元）			120.79	171.31	312.37	362.90
	机械费（元）			—	0.16	—	0.16
名称		单位	单价（元）	消耗量			
人工	综合工日	工日	153.00	0.185	0.328	0.176	0.319
材料	镜面玻璃 6mm	m^2	67.98	1.050	1.050	—	—
	镭射玻璃（成品）	m^2	248.08	—	—	1.060	1.060
	不锈钢钉	kg	30.55	0.0449	—	0.0449	—
	不锈钢压条 6.5×15	m	11.77	1.8259	—	1.8259	—
	双面强力弹性胶带	m	5.52	—	5.7579	—	5.7579
	铝收口条压条	m	11.00	—	5.8191	—	5.8191
	镀锌螺钉	个	0.16	9.6416	6.5646	9.6416	6.5646
	合金钢钻头	个	11.81	—	0.0483	—	0.0483
	XY-518 胶	kg	17.89	—	0.0247	—	0.0247
	玻璃胶	支	23.15	1.080	—	1.080	—
	杉木锯材	m^3	2596.26	—	0.0008	—	0.0008
机械	中小型机械费	元	—	—	0.16	—	0.16

工作内容：清理基层、打胶、贴或钉面层、钉压条、清理等全部操作过程。

编号				11-272	11-273	11-274	11-275	11-276
项目名称				面层				
				不锈钢面板				人造革
				方形梁、柱面	圆形梁、柱面	柱帽、柱脚及其他	不锈钢卡口槽	柱面
单位				m^2			m	m^2
总价（元）				**445.55**	**438.06**	**465.65**	**47.13**	**163.07**
其中	人工费（元）			57.68	57.53	57.53	22.19	73.44
	材料费（元）			387.87	380.53	408.12	24.94	89.63
名称		单位	单价（元）	消耗量				
人工	综合工日	工日	153.00	0.377	0.376	0.376	0.145	0.480
材料	镜面不锈钢板（成型）8k	m^2	324.10	1.1389	1.1157	1.1966	—	—
	不锈钢卡口槽	m	19.16	—	—	—	1.060	—
	泡沫塑料 30mm	m^2	30.93	—	—	—	—	1.050
	人造革	m^2	17.74	—	—	—	—	1.100
	玻璃胶	支	23.15	0.8100	0.8178	0.8770	0.2000	—
	铝合金压条	m	8.10	—	—	—	—	0.7212
	螺钉带垫圈 50	个	1.61	—	—	—	—	16.7194
	硬木锯材	m^3	6977.77	—	—	—	—	0.0007

第十一节　隔　　断

工作内容:定位、弹线、下料、安装龙骨、安玻璃或板条、嵌缝清理等全部操作过程。

编　号				11-277	11-278	11-279	11-280	11-281
项目名称				木骨架玻璃隔断		全玻璃隔断		
				半玻	全玻	单独不锈钢边框	普通玻璃	钢化玻璃
单　位				m^2				
总价(元)				**152.43**	**151.66**	**236.59**	**199.25**	**271.32**
其中	人工费(元)			57.22	59.52	59.52	48.81	48.81
	材料费(元)			94.20	91.15	176.33	150.10	222.17
	机械费(元)			1.01	0.99	0.74	0.34	0.34
名　称		单位	单价(元)	消　耗　量				
人工	综合工日	工日	153.00	0.374	0.389	0.389	0.319	0.319
材料	平板玻璃 5mm	m^2	28.62	1.0544	1.014	—	—	—
	平板玻璃 12mm	m^2	109.67	—	—	—	1.0604	—
	钢化玻璃 12mm	m^2	177.64	—	—	—	—	1.0604
	松木锯材	m^3	1661.90	0.0018	0.0016	—	—	—
	杉木锯材	m^3	2596.26	0.0232	0.0226	0.0170	—	—
	不锈钢板	m^2	99.72	—	—	1.100	—	—
	橡胶条	m	6.21	—	—	—	1.5789	1.5789
	圆钉	kg	6.68	0.0565	0.0526	—	—	—
	角钢	kg	3.47	—	—	—	4.3622	4.3622
	防腐油	kg	0.52	0.0332	0.0218	—	—	—
	玻璃胶	支	23.15	—	—	0.9720	0.2573	0.2573
	膨胀螺栓	套	0.82	—	—	—	3.5408	3.5408
	零星材料费	元	—	0.40	0.43	—	—	—
机械	中小型机械费	元	—	1.01	0.99	0.74	0.34	0.34

工作内容: 定位、弹线、下料、安装龙骨、安玻璃或板条、嵌缝清理等全部操作过程。

编号				11-282	11-283	11-284	11-285
项目名称				轻钢龙骨石膏板隔断墙		玻璃砖隔断	
				单面	双面	分格嵌缝	全砖
单位				m^2			
总价(元)				**99.62**	**138.43**	**803.75**	**774.47**
其中	人工费(元)			45.90	64.26	66.56	42.23
	材料费(元)			53.72	74.17	735.89	732.06
	机械费(元)			—	—	1.30	0.18
名称		单位	单价(元)	消耗量			
人工	综合工日	工日	153.00	0.300	0.420	0.435	0.276
材料	白水泥	kg	0.64	—	—	3.077	3.413
	白石子 大、中、小八厘	kg	0.19	—	—	5.421	6.007
	石膏板 9mm	m^2	10.58	1.050	2.100	—	—
	玻璃砖 190×190×80	块	24.78	—	—	24.1418	27.1134
	轻钢龙骨 75×40	m	5.56	1.860	1.070	—	—
	轻钢龙骨 75×50	m	6.82	1.860	1.070	—	—
	扁钢 65×5	kg	3.64	—	—	7.0793	—
	槽钢	kg	3.62	—	—	18.6003	9.0989
	电焊条	kg	7.59	—	—	0.0118	0.0118

续前

编号				11-282	11-283	11-284	11-285
项目名称				轻钢龙骨石膏板隔断墙		玻璃砖隔断	
				单面	双面	分格嵌缝	全砖
单位				m^2			
名称		单位	单价（元）	消耗量			
材料	镀锌钢丝 *D*0.7	kg	7.42	—	—	0.0316	0.0316
	冷拔低碳钢丝 *D*3	kg	4.68	—	—	0.5940	0.6645
	铁件	kg	9.49	—	—	1.6858	2.1340
	红白松锯材　二类	m^3	3266.74	—	—	0.0068	—
	射钉	个	0.36	1.510	1.510	—	—
	抽芯铆钉 4×10	个	0.36	1.790	3.750	—	—
	圆头自攻螺钉 M6×（25~30）	个	0.67	17.850	35.700	—	—
	橡皮条 九字形 2 型	m	3.61	1.000	2.010	—	—
	穿孔纸带	m	1.99	1.090	2.170	—	—
	嵌缝膏	kg	1.57	0.420	0.840	—	—
	零星材料费	元	—	—	—	0.24	0.24
	白水泥白石浆 1∶1.5（刷石、磨石用）	m^3	—	—	—	（0.0037）	（0.0041）
机械	中小型机械费	元	—	—	—	1.30	0.18

工作内容：定位、弹线、下料、安装龙骨、安玻璃或板条、嵌缝清理等全部操作过程。

编号				11-286	11-287	11-288	11-289	11-290	11-291
项目名称				不锈钢柱嵌防弹玻璃	铝合金玻璃隔断	铝合金板条隔断	花式木隔断		
							直栅镂空	井格（mm）	
								100×100	200×200
单位				m^2					
总价（元）				**1717.00**	**281.35**	**374.91**	**119.69**	**225.46**	**169.53**
其中	人工费（元）			110.16	57.38	45.29	68.39	121.48	88.89
	材料费（元）			1605.80	220.79	329.48	42.36	88.20	69.07
	机械费（元）			1.04	3.18	0.14	8.94	15.78	11.57
名称		单位	单价（元）	消耗量					
人工	综合工日	工日	153.00	0.720	0.375	0.296	0.447	0.794	0.581
材料	防弹玻璃 19mm	m^2	1462.29	0.974	—	—	—	—	—
	平板玻璃 5mm	m^2	28.62	—	1.050	—	—	—	—
	铝合金型材	kg	24.90	—	4.1174	3.9376	—	—	—
	锯材	m^3	1632.53	—	—	—	0.0241	0.0489	0.0402
	铝合金条板 宽 100mm	m^2	70.34	—	—	0.9728	—	—	—
	不锈钢槽钢 10×20×1	m	40.89	1.5143	—	—	—	—	—
	不锈钢管 *DN*76×2	m	41.25	0.8699	—	—	—	—	—
	槽铝	m	19.47	—	—	6.2815	—	—	—

续前

编号				11-286	11-287	11-288	11-289	11-290	11-291
项目名称				不锈钢柱嵌防弹玻璃	铝合金玻璃隔断	铝合金板条隔断	花式木隔断		
							直栅镂空	井格（mm）	
								100×100	200×200
单位				m^2					
名称		单位	单价（元）	消耗量					
材料	角铝	m	10.30	—	—	2.7726	—	—	—
	不锈钢螺钉 M4×12	个	3.71	7.7745	18.8844	—	—	—	—
	射钉（枪钉）	盒	36.00	—	—	—	0.0453	0.1452	0.0386
	螺钉	个	0.21	—	—	—	—	5.3008	5.1429
	自攻螺钉 20	个	0.03	—	—	4.6296	—	—	—
	自攻螺钉 30	个	0.05	—	—	4.699	—	—	—
	膨胀螺栓	套	0.82	—	3.4898	2.5983	—	—	—
	玻璃胶	支	23.15	0.7685	0.6316	—	—	—	—
	聚醋酸乙烯乳液	kg	9.51	—	—	—	0.1263	0.1747	0.0722
	合金钢钻头 *D*20	个	35.69	0.960	—	—	—	—	—
	铁件	kg	9.49	—	0.0295	0.9555	—	—	—
	零星材料费	元	—	2.83	0.39	0.58	0.18	0.37	0.29
机械	中小型机械费	元	—	1.04	3.18	0.14	8.94	15.78	11.57

工作内容：定位安装、矫正、周边塞口、清扫，浴厕隔断还包括下料、安装龙骨及面层、安玻璃、嵌缝、清理等全部操作过程。

编号				11-292	11-293	11-294	11-295	11-296
项目名称				塑钢隔断			浴厕隔断	
				全玻	半玻	全塑钢板	木龙骨基层 榉木板面	不锈钢磨砂玻璃
单位				m^2				
总价（元）				**356.96**	**396.76**	**454.37**	**247.23**	**943.91**
其中	人工费（元）			58.14	52.79	45.90	91.19	129.59
	材料费（元）			298.50	343.81	408.33	154.86	813.68
	机械费（元）			0.32	0.16	0.14	1.18	0.64
名称		单位	单价（元）	消耗量				
人工	综合工日	工日	153.00	0.380	0.345	0.300	0.596	0.847
材料	水泥	kg	0.39	—	—	—	0.522	—
	粗砂	t	86.14	—	—	—	0.002	—
	全玻塑钢隔断	m^2	248.21	1.020	—	—	—	—
	半玻塑钢隔断	m^2	292.55	—	1.020	—	—	—
	全塑钢板隔断	m^2	355.70	—	—	1.020	—	—
	不锈钢方管 35×38×1	m	97.23	—	—	—	—	3.9361
	不锈钢管 *DN*50	m	52.26	—	—	—	—	3.1489
	扁钢 20×3	kg	3.68	—	—	—	—	0.600
	钢板	kg	4.03	—	—	—	—	0.5926
	杉木锯材	m^3	2596.26	—	—	—	0.0132	—
	榉木围边	m^3	15443.25	—	—	—	0.0012	—
	榉木夹板 3mm	m^2	28.70	—	—	—	2.2222	—
	橡胶板 3mm	m^2	32.88	—	—	—	0.0002	—
	磨砂玻璃 5mm	m^2	46.68	—	—	—	—	1.0568

续前

编号				11-292	11-293	11-294	11-295	11-296
项目名称				塑钢隔断			浴厕隔断	
				全玻	半玻	全塑钢板	木龙骨基层 榉木板面	不锈钢磨砂玻璃
单位				m^2				
名称		单位	单价（元）	消耗量				
材料	膨胀螺栓	套	0.82	2.1828	2.1828	2.1828	—	5.1020
	自攻螺钉 M4×15	个	0.06	13.7655	13.7655	13.7655	—	—
	木螺钉	个	0.16	—	—	—	7.8603	—
	圆钉	kg	6.68	—	—	—	0.0212	—
	铁件	kg	9.49	—	—	—	1.666	—
	插销 100mm	个	7.27	—	—	—	0.2858	—
	不锈钢球 *D*63	个	95.96	—	—	—	—	1.8946
	铰链（65 型）	副	9.30	—	—	—	0.5716	—
	拉手	个	15.71	—	—	—	0.2858	—
	橡胶条	m	6.21	6.2684	6.2684	6.2684	—	—
	玻璃胶	支	23.15	0.1407	0.1407	0.1407	—	1.000
	防腐油	kg	0.52	—	—	—	0.012	—
	聚醋酸乙烯乳液	kg	9.51	—	—	—	0.3216	—
	环氧树脂	kg	28.33	—	—	—	0.180	—
	零星材料费	元	—	0.53	0.61	0.72	0.64	3.34
	水泥砂浆 1∶3	m^3	—	—	—	—	（0.0012）	—
机械	中小型机械费	元	—	0.32	0.16	0.14	1.18	0.64

工作内容：定位、弹线、下料、封边、打眼、安装、清理。

编　号				11-297	11-298
项目名称				彩钢夹芯板隔墙	三聚氰胺板隔断
单　位				m^2	
总价(元)				**187.32**	**218.71**
其中	人工费(元)			49.27	47.74
	材料费(元)			138.05	170.06
	机械费(元)			—	0.91
名　称		单位	单价(元)	消耗量	
人工	综合工日	工日	153.00	0.322	0.312
材料	彩钢夹芯板 0.4mm 板芯 厚 75mm V220/880	m^2	76.09	1.050	—
	三聚氰胺板隔断	m^2	72.65	—	1.200
	合金钢钻头	个	11.81	—	0.014
	支座塑料	套	12.82	—	1.143
	固定角塑料	套	10.26	—	3.143
	膨胀螺栓 M10	套	1.75	0.455	—
	地槽铝 75mm	m	37.63	0.573	—
	工字铝	m	5.78	1.525	—

续前

编号				11-297	11-298
项目名称				彩钢夹芯板隔墙	三聚氰胺板隔断
单位				m^2	
名称		单位	单价（元）	消耗量	
材料	连杆	m	38.46	—	0.382
	封边	m	2.14	—	4.569
	门锁	把	15.19	—	0.286
	合页	个	2.84	—	0.571
	挂钩	个	5.98	—	0.286
	门挡	个	12.82	—	0.286
	铝拉铆钉	个	0.13	11.896	—
	角铝 25.4×1	m	19.47	0.968	—
	铝合金型材	m	29.45	0.207	—
	锯材	m^3	1632.53	0.0003	—
机械	中小型机械费	元	—	—	0.91

工作内容：制作与安装木楞、钉剪刀撑、卡门窗口、连接砖墙之楞头刷防腐油、钉板条、安镀锌钢丝网、运料、调制砂浆、抹灰等。

编号				11-299	11-300	11-301	11-302	11-303	11-304
项目名称				板条		镀锌钢丝网			
				麻刀灰		板条抹混合灰底麻刀灰面		板条抹混合灰底水泥砂浆面	
				单面	双面	单面	双面	单面	双面
单位				m²					
总价（元）				**105.88**	**179.21**	**128.79**	**222.19**	**131.73**	**227.50**
其中	人工费（元）			44.52	80.17	58.29	104.96	60.59	109.09
	材料费（元）			59.95	96.23	68.75	113.73	69.39	114.91
	机械费（元）			1.41	2.81	1.75	3.50	1.75	3.50
名称		单位	单价（元）	消耗量					
人工	综合工日	工日	153.00	0.291	0.524	0.381	0.686	0.396	0.713
材料	水泥	kg	0.39	0.435	0.914	3.420	6.840	9.710	19.420
	粗砂	t	86.14	0.002	0.003	—	—	0.016	0.031
	麻刀	kg	3.92	0.504	1.008	0.533	1.066	0.282	0.564
	灰膏	m³	181.42	0.0240	0.0490	0.0242	0.0484	0.0120	0.0240
	黄花松锯材 二类	m³	2778.72	0.0144	0.0206	0.0144	0.0206	0.0144	0.0206
	板条 1200×38×6	百根	58.69	0.210	0.410	0.210	0.410	0.210	0.410
	拧花镀锌钢丝网 914×900×19	m²	7.30	—	—	1.050	2.100	1.050	2.100
	圆钉	kg	6.68	0.140	0.220	0.140	0.220	0.140	0.220
	水泥砂浆 1∶3	m³	—	（0.0010）	（0.0021）	—	—	—	—
	麻刀白灰浆	m³	—	（0.0247）	（0.0494）	—	—	—	—
机械	中小型机械费	元	—	1.41	2.81	1.75	3.50	1.75	3.50

第十二节 幕 墙

工作内容：型材矫正、放料下料、切割断料、钻孔、安装框料及玻璃配件、周边塞口、清扫等。

编号				11-305	11-306	11-307
项目名称				玻璃幕墙（玻璃规格 1.6m×0.9m）		
				全隐框	半隐框	明框
单位				m^2		
总价（元）				**1116.48**	**1089.32**	**990.29**
其中	人工费（元）			315.18	264.69	229.50
	材料费（元）			794.08	817.41	753.57
	机械费（元）			7.22	7.22	7.22
名称		单位	单价（元）	消耗量		
人工	综合工日	工日	153.00	2.060	1.730	1.500
材料	热反射玻璃（镀膜玻璃）6mm	m^2	237.41	1.0228	0.9938	0.9532
	铝合金型材（104 系列）	kg	41.76	10.6826	11.4795	9.9944
	岩棉	m^2	7.96	0.091	0.091	0.091
	镀锌薄钢板 $\delta1.2$	m^2	43.75	0.240	0.240	0.240
	不锈钢螺栓 M12×110	套	4.33	1.3286	1.3286	1.3286
	不锈钢带帽螺栓 M12×450	套	10.47	1.3286	1.3286	1.3286
	双面强力弹性胶带	m	5.52	3.6549	4.2105	—
	空心胶条（幕墙用）	m	6.46	—	—	7.3099
	自攻螺钉 M4×15	个	0.06	22.498	22.498	22.498
	镀锌铁件	kg	7.37	2.0287	2.0287	2.0287
	泡沫条	m	0.50	2.4854	3.1979	2.7778
	结构胶 DC995	L	63.82	0.3508	0.2245	—
	耐候胶 DC79HN	L	58.84	0.2237	0.250	0.2237
	零星材料费	元	—	0.99	1.02	0.94
机械	中小型机械费	元	—	7.22	7.22	7.22

工作内容：1. 全玻璃幕墙：放线、定位、玻璃吊装、就位、安装、注密封胶、表面清理等。2. 铝板幕墙：清理基层、定位、弹线、下料、打砖剔洞、安装龙骨、避雷焊接安装、清洗等。

编号				11-308	11-309	11-310	11-311
项目名称				全玻璃幕墙		铝板幕墙	
				挂式	点式	铝塑板	铝单板
单位				m^2			
总价（元）				**584.50**	**1010.82**	**830.14**	**1207.10**
其中	人工费（元）			33.05	44.22	316.71	272.34
	材料费（元）			549.43	963.00	506.22	927.55
	机械费（元）			2.02	3.60	7.21	7.21
名称		单位	单价（元）	消耗量			
人工	综合工日	工日	153.00	0.216	0.289	2.070	1.780
材料	钢化玻璃（成品）15mm	m^2	258.39	1.0512	1.030	—	—
	铝合金型材（104 系列）	kg	41.76	—	—	6.4469	6.308
	铝塑板	m^2	143.67	—	—	1.1777	—
	铝单板	m^2	584.06	—	—	—	1.020
	岩棉	m^2	7.96	—	—	0.091	0.091
	成套挂件（幕墙专用）	套	306.35	0.2355	—	—	—
	四爪挂件（幕墙专用）	套	1178.11	—	0.3504	—	—
	二爪挂件（幕墙专用）	套	224.11	—	0.2336	—	—

续前

编号				11-308	11-309	11-310	11-311
项目名称				全玻璃幕墙		铝板幕墙	
				挂式	点式	铝塑板	铝单板
单位				m^2			
名称		单位	单价（元）	消耗量			
材料	镀锌薄钢板 $\delta1.2$	m^2	43.75	—	—	0.240	0.240
	不锈钢带帽螺栓 M12×450	套	10.47	—	—	1.3286	1.3286
	不锈钢带帽螺栓 M14×120	套	7.63	—	0.4672	—	—
	不锈钢螺栓 M12×110	套	4.33	—	—	1.3286	1.3286
	自攻螺钉 M4×15	个	0.06	—	—	22.498	22.498
	镀锌铁件	kg	7.37	25.8831	28.2808	2.0287	2.0361
	泡沫条	m	0.50	0.6818	0.3759	2.5439	2.5439
	结构胶 DC995	L	63.82	0.1579	0.2295	0.0821	0.0821
	耐候胶 DC79HN	L	58.84	0.0647	0.0621	0.2289	0.2289
	零星材料费	元	—	0.68	1.21	0.63	1.16
机械	中小型机械费	元	—	2.02	3.60	7.21	7.21

第十三节　其他铲、补抹

工作内容：铲面层、运料、筛砂、调制砂浆、打底、罩面、找平压光、清理污土等。

编　号				11-312	11-313	11-314	11-315	11-316
项目名称				混凝土柱		砖柱		零星白灰砂浆
				混合灰底纸筋灰面		白灰砂浆底纸筋灰面		铲抹
				方形铲抹	异型铲抹	方形铲抹	异型铲抹	
单　位				m^2				
总价（元）				**53.71**	**67.69**	**45.12**	**58.16**	**58.79**
其中	人工费（元）			45.36	58.73	37.94	50.36	49.68
	材料费（元）			6.27	6.27	5.12	5.12	6.18
	机械费（元）			2.08	2.69	2.06	2.68	2.93
名　称		单位	单价（元）	消　耗　量				
人工	综合工日	工日	135.00	0.336	0.435	0.281	0.373	0.368
材料	水泥	kg	0.39	7.038	7.038	—	—	4.620
	粗砂	t	86.14	0.026	0.026	0.034	0.034	0.034
	纸筋	kg	3.70	0.101	0.101	0.101	0.101	0.097
	灰膏	m^3	181.42	0.005	0.005	0.010	0.010	0.006
	素水泥浆	m^3	—	(0.0023)	(0.0023)	—	—	—
	纸筋白灰浆	m^3	—	(0.0026)	(0.0026)	(0.0026)	(0.0026)	(0.0025)
	水泥白灰砂浆 1:1:6	m^3	—	(0.0169)	(0.0169)	—	—	(0.0220)
	白灰砂浆 1:3	m^3	—	—	—	(0.0202)	(0.0202)	—
机械	中小型机械费	元	—	2.08	2.69	2.06	2.68	2.93

工作内容：铲面层、运料、筛砂、调制砂浆、打底、罩面、找平压光、清理污土等。

编号					11-317	11-318	11-319	11-320
项目名称					砖墙面			
					白灰砂浆底麻刀灰面		白灰砂浆底纸筋灰面	
					铲抹	补抹	铲抹	补抹
单位					m^2			
总价（元）					**37.57**	**53.23**	**35.86**	**50.71**
其中	人工费（元）				30.24	45.90	28.76	43.61
	材料费（元）				5.82	5.82	5.59	5.59
	机械费（元）				1.51	1.51	1.51	1.51
名称			单位	单价（元）	消耗量			
人工	综合工日		工日	135.00	0.224	0.340	0.213	0.323
材料	粗砂		t	86.14	0.036	0.036	0.036	0.036
	麻刀		kg	3.92	0.092	0.092	—	—
	纸筋		kg	3.70	—	—	0.132	0.132
	灰膏		m^3	181.42	0.013	0.013	0.011	0.011
	纸筋白灰浆		m^3	—	—	—	（0.0034）	（0.0034）
	白灰砂浆 1∶3		m^3	—	（0.0213）	（0.0213）	（0.0213）	（0.0213）
	麻刀白灰浆		m^3	—	（0.0045）	（0.0045）	—	—
机械	中小型机械费		元	—	1.51	1.51	1.51	1.51

工作内容：铲面层、运料、筛砂、调制砂浆、打底、罩面、找平压光、清理污土等。

编号				11-321	11-322	11-323	11-324
项目名称				混凝土墙面		空心砖、砌块	
				混合灰底纸筋灰面			
				铲抹	补抹	铲抹	补抹
单位				m^2			
总价（元）				**50.83**	**73.11**	**40.71**	**57.32**
其中	人工费（元）			42.93	65.21	32.13	48.74
	材料费（元）			6.37	6.37	6.41	6.41
	机械费（元）			1.53	1.53	2.17	2.17
名称		单位	单价（元）	消耗量			
人工	综合工日	工日	135.00	0.318	0.483	0.238	0.361
材料	水泥	kg	0.39	6.945	6.945	2.688	2.688
	纸筋	kg	3.70	0.093	0.093	0.097	0.097
	粗砂	t	86.14	0.028	0.028	0.037	0.037
	灰膏	m^3	181.42	0.005	0.005	0.009	0.009
	108 胶	kg	4.45	—	—	0.042	0.042
	素水泥浆	m^3	—	（0.0021）	（0.0021）	—	—
	纸筋白灰浆	m^3	—	（0.0024）	（0.0024）	（0.0025）	（0.0025）
	白灰砂浆 1∶3	m^3	—	—	—	（0.0100）	（0.0100）
	水泥白灰砂浆 1∶1∶6	m^3	—	（0.0179）	（0.0179）	（0.0128）	（0.0128）
机械	中小型机械费	元	—	1.53	1.53	2.17	2.17

工作内容：铲面层、运料、筛砂、调制砂浆、打底、罩面、找平压光、清理污土等。

编号				11-325	11-326	11-327
项目名称				板条墙		苇箔墙
				铲抹白麻刀灰	补抹白麻刀灰	补抹麻刀灰
单位				m^2		
总价（元）				**34.94**	**43.04**	**43.71**
其中	人工费（元）			27.00	35.10	35.24
	材料费（元）			6.53	6.53	7.06
	机械费（元）			1.41	1.41	1.41
名称		单位	单价（元）	消耗量		
人工	综合工日	工日	135.00	0.200	0.260	0.261
材料	麻刀	kg	3.92	0.510	0.510	0.551
	灰膏	m^3	181.42	0.025	0.025	0.027
	麻刀白灰浆	m^3	—	（0.025）	（0.025）	（0.027）
机械	中小型机械费	元	—	1.41	1.41	1.41

工作内容：铲面层、运料、筛砂、调制砂浆、打底、罩面、找平压光、清理污土等。

编号				11-328	11-329	11-330	11-331	11-332
项目名称				水泥砂浆抹灰				
				砖墙面、墙面墙裙抹灰				
				不分格铲抹	分格铲抹	刻划砖缝	补抹	
							墙面	角棱
单位				m^2				m
总价（元）				**50.05**	**71.66**	**71.28**	**58.02**	**18.77**
其中	人工费（元）			38.88	58.46	62.37	46.85	17.55
	材料费（元）			9.27	11.30	8.91	9.27	1.22
	机械费（元）			1.90	1.90	—	1.90	—
名称		单位	单价（元）	消耗量				
人工	综合工日	工日	135.00	0.288	0.433	0.462	0.347	0.130
材料	水泥	kg	0.39	13.380	13.380	12.902	13.380	1.800
	粗砂	t	86.14	0.047	0.047	0.045	0.047	0.006
	红白松锯材 一类	m^3	4069.17	—	0.0005	—	—	—
	水泥砂浆 1:2.5	m^3	—	（0.0055）	（0.0055）	（0.0055）	（0.0055）	—
	水泥砂浆 1:3	m^3	—	（0.0245）	（0.0245）	（0.0234）	（0.0245）	—
机械	中小型机械费	元	—	1.90	1.90	—	1.90	—

工作内容：1. 新抹：调制砂浆、清扫面层、浇水、弹线、挂线、找方、冲筋、上杠、抹灰、堵脚手眼。2. 铲、补抹：铲面层、运料、筛砂、调制砂浆、打底、罩面、找平压光、清理污土等。

编号					11-333	11-334	11-335	11-336
项目名称					水泥砂浆抹灰			
					水泥砂浆抹护角	砖墙抹下碱		
						新抹	铲抹	补抹
单位					m	m^2		
总价（元）					**11.44**	**47.18**	**56.45**	**65.36**
其中	人工费（元）				9.99	35.64	44.55	53.46
	材料费（元）				1.45	8.91	9.27	9.27
	机械费（元）				—	2.63	2.63	2.63
名称		单位	单价（元）		消耗量			
人工	综合工日	工日	135.00		0.074	0.264	0.330	0.396
材料	水泥	kg	0.39		2.402	12.902	13.380	13.380
	粗砂	t	86.14		0.006	0.045	0.047	0.047
	水泥砂浆 1∶2	m^3	—		（0.0042）	—	—	—
	水泥砂浆 1∶2.5	m^3	—		—	（0.0055）	（0.0055）	（0.0055）
	水泥砂浆 1∶3	m^3	—		—	（0.0234）	（0.0245）	（0.0245）
机械	中小型机械费	元	—		—	2.63	2.63	2.63

工作内容: 1. 新抹:调制砂浆、清扫面层、浇水、弹线、挂线、找方、冲筋、上杠、抹灰、堵脚手眼。2. 铲、补抹:铲面层、运料、筛砂、调制砂浆、打底、罩面、找平压光、清理污土等。

编号				11-337	11-338	11-339	11-340	11-341
项目名称				水泥砂浆抹灰				
				砖柱		混凝土柱		混凝土墙面墙裙
				方形铲抹	异型铲抹	方形铲抹	异型铲抹	不分格铲抹
单位				m^2				
总价(元)				**58.46**	**107.95**	**83.83**	**107.96**	**52.24**
其中	人工费(元)			48.33	96.80	73.44	96.66	40.50
	材料费(元)			7.98	7.98	8.12	8.12	9.91
	机械费(元)			2.15	3.17	2.27	3.18	1.83
名称		单位	单价(元)	消耗量				
人工	综合工日	工日	135.00	0.358	0.717	0.544	0.716	0.300
材料	水泥	kg	0.39	12.069	12.069	13.742	13.742	16.566
	粗砂	t	86.14	0.038	0.038	0.032	0.032	0.040
	素水泥浆	m^3	—	—	—	(0.0022)	(0.0022)	(0.0022)
	水泥砂浆 1:2	m^3	—	(0.0084)	(0.0084)	(0.0080)	(0.0080)	(0.0121)
	水泥砂浆 1:3	m^3	—	(0.0167)	(0.0167)	(0.0134)	(0.0134)	(0.0145)
机械	中小型机械费	元	—	2.15	3.17	2.27	3.18	1.83

工作内容：1. 新抹：调制砂浆、清扫面层、浇水、弹线、挂线、找方、冲筋、上杠、抹灰、堵脚手眼。2. 铲、补抹：铲面层、运料、筛砂、调制砂浆、打底、罩面、找平压光、清理污土等。

编　号				11-342	11-343	11-344	11-345	11-346
项目名称				水泥砂浆抹灰				
				混凝土墙面墙裙		空心砖、砌块		
				分格铲抹	补抹	不分格铲抹	分格铲抹	补抹
单　位				m^2				
总价（元）				**74.66**	**62.50**	**50.71**	**72.45**	**58.81**
其中	人工费（元）			60.89	50.76	39.02	58.73	47.12
	材料费（元）			11.94	9.91	9.27	11.30	9.27
	机械费（元）			1.83	1.83	2.42	2.42	2.42
名　称		单位	单价（元）	消　耗　量				
人工	综合工日	工日	135.00	0.451	0.376	0.289	0.435	0.349
材料	水泥	kg	0.39	16.566	16.566	13.380	13.380	13.380
	粗砂	t	86.14	0.040	0.040	0.047	0.047	0.047
	红白松锯材　一类	m^3	4069.17	0.0005	—	—	0.0005	—
	素水泥浆	m^3	—	（0.0022）	（0.0022）	—	—	—
	水泥砂浆　1∶2	m^3	—	（0.0121）	（0.0121）	—	—	—
	水泥砂浆　1∶2.5	m^3	—	—	—	（0.0055）	（0.0055）	（0.0055）
	水泥砂浆　1∶3	m^3	—	（0.0145）	（0.0145）	（0.0245）	（0.0245）	（0.0245）
机械	中小型机械费	元	—	1.83	1.83	2.42	2.42	2.42

工作内容：1. 新抹：调制砂浆、清扫面层、浇水、弹线、挂线、找方、冲筋、上杠、抹灰、堵脚手眼。2. 铲、补抹：铲面层、运料、筛砂、调制砂浆、打底、罩面、找平压光、清理污土等。

编　号				11-347	11-348	11-349	11-350	11-351	11-352
项目名称				水泥砂浆抹灰					
				装饰线					
				五道线以内			十道线以内		
				新抹	铲抹	补抹	新抹	铲抹	补抹
单　位				m					
总价（元）				**62.36**	**77.00**	**91.31**	**97.47**	**120.19**	**142.60**
其中	人工费（元）			57.11	71.42	85.73	89.51	111.92	134.33
	材料费（元）			4.24	4.57	4.57	6.37	6.68	6.68
	机械费（元）			1.01	1.01	1.01	1.59	1.59	1.59
名　称		单位	单价（元）	消　耗　量					
人工	综合工日	工日	135.00	0.423	0.529	0.635	0.663	0.829	0.995
材料	水泥	kg	0.39	7.122	7.514	7.514	10.597	10.945	10.945
	粗砂	t	86.14	0.017	0.019	0.019	0.026	0.028	0.028
	素水泥浆	m^3	—	（0.0010）	（0.0010）	（0.0010）	（0.0014）	（0.0014）	（0.0014）
	水泥砂浆 1:2	m^3	—	（0.0044）	（0.0044）	（0.0044）	（0.0066）	（0.0066）	（0.0066）
	水泥砂浆 1:3	m^3	—	（0.0071）	（0.0080）	（0.0080）	（0.0108）	（0.0116）	（0.0116）
机械	中小型机械费	元	—	1.01	1.01	1.01	1.59	1.59	1.59

工作内容: 1. 新抹:调制砂浆、清扫面层、浇水、弹线、挂线、找方、冲筋、上杠、抹灰、堵脚手眼。2. 铲、补抹:铲面层、运料、筛砂、调制砂浆、打底、罩面、找平压光、清理污土等。

编号				11-353	11-354	11-355
项目名称				水泥砂浆抹灰		
				装饰线		
				十道线以外		
				新抹	铲抹	补抹
单位				m		
总价(元)				**125.13**	**154.31**	**183.06**
其中	人工费(元)			114.62	143.24	171.99
	材料费(元)			8.47	9.03	9.03
	机械费(元)			2.04	2.04	2.04
名称		单位	单价(元)	消耗量		
人工	综合工日	工日	135.00	0.849	1.061	1.274
材料	水泥	kg	0.39	13.985	14.768	14.768
	粗砂	t	86.14	0.035	0.038	0.038
	素水泥浆	m^3	—	(0.0018)	(0.0018)	(0.0018)
	水泥砂浆 1:2	m^3	—	(0.0088)	(0.0088)	(0.0088)
	水泥砂浆 1:3	m^3	—	(0.0143)	(0.0161)	(0.0161)
机械	中小型机械费	元	—	2.04	2.04	2.04

工作内容：1. 新抹：调制砂浆、清扫面层、浇水、弹线、挂线、找方、冲筋、上杠、抹灰、堵脚手眼。2. 铲、补抹：铲面层、运料、筛砂、调制砂浆、打底、罩面、找平压光、清理污土等。

编号				11-356	11-357	11-358	11-359	11-360	11-361	11-362
项目名称				水泥砂浆抹灰						
				阳台雨罩	水泥拉毛		挑檐			钢筋混凝土补抹水泥面
					新抹	铲抹	新抹	铲抹	补抹	
单位				m^2						
总价（元）				**202.61**	**31.42**	**37.67**	**155.37**	**191.79**	**227.70**	**81.99**
其中	人工费（元）			182.66	22.01	27.54	143.24	179.01	214.92	67.50
	材料费（元）			16.73	8.04	8.76	10.60	11.25	11.25	12.39
	机械费（元）			3.22	1.37	1.37	1.53	1.53	1.53	2.10
名称		单位	单价（元）	消耗量						
人工	综合工日	工日	135.00	1.353	0.163	0.204	1.061	1.326	1.592	0.500
材料	水泥	kg	0.39	24.933	11.926	12.883	17.473	18.474	18.474	21.841
	粗砂	t	86.14	0.065	0.033	0.037	0.044	0.047	0.047	0.045
	麻刀	kg	3.92	0.082	—	—	—	—	—	—
	灰膏	m^3	181.42	0.006	0.003	0.003	—	—	—	—
	素水泥浆	m^3	—	（0.0028）	（0.0011）	（0.0011）	（0.0022）	（0.0022）	（0.0022）	（0.0023）
	水泥砂浆 1∶1	m^3	—	—	—	—	—	—	—	（0.0110）
	水泥砂浆 1∶2	m^3	—	（0.0273）	—	—	（0.0111）	（0.0111）	（0.0111）	—
	水泥砂浆 1∶3	m^3	—	（0.0062）	（0.0156）	（0.0178）	（0.0179）	（0.0202）	（0.0202）	（0.0212）
	麻刀白灰浆	m^3	—	（0.004）	—	—	—	—	—	—
	水泥白灰砂浆 1∶1∶6	m^3	—	（0.0113）	—	—	—	—	—	—
	水泥白灰砂浆 1∶1∶2	m^3	—	—	（0.0089）	（0.0089）	—	—	—	—
机械	中小型机械费	元	—	3.22	1.37	1.37	1.53	1.53	1.53	2.10

工作内容： 1. 新抹：调制砂浆、清扫面层、浇水、弹线、挂线、找方、冲筋、上杠、抹灰、堵脚手眼。2. 铲、补抹：铲面层、运料、筛砂、调制砂浆、打底、罩面、找平压光、清理污土等。

编号				11-363	11-364	11-365	11-366
项目名称				水泥砂浆抹灰			
				挠石分格		甩水泥疙瘩	
				新抹	铲抹	新抹	铲抹
单位				m^2			
总价（元）				**50.89**	**63.61**	**37.36**	**46.03**
其中	人工费（元）			39.93	52.02	26.93	34.88
	材料费（元）			9.59	10.22	9.06	9.78
	机械费（元）			1.37	1.37	1.37	1.37
名称		单位	单价（元）	消耗量			
人工	综合工日	工日	153.00	0.261	0.340	0.176	0.228
材料	水泥	kg	0.39	11.643	12.600	13.518	14.475
	粗砂	t	86.14	0.035	0.038	0.044	0.048
	红白松锯材 一类	m^3	4069.17	0.0005	0.0005	—	—
	水泥砂浆 1:2	m^3	—	(0.0110)	(0.0110)	—	—
	水泥砂浆 1:2.5	m^3	—	—	—	(0.0165)	(0.0165)
	水泥砂浆 1:3	m^3	—	(0.0123)	(0.0145)	(0.0123)	(0.0145)
机械	中小型机械费	元	—	1.37	1.37	1.37	1.37

工作内容: 1. 新抹:调制砂浆、清扫面层、浇水、弹线、挂线、找方、冲筋、上杠、抹灰、堵脚手眼。2. 铲、补抹:铲面层、运料、筛砂、调制砂浆、打底、罩面、找平压光、清理污土等。

编号				11-367	11-368	11-369	11-370	11-371
项目名称				水泥砂浆抹灰				
				混凝土栏板抹水泥面	窗台、窗套、墙帽抹面	烟囱眼、沟嘴、柁头抹灰	混凝土墙剔抹板缝	
							防水涂料	防水卷材
单位				m^2		个	m	
总价(元)				**59.23**	**154.08**	**27.09**	**79.79**	**80.26**
其中	人工费(元)			47.12	143.24	23.36	67.50	67.50
	材料费(元)			8.87	9.69	2.03	12.29	12.76
	机械费(元)			3.24	1.15	1.70	—	—
名称		单位	单价(元)	消耗量				
人工	综合工日	工日	135.00	0.349	1.061	0.173	0.500	0.500
材料	水泥	kg	0.39	14.793	14.900	3.432	5.400	5.400
	粗砂	t	86.14	0.036	0.045	0.008	0.017	0.017
	聚氨酯甲料	kg	15.28	—	—	—	0.240	—
	聚氨酯乙料	kg	14.85	—	—	—	0.340	—
	SBS 防水卷材	m^2	34.20	—	—	—	—	0.260
	零星材料费	元	—	—	—	—	—	0.30
	素水泥浆	m^3	—	(0.0022)	(0.0011)	—	—	—
	水泥砂浆 1:2	m^3	—	(0.0090)	—	(0.0060)	—	—
	水泥砂浆 1:2.5	m^3	—	—	(0.0110)	—	—	—
	水泥砂浆 1:3	m^3	—	(0.0145)	(0.0179)	—	—	—
机械	中小型机械费	元	—	3.24	1.15	1.70	—	—

工作内容：1. 新抹：调制砂浆、清扫面层、浇水、弹线、挂线、找方、冲筋、上杠、抹灰、堵脚手眼。2. 铲、补抹：铲面层、运料、筛砂、调制砂浆、打底、罩面、找平压光、清理污土等。

编　号				11-372	11-373	11-374
项目名称				水泥砂浆抹灰		
				做字 600mm 以内	刻花、牛舌瓦板	零星补抹
单　位				个		
总价（元）				**77.81**	**185.48**	**79.53**
其中	人工费（元）			62.64	168.75	66.29
	材料费（元）			11.79	13.33	9.89
	机械费（元）			3.38	3.40	3.35
名　称		单位	单价（元）	消　耗　量		
人工	综合工日	工日	135.00	0.464	1.250	0.491
材料	水泥	kg	0.39	19.620	23.357	16.315
	粗砂	t	86.14	0.048	0.049	0.041
	水泥砂浆 1:2	m^3	—	(0.0343)	(0.0350)	(0.0090)
	水泥砂浆 1:3	m^3	—	—	—	(0.0180)
	素水泥浆	m^3	—	—	(0.0022)	(0.0022)
机械	中小型机械费	元	—	3.38	3.40	3.35

工作内容：拆除面层、调制砂浆、清扫面层、打底、浇水、弹线、贴尺、制镶米厘条、嵌条、抹面、刷浆、起线、剁面、修整、刷洗门窗、清扫落地灰及完工清理等全部工作。

编号				11-375	11-376	11-377	11-378	11-379
项目名称				水刷石			零星水刷石	水刷豆石
				墙面、墙裙、砖柱	五道线以内装饰线		铲补抹	墙面、墙裙、梁柱
				铲补抹	新抹	补抹		铲补抹
单位				m^2	m		m^2	
总价（元）				**166.34**	**104.15**	**154.28**	**339.77**	**149.01**
其中	人工费（元）			149.02	98.53	147.80	323.60	137.70
	材料费（元）			16.36	5.62	6.48	15.31	10.35
	机械费（元）			0.96	—	—	0.86	0.96
名称		单位	单价（元）	消耗量				
人工	综合工日	工日	153.00	0.974	0.644	0.966	2.115	0.900
材料	水泥	kg	0.39	19.446	7.681	9.437	22.487	16.772
	粗砂	t	86.14	0.032	0.011	0.013	0.028	0.020
	白石子 大、中、小八厘	kg	0.19	18.020	7.911	7.911	19.631	—
	豆粒石	t	139.19	—	—	—	—	0.015
	108 胶	kg	4.45	0.060	0.040	0.040	0.090	—
	红白松锯材 一类烘干	m^3	4650.86	0.0005	—	—	—	—
	素水泥浆	m^3	—	（0.0011）	（0.0004）	（0.0013）	（0.0032）	（0.0011）
	水泥砂浆 1:3	m^3	—	（0.0200）	（0.0071）	（0.0080）	（0.0178）	（0.0124）
	水泥白石浆 1:1.5（刷石、磨石用）	m^3	—	（0.0123）	（0.0054）	（0.0054）	（0.0134）	—
	水泥豆石浆 1:1.25	m^3	—	—	—	—	—	（0.0124）
机械	中小型机械费	元	—	0.96	—	—	0.86	0.96

工作内容：拆除面层、调制砂浆、清扫面层、打底、浇水、弹线、贴尺、制镶米厘条、嵌条、抹面、刷浆、起线、剁面、修整、刷洗门窗、清扫落地灰及完工清理等全部工作。

编　号				11-380	11-381	11-382
项目名称				干粘石		
				墙面	梁、柱面	零星
				铲补		
单　位				m^2		
总价（元）				**87.78**	**112.25**	**201.59**
其中	人工费（元）			76.50	100.98	190.18
	材料费（元）			10.40	10.41	10.55
	机械费（元）			0.88	0.86	0.86
名　称		单位	单价（元）	消　耗　量		
人工	综合工日	工日	153.00	0.500	0.660	1.243
材料	水泥	kg	0.39	15.218	15.218	15.218
	粗砂	t	86.14	0.033	0.033	0.033
	灰膏	m^3	181.42	0.002	0.002	0.002
	白石子 大、中、小八厘	kg	0.19	6.640	6.700	7.400
	水泥砂浆 1∶3	m^3	—	(0.0210)	(0.0210)	(0.0210)
	水泥白灰浆 1∶0.3	m^3	—	(0.0055)	(0.0055)	(0.0055)
机械	中小型机械费	元	—	0.88	0.86	0.86

工作内容：拆除面层、调制砂浆、清扫面层、打底、浇水、弹线、贴尺、制镶米厘条、嵌条、抹面、刷浆、起线、剁面、修整、刷洗门窗、清扫落地灰及完工清理等全部工作。

编号				11-383	11-384	11-385	11-386	11-387
项目名称				剁假石			料石墙面剁新	
				墙面	梁、柱面	零星	假石	花岗岩
				铲补				
单位				m^2				
总价（元）				**256.00**	**297.86**	**353.86**	**182.22**	**218.64**
其中	人工费（元）			239.14	280.60	336.60	182.22	218.64
	材料费（元）			15.98	16.40	16.40	—	—
	机械费（元）			0.88	0.86	0.86	—	—
名称		单位	单价（元）	消耗量				
人工	综合工日	工日	153.00	1.563	1.834	2.200	1.191	1.429
材料	水泥	kg	0.39	18.351	19.340	19.340	—	—
	粗砂	t	86.14	0.027	0.021	0.021	—	—
	白石子 大、中、小八厘	kg	0.19	20.529	22.532	22.532	—	—
	红白松锯材 一类烘干	m^3	4650.86	0.0005	0.0005	0.0005	—	—
	108 胶	kg	4.45	0.060	0.100	0.100	—	—
	素水泥浆	m^3	—	(0.0022)	(0.0033)	(0.0033)	—	—
	水泥白石浆 1:2（刷石、磨石用）	m^3	—	(0.0123)	(0.0135)	(0.0135)	—	—
	水泥砂浆 1:3	m^3	—	(0.0167)	(0.0134)	(0.0134)	—	—
机械	中小型机械费	元	—	0.88	0.86	0.86	—	—

工作内容：铲面层、打底抹灰、砂浆找平，选料、抹结合层砂浆、贴面层、清洁表面等。

编号				11-388	11-389	11-390	11-391	11-392	11-393	11-394
项目名称				贴补						
				大理石	面砖	水磨石预制板	陶瓷锦砖		瓷砖	
							墙面、墙裙	池槽	墙面、墙裙	池槽
单位				m^2						
总价（元）				**487.44**	**296.96**	**235.05**	**237.82**	**320.32**	**238.33**	**313.95**
其中	人工费（元）			141.98	235.47	131.58	180.39	263.47	190.94	266.68
	材料费（元）			344.48	60.55	101.22	56.87	56.22	46.56	46.31
	机械费（元）			0.98	0.94	2.25	0.56	0.63	0.83	0.96
名称		单位	单价（元）	消耗量						
人工	综合工日	工日	153.00	0.928	1.539	0.860	1.179	1.722	1.248	1.743
材料	水泥	kg	0.39	19.195	16.301	25.493	17.206	15.538	16.301	15.872
	白水泥	kg	0.64	—	—	—	0.260	0.260	0.150	0.150
	粗砂	t	86.14	0.053	0.036	0.077	0.035	0.035	0.036	0.035
	灰膏	m^3	181.42	—	0.003	—	—	—	0.003	0.003
	大理石板	m^2	299.93	1.070	—	—	—	—	—	—
	面砖 150×75×10	m^2	39.03	—	1.020	—	—	—	—	—
	水磨石板 305×305×25	m^2	73.48	—	—	1.020	—	—	—	—
	陶瓷锦砖（马赛克）19×19	m^2	44.92	—	—	—	1.020	1.020	—	—
	白瓷砖 108×108×5	m^2	35.40	—	—	—	—	—	1.030	1.030
	棉纱	kg	16.11	0.011	0.011	—	—	—	—	—

编号				11-388	11-389	11-390	11-391	11-392	11-393	11-394
项目名称				贴补						
				大理石	面砖	水磨石预制板	陶瓷锦砖		瓷砖	
							墙面、墙裙	池槽	墙面、墙裙	池槽
单位				m^2						
名称		单位	单价（元）	消耗量						
材料	石料切割锯片	片	28.55	0.027	—	—	—	—	—	—
	钢筋 $D10$ 以内	kg	3.97	—	—	0.924	—	—	—	—
	铜丝	kg	73.55	—	—	0.040	—	—	—	—
	胶	kg	15.12	—	—	—	0.077	0.077	—	—
	胶黏剂 YJ-302	kg	26.39	0.400	0.400	—	—	—	—	—
	铁件	kg	9.49	—	—	0.325	—	—	—	—
	素水泥浆	m^3	—	（0.0012）	（0.0033）	—	（0.0022）	（0.0011）	（0.0033）	（0.0033）
	水泥砂浆 1∶1	m^3	—	—	—	—	（0.0078）	（0.0078）	—	—
	水泥砂浆 1∶2.5	m^3	—	（0.0351）	—	（0.0515）	—	—	—	—
	水泥砂浆 1∶3	m^3	—	—	（0.0170）	—	（0.0170）	（0.0170）	（0.0170）	（0.0170）
	水泥白灰砂浆 1∶1∶2	m^3	—	—	（0.0100）	—	—	—	（0.0100）	（0.0089）
机械	中小型机械费	元	—	0.98	0.94	2.25	0.56	0.63	0.83	0.96

工作内容：定位、弹线、下料、涂胶、安装、固定等全部操作过程。

编　号				11-395	11-396
项目名称				墙面镶石膏花（m^2）	
				0.1 以内	0.1 以外
单　位				块	
总价（元）				**32.16**	**40.97**
其中	人工费（元）			21.88	30.60
	材料费（元）			10.28	10.37
名　称		单位	单价（元）	消　耗　量	
人工	综合工日	工日	153.00	0.143	0.200
材料	石膏粉	kg	0.94	0.200	0.300
	石膏花	块	6.64	1.300	1.300
	螺栓 M5 × 30	kg	14.58	0.100	0.100

第十四节 成 品 保 护

工作内容：清扫表面、铺设、拆除、成品保护、材料清理归堆、清洁表面。

编号				11-397	11-398
项目名称				成品保护	
				独立柱	内墙面
单位				m^2	
总价（元）				**4.64**	**3.59**
其中	人工费（元）			1.99	2.60
	材料费（元）			2.65	0.99
名称		单位	单价（元）	消耗量	
人工	综合工日	工日	153.00	0.013	0.017
材料	彩条纤维布	m^2	7.22	0.3667	0.1375

第十五节 预拌砂浆

墙面抹灰(1)

工作内容:调制砂浆、清扫墙面、浇水、弹线、挂线、找方、冲筋、上杠、抹灰、堵脚手眼、清扫落地灰等。

编号				11-399	11-400	11-401	11-402	11-403
项目名称				砖外墙面	弧形砖外墙面	混凝土外墙面		砌块、空心砖外墙面
				抹灰砂浆		M15 抹灰砂浆	抹灰砂浆	
单位				m^2				
总价(元)				**46.30**	**50.96**	**44.78**	**40.77**	**43.49**
其中	人工费(元)			27.14	31.59	28.49	25.65	24.30
	材料费(元)			17.86	18.07	15.27	14.13	17.84
	机械费(元)			1.30	1.30	1.02	0.99	1.35
名称		单位	单价(元)	消耗量				
人工	综合工日	工日	135.00	0.201	0.234	0.211	0.190	0.180
材料	水泥	kg	0.39	—	—	3.034	3.034	—
	108 胶	kg	4.45	—	—	—	—	0.040
	预拌抹灰砂浆 M5	t	317.43	—	—	—	0.0187	0.0213
	预拌抹灰砂浆 M10	t	329.07	—	—	—	0.0188	0.0306
	预拌抹灰砂浆 M15	t	342.18	0.0348	0.0354	0.0213	0.0021	0.0021
	预拌抹灰砂浆 M20	t	352.17	0.0166	0.0166	0.0190	—	—
	零星材料费	元	—	0.11	0.11	0.11	0.11	0.11
	素水泥浆	m^3	—	—	—	(0.002)	(0.002)	—
机械	中小型机械费	元	—	1.30	1.30	1.02	0.99	1.35

工作内容：调制砂浆、清扫墙面、浇水、弹线、挂线、找方、冲筋、上杠、抹灰、堵脚手眼、清扫落地灰等。

编号				11-404	11-405	11-406	11-407	11-408	11-409
项目名称				砌块外墙面	陶粒空心砖外墙面	弧形砖墙外墙裙	弧形混凝土墙外墙裙	混凝土外墙裙	砖墙外墙裙
				TG胶浆、TG砂浆、抹灰砂浆	抹灰砂浆				
单位				m^2					
总价（元）				**48.03**	**43.82**	**54.53**	**55.12**	**50.53**	**50.48**
其中	人工费（元）			27.41	24.30	31.86	33.48	28.89	27.81
	材料费（元）			19.50	18.15	21.14	20.27	20.27	21.14
	机械费（元）			1.12	1.37	1.53	1.37	1.37	1.53
名称		单位	单价（元）	消耗量					
人工	综合工日	工日	135.00	0.203	0.180	0.236	0.248	0.214	0.206
材料	水泥	kg	0.39	2.227	—	—	3.034	3.034	—
	粗砂	t	86.14	0.015	—	—	—	—	—
	TG胶	kg	4.41	0.606	—	—	—	—	—
	108胶	kg	4.45	—	0.040	—	—	—	—
	预拌抹灰砂浆 M5	t	317.43	0.0304	0.0223	—	—	—	—
	预拌抹灰砂浆 M10	t	329.07	—	0.0306	—	—	—	—
	预拌抹灰砂浆 M15	t	342.18	0.0021	0.0021	0.0492	0.0286	0.0286	0.0492
	预拌抹灰砂浆 M20	t	352.17	0.0119	—	0.0119	0.0261	0.0261	0.0119
	零星材料费	元	—	0.11	0.11	0.11	0.11	0.11	0.11
	水泥TG胶浆	m^3	—	（0.001）	—	—	—	—	—
	水泥TG胶砂浆	m^3	—	（0.00834）	—	—	—	—	—
	素水泥浆	m^3	—	—	—	—	（0.002）	（0.002）	—
机械	中小型机械费	元	—	1.12	1.37	1.53	1.37	1.37	1.53

工作内容：调制砂浆、清扫墙面、浇水、弹线、挂线、找方、冲筋、上杠、抹灰、堵脚手眼、清扫落地灰等。

编号				11-410	11-411	11-412
项目名称				砌块墙外墙裙	空心砖墙外墙裙	陶粒空心砖墙外墙裙
				TG 胶浆、TG 砂浆、抹灰砂浆	抹灰砂浆	
单位				m^2		
总价(元)				**48.44**	**51.24**	**51.62**
其中	人工费(元)			28.08	28.22	28.22
	材料费(元)			19.24	21.42	21.77
	机械费(元)			1.12	1.60	1.63
名称		单位	单价(元)	消耗量		
人工	综合工日	工日	135.00	0.208	0.209	0.209
材料	水泥	kg	0.39	2.000	—	—
	粗砂	t	86.14	0.013	—	—
	TG 胶	kg	4.41	0.556	—	—
	108 胶	kg	4.45	0.040	—	—
	预拌抹灰砂浆 M5	t	317.43	0.0328	0.0353	0.0364
	预拌抹灰砂浆 M20	t	352.17	0.0119	0.0287	0.0287
	零星材料费	元	—	0.11	0.11	0.11
	水泥 TG 胶浆	m^3	—	(0.0010)	—	—
	水泥 TG 胶砂浆	m^3	—	(0.0074)	—	—
机械	中小型机械费	元	—	1.12	1.60	1.63

工作内容：调制砂浆、清扫墙面、浇水、弹线、挂线、找方、上杠、抹灰、堵脚手眼、清扫落地灰等。

编号				11-413	11-414	11-415	11-416	11-417
项目名称				砖内墙面、墙裙			弧形砖内墙面、墙裙	
				M15 抹灰砂浆	M5 抹灰砂浆	抹灰砂浆打底灰	M15 抹灰砂浆	M5 抹灰砂浆
单位				m^2				
总价（元）				**47.24**	**45.04**	**36.10**	**52.31**	**49.77**
其中	人工费（元）			28.08	27.41	23.22	32.94	31.86
	材料费（元）			17.86	16.36	12.02	18.07	16.61
	机械费（元）			1.30	1.27	0.86	1.30	1.30
名称		单位	单价（元）	消耗量				
人工	综合工日	工日	135.00	0.208	0.203	0.172	0.244	0.236
材料	预拌抹灰砂浆 M5	t	317.43	—	0.0343	—	—	0.0351
	预拌抹灰砂浆 M10	t	329.07	—	0.0141	—	—	0.0141
	预拌抹灰砂浆 M15	t	342.18	0.0348	0.0021	0.0348	0.0354	0.0021
	预拌抹灰砂浆 M20	t	352.17	0.0166	—	—	0.0166	—
	零星材料费	元	—	0.11	0.11	0.11	0.11	0.11
机械	中小型机械费	元	—	1.30	1.27	0.86	1.30	1.30

工作内容：调制砂浆、清扫墙面、浇水、弹线、挂线、找方、冲筋、上杠、抹灰、堵脚手眼、清扫落地灰等。

编号				11-418	11-419	11-420	11-421	11-422	11-423
项目名称				混凝土内墙面、墙裙			空心砖内墙面、墙裙	砌块墙内墙面、墙裙	陶粒空心砖内墙面、墙裙
				M15 抹灰砂浆	M5 抹灰砂浆	抹灰砂浆打底灰	抹灰砂浆	TG 胶浆、TG 砂浆、抹灰砂浆	抹灰砂浆
单位				m^2					
总价（元）				**45.86**	**43.74**	**32.11**	**46.60**	**50.05**	**47.06**
其中	人工费（元）			29.57	28.62	23.63	27.41	29.43	27.54
	材料费（元）			15.27	14.13	7.95	17.84	19.50	18.15
	机械费（元）			1.02	0.99	0.53	1.35	1.12	1.37
名称		单位	单价（元）	消耗量					
人工	综合工日	工日	135.00	0.219	0.212	0.175	0.203	0.218	0.204
材料	水泥	kg	0.39	3.034	3.034	3.034	—	2.227	—
	粗砂	t	86.14	—	—	—	—	0.015	—
	TG 胶	kg	4.41	—	—	—	—	0.606	—
	108 胶	kg	4.45	—	—	—	0.040	—	0.040
	预拌抹灰砂浆 M5	t	317.43	—	0.0187	0.0187	0.0213	0.0304	0.0223
	预拌抹灰砂浆 M10	t	329.07	—	0.0188	—	0.0306	—	0.0306
	预拌抹灰砂浆 M15	t	342.18	0.0213	0.0021	0.0021	0.0021	0.0021	0.0021
	预拌抹灰砂浆 M20	t	352.17	0.0190	—	—	—	0.0119	—
	零星材料费	元	—	0.11	0.11	0.11	0.11	0.11	0.11
	水泥 TG 胶浆	m^3	—	—	—	—	—	（0.0010）	—
	水泥 TG 胶砂浆	m^3	—	—	—	—	—	（0.00834）	—
	素水泥浆	m^3	—	（0.002）	（0.002）	（0.002）	—	—	—
机械	中小型机械费	元	—	1.02	0.99	0.53	1.35	1.12	1.37

柱面抹灰(2)

工作内容:调制砂浆、清扫柱面、浇水、弹线、挂线、找方、冲筋、上杠、抹灰、清扫落地灰等。

编号				11-424	11-425	11-426	11-427	11-428
项目名称				方形砖柱	异型砖柱	方形混凝土柱	异型混凝土柱	零星抹灰
				抹灰砂浆				
单位				m^2				
总价(元)				**55.91**	**92.50**	**54.40**	**65.20**	**63.25**
其中	人工费(元)			36.45	73.04	36.05	46.85	43.20
	材料费(元)			18.14	18.14	17.21	17.21	18.78
	机械费(元)			1.32	1.32	1.14	1.14	1.27
名称		单位	单价(元)	消耗量				
人工	综合工日	工日	135.00	0.270	0.541	0.267	0.347	0.320
材料	水泥	kg	0.39	—	—	3.337	3.337	3.337
	预拌抹灰砂浆 M15	t	342.18	0.0348	0.0348	0.0288	0.0288	0.0311
	预拌抹灰砂浆 M20	t	352.17	0.0177	0.0177	0.0172	0.0172	0.0194
	素水泥浆	m^3	—	—	—	(0.0022)	(0.0022)	(0.0022)
机械	中小型机械费	元	—	1.32	1.32	1.14	1.14	1.27

墙面镶贴块料（3）

工作内容：清理、修补基层表面、刷浆、预埋铁件、制作与安装钢筋网、电焊固定，选料湿水、钻孔成槽、镶贴面层、穿丝固定，调制砂浆、磨光打蜡、擦缝、养护。

编号				11-429	11-430	11-431
项目名称				大理石	花岗岩	
				抹灰砂浆挂贴		
				砖墙面		混凝土墙面
单位				m^2		
总价（元）				**501.06**	**558.10**	**562.47**
其中	人工费（元）			133.11	133.11	135.41
	材料费（元）			364.64	421.65	423.50
	机械费（元）			3.31	3.34	3.56
名称		单位	单价（元）	消耗量		
人工	综合工日	工日	153.00	0.870	0.870	0.885
材料	水泥	kg	0.39	1.517	1.517	1.517
	白水泥	kg	0.64	0.155	0.155	0.155
	大理石板	m^2	299.93	1.020	—	—
	花岗岩板	m^2	355.92	—	1.020	1.020
	合金钢钻头	个	11.81	—	—	0.0655
	硬白蜡	kg	18.46	0.0265	0.0265	0.0265
	铁件	kg	9.49	0.3487	0.3487	—
	膨胀螺栓	套	0.82	—	—	5.240
	石料切割锯片	片	28.55	0.0269	0.0421	0.0421

续前

编号				11-429	11-430	11-431
项目名称				大理石	花岗岩	
				抹灰砂浆挂贴		
				砖墙面		混凝土墙面
单位				m^2		
名称		单位	单价（元）	消耗量		
材料	电焊条	kg	7.59	0.0151	0.0151	0.0151
	塑料薄膜	m^2	1.90	0.2805	—	—
	棉纱	kg	16.11	0.010	0.010	0.010
	铜丝	kg	73.55	0.0777	0.0777	0.0777
	清油	kg	15.06	0.0053	0.0053	0.0053
	煤油	kg	7.49	0.040	0.040	0.040
	松节油	kg	7.93	0.006	0.006	0.006
	草酸	kg	10.93	0.010	0.010	0.010
	钢筋	kg	3.97	1.0765	1.076	1.100
	预拌抹灰砂浆 M20	t	352.17	0.1196	0.1196	0.1196
	素水泥浆	m^3	—	（0.001）	（0.001）	（0.001）
机械	中小型机械费	元	—	3.31	3.34	3.56

工作内容：清理基层、调制砂浆、打底刷浆，镶贴块料面层、切割面料，磨光、擦缝、打蜡养护。

编号				11-432	11-433	11-434	11-435	11-436
项目名称				大理石		花岗岩		凹凸假麻石块
				抹灰砂浆粘贴				
				砖墙面	混凝土墙面	砖墙面	混凝土墙面	墙面
单位				m^2				
总价（元）				**417.54**	**425.87**	**474.65**	**482.98**	**172.07**
其中	人工费（元）			85.68	91.65	85.68	91.65	72.52
	材料费（元）			330.63	333.12	387.74	390.23	98.46
	机械费（元）			1.23	1.10	1.23	1.10	1.09
名称		单位	单价（元）	消耗量				
人工	综合工日	工日	153.00	0.560	0.599	0.560	0.599	0.474
材料	水泥	kg	0.39	—	—	—	—	3.034
	白水泥	kg	0.64	0.155	0.155	0.155	0.155	0.155
	大理石板	m^2	299.93	1.020	1.020	—	—	—
	花岗岩板	m^2	355.92	—	—	1.020	1.020	—
	凹凸假麻石墙面砖	m^2	80.41	—	—	—	—	1.020
	硬白蜡	kg	18.46	0.0265	0.0265	0.0265	0.0265	—
	胶黏剂 YJ-Ⅲ	kg	18.17	0.421	0.421	0.421	0.421	—
	胶黏剂 YJ-302	kg	26.39	—	0.158	—	0.158	—

续前

编号				11-432	11-433	11-434	11-435	11-436
项目名称				大理石		花岗岩		凹凸假麻石块
				抹灰砂浆粘贴				
				砖墙面	混凝土墙面	砖墙面	混凝土墙面	墙面
单位				m^2				
名称		单位	单价（元）	消耗量				
材料	棉纱	kg	16.11	0.010	0.010	0.010	0.010	0.010
	清油	kg	15.06	0.0053	0.0053	0.0053	0.0053	—
	煤油	kg	7.49	0.040	0.040	0.040	0.040	—
	松节油	kg	7.93	0.006	0.006	0.006	0.006	—
	草酸	kg	10.93	0.010	0.010	0.010	0.010	—
	石料切割锯片	片	28.55	0.0269	0.0269	0.0269	0.0269	—
	预拌抹灰砂浆 M15	t	342.18	0.0290	0.0241	0.0290	0.0241	0.0290
	预拌抹灰砂浆 M20	t	352.17	0.0144	0.0144	0.0144	0.0144	0.0144
	素水泥浆	m^3	—	—	—	—	—	（0.002）
机械	中小型机械费	元	—	1.23	1.10	1.23	1.10	1.09

工作内容：清理修补基层表面、打底抹灰、砂浆找平，选料、抹结合层砂浆、贴面砖、擦缝、清洁表面。

编号				11-437	11-438	11-439	11-440	11-441	11-442
项目名称				95×95 面砖（抹灰砂浆粘贴）			150×75 面砖（抹灰砂浆粘贴）		
				面砖灰缝（mm）					
				5 以内	10 以内	20 以内	5 以内	10 以内	20 以内
单位				m^2					
总价（元）				**140.43**	**138.66**	**135.55**	**146.92**	**145.01**	**141.49**
其中	人工费（元）			92.57	92.26	91.80	92.11	91.95	91.65
	材料费（元）			46.65	45.19	42.54	53.60	51.85	48.63
	机械费（元）			1.21	1.21	1.21	1.21	1.21	1.21
名称		单位	单价（元）	消耗量					
人工	综合工日	工日	153.00	0.605	0.603	0.600	0.602	0.601	0.599
材料	水泥	kg	0.39	1.245	1.826	3.403	1.245	1.826	3.403
	粗砂	t	86.14	0.002	0.002	0.004	0.002	0.002	0.004
	墙面砖 95×95	m^2	31.74	0.9260	0.8729	0.7646	—	—	—
	墙面砖 150×75	m^2	39.03	—	—	—	0.9312	0.8804	0.7777
	石料切割锯片	片	28.55	0.0075	0.0075	0.0075	0.0075	0.0075	0.0075
	棉纱	kg	16.11	0.010	0.010	0.010	0.010	0.010	0.010
	预拌抹灰砂浆 M15	t	342.18	0.0361	0.0361	0.0361	0.0361	0.0361	0.0361
	预拌抹灰砂浆 M20	t	352.17	0.011	0.011	0.011	0.011	0.011	0.011
	水泥砂浆 1∶1	m^3	—	（0.0015）	（0.0022）	（0.0041）	（0.0015）	（0.0022）	（0.0041）
机械	中小型机械费	元	—	1.21	1.21	1.21	1.21	1.21	1.21

工作内容：清理修补基层表面、打底抹灰、砂浆找平，选料、抹结合层砂浆、贴面砖、擦缝、清洁表面。

编　号				11-443	11-444	11-445	11-446	11-447	11-448
项目名称				194×94 面砖（抹灰砂浆粘贴）			240×60 面砖（抹灰砂浆粘贴）		
				面砖灰缝（mm）					
				5 以内	10 以内	20 以内	5 以内	10 以内	20 以内
单　位				m²					
总价（元）				**146.15**	**144.10**	**139.68**	**141.00**	**139.21**	**133.88**
其中	人工费（元）			77.57	77.42	77.11	77.57	77.42	76.96
	材料费（元）			67.37	65.47	61.36	62.22	60.58	55.71
	机械费（元）			1.21	1.21	1.21	1.21	1.21	1.21
名　称		单位	单价（元）	消　耗　量					
人工	综合工日	工日	153.00	0.507	0.506	0.504	0.507	0.506	0.503
材料	水泥	kg	0.39	0.913	1.660	2.573	1.245	1.826	3.403
	粗砂	t	86.14	0.001	0.002	0.003	0.002	0.002	0.004
	墙面砖 194×94	m²	52.97	0.9501	0.9071	0.8211	—	—	—
	墙面砖 240×60	m²	48.47	—	—	—	0.9275	0.8891	0.7724
	石料切割锯片	片	28.55	0.0075	0.0075	0.0075	0.0075	0.0075	0.0075
	棉纱	kg	16.11	0.010	0.010	0.010	0.010	0.010	0.010
	预拌抹灰砂浆 M15	t	342.18	0.0361	0.0361	0.0361	0.0361	0.0361	0.0361
	预拌抹灰砂浆 M20	t	352.17	0.011	0.011	0.011	0.011	0.011	0.011
	水泥砂浆 1:1	m³	—	(0.0011)	(0.002)	(0.0031)	(0.0015)	(0.0022)	(0.0041)
机械	中小型机械费	元	—	1.21	1.21	1.21	1.21	1.21	1.21

工作内容：清理修补基层表面、打底抹灰、砂浆找平，选料、抹结合层砂浆、贴面砖、擦缝、清洁表面。

编号				11-449	11-450	11-451	11-452	11-453	11-454
项目名称				面砖（抹灰砂浆粘贴）					
				周长（mm）					
				800 以内	1200 以内	1600 以内	2000 以内	2400 以内	3200 以内
单位				m^2					
总价（元）				**136.72**	**136.80**	**160.58**	**172.24**	**204.13**	**232.68**
其中	人工费（元）			69.77	66.71	63.50	60.28	62.73	65.18
	材料费（元）			65.70	68.84	95.83	110.71	140.15	166.25
	机械费（元）			1.25	1.25	1.25	1.25	1.25	1.25
名称		单位	单价（元）	消耗量					
人工	综合工日	工日	153.00	0.456	0.436	0.415	0.394	0.410	0.426
材料	白水泥	kg	0.64	0.206	0.206	0.206	0.103	0.103	0.103
	墙面砖 200×150	m^2	47.18	1.035	—	—	—	—	—
	墙面砖 300×300	m^2	49.97	—	1.040	—	—	—	—
	墙面砖 400×400	m^2	75.92	—	—	1.040	—	—	—
	墙面砖 450×450	m^2	90.29	—	—	—	1.040	—	—
	墙面砖 500×500	m^2	118.60	—	—	—	—	1.040	—
	墙面砖 800×800	m^2	143.69	—	—	—	—	—	1.040
	棉纱	kg	16.11	0.010	0.010	0.010	0.010	0.010	0.010
	石料切割锯片	片	28.55	0.010	0.010	0.010	0.010	0.010	0.010
	预拌抹灰砂浆 M15	t	342.18	0.0363	0.0363	0.0363	0.0363	0.0363	0.0363
	预拌抹灰砂浆 M20	t	352.17	0.011	0.011	0.011	0.011	0.011	0.011
机械	中小型机械费	元	—	1.25	1.25	1.25	1.25	1.25	1.25

工作内容：清理修补基层表面、打底抹灰、砂浆找平，选料、抹结合层砂浆、贴面砖、擦缝、清洁表面。

编号				11-455	11-456	11-457	11-458
项目名称				墙面			
				抹灰砂浆粘贴			
				水磨石预制板	陶瓷锦砖	玻璃锦砖	文化石
单位				m^2			
总价（元）				**191.23**	**156.54**	**162.47**	**228.65**
其中	人工费（元）			64.41	101.29	99.60	90.58
	材料费（元）			123.74	54.36	62.03	136.79
	机械费（元）			3.08	0.89	0.84	1.28
名称		单位	单价（元）	消耗量			
人工	综合工日	工日	153.00	0.421	0.662	0.651	0.592
材料	水泥	kg	0.39	—	1.517	4.239	1.743
	白水泥	kg	0.64	—	0.258	1.775	—
	粗砂	t	86.14	—	—	0.010	0.002
	灰膏	m^3	181.42	—	—	0.001	—
	水磨石板 305×305×25	m^2	73.48	1.020	—	—	—
	陶瓷锦砖（马赛克）	m^2	39.71	—	1.015	—	—
	玻璃锦砖（马赛克）	m^2	44.92	—	—	1.015	—
	文化石	m^2	114.52	—	—	—	1.035
	石料切割锯片	片	28.55	—	—	—	0.0075

续前

编号				11-455	11-456	11-457	11-458
项目名称				墙面			
				抹灰砂浆粘贴			
				水磨石预制板	陶瓷锦砖	玻璃锦砖	文化石
单位				m^2			
名称		单位	单价（元）	消耗量			
材料	棉纱	kg	16.11	—	0.010	0.010	0.010
	钢筋 *D*10 以内	kg	3.97	0.924	—	—	—
	铁件	kg	9.49	0.325	—	—	—
	铜丝	kg	73.55	0.040	—	—	—
	108 胶	kg	4.45	—	0.191	0.2056	—
	预拌抹灰砂浆 M15	t	342.18	—	0.029	0.0337	0.0363
	预拌抹灰砂浆 M20	t	352.17	0.111	0.0067	—	0.0131
	素水泥浆	m^3	—	—	（0.001）	—	—
	水泥砂浆 1∶1	m^3	—	—	—	—	（0.0021）
	白水泥浆	m^3	—	—	—	（0.001）	—
	混合砂浆 1∶0.2∶2	m^3	—	—	—	（0.0082）	—
机械	中小型机械费	元	—	3.08	0.89	0.84	1.28

工作内容：清理修补基层表面、打底抹灰、砂浆找平，选料、抹结合层砂浆、贴面砖、擦缝、清洁表面。

编号				11-459	11-460	11-461	11-462	11-463
项目名称				瓷板（抹灰砂浆粘贴）				
				152×152	200×150	200×200	200×250	200×300
单位				m^2				
总价（元）				**148.68**	**140.62**	**132.24**	**132.62**	**138.02**
其中	人工费（元）			95.32	69.92	69.92	66.71	63.65
	材料费（元）			52.70	69.75	61.37	64.96	73.09
	机械费（元）			0.66	0.95	0.95	0.95	1.28
名称		单位	单价（元）	消耗量				
人工	综合工日	工日	153.00	0.623	0.457	0.457	0.436	0.416
材料	水泥	kg	0.39	8.323	6.580	6.580	6.580	1.517
	白水泥	kg	0.64	0.155	0.155	0.155	0.155	0.155
	粗砂	t	86.14	0.008	0.006	0.006	0.006	—
	瓷板 152×152	m^2	38.54	1.035	—	—	—	—
	瓷板 200×150	m^2	51.86	—	1.035	—	—	—
	瓷板 200×200	m^2	43.76	—	—	1.035	—	—
	瓷板 200×250	m^2	47.23	—	—	—	1.035	—
	瓷板 200×300	m^2	53.03	—	—	—	—	1.035
	石料切割锯片	片	28.55	0.0096	0.0075	0.0075	0.0075	0.0075
	棉纱	kg	16.11	0.010	0.010	0.010	0.010	0.010
	108 胶	kg	4.45	0.0221	0.0221	0.0221	0.0221	0.0221
	预拌抹灰砂浆 M15	t	342.18	0.0241	0.0363	0.0363	0.0363	0.0363
	预拌抹灰砂浆 M20	t	352.17	—	—	—	—	0.0131
	素水泥浆	m^3	—	（0.001）	（0.001）	（0.001）	（0.001）	（0.001）
	水泥砂浆 1:1	m^3	—	（0.0082）	（0.0061）	（0.0061）	（0.0061）	—
机械	中小型机械费	元	—	0.66	0.95	0.95	0.95	1.28

柱面镶贴块料(4)

工作内容:挂贴包括清理、修补基层表面、刷浆、预埋铁件、制作与安装钢筋网、电焊固定,选料湿水、钻孔成槽、镶贴面层、穿丝固定,调制砂浆、磨光打蜡、擦缝、养护。

编号				11-464	11-465	11-466	11-467	11-468	11-469
项目名称				挂贴大理石		大理石		挂贴花岗岩	
				砖柱面	混凝土柱面	包圆柱	方柱包圆柱	砖柱面	混凝土柱面
单位				m^2					
总价(元)				**531.04**	**558.94**	**996.91**	**1089.22**	**590.64**	**618.20**
其中	人工费(元)			147.19	166.77	175.19	220.17	147.19	166.77
	材料费(元)			380.36	388.08	819.64	866.38	439.90	447.31
	机械费(元)			3.49	4.09	2.08	2.67	3.55	4.12
名称		单位	单价(元)	消耗量					
人工	综合工日	工日	153.00	0.962	1.090	1.145	1.439	0.962	1.090
材料	水泥	kg	0.39	1.517	1.517	3.034	3.034	1.517	1.517
	白水泥	kg	0.64	0.190	0.190	0.299	0.299	0.155	0.155
	花岗岩板	m^2	355.92	—	—	—	—	1.060	1.060
	大理石板	m^2	299.93	1.060	1.060	—	—	—	—
	大理石板 异型(成品)	m^2	728.48	—	—	1.060	1.060	—	—
	硬白蜡	kg	18.46	0.0265	0.0265	—	—	0.0265	0.0265
	圆钢	kg	3.88	—	—	2.130	0.798	—	—
	合金钢钻头	个	11.81	—	0.115	0.320	0.320	—	0.115
	铁件	kg	9.49	0.306	—	—	—	0.306	—
	石料切割锯片	片	28.55	0.0269	0.0269	—	—	0.0421	0.0421
	塑料薄膜	m^2	1.90	0.2805	0.2805	0.0130	0.0130	—	—

续前

编号				11-464	11-465	11-466	11-467	11-468	11-469
项目名称				挂贴大理石		大理石		挂贴花岗岩	
				砖柱面	混凝土柱面	包圆柱	方柱包圆柱	砖柱面	混凝土柱面
单位				m^2					
名称		单位	单价（元）	消耗量					
材料	棉纱	kg	16.11	0.010	0.010	—	—	0.010	0.010
	电焊条	kg	7.59	0.0139	0.0278	0.0300	0.1500	0.0139	0.0278
	钢筋	kg	3.97	1.483	1.483	—	—	1.483	1.483
	铜丝	kg	73.55	0.0777	0.0777	0.0707	0.070	0.0777	0.0777
	清油	kg	15.06	0.0053	0.0053	0.0069	0.0069	0.0053	0.0053
	煤油	kg	7.49	0.040	0.040	0.050	0.050	0.040	0.040
	松节油	kg	7.93	0.006	0.006	0.0078	0.0078	0.006	0.006
	草酸	kg	10.93	0.010	0.010	—	—	0.010	0.010
	膨胀螺栓	套	0.82	—	9.200	8.080	8.080	—	9.200
	扁钢	kg	3.67	—	—	—	1.190	—	—
	角钢	kg	3.47	—	—	—	12.450	—	—
	预拌抹灰砂浆 M20	t	352.17	0.1267	0.1313	0.0608	0.0707	0.1276	0.1313
	素水泥浆	m^3	—	（0.001）	（0.001）	（0.002）	（0.002）	（0.001）	（0.001）
机械	中小型机械费	元	—	3.49	4.09	2.08	2.67	3.55	4.12

工作内容：清理修补基层表面、打底抹灰、砂浆找平，选料、抹结合层砂浆、贴面砖、擦缝、清洁表面。

编号				11-470	11-471	11-472	11-473
项目名称				柱（梁）面			
				抹灰砂浆粘贴			
				陶瓷锦砖	玻璃锦砖	瓷板 152×152	水磨石预制板
单位				m^2			
总价（元）				**184.00**	**185.39**	**164.03**	**215.40**
其中	人工费（元）			127.76	120.72	109.70	88.43
	材料费（元）			55.35	63.81	53.67	123.74
	机械费（元）			0.89	0.86	0.66	3.23
名称		单位	单价（元）	消耗量			
人工	综合工日	工日	153.00	0.835	0.789	0.717	0.578
材料	水泥	kg	0.39	1.517	4.446	8.323	—
	白水泥	kg	0.64	0.258	1.775	0.155	—
	粗砂	t	86.14	—	0.011	0.008	—
	灰膏	m^3	181.42	—	0.001	—	—
	陶瓷锦砖（马赛克）	m^2	39.71	1.040	—	—	—
	玻璃锦砖（马赛克）	m^2	44.92	—	1.040	—	—
	瓷板 152×152	m^2	38.54	—	—	1.060	—
	水磨石板 305×305×25	m^2	73.48	—	—	—	1.020
	石料切割锯片	片	28.55	—	—	0.0096	—

续前

编号				11-470	11-471	11-472	11-473
项目名称				柱（梁）面			
				抹灰砂浆粘贴			
				陶瓷锦砖	玻璃锦砖	瓷板 152×152	水磨石预制板
单位				m^2			
名称		单位	单价（元）	消耗量			
材料	钢筋 $D10$ 以内	kg	3.97	—	—	—	0.924
	铁件	kg	9.49	—	—	—	0.325
	铜丝	kg	73.55	—	—	—	0.040
	棉纱	kg	16.11	0.010	0.010	0.010	—
	108 胶	kg	4.45	0.1921	0.216	0.0221	—
	预拌抹灰砂浆 M15	t	342.18	0.029	0.035	0.0241	—
	预拌抹灰砂浆 M20	t	352.17	0.0067	—	—	0.111
	素水泥浆	m^3	—	（0.001）	—	（0.001）	—
	水泥砂浆 1:1	m^3	—	—	—	（0.0082）	—
	白水泥浆	m^3	—	—	（0.001）	—	—
	混合砂浆 1:0.2:2	m^3	—	—	（0.0086）	—	—
机械	中小型机械费	元	—	0.89	0.86	0.66	3.23

零星镶贴块料（5）

工作内容：清理、修补基层表面、刷浆、预埋铁件、制作与安装钢筋网、电焊固定，选料湿水、钻孔成槽、镶贴面层、穿丝固定，调制砂浆、磨光打蜡、擦缝、养护。

编　　号				11-474	11-475	11-476
项目名称				零星项目		
				抹灰砂浆粘贴		
				大理石	花岗岩	凹凸假麻石块
单　　位				m^2		
总价（元）				**444.67**	**500.32**	**229.32**
其中	人工费（元）			94.86	94.25	123.17
	材料费（元）			348.44	404.70	104.85
	机械费（元）			1.37	1.37	1.30
名　　称		单位	单价（元）	消　耗　量		
人工	综合工日	工日	153.00	0.620	0.616	0.805
材料	水泥	kg	0.39	—	—	3.641
	白水泥	kg	0.64	0.175	0.175	0.1856
	大理石板	m^2	299.93	1.060	—	—
	花岗岩板	m^2	355.92	—	1.060	—
	凹凸假麻石墙面砖	m^2	80.41	—	—	1.060
	硬白蜡	kg	18.46	0.0294	0.0294	—
	胶黏剂 YJ-302	kg	26.39	0.117	—	—

编　号				11-474	11-475	11-476
项目名称				零星项目		
				抹灰砂浆粘贴		
				大理石	花岗岩	凹凸假麻石块
单　位				m^2		
名　称		单位	单价（元）	消　耗　量		
材料	胶黏剂 YJ-Ⅲ	kg	18.17	0.467	0.467	—
	石料切割锯片	片	28.55	0.0299	0.0299	—
	棉纱	kg	16.11	0.0111	0.0111	0.0111
	清油	kg	15.06	0.0059	0.0059	—
	煤油	kg	7.49	0.0444	0.0444	—
	松节油	kg	7.93	0.0067	0.0067	—
	草酸	kg	10.93	0.0111	0.0111	—
	预拌抹灰砂浆 M15	t	342.18	0.0320	0.0320	0.0346
	预拌抹灰砂浆 M20	t	352.17	0.0162	0.0162	0.0172
	素水泥浆	m^3	—	—	—	（0.0024）
机械	中小型机械费	元	—	1.37	1.37	1.30

其他铲、补抹(6)

工作内容:铲面层、运料、调制砂浆、打底、罩面、找平压光、清理污土等。

编号				11-477	11-478	11-479	11-480	11-481	11-482	11-483
项目名称				混凝土柱		砖墙面	混凝土墙面		空心砖、砌块	
				M5 砂浆底纸筋灰面		M15 砂浆底纸筋灰面	抹灰砂浆底纸筋灰面			
				方形铲抹	异型铲抹	铲抹		补抹	铲抹	补抹
单位				m^2						
总价(元)				**59.02**	**72.11**	**46.06**	**57.13**	**78.87**	**49.58**	**65.91**
其中	人工费(元)			44.42	57.51	28.22	42.12	63.86	31.46	47.79
	材料费(元)			13.71	13.71	16.70	14.04	14.04	16.90	16.90
	机械费(元)			0.89	0.89	1.14	0.97	0.97	1.22	1.22
名称		单位	单价(元)	消耗量						
人工	综合工日	工日	135.00	0.329	0.426	0.209	0.312	0.473	0.233	0.354
材料	水泥	kg	0.39	3.489	3.489	—	3.186	3.186	—	—
	纸筋	kg	3.70	0.101	0.101	0.132	0.093	0.093	0.097	0.097
	灰膏	m^3	181.42	0.003	0.003	0.003	0.002	0.002	0.002	0.002
	108 胶	kg	4.45	—	—	—	—	—	0.042	0.042
	预拌抹灰砂浆 M5	t	317.43	0.0360	0.0360	—	0.0381	0.0381	0.0272	0.0272
	预拌抹灰砂浆 M15	t	342.18	—	—	0.0458	—	—	0.0215	0.0215
	素水泥浆	m^3	—	(0.0023)	(0.0023)	—	(0.0021)	(0.0021)	—	—
	纸筋白灰浆	m^3	—	(0.0026)	(0.0026)	(0.0034)	(0.0024)	(0.0024)	(0.0025)	(0.0025)
机械	中小型机械费	元	—	0.89	0.89	1.14	0.97	0.97	1.22	1.22

工作内容：铲面层、运料、调制砂浆、打底、罩面、找平压光、清理污土等。

编号				11-484	11-485	11-486
项目名称				抹灰砂浆		
				砖墙面、墙裙抹灰		
				不分格铲抹	分格铲抹	补抹
单位				m²		
总价（元）				**61.89**	**83.09**	**69.72**
其中	人工费（元）			38.07	57.24	45.90
	材料费（元）			22.19	24.22	22.19
	机械费（元）			1.63	1.63	1.63
名称		单位	单价（元）	消耗量		
人工	综合工日	工日	135.00	0.282	0.424	0.340
材料	红白松锯材 一类	m^3	4069.17	—	0.0005	—
	预拌抹灰砂浆 M15	t	342.18	0.0526	0.0526	0.0526
	预拌抹灰砂浆 M20	t	352.17	0.0119	0.0119	0.0119
机械	中小型机械费	元	—	1.63	1.63	1.63

工作内容: 1. 新抹: 调制砂浆、清扫面层、浇水、弹线、挂线、找方、冲筋、上杠、抹灰。2. 铲、补抹: 铲面层、运料、调制砂浆、打底、罩面、找平压光、清理污土等。

编号				11-487	11-488	11-489	11-490
项目名称				抹灰砂浆			
				抹护角	砖墙抹下碱		
					新抹	铲抹	补抹
单位				m	m^2		
总价(元)				**13.29**	**57.92**	**67.35**	**76.20**
其中	人工费(元)			9.86	34.97	43.61	52.38
	材料费(元)			3.20	21.40	22.19	22.19
	机械费(元)			0.23	1.55	1.55	1.63
名称		单位	单价(元)	消耗量			
人工	综合工日	工日	135.00	0.073	0.259	0.323	0.388
材料	预拌抹灰砂浆 M15	t	342.18	—	0.0503	0.0526	0.0526
	预拌抹灰砂浆 M20	t	352.17	0.0091	0.0119	0.0119	0.0119
机械	中小型机械费	元	—	0.23	1.55	1.55	1.63

工作内容: 1. 新抹:调制砂浆、清扫面层、浇水、弹线、挂线、找方、冲筋、上杠、抹灰。2. 铲、补抹:铲面层、运料、调制砂浆、打底、罩面、找平压光、清理污土等。

编号				11-491	11-492	11-493	11-494	11-495
项目名称				抹灰砂浆				
				砖柱		混凝土柱		混凝土墙面墙裙
				方形铲抹	异型铲抹	方形铲抹	异型铲抹	不分格铲抹
单位				m^2				
总价(元)				**67.40**	**114.92**	**90.31**	**113.12**	**62.24**
其中	人工费(元)			47.39	94.91	71.96	94.77	39.69
	材料费(元)			18.66	18.66	17.21	17.21	21.13
	机械费(元)			1.35	1.35	1.14	1.14	1.42
名称		单位	单价(元)	消耗量				
人工	综合工日	工日	135.00	0.351	0.703	0.533	0.702	0.294
材料	水泥	kg	0.39	—	—	3.337	3.337	3.337
	预拌抹灰砂浆 M15	t	342.18	0.0359	0.0359	0.0288	0.0288	0.0311
	预拌抹灰砂浆 M20	t	352.17	0.0181	0.0181	0.0172	0.0172	0.0261
	素水泥浆	m^3	—	—	—	(0.0022)	(0.0022)	(0.0022)
机械	中小型机械费	元	—	1.35	1.35	1.14	1.14	1.42

工作内容：1. 新抹：调制砂浆、清扫面层、浇水、弹线、挂线、找方、冲筋、上杠、抹灰。2. 铲、补抹：铲面层、运料、调制砂浆、打底、罩面、找平压光、清理污土等。

编号				11-496	11-497	11-498	11-499	11-500
项目名称				抹灰砂浆				
				混凝土墙面墙裙		空心砖、砌块		
				分格铲抹	补抹	不分格铲抹	分格铲抹	补抹
单位				m^2				
总价（元）				**84.26**	**72.23**	**62.03**	**83.36**	**69.99**
其中	人工费（元）			59.67	49.68	38.21	57.51	46.17
	材料费（元）			23.17	21.13	22.19	24.22	22.19
	机械费（元）			1.42	1.42	1.63	1.63	1.63
名称		单位	单价（元）	消耗量				
人工	综合工日	工日	135.00	0.442	0.368	0.283	0.426	0.342
材料	水泥	kg	0.39	3.337	3.337	—	—	—
	红白松锯材 一类	m^3	4069.17	0.0005	—	—	0.0005	—
	预拌抹灰砂浆 M15	t	342.18	0.0311	0.0311	0.0526	0.0526	0.0526
	预拌抹灰砂浆 M20	t	352.17	0.0261	0.0261	0.0119	0.0119	0.0119
	素水泥浆	m^3	—	（0.0022）	（0.0022）	—	—	—
机械	中小型机械费	元	—	1.42	1.42	1.63	1.63	1.63

工作内容：1. 新抹：调制砂浆、清扫面层、浇水、弹线、挂线、找方、冲筋、上杠、抹灰。2. 铲、补抹：铲面层、运料、调制砂浆、打底、罩面、找平压光、清理污土等。

编号				11-501	11-502	11-503	11-504
项目名称				阳台雨罩抹灰	抹灰砂浆		
					挑檐		
					新抹	铲抹	补抹
单位				m^2			
总价（元）				**217.00**	**164.81**	**201.62**	**236.85**
其中	人工费（元）			179.01	140.40	175.37	210.60
	材料费（元）			35.58	22.86	24.57	24.57
	机械费（元）			2.41	1.55	1.68	1.68
名称		单位	单价（元）	消耗量			
人工	综合工日	工日	135.00	1.326	1.040	1.299	1.560
材料	水泥	kg	0.39	4.248	3.337	3.337	3.337
	麻刀	kg	3.92	0.082	—	—	—
	灰膏	m^3	181.42	0.004	—	—	—
	预拌抹灰砂浆 M5	t	317.43	0.024	—	—	—
	预拌抹灰砂浆 M15	t	342.18	0.0133	0.0384	0.0434	0.0434
	预拌抹灰砂浆 M20	t	352.17	0.0588	0.0239	0.0239	0.0239
	素水泥浆	m^3	—	（0.0028）	（0.0022）	（0.0022）	（0.0022）
	麻刀白灰浆	m^3	—	（0.004）	—	—	—
机械	中小型机械费	元	—	2.41	1.55	1.68	1.68

工作内容：1. 新抹：调制砂浆、清扫面层、浇水、弹线、挂线、找方、冲筋、上杠、抹灰。2. 铲、补抹：铲面层、运料、调制砂浆、打底、罩面、找平压光、清理污土等。

编号				11-505	11-506	11-507	11-508
项目名称				抹灰砂浆			
				钢筋混凝土补抹	混凝土栏板	窗台、窗套、墙帽	零星补抹灰
单位				m^2			
总价（元）				**88.73**	**66.22**	**164.09**	**87.77**
其中	人工费（元）			66.15	46.17	140.40	64.94
	材料费（元）			21.44	18.78	22.14	21.38
	机械费（元）			1.14	1.27	1.55	1.45
名称		单位	单价（元）	消耗量			
人工	综合工日	工日	135.00	0.490	0.342	1.040	0.481
材料	水泥	kg	0.39	12.619	3.337	1.669	3.337
	粗砂	t	86.14	0.011	—	—	—
	预拌抹灰砂浆 M15	t	342.18	0.0455	0.0311	0.0384	0.0387
	预拌抹灰砂浆 M20	t	352.17	—	0.0194	0.0237	0.0194
	素水泥浆	m^3	—	（0.0023）	（0.0022）	（0.0011）	（0.0022）
	水泥砂浆 1∶1	m^3	—	（0.011）	—	—	—
机械	中小型机械费	元	—	1.14	1.27	1.55	1.45

第十二章　楼地面工程

说　　明

一、本章包括地面垫层，找平层，地面防水、防潮，整体面层，楼地面隔热，块料面层，橡塑面层，地毯、地板面层，踢脚线，楼梯装饰，扶手、栏杆、栏板装饰，台阶、坡道、散水，零星装饰项目，地面、台阶、踢脚线修补，木地板修补，成品保护，预拌砂浆 17 节，共 405 条基价子目。

二、工程计价时应注意的问题。

1. 墙、地面防水工程已综合考虑了不同基层的水泥用量。

2. 本章中的楼地面铺贴，当设计的材料面层与基价子目不同时可以调整。

3. 大理石、花岗岩楼地面拼花按成品考虑。

4. 镶拼面积小于 0.015m^2 的石材套用点缀基价子目计算。

5. 各种地面工程均不包括踢脚线，其踢脚线按相应基价计算。

6. 螺旋形楼梯的装饰，按相应项目的综合工日乘以系数 1.20，块料用量乘以系数 1.10，整体面层、栏杆、扶手材料用量乘以系数 1.05。

7. 扶手、栏杆、栏板适用于楼梯、走廊、回廊及其他装饰性栏杆、栏板。其材料用料、规格设计与基价子目不同时可以换算。

8. 新砌砖台阶，如两翼砌砖墙，可套相应砌墙基价计算。台阶的垫层按相应基价子目计算。

9. 零星项目面层适用于楼梯侧面、台阶的牵边、小便池、蹲台、池槽以及面积在 1m^2 以内且基价未列项目的工程。

10. 各种砂浆配合比及砂浆厚度，如设计与基价子目不同时可以换算。

11. 利用旧木料加工以成品完成量所利用旧料占预算基价本项工程应用木料量 50% 以外为准。

12. 凡是新做木楼地板、踢脚线、拆换、修补各种木地板、踢脚线、木龙骨等利用旧木料超过 50% 者，其综合工日乘以系数 1.20。

13. 拆换、修补地板均包括刨光，不得重复计算。龙凤榫地板以成品料为准。

14. 地板龙骨加固，包括拆除安装及加固、剪刀撑卡实钉牢、接头打拐加砖垛、刷防腐油等人工。基价不包括所需材料，可根据设计需用量另行计算。

15. 本章随打随抹地面只适用于设计无厚度要求的随打随抹面层。基价中所列水泥砂浆系作为混凝土表面嵌补平整使用，不增加制成量厚度。如设计有厚度时，应按水泥砂浆抹地面的基价执行。

工程量计算规则

一、墙、地面防水按设计图示尺寸计算，不扣除 0.5m^2 孔洞所占面积。平、立面连接处立墙高在 50cm 以内时按展开面积并入平面工程量计算；高度超过 50cm 时，执行立面相应基价。

二、整体面层按主墙间净空面积以“m^2”计算，扣除凸出地面的构筑物、设备基础等不做面层的部分，不扣除间壁墙及小于或等于 0.5m^2 柱、垛、附墙烟囱及孔洞等所占面积，但门洞、空圈、暖气包槽、壁龛的开口部分亦不增加。

三、块料面层按设计图示尺寸以实铺面积以“m^2”计算，应扣除地面上各种建筑配件所占面层面积的工程量，门洞、空圈、暖气包槽、壁龛的开口部分的工程量并入相应的面层内计算。拼花部分按实贴面积以"m^2"计算,点缀按数量以"个"计算,计算主体铺贴地面面积时,不扣除点缀所占面积。

四、楼地面保温隔热工程量按设计图示尺寸以面积计算。扣除柱、垛及单个大于0.5m^2孔洞所占面积。防火隔离带工程量按设计图示尺寸以面积计算。

五、橡塑面层、其他块料面层按面积以"m^2"计算,门洞、空圈、暖气包槽、壁龛的开口部分并入相应的工程量内。

六、水泥砂浆踢脚线按长度以"m"计算,不扣除门洞及空圈的长度,其侧壁亦不增加;柱的踢脚板合并计算;其余踢脚线按不同材质实贴分别按长度以"米"或按面积以"m^2"计算;楼梯踢脚线按相应子目乘以系数1.15。

七、楼梯按楼梯(包括踏步、休息平台以及宽500mm以内的楼梯井)水平投影面积以"m^2"计算。楼梯与楼地面相连时,算至梯口梁内侧边沿;无梯口梁者,算至最上一层踏步边沿加300mm。

八、扶手、栏杆、栏板均按其中心线长度以"m"计算(包括弯头长度)。

九、台阶装饰(包括踏步及最上一层踏步边沿300mm)按水平投影面积以"m^2"计算。

十、水泥砂浆台阶中已包括面层及面层以下的砌砖或混凝土工料,不包括筋墙及相应项目,凡室内外地坪差超过600mm的台阶不适用本基价,应根据设计要求,按设计图示尺寸计算各分项工程量,另套相应基价。

十一、混凝土坡道按体积以"m^3"计算。

十二、零星装饰项目按面积以"m^2"计算。

十三、地面修补计算规则同面层。

十四、地面垫层、找平层计算规则同面层。

十五、成品保护工程量计算规则按相应子目规则执行。

第一节　地面垫层

工作内容：1. 废土夯实：拍底、过筛、拣出杂物、分层夯实。2. 灰土、素土夯实：原槽拍底、拌和、分层夯实、切接槎。3. 找平夯实：原土铲平夯实。

编号				12-001	12-002	12-003	12-004	12-005	12-006
项目名称				地面垫层					
				素土夯实	废土夯实	灰土 3:7	灰土 2:8	找平夯实	粗砂
单位				m³					
总价（元）				**185.04**	**94.21**	**342.95**	**331.31**	**2.97**	**295.45**
其中	人工费（元）			67.23	92.88	176.31	176.31	2.97	124.20
	材料费（元）			116.48	—	165.31	153.67	—	171.25
	机械费（元）			1.33	1.33	1.33	1.33	—	—
名称		单位	单价（元）	消耗量					
人工	综合工日	工日	135.00	0.498	0.688	1.306	1.306	0.022	0.920
材料	白灰	kg	0.30	—	—	248.200	165.400	—	—
	黄土	m³	77.65	1.500	—	1.170	1.340	—	—
	粗砂	t	86.14	—	—	—	—	—	1.988
机械	中小型机械费	元	—	1.33	1.33	1.33	1.33	—	—

工作内容:1. 焦渣垫层:基层平整、拌和、分层铺设垫层材料、找平压实、养护等。2. 混凝土垫层:混凝土浇筑、振捣、养护等。

编号				12-007	12-008	12-009	12-010	12-011
项目名称				地面垫层				
				级配砂石	白灰焦渣(1:3)	水泥焦渣(1:6)	C10 素混凝土	C15 素混凝土
单位				m^3				
总价(元)				**389.84**	**345.39**	**415.99**	**619.57**	**629.48**
其中	人工费(元)			194.40	169.83	173.88	179.15	179.15
	材料费(元)			195.44	175.56	242.11	438.77	448.68
	机械费(元)			—	—	—	1.65	1.65
名称		单位	单价(元)	消耗量				
人工	综合工日	工日	135.00	1.440	1.258	1.288	1.327	1.327
材料	水泥	kg	0.39	—	—	259.800	—	—
	粗砂	t	86.14	0.801	—	—	—	—
	石子(5~30)	t	87.81	1.440	—	—	—	—
	白灰	kg	0.30	—	188.100	—	—	—
	焦渣	m^3	108.30	—	1.100	1.300	—	—
	预拌混凝土 AC10	m^3	430.17	—	—	—	1.020	—
	预拌混凝土 AC15	m^3	439.88	—	—	—	—	1.020
机械	中小型机械费	元	—	—	—	—	1.65	1.65

工作内容: 1. 焦渣垫层:基层平整、拌和、分层铺设垫层材料、找平压实、养护等。2. 混凝土垫层:混凝土浇筑、振捣、养护等。

编号				12-012	12-013	12-014
项目名称				地面垫层		
				混凝土地面钢筋网	C20 细石混凝土	C15 钢筋混凝土
单位				m^2	m^3	
总价(元)				**10.95**	**658.19**	**841.82**
其中	人工费(元)			3.38	196.97	208.98
	材料费(元)			7.57	459.57	630.80
	机械费(元)			—	1.65	2.04
名称		单位	单价(元)	消耗量		
人工	综合工日	工日	135.00	0.025	1.459	1.548
材料	预拌混凝土 AC15	m^3	439.88	—	—	1.020
	预拌混凝土 AC20	m^3	450.56	—	1.020	—
	钢筋 *D*10 以内	kg	3.97	1.900	—	45.500
	镀锌钢丝 *D*0.7	kg	7.42	0.004	—	0.200
机械	中小型机械费	元	—	—	1.65	2.04

第二节 找 平 层

工作内容：底层清理、拌和砂浆、找平、压实、养护等。

编号				12-015	12-016	12-017	12-018	12-019	12-020
项目名称				水泥砂浆 1:3（20mm 厚）			C20 细石混凝土硬基层上		
				硬基层上	保温层上	每增减 5mm	无筋 3cm 厚	有筋 4cm 厚	每增减 5mm
单位				m^2					
总价（元）				**18.93**	**20.15**	**4.58**	**22.50**	**36.03**	**3.11**
其中	人工费（元）			10.80	10.80	2.70	8.24	12.83	0.81
	材料费（元）			7.57	8.64	1.73	14.24	23.12	2.30
	机械费（元）			0.56	0.71	0.15	0.02	0.08	—
名称		单位	单价（元）	消耗量					
人工	综合工日	工日	135.00	0.080	0.080	0.020	0.061	0.095	0.006
材料	水泥	kg	0.39	11.456	12.224	2.436	1.517	1.517	—
	粗砂	t	86.14	0.036	0.045	0.009	—	—	—
	预拌混凝土 AC20	m^3	450.56	—	—	—	0.0303	0.0404	0.0051
	冷拔钢丝 *D*4	kg	3.91	—	—	—	—	1.100	—
	镀锌钢丝 *D*0.7	kg	7.42	—	—	—	—	0.004	—
	素水泥浆	m^3	—	（0.0011）	—	—	（0.0010）	（0.0010）	—
	水泥砂浆 1:3	m^3	—	（0.0225）	（0.0281）	（0.0056）	—	—	—
机械	中小型机械费	元	—	0.56	0.71	0.15	0.02	0.08	—

第三节　地面防水、防潮

工作内容：铺油毡卷材、接缝、嵌缝等。

编　号				12-021	12-022	12-023	12-024	12-025	12-026
项目名称				墙面、地面防水					
				防水油一道	防水油二道	防水油三道	卷材防水一毡二油	卷材防水二毡三油	卷材防水冷胶玻璃布
单　位				m^2					
总价（元）				**55.75**	**68.29**	**82.39**	**34.77**	**60.07**	**77.69**
其中	人工费（元）			37.13	42.39	49.41	9.45	17.55	17.55
	材料费（元）			18.62	25.90	32.98	25.32	42.52	60.14
名　称		单位	单价（元）	消　耗　量					
人工	综合工日	工日	135.00	0.275	0.314	0.366	0.070	0.130	0.130
材料	水泥	kg	0.39	19.500	22.300	25.000	—	—	—
	粗砂	t	86.14	0.041	0.046	0.049	—	—	—
	防水油	kg	4.30	1.740	3.080	4.420	—	—	—
	油毡	m^2	3.83	—	—	—	1.230	2.350	—
	石油沥青	kg	4.04	—	—	—	4.500	6.910	—
	汽油	kg	7.74	—	—	—	0.100	0.400	—
	煤	kg	0.53	—	—	—	0.720	1.110	—
	木柴	kg	1.03	—	—	—	1.240	1.860	—
	玻璃纤维油毡	m^2	6.37	—	—	—	—	—	2.350
	沥青冷胶	kg	7.08	—	—	—	—	—	6.380

工件内容：涂刷基层处理剂、防水薄弱处涂聚氨酯涂膜加强。

编　号				12-027	12-028	12-029
项目名称				三元乙丙橡胶卷材		聚氨酯二遍
				冷贴满铺		
				平面	立面	
单　位				m^2		
总价（元）				**84.87**	**92.56**	**51.79**
其中	人工费（元）			26.06	33.75	9.05
	材料费（元）			58.81	58.81	42.74
名　称		单位	单价（元）	消　耗　量		
人工	综合工日	工日	135.00	0.193	0.250	0.067
材料	水泥	kg	0.39	0.152	0.152	—
	三元乙丙橡胶卷材 1mm	m^2	41.22	1.242	1.242	—
	CSPE 嵌缝油膏 330mL	支	8.52	0.298	0.298	—
	二甲苯	kg	5.21	0.270	0.270	0.130
	丁基胶黏剂	kg	14.45	0.176	0.176	—
	聚氨酯甲料	kg	15.28	—	—	1.076
	聚氨酯乙料	kg	14.85	—	—	1.684
	108 胶	kg	4.45	0.002	0.002	—
	乙酸乙酯	kg	17.26	0.051	0.051	—
	钢筋 $D10$ 以内	kg	3.97	0.040	0.040	—
	圆钉	kg	6.68	0.0023	0.0023	—
	豆粒石	t	139.19	—	—	0.0044
	素水泥浆	m^3	—	（0.0001）	（0.0001）	—

工作内容：砂浆调制、摊铺、养护等。

编号				12-030	12-031	12-032	12-033	12-034	12-035	12-036
项目名称				防潮层（防水砂浆）		沥青砂浆（25mm 厚）			墙面、地面刚性防水	
				平面	立面	硬基层上	保温层上	每增减5mm	五层做法	七层做法
单位				m^2						
总价（元）				**24.79**	**33.37**	**75.77**	**89.50**	**18.50**	**42.92**	**54.75**
其中	人工费（元）			13.50	21.60	17.55	18.90	6.75	32.67	40.91
	材料费（元）			10.02	10.50	56.95	69.33	11.43	9.78	13.19
	机械费（元）			1.27	1.27	1.27	1.27	0.32	0.47	0.65
名称		单位	单价（元）	消耗量						
人工	综合工日	工日	135.00	0.100	0.160	0.130	0.140	0.050	0.242	0.303
材料	水泥	kg	0.39	12.584	13.156	—	—	—	19.550	26.302
	粗砂	t	86.14	0.031	0.032	0.064	0.078	0.013	0.025	0.034
	石油沥青	kg	4.04	—	—	8.496	10.320	1.704	—	—
	防水粉	kg	4.21	0.580	0.620	—	—	—	—	—
	石英粉	kg	0.42	—	—	16.200	19.690	3.250	—	—
	滑石粉	kg	0.59	—	—	16.213	19.694	3.252	—	—
	煤	kg	0.53	—	—	1.400	1.940	0.270	—	—
	素水泥浆	m^3	—	—	—	—	—	—	(0.0061)	(0.0081)
	水泥砂浆 1:2	m^3	—	(0.0220)	(0.0230)	—	—	—	(0.0180)	(0.0245)
	沥青砂浆 1:2:7	m^3	—	—	—	(0.0354)	(0.0430)	(0.0071)	—	—
机械	中小型机械费	元	—	1.27	1.27	1.27	1.27	0.32	0.47	0.65

第四节 整体面层

工作内容：1. 水泥砂浆地面：筛砂、调制砂浆、清扫浇水、冲筋贴尺、做米厘条、抹面、找平、压光、养护等。2. 剁假石地面：清理基层、抹找平层、养护、弹线、剁斧。

编号				12-037	12-038	12-039	12-040	12-041
项目名称				水泥砂浆 1:2.5			随打随抹水泥砂浆地面	剁假石地面
				新作水泥地面（20mm 厚）		修补地面（25mm 厚）		
				不分格	分格			
单位				m^2				
总价（元）				**28.12**	**35.43**	**47.20**	**14.52**	**141.79**
其中	人工费（元）			19.17	22.41	37.13	9.86	121.50
	材料费（元）			7.68	11.75	8.80	4.51	19.02
	机械费（元）			1.27	1.27	1.27	0.15	1.27
名称		单位	单价（元）	消耗量				
人工	综合工日	工日	135.00	0.142	0.166	0.275	0.073	0.900
材料	水泥	kg	0.39	12.407	12.407	13.514	9.130	25.194
	粗砂	t	86.14	0.033	0.033	0.041	0.011	0.042
	红白松锯材 一类	m^3	4069.17	—	0.001	—	—	—
	白石子 大、中、小八厘	kg	0.19	—	—	—	—	29.374
	素水泥浆	m^3	—	（0.0010）	（0.0010）	—	—	（0.0017）
	水泥砂浆 1:1	m^3	—	—	—	—	（0.0110）	—
	水泥砂浆 1:2.5	m^3	—	（0.0220）	（0.0220）	（0.0273）	—	—
	水泥砂浆 1:3	m^3	—	—	—	—	—	（0.0265）
	水泥白石浆 1:2（刷石、磨石用）	m^3	—	—	—	—	—	（0.0176）
机械	中小型机械费	元	—	1.27	1.27	1.27	0.15	1.27

工作内容：清理基层、刷素水泥浆、调配石子浆、找平抹面、嵌玻璃条、磨石抛光。

编号				12-042	12-043	12-044	12-045	12-046	12-047
项目名称				水磨石楼地面				水磨石面层每增减 1mm	
				不带嵌条	带嵌条	彩色镜面	艺术型彩色镜面	不分色	分色
				15mm			20mm		
单位				m^2					
总价（元）				**103.63**	**120.00**	**188.33**	**211.20**	**29.78**	**29.85**
其中	人工费（元）			79.87	95.17	141.98	162.03	29.07	29.07
	材料费（元）			20.91	21.98	39.62	42.44	0.67	0.74
	机械费（元）			2.85	2.85	6.73	6.73	0.04	0.04
名称		单位	单价（元）	消耗量					
人工	综合工日	工日	153.00	0.522	0.622	0.928	1.059	0.190	0.190
材料	水泥	kg	0.39	18.904	18.904	8.564	8.564	0.660	0.660
	粗砂	t	86.14	0.026	0.026	0.026	0.026	—	—
	白水泥	kg	0.64	—	—	12.155	13.695	—	—
	白石子 大、中、小八厘	kg	0.19	34.197	34.197	—	—	2.183	2.183
	色石子	kg	0.31	—	—	40.200	45.293	—	—
	平板玻璃 3mm	m^2	19.91	—	0.0538	0.0538	0.0538	—	—
	色粉	kg	4.47	—	—	0.442	0.498	—	0.016
	硬白蜡	kg	18.46	0.0265	0.0265	0.0265	0.0265	—	—
	油石	块	6.56	—	—	0.630	0.630	—	—
	棉纱	kg	16.11	0.011	0.011	0.011	0.011	—	—
	清油	kg	15.06	0.0053	0.0053	0.0053	0.0053	—	—
	煤油	kg	7.49	0.040	0.040	0.040	0.040	—	—

续前

编　号				12-042	12-043	12-044	12-045	12-046	12-047
项目名称				水磨石楼地面				水磨石面层每增减 1mm	
				不带嵌条	带嵌条	彩色镜面	艺术型彩色镜面	不分色	分色
				15mm			20mm		
单　位				m^2					
名　称		单位	单价（元）	消　耗　量					
材料	油漆溶剂油	kg	6.90	0.0053	0.0053	0.0053	0.0053	—	—
	草酸	kg	10.93	0.010	0.010	0.010	0.010	—	—
	金刚石三角形	块	8.31	0.300	0.300	0.520	0.520	—	—
	金刚石 200×75×50	块	12.54	0.030	0.030	0.030	0.030	—	—
	阻燃防火保温草袋片 840×760	m^2	3.34	0.220	0.220	0.220	0.220	—	—
	素水泥浆	m^3	—	(0.001)	(0.001)	(0.001)	(0.001)	—	—
	水泥砂浆 1:3	m^3	—	(0.0162)	(0.0162)	(0.0162)	(0.0162)	—	—
	白水泥色石浆 1:2.5（刷石、磨石用）	m^3	—	—	—	(0.0221)	(0.0249)	—	—
	水泥白石浆 1:2.5（刷石、磨石用）	m^3	—	(0.0188)	(0.0188)	—	—	(0.0012)	(0.0012)
机械	中小型机械费	元	—	2.85	2.85	6.73	6.73	0.04	0.04

工作内容：1. C20细石混凝土地面：清理基层，混凝土浇筑、振捣、养护，钢筋制作、绑扎。2. 彩色水泥自流平涂料面层：清理基层、材料调配、涂刷、找平、养护等工作。

编　号				12-048	12-049	12-050	12-051
项目名称				C20细石混凝土地面			彩色水泥自流平涂料面层
				无筋40mm厚	有筋40mm厚	每增减10mm	
单　位				m^2			
总价（元）				**39.53**	**46.50**	**7.53**	**87.40**
其中	人工费（元）			18.23	20.79	2.97	73.71
	材料费（元）			21.12	25.45	4.55	13.69
	机械费（元）			0.18	0.26	0.01	—
名　称		单位	单价（元）	消　耗　量			
人工	综合工日	工日	135.00	0.135	0.154	0.022	0.546
材料	水泥	kg	0.39	5.999	5.999	—	—
	粗砂	t	86.14	0.005	0.005	—	—
	预拌混凝土 AC20	m^3	450.56	0.0404	0.0404	0.0101	—
	彩色水泥自流平涂料	kg	30.97	—	—	—	0.422
	冷拔钢丝 $D4$	kg	3.91	—	1.100	—	—
	镀锌钢丝 $D0.7$	kg	7.42	—	0.004	—	—
	零星材料费	元	—	0.15	0.15	—	0.62
	素水泥浆	m^3	—	（0.0010）	（0.0010）	—	—
	水泥砂浆 1:1	m^3	—	（0.0054）	（0.0054）	—	—
机械	中小型机械费	元	—	0.18	0.26	0.01	—

工作内容：清扫、找平、调制砂浆、坐浆稳固、铺砖灌缝、抹面等。

编号				12-052	12-053	12-054	12-055
项目名称				平墁砖地		侧墁砖地	
				黄土灌缝	水泥砂浆灌缝 1:3	黄土灌缝	水泥砂浆灌缝 1:3
单位				m^2			
总价（元）				**28.06**	**38.19**	**56.67**	**71.93**
其中	人工费（元）			9.05	12.29	18.09	24.84
	材料费（元）			19.01	25.71	38.58	46.90
	机械费（元）			—	0.19	—	0.19
名称		单位	单价（元）	消耗量			
人工	综合工日	工日	135.00	0.067	0.091	0.134	0.184
材料	页岩标砖 240×115×53	块	0.51	35.000	33.000	72.000	65.000
	水泥	kg	0.39	—	12.615	—	19.575
	粗砂	t	86.14	—	0.046	—	0.071
	黄土	m^3	77.65	0.015	—	0.024	—
	水泥砂浆 1:3	m^3	—	—	（0.0290）	—	（0.0450）
机械	中小型机械费	元	—	—	0.19	—	0.19

第五节　楼地面隔热

工作内容：清理基层、铺贴保温层。

编号				12-056	12-057
项目名称				粘贴聚苯乙烯板	干铺聚苯乙烯板
单位				m^2	
总价（元）				**29.88**	**22.89**
其中	人工费（元）			5.94	3.11
	材料费（元）			23.94	19.78
名称		单位	单价（元）	消耗量	
人工	综合工日	工日	135.00	0.044	0.023
材料	聚苯乙烯板	m^3	387.94	0.051	0.051
	聚合物粘接砂浆	kg	0.75	5.5433	—

工作内容: 清理基层、切割、砂浆调制、贴防火带等。

编　号				12-058	12-059	12-060	12-061
项目名称				聚苯乙烯板防火隔离带			
				宽度（mm）			
				300	450	500	600
单　位				m^2			
总价（元）				**68.58**	**65.83**	**63.09**	**60.35**
其中	人工费（元）			37.80	35.51	33.21	30.92
	材料费（元）			30.78	30.32	29.88	29.43
名　称		单位	单价（元）	消　耗　量			
人工	综合工日	工日	135.00	0.280	0.263	0.246	0.229
材料	热固性改性聚苯乙烯泡沫板	m^3	442.80	0.059	0.058	0.057	0.056
	聚合物粘接砂浆	kg	0.75	4.600	4.600	4.600	4.600
	塑料膨胀螺栓	套	0.10	6.000	6.000	6.000	6.000
	零星材料费	元	—	0.60	0.59	0.59	0.58

第六节　块 料 面 层

工作内容：清理基层、试排弹线、锯板修边、铺贴饰面、清理净面。

编　　号				12-062	12-063	12-064	12-065	12-066	12-067	12-068
项目名称				大理石楼地面（周长 mm）						
				3200 以内		3200 以外		拼花	点缀	拼碎大理石
				单色	多色	单色	多色			
单　　位				m^2					个	m^2
总价（元）				**355.73**	**357.41**	**357.26**	**358.63**	**717.27**	**230.15**	**149.22**
其中	人工费（元）			38.10	39.78	39.63	41.00	46.51	42.38	47.89
	材料费（元）			316.49	316.49	316.49	316.49	669.67	187.71	100.41
	机械费（元）			1.14	1.14	1.14	1.14	1.09	0.06	0.92
名　　称		单位	单价（元）	消　耗　量						
人工	综合工日	工日	153.00	0.249	0.260	0.259	0.268	0.304	0.277	0.313
材料	水泥	kg	0.39	14.698	14.698	14.698	14.698	14.698	—	10.304
	粗砂	t	86.14	0.048	0.048	0.048	0.048	0.048	—	0.032
	细砂	t	87.33	—	—	—	—	—	—	0.005
	白水泥	kg	0.64	0.103	0.103	0.103	0.103	0.103	—	3.005
	大理石板　500 × 500	m^2	299.93	1.020	1.020	—	—	—	—	—
	大理石板　1000 × 1000	m^2	299.93	—	—	1.020	1.020	—	—	—
	大理石板拼花（成品）	m^2	633.85	—	—	—	—	1.040	—	—
	大理石点缀	个	180.39	—	—	—	—	—	1.040	—
	大理石碎块	m^2	86.85	—	—	—	—	—	—	1.040

续前

编号				12-062	12-063	12-064	12-065	12-066	12-067	12-068
项目名称				大理石楼地面（周长 mm）						
				3200 以内		3200 以外		拼花	点缀	拼碎大理石
				单色	多色	单色	多色			
单位				m^2					个	m^2
名称		单位	单价（元）	消耗量						
材料	金刚石 200×75×50	块	12.54	—	—	—	—	—	—	0.050
	石料切割锯片	片	28.55	0.0035	0.0035	0.0035	0.0035	—	0.0035	—
	棉纱	kg	16.11	0.010	0.010	0.010	0.010	0.010	—	0.020
	锯末	m^3	61.68	0.006	0.006	0.006	0.006	0.006	—	—
	素水泥浆	m^3	—	（0.0010）	（0.0010）	（0.0010）	（0.0010）	（0.0010）	—	（0.0010）
	水泥砂浆 1:3	m^3	—	（0.0303）	（0.0303）	（0.0303）	（0.0303）	（0.0303）	—	（0.0202）
	白水泥砂浆 1:1.5	m^3	—	—	—	—	—	—	—	（0.0050）
机械	中小型机械费	元	—	1.14	1.14	1.14	1.14	1.09	0.06	0.92

工作内容：清理基层、试排弹线、锯板修边、铺贴饰面、清理净面。

编号				12-069	12-070	12-071	12-072	12-073	12-074	12-075
项目名称				花岗岩楼地面(周长 mm)						
				3200 以内		3200 以外		拼花	点缀	拼碎花岗岩
				单色	多色	单色	多色			
单位				m^2					个	m^2
总价(元)				**357.03**	**358.41**	**376.83**	**378.20**	**894.57**	**223.58**	**107.33**
其中	人工费(元)			38.71	40.09	40.09	41.46	48.96	42.99	50.34
	材料费(元)			317.17	317.17	335.59	335.59	844.52	180.52	56.07
	机械费(元)			1.15	1.15	1.15	1.15	1.09	0.07	0.92
名称		单位	单价(元)	消耗量						
人工	综合工日	工日	153.00	0.253	0.262	0.262	0.271	0.320	0.281	0.329
材料	水泥	kg	0.39	14.698	14.698	14.698	14.698	14.698	—	10.304
	细砂	t	87.33	—	—	—	—	—	—	0.005
	粗砂	t	86.14	0.048	0.048	0.048	0.048	0.048	—	0.032
	白水泥	kg	0.64	0.103	0.103	0.103	0.103	0.103	0.103	3.005
	花岗岩板 500×500	m^2	300.57	1.020	1.020	—	—	—	—	—
	花岗岩板 1000×1000	m^2	318.63	—	—	1.020	1.020	—	—	—
	花岗岩板拼花(成品)	m^2	801.98	—	—	—	—	1.040	—	—
	花岗岩点缀	个	173.40	—	—	—	—	—	1.040	—
	花岗岩碎块	m^2	44.22	—	—	—	—	—	—	1.040

续前

编号				12-069	12-070	12-071	12-072	12-073	12-074	12-075
项目名称				花岗岩楼地面（周长 mm）						
				3200 以内		3200 以外		拼花	点缀	拼碎花岗岩
				单色	多色	单色	多色			
单位				m^2					个	m^2
名称		单位	单价（元）	消耗量						
材料	金刚石 200×75×50	块	12.54	—	—	—	—	—	—	0.050
	锯末	m^3	61.68	0.006	0.006	0.006	0.006	0.006	—	—
	棉纱	kg	16.11	0.010	0.010	0.010	0.010	0.010	—	0.020
	石料切割锯片	片	28.55	0.0042	0.0042	0.0042	0.0042	—	0.0042	—
	素水泥浆	m^3	—	(0.0010)	(0.0010)	(0.0010)	(0.0010)	(0.0010)	—	(0.0010)
	水泥砂浆 1∶3	m^3	—	(0.0303)	(0.0303)	(0.0303)	(0.0303)	(0.0303)	—	(0.0202)
	白水泥砂浆 1∶1.5	m^3	—	—	—	—	—	—	—	(0.0050)
机械	中小型机械费	元	—	1.15	1.15	1.15	1.15	1.09	0.07	0.92

工作内容: 打胶、勾缝。

编号				12-076	12-077
项目名称				打胶	勾缝
单位				m	m^2
总价(元)				**7.71**	**11.31**
其中	人工费(元)			5.20	6.43
	材料费(元)			2.51	4.88
名称		单位	单价(元)	消耗量	
人工	综合工日	工日	153.00	0.034	0.042
材料	美纹纸	m	0.50	1.100	—
	玻璃胶 335g/支	支	24.44	0.080	—
	密封剂	kg	6.92	—	0.300
	棉布	kg	21.94	—	0.120
	毛刷	把	1.75	—	0.100

工作内容：清理基层、试排弹线、锯板修边、铺贴饰面、清理净面。

编号				12-078	12-079	12-080	12-081
项目名称				预制水磨石板地面	水泥花砖楼地面	广场地砖	
						拼图案	不拼图案
单位				m^2			
总价（元）				**145.54**	**74.72**	**96.43**	**90.51**
其中	人工费（元）			56.92	33.51	54.62	49.27
	材料费（元）			87.86	40.44	40.69	40.12
	机械费（元）			0.76	0.77	1.12	1.12
名称		单位	单价（元）	消耗量			
人工	综合工日	工日	153.00	0.372	0.219	0.357	0.322
材料	水泥	kg	0.39	15.652	8.787	13.181	13.181
	白水泥	kg	0.64	0.150	0.103	0.200	0.200
	粗砂	t	86.14	0.040	0.032	0.048	0.048
	水磨石板 305×305×25	m^2	73.48	1.020	—	—	—
	水泥花砖 200×200	m^2	32.90	—	1.020	—	—
	广场地砖（拼图案）	m^2	33.78	—	—	0.903	—
	广场地砖（不拼图案）	m^2	33.78	—	—	—	0.886
	棉纱	kg	16.11	0.140	0.010	0.020	0.020
	锯末	m^3	61.68	0.009	0.006	0.006	0.006
	石料切割锯片	片	28.55	0.016	0.0035	0.0032	0.0032
	素水泥浆	m^3	—	（0.0010）	—	—	—
	水泥砂浆 1:1	m^3	—	（0.0055）	—	—	—
	水泥砂浆 1:3	m^3	—	（0.0220）	（0.0202）	（0.0303）	（0.0303）
机械	中小型机械费	元	—	0.76	0.77	1.12	1.12

工作内容：清理基层、试排弹线、锯板修边、铺贴饰面、清理净面。

编号				12-082	12-083	12-084	12-085
项目名称				缸砖楼地面		陶瓷锦砖楼地面	
				勾缝	不勾缝	不拼花	拼花
单位				m^2			
总价（元）				**78.24**	**75.72**	**118.69**	**134.94**
其中	人工费（元）			43.15	37.79	70.23	85.68
	材料费（元）			34.31	37.17	47.73	48.53
	机械费（元）			0.78	0.76	0.73	0.73
名称		单位	单价（元）	消耗量			
人工	综合工日	工日	153.00	0.282	0.247	0.459	0.560
材料	水泥	kg	0.39	9.617	8.787	10.304	10.304
	粗砂	t	86.14	0.033	0.032	0.032	0.032
	白水泥	kg	0.64	0.102	—	0.206	0.206
	缸砖 150×150	m^2	29.77	0.9148	1.020	—	—
	陶瓷锦砖（马赛克）	m^2	39.71	—	—	1.020	1.040
	石料切割锯片	片	28.55	0.0032	0.0032	—	—
	棉纱	kg	16.11	0.020	0.010	0.020	0.020
	锯末	m^3	61.68	—	0.006	—	—
	素水泥浆	m^3	—	—	—	（0.0010）	（0.0010）
	水泥砂浆 1:1	m^3	—	（0.0010）	—	—	—
	水泥砂浆 1:3	m^3	—	（0.0202）	（0.0202）	（0.0202）	（0.0202）
机械	中小型机械费	元	—	0.78	0.76	0.73	0.73

工作内容：清理基层、试排弹线、锯板修边、铺贴饰面、清理净面。

编号				12-086	12-087	12-088	12-089	12-090	12-091	12-092
项目名称				陶瓷地砖楼地面						
				周长（mm）						
				800 以内	1200 以内	1600 以内	2000 以内	2400 以内	3200 以内	3200 以外
单位				m^2						
总价（元）				**118.19**	**116.38**	**118.82**	**123.08**	**136.26**	**149.81**	**202.93**
其中	人工费（元）			49.42	43.76	40.39	38.86	42.69	44.37	69.00
	材料费（元）			67.99	71.84	77.65	83.44	92.79	104.66	133.15
	机械费（元）			0.78	0.78	0.78	0.78	0.78	0.78	0.78
名称		单位	单价（元）	消耗量						
人工	综合工日	工日	153.00	0.323	0.286	0.264	0.254	0.279	0.290	0.451
材料	水泥	kg	0.39	10.304	10.304	10.304	10.304	10.304	10.304	10.304
	粗砂	t	86.14	0.032	0.032	0.032	0.032	0.032	0.032	0.032
	白水泥	kg	0.64	0.103	0.103	0.103	0.103	0.103	0.103	0.103
	陶瓷地面砖 200×200	m^2	59.34	1.020	—	—	—	—	—	—
	陶瓷地面砖 300×300	m^2	62.81	—	1.025	—	—	—	—	—
	陶瓷地面砖 400×400	m^2	68.47	—	—	1.025	—	—	—	—
	陶瓷地面砖 500×500	m^2	74.12	—	—	—	1.025	—	—	—
	陶瓷地面砖 600×600	m^2	83.25	—	—	—	—	1.025	—	—
	陶瓷地面砖 800×800	m^2	93.46	—	—	—	—	—	1.040	—
	陶瓷地面砖 1000×1000	m^2	120.85	—	—	—	—	—	—	1.040
	石料切割锯片	片	28.55	0.0032	0.0032	0.0032	0.0032	0.0032	0.0032	0.0032
	棉纱	kg	16.11	0.010	0.010	0.010	0.010	0.010	0.010	0.010
	锯末	m^3	61.68	0.006	0.006	0.006	0.006	0.006	0.006	0.006
	素水泥浆	m^3	—	(0.0010)	(0.0010)	(0.0010)	(0.0010)	(0.0010)	(0.0010)	(0.0010)
	水泥砂浆 1:3	m^3	—	(0.0202)	(0.0202)	(0.0202)	(0.0202)	(0.0202)	(0.0202)	(0.0202)
机械	中小型机械费	元	—	0.78	0.78	0.78	0.78	0.78	0.78	0.78

工作内容：清理基层、试排弹线、锯板修边、铺贴饰面、清理净面。

编号				12-093	12-094	12-095	12-096	12-097	12-098
项目名称				镭射玻璃砖					
				8mm 厚单层钢化砖			(8+5)mm 厚夹层钢化玻璃		
				周长(mm)					
				2000 以内	2400 以内	3200 以内	2000 以内	2400 以内	3200 以内
单位				m^2					
总价(元)				**301.25**	**308.74**	**356.31**	**392.95**	**440.91**	**458.99**
其中	人工费(元)			53.55	55.08	55.69	50.95	52.02	53.09
	材料费(元)			247.70	253.66	300.62	342.00	388.89	405.90
名称		单位	单价(元)	消耗量					
人工	综合工日	工日	153.00	0.350	0.360	0.364	0.333	0.340	0.347
材料	镭射玻璃 400×400×8	m^2	220.97	1.020	—	—	—	—	—
	镭射玻璃 500×500×8	m^2	229.31	—	1.020	—	—	—	—
	镭射玻璃 800×800×8	m^2	277.25	—	—	1.020	—	—	—
	镭射夹层玻璃 400×400×(8+5)	m^2	314.78	—	—	—	1.020	—	—
	镭射夹层玻璃 500×500×(8+5)	m^2	362.72	—	—	—	—	1.020	—
	镭射夹层玻璃 800×800×(8+5)	m^2	379.40	—	—	—	—	—	1.020
	棉纱	kg	16.11	0.020	0.020	0.020	0.020	0.020	0.020
	玻璃胶	支	23.15	0.950	0.840	0.756	0.890	0.803	0.803

工作内容：清理基层、试排弹线、锯板修边、铺贴饰面、清理净面。

编　　号				12-099	12-100	12-101	12-102	12-103	12-104
项目名称				幻影玻璃地砖					
				8mm 厚单层钢化玻璃			（8+5）mm 厚夹层钢化玻璃		
				周长（mm）					
				2000 以内	2400 以内	3200 以内	2000 以内	2400 以内	3200 以内
单　　位				m^2					
总价（元）				**141.08**	**149.42**	**186.11**	**202.02**	**208.39**	**227.01**
其中	人工费（元）			53.55	55.08	55.69	50.95	52.02	53.09
	材料费（元）			87.53	94.34	130.42	151.07	156.37	173.92
名　　称		单位	单价（元）	消　耗　量					
人工	综合工日	工日	153.00	0.350	0.360	0.364	0.333	0.340	0.347
材料	幻影玻璃 500×500×8	m^2	63.94	1.020	—	—	—	—	—
	幻影玻璃 600×600×8	m^2	73.11	—	1.020	—	—	—	—
	幻影玻璃 800×800×8	m^2	110.39	—	—	1.020	—	—	—
	幻影夹层玻璃 400×400×（8+5）	m^2	127.59	—	—	—	1.020	—	—
	幻影夹层玻璃 500×500×（8+5）	m^2	134.76	—	—	—	—	1.020	—
	幻影夹层玻璃 800×800×（8+5）	m^2	151.97	—	—	—	—	—	1.020
	棉纱	kg	16.11	0.020	0.020	0.020	0.020	0.020	0.020
	玻璃胶	支	23.15	0.950	0.840	0.756	0.890	0.803	0.803

第七节　橡 塑 面 层

工作内容：清理基层、弹线、刮腻子、涂刷粘接剂、贴面层、收口、净面等。

编号				12-105	12-106	12-107	12-108
项目名称				橡胶板楼地面	塑料板楼地面	塑料卷材楼地面	橡胶卷材楼地面
单位				m^2			
总价（元）				**67.05**	**159.36**	**111.00**	**48.98**
其中	人工费（元）			23.41	27.54	19.74	19.13
	材料费（元）			43.64	131.82	91.26	29.85
名称		单位	单价（元）	消耗量			
人工	综合工日	工日	153.00	0.153	0.180	0.129	0.125
材料	橡胶板 3mm	m^2	32.88	1.060	—	—	—
	塑料地板	m^2	117.40	—	1.060	—	—
	塑料卷材 1.5mm	m^2	75.51	—	—	1.111	—
	再生橡胶卷材	m^2	20.25	—	—	—	1.110
	氯丁橡胶黏接剂	kg	14.87	0.545	0.450	0.450	0.450
	羧甲基纤维素	kg	11.25	0.0034	0.0034	0.0034	0.0034
	聚醋酸乙烯乳液	kg	9.51	0.017	0.017	0.017	0.017
	成品腻子粉	kg	0.61	0.173	0.173	0.173	0.173
	砂纸	张	0.87	0.060	0.060	0.060	0.060
	棉纱	kg	16.11	0.020	0.020	0.020	0.020

第八节　地毯、地板面层

工作内容：清扫基层、拼接、铺设、修边、净面、刷胶、钉压条。

编号				12-109	12-110	12-111	12-112	12-113	12-114
项目名称				楼地面					
				羊毛地毯			化纤地毯		
				不固定	固定		不固定	固定	
					不带垫	带垫		不带垫	带垫
单位				m²					
总价（元）				**527.51**	**572.21**	**624.78**	**255.68**	**300.37**	**352.94**
其中	人工费（元）			26.01	65.94	98.99	26.01	65.94	98.99
	材料费（元）			501.50	506.27	525.79	229.67	234.43	253.95
名称		单位	单价（元）	消耗量					
人工	综合工日	工日	153.00	0.170	0.431	0.647	0.170	0.431	0.647
材料	羊毛地毯	m²	478.08	1.030	1.030	1.030	—	—	—
	化纤地毯	m²	214.16	—	—	—	1.030	1.030	1.030
	地毯胶垫	m²	17.74	—	—	1.100	—	—	1.100
	地毯熨带	m	13.84	0.6562	0.6562	0.6562	0.6562	0.6562	0.6562
	铝收口条压条	m	11.00	—	0.098	0.098	—	0.098	0.098
	塑料胶黏剂	kg	9.73	—	0.0729	0.073	—	0.0729	0.073
	木螺钉	个	0.16	—	0.200	0.200	—	0.200	0.200
	钢钉	kg	10.51	—	0.011	0.011	—	0.011	0.011
	木卡条	m	2.59	—	1.094	1.094	—	1.094	1.094

工作内容：刷胶、铺设、净面、龙骨及毛地板制作与安装、刷防腐油、打磨、净面。

编号				12-115	12-116	12-117	12-118	12-119	12-120
项目名称				硬木不拼花地板					
				铺在水泥地面上		铺在木楞上（单层）		铺在毛地板上（双层）	
				平口	企口	平口	企口	平口	企口
单位				m^2					
总价（元）				**396.16**	**387.73**	**423.05**	**410.17**	**487.10**	**474.28**
其中	人工费（元）			61.81	74.05	63.04	70.84	75.74	83.54
	材料费（元）			334.35	313.68	359.95	339.27	410.97	390.29
	机械费（元）			—	—	0.06	0.06	0.39	0.45
名称		单位	单价（元）	消耗量					
人工	综合工日	工日	153.00	0.404	0.484	0.412	0.463	0.495	0.546
材料	硬木地板（平口）	m^2	299.55	1.050	—	1.050	—	1.050	—
	硬木地板（企口）	m^2	279.86	—	1.050	—	1.050	—	1.050
	杉木锯材	m^3	2596.26	—	—	0.0142	0.0142	0.0142	0.0142
	松木锯材	m^3	1661.90	—	—	—	—	0.0263	0.0263
	水胶粉	kg	18.17	0.160	0.160	—	—	—	—
	XY-401 胶	kg	23.94	0.700	0.700	—	—	—	—
	镀锌钢丝 $D3.5$	kg	6.99	—	—	0.3013	0.3013	0.3013	0.3013
	圆钉	kg	6.68	—	—	0.1587	0.1587	0.2678	0.2678
	预埋铁件	kg	9.49	—	—	0.5001	0.5001	0.5001	0.5001
	棉纱	kg	16.11	0.010	0.010	0.010	0.010	0.010	0.010
	油毡（油纸）	m^2	3.83	—	—	—	—	1.080	1.080
	煤油	kg	7.49	—	—	0.0316	0.0316	0.0562	0.0562
	氟化钠	kg	9.23	—	—	—	—	0.245	0.245
	臭油水	kg	0.86	—	—	0.2842	0.2842	0.2842	0.2842
机械	中小型机械费	元	—	—	—	0.06	0.06	0.39	0.45

工作内容：刷胶、铺设、净面、龙骨及毛地板制作与安装、刷防腐油、打磨、净面。

编　　号				12-121	12-122	12-123	12-124	12-125	12-126
项目名称				硬木拼花地板					
				铺在水泥地面上		铺在木楞上（单层）		铺在毛地板上（双层）	
				平口	企口	平口	企口	平口	企口
单　　位				m^2					
总价（元）				**395.56**	**438.47**	**450.15**	**493.37**	**514.34**	**557.67**
其中	人工费（元）			78.18	93.64	102.97	118.73	115.52	131.27
	材料费（元）			317.38	344.83	347.12	374.58	398.14	425.60
	机械费（元）			—	—	0.06	0.06	0.68	0.80
名　　称		单位	单价（元）	消　耗　量					
人工	综合工日	工日	153.00	0.511	0.612	0.673	0.776	0.755	0.858
材料	硬木拼花地板（平口）	m^2	283.38	1.050	—	1.050	—	1.050	—
	硬木拼花地板（企口）	m^2	309.53	—	1.050	—	1.050	—	1.050
	杉木锯材	m^3	2596.26	—	—	0.0158	0.0158	0.0158	0.0158
	松木锯材	m^3	1661.90	—	—	—	—	0.0263	0.0263
	水胶粉	kg	18.17	0.160	0.160	—	—	—	—
	XY-401 胶	kg	23.94	0.700	0.700	—	—	—	—
	圆钉	kg	6.68	—	—	0.1587	0.1587	0.2678	0.2678
	镀锌钢丝 $D3.5$	kg	6.99	—	—	0.3013	0.3013	0.3013	0.3013
	棉纱	kg	16.11	0.010	0.010	0.010	0.010	0.010	0.010
	油毡（油纸）	m^2	3.83	—	—	—	—	1.080	1.080
	煤油	kg	7.49	—	—	0.0316	0.0316	0.0562	0.0562
	氟化钠	kg	9.23	—	—	—	—	0.245	0.245
	臭油水	kg	0.86	—	—	0.2842	0.2842	0.2842	0.2842
	预埋铁件	kg	9.49	—	—	0.5001	0.5001	0.5001	0.5001
机械	中小型机械费	元	—	—	—	0.06	0.06	0.68	0.80

工作内容：刷胶、铺设、净面、龙骨及毛地板制作与安装、刷防腐油、打磨、净面。

编号				12-127	12-128	12-129	12-130	12-131	12-132
项目名称				硬木地板砖				长条复合地板	
				铺在水泥地面上		铺在毛地板上（双层）		铺在混凝土面上	铺在毛地板上（双层）
				平口	企口	平口	企口		
单位				m^2					
总价（元）				**357.71**	**368.42**	**428.94**	**440.82**	**264.19**	**372.41**
其中	人工费（元）			53.86	64.57	76.19	87.98	70.53	83.08
	材料费（元）			303.85	303.85	352.26	352.26	193.66	288.88
	机械费（元）			—	—	0.49	0.58	—	0.45
名称		单位	单价（元）	消耗量					
人工	综合工日	工日	153.00	0.352	0.422	0.498	0.575	0.461	0.543
材料	硬木地板砖（平口）	m^2	279.86	1.050	—	1.050	—	—	—
	硬木地板砖（企口）	m^2	279.86	—	1.050	—	1.050	—	—
	复合地板	m^2	180.77	—	—	—	—	1.050	1.050
	杉木锯材	m^3	2596.26	—	—	—	—	—	0.0142
	松木锯材	m^3	1661.90	—	—	0.0256	0.0256	—	0.0263
	水胶粉	kg	18.17	0.080	0.080	—	—	—	—
	XY-401 胶	kg	23.94	0.350	0.350	—	—	0.110	0.110
	镀锌钢丝 $D3.5$	kg	6.99	—	—	0.3013	0.3013	—	0.3013
	预埋铁件	kg	9.49	—	—	0.5001	0.5001	—	0.5001
	油毡（油纸）	m^2	3.83	—	—	1.080	1.080	—	1.080
	煤油	kg	7.49	—	—	0.0562	0.0562	—	0.0562
	氟化钠	kg	9.23	—	—	0.245	0.245	—	0.245
	臭油水	kg	0.86	—	—	0.2842	0.2842	—	0.2842
	圆钉	kg	6.68	—	—	0.2678	0.2678	0.1587	0.2678
	棉纱	kg	16.11	0.010	0.010	0.010	0.010	0.010	0.010
机械	中小型机械费	元	—	—	—	0.49	0.58	—	0.45

工作内容: 清洗基层、铺设木龙骨、涂刷防腐油、铺毛地板及楼地面、打磨、净面等。

编号				12-133	12-134	12-135	12-136	12-137	12-138
项目名称				长条杉木地板				长条松木地板	
				铺在木龙骨上(单层)		铺在毛地板上(双层)		铺在木龙骨上	
				平口	企口	平口	企口	平口	企口
单位				m^2					
总价(元)				**230.97**	**238.52**	**291.04**	**308.85**	**221.69**	**225.11**
其中	人工费(元)			36.26	40.55	45.29	59.82	36.26	39.17
	材料费(元)			194.54	197.78	245.56	248.80	185.26	185.75
	机械费(元)			0.17	0.19	0.19	0.23	0.17	0.19
名称		单位	单价(元)	消耗量					
人工	综合工日	工日	153.00	0.237	0.265	0.296	0.391	0.237	0.256
材料	杉木地板(平口)	m^2	142.17	1.050	—	1.050	—	—	—
	杉木地板(企口)	m^2	145.26	—	1.050	—	1.050	—	—
	松木地板(平口)	m^2	145.97	—	—	—	—	1.050	—
	松木地板(企口)	m^2	146.44	—	—	—	—	—	1.050
	杉木锯材	m^3	2596.26	0.0142	0.0142	0.0142	0.0142	—	—
	松木锯材	m^3	1661.90	—	—	0.0263	0.0263	0.0142	0.0142
	镀锌钢丝 *D*3.5	kg	6.99	0.3013	0.3013	0.3013	0.3013	0.3013	0.3013
	预埋铁件	kg	9.49	0.5001	0.5001	0.5001	0.5001	0.5001	0.5001
	油毡(油纸)	m^2	3.83	—	—	1.080	1.080	—	—
	煤油	kg	7.49	0.0316	0.0316	0.0562	0.0562	0.0316	0.0316
	氟化钠	kg	9.23	—	—	0.245	0.245	—	—
	臭油水	kg	0.86	0.2842	0.2842	0.2842	0.2842	0.2842	0.2842
	圆钉	kg	6.68	0.1587	0.1587	0.2678	0.2678	0.1587	0.1587
机械	中小型机械费	元	—	0.17	0.19	0.19	0.23	0.17	0.19

工作内容：清理基层、铺设毛地板、安装面层、净面等。

编号				12-139	12-140	12-141
项目名称				软木地板		竹地板胶黏
				铺在毛地板上（双层）		
				树脂软木地板	软木橡胶地板	
单位				m^2		
总价（元）				**420.68**	**390.72**	**448.22**
其中	人工费（元）			83.54	83.54	82.31
	材料费（元）			337.08	307.12	365.31
	机械费（元）			0.06	0.06	0.60
	名称	单位	单价（元）	消耗量		
人工	综合工日	工日	153.00	0.546	0.546	0.538
材料	树脂软木地板	m^2	229.18	1.050	—	—
	软木橡胶地板	m^2	200.65	—	1.050	—
	竹地板	m^2	329.03	—	—	1.050
	杉木锯材	m^3	2596.26	0.0142	0.0142	—
	松木锯材	m^3	1661.90	0.0263	0.0263	—
	水胶粉	kg	18.17	—	—	0.160
	XY-401 胶	kg	23.94	—	—	0.700
	镀锌钢丝 $D3.5$	kg	6.99	0.3013	0.3013	—
	预埋铁件	kg	9.49	0.5001	0.5001	—
	棉纱	kg	16.11	0.010	0.010	0.010
	油毡（油纸）	m^2	3.83	1.080	1.080	—
	煤油	kg	7.49	0.0562	0.0562	—
	氟化钠	kg	9.23	0.245	0.245	—
	臭油水	kg	0.86	0.2842	0.2842	—
	圆钉	kg	6.68	0.2678	0.2678	—
机械	中小型机械费	元	—	0.06	0.06	0.60

工作内容：清理基层、定位、安支柱、横梁、铺地板、净面。

编号				12-142	12-143	12-144
项目名称				防静电地板		钛金不锈钢复合地砖
				木质	铝质	
单位				m²		
总价（元）				**365.96**	**1023.42**	**727.47**
其中	人工费（元）			120.72	120.72	33.35
	材料费（元）			245.24	902.70	694.12
名称		单位	单价（元）	消耗量		
人工	综合工日	工日	153.00	0.789	0.789	0.218
材料	木质活动地板（含配件）600×600×25	m²	240.43	1.020	—	—
	铝质防静电地板	m²	885.00	—	1.020	—
	钛金钢板	m²	632.72	—	—	1.040
	铝合金压条	m	8.10	—	—	1.500
	XY-401 胶	kg	23.94	—	—	1.000

第九节　踢　脚　线

工作内容：1. 水泥砂浆 1∶2.5 踢脚线：筛砂、调制砂浆、清扫浇水、冲筋贴尺、做米厘条、抹面、找平、压光、养护等。2. 直线形踢脚线：清理基层、试排弹线、锯板修边、铺贴饰面、清理净面。

编　号				12-145	12-146	12-147	12-148	12-149
项目名称				水泥砂浆 1∶2.5 踢脚线	直线形踢脚线			
					大理石		花岗岩	
					水泥砂浆	胶黏剂	水泥砂浆	胶黏剂
单　位				m	m^2			
总价（元）				**10.00**	**379.70**	**382.34**	**389.01**	**391.64**
其中	人工费（元）			8.42	67.78	64.11	70.53	66.86
	材料费（元）			1.47	311.40	318.17	317.95	324.71
	机械费（元）			0.11	0.52	0.06	0.53	0.07
名　称		单位	单价（元）	消　耗　量				
人工	综合工日	工日	153.00	0.055	0.443	0.419	0.461	0.437
材料	水泥	kg	0.39	2.228	8.438	—	8.438	—
	粗砂	t	86.14	0.007	0.017	—	0.017	—
	白水泥	kg	0.64	—	0.140	0.140	0.140	0.140
	大理石板 400×150	m^2	299.93	—	1.020	1.020	—	—
	花岗岩板 400×150	m^2	306.34	—	—	—	1.020	1.020
	大理石胶	kg	20.33	—	—	0.375	—	0.375
	903 胶	kg	9.73	—	—	0.400	—	0.400
	石料切割锯片	片	28.55	—	0.0035	0.0035	0.0036	0.0036
	棉纱	kg	16.11	—	0.010	0.010	0.010	0.010
	锯末	m^3	61.68	—	0.006	0.006	0.006	0.006
	素水泥浆	m^3	—	—	（0.0010）	—	（0.0010）	—
	水泥砂浆 1∶2	m^3	—	—	（0.0121）	—	（0.0121）	—
	水泥砂浆 1∶2.5	m^3	—	（0.0045）	—	—	—	—
机械	中小型机械费	元	—	0.11	0.52	0.06	0.53	0.07

工作内容：清理基层、调制砂浆、粘贴成品踢脚线等。

编号				12-150	12-151	12-152	12-153
项目名称				成品踢脚线			
				大理石		花岗岩	
				水泥砂浆	胶黏剂	水泥砂浆	胶黏剂
单位				m			
总价（元）				**43.14**	**42.72**	**54.77**	**54.34**
其中	人工费（元）			12.39	11.78	12.85	12.24
	材料费（元）			30.67	30.94	41.84	42.10
	机械费（元）			0.08	—	0.08	—
名称		单位	单价（元）	消耗量			
人工	综合工日	工日	153.00	0.081	0.077	0.084	0.080
材料	水泥	kg	0.39	2.227	—	2.227	—
	白水泥	kg	0.64	0.0124	0.0124	0.0124	0.0124
	粗砂	t	86.14	0.003	—	0.003	—
	大理石踢脚线 15cm 宽	m	28.96	1.020	1.020	—	—
	花岗岩踢脚线	m	39.91	—	—	1.020	1.020
	大理石胶	kg	20.33	—	0.0452	—	0.0452
	903 胶	kg	9.73	—	0.0482	—	0.0482
	素水泥浆	m^3	—	（0.0001）	—	（0.0001）	—
	水泥砂浆 1:1	m^3	—	（0.0025）	—	（0.0025）	—
机械	中小型机械费	元	—	0.08	—	0.08	—

工作内容:清理基层、试排弹线、锯板修边、铺贴饰面、清理净面。

编号				12-154	12-155	12-156	12-157	12-158	12-159	12-160
项目名称				踢脚线						
				预制水磨石板	缸砖	陶瓷锦砖	陶瓷地砖	水磨石	塑料板	玻璃地砖
单位				m^2						
总价(元)				**182.52**	**137.09**	**144.39**	**131.94**	**412.37**	**71.89**	**347.32**
其中	人工费(元)			94.25	100.98	98.69	65.48	390.46	38.25	65.94
	材料费(元)			87.85	35.64	45.24	65.96	21.14	33.64	281.38
	机械费(元)			0.42	0.47	0.46	0.50	0.77	—	—
名称		单位	单价(元)	消耗量						
人工	综合工日	工日	153.00	0.616	0.660	0.645	0.428	2.552	0.250	0.431
材料	水泥	kg	0.39	15.652	6.781	6.781	6.781	7.395	—	—
	白水泥	kg	0.64	0.130	—	0.206	0.140	6.637	—	—
	粗砂	t	86.14	0.040	0.019	0.019	0.019	0.027	—	—
	水磨石板 305×305×25	m^2	73.48	1.020	—	—	—	—	—	—
	缸砖 150×150	m^2	29.77	—	1.050	—	—	—	—	—
	陶瓷锦砖(马赛克)	m^2	39.71	—	—	1.020	—	—	—	—
	陶瓷地砖	m^2	59.77	—	—	—	1.020	—	—	—
	镭射玻璃(成品)	m^2	248.08	—	—	—	—	—	—	1.040
	塑料踢脚线	m^2	27.11	—	—	—	—	—	1.050	—
	棉纱	kg	16.11	0.140	0.002	0.020	0.010	0.011	0.022	0.010
	锯末	m^3	61.68	0.0009	0.0009	—	0.0060	—	—	—
	石料切割锯片	片	28.55	0.016	0.0004	—	0.0032	—	—	—
	金刚石 200×75×50	块	12.54	—	—	—	—	0.200	—	—
	煤油	kg	7.49	—	—	—	—	0.040	—	—

续前

编号				12-154	12-155	12-156	12-157	12-158	12-159	12-160
项目名称				踢脚线						
				预制水磨石板	缸砖	陶瓷锦砖	陶瓷地砖	水磨石	塑料板	玻璃地砖
单位				m^2						
名称		单位	单价（元）	消耗量						
材料	清油	kg	15.06	—	—	—	—	0.0053	—	—
	色石子	kg	0.31	—	—	—	—	22.192	—	—
	油漆溶剂油	kg	6.90	—	—	—	—	0.0053	—	—
	草酸	kg	10.93	—	—	—	—	0.010	—	—
	羧甲基纤维素	kg	11.25	—	—	—	—	—	—	—
	聚醋酸乙烯乳液	kg	9.51	—	—	—	—	—	—	—
	滑石粉	kg	0.59	—	—	—	—	—	—	—
	石膏粉	kg	0.94	—	—	—	—	—	—	—
	大白粉	kg	0.91	—	—	—	—	—	—	—
	色粉	kg	4.47	—	—	—	—	0.244	—	—
	塑料胶黏剂	kg	9.73	—	—	—	—	—	0.495	—
	玻璃胶 335g/ 支	支	24.44	—	—	—	—	—	—	0.950
	砂纸	张	0.87	—	—	—	—	—	—	—
	硬白蜡	kg	18.46	—	—	—	—	0.027	—	—
	上光蜡	kg	20.40	—	—	—	—	—	—	—
	素水泥浆	m^3	—	（0.0010）	（0.0010）	（0.0010）	（0.0010）	—	—	—
	水泥砂浆 1:1	m^3	—	（0.0055）	—	—	—	—	—	—
	水泥砂浆 1:3	m^3	—	（0.0220）	（0.0121）	（0.0121）	（0.0121）	（0.0170）	—	—
	白水泥色石子浆 1:2.5	m^3	—	—	—	—	—	（0.0122）	—	—
机械	中小型机械费	元	—	0.42	0.47	0.46	0.50	0.77	—	—

工作内容：预埋木楔、刷防腐油、踢脚线制作、安装等。

编号				12-161	12-162	12-163	12-164	12-165	12-166
项目名称				直线形木踢脚线			直线形榉木实木踢脚线	弧线形木踢脚线	
				杉板	榉木夹板	橡木夹板		榉木夹板	橡木夹板
单位				m^2					
总价（元）				**327.10**	**199.07**	**220.46**	**397.90**	**203.86**	**225.35**
其中	人工费（元）			54.93	54.93	54.93	54.93	59.82	59.82
	材料费（元）			272.03	144.00	165.39	342.83	143.90	165.39
	机械费（元）			0.14	0.14	0.14	0.14	0.14	0.14
名称		单位	单价（元）	消耗量					
人工	综合工日	工日	153.00	0.359	0.359	0.359	0.359	0.391	0.391
材料	杉木踢脚线（直形）	m^2	150.72	1.050	—	—	—	—	—
	榉木实木踢脚线（直形）	m^2	273.84	—	—	—	1.050	—	—
	榉木夹板 3mm	m^2	28.70	—	1.050	—	—	1.050	—
	橡木夹板 3mm	m^2	49.16	—	—	1.050	—	—	1.050
	胶合板 9mm	m^2	55.18	1.050	1.050	1.050	—	1.050	1.050
	杉木锯材	m^3	2596.26	0.0208	0.0208	0.0208	0.0208	0.0208	0.0208
	胶黏剂	kg	3.12	0.170	0.170	0.170	—	0.170	0.170
	煤油	kg	7.49	0.026	0.026	0.026	0.026	0.026	0.026
	臭油水	kg	0.86	0.245	0.245	0.245	0.245	0.245	0.245
	棉纱	kg	16.11	0.020	0.026	0.020	0.020	0.020	0.020
	圆钉	kg	6.68	0.0854	0.0854	0.0854	0.0854	0.0854	0.0854
机械	中小型机械费	元	—	0.14	0.14	0.14	0.14	0.14	0.14

工作内容：清理基层、粘贴成品踢脚线等。

编号				12-167	12-168	12-169	12-170
项目名称				成品木踢脚线	复合板踢脚线	金属板踢脚线	防静电踢脚线
单位				m	m^2		
总价（元）				**39.74**	**102.42**	**450.96**	**460.08**
其中	人工费（元）			5.51	64.11	64.11	64.11
	材料费（元）			34.22	38.31	386.85	395.97
	机械费（元）			0.01	—	—	—
名称		单位	单价（元）	消耗量			
人工	综合工日	工日	153.00	0.036	0.419	0.419	0.419
材料	木踢脚线（成品）	m	19.64	1.050	—	—	—
	复合板踢脚线	m^2	33.74	—	1.020	—	—
	金属踢脚线	m^2	375.45	—	—	1.020	—
	防静电踢脚线	m^2	384.39	—	—	—	1.020
	胶合板 9mm	m^2	55.18	0.156	—	—	—
	杉木锯材	m^3	2596.26	0.0017	—	—	—
	胶黏剂	kg	3.12	0.170	—	—	—
	903 胶	kg	9.73	—	0.400	0.400	0.400
	圆钉	kg	6.68	0.0071	—	—	—
机械	中小型机械费	元	—	0.01	—	—	—

第十节 楼梯装饰

工作内容：清理基层、试排弹线、锯板修边、铺贴饰面、清理净面。

编号				12–171	12–172	12–173	12–174	12–175
项目名称				楼梯				弧形楼梯
				大理石		花岗岩		大理石
				水泥砂浆	胶黏剂	水泥砂浆	胶黏剂	
单位				m^2				
总价（元）				**544.41**	**545.12**	**627.69**	**627.95**	**653.68**
其中	人工费（元）			98.69	93.94	100.83	95.63	118.42
	材料费（元）			444.52	450.94	525.62	532.04	533.47
	机械费（元）			1.20	0.24	1.24	0.28	1.79
名称		单位	单价（元）	消耗量				
人工	综合工日	工日	153.00	0.645	0.614	0.659	0.625	0.774
材料	水泥	kg	0.39	14.130	—	14.130	—	16.977
	粗砂	t	86.14	0.044	—	0.044	—	0.053
	白水泥	kg	0.64	0.141	0.141	0.141	0.141	0.1692
	大理石板	m^2	299.93	1.447	1.447	—	—	1.7364
	花岗岩板	m^2	355.92	—	—	1.447	1.447	—
	903 胶	kg	9.73	—	0.546	—	0.546	—
	大理石胶	kg	20.33	—	0.512	—	0.512	—
	石料切割锯片	片	28.55	0.0143	0.0143	0.0172	0.0172	0.0172
	棉纱	kg	16.11	0.014	0.014	0.014	0.014	0.0168
	锯末	m^3	61.68	0.008	0.008	0.008	0.008	0.010
	素水泥浆	m^3	—	（0.0014）	—	（0.0014）	—	（0.0017）
	水泥砂浆 1:3	m^3	—	（0.0276）	—	（0.0276）	—	（0.0331）
机械	中小型机械费	元	—	1.20	0.24	1.24	0.28	1.79

工作内容：清理基层、试排弹线、锯板修边、铺贴饰面、清理净面。

编号				12-176	12-177	12-178
项目名称				楼梯		陶瓷地面砖
				预制水磨石板	缸砖	
单位				m^2		
总价(元)				**203.13**	**150.82**	**189.11**
其中	人工费(元)			85.07	97.00	91.04
	材料费(元)			117.23	52.65	97.01
	机械费(元)			0.83	1.17	1.06
名称		单位	单价(元)	消耗量		
人工	综合工日	工日	153.00	0.556	0.634	0.595
材料	水泥	kg	0.39	15.786	12.006	14.130
	白水泥	kg	0.64	0.140	—	0.141
	粗砂	t	86.14	0.041	0.044	0.044
	预制水磨石踏步板	m^2	73.48	1.4469	—	—
	陶瓷地砖	面	59.77	—	—	1.447
	缸砖 150×150	m^2	29.77	—	1.4469	—
	棉纱	kg	16.11	0.0137	0.014	0.014
	石料切割锯片	片	28.55	0.0143	0.0129	0.0143
	锯末	m^3	61.68	0.0082	0.0082	0.0080
	素水泥浆	m^3	—	(0.0014)	—	(0.0014)
	水泥砂浆 1:2.5	m^3	—	(0.0276)	—	—
	水泥砂浆 1:3	m^3	—	—	(0.0276)	(0.0276)
机械	中小型机械费	元	—	0.83	1.17	1.06

工作内容：1. 水泥砂浆 1∶2.5 抹楼梯：筛砂、调制砂浆、清扫浇水、冲筋贴尺、做米厘条、抹面、找平、压光、养护等。2. 水磨石楼梯：清理基层、刷素水泥浆、调配石子浆、找平抹面、磨石抛光。

编　　号				12-179	12-180	12-181
项目名称				水泥砂浆 1∶2.5 抹楼梯	水磨石楼梯	
					不分色	分色
单　　位				m^2		
总价（元）				**211.77**	**377.13**	**409.79**
其中	人工费（元）			190.03	345.78	367.05
	材料费（元）			20.26	29.87	41.26
	机械费（元）			1.48	1.48	1.48
名　　称		单位	单价（元）	消　耗　量		
人工	综合工日	工日	153.00	1.242	2.260	2.399
材料	水泥	kg	0.39	29.643	31.990	17.910
	粗砂	t	86.14	0.085	0.041	0.041
	麻刀	kg	3.92	0.073	—	—
	灰膏	m^3	181.42	0.006	—	—
	白水泥	kg	0.64	—	—	14.080
	白石子 大、中、小八厘	kg	0.19	—	46.566	—
	色石子	kg	0.31	—	—	46.566
	硬白蜡	kg	18.46	—	0.0362	0.0362
	色粉	kg	4.47	—	—	0.512
	草酸	kg	10.93	—	0.0137	0.0137
	煤油	kg	7.49	—	0.0546	0.0546
	清油	kg	15.06	—	0.0072	0.0072
	油漆溶剂油	kg	6.90	—	0.0072	0.0072

续前

编号				12-179	12-180	12-181
项目名称				水泥砂浆 1:2.5 抹楼梯	水磨石楼梯	
					不分色	分色
单位				m^2		
名称		单位	单价（元）	消耗量		
材料	阻燃防火保温草袋片 840×760	m^2	3.34	—	0.300	0.300
	棉纱	kg	16.11	—	0.015	0.015
	金刚石 200×75×50	块	12.54	—	0.190	0.190
	素水泥浆	m^3	—	（0.0042）	（0.0028）	（0.0028）
	水泥砂浆 1:2.5	m^3	—	（0.0344）	（0.0276）	（0.0276）
	水泥砂浆 1:3	m^3	—	（0.0039）	—	—
	水泥白灰砂浆 1:1:6	m^3	—	（0.0174）	—	—
	水泥白灰麻刀浆 1:5	m^3	—	（0.0036）	—	—
	白水泥色石浆 1:2.5（刷石、磨石用）	m^3	—	—	—	（0.0256）
	水泥白石浆 1:2.5（刷石、磨石用）	m^3	—	—	（0.0256）	—
机械	中小型机械费	元	—	1.48	1.48	1.48

工作内容：清扫基层、拼接、铺设、修边、净面、刷胶、钉压条。

编号				12-182	12-183	12-184	12-185
项目名称				楼梯			
				化纤地毯		羊毛地毯	
				不带垫	带垫	不带垫	带垫
单位				m^2			
总价（元）				**410.36**	**486.11**	**781.43**	**857.18**
其中	人工费（元）			98.23	147.34	98.23	147.34
	材料费（元）			312.13	338.77	683.20	709.84
名称		单位	单价（元）	消耗量			
人工	综合工日	工日	153.00	0.642	0.963	0.642	0.963
材料	化纤地毯	m^2	214.16	1.406	1.406	—	—
	羊毛地毯	m^2	478.08	—	—	1.406	1.406
	地毯胶垫	m^2	17.74	—	1.502	—	1.502
	地毯熨带	m	13.84	0.236	0.236	0.236	0.236
	铝收口条压条	m	11.00	0.204	0.204	0.204	0.204
	木卡条	m	2.59	1.924	1.924	1.924	1.924
	钢钉	kg	10.51	0.050	0.050	0.050	0.050

工作内容：配件、钻眼、套管、安装。

编号				12-186	12-187	12-188	12-189
项目名称				楼梯地毯配件			
				铜质		不锈钢	
				压棍	压板	压棍	压板
单位				套	m	套	m
总价（元）				**99.01**	**126.22**	**70.15**	**32.82**
其中	人工费（元）			22.03	11.02	22.03	11.02
	材料费（元）			76.98	115.20	48.12	21.80
名称		单位	单价（元）	消耗量			
人工	综合工日	工日	153.00	0.144	0.072	0.144	0.072
材料	铜压棍 $D18\times1.2$	m	41.07	1.530	—	—	—
	铜压板 5×40	m	107.60	—	1.060	—	—
	不锈钢压棍	m	22.37	—	—	1.530	—
	不锈钢压板	m	19.49	—	—	—	1.060
	钢管 $DN15$	m	6.65	0.106	—	0.106	—
	铜管 $DN25\times0.8$	m	31.48	0.025	—	—	—
	不锈钢管	m	21.49	—	—	0.025	—
	棉纱	kg	16.11	0.010	0.010	0.010	0.010
	定位螺钉 M6×10	只	0.22	2.040	—	2.040	—
	螺杆 M8	只	1.54	2.020	—	2.020	—
	半圆头螺栓 M18	个	4.42	2.020	—	2.020	—
	平头机螺钉 M8×40	个	0.24	—	4.080	—	4.080

工作内容：清理、切割、镶嵌、固定。

编号				12-190	12-191	12-192	12-193	12-194	12-195
项目名称				楼梯、台阶踏步防滑条		楼地面嵌金属分隔条			
				铜嵌条		水磨石铜嵌条		块料地面铜分隔条	
				4×6	4×10	2×12	1.5×12	3×12	T形 5×10
单位				m					
总价（元）				**58.15**	**67.59**	**50.65**	**50.65**	**50.69**	**26.95**
其中	人工费（元）			8.87	11.32	1.22	1.22	1.38	1.38
	材料费（元）			49.28	56.27	49.42	49.42	49.20	25.46
	机械费（元）			—	—	0.01	0.01	0.11	0.11
名称		单位	单价（元）	消耗量					
人工	综合工日	工日	153.00	0.058	0.074	0.008	0.008	0.009	0.009
材料	铜条	m	46.37	—	—	1.060	1.060	1.060	—
	铜条 4×6	m	45.86	1.060	—	—	—	—	—
	铜条 4×10	m	52.45	—	1.060	—	—	—	—
	T形铜条 5×10	m	23.98	—	—	—	—	—	1.060
	合金钢钻头 $D10$	个	9.20	—	—	0.005	0.005	0.005	0.005
	镀锌钢丝 $D0.7$	kg	7.42	—	—	0.0074	0.0074	—	—
	木螺钉	个	0.16	4.200	4.200	—	—	—	—
	松木锯材 三类	m^3	1661.90	—	—	0.0001	0.0001	—	—
机械	中小型机械费	元	—	—	—	0.01	0.01	0.11	0.11

第十一节　扶手、栏杆、栏板装饰

工作内容：制作、放样、下料、焊接、安装、清理。

编　号					12-196	12-197	12-198	12-199	12-200	12-201
项目名称					铝合金栏杆					
					10mm 厚有机玻璃栏板		10mm 厚钢化玻璃栏板		10mm 厚茶色玻璃栏板	
					半玻	全玻	半玻	全玻	半玻	全玻
单　位					m					
总价（元）					**268.00**	**327.33**	**285.11**	**316.43**	**242.33**	**271.48**
其中	人工费（元）				157.44	190.18	191.10	200.58	148.41	155.75
	材料费（元）				108.18	134.77	91.63	113.47	91.54	113.35
	机械费（元）				2.38	2.38	2.38	2.38	2.38	2.38
名　称		单位	单价（元）		消　耗　量					
人工	综合工日	工日	153.00		1.029	1.243	1.249	1.311	0.970	1.018
材料	铝合金 U 形　80×13×1.2	m	20.00		0.117	0.117	0.117	0.117	0.117	0.117
	铝合金 L 形　30×12×1	m	11.05		0.050	0.050	0.050	0.050	0.050	0.050
	铝合金方管　25×25×1.2	m	13.31		0.817	0.926	0.817	0.926	0.817	0.926
	有机玻璃　10mm	m^2	136.63		0.637	0.820	—	—	—	—
	钢化玻璃　10mm	m^2	110.66		—	—	0.637	0.820	—	—
	茶色玻璃　10mm	m^2	110.51		—	—	—	—	0.637	0.820
	方钢　20×20	kg	3.90		1.600	1.600	1.600	1.600	1.600	1.600
	玻璃胶	支	23.15		0.021	0.027	0.021	0.027	0.021	0.027
	铝拉铆钉	个	0.13		5.000	5.000	5.000	5.000	5.000	5.000
机械	中小型机械费	元	—		2.38	2.38	2.38	2.38	2.38	2.38

工作内容：制作、放样、下料、焊接、安装、清理。

编号				12-202	12-203	12-204	12-205	12-206	12-207	12-208
项目名称				不锈钢管栏杆						铝合金栏杆
				直形		弧形		螺旋形		
				竖条式	其他	竖条式	其他	竖条式	其他	
单位				m						
总价（元）				**579.26**	**719.05**	**599.92**	**743.22**	**628.53**	**774.59**	**171.53**
其中	人工费（元）			74.51	80.48	95.17	104.65	123.78	136.02	77.88
	材料费（元）			501.78	634.05	501.78	634.05	501.78	634.05	92.47
	机械费（元）			2.97	4.52	2.97	4.52	2.97	4.52	1.18
名称		单位	单价（元）	消耗量						
人工	综合工日	工日	153.00	0.487	0.526	0.622	0.684	0.809	0.889	0.509
材料	不锈钢管 *DN*32×1.5	m	42.12	5.693	8.550	5.693	8.550	5.693	8.550	—
	铝合金方管 20×20	m	12.04	—	—	—	—	—	—	7.067
	铝合金方管 25×25×1.2	m	13.31	—	—	—	—	—	—	0.141
	不锈钢法兰盘 *DN*59	个	41.72	5.771	5.771	5.771	5.771	5.771	5.771	—
	膨胀螺栓	套	0.82	—	—	—	—	—	—	4.000
	自攻螺钉 M4×15	个	0.06	—	—	—	—	—	—	5.000
	铝拉铆钉	个	0.13	—	—	—	—	—	—	10.000
	钢钉	kg	10.51	—	—	—	—	—	—	0.060
	不锈钢焊丝	kg	67.28	0.127	0.200	0.127	0.200	0.127	0.200	—
	钨棒	kg	31.44	0.057	0.100	0.057	0.100	0.057	0.100	—
	环氧树脂	kg	28.33	0.150	0.230	0.150	0.230	0.150	0.230	—
	氩气	m^3	18.60	0.357	0.540	0.357	0.540	0.357	0.540	—
机械	中小型机械费	元	—	2.97	4.52	2.97	4.52	2.97	4.52	1.18

工作内容：制作、放样、下料、焊接、安装、清理。

编号				12-209	12-210	12-211	12-212
项目名称				不锈钢栏杆、有机玻璃栏板			
				10mm 厚半玻		10mm 厚全玻	
				37×37 方钢	*DN*50 圆管	37×37 方钢	*DN*50 圆管
单位				m			
总价（元）				**491.33**	**389.07**	**525.19**	**422.63**
其中	人工费（元）			176.72	167.84	185.44	176.26
	材料费（元）			308.49	215.11	333.63	240.25
	机械费（元）			6.12	6.12	6.12	6.12
名称		单位	单价（元）	消耗量			
人工	综合工日	工日	153.00	1.155	1.097	1.212	1.152
材料	不锈钢管 *DN*50	m	52.26	—	1.029	—	1.029
	不锈钢方管 37×37	m	143.01	1.029	—	1.029	—
	不锈钢法兰盘 *DN*59	个	41.72	1.154	1.154	1.154	1.154
	不锈钢带帽螺栓 M6×25	套	3.98	3.498	3.498	3.498	3.498
	不锈钢管 U 形卡 3mm	只	1.74	3.498	3.498	3.498	3.498
	有机玻璃 10mm	m^2	136.63	0.637	0.637	0.820	0.820
	玻璃胶	支	23.15	0.021	0.021	0.027	0.027
	棉纱	kg	16.11	0.020	0.020	0.020	0.020
	钨棒	kg	31.44	0.002	0.002	0.002	0.002
	不锈钢焊丝	kg	67.28	0.037	0.037	0.037	0.037
	环氧树脂	kg	28.33	0.030	0.030	0.030	0.030
	氩气	m^3	18.60	0.104	0.104	0.104	0.104
机械	中小型机械费	元	—	6.12	6.12	6.12	6.12

工作内容：制作、放样、下料、焊接、安装、清理。

编号				12-213	12-214	12-215	12-216	12-217
项目名称				不锈钢栏杆、钢化玻璃栏板				*DN*50圆管不锈钢栏杆、10mm厚钢化玻璃全玻栏板（弧形）
				10mm厚半玻		10mm厚全玻		
				37×37方钢	*DN*50圆管	37×37方钢	*DN*50圆管	
单位				m				
总价（元）				**484.49**	**381.77**	**514.21**	**411.04**	**480.19**
其中	人工费（元）			186.51	177.17	195.84	186.05	255.20
	材料费（元）			291.86	198.48	312.25	218.87	218.87
	机械费（元）			6.12	6.12	6.12	6.12	6.12
名称		单位	单价（元）	消耗量				
人工	综合工日	工日	153.00	1.219	1.158	1.280	1.216	1.668
材料	不锈钢方管 37×37	m	143.01	1.029	—	1.029	—	—
	不锈钢管 *DN*50	m	52.26	—	1.029	—	1.029	1.029
	不锈钢法兰盘 *DN*59	个	41.72	1.154	1.154	1.154	1.154	1.154
	不锈钢带帽螺栓 M6×25	套	3.98	3.498	3.498	3.498	3.498	3.498
	不锈钢管U形卡 3mm	只	1.74	3.498	3.498	3.498	3.498	3.498
	钢化玻璃 10mm	m^2	110.66	0.637	0.637	0.820	0.820	0.820
	玻璃胶	支	23.15	0.021	0.021	0.027	0.027	0.027
	环氧树脂	kg	28.33	0.027	0.027	0.027	0.027	0.027
	棉纱	kg	16.11	0.020	0.020	0.020	0.020	0.020
	氩气	m^3	18.60	0.104	0.104	0.104	0.104	0.104
	不锈钢焊丝	kg	67.28	0.037	0.037	0.037	0.037	0.037
	钨棒	kg	31.44	0.002	0.002	0.002	0.002	0.002
机械	中小型机械费	元	—	6.12	6.12	6.12	6.12	6.12

工作内容：制作、放样、下料、焊接、安装、清理。

编　号				12-218	12-219	12-220	12-221	12-222	12-223
项目名称				*DN*50 圆铜管栏杆、钢化玻璃栏板				大理石栏板	
				半玻		全玻		直形	弧形
				直形	弧形	直形	弧形		
单　位				m					
总价（元）				**671.01**	**714.16**	**698.60**	**743.88**	**462.36**	**661.30**
其中	人工费（元）			143.51	186.66	150.71	195.99	196.30	255.20
	材料费（元）			521.38	521.38	541.77	541.77	266.06	406.10
	机械费（元）			6.12	6.12	6.12	6.12	—	—
名　称		单位	单价（元）	消　耗　量					
人工	综合工日	工日	153.00	0.938	1.220	0.985	1.281	1.283	1.668
材料	大理石栏板（直形）	m^2	305.19	—	—	—	—	0.820	—
	大理石栏板（弧形）	m^2	475.97	—	—	—	—	—	0.820
	铜管 *DN*50	m	150.17	1.029	1.029	1.029	1.029	—	—
	铜法兰盘 *D*59	个	172.33	1.150	1.150	1.150	1.150	—	—
	铜 U 形卡	只	13.63	3.498	3.498	3.498	3.498	—	—
	铜带帽螺栓 M6×25	个	13.20	3.498	3.498	3.498	3.498	—	—
	钢化玻璃 10mm	m^2	110.66	0.637	0.637	0.820	0.820	—	—
	固定铁件	kg	9.49	—	—	—	—	1.600	1.600
	玻璃胶	支	23.15	0.021	0.021	0.027	0.027	0.027	0.027
	钨棒	kg	31.44	0.001	0.001	0.001	0.001	—	—
	棉纱	kg	16.11	0.020	0.020	0.020	0.020	—	—
	环氧树脂	kg	28.33	0.030	0.030	0.030	0.030	—	—
	氩气	m^3	18.60	0.010	0.010	0.010	0.010	—	—
	铜焊丝	kg	66.41	0.037	0.037	0.037	0.037	—	—
机械	中小型机械费	元	—	6.12	6.12	6.12	6.12	—	—

工作内容：制作、放样、下料、焊接、安装、清理。

编号				12-224	12-225	12-226	12-227	12-228	12-229
项目名称				铁花栏杆			木栏杆		铜管栏杆（*DN*20 圆管）
				钢筋	型钢	铸铁	车花	不车花	
单位				m					
总价（元）				**128.32**	**103.49**	**412.37**	**154.89**	**129.01**	**1760.66**
其中	人工费（元）			58.45	62.12	65.79	73.13	69.46	73.13
	材料费（元）			69.87	41.37	346.58	81.76	59.55	1684.56
	机械费（元）			—	—	—	—	—	2.97
名称		单位	单价（元）	消耗量					
人工	综合工日	工日	153.00	0.382	0.406	0.430	0.478	0.454	0.478
材料	圆钢 *D*18	kg	3.89	5.439	5.439	—	—	—	—
	圆钢 *D*20	kg	3.89	11.800	—	—	—	—	—
	扁铁 40×4	kg	3.64	—	1.336	1.336	—	—	—
	扁铁 30×4	kg	3.64	—	3.444	3.444	—	—	—
	铁花带铁框	m^2	327.78	—	—	1.000	—	—	—
	车花木栏杆 *D*40	m	22.56	—	—	—	3.600	—	—
	不车花木栏杆 *D*40	m	16.39	—	—	—	—	3.600	—

续前

编号				12-224	12-225	12-226	12-227	12-228	12-229
项目名称				铁花栏杆			木栏杆		铜管栏杆（DN20 圆管）
				钢筋	型钢	铸铁	车花	不车花	
单位				m					
名称		单位	单价（元）	消耗量					
材料	铜管 DN20	m	117.50	—	—	—	—	—	5.693
	铜法兰盘 D59	个	172.33	—	—	—	—	—	5.771
	电焊条	kg	7.59	0.250	0.250	0.125	—	—	—
	乙炔气	m^3	16.13	0.0565	0.0565	0.0283	—	—	—
	圆钉	kg	6.68	—	—	—	0.057	0.057	—
	铜焊丝	kg	66.41	—	—	—	—	—	0.127
	钨棒	kg	31.44	—	—	—	—	—	0.057
	环氧树脂	kg	28.33	—	—	—	—	—	0.150
	氩气	m^3	18.60	—	—	—	—	—	0.357
	乳胶	kg	8.22	—	—	—	0.020	0.020	—
机械	中小型机械费	元	—	—	—	—	—	—	2.97

工作内容: 制作、放样、下料、焊接、安装、清理。

编号				12-230	12-231	12-232	12-233	12-234
项目名称				铝合金扶手 100×44	不锈钢扶手			
					直形		弧形	
					*DN*60	*DN*75	*DN*60	*DN*75
单位				m				
总价(元)				**52.73**	**52.51**	**59.35**	**66.11**	**76.55**
其中	人工费(元)			15.91	15.91	16.68	23.72	24.94
	材料费(元)			36.28	35.19	40.98	40.98	49.92
	机械费(元)			0.54	1.41	1.69	1.41	1.69
名称		单位	单价(元)	消耗量				
人工	综合工日	工日	153.00	0.104	0.104	0.109	0.155	0.163
材料	不锈钢扶手(直形)*DN*60	m	35.31	—	0.939	—	—	—
	不锈钢扶手(直形)*DN*75	m	41.48	—	—	0.939	—	—
	不锈钢扶手(弧形)*DN*60	m	41.48	—	—	—	0.939	—
	不锈钢扶手(弧形)*DN*75	m	51.00	—	—	—	—	0.939
	铝合金扁管 100×44×1.8	m	33.36	1.060	—	—	—	—
	铝合金U形 80×13×1.2	m	20.00	0.020	—	—	—	—
	铝拉铆钉	个	0.13	4.000	—	—	—	—
	钨棒	kg	31.44	—	0.010	0.010	0.010	0.010
	氩气	m^3	18.60	—	0.020	0.020	0.020	0.020
	不锈钢焊丝	kg	67.28	—	0.020	0.020	0.020	0.020
机械	中小型机械费	元	—	0.54	1.41	1.69	1.41	1.69

工作内容：制作、放样、下料、焊接、安装、清理。

编号				12-235	12-236	12-237	12-238	12-239	12-240
项目名称				钢管扶手		铜管扶手			
						直形		弧形	
				*DN*50 圆管	100×60 方管	*DN*60	*DN*75	*DN*60	*DN*75
单位				m					
总价（元）				**36.76**	**32.10**	**336.21**	**436.88**	**396.36**	**495.25**
其中	人工费（元）			15.91	16.68	15.91	16.68	23.72	24.94
	材料费（元）			19.44	13.73	318.89	418.51	371.23	468.62
	机械费（元）			1.41	1.69	1.41	1.69	1.41	1.69
名称		单位	单价（元）	消耗量					
人工	综合工日	工日	153.00	0.104	0.109	0.104	0.109	0.155	0.163
材料	钢管 *DN*50	m	18.68	0.939	—	—	—	—	—
	矩形钢管 100×60	m	12.60	—	0.939	—	—	—	—
	铜管扶手（直形）*DN*60	m	321.92	—	—	0.939	—	—	—
	铜管扶手（直形）*DN*75	m	428.02	—	—	—	0.939	—	—
	铜管扶手（弧形）*DN*60	m	377.67	—	—	—	—	0.939	—
	铜管扶手（弧形）*DN*75	m	481.38	—	—	—	—	—	0.939
	电焊条	kg	7.59	0.250	0.250	—	—	—	—
	铜焊丝	kg	66.41	—	—	0.250	0.250	0.250	0.250
机械	中小型机械费	元	—	1.41	1.69	1.41	1.69	1.41	1.69

工作内容: 制作、放样、下料、焊接、安装、清理。

编号				12-241	12-242	12-243	12-244	12-245	12-246
项目名称				硬木扶手					
				直形			弧形		
				100×60	150×60	60×60	100×60	150×60	60×60
单位				m					
总价(元)				**132.22**	**202.11**	**87.30**	**390.89**	**677.22**	**258.58**
其中	人工费(元)			27.54	28.92	26.16	33.66	41.31	31.98
	材料费(元)			104.68	173.19	61.14	357.23	635.91	226.60
名称		单位	单价(元)	消耗量					
人工	综合工日	工日	153.00	0.180	0.189	0.171	0.220	0.270	0.209
材料	硬木扶手(直形)100×60	m	111.29	0.939	—	—	—	—	—
	硬木扶手(直形)150×60	m	184.25	—	0.939	—	—	—	—
	硬木扶手(直形)60×60	m	64.92	—	—	0.939	—	—	—
	硬木扶手(弧形)100×60	m	380.25	—	—	—	0.939	—	—
	硬木扶手(弧形)150×60	m	677.03	—	—	—	—	0.939	—
	硬木扶手(弧形)60×60	m	241.13	—	—	—	—	—	0.939
	木螺钉	个	0.16	1.100	1.100	1.100	1.100	1.100	1.100

工作内容：制作、放样、下料、焊接、安装、清理。

编号				12-247	12-248	12-249	12-250	12-251	12-252
项目名称				硬木螺旋形扶手	铁栏杆松木扶手	塑料扶手	大理石扶手		螺旋形扶手
							直形	弧形	不锈钢
单位				m					
总价（元）				**426.47**	**330.20**	**40.87**	**312.78**	**731.13**	**130.19**
其中	人工费（元）			57.07	168.30	13.77	76.50	111.69	29.99
	材料费（元）			369.40	155.37	27.10	236.28	619.44	98.51
	机械费（元）			—	6.53	—	—	—	1.69
名称		单位	单价（元）	消耗量					
人工	综合工日	工日	153.00	0.373	1.100	0.090	0.500	0.730	0.196
材料	水泥	kg	0.39	—	1.000	—	4.482	4.482	—
	粗砂	t	86.14	—	0.004	—	0.005	0.005	—
	螺旋形木扶手	m	296.78	1.060	—	—	—	—	—
	红白松锯材 一类烘干	m^3	4650.86	—	0.023	—	—	—	—
	硬杂木锯材 一类烘干	m^3	4966.66	0.011	—	—	—	—	—
	型钢	kg	3.70	—	12.000	—	—	—	—
	塑料扶手	m	28.55	—	—	0.939	—	—	—
	大理石扶手（直形）	m	246.57	—	—	—	0.939	—	—

编号				12-247	12-248	12-249	12-250	12-251	12-252
项目名称				硬木螺旋形扶手	铁栏杆松木扶手	塑料扶手	大理石扶手		螺旋形扶手
							直形	弧形	不锈钢
单位				m					
名称		单位	单价（元）	消耗量					
材料	大理石扶手（弧形）	m	654.62	—	—	—	—	0.939	—
	螺旋形不锈钢扶手	m	91.02	—	—	—	—	—	1.060
	电焊条	kg	7.59	—	0.430	—	—	—	—
	塑料胶黏剂	kg	9.73	—	—	0.030	—	—	—
	木螺钉	个	0.16	1.100	—	—	—	—	—
	棉纱	kg	16.11	—	—	—	0.100	0.100	—
	钢筋	kg	3.97	—	—	—	0.100	0.100	—
	环氧树脂	kg	28.33	—	—	—	0.020	0.020	—
	不锈钢焊丝	kg	67.28	—	—	—	—	—	0.020
	钨棒	kg	31.44	—	—	—	—	—	0.010
	氩气	m^3	18.60	—	—	—	—	—	0.020
	水泥砂浆 1:1	m^3	—	—	—	—	（0.0054）	（0.0054）	—
机械	中小型机械费	元	—	—	6.53	—	—	—	1.69

工作内容：制作、安装、支托摵弯、打洞、堵混凝土。

编号				12-253	12-254	12-255	12-256	12-257
项目名称				靠墙扶手				
				铝合金	钢管	不锈钢管	硬木	塑料
单位				m				
总价（元）				**150.78**	**133.96**	**254.89**	**110.54**	**136.40**
其中	人工费（元）			58.75	58.75	95.93	68.85	51.26
	材料费（元）			91.49	74.67	158.41	41.69	85.14
	机械费（元）			0.54	0.54	0.55	—	—
名称		单位	单价（元）	消耗量				
人工	综合工日	工日	153.00	0.384	0.384	0.627	0.450	0.335
材料	铝合金扁管 100×44×1.8	m	33.36	1.060	—	—	—	—
	钢管 *DN*50	m	18.68	—	1.060	—	—	—
	镀锌钢管 *DN*25	kg	4.89	—	—	—	0.708	—
	铝合金方管 25×25×1.2	m	13.31	0.303	—	—	—	—
	不锈钢扶手（直形）*DN*50	m	35.31	—	—	0.303	—	—
	不锈钢扶手（直形）*DN*75	m	41.48	—	—	1.060	—	—
	硬杂木锯材 一类烘干	m^3	4966.66	—	—	—	0.0075	—
	塑料扶手	m	28.55	—	—	—	—	1.060
	铝焊条	kg	37.42	0.004	—	—	—	—

编号				12-253	12-254	12-255	12-256	12-257
项目名称				靠墙扶手				
				铝合金	钢管	不锈钢管	硬木	塑料
单位				m				
名称		单位	单价（元）	消耗量				
材料	电焊条	kg	7.59	—	0.011	—	0.011	0.011
	铝焊粉	kg	41.32	0.004	—	—	—	—
	乙炔气	m^3	16.13	0.021	0.023	—	0.023	0.023
	氧气	m^3	2.88	0.022	0.025	—	0.025	0.025
	氩气	m^3	18.60	—	—	0.034	—	—
	钢筋	kg	3.97	—	0.748	—	—	0.748
	钨棒	kg	31.44	—	—	0.010	—	—
	不锈钢焊丝	kg	67.28	—	—	0.012	—	—
	镀锌法兰盘 *DN*50	个	45.88	1.110	1.110	—	—	1.110
	不锈钢法兰盘 *DN*75	个	91.09	—	—	1.110	—	—
	膨胀螺栓 M5	套	0.38	—	—	1.120	—	—
	预拌混凝土 AC20	m^3	450.56	0.001	0.001	0.001	0.001	0.001
机械	中小型机械费	元	—	0.54	0.54	0.55	—	—

工作内容：制作、安装、清理等全部操作过程。

编号				12-258	12-259	12-260	12-261	12-262	12-263
项目名称				弯头					
				不锈钢		钢管		铜管	
				*DN*60	*DN*75	*DN*50 圆管	100×60 方管	*DN*60	*DN*75
单位				个					
总价（元）				**59.25**	**62.16**	**56.52**	**134.32**	**58.99**	**68.16**
其中	人工费（元）			29.38	30.75	29.38	32.28	29.38	30.75
	材料费（元）			16.00	16.00	13.75	87.11	16.22	22.48
	机械费（元）			13.87	15.41	13.39	14.93	13.39	14.93
名称		单位	单价（元）	消耗量					
人工	综合工日	工日	153.00	0.192	0.201	0.192	0.211	0.192	0.201
材料	不锈钢弯头 *DN*60	个	11.09	1.010	—	—	—	—	—
	不锈钢弯头 *DN*75	个	11.09	—	1.010	—	—	—	—
	钢管弯头 *DN*50	个	12.64	—	—	1.010	—	—	—
	方钢弯头 100×60	个	85.28	—	—	—	1.010	—	—
	铜管弯头 *DN*60	个	12.64	—	—	—	—	1.010	—
	铜管弯头 *DN*75	个	18.84	—	—	—	—	—	1.010
	乙炔气	m^3	16.13	—	—	0.041	0.041	0.041	0.041
	电焊条	kg	7.59	—	—	0.042	0.042	—	—
	氩气	m^3	18.60	0.110	0.110	—	—	—	—
	铜焊丝	kg	66.41	—	—	—	—	0.042	0.042
	钨棒	kg	31.44	0.002	0.002	—	—	—	—
	不锈钢焊丝	kg	67.28	0.040	0.040	—	—	—	—
机械	中小型机械费	元	—	13.87	15.41	13.39	14.93	13.39	14.93

工作内容：制作、安装、清理等全部操作过程。

编号				12-264	12-265	12-266	12-267
项目名称				弯头			
				硬木			大理石
				100×60	150×60	60×65	
单位				个			
总价（元）				**155.17**	**216.50**	**103.68**	**236.37**
其中	人工费（元）			35.19	36.57	33.66	38.25
	材料费（元）			119.98	179.93	70.02	198.12
名称		单位	单价（元）	消耗量			
人工	综合工日	工日	153.00	0.230	0.239	0.220	0.250
材料	水泥	kg	0.39	—	—	—	0.498
	粗砂	t	86.14	—	—	—	0.001
	硬木弯头 100×60	个	118.71	1.010	—	—	—
	硬木弯头 150×60	个	178.07	—	1.010	—	—
	硬木弯头 60×65	个	69.25	—	—	1.010	—
	大理石扶手弯头	只	194.93	—	—	—	1.010
	钢筋	kg	3.97	—	—	—	0.100
	环氧树脂	kg	28.33	—	—	—	0.020
	圆钉	kg	6.68	0.012	0.012	0.012	—
	水泥砂浆 1:1	m^3	—	—	—	—	（0.0006）

工作内容：安装、清理等。

编号				12-268	12-269	12-270
项目名称				成品不锈钢管栏杆（带扶手）		成品不锈钢管栏杆、钢化玻璃栏板（带扶手）
				直形	弧形	
单位				m		
总价（元）				**542.73**	**632.18**	**471.58**
其中	人工费（元）			39.93	43.91	48.35
	材料费（元）			492.08	577.55	418.91
	机械费（元）			10.72	10.72	4.32
名称		单位	单价（元）	消耗量		
人工	综合工日	工日	153.00	0.261	0.287	0.316
材料	不锈钢钢管栏杆 直线形（带扶手）	m	222.22	1.000	—	—
	不锈钢管栏杆 圆弧形（带扶手）	m	307.69	—	1.000	—
	不锈钢管栏杆 钢化玻璃栏杆（带扶手）	m	358.97	—	—	1.000
	玻璃胶 300mL	支	24.44	—	—	0.0245
	不锈钢法兰盘 *DN*59	个	41.72	5.771	5.771	1.154
	不锈钢焊丝 1.1~3mm	kg	55.02	0.125	0.125	0.049
	钸钨棒	g	16.37	0.700	0.700	0.270
	氩气	m^3	18.60	0.350	0.350	0.137
	环氧树脂	kg	28.33	0.150	0.150	0.027
	不锈钢六角螺栓带螺母 M6×25	套	0.22	—	—	3.498
机械	中小型机械费	元	—	10.72	10.72	4.32

第十二节　台阶、坡道、散水

工作内容：清理基层、试排弹线、锯板修边、铺贴饰面、清理净面。

编　号				12-271	12-272	12-273	12-274	12-275	12-276
项目名称				台阶				弧形台阶	
				大理石		花岗岩		大理石	花岗岩
				水泥砂浆	胶黏剂	水泥砂浆	胶黏剂		
单　位				m^2					
总价（元）				**561.38**	**561.82**	**656.91**	**654.28**	**785.92**	**919.71**
其中	人工费（元）			78.18	72.68	85.68	77.11	109.40	119.95
	材料费（元）			481.89	488.91	569.82	576.84	674.68	797.78
	机械费（元）			1.31	0.23	1.41	0.33	1.84	1.98
名　称		单位	单价（元）	消　耗　量					
人工	综合工日	工日	153.00	0.511	0.475	0.560	0.504	0.715	0.784
材料	水泥	kg	0.39	15.282	—	15.282	—	21.412	21.412
	白水泥	kg	0.64	0.155	0.155	0.155	0.155	0.217	0.217
	粗砂	t	86.14	0.047	—	0.047	—	0.066	0.066
	大理石板	m^2	299.93	1.569	1.569	—	—	2.1966	—
	花岗岩板	m^2	355.92	—	—	1.5690	1.5690	—	2.1966
	903 胶	kg	9.73	—	0.590	—	0.590	—	—
	大理石胶	kg	20.33	—	0.555	—	0.555	—	—
	石料切割锯片	片	28.55	0.0140	0.0140	0.0168	0.0168	0.0196	0.0235
	棉纱	kg	16.11	0.015	0.015	0.015	0.015	0.021	0.021
	锯末	m^3	61.68	0.009	0.009	0.009	0.009	0.0126	0.0126
	素水泥浆	m^3	—	（0.0015）	—	（0.0015）	—	（0.0021）	（0.0021）
	水泥砂浆 1∶3	m^3	—	（0.0299）	—	（0.0299）	—	（0.0419）	（0.0419）
机械	中小型机械费	元	—	1.31	0.23	1.41	0.33	1.84	1.98

工作内容：清理基层、试排弹线、锯板修边、铺贴饰面、清理净面。

编号				12-277	12-278	12-279	12-280	12-281
项目名称				台阶				
				预制水磨石板	水泥花砖	缸砖	陶瓷锦砖	陶瓷地砖
单位				m^2				
总价（元）				**213.83**	**136.13**	**132.27**	**222.83**	**176.92**
其中	人工费（元）			122.55	72.83	74.05	149.94	70.69
	材料费（元）			90.05	62.03	56.97	71.80	105.08
	机械费（元）			1.23	1.27	1.25	1.09	1.15
名称		单位	单价（元）	消耗量				
人工	综合工日	工日	153.00	0.801	0.476	0.484	0.980	0.462
材料	水泥	kg	0.39	15.652	13.007	13.007	15.282	15.282
	白水泥	kg	0.64	0.130	0.155	—	0.309	0.155
	粗砂	t	86.14	0.040	0.047	0.047	0.047	0.047
	水磨石板 305×305×25	m^2	73.48	1.050	—	—	—	—
	水泥花砖 200×200	m^2	32.90	—	1.569	—	—	—
	缸砖 150×150	m^2	29.77	—	—	1.569	—	—
	陶瓷锦砖（马赛克）	m^2	39.71	—	—	—	1.539	—
	陶瓷地砖	m^2	59.77	—	—	—	—	1.569
	石料切割锯片	片	28.55	0.0160	0.0140	0.0126	—	0.0140
	棉纱	kg	16.11	0.1400	0.0148	0.0150	0.0300	0.0150
	锯末	m^3	61.68	0.0090	0.0090	0.0088	—	0.0090
	素水泥浆	m^3	—	(0.0010)	—	—	(0.0015)	(0.0015)
	水泥砂浆 1:1	m^3	—	(0.0055)	—	—	—	—
	水泥砂浆 1:3	m^3	—	(0.0220)	(0.0299)	(0.0299)	(0.0299)	(0.0299)
机械	中小型机械费	元	—	1.23	1.27	1.25	1.09	1.15

工作内容: 1. 砖台阶:清理基层、调制砂浆,砌筑、抹面、找平、压光、养护。2. 混凝土台阶:混凝土浇筑、振捣、养护,模板制作、拆除等全部操作过程。3. 水磨石台阶、剁假石台阶:清理基层、刷素水泥浆、调配石子浆、抹找平层、养护、弹线、剁斧。

编号				12-282	12-283	12-284	12-285	12-286
项目名称				水泥砂浆面台阶(20mm)			水磨石台阶	剁假石台阶
				砖	混凝土			
					C10	C15		
单位				m²				
总价(元)				**231.20**	**229.89**	**231.19**	**222.97**	**209.15**
其中	人工费(元)			131.43	145.20	145.20	201.96	191.25
	材料费(元)			93.45	83.59	84.89	19.34	16.44
	机械费(元)			6.32	1.10	1.10	1.67	1.46
名称		单位	单价(元)	消耗量				
人工	综合工日	工日	153.00	0.859	0.949	0.949	1.320	1.250
材料	水泥	kg	0.39	31.100	20.236	20.236	20.918	28.804
	粗砂	t	86.14	0.148	0.044	0.044	0.028	0.033
	白石子 大、中、小八厘	kg	0.19	—	—	—	33.470	—
	石屑	kg	0.08	—	—	—	—	29.492
	预拌混凝土 AC10	m³	430.17	—	0.1341	—	—	—
	预拌混凝土 AC15	m³	439.88	—	—	0.1341	—	—
	页岩标砖 240×115×53	块	0.51	134.000	—	—	—	—

续前

编号				12-282	12-283	12-284	12-285	12-286
项目名称				水泥砂浆面台阶（20mm）			水磨石台阶	剁假石台阶
				砖	混凝土			
					C10	C15		
单位				m^2				
名称		单位	单价（元）	消耗量				
材料	木模板	m^3	1982.88	—	0.006	0.006	—	—
	圆钉	kg	6.68	—	0.200	0.200	—	—
	阻燃防火保温草袋片 840×760	m^2	3.34	—	0.231	0.231	—	—
	金刚石三角形	块	8.31	—	—	—	0.290	—
	零星材料费	元	—	0.23	0.22	0.22	—	—
	M5 水泥砂浆	m^3	—	（0.0518）	—	—	—	—
	素水泥浆	m^3	—	—	（0.0015）	（0.0015）	（0.0021）	（0.005）
	水泥砂浆 1:2	m^3	—	（0.0349）	（0.0314）	（0.0314）	—	—
	水泥砂浆 1:3	m^3	—	—	—	—	（0.0175）	（0.0206）
	水泥白石浆 1:2.5（刷石、磨石用）	m^3	—	—	—	—	（0.0184）	—
	水泥石屑浆 1:2	m^3	—	—	—	—	—	（0.0199）
机械	中小型机械费	元	—	6.32	1.10	1.10	1.67	1.46

工作内容：混凝土浇筑、振捣、养护，调制砂浆、抹面等。

编号				12-287	12-288	12-289	12-290	12-291	12-292
项目名称				混凝土坡道		散水			
				C10	C15	C15 混凝土	随打随抹	水泥砂浆抹面	沥青砂浆嵌缝
单位				m^3			m^2		m
总价（元）				**844.65**	**854.55**	**893.16**	**12.60**	**22.39**	**1.78**
其中	人工费（元）			386.24	386.24	424.85	7.83	14.45	0.95
	材料费（元）			457.96	467.86	467.86	4.51	7.68	0.83
	机械费（元）			0.45	0.45	0.45	0.26	0.26	—
名称		单位	单价（元）	消耗量					
人工	综合工日	工日	135.00	2.861	2.861	3.147	0.058	0.107	0.007
材料	水泥	kg	0.39	—	—	—	9.130	12.407	—
	粗砂	t	86.14	—	—	—	0.011	0.033	0.001
	预拌混凝土 AC10	m^3	430.17	1.020	—	—	—	—	—
	预拌混凝土 AC15	m^3	439.88	—	1.020	1.020	—	—	—
	木模板	m^3	1982.88	0.009	0.009	0.009	—	—	—
	圆钉	kg	6.68	0.200	0.200	0.200	—	—	—
	石油沥青	kg	4.04	—	—	—	—	—	0.144
	滑石粉	kg	0.59	—	—	—	—	—	0.275
	素水泥浆	m^3	—	—	—	—	—	（0.001）	—
	水泥砂浆 1:1	m^3	—	—	—	—	（0.0110）	—	—
	水泥砂浆 1:2.5	m^3	—	—	—	—	—	（0.0220）	—
	沥青砂浆 1:2:7	m^3	—	—	—	—	—	—	（0.0006）
机械	中小型机械费	元	—	0.45	0.45	0.45	0.26	0.26	—

工作内容：清理基层、调制砂浆、铺砌及填缝、抹面等。

编号				12-293	12-294
项目名称				散水	
				平墁砖抹水泥面	侧墁砖抹水泥面
单位				m^2	
总价（元）				**60.68**	**95.27**
其中	人工费（元）			21.20	33.89
	材料费（元）			39.29	61.19
	机械费（元）			0.19	0.19
名称		单位	单价（元）	消耗量	
人工	综合工日	工日	135.00	0.157	0.251
材料	页岩标砖 240×115×53	块	0.51	48.000	86.000
	水泥	kg	0.39	21.840	25.451
	粗砂	t	86.14	0.073	0.086
	水泥砂浆 1∶2.5	m^3	—	（0.0218）	（0.0218）
	水泥砂浆 1∶3	m^3	—	（0.0254）	（0.0337）
机械	中小型机械费	元	—	0.19	0.19

第十三节　零星装饰项目

工作内容:清理基层、试排弹线、锯板修边、铺贴饰面、清理净面。

编号				12-295	12-296	12-297	12-298
项目名称				零星项目			
				大理石		花岗岩	
				水泥砂浆	胶黏剂	水泥砂浆	胶黏剂
单位				m^2			
总价(元)				**417.42**	**409.79**	**479.04**	**471.26**
其中	人工费(元)			90.12	86.45	92.26	88.43
	材料费(元)			326.33	323.08	385.76	382.52
	机械费(元)			0.97	0.26	1.02	0.31
名称		单位	单价(元)	消耗量			
人工	综合工日	工日	153.00	0.589	0.565	0.603	0.578
材料	水泥	kg	0.39	11.668	—	11.668	—
	粗砂	t	86.14	0.030	—	0.030	—
	白水泥	kg	0.64	0.113	0.113	0.113	0.113
	花岗岩板	m^2	355.92	—	—	1.060	1.060
	大理石板	m^2	299.93	1.060	1.060	—	—
	903 胶	kg	9.73	—	0.400	—	0.400
	石料切割锯片	片	28.55	0.016	0.016	0.019	0.019
	棉纱	kg	16.11	0.020	0.020	0.020	0.020
	锯末	m^3	61.68	0.0067	0.0067	0.0067	0.0067
	素水泥浆	m^3	—	(0.0011)	—	(0.0011)	—
	水泥砂浆 1:2.5	m^3	—	(0.0202)	—	(0.0202)	—
机械	中小型机械费	元	—	0.97	0.26	1.02	0.31

工作内容：清理基层、试排弹线、锯板修边、铺贴饰面、清理净面。

编号				12-299	12-300	12-301	12-302
项目名称				零星项目			
				拼碎大理石	拼碎花岗岩	缸砖	陶瓷地砖
单位				m^2			
总价（元）				**206.03**	**163.29**	**125.10**	**200.58**
其中	人工费（元）			103.58	106.03	85.22	128.37
	材料费（元）			101.64	56.45	38.92	71.45
	机械费（元）			0.81	0.81	0.96	0.76
名称		单位	单价（元）	消耗量			
人工	综合工日	工日	153.00	0.677	0.693	0.557	0.839
材料	水泥	kg	0.39	13.456	13.456	8.787	10.456
	粗砂	t	86.14	0.035	0.035	0.032	0.032
	白水泥	kg	0.64	0.130	0.130	0.113	0.110
	大理石碎块	m^2	86.85	1.060	—	—	—
	花岗岩碎块	m^2	44.22	—	1.060	—	—
	金刚石 200×75×50	块	12.54	0.069	0.069	—	—
	缸砖 150×150	m^2	29.77	—	—	1.060	—
	陶瓷地砖	m^2	59.77	—	—	—	1.060
	石料切割锯片	片	28.55	—	—	0.0129	0.016
	锯末	m^3	61.68	—	—	0.0067	0.0067
	棉纱	kg	16.11	0.023	0.023	0.020	0.020
	素水泥浆	m^3	—	（0.0013）	（0.0013）	—	（0.0011）
	水泥砂浆 1:2.5	m^3	—	（0.0232）	（0.0232）	—	—
	水泥砂浆 1:3	m^3	—	—	—	（0.0202）	（0.0202）
机械	中小型机械费	元	—	0.81	0.81	0.96	0.76

第十四节　地面、台阶、踢脚线修补

工作内容：拆除、清理基层、调制砂浆、抹面、找平、压光、养护、砌筑等全部操作过程。

编号				12-303	12-304	12-305	12-306	12-307	12-308
项目名称				水泥砂浆1∶2.5踢脚线修补	砖台阶水泥面拆砌	条石台阶			坡道抹礓磋
						拆稳	撬稳	剁斧	
单位				m	m^3		m	m^2	
总价（元）				**13.06**	**1080.48**	**467.93**	**13.92**	**74.25**	**85.09**
其中	人工费（元）			11.48	667.58	297.00	12.29	74.25	74.25
	材料费（元）			1.47	406.58	170.93	1.63	—	10.04
	机械费（元）			0.11	6.32	—	—	—	0.80
名称		单位	单价（元）	消耗量					
人工	综合工日	工日	135.00	0.085	4.945	2.200	0.091	0.550	0.550
材料	页岩标砖 240×115×53	块	0.51	—	546.000	—	—	—	—
	水泥	kg	0.39	2.228	168.381	79.900	2.200	—	16.699
	粗砂	t	86.14	0.007	0.725	0.432	0.009	—	0.041
	条石	m^3	102.56	—	—	1.000	—	—	—
	素水泥浆	m^3	—	—	—	—	—	—	（0.0021）
	水泥砂浆 1∶2.5	m^3	—	（0.0045）	（0.1850）	—	—	—	（0.0273）
	M10 水泥砂浆	m^3	—	—	（0.2510）	—	—	—	—
机械	中小型机械费	元	—	0.11	6.32	—	—	—	0.80

工作内容：拆除、清理基层、刷素水泥浆、找平抹面、嵌玻璃条、养护、弹线、剁斧等全部操作过程。

编号					12-309	12-310	12-311	12-312	12-313	12-314
项目名称					水磨石地面修补		水磨石踢脚线修补（H150mm）	水磨石楼梯台阶修补	剁假石地面修补	预制水磨石板修补
					玻璃条	铜条				
单位					m^2		m	m^2		
总价（元）					**303.59**	**336.65**	**87.10**	**261.34**	**242.14**	**235.56**
其中	人工费（元）				280.60	280.60	84.15	240.52	221.85	147.03
	材料费（元）				20.14	53.20	2.95	19.34	19.02	87.77
	机械费（元）				2.85	2.85	—	1.48	1.27	0.76
名称			单位	单价（元）	消耗量					
人工	综合工日		工日	153.00	1.834	1.834	0.550	1.572	1.450	0.961
材料	水泥		kg	0.39	20.918	20.918	3.126	20.918	25.194	15.652
	粗砂		t	86.14	0.028	0.028	0.004	0.028	0.042	0.040
	白石子 大、中、小八厘		kg	0.19	33.470	33.470	5.093	33.470	29.374	—
	水磨石板 305×305×25		m^2	73.48	—	—	—	—	—	1.020
	平板玻璃 3mm		m^2	19.91	0.040	—	—	—	—	—
	铜条 2×15		m	11.22	—	2.920	—	—	—	—
	色粉		kg	4.47	—	0.245	—	—	—	—
	金刚石三角形		块	8.31	0.290	0.290	0.050	0.290	—	—
	棉纱		kg	16.11	—	—	—	—	—	0.140
	锯末		m^3	61.68	—	—	—	—	—	0.009
	石料切割锯片		片	28.55	—	—	—	—	—	0.016
	素水泥浆		m^3	—	（0.0021）	（0.0021）	（0.0003）	（0.0021）	（0.0017）	（0.0010）
	水泥砂浆 1∶1		m^3	—	—	—	—	—	—	（0.0055）
	水泥砂浆 1∶3		m^3	—	（0.0175）	（0.0175）	（0.0026）	（0.0175）	（0.0265）	（0.0220）
	水泥白石浆 1∶2（刷石、磨石用）		m^3	—	—	—	—	—	（0.0176）	—
	水泥白石浆 1∶2.5（刷石、磨石用）		m^3	—	（0.0184）	（0.0184）	（0.0028）	（0.0184）	—	—
机械	中小型机械费		元	—	2.85	2.85	—	1.48	1.27	0.76

工作内容：拆除、清理基层、试排弹线、锯板修边、铺贴饰面、清理净面。

编号				12-315	12-316	12-317	12-318	12-319	12-320
项目名称				水泥砖修补	缸砖修补	陶瓷锦砖（马赛克）修补	彩釉砖贴补	大理石地面修补	大理石踢脚线修补
单位				m²					
总价（元）				**102.82**	**143.94**	**164.27**	**139.23**	**390.18**	**329.55**
其中	人工费（元）			71.60	99.45	112.30	99.45	72.83	121.64
	材料费（元）			30.45	43.71	51.24	39.00	316.21	207.39
	机械费（元）			0.77	0.78	0.73	0.78	1.14	0.52
名称		单位	单价（元）	消耗量					
人工	综合工日	工日	153.00	0.468	0.650	0.734	0.650	0.476	0.795
材料	水泥	kg	0.39	17.321	21.462	17.321	7.809	15.652	15.652
	白水泥	kg	0.64	—	—	0.230	0.110	0.110	0.110
	粗砂	t	86.14	0.040	0.048	0.040	0.015	0.040	0.040
	水泥砖 250×250×50	m²	19.85	1.020	—	—	—	—	—
	缸砖 147×147×5	m²	29.77	—	1.020	—	—	—	—
	陶瓷锦砖（马赛克）	m²	39.71	—	—	1.020	—	—	—
	彩釉砖 300×300×10	m²	33.21	—	—	—	1.020	—	—
	大理石板	m²	299.93	—	—	—	—	1.020	—
	大理石踢脚线	m²	193.07	—	—	—	—	—	1.020
	棉纱	kg	16.11	—	0.011	0.024	0.011	0.011	0.011
	锯末	m³	61.68	—	0.0080	—	0.0060	0.0061	0.0061
	石料切割锯片	片	28.55	—	0.0060	—	0.0060	0.0036	0.010
	素水泥浆	m³	—	（0.0021）	（0.0010）	（0.00210）	（0.0010）	（0.0010）	（0.0010）
	水泥砂浆 1:1	m³	—	（0.0055）	（0.0125）	（0.0055）	—	（0.0055）	（0.0055）
	水泥砂浆 1:2	m³	—	—	—	—	（0.0110）	—	—
	水泥砂浆 1:3	m³	—	（0.0220）	（0.0220）	（0.0220）	—	（0.0220）	（0.0220）
机械	中小型机械费	元	—	0.77	0.78	0.73	0.78	1.14	0.52

工作内容：1. 石材楼梯修补：拆除、清理基层、试排弹线、锯板修边、铺贴饰面、清理净面。2. 塑料卷材地面修补：拆除、清理基层、刷胶、贴面层、清面层。

编号				12-321	12-322	12-323
项目名称				大理石楼梯修补	花岗岩修补	塑料卷材地面修补
单位				m^2		
总价（元）				**456.25**	**484.90**	**200.04**
其中	人工费（元）			129.74	110.16	108.78
	材料费（元）			325.39	373.59	91.26
	机械费（元）			1.12	1.15	—
名称		单位	单价（元）	消耗量		
人工	综合工日	工日	153.00	0.848	0.720	0.711
材料	水泥	kg	0.39	15.652	15.804	—
	粗砂	t	86.14	0.040	0.040	—
	白水泥	kg	0.64	0.110	0.110	—
	大理石板	m^2	299.93	1.050	—	—
	花岗岩板	m^2	355.92	—	1.020	—
	塑料卷材 1.5mm	m^2	75.51	—	—	1.111
	聚醋酸乙烯乳液	kg	9.51	—	—	0.017
	成品腻子粉	kg	0.61	—	—	0.173
	羧甲基纤维素	kg	11.25	—	—	0.0034
	氯丁橡胶黏接剂	kg	14.87	—	—	0.450
	锯末	m^3	61.68	0.0061	0.0061	—
	石料切割锯片	片	28.55	0.010	0.011	—
	砂纸	张	0.87	—	—	0.060
	棉纱	kg	16.11	0.011	0.011	0.020
	素水泥浆	m^3	—	（0.0010）	（0.0011）	—
	水泥砂浆 1:1	m^3	—	（0.0055）	（0.0055）	—
	水泥砂浆 1:3	m^3	—	（0.0220）	（0.0220）	—
机械	中小型机械费	元	—	1.12	1.15	—

工作内容：拆除、预埋木楔、刷防腐油、踢脚线制作与安装等。

编号				12-324	12-325
项目名称				木踢脚线	
				拆换	拆钉三角压条
单位				m^2	m
总价(元)				**236.34**	**8.68**
其中	人工费(元)			80.17	4.28
	材料费(元)			156.17	4.40
名称		单位	单价(元)	消耗量	
人工	综合工日	工日	153.00	0.524	0.028
材料	红白松锯材 一类	m^3	4069.17	0.023	0.001
	红白松锯材 二类	m^3	3266.74	0.019	—
	防腐油	kg	0.52	0.350	—
	圆钉	kg	6.68	0.050	0.050

第十五节　木地板修补

工作内容：拆除、修补地板、作榫、安装。

编　号				12-326	12-327	12-328	12-329
项目名称				修补地板			
				企口地板	龙风榫地板	人字席纹地板（不带毛板）	木地板镶缝
单　位				m^2			
总价（元）				**309.22**	**325.90**	**419.44**	**103.26**
其中	人工费（元）			66.71	83.39	199.82	79.87
	材料费（元）			240.97	240.97	218.08	23.39
	机械费（元）			1.54	1.54	1.54	—
名　称		单位	单价（元）	消　耗　量			
人工	综合工日	工日	153.00	0.436	0.545	1.306	0.522
材料	硬木条形地板 50×20	m^2	228.35	1.050	1.050	—	—
	席纹地板 20×50×300	m^2	204.58	—	—	1.050	—
	红白松锯材 一类烘干	m^3	4650.86	—	—	—	0.005
	圆钉	kg	6.68	0.180	0.180	0.490	0.020
机械	中小型机械费	元	—	1.54	1.54	1.54	—

工作内容：拆除、修补地板、作榫、安装。

编号				12-330	12-331	12-332	12-333
项目名称				地板裁口（龙风榫）	旧地板刨光	底层穿木龙骨加固	穿木龙骨
单位				m^2		根	m^3
总价（元）				**26.01**	**28.15**	**42.87**	**4311.69**
其中	人工费（元）			26.01	28.15	42.08	912.49
	材料费（元）			—	—	0.79	3399.20
名称		单位	单价（元）	消耗量			
人工	综合工日	工日	153.00	0.170	0.184	0.275	5.964
材料	红白松锯材 二类	m^3	3266.74	—	—	—	1.036
	圆钉	kg	6.68	—	—	0.110	2.060
	防腐油	kg	0.52	—	—	0.110	2.100

第十六节　成品保护

工作内容：清扫表面、铺设、拆除、成品保护、材料清理归堆、清洁表面。

编　号				12-334	12-335
项目名称				成品保护	
				楼地面	楼梯、台阶
单　位				m^2	
总价(元)				**7.27**	**6.12**
其中	人工费(元)			1.53	2.60
	材料费(元)			5.74	3.52
名　称		单位	单价(元)	消　耗　量	
人工	综合工日	工日	153.00	0.010	0.017
材料	胶合板 3mm	m^2	20.88	0.275	—
	麻袋	m^2	9.23	—	0.3818

第十七节 预 拌 砂 浆

找平层

工作内容：底层清理、调制砂浆、找平、压实、养护等。

编 号				12-336	12-337	12-338
项目名称				砂浆抹灰（20mm 厚）		
				硬基层上	保温层上	每增减 5mm
单 位				m^2		
总价（元）				**29.18**	**33.03**	**7.20**
其中	人工费（元）			10.53	10.53	2.70
	材料费（元）			17.43	20.97	4.19
	机械费（元）			1.22	1.53	0.31
名 称		单位	单价（元）	消 耗 量		
人工	综合工日	工日	135.00	0.078	0.078	0.020
材料	水泥	kg	0.39	1.669	—	—
	预拌地面砂浆 M15	t	346.58	0.0484	0.0605	0.0121
	素水泥浆	m^3	—	（0.0011）	—	—
机械	中小型机械费	元	—	1.22	1.53	0.31

整体面层

工作内容: 调制砂浆、清扫浇水、冲筋贴尺、做米厘条、抹面、找平、压光、养护等。

编号				12-339	12-340	12-341
项目名称				砂浆抹灰		
				新做地面(20mm厚)		修补地面(25mm厚)
				不分格	分格	
单位				m^2		
总价(元)				**37.53**	**44.84**	**59.01**
其中	人工费(元)			18.77	22.01	36.45
	材料费(元)			17.57	21.64	21.09
	机械费(元)			1.19	1.19	1.47
名称		单位	单价(元)	消耗量		
人工	综合工日	工日	135.00	0.139	0.163	0.270
材料	水泥	kg	0.39	1.517	1.517	—
	红白松锯材 一类	m^3	4069.17	—	0.001	—
	预拌地面砂浆 M20	t	357.51	0.0475	0.0475	0.0590
	素水泥浆	m^3	—	(0.0010)	(0.0010)	—
机械	中小型机械费	元	—	1.19	1.19	1.47

块料面层

工作内容：清理基层、试排弹线、锯板修边、铺贴饰面、清理净面。

编号				12-342	12-343	12-344	12-345	12-346	12-347
项目名称				大理石楼地面（周长 mm）					
				3200 以内		3200 以外		拼花	碎拼
				单色	多色	单色	多色		
单位				m^2					
总价（元）				**368.82**	**370.51**	**370.35**	**371.73**	**730.21**	**157.36**
其中	人工费（元）			37.33	39.02	38.86	40.24	45.59	46.97
	材料费（元）			329.81	329.81	329.81	329.81	682.99	109.30
	机械费（元）			1.68	1.68	1.68	1.68	1.63	1.09
	名称	单位	单价（元）	消耗量					
人工	综合工日	工日	153.00	0.244	0.255	0.254	0.263	0.298	0.307
材料	水泥	kg	0.39	1.517	1.517	1.517	1.517	1.517	1.517
	白水泥	kg	0.64	0.103	0.103	0.103	0.103	0.103	3.005
	细砂	t	87.33	—	—	—	—	—	0.005
	大理石板 500×500	m^2	299.93	1.020	1.020	—	—	—	—
	大理石板 1000×1000	m^2	299.93	—	—	1.020	1.020	—	—
	大理石板拼花（成品）	m^2	633.85	—	—	—	—	1.040	—
	大理石碎块	m^2	86.85	—	—	—	—	—	1.040
	金刚石 200×75×50	块	12.54	—	—	—	—	—	0.050
	石料切割锯片	片	28.55	0.0035	0.0035	0.0035	0.0035	—	—
	棉纱	kg	16.11	0.010	0.010	0.010	0.010	0.010	0.020
	锯末	m^3	61.68	0.006	0.006	0.006	0.006	0.006	—
	预拌地面砂浆 M15	t	346.58	0.0652	0.0652	0.0652	0.0652	0.0652	0.0435
	素水泥浆	m^3	—	（0.0010）	（0.0010）	（0.0010）	（0.0010）	（0.0010）	（0.0010）
	白水泥砂浆 1∶1.5	m^3	—	—	—	—	—	—	（0.0050）
机械	中小型机械费	元	—	1.68	1.68	1.68	1.68	1.63	1.09

工作内容：清理基层、试排弹线、锯板修边、铺贴饰面、清理净面。

编号				12-348	12-349	12-350	12-351	12-352	12-353
项目名称				花岗岩楼地面（周长 mm）					
				3200 以内		3200 以外		拼花	碎拼
				单色	多色	单色	多色		
单位				m^2					
总价（元）				**370.12**	**371.50**	**389.92**	**391.30**	**907.51**	**115.33**
其中	人工费（元）			37.94	39.32	39.32	40.70	48.04	49.27
	材料费（元）			330.49	330.49	348.91	348.91	857.84	64.97
	机械费（元）			1.69	1.69	1.69	1.69	1.63	1.09
名称		单位	单价（元）	消耗量					
人工	综合工日	工日	153.00	0.248	0.257	0.257	0.266	0.314	0.322
材料	水泥	kg	0.39	1.517	1.517	1.517	1.517	1.517	1.517
	白水泥	kg	0.64	0.103	0.103	0.103	0.103	0.103	3.005
	细砂	t	87.33	—	—	—	—	—	0.005
	花岗岩板 500×500	m^2	300.57	1.020	1.020	—	—	—	—
	花岗岩板 1000×1000	m^2	318.63	—	—	1.020	1.020	—	—
	花岗岩板拼花（成品）	m^2	801.98	—	—	—	—	1.040	—
	花岗岩碎块	m^2	44.22	—	—	—	—	—	1.040
	金刚石 200×75×50	块	12.54	—	—	—	—	—	0.050
	石料切割锯片	片	28.55	0.0042	0.0042	0.0042	0.0042	—	—
	棉纱	kg	16.11	0.010	0.010	0.010	0.010	0.010	0.020
	锯末	m^3	61.68	0.006	0.006	0.006	0.006	0.006	—
	预拌地面砂浆 M15	t	346.58	0.0652	0.0652	0.0652	0.0652	0.0652	0.0435
	素水泥浆	m^3	—	（0.0010）	（0.0010）	（0.0010）	（0.0010）	（0.0010）	（0.0010）
	白水泥砂浆 1:1.5	m^3	—	—	—	—	—	—	（0.0050）
机械	中小型机械费	元	—	1.69	1.69	1.69	1.69	1.63	1.09

工作内容：清理基层、试排弹线、锯板修边、铺贴饰面、清理净面。

编　号				12-354	12-355	12-356	12-357
项目名称				预制水磨石板地面	水泥花砖楼地面	广场砖	
						拼图案	不拼图案
单　位				m^2			
总价（元）				**154.72**	**83.38**	**109.24**	**103.47**
其中	人工费（元）			55.85	32.90	53.55	48.35
	材料费（元）			97.63	49.33	54.01	53.44
	机械费（元）			1.24	1.15	1.68	1.68
名　称		单位	单价（元）	消　耗　量			
人工	综合工日	工日	153.00	0.365	0.215	0.350	0.316
材料	水泥	kg	0.39	6.082	—	—	—
	白水泥	kg	0.64	0.150	0.103	0.200	0.200
	粗砂	t	86.14	0.006	—	—	—
	水磨石板 305×305×25	m^2	73.48	1.020	—	—	—
	水泥花砖 200×200	m^2	32.90	—	1.020	—	—
	广场地砖（拼图）	m^2	33.78	—	—	0.903	—
	广场地砖（不拼图）	m^2	33.78	—	—	—	0.886
	棉纱	kg	16.11	0.140	0.010	0.020	0.020
	锯末	m^3	61.68	0.009	0.006	0.006	0.006
	石料切割锯片	片	28.55	0.016	0.0035	0.0032	0.0032
	预拌地面砂浆 M15	t	346.58	0.0474	0.0435	0.0652	0.0652
	素水泥浆	m^3	—	（0.001）	—	—	—
	水泥砂浆 1∶1	m^3	—	（0.0055）	—	—	—
机械	中小型机械费	元	—	1.24	1.15	1.68	1.68

工作内容:清理基层、试排弹线、锯板修边、铺贴饰面、清理净面。

编号				12-358	12-359	12-360	12-361
项目名称				缸砖楼地面		陶瓷锦砖楼地面	
				勾缝	不勾缝	拼花	不拼花
单位				m^2			
总价(元)				**86.57**	**84.09**	**142.51**	**126.37**
其中	人工费(元)			42.23	37.03	84.00	68.85
	材料费(元)			43.20	45.92	57.42	56.43
	机械费(元)			1.14	1.14	1.09	1.09
名称		单位	单价(元)	消耗量			
人工	综合工日	工日	153.00	0.276	0.242	0.549	0.450
材料	水泥	kg	0.39	0.830	—	1.517	1.517
	粗砂	t	86.14	0.001	—	—	—
	白水泥	kg	0.64	0.102	—	0.206	0.206
	缸砖 150×150	m^2	29.77	0.9148	1.0150	—	—
	陶瓷锦砖(马赛克)	m^2	39.71	—	—	1.040	1.015
	石料切割锯片	片	28.55	0.0032	0.0032	—	—
	棉纱	kg	16.11	0.020	0.010	0.020	0.020
	锯末	m^3	61.68	—	0.006	—	—
	预拌地面砂浆 M15	t	346.58	0.0435	0.0435	0.0435	0.0435
	素水泥浆	m^3	—	—	—	(0.0010)	(0.0010)
	水泥砂浆 1:1	m^3	—	(0.0010)	—	—	—
机械	中小型机械费	元	—	1.14	1.14	1.09	1.09

工作内容：清理基层、试排弹线、锯板修边、铺贴饰面、清理净面。

编号				12-362	12-363	12-364	12-365	12-366	12-367	12-368
项目名称				陶瓷地砖楼地面						
				周长（mm）						
				800 以内	1200 以内	1600 以内	2000 以内	2400 以内	3200 以内	3200 以外
单位				m^2						
总价（元）				**126.52**	**124.72**	**127.31**	**131.57**	**144.60**	**158.14**	**210.81**
其中	人工费（元）			48.50	42.84	39.63	38.10	41.77	43.45	67.63
	材料费（元）			76.88	80.74	86.54	92.33	101.69	113.55	142.04
	机械费（元）			1.14	1.14	1.14	1.14	1.14	1.14	1.14
名称		单位	单价（元）	消耗量						
人工	综合工日	工日	153.00	0.317	0.280	0.259	0.249	0.273	0.284	0.442
材料	水泥	kg	0.39	1.517	1.517	1.517	1.517	1.517	1.517	1.517
	白水泥	kg	0.64	0.103	0.103	0.103	0.103	0.103	0.103	0.103
	陶瓷地面砖 200×200	m^2	59.34	1.020	—	—	—	—	—	—
	陶瓷地面砖 300×300	m^2	62.81	—	1.025	—	—	—	—	—
	陶瓷地面砖 400×400	m^2	68.47	—	—	1.025	—	—	—	—
	陶瓷地面砖 500×500	m^2	74.12	—	—	—	1.025	—	—	—
	陶瓷地面砖 600×600	m^2	83.25	—	—	—	—	1.025	—	—
	陶瓷地面砖 800×800	m^2	93.46	—	—	—	—	—	1.040	—
	陶瓷地面砖 1000×1000	m^2	120.85	—	—	—	—	—	—	1.040
	石料切割锯片	片	28.55	0.0032	0.0032	0.0032	0.0032	0.0032	0.0032	0.0032
	棉纱	kg	16.11	0.010	0.010	0.010	0.010	0.010	0.010	0.010
	锯末	m^3	61.68	0.006	0.006	0.006	0.006	0.006	0.006	0.006
	预拌地面砂浆 M15	t	346.58	0.0435	0.0435	0.0435	0.0435	0.0435	0.0435	0.0435
	素水泥浆	m^3	—	（0.0010）	（0.0010）	（0.0010）	（0.0010）	（0.0010）	（0.0010）	（0.0010）
机械	中小型机械费	元	—	1.14	1.14	1.14	1.14	1.14	1.14	1.14

踢脚线

工作内容：1. 砂浆抹灰踢脚线：调制砂浆、清扫浇水、冲筋贴尺、做米厘条、抹面、找平、压光、养护等。2. 石材、块料踢脚线：清理基层、试排弹线、锯板修边、铺贴饰面、清理净面。

编号				12-369	12-370	12-371	12-372	12-373	12-374
项目名称				砂浆抹灰踢脚线	踢脚线				
					大理石	花岗岩	缸砖	陶瓷锦砖	陶瓷地砖
单位				m	m^2				
总价（元）				**11.98**	**383.69**	**393.00**	**140.62**	**147.72**	**136.09**
其中	人工费（元）			8.26	66.40	69.16	98.99	96.70	64.11
	材料费（元）			3.47	316.57	323.11	40.96	50.36	71.28
	机械费（元）			0.25	0.72	0.73	0.67	0.66	0.70
名称		单位	单价（元）	消耗量					
人工	综合工日	工日	153.00	0.054	0.434	0.452	0.647	0.632	0.419
材料	水泥	kg	0.39	—	1.517	1.517	1.517	1.517	1.517
	白水泥	kg	0.64	—	0.140	0.140	—	0.206	0.140
	大理石板 400×150	m^2	299.93	—	1.020	—	—	—	—
	花岗岩板 400×150	m^2	306.34	—	—	1.020	—	—	—
	陶瓷地砖	m^2	59.77	—	—	—	—	—	1.020
	陶瓷锦砖（马赛克）	m^2	39.71	—	—	—	—	1.015	—
	缸砖 150×150	m^2	29.77	—	—	—	1.050	—	—
	石料切割锯片	片	28.55	—	0.0035	0.0036	0.0004	—	0.0032
	棉纱	kg	16.11	—	0.010	0.010	0.002	0.020	0.010
	锯末	m^3	61.68	—	0.0060	0.0060	0.0009	—	0.006
	预拌地面砂浆 M15	t	346.58	—	—	—	0.026	0.026	0.026
	预拌地面砂浆 M20	t	357.51	0.0097	0.0261	0.0261	—	—	—
	素水泥浆	m^3	—	—	（0.0010）	（0.0010）	（0.0010）	（0.0010）	（0.0010）
机械	中小型机械费	元	—	0.25	0.72	0.73	0.67	0.66	0.70

楼梯、台阶

工作内容:清理基层、试排弹线、锯板修边、铺贴饰面、清理净面。

编号				12-375	12-376	12-377	12-378	12-379	12-380
项目名称				楼梯		弧形楼梯	楼梯		
				大理石	花岗岩	大理石	预制水磨石板	缸砖	彩釉砖
单位				m^2					
总价(元)				**555.07**	**638.35**	**666.26**	**214.69**	**161.44**	**210.81**
其中	人工费(元)			96.70	98.84	116.13	83.39	95.01	149.18
	材料费(元)			456.63	537.73	548.00	129.68	64.76	60.72
	机械费(元)			1.74	1.78	2.13	1.62	1.67	0.91
名称		单位	单价(元)	消耗量					
人工	综合工日	工日	153.00	0.632	0.646	0.759	0.545	0.621	0.975
材料	水泥	kg	0.39	2.124	2.124	2.579	2.124	—	2.124
	白水泥	kg	0.64	0.141	0.141	0.1692	0.140	—	0.140
	大理石板	m^2	299.93	1.4470	—	1.7364	—	—	—
	花岗岩板	m^2	355.92	—	1.4470	—	—	—	—
	预制水磨石踏步板	m^2	73.48	—	—	—	1.4469	—	—
	缸砖 150×150	m^2	29.77	—	—	—	—	1.4469	—
	彩釉砖	m^2	33.21	—	—	—	—	—	1.4469
	石料切割锯片	片	28.55	0.0143	0.0172	0.0172	0.0143	0.0129	0.0129
	棉纱	kg	16.11	0.0140	0.0140	0.0168	0.0137	0.0140	0.0140
	锯末	m^3	61.68	0.0080	0.0080	0.0100	0.0082	0.0082	0.0082
	预拌地面砂浆 M15	t	346.58	0.0594	0.0594	0.0713	—	0.0594	—
	预拌地面砂浆 M20	t	357.51	—	—	—	0.0596	—	0.0298
	素水泥浆	m^3	—	(0.0014)	(0.0014)	(0.0017)	(0.0014)	—	(0.0014)
机械	中小型机械费	元	—	1.74	1.78	2.13	1.62	1.67	0.91

工作内容：清理基层、试排弹线、锯板修边、铺贴饰面、清理净面。

编号				12-381	12-382	12-383	12-384
项目名称				台阶		弧形台阶	
				大理石	花岗岩	大理石	花岗岩
单位				m^2			
总价（元）				**573.57**	**668.95**	**802.97**	**936.46**
其中	人工费（元）			76.65	84.00	107.25	117.50
	材料费（元）			495.09	583.02	693.14	816.24
	机械费（元）			1.83	1.93	2.58	2.72
名称		单位	单价（元）	消耗量			
人工	综合工日	工日	153.00	0.501	0.549	0.701	0.768
材料	水泥	kg	0.39	2.276	2.276	3.186	3.186
	白水泥	kg	0.64	0.155	0.155	0.217	0.217
	大理石板	m^2	299.93	1.5690	—	2.1966	—
	花岗岩板	m^2	355.92	—	1.5690	—	2.1966
	石料切割锯片	片	28.55	0.0140	0.0168	0.0196	0.0235
	棉纱	kg	16.11	0.015	0.015	0.021	0.021
	锯末	m^3	61.68	0.009	0.009	0.0126	0.0126
	预拌地面砂浆 M15	t	346.58	0.0644	0.0644	0.0902	0.0902
	素水泥浆	m^3	—	(0.0015)	(0.0015)	(0.0021)	(0.0021)
机械	中小型机械费	元	—	1.83	1.93	2.58	2.72

工作内容：清理基层、试排弹线、锯板修边、铺贴饰面、清理净面。

编号				12-385	12-386	12-387	12-388	12-389
项目名称				台阶				
				预制水磨石板	水泥花砖	缸砖	陶瓷锦砖	陶瓷地砖
单位				m²				
总价（元）				**221.31**	**148.36**	**144.50**	**233.48**	**189.26**
其中	人工费（元）			120.11	71.30	72.52	146.88	69.31
	材料费（元）			99.82	75.23	70.17	85.00	118.28
	机械费（元）			1.38	1.83	1.81	1.60	1.67
名称		单位	单价（元）	消耗量				
人工	综合工日	工日	153.00	0.785	0.466	0.474	0.960	0.453
材料	水泥	kg	0.39	6.082	—	—	2.276	2.276
	白水泥	kg	0.64	0.130	0.155	—	0.309	0.155
	粗砂	t	86.14	0.006	—	—	—	—
	水磨石板 305×305×25	m²	73.48	1.050	—	—	—	—
	水泥花砖 200×200	m²	32.90	—	1.569	—	—	—
	缸砖 150×150	m²	29.77	—	—	1.569	—	—
	陶瓷锦砖（马赛克）	m²	39.71	—	—	—	1.539	—
	陶瓷地砖	m²	59.77	—	—	—	—	1.569
	石料切割锯片	片	28.55	0.016	0.014	0.0126	—	0.014
	棉纱	kg	16.11	0.140	0.0148	0.015	0.030	0.015
	锯末	m³	61.68	0.0090	0.0090	0.0088	—	0.0090
	预拌地面砂浆 M15	t	346.58	0.0474	0.0644	0.0644	0.0644	0.0644
	素水泥浆	m³	—	（0.0010）	—	—	（0.0015）	（0.0015）
	水泥砂浆 1:1	m³	—	（0.0055）	—	—	—	—
机械	中小型机械费	元	—	1.38	1.83	1.81	1.60	1.67

工作内容：调制砂浆、清扫浇水、冲筋贴尺、做米厘条、抹面、找平、压光、养护等。

编号				12-390
项目名称				砂浆抹楼梯
单位				m^2
总价（元）				**212.18**
其中	人工费（元）			164.30
	材料费（元）			44.88
	机械费（元）			3.00
名称		单位	单价（元）	消耗量
人工	综合工日	工日	135.00	1.217
材料	水泥	kg	0.39	7.264
	麻刀	kg	3.92	0.073
	灰膏	m^3	181.42	0.003
	预拌抹灰砂浆 M5	t	317.43	0.0370
	预拌地面砂浆 M15	t	346.58	0.0084
	预拌地面砂浆 M20	t	357.51	0.0743
	素水泥浆	m^3	—	（0.0042）
	水泥白灰麻刀浆 1∶5	m^3	—	（0.0036）
机械	中小型机械费	元	—	3.00

工作内容：清理基层、调制砂浆，砌筑、抹面、找平、压光、养护。

编号				12-391
项目名称				砖台阶
				砂浆抹灰（20mm）
单位				m^2
总价（元）				**263.58**
其中	人工费（元）			128.83
	材料费（元）			130.10
	机械费（元）			4.65
名称		单位	单价（元）	消耗量
人工	综合工日	工日	153.00	0.842
材料	页岩标砖 240×115×53	块	0.51	134.000
	预拌砌筑砂浆 M5	t	314.04	0.1101
	预拌地面砂浆 M20	t	357.51	0.0754
	零星材料费	元	—	0.23
机械	中小型机械费	元	—	4.65

地面、台阶、踢脚线修补

工作内容：拆除、清理基层、调制砂浆、抹面、找平、压光、养护、砌筑等全部操作过程。

编号				12-392	12-393	12-394
项目名称				砂浆抹灰踢脚线修补	砖台阶水泥面拆砌	坡道抹礓磋
单位				m	m^3	m^2
总价（元）				**14.93**	**1259.98**	**96.58**
其中	人工费（元）			11.21	654.21	72.77
	材料费（元）			3.47	595.86	22.34
	机械费（元）			0.25	9.91	1.47
名称		单位	单价（元）	消耗量		
人工	综合工日	工日	135.00	0.083	4.846	0.539
材料	页岩标砖 240×115×53	块	0.51	—	546.000	—
	水泥	kg	0.39	—	—	3.186
	预拌砌筑砂浆 M10	t	325.68	—	0.5357	—
	预拌地面砂浆 M20	t	357.51	0.0097	0.3998	0.059
	素水泥浆	m^3	—	—	—	（0.0021）
机械	中小型机械费	元	—	0.25	9.91	1.47

工作内容：拆除、清理基层、刷素水铜浆、找平抹面、养护等全部操作过程。

编号				12-395	12-396	12-397
项目名称				水磨石踢脚线修补（H150mm）	水磨石楼梯台阶修补	预制水磨石板修补
单位				m	m^2	
总价（元）				**86.72**	**263.73**	**242.90**
其中	人工费（元）			82.47	235.77	144.13
	材料费（元）			4.10	27.02	97.53
	机械费（元）			0.15	0.94	1.24
名称		单位	单价（元）	消耗量		
人工	综合工日	工日	153.00	0.539	1.541	0.942
材料	水泥	kg	0.39	1.995	13.306	6.082
	粗砂	t	86.14	—	—	0.006
	白石子 大、中、小八厘	kg	0.19	5.093	33.470	—
	水磨石板 305×305×25	m^2	73.48	—	—	1.020
	金刚石三角形	块	8.31	0.050	0.290	—
	棉纱	kg	16.11	—	—	0.140
	锯末	m^3	61.68	—	—	0.009
	石料切割锯片	片	28.55	—	—	0.016
	预拌地面砂浆 M15	t	346.58	0.0056	0.0377	0.0474
	素水泥浆	m^3	—	（0.0003）	（0.0021）	（0.0010）
	水泥砂浆 1:1	m^3	—	—	—	（0.0055）
	水泥白石浆 1:2.5（刷石、磨石用）	m^3	—	（0.0028）	（0.0184）	—
机械	中小型机械费	元	—	0.15	0.94	1.24

工作内容：拆除、清理基层、试排弹线、锯板修边、铺贴饰面、清理净面。

编号				12-398	12-399	12-400	12-401
项目名称				水泥砖修补	缸砖修补	陶瓷锦砖（马赛克）修补	彩釉砖贴补
单位				m^2			
总价（元）				**111.69**	**152.10**	**173.40**	**141.86**
其中	人工费（元）			70.23	97.46	110.01	97.46
	材料费（元）			40.21	53.39	62.20	43.76
	机械费（元）			1.25	1.25	1.19	0.64
名称		单位	单价（元）	消耗量			
人工	综合工日	工日	153.00	0.459	0.637	0.719	0.637
材料	水泥	kg	0.39	7.751	11.892	7.751	1.517
	白水泥	kg	0.64	—	—	0.230	0.110
	粗砂	t	86.14	0.006	0.013	0.006	—
	水泥砖 250×250×50	m^2	19.85	1.020	—	—	—
	缸砖 147×147×5	m^2	29.77	—	1.020	—	—
	陶瓷锦砖（马赛克）	m^2	39.71	—	—	1.050	—
	彩釉砖 300×300×10	m^2	33.21	—	—	—	1.020
	棉纱	kg	16.11	—	0.011	0.024	0.011
	锯末	m^3	61.68	—	0.008	—	0.006
	石料切割锯片	片	28.55	—	0.006	—	0.006
	预拌地面砂浆 M15	t	346.58	0.0474	0.0474	0.0474	—
	预拌地面砂浆 M20	t	357.51	—	—	—	0.0238
	素水泥浆	m^3	—	（0.0021）	（0.0010）	（0.0021）	（0.0010）
	水泥砂浆 1:1	m^3	—	（0.0055）	（0.0125）	（0.0055）	—
机械	中小型机械费	元	—	1.25	1.25	1.19	0.64

工作内容：拆除、清理基层、试排弹线、锯板修边、铺贴饰面、清理净面。

编号				12-402	12-403	12-404	12-405
项目名称				大理石地面修补	大理石踢脚线修补	大理石楼梯修补	花岗岩楼梯修补
单位				m^2			
总价（元）				**398.52**	**337.60**	**463.72**	**492.63**
其中	人工费（元）			71.30	119.19	127.14	108.02
	材料费（元）			325.97	217.16	335.15	383.35
	机械费（元）			1.25	1.25	1.43	1.26
名称		单位	单价（元）	消耗量			
人工	综合工日	工日	153.00	0.466	0.779	0.831	0.706
材料	水泥	kg	0.39	6.082	6.082	6.082	6.234
	白水泥	kg	0.64	0.110	0.110	0.110	0.110
	粗砂	t	86.14	0.006	0.006	0.006	0.006
	大理石板	m^2	299.93	1.020	—	1.050	—
	大理石踢脚线	m^2	193.07	—	1.020	—	—
	花岗岩板	m^2	355.92	—	—	—	1.020
	棉纱	kg	16.11	0.011	0.011	0.011	0.011
	锯末	m^3	61.68	0.0061	0.0061	0.0061	0.0061
	石料切割锯片	片	28.55	0.0036	0.0100	0.0100	0.0110
	预拌地面砂浆 M15	t	346.58	0.0474	0.0474	0.0474	0.0474
	素水泥浆	m^3	—	(0.0010)	(0.0010)	(0.0010)	(0.0011)
	水泥砂浆 1:1	m^3	—	(0.0055)	(0.0055)	(0.0055)	(0.0055)
机械	中小型机械费	元	—	1.25	1.25	1.43	1.26

天津市房屋修缮工程预算基价

土建工程（四）

DBD 29-701-2020

天津市住房和城乡建设委员会
天津市建筑市场服务中心　主编

中国计划出版社

目　　录

第十三章　金属结构工程

第十四章　加固工程

第十五章　油漆、涂刷、裱糊工程

第十六章　其他工程

第十三章　金属结构工程

说　明

一、本章包括金属结构制作、金属结构安装、金属构件运输 3 节,共 32 条基价子目。

二、金属结构制作、安装。

1. 金属结构制作定额整体预装配使用的螺栓及锚固螺栓均已包括在定额内。

2. 构件制作项目中焊接 H 型钢构件均按钢板加工焊接编制,如实际采用成品 H 型钢的,主材按成品价格进行换算,人工、机械及除主材外的其他材料乘以系数 0.6。

3. 单件质量在 25kg 以内的加工铁件套用本章定额中的零星构件费。需埋入混凝土中的铁件及螺栓套用混凝土及钢筋混凝土工程中的相应项目。

4. 金属结构安装未包括扩孔、气割和校正弯曲。如实际发生时,另行计算。

5. 构件制作项目中未包括除锈工作内容,发生时套用相应项目。其中喷砂或抛丸除锈项目按 Sa2.5 除锈等级编制,如设计为 Sa3 级则定额乘以系数 1.1,设计为 Sa2 级或 Sa1 级则定额乘以系数 0.75;手工及动力工具除锈项目按 St3 级除锈等级编制,如设计 St2 级则定额乘以系数 0.75。构件制作中未包括油漆工作内容,如设计有要求时,套用相应项目。

6. 构件制作、安装项目中已包括了施工企业按照质量验收规范要求所需的磁粉探伤、超声波探伤等常规检测费用。

7. 钢构件安装项目中已考虑现场拼装平台摊销定额项目。

三、金属构件运输:金属构件运输定额是按加工厂至施工现场考虑的,运输距离以 30km 为限,运距在 30km 以上另行计算。

工程量计算规则

一、金属构件工程量按设计图示尺寸乘以理论质量计算。设计无规定时,按实际尺寸乘以理论质量计算。

二、金属构件计算工程量时,不扣除单个面积不大于 $0.3m^2$ 的孔洞质量,焊接、铆钉、螺栓等不另增加质量。

三、依附在钢柱上的牛腿及悬臂梁的质量等并入钢柱的质量内,钢柱上的柱脚板、加劲板、柱顶板、隔板和肋板并入钢柱工程量内。

四、机械或手工及动力工具除锈按设计要求以构件质量计算。

五、金属结构构件安装工程量同制作工程量。

六、金属结构构件运输工程量同制作工程量。

第一节　金属结构制作

工作内容：放样，划线，截料，平直，钻孔，拼装，焊接，成品矫正，成品编号堆放、探伤检测。

编　号				13-001	13-002	13-003	13-004	13-005	13-006
项目名称				实腹柱		焊接 H 型钢梁	钢支撑(钢拉条)		
				焊接 H 型钢柱	焊接钢柱		钢管	圆钢	其他型材
单　位				t					
总价(元)				**6804.14**	**7196.46**	**6776.19**	**6713.39**	**6507.31**	**6629.27**
其中	人工费(元)			2124.09	2410.29	1817.10	1252.53	1520.10	1590.30
	材料费(元)			4415.57	4453.63	4441.20	4895.81	4422.28	4448.19
	机械费(元)			264.48	332.54	517.89	565.05	564.93	590.78
名　称		单位	单价(元)	消　耗　量					
人工	综合工日	工日	135.00	15.734	17.854	13.460	9.278	11.260	11.780
材料	角钢(综合)	kg	3.47	102.000	6.000	153.000	—	—	—
	中厚钢板(综合)	kg	3.71	978.000	1074.000	927.000	60.000	60.000	152.000
	型钢(综合)	kg	3.79	—	—	—	30.000	162.000	928.000
	圆钢(综合)	kg	3.88	—	—	—	—	858.000	—
	焊接钢管(综合)	kg	4.23	—	—	—	990.000	—	—
	低合金钢焊条 E43 系列	kg	7.59	15.410	15.400	16.950	22.000	19.000	33.000
	焊丝 $\phi3.2$	kg	6.92	20.540	20.540	22.600	—	—	—
	焊剂	kg	8.22	7.910	7.910	8.690	—	—	—
	氧气	m^3	2.88	5.090	5.090	5.600	4.000	4.000	4.400
	乙炔气	m^3	16.13	2.210	2.210	2.440	1.700	1.700	1.870
	六角螺栓	kg	8.39	—	1.740	—	12.000	1.740	1.740
	零星材料费	元	—	58.82	59.32	59.16	65.21	58.91	59.25
机械	中小型机械费	元	—	264.48	332.54	517.89	565.05	564.93	590.78

工作内容：1. 放样、划线、截料、平直、钻孔、拼装、焊接、成品矫正、成品编号堆放。2. C、Z 型钢钢檩条：送料、调试设定、开卷、轧制、平直、钻孔、成品矫正、成品编号堆放。

编号				13-007	13-008	13-009	13-010	13-011	13-012
项目名称				钢檩条			钢墙架	钢挡风架	钢天窗架
				圆（方）钢管	C、Z 型钢	其他型钢			
单位				t					
总价（元）				**6448.10**	**5222.23**	**6736.11**	**7756.18**	**6681.64**	**6723.28**
其中	人工费（元）			1134.54	1070.55	1887.44	2749.01	1756.08	1795.10
	材料费（元）			5003.97	4061.78	4403.76	4419.70	4431.17	4406.37
	机械费（元）			309.59	89.90	444.91	587.47	494.39	521.81
名称		单位	单价（元）	消耗量					
人工	综合工日	工日	135.00	8.404	7.930	13.981	20.363	13.008	13.297
材料	型钢（综合）	kg	3.79	—	11.000	11.000	734.000	918.000	918.000
	热轧薄钢板（综合）	kg	3.71	—	1058.000	—	—	—	—
	中厚钢板（综合）	kg	3.71	54.000	11.000	1069.000	346.000	162.000	162.000
	焊接钢管（综合）	kg	4.23	1026.000	—	—	—	—	—
	低合金钢焊条 E43 系列	kg	7.59	41.800	—	34.500	30.000	29.000	29.000
	氧气	m^3	2.88	6.600	—	6.160	6.000	6.000	4.000
	乙炔气	m^3	16.13	2.860	—	2.680	2.600	2.600	1.700
	六角螺栓	kg	8.39	1.740	—	1.740	1.000	1.500	1.000
	零星材料费	元	—	66.65	54.10	58.66	58.87	59.02	58.69
机械	中小型机械费	元	—	309.59	89.90	444.91	587.47	494.39	521.81

工作内容：放样，划线，截料，平直，钻孔，拼装，焊接，成品矫正，成品编号堆放、探伤检测。

编号				13-013	13-014	13-015	13-016	13-017
项目名称				屋架		钢梯	钢梯栏杆、护身栏制作	零星钢构件
				普通屋架	轻型屋架			
单位				t				
总价（元）				**6845.68**	**7889.49**	**8015.71**	**7326.48**	**8371.91**
其中	人工费（元）			1701.00	2710.80	2970.00	2516.40	2999.70
	材料费（元）			4430.16	4479.16	4422.29	4419.85	4519.03
	机械费（元）			714.52	699.53	623.42	390.23	853.18
名称		单位	单价（元）	消耗量				
人工	综合工日	工日	135.00	12.600	20.080	22.000	18.640	22.220
材料	角钢（综合）	kg	3.47	130.000	648.000	—	—	—
	型钢（综合）	kg	3.79	—	—	500.000	224.000	125.000
	圆钢（综合）	kg	3.88	—	—	302.000	856.000	51.000
	钢板（综合）	kg	4.18	—	432.000	—	—	—
	中厚钢板（综合）	kg	3.71	950.000	—	278.000	—	904.000
	低合金钢焊条 E43 系列	kg	7.59	15.210	14.300	24.990	20.000	27.950
	焊丝 ϕ3.2	kg	6.92	20.280	19.070	—	—	—
	焊剂	kg	8.22	7.810	7.340	—	—	—
	氧气	m^3	2.88	6.160	4.950	6.160	4.000	6.390
	乙炔气	m^3	16.13	2.680	2.200	2.680	1.700	2.780
	六角螺栓	kg	8.39	1.740	1.740	1.740	—	18.830
	零星材料费	元	—	59.01	59.66	58.91	58.87	60.19
机械	中小型机械费	元	—	714.52	699.53	623.42	390.23	853.18

第二节　金属结构安装

工作内容：放线、卸料、检验、划线、构件拼装加固，翻身就位、绑扎吊装、校正、焊接、固定、补漆、清理等。

编　号				13-018	13-019	13-020	13-021	13-022	13-023	13-024
项目名称				钢柱安装	钢梁安装	钢支撑安装	钢檩条安装	钢墙架（挡风架）安装	钢天窗架	钢屋架安装
单　位				t						
总价（元）				**4482.21**	**4376.40**	**4457.14**	**4201.17**	**4911.66**	**4728.13**	**4371.21**
其中	人工费（元）			558.90	387.18	458.19	281.88	913.95	740.61	496.53
	材料费（元）			3897.24	3916.33	3969.92	3914.10	3979.06	3968.87	3848.61
	机械费（元）			26.07	72.89	29.03	5.19	18.65	18.65	26.07
名　称		单位	单价（元）	消　耗　量						
人工	综合工日	工日	135.00	4.140	2.868	3.394	2.088	6.770	5.486	3.678
材料	钢柱	kg	3.63	1000.000	—	—	—	—	—	—
	钢梁	kg	3.65	—	1000.000	—	—	—	—	—
	钢支撑	kg	3.66	—	—	1000.000	—	—	—	—
	钢檩条	kg	3.59	—	—	—	1000.000	—	—	—
	钢墙架	kg	3.67	—	—	—	—	1000.000	—	—
	钢天窗架	kg	3.66	—	—	—	—	—	1000.000	—
	钢屋架	kg	3.64	—	—	—	—	—	—	1000.000
	环氧富锌底漆（封闭漆）	kg	28.43	1.060	1.060	2.120	2.120	2.120	2.120	1.060
	低合金钢焊条 E43 系列	kg	7.59	1.236	3.461	3.461	0.618	2.163	2.163	1.236

续前

编号				13–018	13–019	13–020	13–021	13–022	13–023	13–024
项目名称				钢柱安装	钢梁安装	钢支撑安装	钢檩条安装	钢墙架（挡风架）安装	钢天窗架	钢屋架安装
单位				t						
名称		单位	单价（元）	消耗量						
材料	金属结构铁件	kg	3.78	10.588	7.344	—	—	—	—	4.284
	二氧化碳气体	m^3	1.21	0.715	2.002	—	—	—	—	0.715
	氧气	m^3	2.88	—	—	0.220	0.220	0.220	0.220	—
	焊丝 ϕ3.2	kg	6.92	1.082	3.028	—	—	—	—	1.082
	吊装夹具	套	120.00	0.020	0.020	0.020	0.020	0.020	0.020	0.020
	钢丝绳 ϕ12	kg	6.67	3.690	3.280	4.920	4.920	4.920	4.920	3.280
	杉木板枋材	m^3	2596.26	0.019	0.012	0.014	0.014	0.023	0.023	0.007
	稀释剂	kg	27.43	0.085	0.085	0.170	0.170	0.170	0.170	0.085
	千斤顶	台	1400.00	0.020	0.020	0.020	0.020	0.020	0.020	0.020
	六角螺栓	kg	8.39	—	—	5.304	9.690	3.570	3.570	—
	零星材料费	元	—	72.67	73.02	74.02	72.98	74.19	74.00	71.76
机械	中小型机械费	元	—	26.07	72.89	29.03	5.19	18.65	18.65	26.07

工作内容：放线、卸料、检验、划线、构件拼装加固，翻身就位、绑扎吊装、校正、焊接、固定、补漆、清理等。

编号				13-025	13-026	13-027
项目名称				钢梯栏杆、护身栏安装	钢梯安装	零星钢构件安装
单位				t		
总价（元）				**5421.16**	**4925.41**	**5340.43**
其中	人工费（元）			1269.95	987.53	1191.65
	材料费（元）			4122.18	3908.85	4119.75
	机械费（元）			29.03	29.03	29.03
名称		单位	单价（元）	消耗量		
人工	综合工日	工日	135.00	9.407	7.315	8.827
材料	钢护栏	kg	3.82	1000.000	—	—
	钢楼梯踏步式	kg	3.66	—	1000.000	—
	零星钢构件	kg	3.77	—	—	1000.000
	环氧富锌底漆（封闭漆）	kg	28.43	4.240	2.120	2.120
	低合金钢焊条 E43 系列	kg	7.59	5.191	3.461	3.461
	六角螺栓	kg	8.39	—	3.570	6.630
	氧气	m^3	2.88	1.320	0.880	1.100
	吊装夹具	套	120.00	0.020	0.020	0.020
	钢丝绳 $\phi12$	kg	6.67	3.280	3.280	4.920
	稀释剂	kg	27.43	0.339	0.170	0.170
	杉木板枋材	m^3	2596.26	—	—	0.023
	千斤顶	台	1400.00	0.020	0.020	0.020
	零星材料费	元	—	76.86	72.88	76.82
机械	中小型机械费	元	—	29.03	29.03	29.03

工作内容:1. 喷砂、抛丸除锈;运砂(丸)、机械喷砂、抛丸,现场清理。2. 手工及动力工具除锈:除锈、现场清理。

编　号				13-028	13-029	13-030
项目名称				喷砂除锈	抛丸除锈	手工及动力工具
单　位				t		
总价(元)				**211.62**	**236.85**	**455.83**
其中	人工费(元)			136.08	67.91	429.44
	材料费(元)			4.72	63.93	26.39
	机械费(元)			70.82	105.01	—
名　称		单位	单价(元)	消　耗　量		
人工	综合工日	工日	135.00	1.008	0.503	3.181
材料	钢丸	kg	4.34	—	14.680	—
	石英砂(综合)	kg	0.28	16.800	—	—
	钢丝刷子	把	6.20	—	—	1.370
	铁砂布 0#~2#	张	1.15	—	—	8.060
	破布	kg	5.07	—	—	1.510
	圆型钢丝轮 $\phi100$	片	6.27	—	—	0.140
	零星材料费	元	—	0.02	0.22	0.09
机械	中小型机械费	元	—	70.82	105.01	—

第三节　金属构件运输

工作内容：装车绑扎、运输、按指定地点卸车、堆放。

编　号				13-031	13-032
项目名称				金属构件运输	
				运距（km）	
				5 以内	每增减 1
单　位				t	
总价（元）				**32.57**	**0.95**
其中	人工费（元）			24.30	0.95
	材料费（元）			8.27	—
名　称		单位	单价（元）	消　耗　量	
人工	综合工日	工日	135.00	0.180	0.007
材料	松木板枋材	m^3	1661.90	0.004	—
	钢丝绳 ϕ12	kg	6.67	0.020	—
	镀锌铁丝 ϕ4.0	kg	7.08	0.210	—

第十四章 加 固 工 程

说　　明

一、本章包括钢筋混凝土加固、木工加固、砌体加固、粘钢加固、粘贴碳纤维布加固、钢筋混凝土种植钢筋 6 节，共 219 条基价子目。

二、工程计价时应注意的问题。

1. 拆换项目包括拆除、制作、安装全部内容，制作与安装项目为加固时新增加的木作，包括制作、安装内容。

2. 支顶临时木柱是按高度 3.6m 以内考虑的，高度超过 0.5m，增加工料费 20%。

3. 本章除木工加固一节外，均不包括构件的除锈、刷防锈、防火漆。

4. 粘钢加固工程按现场制作、安装和部分工厂制作、现场安装综合考虑的，被加固体的表面修补不包括在定额内容中。

5. 狭条粘钢加固钢筋混凝土狭形宽度为小于 150mm，宽形宽度为大于 150mm，双层粘钢厚度为两层钢板厚度之和。

6. 碳纤维布加固混凝土项目已包括碳纤维布的搭接及损耗量，不得另行计算；未包括被加固件的剔除抹灰层及表面修补，发生时执行相应章节的相关子目。

7. 植筋本章按Ⅱ钢筋，深度为 10d、15d 考虑时，实际深度可参照植筋胶所测试深度调整。

8. 粘钢、碳纤维、植筋工程未包括加固完工后的测试费。

工程量计算规则

一、增设木支撑、木条杆按竣工材积以“m^3”计算。

二、铁夹板加固屋架节点、木夹板加固屋架节点按加固节点数量以“个”计算。

三、木檩条节点加固按加固节点数量以“个”计算。

四、混凝土柱加固应扣除柱、梁、板叠合混凝土体积，按实际体积以“m^3”计算。

五、混凝土裂缝修复以“m”计算。

六、梁围套加固中楼板孔洞、补缺混凝土体积已综合在基价内。

七、钢筋网抹灰加固墙体按面积以“m^2”计算，伸入地面、楼板墙体内部分其工料已综合在基价中。

八、砌体裂缝压力灌浆按裂缝长度以延长米计算。

九、柱粘钢加固不论块状或条状均以实贴面积以“m^2”计算。

十、梁粘钢加固不论块状或条状均以实贴面积以“m^2”计算。

十一、板粘钢加固以实贴面积以“m^2”计算。

十二、梁加固中的 U 形箍板及柱加固中的箍板粘钢均按钢板与混凝土接触面积以“m^2”计算。

十三、梁加固中的L形箍板粘钢加固按钢板的面积以"m^2"计算。

十四、粘贴碳纤维布按实贴面积以"m^2"计算,搭接基价中已考虑。

十五、植筋按不同结构部位、不同钢筋规格及植入深度按设计图示数量以"根"计算。

十六、化学锚栓按不同规格、按设计图示数量以"套"计算。

第一节　钢筋混凝土加固

工作内容：钢筋制作、运输，混凝土浇筑、振捣、养护。

编　号				14-001	14-002	14-003
项目名称				角柱	壁柱	外跨圈梁
				C20		
单　位				m^3		
总价（元）				**3261.36**	**2913.78**	**2944.85**
其中	人工费（元）			1890.95	1592.33	1611.36
	材料费（元）			1345.03	1300.08	1313.93
	机械费（元）			25.38	21.37	19.56
名　称		单位	单价（元）	消　耗　量		
人工	综合工日	工日	135.00	14.007	11.795	11.936
材料	预拌混凝土 AC20	m^3	450.56	1.020	1.020	1.020
	钢筋 $D10$ 以内	kg	3.97	22.000	19.000	25.000
	钢筋 $D10$ 以外	kg	3.80	113.000	116.000	110.000
	木模板	m^3	1982.88	0.1714	0.1519	0.1555
	电焊条	kg	7.59	1.290	1.400	1.350
	镀锌钢丝 $D0.7$	kg	7.42	0.710	0.580	0.880
	圆钉	kg	6.68	2.010	1.160	1.380
	阻燃防火保温草袋片 840×760	m^2	3.34	0.110	0.120	0.830
机械	中小型机械费	元	—	25.38	21.37	19.56

工作内容：钢筋制作、运输，混凝土浇筑、振捣、养护。

编号				14-004	14-005	14-006	14-007	14-008	14-009	14-010	14-011
项目名称				钢筋混凝土围套柱加固			钢筋混凝土围套梁加固	SCM 无收缩水泥围套柱加固			SCM 无收缩水泥围套梁加固
				独立	U 形	角形	C20	独立	U 形	角形	
单位				m^3							
总价（元）				**3580.88**	**4146.48**	**3580.88**	**4489.94**	**5260.24**	**5888.62**	**5260.24**	**5994.48**
其中	人工费（元）			1742.18	2104.11	1742.18	2511.54	2044.85	2469.56	2044.85	2667.06
	材料费（元）			1815.32	2014.14	1815.32	1947.90	3192.01	3390.83	3192.01	3296.92
	机械费（元）			23.38	28.23	23.38	30.50	23.38	28.23	23.38	30.50
名称		单位	单价（元）	消耗量							
人工	综合工日	工日	135.00	12.905	15.586	12.905	18.604	15.147	18.293	15.147	19.756
材料	预拌混凝土 AC20	m^3	450.56	—	—	—	1.210	—	—	—	—
	预拌混凝土 AC25	m^3	461.24	1.122	1.122	1.122	—	—	—	—	—
	SCM 无收缩水泥	t	820.00	—	—	—	—	2.310	2.310	2.310	2.310
	水泥	kg	0.39	11.681	11.681	11.681	26.699	11.681	11.681	11.681	26.699
	钢筋 $D10$ 以内	kg	3.97	60.093	61.501	60.093	71.258	60.093	61.501	60.093	71.258
	钢筋 $D10$ 以外	kg	3.80	185.229	217.602	185.229	168.487	185.229	217.602	185.229	168.487
	木模板	m^3	1982.88	0.0451	0.0539	0.0451	0.0110	0.0451	0.0539	0.0451	0.0110
	电焊条	kg	7.59	2.233	2.541	2.233	2.222	2.233	2.541	2.233	2.222

编号				14-004	14-005	14-006	14-007	14-008	14-009	14-010	14-011
项目名称				钢筋混凝土围套柱加固			钢筋混凝土围套梁加固	SCM 无收缩水泥围套柱加固			SCM 无收缩水泥围套梁加固
				独立	U 形	角形	C20	独立	U 形	角形	
单位				m^3							
名称		单位	单价（元）	消耗量							
材料	镀锌钢丝 *D*0.7	kg	7.42	1.210	1.375	1.210	1.078	1.210	1.375	1.210	1.078
	镀锌钢丝 *D*4	kg	7.08	—	—	—	2.233	—	—	—	2.233
	圆钉	kg	6.68	0.275	0.330	0.275	0.121	0.275	0.330	0.275	0.121
	组合钢模板	kg	10.97	11.889	14.372	11.889	19.195	11.889	14.372	11.889	19.195
	零星卡具	kg	7.57	10.157	12.279	10.157	16.709	10.157	12.279	10.157	16.709
	钢支撑	kg	3.66	6.989	8.449	6.989	17.248	6.989	8.449	6.989	17.248
	阻燃防火保温草袋片 840×760	m^2	3.34	0.220	0.275	0.220	1.702	0.220	0.275	0.220	1.702
	素水泥浆	m^3	—	（0.0077）	（0.0077）	（0.0077）	（0.0176）	（0.0077）	（0.0077）	（0.0077）	（0.0176）
机械	中小型机械费	元	—	23.38	28.23	23.38	30.50	23.38	28.23	23.38	30.50

工作内容：基层清理、确定注入口、封闭裂缝、灌浆、堵头、表面清理等全部工作。

编号				14-012	14-013	14-014	14-015
项目名称				混凝土裂缝修复			
				裂缝表面封闭	压力灌注（裂缝宽度 mm）		
					≤ 0.2	≤ 0.50	>0.5
单位				m			
总价（元）				**37.58**	**79.62**	**96.75**	**131.19**
其中	人工费（元）			33.75	69.39	81.68	93.83
	材料费（元）			3.40	9.37	14.05	36.19
	机械费（元）			0.43	0.86	1.02	1.17
名称		单位	单价（元）	消耗量			
人工	综合工日	工日	135.00	0.250	0.514	0.605	0.695
材料	灌缝胶	kg	42.58	—	0.220	0.330	0.850
	环氧树脂	kg	28.33	0.120	—	—	—
机械	中小型机械费	元	—	0.43	0.86	1.02	1.17

第二节　木 工 加 固

工作内容：1. 拆除，木夹板制作、安装，刷防腐油以及铁件刷防锈漆一遍。2. 拆除，剪刀撑制作、安装，刷防腐油以及铁件刷防锈漆一遍。

编　号				14-016	14-017	14-018	14-019	14-020
项目名称				人字屋架部件拆换	剪刀撑			
				木夹板	方木		圆木	
					制作、安装	拆换	制作、安装	拆换
单　位				副	m^3			
总价（元）				**85.65**	**3264.34**	**3426.20**	**3204.41**	**3378.02**
其中	人工费（元）			41.45	1068.26	1230.12	1249.29	1422.90
	材料费（元）			44.20	2196.08	2196.08	1955.12	1955.12
名　称		单位	单价（元）	消　耗　量				
人工	综合工日	工日	135.00	0.307	7.913	9.112	9.254	10.540
材料	原木	m^3	1686.44	0.015	—	—	1.150	1.150
	板枋材	m^3	2001.17	—	1.090	1.090	—	—
	铁件（综合）	kg	9.49	1.987	—	—	—	—
	铁铆钉	kg	9.22	—	1.320	1.320	1.450	1.450
	零星材料费	元	—	0.05	2.63	2.63	2.34	2.34

工作内容：1. 定位、弹线、选配料、下料、木材面刷防腐油、安装木加固件。2. 铁件制作、刷防腐漆、安装、紧固等。

编号				14-021	14-022	14-023	14-024	14-025
项目名称				木支撑、木条杆增设		铁夹板加固屋架节点	木夹板加固屋架节点	木檩条节点加固
				方木	圆木			
单位				m^3		个		
总价（元）				**3917.97**	**3588.21**	**149.77**	**151.09**	**62.78**
其中	人工费（元）			1600.97	1600.97	44.15	58.86	58.86
	材料费（元）			2317.00	1987.24	105.62	92.23	3.92
名称		单位	单价（元）	消耗量				
人工	综合工日	工日	135.00	11.859	11.859	0.327	0.436	0.436
材料	板枋材	m^3	2001.17	1.060	—	—	—	—
	原木	m^3	1686.44	—	1.080	—	0.020	—
	铁件（综合）	kg	9.49	14.400	12.000	8.050	4.320	0.160
	铁铆钉	kg	9.22	1.000	1.000	—	—	—
	高强螺栓	kg	15.92	—	—	1.550	0.850	0.140
	零星材料费	元	—	49.88	42.78	4.55	3.97	0.17

工作内容：1. 掏砌墙洞，制作、安装檩、垫木或托，与旧檩连接等。2. 整修旧檩基面，制作、安装吊木，安装铁箍，紧固螺栓，绑扎铅丝等工作。3. 清理修整附檩部位，制作、安装紧固附檩铁件等。4. 制作、安装檩，配制、安装、紧固链连接铁件等工作。

编号				14-026	14-027	14-028	14-029
项目名称				穿附木檩	吊木附檩	钢筋附檩	安檩
单位				根			
总价（元）				**295.68**	**271.62**	**154.64**	**18.14**
其中	人工费（元）			129.87	129.87	97.34	17.69
	材料费（元）			165.81	139.64	55.19	0.45
	机械费（元）			—	2.11	2.11	—
名称		单位	单价（元）	消耗量			
人工	综合工日	工日	135.00	0.962	0.962	0.721	0.131
材料	原木	m^3	1686.44	0.071	0.053	—	—
	板枋材 杉木	m^3	2650.00	0.014	0.003	0.003	—
	铁件（综合）	kg	9.49	—	2.246	2.740	—
	钢筋（综合）	kg	3.97	—	3.720	3.720	—
	低合金钢焊条 E43 系列	kg	7.59	—	0.487	0.487	—
	圆钉	kg	6.68	0.292	0.029	0.029	0.065
	骑马钉 20×2	kg	9.15	0.078	—	—	—
	镀锌铁丝 *D*2.8	kg	6.91	0.508	—	—	—
	六角螺栓 M8	套	0.72	—	—	2.100	—
	垫圈（综合）	10 个	0.60	—	—	0.210	—
	防腐油	kg	0.52	0.047	0.004	0.040	0.011
	零星材料费	元	—	2.77	2.33	0.92	0.01
机械	中小型机械费	元	—	—	2.11	2.11	—

工作内容：1. 支顶临时木柱：加垫木、背楔、钉拉杆、接头、拆除等。2. 木柱墩接（高度）：锯截朽木柱脚、清理柱门、接柱的制作、做榫、墩接、拼接柱脚、捆绑铁箍或铁丝拉固等工作。

编号				14-030	14-031	14-032	14-033	14-034
项目名称				支顶临时木柱		木柱墩接（高度）		固定木柱扶正
				一般	鸡腿箭	1/3 以内	2/3 以内	
单位				根				
总价（元）				**69.76**	**89.86**	**146.77**	**224.22**	**73.05**
其中	人工费（元）			18.63	24.84	75.60	81.00	59.40
	材料费（元）			51.13	65.02	71.17	143.22	13.65
名称		单位	单价（元）	消耗量				
人工	综合工日	工日	135.00	0.138	0.184	0.560	0.600	0.440
材料	红白松锯材 一类	m^3	4069.17	—	—	—	—	0.001
	黄花松锯材 二类	m^3	2778.72	0.0184	0.0234	—	—	—
	原木	m^3	1686.44	—	—	0.0329	0.0664	—
	锯成材	m^3	2001.17	—	—	0.0057	0.0062	—
	圆钉	kg	6.68	—	—	0.095	0.041	—
	骑马钉	kg	9.15	—	—	0.036	0.041	—
	铁件（综合）	kg	9.49	—	—	—	1.538	1.010
	镀锌钢丝 $D2.8$	kg	6.91	—	—	0.457	0.484	—
	防腐油	kg	0.52	—	—	0.309	0.466	—

工作内容：1. 换木柱、换混凝土柱：拆除旧柱，清理柱基，制作、安装木柱，连接固定柁檩等工作。2. 换木柱、换混凝土柱：调制垫铺柱基的砂浆（或混凝土柱）、安装预支柱就位、校正固定、连接木柁檩等工作。3. 柁檩刨光：整理、刨光等全部操作内容。4. 砖墩接柱：锯截朽木柱脚、清理柱门、砌筑砖墩、稳放垫木等全部工作。

编号				14-035	14-036	14-037	14-038
项目名称				换木柱	换混凝土柱	柁檩刨光	砖墩接柱
单位				根		m^3	根
总价（元）				**206.86**	**4385.79**	**202.50**	**69.88**
其中	人工费（元）			54.27	65.07	202.50	56.70
	材料费（元）			152.59	4320.72	—	13.18
名称		单位	单价（元）	消耗量			
人工	综合工日	工日	135.00	0.402	0.482	1.500	0.420
材料	预制混凝土柱	m^3	4150.00	—	1.020	—	—
	页岩标砖 240×115×53	块	0.51	—	—	—	22.000
	水泥	kg	0.39	—	—	—	1.474
	粗砂	t	86.14	—	—	—	0.014
	灰膏	m^3	181.42	—	—	—	0.001
	混凝土垫块	m^3	291.26	—	0.012	—	—
	板枋材	m^3	2001.17	0.065	0.006	—	—
	圆钉	kg	6.68	0.051	—	—	—
	防腐油	kg	0.52	0.008	—	—	—
	混合砂浆 M5	m^3	—	—	—	—	（0.0078）
	零星材料费	元	—	22.17	72.22	—	—

第三节 砌体加固

工作内容：凿墙槽、凿楼板孔、运料、绑钢筋、抹灰、补孔。

编号				14-039	14-040	14-041	14-042	14-043	14-044
项目名称				墙体钢筋网（单面）抹水泥砂浆					
				网眼 200mm 以内			网眼 400mm 以内		
				3cm 厚	4cm 厚	5cm 厚	3cm 厚	4cm 厚	5cm 厚
单位				m^2					
总价（元）				**126.87**	**135.05**	**147.55**	**113.10**	**121.26**	**133.77**
其中	人工费（元）			94.23	98.15	106.38	87.35	91.26	99.50
	材料费（元）			29.57	33.62	37.67	23.03	27.07	31.12
	机械费（元）			3.07	3.28	3.50	2.72	2.93	3.15
名称		单位	单价（元）	消耗量					
人工	综合工日	工日	135.00	0.698	0.727	0.788	0.647	0.676	0.737
材料	水泥	kg	0.39	17.070	22.812	28.554	17.070	22.812	28.554
	粗砂	t	86.14	0.060	0.081	0.102	0.060	0.081	0.102
	圆钢 D（6~6.5）	kg	3.90	3.795	3.795	3.795	2.398	2.398	2.398
	镀锌钢丝	kg	7.42	0.397	0.397	0.397	0.249	0.249	0.249
	水泥砂浆 1∶2.5	m^3	—	（0.0061）	（0.0061）	（0.0061）	（0.0061）	（0.0061）	（0.0061）
	水泥砂浆 1∶3	m^3	—	（0.0323）	（0.0455）	（0.0587）	（0.0323）	（0.0455）	（0.0587）
机械	中小型机械费	元	—	3.07	3.28	3.50	2.72	2.93	3.15

工作内容: 凿墙槽、凿楼板孔、运料、绑钢筋、抹灰、补孔。

编号					14-045	14-046	14-047	14-048	14-049	14-050
项目名称					墙体钢筋网(双面)抹水泥砂浆					
					网眼 200mm 以内			网眼 400mm 以内		
					3cm 厚	4cm 厚	5cm 厚	3cm 厚	4cm 厚	5cm 厚
单位					m^2					
总价(元)					**233.09**	**256.45**	**279.81**	**195.75**	**219.11**	**242.48**
其中	人工费(元)				173.61	188.46	203.31	148.23	163.08	177.93
	材料费(元)				54.63	62.72	70.82	43.38	51.48	59.57
	机械费(元)				4.85	5.27	5.68	4.14	4.55	4.98
名称		单位	单价(元)		消耗量					
人工	综合工日	工日	135.00		1.286	1.396	1.506	1.098	1.208	1.318
材料	水泥	kg	0.39		34.134	45.618	57.102	34.134	45.618	57.102
	粗砂	t	86.14		0.121	0.163	0.205	0.121	0.163	0.205
	圆钢 *D*(6~6.5)	kg	3.90		6.589	6.589	6.589	3.795	3.795	3.795
	镀锌钢丝	kg	7.42		0.700	0.700	0.700	0.653	0.653	0.653
	水泥砂浆 1:2.5	m^3	—		(0.0121)	(0.0121)	(0.0121)	(0.0121)	(0.0121)	(0.0121)
	水泥砂浆 1:3	m^3	—		(0.0647)	(0.0911)	(0.1175)	(0.0647)	(0.0911)	(0.1175)
机械	中小型机械费	元	—		4.85	5.27	5.68	4.14	4.55	4.98

工作内容：清理基层，浆液拌制，灌浆嘴位置设置，钻孔，砂浆封缝、灌浆，清理墙面、清理设备。

编号				14-051	14-052	14-053	14-054	14-055	14-056	14-057	14-058
项目名称				砌体裂缝压力灌浆							
				聚乙烯醇溶浆（108 胶）水泥聚合浆		聚醋酸乙烯乳液水泥聚合浆			水玻璃水泥聚合浆		
				浆液灌浆	砂浆灌浆	稀浆灌浆	稠浆灌浆	砂浆灌浆	稀浆灌浆	稠浆灌浆	砂浆灌浆
单位				m							
总价（元）				**106.18**	**116.82**	**71.84**	**76.15**	**81.64**	**68.87**	**69.59**	**74.50**
其中	人工费（元）			38.88	38.88	45.36	48.60	50.76	45.36	45.36	50.76
	材料费（元）			62.57	73.21	21.75	22.82	26.15	18.78	19.50	19.01
	机械费（元）			4.73	4.73	4.73	4.73	4.73	4.73	4.73	4.73
名称		单位	单价（元）	消耗量							
人工	综合工日	工日	135.00	0.288	0.288	0.336	0.360	0.376	0.336	0.336	0.376
材料	注胶嘴	个	5.00	3.000	3.000	3.000	3.000	3.000	3.000	3.000	3.000
	聚醋酸乙烯乳液	kg	9.51	—	—	0.400	0.400	0.600	—	—	—
	聚乙烯醇	kg	11.00	4.000	5.000	—	—	—	—	—	—
	硅酸钠（水玻璃）	kg	2.10	—	—	—	—	—	0.120	0.150	0.100
	水泥砂浆 1∶2	m^3	342.81	0.003	0.003	0.003	0.003	0.003	0.003	0.003	0.003
	水泥 42.5	kg	0.41	5.700	4.200	4.200	6.800	9.000	5.600	7.200	5.000
	细砂	m^3	87.33	—	0.003	—	—	0.006	—	—	0.006
	零星材料费	元	—	0.20	0.20	0.20	0.20	0.20	0.20	0.20	0.20
机械	中小型机械费	元	—	4.73	4.73	4.73	4.73	4.73	4.73	4.73	4.73

工作内容：钢筋制作、运输，混凝土浇筑、振捣、养护。

编号				14-059	14-060	14-061	14-062
项目名称				砖柱外包混凝土	门窗套	砖墙外包混凝土	烟囱、水塔外包混凝土
				C20			
单位				m^3			
总价（元）				**4066.87**	**4614.38**	**3491.01**	**5341.85**
其中	人工费（元）			2204.82	3094.34	2149.88	3489.08
	材料费（元）			1827.28	1475.45	1310.17	1802.48
	机械费（元）			34.77	44.59	30.96	50.29
名称		单位	单价（元）	消耗量			
人工	综合工日	工日	135.00	16.332	22.921	15.925	25.845
材料	预拌混凝土 AC20	m^3	450.56	1.020	1.020	1.020	1.020
	木模板	m^3	1982.88	0.3499	0.1744	0.2203	0.4611
	钢筋 *D*10 以内	kg	3.97	42.000	162.000	22.000	22.000
	钢筋 *D*10 以外	kg	3.80	124.000	—	78.000	78.000
	圆钉	kg	6.68	2.580	1.000	2.610	4.820
	镀锌钢丝 *D*0.7	kg	7.42	0.940	2.620	0.650	0.650
	电焊条	kg	7.59	1.500	—	0.980	0.980
	阻燃防火保温草袋片 840×760	m^2	3.34	0.110	0.240	0.100	0.120
机械	中小型机械费	元	—	34.77	44.59	30.96	50.29

第四节 粘钢加固

工作内容：混凝土表面清理、断料、打孔、打磨、酸洗、黏结、安拆夹具。

编号				14-063	14-064	14-065	14-066
项目名称				柱加固			
				单层狭条粘钢			
				板厚 3mm	板厚 4mm	板厚 5mm	板厚 6mm
单位				m^2			
总价（元）				**823.09**	**861.53**	**894.39**	**929.08**
其中	人工费（元）			256.77	256.77	256.77	256.77
	材料费（元）			566.32	604.76	637.62	672.31
名称		单位	单价（元）	消耗量			
人工	综合工日	工日	135.00	1.902	1.902	1.902	1.902
材料	钢板 δ3	kg	3.72	27.459	—	—	—
	钢板 δ4	kg	3.84	—	36.612	—	—
	钢板 δ5	kg	3.79	—	—	45.766	—
	钢板 δ6	kg	3.79	—	—	—	54.919
	等边角钢 50×5	kg	3.75	7.326	7.326	7.326	7.326
	JGN 胶黏剂	kg	47.86	7.500	7.500	7.500	7.500
	丙酮	kg	9.89	2.575	2.575	2.575	2.575
	膨胀螺栓 M8×60	套	1.16	16.090	16.090	16.090	16.090
	中小方	m^3	2716.33	0.0005	0.0005	0.0005	0.0005
	棉纱	kg	16.11	0.812	0.812	0.812	0.812
	砂轮片	片	26.97	0.711	0.711	0.711	0.711

工作内容：混凝土表面清理、断料、打孔、打磨、酸洗、黏结、安拆夹具。

编号				14-067	14-068	14-069	14-070	14-071
项目名称				柱加固				
				双层狭条粘钢				
				板厚 6mm	板厚 7mm	板厚 8mm	板厚 9mm	板厚 10mm
单位				m^2				
总价（元）				**1503.44**	**1538.87**	**1574.29**	**1609.71**	**1645.13**
其中	人工费（元）			410.67	410.67	410.67	410.67	410.67
	材料费（元）			1092.77	1128.20	1163.62	1199.04	1234.46
名称		单位	单价（元）	消耗量				
人工	综合工日	工日	135.00	3.042	3.042	3.042	3.042	3.042
材料	双层钢板	kg	3.87	54.919	64.072	73.225	82.378	91.531
	等边角钢 50×5	kg	3.75	7.326	7.326	7.326	7.326	7.326
	JGN 胶黏剂	kg	47.86	14.808	14.808	14.808	14.808	14.808
	丙酮	kg	9.89	4.635	4.635	4.635	4.635	4.635
	膨胀螺栓	套	0.82	16.090	16.090	16.090	16.090	16.090
	中小方	m^3	2716.33	0.0005	0.0005	0.0005	0.0005	0.0005
	棉纱	kg	16.11	1.624	1.624	1.624	1.624	1.624
	砂轮片	片	26.97	2.132	2.132	2.132	2.132	2.132

工作内容：混凝土表面清理、断料、打孔、打磨、酸洗、黏结、安拆夹具。

编号				14-072	14-073	14-074	14-075
项目名称				柱加固			
				单层块状粘钢			
				板厚 3mm	板厚 4mm	板厚 5mm	板厚 6mm
单位				m^2			
总价（元）				**778.65**	**817.09**	**849.96**	**884.65**
其中	人工费（元）			245.16	245.16	245.16	245.16
	材料费（元）			533.49	571.93	604.80	639.49
名称		单位	单价（元）	消耗量			
人工	综合工日	工日	135.00	1.816	1.816	1.816	1.816
材料	钢板 $\delta3$	kg	3.72	27.459	—	—	—
	钢板 $\delta4$	kg	3.84	—	36.612	—	—
	钢板 $\delta5$	kg	3.79	—	—	45.766	—
	钢板 $\delta6$	kg	3.79	—	—	—	54.919
	等边角钢 50×5	kg	3.75	2.437	2.437	2.437	2.437
	JGN 胶黏剂	kg	47.86	7.402	7.402	7.402	7.402
	丙酮	kg	9.89	2.575	2.575	2.575	2.575
	膨胀螺栓	套	0.82	11.802	11.802	11.802	11.802
	中小方	m^3	2716.33	0.0002	0.0002	0.0002	0.0002
	棉纱	kg	16.11	0.812	0.812	0.812	0.812
	砂轮片	片	26.97	0.711	0.711	0.711	0.711

工作内容:混凝土表面清理、断料、打孔、打磨、酸洗、黏结、安拆夹具。

编号				14-076	14-077	14-078	14-079	14-080
项目名称				柱加固				
				双层块状粘钢				
				板厚 6mm	板厚 7mm	板厚 8mm	板厚 9mm	板厚 10mm
单位				m^2				
总价(元)				**1416.98**	**1452.40**	**1487.82**	**1523.24**	**1558.67**
其中	人工费(元)			351.54	351.54	351.54	351.54	351.54
	材料费(元)			1065.44	1100.86	1136.28	1171.70	1207.13
名称		单位	单价(元)	消耗量				
人工	综合工日	工日	135.00	2.604	2.604	2.604	2.604	2.604
材料	双层钢板	kg	3.87	54.919	64.072	73.225	82.378	91.531
	等边角钢 50×5	kg	3.75	2.442	2.442	2.442	2.442	2.442
	JGN 胶黏剂	kg	47.86	14.710	14.710	14.710	14.710	14.710
	丙酮	kg	9.89	4.635	4.635	4.635	4.635	4.635
	膨胀螺栓	套	0.82	11.802	11.802	11.802	11.802	11.802
	中小方	m^3	2716.33	0.0002	0.0002	0.0002	0.0002	0.0002
	棉纱	kg	16.11	1.624	1.624	1.624	1.624	1.624
	砂轮片	片	26.97	2.132	2.132	2.132	2.132	2.132

工作内容:混凝土表面清理、断料、打孔、打磨、酸洗、黏结、安拆夹具。

编号				14-081	14-082	14-083	14-084
项目名称				柱加固			
				单层箍板粘钢			
				板厚 3mm	板厚 4mm	板厚 5mm	板厚 6mm
单位				m^2			
总价(元)				**984.18**	**1022.98**	**1056.15**	**1091.17**
其中	人工费(元)			399.33	399.33	399.33	399.33
	材料费(元)			584.85	623.65	656.82	691.84
名称		单位	单价(元)	消耗量			
人工	综合工日	工日	135.00	2.958	2.958	2.958	2.958
材料	钢板 δ3	kg	3.72	27.718	—	—	—
	钢板 δ4	kg	3.84	—	36.958	—	—
	钢板 δ5	kg	3.79	—	—	46.197	—
	钢板 δ6	kg	3.79	—	—	—	55.437
	JGN 胶黏剂	kg	47.86	7.454	7.454	7.454	7.454
	丙酮	kg	9.89	3.399	3.399	3.399	3.399
	膨胀螺栓	套	0.82	68.670	68.670	68.670	68.670
	棉纱	kg	16.11	0.9727	0.9727	0.9727	0.9727
	砂轮片	片	26.97	0.719	0.719	0.719	0.719

工作内容：混凝土表面清理、断料、打孔、打磨、酸洗、黏结、安拆夹具。

编号				14-085	14-086	14-087	14-088	14-089
项目名称				柱加固				
				双层箍板粘钢				
				板厚 6mm	板厚 7mm	板厚 8mm	板厚 9mm	板厚 10mm
单位				m^2				
总价（元）				**1842.84**	**1881.04**	**1916.80**	**1952.55**	**1990.66**
其中	人工费（元）			709.56	709.56	709.56	709.56	709.56
	材料费（元）			1133.28	1171.48	1207.24	1242.99	1281.10
名称		单位	单价（元）	消耗量				
人工	综合工日	工日	135.00	5.256	5.256	5.256	5.256	5.256
材料	双层钢板	kg	3.87	55.437	64.676	73.916	83.155	92.395
	JGN 胶黏剂	kg	47.86	15.056	15.107	15.107	15.107	15.156
	丙酮	kg	9.89	5.222	5.222	5.222	5.222	5.222
	膨胀螺栓	套	0.82	68.670	68.670	68.670	68.670	68.670
	棉纱	kg	16.11	1.970	1.970	1.970	1.970	1.970
	砂轮片	片	26.97	2.168	2.168	2.168	2.168	2.168

工作内容：混凝土表面清理、断料、打孔、打磨、酸洗、黏结、安拆夹具。

编号				14-090	14-091	14-092	14-093
项目名称				梁加固			
				梁面单层粘钢			
				板厚 3mm	板厚 4mm	板厚 5mm	板厚 6mm
单位				m^2			
总价（元）				**735.80**	**774.24**	**807.11**	**841.80**
其中	人工费（元）			192.65	192.65	192.65	192.65
	材料费（元）			543.15	581.59	614.46	649.15
名称		单位	单价（元）	消耗量			
人工	综合工日	工日	135.00	1.427	1.427	1.427	1.427
材料	钢板 δ3	kg	3.72	27.459	—	—	—
	钢板 δ4	kg	3.84	—	36.612	—	—
	钢板 δ5	kg	3.79	—	—	45.766	—
	钢板 δ6	kg	3.79	—	—	—	54.919
	JGN 胶黏剂	kg	47.86	7.944	7.944	7.944	7.944
	丙酮	kg	9.89	2.575	2.575	2.575	2.575
	膨胀螺栓	套	0.82	3.755	3.755	3.755	3.755
	棉纱	kg	16.11	0.812	0.812	0.812	0.812
	砂轮片	片	26.97	0.711	0.711	0.711	0.711

工作内容：混凝土表面清理、断料、打孔、打磨、酸洗、黏结、安拆夹具。

编号				14-094	14-095	14-096	14-097	14-098
项目名称				梁加固				
				梁面双层粘钢				
				板厚 6mm	板厚 7mm	板厚 8mm	板厚 9mm	板厚 10mm
单位				m^2				
总价（元）				**1355.34**	**1390.76**	**1426.18**	**1465.48**	**1497.03**
其中	人工费（元）			280.26	280.26	280.26	280.26	280.26
	材料费（元）			1075.08	1110.50	1145.92	1185.22	1216.77
名称		单位	单价（元）	消耗量				
人工	综合工日	工日	135.00	2.076	2.076	2.076	2.076	2.076
材料	双层钢板	kg	3.87	54.919	64.072	73.225	83.378	91.531
	JGN 胶黏剂	kg	47.86	15.252	15.252	15.252	15.252	15.252
	丙酮	kg	9.89	4.635	4.635	4.635	4.635	4.635
	膨胀螺栓	套	0.82	3.755	3.755	3.755	3.755	3.755
	棉纱	kg	16.11	1.624	1.624	1.624	1.624	1.624
	砂轮片	片	26.97	2.132	2.132	2.132	2.132	2.132

工作内容:混凝土表面清理、断料、打孔、打磨、酸洗、黏结、安拆夹具。

编　号				14-099	14-100	14-101	14-102
项目名称				梁加固			
				梁底单层粘钢			
				板厚 3mm	板厚 4mm	板厚 5mm	板厚 6mm
单　位				m^2			
总价(元)				**829.96**	**868.40**	**901.27**	**935.96**
其中	人工费(元)			269.87	269.87	269.87	269.87
	材料费(元)			560.09	598.53	631.40	666.09
名　称		单位	单价(元)	消　耗　量			
人工	综合工日	工日	135.00	1.999	1.999	1.999	1.999
材料	钢板 $\delta 3$	kg	3.72	27.459	—	—	—
	钢板 $\delta 4$	kg	3.84	—	36.612	—	—
	钢板 $\delta 5$	kg	3.79	—	—	45.766	—
	钢板 $\delta 6$	kg	3.79	—	—	—	54.919
	等边角钢 50×5	kg	3.75	3.053	3.053	3.053	3.053
	JGN 胶黏剂	kg	47.86	7.944	7.944	7.944	7.944
	丙酮	kg	9.89	2.575	2.575	2.575	2.575
	膨胀螺栓	套	0.82	9.790	9.790	9.790	9.790
	中小方	m^3	2716.33	0.0002	0.0002	0.0002	0.0002
	棉纱	kg	16.11	0.812	0.812	0.812	0.812
	砂轮片	片	26.97	0.711	0.711	0.711	0.711

工作内容：混凝土表面清理、断料、打孔、打磨、酸洗、黏结、安拆夹具。

编号				14-103	14-104	14-105	14-106	14-107
项目名称				梁加固				
				梁底双层粘钢				
				板厚 6mm	板厚 7mm	板厚 8mm	板厚 9mm	板厚 10mm
单位				m^2				
总价（元）				**1479.20**	**1514.62**	**1550.04**	**1585.47**	**1620.89**
其中	人工费（元）			387.18	387.18	387.18	387.18	387.18
	材料费（元）			1092.02	1127.44	1162.86	1198.29	1233.71
名称		单位	单价（元）	消耗量				
人工	综合工日	工日	135.00	2.868	2.868	2.868	2.868	2.868
材料	双层钢板	kg	3.87	54.919	64.072	73.225	82.378	91.531
	等边角钢 50×5	kg	3.75	3.053	3.053	3.053	3.053	3.053
	JGN 胶黏剂	kg	47.86	15.252	15.252	15.252	15.252	15.252
	丙酮	kg	9.89	4.635	4.635	4.635	4.635	4.635
	膨胀螺栓	套	0.82	9.790	9.790	9.790	9.790	9.790
	中小方	m^3	2716.33	0.0002	0.0002	0.0002	0.0002	0.0002
	棉纱	kg	16.11	1.624	1.624	1.624	1.624	1.624
	砂轮片	片	26.97	2.132	2.132	2.132	2.132	2.132

工作内容：混凝土表面清理、断料、打孔、打磨、酸洗、黏结、安拆夹具。

编号				14-108	14-109	14-110	14-111
项目名称				梁加固			
				梁侧单层狭条粘钢			
				板厚 3mm	板厚 4mm	板厚 5mm	板厚 6mm
单位				m^2			
总价（元）				**857.60**	**896.05**	**928.91**	**963.60**
其中	人工费（元）			295.38	295.38	295.38	295.38
	材料费（元）			562.22	600.67	633.53	668.22
名称		单位	单价（元）	消耗量			
人工	综合工日	工日	135.00	2.188	2.188	2.188	2.188
材料	钢板 $\delta 3$	kg	3.72	27.459	—	—	—
	钢板 $\delta 4$	kg	3.84	—	36.612	—	—
	钢板 $\delta 5$	kg	3.79	—	—	45.766	—
	钢板 $\delta 6$	kg	3.79	—	—	—	54.919
	等边角钢 50×5	kg	3.75	7.326	7.326	7.326	7.326
	JGN 胶黏剂	kg	47.86	7.454	7.454	7.454	7.454
	丙酮	kg	9.89	2.575	2.575	2.575	2.575
	膨胀螺栓 M8×60	套	1.16	14.460	14.460	14.460	14.460
	中小方	m^3	2716.33	0.0005	0.0005	0.0005	0.0005
	棉纱	kg	16.11	0.812	0.812	0.812	0.812
	砂轮片	片	26.97	0.711	0.711	0.711	0.711

工作内容：混凝土表面清理、断料、打孔、打磨、酸洗、黏结、安拆夹具。

编　号				14-112	14-113	14-114	14-115	14-116
项目名称				梁加固				
				梁侧双层狭条粘钢				
				板厚 6mm	板厚 7mm	板厚 8mm	板厚 9mm	板厚 10mm
单　位				m^2				
总价（元）				**1561.69**	**1597.11**	**1632.53**	**1667.96**	**1703.38**
其中	人工费（元）			472.50	472.50	472.50	472.50	472.50
	材料费（元）			1089.19	1124.61	1160.03	1195.46	1230.88
名　称		单位	单价（元）	消　耗　量				
人工	综合工日	工日	135.00	3.500	3.500	3.500	3.500	3.500
材料	双层钢板	kg	3.87	54.919	64.072	73.225	82.378	91.531
	等边角钢 50×5	kg	3.75	7.326	7.326	7.326	7.326	7.326
	JGN 胶黏剂	kg	47.86	14.761	14.761	14.761	14.761	14.761
	丙酮	kg	9.89	4.635	4.635	4.635	4.635	4.635
	膨胀螺栓	套	0.82	14.460	14.460	14.460	14.460	14.460
	中小方	m^3	2716.33	0.0005	0.0005	0.0005	0.0005	0.0005
	棉纱	kg	16.11	1.624	1.624	1.624	1.624	1.624
	砂轮片	片	26.97	2.132	2.132	2.132	2.132	2.132

工作内容: 混凝土表面清理、断料、打孔、打磨、酸洗、黏结、安拆夹具。

编号				14-117	14-118	14-119	14-120
项目名称				梁加固			
				梁侧单层块状粘钢			
				板厚 3mm	板厚 4mm	板厚 5mm	板厚 6mm
单位				m^2			
总价(元)				**825.66**	**864.10**	**896.97**	**931.66**
其中	人工费(元)			269.87	269.87	269.87	269.87
	材料费(元)			555.79	594.23	627.10	661.79
名称		单位	单价(元)	消耗量			
人工	综合工日	工日	135.00	1.999	1.999	1.999	1.999
材料	钢板 δ3	kg	3.72	27.459	—	—	—
	钢板 δ4	kg	3.84	—	36.612	—	—
	钢板 δ5	kg	3.79	—	—	45.766	—
	钢板 δ6	kg	3.79	—	—	—	54.919
	等边角钢 50×5	kg	3.75	2.617	2.617	2.617	2.617
	JGN 胶黏剂	kg	47.86	7.857	7.857	7.857	7.857
	丙酮	kg	9.89	2.575	2.575	2.575	2.575
	膨胀螺栓	套	0.82	11.617	11.617	11.617	11.617
	中小方	m^3	2716.33	0.0002	0.0002	0.0002	0.0002
	棉纱	kg	16.11	0.812	0.812	0.812	0.812
	砂轮片	片	26.97	0.711	0.711	0.711	0.711

工作内容：混凝土表面清理、断料、打孔、打磨、酸洗、黏结、安拆夹具。

编号				14-121	14-122	14-123	14-124	14-125
项目名称				梁加固				
				梁侧双层块状粘钢				
				板厚 6mm	板厚 7mm	板厚 8mm	板厚 9mm	板厚 10mm
单位				m^2				
总价(元)				**1474.90**	**1510.32**	**1545.74**	**1581.17**	**1616.59**
其中	人工费(元)			387.18	387.18	387.18	387.18	387.18
	材料费(元)			1087.72	1123.14	1158.56	1193.99	1229.41
名称		单位	单价(元)	消耗量				
人工	综合工日	工日	135.00	2.868	2.868	2.868	2.868	2.868
材料	双层钢板	kg	3.87	54.919	64.072	73.225	82.378	91.531
	等边角钢 50×5	kg	3.75	2.617	2.617	2.617	2.617	2.617
	JGN 胶黏剂	kg	47.86	15.165	15.165	15.165	15.165	15.165
	丙酮	kg	9.89	4.635	4.635	4.635	4.635	4.635
	膨胀螺栓	套	0.82	11.617	11.617	11.617	11.617	11.617
	中小方	m^3	2716.33	0.0002	0.0002	0.0002	0.0002	0.0002
	棉纱	kg	16.11	1.624	1.624	1.624	1.624	1.624
	砂轮片	片	26.97	2.132	2.132	2.132	2.132	2.132

工作内容:混凝土表面清理、断料、打孔、打磨、酸洗、黏结、安拆夹具。

编号				14-126	14-127	14-128	14-129	14-130	14-131	14-132	14-133
项目名称				梁加固							
				U 形箍板粘钢				L 形箍板粘钢			
				板厚 3mm	板厚 4mm	板厚 5mm	板厚 6mm	板厚 3mm	板厚 4mm	板厚 5mm	板厚 6mm
单位				m^2							
总价(元)				**1096.81**	**1135.25**	**1168.12**	**1202.81**	**1096.86**	**1135.30**	**1168.17**	**1202.86**
其中	人工费(元)			439.29	439.29	439.29	439.29	553.77	553.77	553.77	553.77
	材料费(元)			657.52	695.96	728.83	763.52	543.09	581.53	614.40	649.09
名称		单位	单价(元)	消耗量							
人工	综合工日	工日	135.00	3.254	3.254	3.254	3.254	4.102	4.102	4.102	4.102
材料	钢板 $\delta 3$	kg	3.72	27.459	—	—	—	27.459	—	—	—
	钢板 $\delta 4$	kg	3.84	—	36.612	—	—	—	36.612	—	—
	钢板 $\delta 5$	kg	3.79	—	—	45.766	—	—	—	45.766	—
	钢板 $\delta 6$	kg	3.79	—	—	—	54.919	—	—	—	54.919
	JGN 胶黏剂	kg	47.86	9.134	9.134	9.134	9.134	7.031	7.031	7.031	7.031
	丙酮	kg	9.89	3.090	3.090	3.090	3.090	3.090	3.090	3.090	3.090
	膨胀螺栓	套	0.82	64.375	64.375	64.375	64.375	47.570	47.570	47.570	47.570
	棉纱	kg	16.11	0.9744	0.9744	0.9744	0.9744	0.9744	0.9744	0.9744	0.9744
	砂轮片	片	26.97	0.711	0.711	0.711	0.711	0.711	0.711	0.711	0.711

工作内容:混凝土表面清理、断料、打孔、打磨、酸洗、黏结、安拆夹具。

编号				14-134	14-135	14-136	14-137
项目名称				板加固			
				板下狭条粘钢			
				板厚 3mm	板厚 4mm	板厚 5mm	板厚 6mm
单位				m^2			
总价(元)				**863.37**	**901.81**	**934.68**	**969.37**
其中	人工费(元)			295.38	295.38	295.38	295.38
	材料费(元)			567.99	606.43	639.30	673.99
名称		单位	单价(元)	消耗量			
人工	综合工日	工日	135.00	2.188	2.188	2.188	2.188
材料	钢板 $\delta 3$	kg	3.72	27.459	—	—	—
	钢板 $\delta 4$	kg	3.84	—	36.612	—	—
	钢板 $\delta 5$	kg	3.79	—	—	45.766	—
	钢板 $\delta 6$	kg	3.79	—	—	—	54.919
	等边角钢 50×5	kg	3.75	7.326	7.326	7.326	7.326
	JGN 胶黏剂	kg	47.86	7.500	7.500	7.500	7.500
	丙酮	kg	9.89	2.575	2.575	2.575	2.575
	膨胀螺栓 M8×60	套	1.16	16.830	16.830	16.830	16.830
	中小方	m^3	2716.33	0.0008	0.0008	0.0008	0.0008
	棉纱	kg	16.11	0.812	0.812	0.812	0.812
	砂轮片	片	26.97	0.711	0.711	0.711	0.711

第五节　粘贴碳纤维布加固

工作内容：1. 粘贴碳纤维布：定位、划线、混凝土基面处理、刷底胶、刷找平胶、刷浸渍胶、裁剪碳纤维布、粘贴、滚压、刮平等。2. 每增一层：刷粘浸胶、裁剪碳纤维布、粘贴、滚压、刮平等。

编　号				14-138	14-139	14-140	14-141
项目名称				碳纤维布加固混凝土柱			
				单层（g）		每增一层（g）	
				200	300	200	300
单　位				m^2			
总价（元）				**256.03**	**275.26**	**169.81**	**189.04**
其中	人工费（元）			131.63	131.63	56.03	56.03
	材料费（元）			124.40	143.63	113.78	133.01
名　称		单位	单价（元）	消　耗　量			
人工	综合工日	工日	135.00	0.975	0.975	0.415	0.415
材料	碳纤维布 200g	m^2	80.04	1.050	—	1.050	—
	碳纤维布 300g	m^2	98.36	—	1.050	—	1.050
	浸入胶	kg	37.17	0.800	0.800	0.800	0.800
	找平胶	kg	35.40	0.100	0.100	—	—
	底胶	kg	35.40	0.200	0.200	—	—

工作内容: 1. 粘贴碳纤维布:定位、画线、混凝土基面处理、刷底胶、刷找平胶、刷浸渍胶、裁剪碳纤维布、粘贴、滚压、刮平等。2. 每增一层:刷粘浸胶、裁剪碳纤维布、粘贴、滚压、刮平等。

编号				14-142	14-143	14-144	14-145
项目名称				碳纤维布加固混凝土梁			
				单层(g)		每增一层(g)	
				200	300	200	300
单位				m^2			
总价(元)				**240.13**	**258.81**	**166.73**	**185.41**
其中	人工费(元)			118.13	118.13	55.35	55.35
	材料费(元)			122.00	140.68	111.38	130.06
名称		单位	单价(元)	消耗量			
人工	综合工日	工日	135.00	0.875	0.875	0.410	0.410
材料	碳纤维布 200g	m^2	80.04	1.020	—	1.020	—
	碳纤维布 300g	m^2	98.36	—	1.020	—	1.020
	浸入胶	kg	37.17	0.800	0.800	0.800	0.800
	找平胶	kg	35.40	0.100	0.100	—	—
	底胶	kg	35.40	0.200	0.200	—	—

工作内容：1. 粘贴碳纤维布：定位、画线、混凝土基面处理、刷底胶、刷找平胶、刷浸渍胶、裁剪碳纤维布、粘贴、滚压、刮平等。2. 每增一层：刷粘浸胶、裁剪碳纤维布、粘贴、滚压、刮平等。

编 号				14-146	14-147	14-148	14-149
项目名称				碳纤维布加固混凝土板			
				单层（g）		每增一层（g）	
				200	300	200	300
单 位				m^2			
总价（元）				**234.05**	**252.73**	**165.38**	**184.06**
其中	人工费（元）			112.05	112.05	54.00	54.00
	材料费（元）			122.00	140.68	111.38	130.06
名 称		单位	单价（元）	消 耗 量			
人工	综合工日	工日	135.00	0.830	0.830	0.400	0.400
材料	碳纤维布 200g	m^2	80.04	1.020	—	1.020	—
	碳纤维布 300g	m^2	98.36	—	1.020	—	1.020
	浸入胶	kg	37.17	0.800	0.800	0.800	0.800
	找平胶	kg	35.40	0.100	0.100	—	—
	底胶	kg	35.40	0.200	0.200	—	—

工作内容：1. 粘贴碳纤维布：定位、画线、混凝土基面处理、刷底胶、刷找平胶、刷浸渍胶、裁剪碳纤维布、粘贴、滚压、刮平等。2. 每增一层：刷粘浸胶、裁剪碳纤维布、粘贴、滚压、刮平等。

编号				14–150	14–151	14–152	14–153
项目名称				碳纤维布加固混凝土墙			
				单层（g）		每增一层（g）	
				200	300	200	300
单位				m^2			
总价（元）				**230.00**	**248.68**	**163.36**	**182.04**
其中	人工费（元）			108.00	108.00	51.98	51.98
	材料费（元）			122.00	140.68	111.38	130.06
名称		单位	单价（元）	消耗量			
人工	综合工日	工日	135.00	0.800	0.800	0.385	0.385
材料	碳纤维布 200g	m^2	80.04	1.020	—	1.020	—
	碳纤维布 300g	m^2	98.36	—	1.020	—	1.020
	浸入胶	kg	37.17	0.800	0.800	0.800	0.800
	找平胶	kg	35.40	0.100	0.100	—	—
	底胶	kg	35.40	0.200	0.200	—	—

第六节　钢筋混凝土种植钢筋

工作内容：定位、打孔、清孔、注胶、植筋。

编　号				14-154	14-155	14-156	14-157	14-158	14-159
项目名称				柱侧、梁侧植钢筋					
				钢筋埋深 10*d*					
				*D*10	*D*12	*D*14	*D*16	*D*18	*D*20
单　位				根					
总价（元）				**4.03**	**5.89**	**13.17**	**19.04**	**25.48**	**35.56**
其中	人工费（元）			2.70	4.32	10.80	14.99	19.17	26.73
	材料费（元）			1.29	1.53	2.31	3.99	6.25	8.77
	机械费（元）			0.04	0.04	0.06	0.06	0.06	0.06
名　称		单位	单价（元）	消　耗　量					
人工	综合工日	工日	135.00	0.020	0.032	0.080	0.111	0.142	0.198
材料	Ⅱ级螺纹钢 *D*10	根	—	（1.100）	—	—	—	—	—
	Ⅱ级螺纹钢 *D*12	根	—	—	（1.100）	—	—	—	—
	Ⅱ级螺纹钢 *D*14	根	—	—	—	（1.100）	—	—	—
	Ⅱ级螺纹钢 *D*16	根	—	—	—	—	（1.100）	—	—
	Ⅱ级螺纹钢 *D*18	根	—	—	—	—	—	（1.100）	—
	Ⅱ级螺纹钢 *D*20	根	—	—	—	—	—	—	（1.100）

续前

编号				14-154	14-155	14-156	14-157	14-158	14-159
项目名称				柱侧、梁侧植钢筋					
				钢筋埋深 10*d*					
				*D*10	*D*12	*D*14	*D*16	*D*18	*D*20
单位				根					
名称		单位	单价（元）	消耗量					
材料	钻头 *D*14	根	16.22	0.0066	—	—	—	—	—
	钻头 *D*16	根	16.65	—	0.0077	—	—	—	—
	钻头 *D*18	根	18.37	—	—	0.010	—	—	—
	钻头 *D*22	根	20.09	—	—	—	0.011	—	—
	钻头 *D*25	根	28.58	—	—	—	—	0.0133	—
	钻头 *D*28	根	37.06	—	—	—	—	—	0.0141
	植筋胶黏剂	mL	0.04	17.353	22.869	30.146	60.370	90.880	128.632
	注射枪	支	431.78	0.001	0.001	0.002	0.003	0.005	0.007
	清孔圆形毛刷	把	1.75	0.033	0.033	0.033	0.033	0.044	0.044
机械	中小型机械费	元	—	0.04	0.04	0.06	0.06	0.06	0.06

工作内容:定位、打孔、清孔、注胶、植筋。

编号				14-160	14-161	14-162	14-163
项目名称				柱侧、梁侧植钢筋			
				钢筋埋深 10d			
				D22	D25	D28	D32
单位				根			
总价(元)				**64.05**	**92.43**	**125.37**	**157.27**
其中	人工费(元)			53.33	80.06	106.52	133.25
	材料费(元)			10.62	12.27	18.69	23.83
	机械费(元)			0.10	0.10	0.16	0.19
名称		单位	单价(元)	消耗量			
人工	综合工日	工日	135.00	0.395	0.593	0.789	0.987
材料	Ⅱ级螺纹钢 D22	根	—	(1.100)	—	—	—
	Ⅱ级螺纹钢 D25	根	—	—	(1.100)	—	—
	Ⅱ级螺纹钢 D28	根	—	—	—	(1.100)	—
	Ⅱ级螺纹钢 D32	根	—	—	—	—	(1.100)
	钻头 D30	根	46.30	0.0186	—	—	—
	钻头 D32	根	60.57	—	0.021	—	—
	钻头 D35	根	77.79	—	—	0.0242	—
	钻头 D40	根	107.02	—	—	—	0.0275
	植筋胶黏剂	mL	0.04	155.229	175.335	298.591	346.648
	注射枪	支	431.78	0.008	0.009	0.011	0.016
	清孔圆形毛刷	把	1.75	0.055	0.055	0.066	0.066
机械	中小型机械费	元	—	0.10	0.10	0.16	0.19

工作内容：定位、打孔、清孔、注胶、植筋。

编号				14-164	14-165	14-166	14-167	14-168	14-169
项目名称				梁底、板底植钢筋					
				钢筋埋深 10*d*					
				*D*10	*D*12	*D*14	*D*16	*D*18	*D*20
单位				根					
总价（元）				**4.57**	**8.05**	**18.57**	**26.60**	**35.07**	**48.93**
其中	人工费（元）			3.24	6.48	16.20	22.55	28.76	40.10
	材料费（元）			1.29	1.53	2.31	3.99	6.25	8.77
	机械费（元）			0.04	0.04	0.06	0.06	0.06	0.06
名称		单位	单价（元）	消耗量					
人工	综合工日	工日	135.00	0.024	0.048	0.120	0.167	0.213	0.297
材料	Ⅱ级螺纹钢 *D*10	根	—	(1.100)	—	—	—	—	—
	Ⅱ级螺纹钢 *D*12	根	—	—	(1.100)	—	—	—	—
	Ⅱ级螺纹钢 *D*14	根	—	—	—	(1.100)	—	—	—
	Ⅱ级螺纹钢 *D*16	根	—	—	—	—	(1.100)	—	—
	Ⅱ级螺纹钢 *D*18	根	—	—	—	—	—	(1.100)	—
	Ⅱ级螺纹钢 *D*20	根	—	—	—	—	—	—	(1.100)

续前

编号				14-164	14-165	14-166	14-167	14-168	14-169
项目名称				梁底、板底植钢筋					
				钢筋埋深 10*d*					
				*D*10	*D*12	*D*14	*D*16	*D*18	*D*20
单位				根					
名称		单位	单价（元）	消耗量					
材料	钻头 *D*14	根	16.22	0.0066	—	—	—	—	—
	钻头 *D*16	根	16.65	—	0.0077	—	—	—	—
	钻头 *D*18	根	18.37	—	—	0.010	—	—	—
	钻头 *D*22	根	20.09	—	—	—	0.011	—	—
	钻头 *D*25	根	28.58	—	—	—	—	0.0133	—
	钻头 *D*28	根	37.06	—	—	—	—	—	0.0141
	植筋胶黏剂	mL	0.04	17.353	22.869	30.146	60.370	90.880	128.632
	注射枪	支	431.78	0.001	0.001	0.002	0.003	0.005	0.007
	清孔圆形毛刷	把	1.75	0.033	0.033	0.033	0.033	0.044	0.044
机械	中小型机械费	元	—	0.04	0.04	0.06	0.06	0.06	0.06

工作内容:定位、打孔、清孔、注胶、植筋。

编号				14-170	14-171	14-172	14-173
项目名称				梁底、板底植钢筋			
				钢筋埋深 10d			
				D22	D25	D28	D32
单位				根			
总价(元)				**90.78**	**132.52**	**178.69**	**223.96**
其中	人工费(元)			80.06	120.15	159.84	199.94
	材料费(元)			10.62	12.27	18.69	23.83
	机械费(元)			0.10	0.10	0.16	0.19
名称		单位	单价(元)	消耗量			
人工	综合工日	工日	135.00	0.593	0.890	1.184	1.481
材料	Ⅱ级螺纹钢 D22	根	—	(1.100)	—	—	—
	Ⅱ级螺纹钢 D25	根	—	—	(1.100)	—	—
	Ⅱ级螺纹钢 D28	根	—	—	—	(1.100)	—
	Ⅱ级螺纹钢 D32	根	—	—	—	—	(1.100)
	钻头 D30	根	46.30	0.0186	—	—	—
	钻头 D32	根	60.57	—	0.021	—	—
	钻头 D35	根	77.79	—	—	0.0242	—
	钻头 D40	根	107.02	—	—	—	0.0275
	植筋胶黏剂	mL	0.04	155.229	175.335	298.591	346.648
	注射枪	支	431.78	0.008	0.009	0.011	0.016
	清孔圆形毛刷	把	1.75	0.055	0.055	0.066	0.066
机械	中小型机械费	元	—	0.10	0.10	0.16	0.19

工作内容：定位、打孔、清孔、注胶、植筋。

编号				14-174	14-175	14-176	14-177	14-178	14-179
项目名称				柱侧、梁侧植钢筋					
				钢筋埋深 15*d*					
				*D*10	*D*12	*D*14	*D*16	*D*18	*D*20
单位				根					
总价（元）				**4.78**	**8.70**	**19.24**	**27.80**	**36.40**	**50.92**
其中	人工费（元）			3.24	6.48	16.20	22.55	28.76	40.10
	材料费（元）			1.50	2.18	2.97	5.18	7.56	10.74
	机械费（元）			0.04	0.04	0.07	0.07	0.08	0.08
名称		单位	单价（元）	消耗量					
人工	综合工日	工日	135.00	0.024	0.048	0.120	0.167	0.213	0.297
材料	Ⅱ级螺纹钢 *D*10	根	—	（1.100）	—	—	—	—	—
	Ⅱ级螺纹钢 *D*12	根	—	—	（1.100）	—	—	—	—
	Ⅱ级螺纹钢 *D*14	根	—	—	—	（1.100）	—	—	—
	Ⅱ级螺纹钢 *D*16	根	—	—	—	—	（1.100）	—	—
	Ⅱ级螺纹钢 *D*18	根	—	—	—	—	—	（1.100）	—
	Ⅱ级螺纹钢 *D*20	根	—	—	—	—	—	—	（1.100）

续前

编号				14-174	14-175	14-176	14-177	14-178	14-179
项目名称				柱侧、梁侧植钢筋					
				钢筋埋深 15*d*					
				*D*10	*D*12	*D*14	*D*16	*D*18	*D*20
单位				根					
名称		单位	单价（元）	消耗量					
材料	钻头 *D*14	根	16.22	0.017	—	—	—	—	—
	钻头 *D*16	根	16.65	—	0.017	—	—	—	—
	钻头 *D*18	根	18.37	—	—	0.018	—	—	—
	钻头 *D*22	根	20.09	—	—	—	0.018	—	—
	钻头 *D*25	根	28.58	—	—	—	—	0.019	—
	钻头 *D*28	根	37.06	—	—	—	—	—	0.021
	植筋胶黏剂	mL	0.04	18.313	24.292	32.225	64.958	97.997	139.062
	注射枪	支	431.78	0.001	0.002	0.003	0.005	0.007	0.010
	清孔圆形毛刷	把	1.75	0.033	0.033	0.033	0.033	0.044	0.044
机械	中小型机械费	元	—	0.04	0.04	0.07	0.07	0.08	0.08

工作内容：定位、打孔、清孔、注胶、植筋。

编号				14-180	14-181	14-182	14-183
项目名称				柱侧、梁侧植钢筋			
				钢筋埋深 15*d*			
				*D*22	*D*25	*D*28	*D*32
单位				根			
总价(元)				**93.50**	**135.99**	**183.36**	**230.27**
其中	人工费(元)			80.06	120.15	159.84	199.94
	材料费(元)			13.31	15.71	23.28	30.05
	机械费(元)			0.13	0.13	0.24	0.28
名称		单位	单价(元)	消耗量			
人工	综合工日	工日	135.00	0.593	0.890	1.184	1.481
材料	Ⅱ级螺纹钢 *D*22	根	—	(1.100)	—	—	—
	Ⅱ级螺纹钢 *D*25	根	—	—	(1.100)	—	—
	Ⅱ级螺纹钢 *D*28	根	—	—	—	(1.100)	—
	Ⅱ级螺纹钢 *D*32	根	—	—	—	—	(1.100)
	钻头 *D*30	根	46.30	0.028	—	—	—
	钻头 *D*32	根	60.57	—	0.032	—	—
	钻头 *D*35	根	77.79	—	—	0.036	—
	钻头 *D*40	根	107.02	—	—	—	0.041
	植筋胶黏剂	mL	0.04	168.448	190.880	325.687	379.538
	注射枪	支	431.78	0.012	0.014	0.017	0.024
	清孔圆形毛刷	把	1.75	0.055	0.055	0.066	0.066
机械	中小型机械费	元	—	0.13	0.13	0.24	0.28

工作内容: 定位、打孔、清孔、注胶、植筋。

编号				14-184	14-185	14-186	14-187	14-188	14-189
项目名称				梁底、板底植钢筋					
				钢筋埋深 15d					
				D10	D12	D14	D16	D18	D20
单位				根					
总价(元)				**5.73**	**10.59**	**24.10**	**34.55**	**45.04**	**62.93**
其中	人工费(元)			4.19	8.37	21.06	29.30	37.40	52.11
	材料费(元)			1.50	2.18	2.97	5.18	7.56	10.74
	机械费(元)			0.04	0.04	0.07	0.07	0.08	0.08
名称		单位	单价(元)	消耗量					
人工	综合工日	工日	135.00	0.031	0.062	0.156	0.217	0.277	0.386
材料	Ⅱ级螺纹钢 D10	根	—	(1.100)	—	—	—	—	—
	Ⅱ级螺纹钢 D12	根	—	—	(1.100)	—	—	—	—
	Ⅱ级螺纹钢 D14	根	—	—	—	(1.100)	—	—	—
	Ⅱ级螺纹钢 D16	根	—	—	—	—	(1.100)	—	—
	Ⅱ级螺纹钢 D18	根	—	—	—	—	—	(1.100)	—
	Ⅱ级螺纹钢 D20	根	—	—	—	—	—	—	(1.100)

续前

编号				14-184	14-185	14-186	14-187	14-188	14-189
项目名称				梁底、板底植钢筋					
				钢筋埋深 15*d*					
				*D*10	*D*12	*D*14	*D*16	*D*18	*D*20
单位				根					
名称		单位	单价（元）	消耗量					
材料	钻头 *D*14	根	16.22	0.017	—	—	—	—	—
	钻头 *D*16	根	16.65	—	0.017	—	—	—	—
	钻头 *D*18	根	18.37	—	—	0.018	—	—	—
	钻头 *D*22	根	20.09	—	—	—	0.018	—	—
	钻头 *D*25	根	28.58	—	—	—	—	0.019	—
	钻头 *D*28	根	37.06	—	—	—	—	—	0.021
	植筋胶黏剂	mL	0.04	18.313	24.292	32.225	64.958	97.997	139.062
	注射枪	支	431.78	0.001	0.002	0.003	0.005	0.007	0.010
	清孔圆形毛刷	把	1.75	0.033	0.033	0.033	0.033	0.044	0.044
机械	中小型机械费	元	—	0.04	0.04	0.07	0.07	0.08	0.08

工作内容：定位、打孔、清孔、注胶、植筋。

编号				14–190	14–191	14–192	14–193
项目名称				梁底、板底植钢筋			
				钢筋埋深 15d			
				D22	D25	D28	D32
单位				根			
总价（元）				**117.53**	**172.04**	**231.29**	**290.21**
其中	人工费（元）			104.09	156.20	207.77	259.88
	材料费（元）			13.31	15.71	23.28	30.05
	机械费（元）			0.13	0.13	0.24	0.28
名称		单位	单价（元）	消耗量			
人工	综合工日	工日	135.00	0.771	1.157	1.539	1.925
材料	Ⅱ级螺纹钢 D22	根	—	（1.100）	—	—	—
	Ⅱ级螺纹钢 D25	根	—	—	（1.100）	—	—
	Ⅱ级螺纹钢 D28	根	—	—	—	（1.100）	—
	Ⅱ级螺纹钢 D32	根	—	—	—	—	（1.100）
	钻头 D30	根	46.30	0.028	—	—	—
	钻头 D32	根	60.57	—	0.032	—	—
	钻头 D35	根	77.79	—	—	0.036	—
	钻头 D40	根	107.02	—	—	—	0.041
	植筋胶黏剂	mL	0.04	168.448	190.880	325.687	379.538
	注射枪	支	431.78	0.012	0.014	0.017	0.024
	清孔圆形毛刷	把	1.75	0.055	0.055	0.066	0.066
机械	中小型机械费	元	—	0.13	0.13	0.24	0.28

工作内容:定位、钻孔、清孔、钢筋加工成型、注胶、植筋、养护、材料运输等。

编号				14-194	14-195	14-196	14-197	14-198
项目名称				混凝土柱侧、梁侧植钢筋				
				每增加 1cm(孔深)				
				ϕ10	ϕ12	ϕ14	ϕ16	ϕ18
单位				根				
总价(元)				**1.22**	**1.38**	**1.41**	**1.50**	**1.73**
其中	人工费(元)			1.08	1.22	1.22	1.22	1.35
	材料费(元)			0.13	0.15	0.18	0.27	0.37
	机械费(元)			0.01	0.01	0.01	0.01	0.01
名称		单位	单价(元)	消耗量				
人工	综合工日	工日	135.00	0.008	0.009	0.009	0.009	0.010
材料	钢筋 *D*10 以内	kg	3.97	0.007	—	—	—	—
	钢筋 *D*10 以外	kg	3.80	—	0.009	0.012	0.017	0.021
	植筋胶黏剂	mL	0.04	1.057	1.381	1.747	2.610	3.371
	钻头 *D*14	根	16.22	0.0007	—	—	—	—
	钻头 *D*16	根	16.65	—	0.0007	—	—	—
	钻头 *D*18	根	18.37	—	—	0.0007	—	—
	钻头 *D*22	根	20.09	—	—	—	0.0007	—
	钻头 *D*25	根	28.58	—	—	—	—	0.0007
	注射枪	支	431.78	0.0001	0.0001	0.0001	0.0002	0.0003
	清孔圆形毛刷	把	1.75	0.0033	0.0028	0.0024	0.0021	0.0024
机械	中小型机械费	元	—	0.01	0.01	0.01	0.01	0.01

工作内容:定位、打孔、清孔、钢筋加工成型、注胶、植筋、养护、材料运输等。

编号				14-199	14-200	14-201	14-202	14-203
项目名称				混凝土柱侧、梁侧植钢筋				
				每增加 1cm(孔深)				
				ϕ20	ϕ22	ϕ25	ϕ28	ϕ32
单位				根				
总价(元)				**1.83**	**2.03**	**2.09**	**2.16**	**2.28**
其中	人工费(元)			1.35	1.49	1.49	1.49	1.49
	材料费(元)			0.47	0.53	0.59	0.66	0.78
	机械费(元)			0.01	0.01	0.01	0.01	0.01
名称		单位	单价(元)	消耗量				
人工	综合工日	工日	135.00	0.010	0.011	0.011	0.011	0.011
材料	钢筋 *D*10 以外	kg	3.80	0.026	0.031	0.037	0.042	0.047
	植筋胶黏剂	mL	0.04	4.228	4.854	5.522	6.229	7.026
	钻头 *D*28	根	37.06	0.0007	—	—	—	—
	钻头 *D*30	根	46.30	—	0.0008	—	—	—
	钻头 *D*32	根	60.57	—	—	0.0008	—	—
	钻头 *D*35	根	77.79	—	—	—	0.0009	—
	钻头 *D*40	根	107.02	—	—	—	—	0.0009
	注射枪	支	431.78	0.0004	0.0004	0.0004	0.0004	0.0005
	清孔圆形毛刷	把	1.75	0.0022	0.0025	0.0022	0.0024	0.0021
机械	中小型机械费	元	—	0.01	0.01	0.01	0.01	0.01

工作内容: 定位、打孔、清孔、钢筋加工成型、注胶、植筋、养护、材料运输等。

编号					14-204	14-205	14-206	14-207	14-208
项目名称					混凝土梁底、板底植钢筋				
					每增减 1cm(孔深)				
					ϕ10	ϕ12	ϕ14	ϕ16	ϕ18
单位					根				
总价(元)					**1.36**	**1.51**	**1.54**	**1.78**	**1.87**
其中	人工费(元)				1.22	1.35	1.35	1.49	1.49
	材料费(元)				0.13	0.15	0.18	0.28	0.37
	机械费(元)				0.01	0.01	0.01	0.01	0.01
名称		单位	单价(元)		消耗量				
人工	综合工日	工日	135.00		0.009	0.010	0.010	0.011	0.011
材料	钢筋 *D*10 以内	kg	3.97		0.007	—	—	—	—
	钢筋 *D*10 以外	kg	3.80		—	0.009	0.012	0.017	0.021
	植筋胶黏剂	mL	0.04		1.078	1.407	1.781	2.661	3.436
	钻头 *D*14	根	16.22		0.0007	—	—	—	—
	钻头 *D*16	根	16.65		—	0.0007	—	—	—
	钻头 *D*18	根	18.37		—	—	0.0007	—	—
	钻头 *D*22	根	20.09		—	—	—	0.0007	—
	钻头 *D*25	根	28.58		—	—	—	—	0.0007
	注射枪	支	431.78		0.0001	0.0001	0.0001	0.0002	0.0003
	清孔圆形毛刷	把	1.75		0.0033	0.0028	0.0024	0.0021	0.0024
机械	中小型机械费	元	—		0.01	0.01	0.01	0.01	0.01

工作内容：定位、打孔、清孔、钢筋加工成型、注胶、植筋、养护、材料运输等。

编号				14-209	14-210	14-211	14-212	14-213
项目名称				混凝土梁底、板底植钢筋				
				每增减 1cm（孔深）				
				ϕ20	ϕ22	ϕ25	ϕ28	ϕ32
单位				根				
总价（元）				**1.97**	**2.16**	**2.22**	**2.29**	**2.41**
其中	人工费（元）			1.49	1.62	1.62	1.62	1.62
	材料费（元）			0.47	0.53	0.59	0.66	0.78
	机械费（元）			0.01	0.01	0.01	0.01	0.01
名称		单位	单价（元）	消耗量				
人工	综合工日	工日	135.00	0.011	0.012	0.012	0.012	0.012
材料	钢筋 *D*10 以外	kg	3.80	0.026	0.031	0.037	0.042	0.047
	植筋胶黏剂	mL	0.04	4.310	4.948	5.630	6.350	7.164
	钻头 *D*28	根	37.06	0.0007	—	—	—	—
	钻头 *D*30	根	46.30	—	0.0008	—	—	—
	钻头 *D*32	根	60.57	—	—	0.0008	—	—
	钻头 *D*35	根	77.79	—	—	—	0.0009	—
	钻头 *D*40	根	107.02	—	—	—	—	0.0009
	注射枪	支	431.78	0.0004	0.0004	0.0004	0.0004	0.0005
	清孔圆形毛刷	把	1.75	0.0022	0.0025	0.0022	0.0024	0.0021
机械	中小型机械费	元	—	0.01	0.01	0.01	0.01	0.01

工作内容：定位、钻孔、清孔、植化学锚栓、保护、清理工作面等。

编号				14-214	14-215	14-216	14-217	14-218	14-219
项目名称				化学锚栓					
				M8	M10	M12	M16	M20	M24
单位				套					
总价（元）				**13.41**	**14.85**	**16.27**	**34.81**	**59.52**	**86.68**
其中	人工费（元）			5.27	6.21	7.43	11.88	17.55	27.54
	材料费（元）			8.09	8.56	8.75	22.83	41.85	58.98
	机械费（元）			0.05	0.08	0.09	0.10	0.12	0.16
名称		单位	单价（元）	消耗量					
人工	综合工日	工日	135.00	0.039	0.046	0.055	0.088	0.130	0.204
材料	化学锚栓及胶 M8	套	7.70	1.050	—	—	—	—	—
	化学锚栓及胶 M10	套	8.15	—	1.050	—	—	—	—
	化学锚栓及胶 M12	套	8.33	—	—	1.050	—	—	—
	化学锚栓及胶 M16	套	21.74	—	—	—	1.050	—	—
	化学螺栓及胶 M20	套	39.86	—	—	—	—	1.050	—
	化学螺栓及胶 M24	套	56.17	—	—	—	—	—	1.050
机械	中小型机械费	元	—	0.05	0.08	0.09	0.10	0.12	0.16

第十五章　油漆、涂刷、裱糊工程

说　　明

一、本章包括门窗油漆，木扶手及其他油漆，木材面油漆，金属面油漆，抹灰面油漆，喷刷、涂料，裱糊，旧玻璃门窗、地板刷油，底层处理，玻璃安装，嵌边、刷养护液、清洗打蜡 11 节，共 381 条基价子目。

二、工程计价时应注意的问题。

1. 油漆工程的油漆用量是综合确定的。

2. 基价中凡注明二道工序的项目，均包括了第一道工序，计算时不得重复相加。

3. 喷塑（一塑三油）包括底油、装饰漆、面漆，其规格划分如下：

（1）大压花：喷点压平，点面积在 1.2cm^2 以外。

（2）中压花：喷点压平，点面积在 1.0~1.2cm^2。

（3）喷中点幼点：喷点面积在 1.0cm^2 以内。

4. 钢木门窗新安、补安玻璃的厚度与基价规定不同时，材料价格可按实调整，但人工及材料用量不得调整。

5. 木龙骨刷防腐涂料按一面（接触结构基层面）涂料考虑。

6. 金属面防火涂料项目按涂料密度 500kg/m^3 和项目中注明的涂刷厚度计算，当设计与基价取定的涂料密度、涂刷厚度不同时，防火涂料消耗量可做调整。

7. 本章由于涂料品种繁多，如涂料品种不同时，可以调整。

8. 油漆、涂刷、玻璃工程以室内高度 3.6m 以内为准，包括使用高凳。如使用脚手架时可按 3.6m 以内天棚及墙面抹灰脚手架 40% 计算，超过 3.6m 时，按 80% 计算。外檐施工需搭设正式脚手架时可按相应基价计算。

工程量计算规则

一、木门窗、木隔断油漆、刮腻子、铲油皮均按框外围面积以 "m^2" 计算。双面刷油工程量乘以 2。纱门窗油漆两面算一面，但不包括铁纱刷油。门窗筒子板、贴脸、窗台板的面积并入相应基价内计算。

二、天棚、棋子式天棚油漆按水平投影面积以 "m^2" 计算，基价考虑了展开系数。天棚压条油漆按天棚的面积计算。

三、木栏杆油漆两面算一面，按混方面积以 "m^2" 计算。

四、挂镜线、窗帘盒、帘子杆油漆按长度以 "m" 计算。

五、地板油漆、打蜡按面积以 "m^2" 计算，踢脚线已综合在基价内，不得另行计算。凡注明打硬蜡的项目内，均已包括擦软蜡的工料在内，不得重复计算。

六、楼梯油漆、打蜡按斜长乘宽，套地板相应基价乘以系数 2 计算。底面同时刷油漆者乘以系数 4，不包括扶手栏杆油漆。

七、木屋架油漆两面算一面，不分方、圆均按其跨度乘中高除以 2 以 "m^2" 计算。

八、瓦陇铁、平铁屋顶刷油均按面积以 "m^2" 计算。其瓦陇应增系数已考虑在基价内，不再展开计算。

九、雨水管油漆，不分规格均按长度以 "m" 计算。雨水斗每个折合 1m 长度并入相应基价内计算。

十、钢窗、花饰铁门、铁栏杆、钢屋架均按两面算一面以 "m^2" 计算。钢屋架计算同木屋架。钢柱、梁、托架梁、檩等按 "t" 计算，木门窗包铁皮按展开面积以 "m^2" 计算，两面油漆乘以 2。

十一、抹灰墙面油漆、刷涂料、贴壁纸均以展开面积以 "m^2" 计算。

十二、木龙骨刷防腐按设计图示尺寸以龙骨架投影面积计算。

十三、门窗补安玻璃、补抹油灰，均按实际玻璃面积以 "m^2" 计算。

十四、石材底面刷养护液按底面面积加 4 个侧面面积以 "m^2" 计算。

十五、起浆底按抹灰面刷大白浆考虑的，如铲除其他涂料浆底人工工日乘以 2。

第一节　门 窗 油 漆

工作内容：清扫基层、磨砂纸、调制腻子、刮抹找补腻子、对油对色、生粉、刷油等。

编　号				15-001	15-002	15-003	15-004	15-005	15-006
项目名称				装板门					
				底子油一遍、调和漆二遍	底子油一遍、永明漆二遍	底子油一遍	刮腻子一遍	每增减调和漆一遍	每增减永明漆一遍
单　位				m^2					
总价（元）				**28.45**	**23.78**	**4.53**	**16.31**	**10.07**	**8.03**
其中	人工费（元）			21.88	19.13	3.06	15.30	7.65	6.43
	材料费（元）			6.57	4.65	1.47	1.01	2.42	1.60
名　称		单位	单价（元）	消　耗　量					
人工	综合工日	工日	153.00	0.143	0.125	0.020	0.100	0.050	0.042
材料	调和漆	kg	14.11	0.298	—	—	—	0.149	—
	清漆	kg	13.35	—	0.174	—	—	—	0.108
	石膏粉	kg	0.94	0.060	0.060	—	0.098	—	—
	色粉	kg	4.47	—	0.010	—	—	—	—
	大白粉	kg	0.91	—	0.070	—	—	—	—
	光油	kg	11.61	0.071	0.071	0.058	0.044	—	—
	稀料	kg	10.88	0.090	0.077	0.058	0.006	0.017	0.010
	砂纸	张	0.87	0.390	0.390	—	0.390	0.060	0.060
	催干剂	kg	12.76	0.013	0.013	0.013	—	0.006	—

工作内容：清扫基层、磨砂纸、调制腻子、刮抹找补腻子、对油对色、生粉、刷油等。

编号				15-007	15-008	15-009	15-010	15-011	15-012
项目名称				粘板门					
				底子油一遍、调和漆二遍	底子油一遍、永明漆二遍	调和漆二遍	永明漆二遍	每增减调和漆一遍	每增减永明漆一遍
单位				m^2					
总价（元）				**31.46**	**25.68**	**26.80**	**20.25**	**10.41**	**8.36**
其中	人工费（元）			24.02	20.96	21.27	16.83	7.96	7.04
	材料费（元）			7.44	4.72	5.53	3.42	2.45	1.32
名称		单位	单价（元）	消耗量					
人工	综合工日	工日	153.00	0.157	0.137	0.139	0.110	0.052	0.046
材料	调和漆	kg	14.11	0.298	—	0.313	—	0.149	—
	清漆	kg	13.35	—	0.174	—	0.183	—	0.087
	石膏粉	kg	0.94	0.126	0.126	0.032	0.032	—	—
	色粉	kg	4.47	—	0.010	—	—	—	—
	大白粉	kg	0.91	—	0.070	—	—	—	—
	光油	kg	11.61	0.132	0.071	0.019	0.019	—	—
	稀料	kg	10.88	0.099	0.077	0.033	0.020	0.020	0.010
	砂纸	张	0.87	0.390	0.390	0.390	0.390	0.060	0.060
	催干剂	kg	12.76	0.013	0.013	0.013	0.013	0.006	—

工作内容：清扫基层、磨砂纸、调制腻子、刮抹找补腻子、对油对色、生粉、刷油等。

编号				15-013	15-014	15-015	15-016	15-017	15-018
项目名称				百叶门窗			院墙厂房大门		
				底子油一遍、调和漆二遍	调和漆二遍	每增减调和漆一遍	底子油一遍、调和漆二遍	调和漆二遍	每增减调和漆一遍
单位				m^2					
总价（元）				**34.78**	**32.19**	**12.08**	**35.19**	**32.45**	**11.82**
其中	人工费（元）			26.47	25.25	8.87	27.39	26.01	8.72
	材料费（元）			8.31	6.94	3.21	7.80	6.44	3.10
名称		单位	单价（元）	消耗量					
人工	综合工日	工日	153.00	0.173	0.165	0.058	0.179	0.170	0.057
材料	调和漆	kg	14.11	0.372	0.390	0.186	0.347	0.364	0.182
	石膏粉	kg	0.94	0.076	0.076	—	0.074	0.074	—
	光油	kg	11.61	0.090	0.017	—	0.087	0.016	—
	稀料	kg	10.88	0.114	0.042	0.021	0.106	0.039	0.020
	砂纸	张	0.87	0.530	0.530	0.260	0.510	0.510	0.260
	催干剂	kg	12.76	0.019	0.020	0.010	0.018	0.014	0.007

工作内容：清扫基层、磨砂纸、调制腻子、刮抹找补腻子、对油对色、生粉、刷油等。

编号				15-019	15-020	15-021	15-022
项目名称				木板门			
				润油粉、刮腻子、聚氨酯漆二遍	润油粉、刮腻子、聚氨酯漆三遍	每增减聚氨酯漆一遍	润色粉、刮腻子、油色清漆四遍、磨退出亮
单位				m^2			
总价（元）				**43.03**	**49.24**	**9.56**	**81.71**
其中	人工费（元）			36.41	40.24	6.73	73.75
	材料费（元）			6.62	9.00	2.83	7.96
名称		单位	单价（元）	消耗量			
人工	综合工日	工日	153.00	0.238	0.263	0.044	0.482
材料	调和漆	kg	14.11	—	—	—	0.005
	清漆	kg	13.35	—	—	—	0.337
	石膏粉	kg	0.94	0.026	0.026	—	0.028
	大白粉	kg	0.91	0.100	0.100	—	0.098
	光油	kg	11.61	0.036	0.036	—	0.036
	清油	kg	15.06	0.019	0.019	—	0.023

续前

编号				15-019	15-020	15-021	15-022
项目名称				木板门			
				润油粉、刮腻子、聚氨酯漆二遍	润油粉、刮腻子、聚氨酯漆三遍	每增减聚氨酯漆一遍	润色粉、刮腻子、油色清漆四遍、磨退出亮
单位				m^2			
名称		单位	单价（元）	消耗量			
材料	砂蜡	kg	14.42	—	—	—	0.019
	上光蜡	kg	20.40	—	—	—	0.007
	聚氨酯漆	kg	21.70	0.220	0.324	0.125	—
	二甲苯	kg	5.21	0.023	0.041	0.018	—
	醇酸稀释剂	kg	8.29	—	—	—	0.076
	稀料	kg	10.88	0.040	0.040	—	0.069
	砂纸	张	0.87	0.282	0.313	0.032	0.313
	催干剂	kg	12.76	0.002	0.002	—	0.002
	乙醇	kg	9.69	0.001	0.001	—	0.001
	水砂纸	张	1.12	—	—	—	0.188
	麻绳	kg	9.28	0.019	0.019	—	0.019
	白布 宽 0.9m	m	3.88	0.003	0.004	—	—
	煤油	kg	7.49	—	—	—	0.003

工作内容：清扫基层、磨砂纸、调制腻子、刮抹找补腻子、对油对色、生粉、刷油等。

编号				15-023	15-024	15-025	15-026
项目名称				木板门			
				润水粉、刮腻子、硝基清漆、磨退出亮	润油粉、刮腻子、漆片、硝基清漆、磨退出亮	润油粉二遍、刮腻子、漆片、硝基清漆、磨退出亮	润油粉、满刮腻子、醇酸清漆一遍、丙烯酸清漆三遍、磨退出亮
单位				m^2			
总价(元)				**159.09**	**107.74**	**119.04**	**82.45**
其中	人工费(元)			127.30	88.43	97.92	66.25
	材料费(元)			31.79	19.31	21.12	16.20
名称		单位	单价(元)	消耗量			
人工	综合工日	工日	153.00	0.832	0.578	0.640	0.433
材料	清漆	kg	13.35	—	—	—	0.078
	石膏粉	kg	0.94	0.005	0.005	0.024	0.028
	大白粉	kg	0.91	0.292	0.292	0.195	0.098
	色粉	kg	4.47	0.022	0.022	0.003	—
	滑石粉	kg	0.59	0.001	0.001	0.001	—
	光油	kg	11.61	—	—	0.045	0.036
	清油	kg	15.06	—	—	0.037	0.019
	砂蜡	kg	14.42	0.019	0.019	0.019	0.019
	上光蜡	kg	20.40	0.007	0.007	0.007	0.007
	漆片	kg	42.65	0.002	0.042	0.042	—
	硝基清漆	kg	16.09	0.612	0.258	0.258	—

续前

编号				15-023	15-024	15-025	15-026
项目名称				木板门			
				润水粉、刮腻子、硝基清漆、磨退出亮	润油粉、刮腻子、漆片、硝基清漆、磨退出亮	润油粉二遍、刮腻子、漆片、硝基清漆、磨退出亮	润油粉、满刮腻子、醇酸清漆一遍、丙烯酸清漆三遍、磨退出亮
单位				m^2			
名称		单位	单价（元）	消耗量			
材料	丙烯酸清漆	kg	27.19	—	—	—	0.402
	泡沫塑料 30mm	m^2	30.93	0.013	0.030	0.025	—
	醇酸稀释剂	kg	8.29	—	—	—	0.025
	硝基稀释剂	kg	13.67	1.432	0.632	0.632	—
	丙烯酸稀释剂	kg	18.24	—	—	—	0.088
	骨胶	kg	4.93	0.009	0.009	—	—
	稀料	kg	10.88	—	—	0.079	0.040
	砂纸	张	0.87	0.188	0.250	0.282	0.313
	催干剂	kg	12.76	—	—	0.002	0.002
	乙醇	kg	9.69	0.007	0.200	0.200	0.001
	麻绳	kg	9.28	0.019	0.019	0.038	0.019
	水砂纸	张	1.12	0.250	0.250	0.250	0.188
	煤油	kg	7.49	0.003	0.003	0.003	0.003
	豆包布	m	3.88	0.050	0.050	0.050	—
	白布 宽 0.9m	m	3.88	—	—	—	0.006
	棉花	kg	28.34	0.005	0.005	0.005	—

工作内容：清扫基层、磨砂纸、调制腻子、刮抹找补腻子、对油对色、生粉、刷油等。

编号				15-027	15-028	15-029	15-030	15-031	15-032
项目名称				玻璃门窗					
				底子油一遍、调和漆二遍	底子油一遍、永明漆二遍	底子油一遍	刮腻子一遍	每增减调和漆一遍	每增减永明漆一遍
单位				m^2					
总价（元）				**27.42**	**23.10**	**4.16**	**15.54**	**9.68**	**7.55**
其中	人工费（元）			21.88	19.13	3.06	14.69	7.65	6.43
	材料费（元）			5.54	3.97	1.10	0.85	2.03	1.12
名称		单位	单价（元）	消耗量					
人工	综合工日	工日	153.00	0.143	0.125	0.020	0.096	0.050	0.042
材料	调和漆	kg	14.11	0.248	—	—	—	0.124	—
	清漆	kg	13.35	—	0.147	—	—	—	0.073
	色粉	kg	4.47	—	0.010	—	—	—	—
	大白粉	kg	0.91	—	0.050	—	—	—	—
	石膏粉	kg	0.94	0.050	0.050	—	0.081	—	—
	光油	kg	11.61	0.060	0.060	0.049	0.036	—	—
	稀料	kg	10.88	0.076	0.065	0.049	0.005	0.014	0.009
	砂纸	张	0.87	0.350	0.350	—	0.350	0.060	0.060
	催干剂	kg	12.76	0.013	0.013	—	—	0.006	—

工作内容：清扫基层、磨砂纸、调制腻子、刮抹找补腻子、对油对色、生粉、刷油等。

编　　号				15-033	15-034	15-035	15-036	15-037	15-038
项目名称				纱门窗					木门窗
				底子油一遍、调和漆二遍	调和漆二遍	永明漆二遍	每增减调和漆一遍	每增减永明漆一遍	刷油色
单　　位				m^2					
总价(元)				**34.92**	**30.72**	**23.71**	**12.03**	**9.73**	**9.50**
其中	人工费(元)			27.39	24.48	19.89	9.18	8.11	7.65
	材料费(元)			7.53	6.24	3.82	2.85	1.62	1.85
名　　称		单位	单价(元)	消　耗　量					
人工	综合工日	工日	153.00	0.179	0.160	0.130	0.060	0.053	0.050
材料	调和漆	kg	14.11	0.347	0.364	—	0.174	—	0.020
	清漆	kg	13.35	—	—	0.216	—	0.108	0.015
	石膏粉	kg	0.94	0.035	0.035	0.035	—	—	0.053
	色粉	kg	4.47	—	—	—	—	—	0.005
	光油	kg	11.61	0.084	0.015	0.015	—	—	0.025
	稀料	kg	10.88	0.106	0.039	0.024	0.020	0.012	0.030
	砂纸	张	0.87	0.230	0.230	0.230	0.060	0.060	0.400
	棉纱	kg	16.11	—	—	—	—	—	0.020
	催干剂	kg	12.76	0.021	0.021	0.021	0.010	—	0.001

工作内容：清扫基层、磨砂纸、调制腻子、刮抹找补腻子、对油对色、生粉、刷油等。

编号				15-039	15-040	15-041	15-042
项目名称				玻璃门窗			
				润油粉、刮腻子、聚氨酯漆二遍	润油粉、刮腻子、聚氨酯漆三遍	每增减聚氨酯漆一遍	润色粉、刮腻子、油色、清漆四遍、磨退出亮
单位				m^2			
总价（元）				**39.91**	**45.61**	**8.72**	**75.86**
其中	人工费（元）			33.81	37.33	6.12	68.54
	材料费（元）			6.10	8.28	2.60	7.32
名称		单位	单价（元）	消耗量			
人工	综合工日	工日	153.00	0.221	0.244	0.040	0.448
材料	调和漆	kg	14.11	—	—	—	0.005
	清漆	kg	13.35	—	—	—	0.310
	石膏粉	kg	0.94	0.026	0.026	—	0.026
	大白粉	kg	0.91	0.090	0.090	—	0.090
	光油	kg	11.61	0.033	0.033	—	0.033
	清油	kg	15.06	0.017	0.017	—	0.021
	聚氨酯漆	kg	21.70	0.203	0.299	0.115	—

编号				15-039	15-040	15-041	15-042
项目名称				玻璃门窗			
				润油粉、刮腻子、聚氨酯漆二遍	润油粉、刮腻子、聚氨酯漆三遍	每增减聚氨酯漆一遍	润色粉、刮腻子、油色、清漆四遍、磨退出亮
单位				m^2			
名称		单位	单价（元）	消耗量			
材料	二甲苯	kg	5.21	0.022	0.037	0.016	—
	上光蜡	kg	20.40	—	—	—	0.006
	砂蜡	kg	14.42	—	—	—	0.018
	醇酸稀释剂	kg	8.29	—	—	—	0.069
	稀料	kg	10.88	0.036	0.036	—	0.063
	砂纸	张	0.87	0.259	0.288	0.029	0.288
	催干剂	kg	12.76	0.002	0.002	—	0.002
	白布 宽 0.9m	m	3.88	0.003	0.003	—	—
	麻绳	kg	9.28	0.018	0.018	—	0.018
	乙醇	kg	9.69	0.001	0.001	—	0.001
	煤油	kg	7.49	—	—	—	0.003
	水砂纸	张	1.12	—	—	—	0.173

工作内容：清扫基层、磨砂纸、调制腻子、刮抹找补腻子、对油对色、生粉、刷油等。

编号				15-043	15-044	15-045	15-046
项目名称				玻璃门窗			
				润水粉、刮腻子、硝基清漆、磨退出亮	润油粉、刮腻子、漆片、硝基清漆、磨退出亮	润油粉二遍、刮腻子、漆片、硝基清漆、磨退出亮	润油粉、满刮腻子、醇酸清漆一遍、丙烯酸清漆三遍、磨退出亮
单位				m^2			
总价（元）				**151.98**	**99.83**	**110.48**	**76.39**
其中	人工费（元）			122.71	82.16	91.04	61.51
	材料费（元）			29.27	17.67	19.44	14.88
名称		单位	单价（元）	消耗量			
人工	综合工日	工日	153.00	0.802	0.537	0.595	0.402
材料	清漆	kg	13.35	—	—	—	0.071
	石膏粉	kg	0.94	0.004	0.004	0.022	0.026
	色粉	kg	4.47	0.020	0.020	0.002	—
	大白粉	kg	0.91	0.269	0.269	0.179	0.090
	光油	kg	11.61	—	—	0.041	0.033
	清油	kg	15.06	—	—	0.034	0.017
	滑石粉	kg	0.59	0.001	0.001	0.001	—
	硝基清漆	kg	16.09	0.563	0.237	0.237	—
	丙烯酸清漆	kg	27.19	—	—	—	0.370
	上光蜡	kg	20.40	0.006	0.007	0.006	0.006
	砂蜡	kg	14.42	0.018	0.018	0.018	0.018

编号				15-043	15-044	15-045	15-046
项目名称				玻璃门窗			
				润水粉、刮腻子、硝基清漆、磨退出亮	润油粉、刮腻子、漆片、硝基清漆、磨退出亮	润油粉二遍、刮腻子、漆片、硝基清漆、磨退出亮	润油粉、满刮腻子、醇酸清漆一遍、丙烯酸清漆三遍、磨退出亮
单位				m^2			
名称		单位	单价（元）	消耗量			
材料	漆片	kg	42.65	0.002	0.039	0.039	—
	泡沫塑料 30mm	m^2	30.93	0.012	0.023	0.023	—
	白布 宽 0.9m	m	3.88	—	—	—	0.005
	醇酸稀释剂	kg	8.29	—	—	—	0.023
	硝基稀释剂	kg	13.67	1.317	0.581	0.581	—
	丙烯酸稀释剂	kg	18.24	—	—	—	0.081
	骨胶	kg	4.93	0.009	0.009	—	—
	稀料	kg	10.88	—	—	0.072	0.036
	砂纸	张	0.87	0.173	0.230	0.259	0.288
	催干剂	kg	12.76	—	—	0.002	0.002
	麻绳	kg	9.28	0.018	0.018	0.035	0.018
	乙醇	kg	9.69	0.007	0.184	0.184	0.001
	煤油	kg	7.49	0.003	0.003	0.003	0.003
	水砂纸	张	1.12	0.230	0.230	0.230	0.173
	棉花	kg	28.34	0.005	0.005	0.005	—
	豆包布	m	3.88	0.046	0.046	0.046	—

第二节　木扶手及其他油漆

工作内容：清扫基层、磨砂纸、调制腻子、刮抹找补腻子、对油对色、生粉、刷油等。

编号				15-047	15-048	15-049	15-050	15-051
项目名称				木扶手				
				润油粉、刮腻子、聚氨酯漆二遍	润油粉、刮腻子、聚氨酯漆三遍	每增减聚氨酯漆一遍	润色粉、刮腻子、油色、清漆四遍、磨退出亮	润水粉、刮腻子、硝基清漆、磨退出亮
单位				m				
总价（元）				**14.30**	**20.29**	**3.43**	**34.90**	**63.74**
其中	人工费（元）			12.85	18.36	2.91	33.20	57.53
	材料费（元）			1.45	1.93	0.52	1.70	6.21
名称		单位	单价（元）	消耗量				
人工	综合工日	工日	153.00	0.084	0.120	0.019	0.217	0.376
材料	调和漆	kg	14.11	—	—	—	0.001	—
	清漆	kg	13.35	—	—	—	0.063	—
	色粉	kg	4.47	—	—	—	—	0.004
	滑石粉	kg	0.59	—	—	—	—	0.0002
	石膏粉	kg	0.94	0.005	0.005	—	0.005	0.001
	大白粉	kg	0.91	0.018	0.018	—	0.018	0.055
	光油	kg	11.61	0.007	0.007	—	0.007	—
	清油	kg	15.06	0.004	0.004	—	0.004	—
	上光蜡	kg	20.40	—	—	—	0.001	0.001
	砂蜡	kg	14.42	—	—	—	0.004	0.004
	漆片	kg	42.65	—	—	—	—	0.0003

续前

编号				15-047	15-048	15-049	15-050	15-051
项目名称				木扶手				
				润油粉、刮腻子、聚氨酯漆二遍	润油粉、刮腻子、聚氨酯漆三遍	每增减聚氨酯漆一遍	润色粉、刮腻子、油色、清漆四遍、磨退出亮	润水粉、刮腻子、硝基清漆、磨退出亮
单位				m				
名称		单位	单价（元）	消耗量				
材料	泡沫塑料 30mm	m^2	30.93	—	—	—	—	0.010
	硝基清漆	kg	16.09	—	—	—	—	0.115
	聚氨酯漆	kg	21.70	0.041	0.061	0.023	—	—
	二甲苯	kg	5.21	0.005	0.008	0.0033	—	—
	醇酸稀释剂	kg	8.29	—	—	—	0.040	—
	硝基稀释剂	kg	13.67	—	—	—	—	0.269
	骨胶	kg	4.93	—	—	—	—	0.002
	稀料	kg	10.88	0.008	0.008	—	0.012	—
	砂纸	张	0.87	0.275	0.310	0.010	0.061	0.031
	麻绳	kg	9.28	0.004	0.004	—	0.004	0.004
	乙醇	kg	9.69	0.0001	0.0001	—	0.0001	0.001
	煤油	kg	7.49	—	—	—	0.001	0.001
	水砂纸	张	1.12	—	—	—	0.031	0.051
	催干剂	kg	12.76	0.0003	0.0003	—	0.0004	—
	棉花	kg	28.34	—	—	—	—	0.001
	豆包布	m	3.88	—	—	—	—	0.009
	白布 宽 0.9m	m	3.88	0.001	0.001	—	—	—

工作内容: 清扫基层、磨砂纸、调制腻子、刮抹找补腻子、对油对色、生粉、刷油等。

编号				15-052	15-053	15-054
项目名称				木扶手		
				润油粉、刮腻子、漆片、硝基清漆、磨退出亮	润油粉二遍、刮腻子、漆片、硝基清漆、磨退出亮	润油粉、满刮腻子、醇酸清漆一遍、丙烯酸清漆三遍、磨退出亮
单位				m		
总价(元)				**46.86**	**48.82**	**33.18**
其中	人工费(元)			40.24	44.68	30.14
	材料费(元)			6.62	4.14	3.04
名称		单位	单价(元)	消耗量		
人工	综合工日	工日	153.00	0.263	0.292	0.197
材料	清漆	kg	13.35	—	—	0.015
	色粉	kg	4.47	0.004	0.0004	—
	滑石粉	kg	0.59	0.002	0.0002	—
	石膏粉	kg	0.94	0.001	0.004	0.005
	大白粉	kg	0.91	0.055	0.037	0.018
	光油	kg	11.61	—	0.008	0.007
	清油	kg	15.06	—	0.007	0.003
	上光蜡	kg	20.40	0.001	0.001	0.001
	砂蜡	kg	14.42	0.004	0.004	0.004
	漆片	kg	42.65	0.008	0.008	—

续前

编号				15-052	15-053	15-054
项目名称				木扶手		
				润油粉、刮腻子、漆片、硝基清漆、磨退出亮	润油粉二遍、刮腻子、漆片、硝基清漆、磨退出亮	润油粉、满刮腻子、醇酸清漆一遍、丙烯酸清漆三遍、磨退出亮
单位				m		
名称		单位	单价（元）	消耗量		
材料	泡沫塑料 30mm	m^2	30.93	0.102	0.010	—
	丙烯酸清漆	kg	27.19	—	—	0.075
	硝基清漆	kg	16.09	0.048	0.048	—
	醇酸稀释剂	kg	8.29	—	—	0.005
	丙烯酸稀释剂	kg	18.24	—	—	0.017
	硝基稀释剂	kg	13.67	0.119	0.119	—
	骨胶	kg	4.93	0.002	—	—
	稀料	kg	10.88	—	0.015	0.007
	砂纸	张	0.87	0.051	0.051	0.061
	乙醇	kg	9.69	0.037	0.038	0.0001
	麻绳	kg	9.28	0.004	0.007	0.004
	煤油	kg	7.49	0.001	0.001	0.001
	水砂纸	张	1.12	0.051	0.051	0.031
	催干剂	kg	12.76	—	0.0004	0.0003
	棉花	kg	28.34	0.001	0.001	—
	豆包布	m	3.88	0.009	0.009	—
	白布 宽 0.9m	m	3.88	—	—	0.002

工作内容：清扫基层、磨砂纸、调制腻子、刮抹找补腻子、对油对色、生粉、刷油等。

编号				15-055	15-056	15-057	15-058	15-059	15-060
项目名称				窗帘盒					
				底子油一遍、调和漆二遍	底子油一遍、永明漆二遍	调和漆二遍	永明漆二遍	每增减调和漆一遍	每增减永明漆一遍
单位				m					
总价（元）				**27.07**	**23.30**	**23.32**	**21.49**	**9.14**	**8.33**
其中	人工费（元）			24.02	20.96	20.96	19.89	7.96	7.65
	材料费（元）			3.05	2.34	2.36	1.60	1.18	0.68
名称		单位	单价（元）	消耗量					
人工	综合工日	工日	153.00	0.157	0.137	0.137	0.130	0.052	0.050
材料	调和漆	kg	14.11	0.136	—	0.143	—	0.072	—
	清漆	kg	13.35	—	0.085	—	0.095	—	0.043
	石膏粉	kg	0.94	0.026	0.026	0.040	0.024	—	—
	色粉	kg	4.47	—	0.010	—	—	—	—
	大白粉	kg	0.91	—	0.040	0.010	0.010	—	—
	光油	kg	11.61	0.033	0.033	0.006	0.006	—	—
	稀料	kg	10.88	0.042	0.042	0.006	0.006	0.003	0.003
	砂纸	张	0.87	0.190	0.190	0.190	0.190	0.090	0.090
	催干剂	kg	12.76	0.008	0.007	—	—	0.004	—

工作内容:清扫基层、磨砂纸、调制腻子、刮抹找补腻子、对油对色、生粉、刷油等。

编　号				15-061	15-062	15-063	15-064	15-065
项目名称				窗帘盒				
				润油粉、刮腻子、聚氨酯漆二遍	润油粉、刮腻子、聚氨酯漆三遍	每增减聚氨酯漆一遍	润色粉、刮腻子、油色、清漆四遍、磨退出亮	润水粉、刮腻子、硝基清漆、磨退出亮
单　位				m				
总价(元)				**19.44**	**22.19**	**4.31**	**36.91**	**71.53**
其中	人工费(元)			16.52	18.21	3.06	33.35	57.53
	材料费(元)			2.92	3.98	1.25	3.56	14.00
名　称		单位	单价(元)	消　耗　量				
人工	综合工日	工日	153.00	0.108	0.119	0.020	0.218	0.376
材料	调和漆	kg	14.11	—	—	—	0.003	—
	清漆	kg	13.35	—	—	—	0.149	—
	石膏粉	kg	0.94	0.012	0.012	—	0.012	0.002
	色粉	kg	4.47	—	—	—	—	0.010
	大白粉	kg	0.91	0.043	0.043	—	0.043	0.129
	光油	kg	11.61	0.016	0.016	—	0.016	—
	清油	kg	15.06	0.008	0.008	—	0.010	—
	滑石粉	kg	0.59	—	—	—	—	0.001
	上光蜡	kg	20.40	—	—	—	0.003	0.003
	砂蜡	kg	14.42	—	—	—	0.009	0.009
	漆片	kg	42.65	—	—	—	—	0.001

续前

编号				15-061	15-062	15-063	15-064	15-065
项目名称				窗帘盒				
				润油粉、刮腻子、聚氨酯漆二遍	润油粉、刮腻子、聚氨酯漆三遍	每增减聚氨酯漆一遍	润色粉、刮腻子、油色、清漆四遍、磨退出亮	润水粉、刮腻子、硝基清漆、磨退出亮
单位				m				
名称		单位	单价（元）	消耗量				
材料	泡沫塑料 30mm	m^2	30.93	—	—	—	—	0.006
	白布 宽 0.9m	m	3.88	0.002	0.002	—	—	—
	硝基清漆	kg	16.09	—	—	—	—	0.269
	聚氨酯漆	kg	21.70	0.097	0.143	0.055	—	—
	二甲苯	kg	5.21	0.010	0.018	0.008	—	—
	醇酸稀释剂	kg	8.29	—	—	—	0.033	—
	硝基稀释剂	kg	13.67	—	—	—	—	0.630
	乙醇	kg	9.69	0.0002	0.0002	—	0.001	0.003
	稀料	kg	10.88	0.018	0.018	—	0.030	—
	催干剂	kg	12.76	0.001	0.001	—	0.001	—
	麻绳	kg	9.28	0.009	0.009	—	0.009	0.009
	砂纸	张	0.87	0.124	0.138	0.014	0.165	0.083
	水砂纸	张	1.12	—	—	—	0.085	0.110
	煤油	kg	7.49	—	—	—	0.001	0.001
	豆包布	m	3.88	—	—	—	—	0.022
	骨胶	kg	4.93	—	—	—	—	0.004
	棉花	kg	28.34	—	—	—	—	0.002

工作内容：清扫基层、磨砂纸、调制腻子、刮抹找补腻子、对油对色、生粉、刷油等。

编号				15-066	15-067	15-068
项目名称				窗帘盒		
				润油粉、刮腻子、漆片、硝基清漆、磨退出亮	润油粉二遍、刮腻子、漆片、硝基清漆、磨退出亮	润油粉、满刮腻子、醇酸清漆一遍、丙烯酸清漆三遍、磨退出亮
单位				m		
总价（元）				**48.40**	**53.56**	**37.74**
其中	人工费（元）			39.93	44.22	30.60
	材料费（元）			8.47	9.34	7.14
名称		单位	单价（元）	消耗量		
人工	综合工日	工日	153.00	0.261	0.289	0.200
材料	清漆	kg	13.35	—	—	0.034
	石膏粉	kg	0.94	0.002	0.011	0.012
	色粉	kg	4.47	0.010	0.001	—
	大白粉	kg	0.91	0.129	0.086	0.043
	光油	kg	11.61	—	0.020	0.016
	清油	kg	15.06	—	0.017	0.008
	滑石粉	kg	0.59	0.001	0.001	—
	硝基清漆	kg	16.09	0.114	0.114	—
	丙烯酸清漆	kg	27.19	—	—	0.177
	漆片	kg	42.65	0.019	0.019	—

续前

编号				15-066	15-067	15-068
项目名称				窗帘盒		
				润油粉、刮腻子、漆片、硝基清漆、磨退出亮	润油粉二遍、刮腻子、漆片、硝基清漆、磨退出亮	润油粉、满刮腻子、醇酸清漆一遍、丙烯酸清漆三遍、磨退出亮
单位				m		
名称		单位	单价（元）	消耗量		
材料	砂蜡	kg	14.42	0.009	0.009	0.009
	上光蜡	kg	20.40	0.003	0.003	0.003
	泡沫塑料 30mm	m^2	30.93	0.011	0.011	—
	硝基稀释剂	kg	13.67	0.278	0.278	—
	醇酸稀释剂	kg	8.29	—	—	0.011
	丙烯酸稀释剂	kg	18.24	—	—	0.039
	乙醇	kg	9.69	0.088	0.088	0.0002
	水砂纸	张	1.12	0.110	0.110	0.083
	豆包布	m	3.88	0.022	0.022	—
	麻绳	kg	9.28	0.009	0.017	0.009
	煤油	kg	7.49	0.001	0.001	0.001
	砂纸	张	0.87	0.110	0.124	0.138
	棉花	kg	28.34	0.002	0.002	—
	稀料	kg	10.88	—	0.035	0.018
	催干剂	kg	12.76	—	0.001	0.001
	白布 宽 0.9m	m	3.88	—	—	0.003
	骨胶	kg	4.93	0.004	—	—

工作内容：清扫基层、磨砂纸、调制腻子、刮抹找补腻子、对油对色、生粉、刷油等。

编号				15-069	15-070	15-071
项目名称				天棚挂檐板		
				底子油一遍、调和漆二遍	调和漆二遍	每增减调和漆一遍
单位				m^2		
总价（元）				**39.15**	**37.10**	**13.27**
其中	人工费（元）			33.20	32.13	11.02
	材料费（元）			5.95	4.97	2.25
名称		单位	单价（元）	消耗量		
人工	综合工日	工日	153.00	0.217	0.210	0.072
材料	石膏粉	kg	0.94	0.023	0.023	—
	调和漆	kg	14.11	0.268	0.281	0.134
	光油	kg	11.61	0.065	0.012	—
	稀料	kg	10.88	0.082	0.030	0.020
	砂纸	张	0.87	0.370	0.370	0.060
	催干剂	kg	12.76	0.014	0.015	0.007

工作内容：清扫基层、磨砂纸、调制腻子、刮抹找补腻子、对油对色、生粉、刷油等。

编号				15-072	15-073	15-074	15-075	15-076	15-077
项目名称				天棚压条					
				底子油一遍、调和漆二遍	底子油一遍、永明漆二遍	调和漆二遍	永明漆二遍	每增减调和漆一遍	每增减永明漆一遍
单位				m²					
总价（元）				**16.73**	**15.89**	**15.99**	**14.81**	**5.69**	**5.21**
其中	人工费（元）			15.91	15.30	15.30	14.38	5.36	5.05
	材料费（元）			0.82	0.59	0.69	0.43	0.33	0.16
名称		单位	单价（元）	消耗量					
人工	综合工日	工日	153.00	0.104	0.100	0.100	0.094	0.035	0.033
材料	调和漆	kg	14.11	0.037	—	0.039	—	0.020	—
	清漆	kg	13.35	—	0.022	—	0.023	—	0.010
	石膏粉	kg	0.94	0.008	0.008	0.008	0.008	—	—
	色粉	kg	4.47	—	0.002	—	—	—	—
	大白粉	kg	0.91	—	0.008	—	—	—	—
	光油	kg	11.61	0.009	0.009	0.002	0.002	—	—
	砂纸	张	0.87	0.050	0.050	0.050	0.050	0.020	0.020
	稀料	kg	10.88	0.011	0.010	0.004	0.003	0.002	0.001
	催干剂	kg	12.76	0.002	0.001	0.002	0.001	0.001	—

工作内容：清扫基层、磨砂纸、调制腻子、刮抹找补腻子、对油对色、生粉、刷油等。

编号				15-078	15-079	15-080	15-081
项目名称				帘子杆挂镜线			
				调和漆二遍	永明漆二遍	每增减调和漆一遍	每增减永明漆一遍
单位				m			
总价(元)				**4.89**	**4.41**	**2.51**	**1.81**
其中	人工费(元)			4.44	4.13	2.30	1.68
	材料费(元)			0.45	0.28	0.21	0.13
名称		单位	单价(元)	消耗量			
人工	综合工日	工日	153.00	0.029	0.027	0.015	0.011
材料	调和漆	kg	14.11	0.026	—	0.013	—
	清漆	kg	13.35	—	0.015	—	0.008
	石膏粉	kg	0.94	—	0.004	—	—
	光油	kg	11.61	0.001	0.001	—	—
	砂纸	张	0.87	0.030	0.030	0.010	0.010
	稀料	kg	10.88	0.003	0.002	0.002	0.001
	催干剂	kg	12.76	0.001	0.001	—	—

第三节　木材面油漆

工作内容：清扫基层、磨砂纸、调制腻子、刮抹找补腻子、对油对色、生粉、刷油等。

编　号				15-082	15-083	15-084	15-085	15-086
项目名称				其他木材面				
				润油粉、刮腻子、聚氨酯漆二遍	润油粉、刮腻子、聚氨酯漆三遍	每增减聚氨酯漆一遍	润色粉、刮腻子、油色、清漆四遍、磨退出亮	润水粉、刮腻子、硝基清漆、磨退出亮
单　位				m^2				
总价（元）				**49.58**	**56.85**	**10.31**	**95.46**	**182.25**
其中	人工费（元）			42.84	47.74	7.96	87.52	151.01
	材料费（元）			6.74	9.11	2.35	7.94	31.24
名　称		单位	单价（元）	消　耗　量				
人工	综合工日	工日	153.00	0.280	0.312	0.052	0.572	0.987
材料	调和漆	kg	14.11	—	—	—	0.005	—
	清漆	kg	13.35	—	—	—	0.334	—
	石膏粉	kg	0.94	0.027	0.027	—	0.027	0.004
	色粉	kg	4.47	—	—	—	—	0.022
	大白粉	kg	0.91	0.096	0.096	—	0.096	0.288
	光油	kg	11.61	0.035	0.035	—	0.035	—
	清油	kg	15.06	0.018	0.018	—	0.022	—
	滑石粉	kg	0.59	—	—	—	—	0.001
	硝基清漆	kg	16.09	—	—	—	—	0.603
	聚氨酯漆	kg	21.70	0.217	0.320	0.103	—	—
	二甲苯	kg	5.21	0.023	0.040	0.017	—	—

续前

编号				15-082	15-083	15-084	15-085	15-086
项目名称				其他木材面				
				润油粉、刮腻子、聚氨酯漆二遍	润油粉、刮腻子、聚氨酯漆三遍	每增减聚氨酯漆一遍	润色粉、刮腻子、油色、清漆四遍、磨退出亮	润水粉、刮腻子、硝基清漆、磨退出亮
单位				m^2				
名称		单位	单价（元）	消耗量				
材料	砂蜡	kg	14.42	—	—	—	0.019	0.019
	上光蜡	kg	20.40	—	—	—	0.006	0.006
	泡沫塑料 30mm	m^2	30.93	—	—	—	—	0.010
	漆片	kg	42.65	—	—	—	—	0.002
	醇酸稀释剂	kg	8.29	—	—	—	0.074	—
	硝基稀释剂	kg	13.67	—	—	—	—	1.413
	乙醇	kg	9.69	0.0004	0.0004	—	0.001	0.007
	催干剂	kg	12.76	0.001	0.001	—	0.002	—
	水砂纸	张	1.12	—	—	—	0.184	0.245
	稀料	kg	10.88	0.039	0.039	—	0.078	—
	砂纸	张	0.87	0.560	0.610	0.030	0.306	0.184
	煤油	kg	7.49	—	—	—	0.002	0.002
	麻绳	kg	9.28	0.019	0.019	—	0.019	0.019
	棉花	kg	28.34	—	—	—	—	0.005
	骨胶	kg	4.93	—	—	—	—	0.009
	豆包布	m	3.88	—	—	—	—	0.049
	白布 宽 0.9m	m	3.88	0.005	0.005	—	—	—

工作内容：清扫基层、磨砂纸、调制腻子、刮抹找补腻子、对油对色、生粉、刷油等。

编号				15-087	15-088	15-089
项目名称				其他木材面		
				润油粉、刮腻子、漆片、硝基清漆、磨退出亮	润油粉二遍、刮腻子、漆片、硝基清漆、磨退出亮	润油粉满刮腻子、醇酸清漆一遍、丙烯酸清漆三遍、磨退出亮
单位				m^2		
总价（元）				**123.69**	**137.04**	**85.57**
其中	人工费（元）			104.96	116.28	69.62
	材料费（元）			18.73	20.76	15.95
名称		单位	单价（元）	消耗量		
人工	综合工日	工日	153.00	0.686	0.760	0.455
材料	清漆	kg	13.35	—	—	0.076
	石膏粉	kg	0.94	0.004	0.024	0.027
	色粉	kg	4.47	0.022	0.022	—
	大白粉	kg	0.91	0.288	0.192	0.096
	光油	kg	11.61	—	0.044	0.035
	清油	kg	15.06	—	0.037	0.018
	滑石粉	kg	0.59	0.001	0.001	—
	硝基清漆	kg	16.09	0.254	0.254	—
	丙烯酸清漆	kg	27.19	—	—	0.397
	砂蜡	kg	14.42	0.019	0.019	0.019

续前

编号				15-087	15-088	15-089
项目名称				其他木材面		
				润油粉、刮腻子、漆片、硝基清漆、磨退出亮	润油粉二遍、刮腻子、漆片、硝基清漆、磨退出亮	润油粉满刮腻子、醇酸清漆一遍、丙烯酸清漆三遍、磨退出亮
单位				m^2		
名称		单位	单价（元）	消耗量		
材料	上光蜡	kg	20.40	0.006	0.006	0.006
	泡沫塑料 30mm	m^2	30.93	0.020	0.020	—
	漆片	kg	42.65	0.042	0.042	—
	醇酸稀释剂	kg	8.29	—	—	0.025
	硝基稀释剂	kg	13.67	0.623	0.623	—
	丙烯酸稀释剂	kg	18.24	—	—	0.087
	乙醇	kg	9.69	0.197	0.197	0.001
	催干剂	kg	12.76	—	0.002	0.003
	水砂纸	张	1.12	0.245	0.245	0.184
	稀料	kg	10.88	—	0.077	0.039
	砂纸	张	0.87	0.245	0.275	0.306
	煤油	kg	7.49	0.002	0.003	0.002
	麻绳	kg	9.28	0.018	0.037	0.019
	棉花	kg	28.34	0.005	0.005	—
	骨胶	kg	4.93	0.009	—	—
	豆包布	m	3.88	0.049	0.049	—
	白布 宽 0.9m	m	3.88	—	—	0.006

工作内容：清扫基层、磨砂纸、调制腻子、刮抹找补腻子、对油对色、生粉、刷油等。

编号				15-090	15-091	15-092
项目名称				棋格天棚		
				底子油一遍、调和漆二遍	调和漆二遍	每增减调和漆一遍
单位				m^2		
总价(元)				**39.02**	**36.99**	**13.16**
其中	人工费(元)			33.20	32.13	11.02
	材料费(元)			5.82	4.86	2.14
名称		单位	单价(元)	消耗量		
人工	综合工日	工日	153.00	0.217	0.210	0.072
材料	调和漆	kg	14.11	0.260	0.273	0.130
	石膏粉	kg	0.94	0.052	0.052	—
	光油	kg	11.61	0.063	0.012	—
	砂纸	张	0.87	0.370	0.370	0.060
	催干剂	kg	12.76	0.014	0.014	0.007
	稀料	kg	10.88	0.080	0.029	0.015

工作内容：清扫基层、磨砂纸、调制腻子、刮抹找补腻子、对油对色、生粉、刷油等。

编号				15-093	15-094	15-095	15-096	15-097	15-098
项目名称				粘板隔断					
				底子油一遍、调和漆二遍	底子油一遍、永明漆二遍	调和漆二遍	永明漆二遍	每增减调和漆一遍	每增减永明漆一遍
单位				m^2					
总价（元）				**28.62**	**23.29**	**24.37**	**18.39**	**9.53**	**7.54**
其中	人工费（元）			21.57	18.82	19.13	15.15	7.19	6.27
	材料费（元）			7.05	4.47	5.24	3.24	2.34	1.27
名称		单位	单价（元）	消耗量					
人工	综合工日	工日	153.00	0.141	0.123	0.125	0.099	0.047	0.041
材料	调和漆	kg	14.11	0.283	—	0.297	—	0.142	—
	清漆	kg	13.35	—	0.165	—	0.174	—	0.083
	石膏粉	kg	0.94	0.120	0.120	0.031	0.030	—	—
	色粉	kg	4.47	—	0.010	—	—	—	—
	大白粉	kg	0.91	—	0.070	—	—	—	—
	光油	kg	11.61	0.125	0.067	0.018	0.018	—	—
	稀料	kg	10.88	0.094	0.073	0.031	0.019	0.019	0.010
	催干剂	kg	12.76	0.012	0.012	0.012	0.012	0.006	—
	砂纸	张	0.87	0.370	0.370	0.370	0.370	0.060	0.060

工作内容：清扫基层、磨砂纸、调制腻子、刮抹找补腻子、对油对色、生粉、刷油等。

编号				15-099	15-100	15-101	15-102	15-103	15-104
项目名称				玻璃隔断					
				底子油一遍、调和漆二遍	底子油一遍、永明漆一遍	调和漆二遍	永明漆二遍	每增减调和漆一遍	每增减永明漆一遍
单位				m^2					
总价（元）				**25.00**	**21.07**	**24.27**	**16.65**	**8.83**	**6.85**
其中	人工费（元）			19.74	17.29	19.89	13.92	6.89	5.81
	材料费（元）			5.26	3.78	4.38	2.73	1.94	1.04
名称		单位	单价（元）	消耗量					
人工	综合工日	工日	153.00	0.129	0.113	0.130	0.091	0.045	0.038
材料	调和漆	kg	14.11	0.236	—	0.247	—	0.118	—
	清漆	kg	13.35	—	0.140	—	0.146	—	0.067
	石膏粉	kg	0.94	0.050	0.050	0.050	0.050	—	—
	色粉	kg	4.47	—	0.010	—	—	—	—
	大白粉	kg	0.91	—	0.050	—	—	—	—
	光油	kg	11.61	0.057	0.057	0.010	0.010	—	—
	稀料	kg	10.88	0.072	0.062	0.027	0.016	0.013	0.009
	催干剂	kg	12.76	0.012	0.012	0.012	0.012	0.006	—
	砂纸	张	0.87	0.330	0.330	0.330	0.330	0.060	0.060

工作内容：清扫基层、磨砂纸、调制腻子、刮抹找补腻子、对油对色、生粉、刷油等。

编号				15-105	15-106	15-107	15-108	15-109	15-110
项目名称				木栏杆（双面）					
				底子油一遍、调和漆二遍	底子油一遍、永明漆二遍	调和漆二遍	永明漆二遍	每增减调和漆一遍	每增减永明漆一遍
单位				m^2					
总价（元）				**37.55**	**32.18**	**33.64**	**30.10**	**13.49**	**10.79**
其中	人工费（元）			30.60	27.54	27.54	26.47	10.71	9.18
	材料费（元）			6.95	4.64	6.10	3.63	2.78	1.61
名称		单位	单价（元）	消耗量					
人工	综合工日	工日	153.00	0.200	0.180	0.180	0.173	0.070	0.060
材料	调和漆	kg	14.11	0.354	—	0.370	—	0.177	—
	清漆	kg	13.35	—	0.210	—	0.220	—	0.110
	石膏粉	kg	0.94	0.040	0.040	0.040	0.040	—	—
	色粉	kg	4.47	—	0.010	—	—	—	—
	大白粉	kg	0.91	—	0.050	—	—	—	—
	光油	kg	11.61	0.057	0.057	0.010	0.010	—	—
	催干剂	kg	12.76	0.012	0.007	0.012	0.007	0.006	—
	稀料	kg	10.88	0.076	0.062	0.027	0.016	0.014	0.008
	砂纸	张	0.87	0.320	0.320	0.320	0.320	0.060	0.060

工作内容：清扫基层、磨砂纸、调制腻子、刮抹找补腻子、对油对色、生粉、刷油等。

编号				15-111	15-112	15-113	15-114	15-115	15-116
项目名称				木地板					
				刷油色	底子油一遍、地板漆二遍	底子油一遍、永明漆二遍	底子油、刮腻子各一遍	每增减地板漆一遍	每增减永明漆一遍
单位				m^2					
总价（元）				**6.63**	**18.70**	**17.27**	**10.43**	**6.77**	**5.65**
其中	人工费（元）			4.59	11.93	13.01	8.42	3.98	4.28
	材料费（元）			2.04	6.77	4.26	2.01	2.79	1.37
名称		单位	单价（元）	消耗量					
人工	综合工日	工日	153.00	0.030	0.078	0.085	0.055	0.026	0.028
材料	地板漆	kg	18.30	—	0.257	—	—	0.135	—
	调和漆	kg	14.11	0.020	—	—	—	—	—
	清漆	kg	13.35	0.025	—	0.169	—	—	0.090
	石膏粉	kg	0.94	0.053	0.022	0.022	0.072	—	—
	色粉	kg	4.47	0.005	—	0.012	—	—	—
	大白粉	kg	0.91	—	—	0.060	—	—	—
	光油	kg	11.61	0.025	0.069	0.069	0.098	—	—
	催干剂	kg	12.76	0.001	0.013	0.010	—	0.007	—
	稀料	kg	10.88	0.035	0.087	0.075	0.062	0.016	0.010
	砂纸	张	0.87	0.400	0.150	0.150	0.150	0.070	0.070
	棉纱	kg	16.11	0.020	—	—	—	—	—

工作内容:清扫基层、磨砂纸、调制腻子、刮抹找补腻子、对油对色、生粉、刷油等。

编号				15-117	15-118	15-119	15-120	15-121	15-122
项目名称				木地板					
				润油粉、刮腻子、聚氨酯漆二遍	润油粉、刮腻子、聚氨酯漆三遍	每增减聚氨酯漆一遍	润色粉、刮腻子、油色、清漆四遍、磨退出亮	润水粉、刮腻子、硝基清漆、磨退出亮	润油粉、刮腻子、漆片、硝基清漆、磨退出亮
单位				m^2					
总价(元)				**41.41**	**45.20**	**8.71**	**81.70**	**153.20**	**103.77**
其中	人工费(元)			35.04	38.71	6.43	71.15	122.71	85.37
	材料费(元)			6.37	6.49	2.28	10.55	30.49	18.40
名称		单位	单价(元)	消耗量					
人工	综合工日	工日	153.00	0.229	0.253	0.042	0.465	0.802	0.558
材料	调和漆	kg	14.11	—	—	—	0.005	—	—
	清漆	kg	13.35	—	—	—	0.324	—	—
	石膏粉	kg	0.94	0.027	0.027	—	0.027	0.004	0.004
	色粉	kg	4.47	—	—	—	—	0.021	0.021
	大白粉	kg	0.91	0.094	0.094	—	0.094	0.280	0.280
	光油	kg	11.61	0.035	0.035	—	0.035	—	—
	清油	kg	15.06	0.018	0.018	—	0.215	—	—
	滑石粉	kg	0.59	—	—	—	—	0.001	0.001
	硝基清漆	kg	16.09	—	—	—	—	0.587	0.247
	聚氨酯漆	kg	21.70	0.212	0.212	0.100	—	—	—
	二甲苯	kg	5.21	0.022	0.039	0.017	—	—	—

编号			15-117	15-118	15-119	15-120	15-121	15-122
项目名称			木地板					
			润油粉、刮腻子、聚氨酯漆二遍	润油粉、刮腻子、聚氨酯漆三遍	每增减聚氨酯漆一遍	润色粉、刮腻子、油色、清漆四遍、磨退出亮	润水粉、刮腻子、硝基清漆、磨退出亮	润油粉、刮腻子、漆片、硝基清漆、磨退出亮
单位			m^2					
名称	单位	单价（元）	消耗量					
材料 砂蜡	kg	14.42	—	—	—	0.019	0.019	0.019
上光蜡	kg	20.40	—	—	—	0.006	0.006	0.006
泡沫塑料 30mm	m^2	30.93	—	—	—	—	0.012	0.024
漆片	kg	42.65	—	—	—	—	0.002	0.041
醇酸稀释剂	kg	8.29	—	—	—	0.072	—	—
硝基稀释剂	kg	13.67	—	—	—	—	1.374	0.606
催干剂	kg	12.76	0.002	0.002	—	0.002	—	—
稀料	kg	10.88	0.038	0.038	—	0.066	—	—
砂纸	张	0.87	0.270	0.300	0.030	0.300	0.180	0.240
麻绳	kg	9.28	0.018	0.018	—	0.018	0.018	0.018
乙醇	kg	9.69	0.001	0.001	—	0.001	0.007	0.192
煤油	kg	7.49	—	—	—	0.003	0.003	0.003
水砂纸	张	1.12	—	—	—	0.180	0.240	0.240
棉花	kg	28.34	—	—	—	—	0.005	0.005
豆包布	m	3.88	—	—	—	—	0.048	0.048
白布 宽 0.9m	m	3.88	0.005	0.005	—	—	—	—
骨胶	kg	4.93	—	—	—	—	0.009	0.009

工作内容: 1. 木地板油漆：清扫基层，磨砂纸，调制腻子，刮、抹、找补腻子，对油对色，生粉，刷油等。2. 地板打蜡：清扫、过水、调制腻子、找补腻子、磨砂纸、打蜡出亮等。

编号				15-123	15-124	15-125	15-126
项目名称				木地板		地板打软蜡（包括踢脚线）	地板打硬蜡（包括踢脚线）
				润油粉二遍、刮腻子、漆片、硝基清漆、磨退出亮	润油粉、满刮腻子、醇酸清漆一遍、丙烯酸清漆三遍、磨退出亮		
单位				m^2			
总价（元）				**114.90**	**79.42**	**6.51**	**33.47**
其中	人工费（元）			94.55	63.80	4.59	27.54
	材料费（元）			20.35	15.62	1.92	5.93
名称		单位	单价（元）	消耗量			
人工	综合工日	工日	153.00	0.618	0.417	0.030	0.180
材料	清漆	kg	13.35	—	0.074	—	—
	石膏粉	kg	0.94	0.023	0.027	—	—
	色粉	kg	4.47	0.002	—	0.020	0.050
	大白粉	kg	0.91	0.186	0.094	—	—
	清油	kg	15.06	0.036	0.018	—	—
	光油	kg	11.61	0.043	0.035	—	—
	滑石粉	kg	0.59	0.001	—	—	—
	漆片	kg	42.65	0.041	—	—	—
	硝基清漆	kg	16.09	0.248	—	—	—
	丙烯酸清漆	kg	27.19	—	0.389	—	—
	硝基稀释剂	kg	13.67	0.606	—	—	—

续前

编号				15-123	15-124	15-125	15-126
项目名称				木地板		地板打软蜡（包括踢脚线）	地板打硬蜡（包括踢脚线）
				润油粉二遍、刮腻子、漆片、硝基清漆、磨退出亮	润油粉、满刮腻子、醇酸清漆一遍、丙烯酸清漆三遍、磨退出亮		
单位				m^2			
名称		单位	单价（元）	消耗量			
材料	醇酸稀释剂	kg	8.29	—	0.024	—	—
	丙烯酸稀释剂	kg	18.24	—	0.085	—	—
	地板蜡	kg	20.69	—	—	0.007	0.100
	上光蜡	kg	20.40	0.006	0.006	0.060	0.060
	砂蜡	kg	14.42	0.019	0.019	—	—
	乙醇	kg	9.69	0.192	0.001	—	—
	泡沫塑料 30mm	m^2	30.93	0.024	—	—	—
	稀料	kg	10.88	0.075	0.038	0.002	0.050
	豆包布	m	3.88	0.048	—	—	—
	棉花	kg	28.34	0.005	—	—	—
	麻绳	kg	9.28	0.036	0.018	—	—
	催干剂	kg	12.76	0.002	0.002	—	—
	白布 宽 0.9m	m	3.88	—	0.005	—	—
	煤油	kg	7.49	0.003	0.003	—	—
	棉纱	kg	16.11	—	—	0.020	0.020
	砂纸	张	0.87	0.270	0.300	0.140	0.140
	水砂纸	张	1.12	0.288	0.180	—	—
	木炭	kg	4.76	—	—	—	0.300

工作内容：清扫、刷防火漆二遍。

编号				15-127	15-128	15-129	15-130
项目名称				隔墙隔断护壁木龙骨			
				防火漆二遍		每增减一遍	
				双向	单向	双向	单向
单位				m^2			
总价（元）				**17.35**	**10.17**	**7.81**	**3.94**
其中	人工费（元）			12.85	6.58	5.20	2.60
	材料费（元）			4.50	3.59	2.61	1.34
名称		单位	单价（元）	消耗量			
人工	综合工日	工日	153.00	0.084	0.043	0.034	0.017
材料	防火漆	kg	19.65	0.195	0.101	0.103	0.0531
	稀料	kg	10.88	0.021	0.107	0.052	0.0264
	催干剂	kg	12.76	0.0341	0.0341	0.0018	0.0009
	砂纸	张	0.87	0.011	0.010	—	—

工作内容：清扫、刷防火漆等全部工序。

编号				15-131	15-132	15-133	15-134
项目名称				木地板			
				防火漆二遍		每增减一遍	
				木龙骨	木龙骨带毛地板	木龙骨	木龙骨带毛地板
单位				m^2			
总价（元）				**16.74**	**29.74**	**7.74**	**13.52**
其中	人工费（元）			11.17	19.13	4.90	8.42
	材料费（元）			5.57	10.61	2.84	5.10
名称		单位	单价（元）	消耗量			
人工	综合工日	工日	153.00	0.073	0.125	0.032	0.055
材料	防火漆	kg	19.65	0.265	0.474	0.1392	0.250
	催干剂	kg	12.76	0.0047	0.0084	0.0024	0.0043
	稀料	kg	10.88	0.0279	0.050	0.0069	0.0124
	白布 宽 0.9m	m	3.88	0.001	0.165	—	—

工作内容：清扫、刷防火涂料二遍。

编号				15-135	15-136	15-137	15-138
项目名称				基层板面			
				防火涂料二遍		每增加一遍	
				双面	单面	双面	单面
单位				m^2			
总价（元）				**23.62**	**11.89**	**10.71**	**5.44**
其中	人工费（元）			17.90	9.03	7.80	3.98
	材料费（元）			5.72	2.86	2.91	1.46
名称		单位	单价（元）	消耗量			
人工	综合工日	工日	153.00	0.117	0.059	0.051	0.026
材料	溶剂油	kg	6.10	0.040	0.020	0.010	0.005
	防火涂料	kg	13.63	0.389	0.195	0.206	0.103
	白布 宽 0.9m	m	3.88	0.023	0.012	—	—
	催干剂	kg	12.76	0.007	0.003	0.003	0.002

工作内容：清扫、刷防火涂料。

编号				15-139	15-140	15-141	15-142	15-143	15-144	15-145	15-146
项目名称				防火涂料二遍				刷防火涂料每增减一遍			
				木门	木窗	木扶手（不带托板）	其他木材面	木门	木窗	木扶手（不带托板）	其他木材面
单位				m^2		m	m^2			m	m^2
总价（元）				**30.14**	**29.24**	**5.51**	**16.65**	**12.84**	**12.40**	**2.29**	**7.05**
其中	人工费（元）			24.48	24.48	4.90	13.77	10.10	10.10	1.99	5.66
	材料费（元）			5.66	4.76	0.61	2.88	2.74	2.30	0.30	1.39
名称		单位	单价（元）	消耗量							
人工	综合工日	工日	153.00	0.160	0.160	0.032	0.090	0.066	0.066	0.013	0.037
材料	防火涂料	kg	13.63	0.352	0.294	0.038	0.178	0.183	0.153	0.020	0.093
	白布 宽 0.9m	m	3.88	0.003	0.003	0.001	0.002	—	—	—	—
	催干剂	kg	12.76	0.009	0.007	0.001	0.004	0.0045	0.0035	0.001	0.002
	油漆溶剂油	kg	6.90	0.106	0.094	0.011	0.057	0.027	0.024	0.0028	0.0143

工作内容：清扫、刷防腐油等。

编号				15-147	15-148	15-149
项目名称				防腐油一遍		
				双向木龙骨	单向木龙骨	木基层板
单位				m^2		
总价（元）				**3.40**	**1.70**	**1.66**
其中	人工费（元）			3.37	1.68	1.53
	材料费（元）			0.03	0.02	0.13
名称		单位	单价（元）	消耗量		
人工	综合工日	工日	153.00	0.022	0.011	0.010
材料	防腐油	kg	0.52	0.0557	0.02965	0.2438

第四节　金属面油漆

工作内容：清扫基层、刷除浮锈、磨砂纸、对油、刷油等。

编　号				15-150	15-151	15-152	15-153	15-154	15-155	15-156	15-157
项目名称				钢柱、吊车梁、钢梁	钢制动梁	托架梁、挡风架、型钢钢檩条	钢网架	钢支撑、钢拉杆、组合或钢檩条	钢平台	钢栏杆	钢墙架
单　位				t							
总价（元）				**236.36**	**278.07**	**397.88**	**605.77**	**398.86**	**556.30**	**689.62**	**317.27**
其中	人工费（元）			173.50	204.10	289.17	448.29	289.17	446.61	493.27	231.34
	材料费（元）			62.86	73.97	108.71	157.48	109.69	109.69	196.35	85.93
名　称		单位	单价（元）	消　耗　量							
人工	综合工日	工日	153.00	1.134	1.334	1.890	2.930	1.890	2.919	3.224	1.512
材料	调和漆	kg	14.11	3.904	4.553	6.510	10.104	6.510	6.510	11.062	5.212
	稀料	kg	10.88	0.391	0.453	0.649	1.009	0.649	0.649	1.102	0.515
	零星材料费	元	—	3.52	4.80	9.79	3.93	10.77	10.77	28.28	6.79

工作内容：清扫基层、刷除浮锈、磨砂纸、对油、刷油等。

编号				15-158	15-159	15-160	15-161	15-162	15-163
项目名称				瓦垄铁顶					
				铲油皮	除轻锈	防锈漆一遍	调和漆二遍	沥青漆二遍	每增减调和漆一遍
单位				m^2					
总价（元）				**8.56**	**4.80**	**9.44**	**15.69**	**20.10**	**7.91**
其中	人工费（元）			8.42	4.44	6.12	12.24	12.24	6.12
	材料费（元）			0.14	0.36	3.32	3.45	7.86	1.79
名称		单位	单价（元）	消耗量					
人工	综合工日	工日	153.00	0.055	0.029	0.040	0.080	0.080	0.040
材料	调和漆	kg	14.11	—	—	—	0.211	—	0.106
	防锈漆	kg	15.51	—	—	0.149	—	—	—
	沥青漆	kg	11.34	—	—	—	—	0.589	—
	钢丝刷 5排	把	6.20	—	0.010	—	—	—	—
	砂布 1号	张	0.93	0.150	0.150	0.150	0.150	0.150	0.150
	稀料	kg	10.88	—	—	0.015	0.021	0.096	0.011
	棉纱	kg	16.11	—	0.010	0.040	—	—	—
	催干剂	kg	12.76	—	—	0.005	0.008	—	0.0025

工作内容：清扫基层、刷除浮锈、磨砂纸、对油、刷油等。

编号				15-164	15-165	15-166	15-167
项目名称				平铁顶			
				防锈漆一遍	调和漆二遍	沥青漆二遍	每增减调和漆一遍
单位				m^2			
总价（元）				**8.71**	**14.53**	**18.78**	**7.28**
其中	人工费（元）			5.97	11.63	11.63	5.81
	材料费（元）			2.74	2.90	7.15	1.47
名称		单位	单价（元）	消耗量			
人工	综合工日	工日	153.00	0.039	0.076	0.076	0.038
材料	调和漆	kg	14.11	—	0.176	—	0.088
	防锈漆	kg	15.51	0.124	—	—	—
	沥青漆	kg	11.34	—	—	0.535	—
	砂布 1号	张	0.93	0.150	0.150	0.150	0.080
	催干剂	kg	12.76	0.004	0.007	—	0.004
	稀料	kg	10.88	0.013	0.017	0.087	0.009
	棉纱	kg	16.11	0.030	—	—	—

工作内容：清扫基层、刷除浮锈、磨砂纸、对油、刷油等。

编号				15-168	15-169	15-170	15-171	15-172	15-173	15-174	15-175
项目名称				躺沟				立沟			
				铲油皮	防锈漆一遍	调和漆二遍	每增减调和漆一遍	铲油皮	防锈漆一遍	调和漆二遍	每增减调和漆一遍
单位				m							
总价（元）				**4.33**	**4.70**	**7.84**	**3.87**	**5.55**	**3.59**	**5.69**	**2.91**
其中	人工费（元）			4.28	3.06	6.12	3.06	5.51	2.45	4.44	2.30
	材料费（元）			0.05	1.64	1.72	0.81	0.04	1.14	1.25	0.61
名称		单位	单价（元）	消耗量							
人工	综合工日	工日	153.00	0.028	0.020	0.040	0.020	0.036	0.016	0.029	0.015
材料	防锈漆	kg	15.51	—	0.074	—	—	—	0.054	—	—
	调和漆	kg	14.11	—	—	0.107	0.050	—	—	0.078	0.039
	砂布 1号	张	0.93	0.050	0.050	0.050	0.030	0.040	0.040	0.040	—
	稀料	kg	10.88	—	0.008	0.010	0.005	—	0.006	0.008	0.004
	催干剂	kg	12.76	—	0.003	0.004	0.002	—	0.003	0.002	0.001
	棉纱	kg	16.11	—	0.020	—	—	—	0.010	—	—

工作内容：清扫基层、刷除浮锈、磨砂纸、对油、刷油等。

编号				15-176	15-177	15-178	15-179	15-180	15-181
项目名称				天沟披水			包铁门窗		
				防锈漆一遍	调和漆二遍	每增减调和漆一遍	防锈漆一遍	调和漆二遍	每增减调和漆一遍
单位				m^2					
总价（元）				**8.86**	**14.72**	**7.29**	**8.22**	**14.17**	**7.10**
其中	人工费（元）			5.97	11.63	5.81	5.05	10.71	5.36
	材料费（元）			2.89	3.09	1.48	3.17	3.46	1.74
名称		单位	单价（元）	消耗量					
人工	综合工日	工日	153.00	0.039	0.076	0.038	0.033	0.070	0.035
材料	防锈漆	kg	15.51	0.132	—	—	0.149	—	—
	调和漆	kg	14.11	—	0.188	0.094	—	0.212	0.106
	砂布 1号	张	0.93	0.150	0.150	—	0.150	0.150	0.080
	稀料	kg	10.88	0.014	0.018	0.009	0.015	0.021	0.011
	棉纱	kg	16.11	0.030	—	—	0.030	—	—
	催干剂	kg	12.76	0.005	0.008	0.004	0.006	0.008	0.004

工作内容：清扫基层、刷除浮锈、磨砂纸、对油、刷油等。

编号				15-182	15-183	15-184	15-185	15-186
项目名称				钢门窗				
				除轻锈	铲油皮	防锈漆一遍	调和漆二遍	每增减调和漆一遍
单位				m^2				
总价（元）				**9.57**	**14.68**	**15.71**	**27.84**	**14.09**
其中	人工费（元）			8.42	14.54	12.09	24.02	12.09
	材料费（元）			1.15	0.14	3.62	3.82	2.00
名称		单位	单价（元）	消耗量				
人工	综合工日	工日	153.00	0.055	0.095	0.079	0.157	0.079
材料	防锈漆	kg	15.51	—	—	0.165	—	—
	调和漆	kg	14.11	—	—	—	0.235	0.118
	钢丝刷 5 排	把	6.20	0.020	—	—	—	—
	砂布 1 号	张	0.93	0.300	0.150	0.150	0.150	0.150
	稀料	kg	10.88	—	—	0.017	0.023	0.012
	棉纱	kg	16.11	0.040	—	0.040	—	—
	催干剂	kg	12.76	0.008	—	0.007	0.009	0.005

工作内容：清扫基层、刷除浮锈、磨砂纸、对油、刷油等。

编号				15-187	15-188	15-189	15-190	15-191
项目名称				花饰铁门				
				除轻锈	铲油皮	防锈漆一遍、调和漆二遍	调和漆二遍	每增减调和漆一遍
单位				m²				
总价（元）				**19.17**	**35.84**	**77.25**	**48.07**	**24.13**
其中	人工费（元）			16.83	29.07	56.00	36.57	18.36
	材料费（元）			2.34	6.77	21.25	11.50	5.77
名称		单位	单价（元）	消耗量				
人工	综合工日	工日	153.00	0.110	0.190	0.366	0.239	0.120
材料	防锈漆	kg	15.51	—	—	0.495	—	—
	调和漆	kg	14.11	—	—	0.705	0.705	0.353
	汽油	kg	7.74	—	0.250	—	—	—
	钢丝刷 5排	把	6.20	0.080	—	—	—	—
	砂布 1号	张	0.93	0.600	—	0.450	0.450	0.230
	稀料	kg	10.88	—	—	0.120	0.071	0.036
	棉纱	kg	16.11	0.080	0.300	0.080	—	—
	催干剂	kg	12.76	—	—	0.048	0.028	0.014

工作内容：清扫基层、刷除浮锈、磨砂纸、对油、刷油等。

编号				15-192	15-193	15-194	15-195	15-196
项目名称				棋格门		窗护栏铁栏杆		
				防锈漆一遍、银粉二遍	银粉一遍	防锈漆一遍、调和漆二遍	调和漆二遍	每增减调和漆一遍
单位				m^2				
总价（元）				**63.77**	**30.94**	**27.27**	**18.56**	**9.30**
其中	人工费（元）			56.00	28.15	21.11	15.30	7.65
	材料费（元）			7.77	2.79	6.16	3.26	1.65
名称		单位	单价（元）	消耗量				
人工	综合工日	工日	153.00	0.366	0.184	0.138	0.100	0.050
材料	防锈漆	kg	15.51	0.230	—	0.140	—	—
	调和漆	kg	14.11	—	—	0.200	0.200	0.100
	清漆	kg	13.35	0.105	0.080	—	—	—
	银粉	kg	22.81	0.027	0.020	—	—	—
	汽油	kg	7.74	0.210	0.140	—	—	—
	催干剂	kg	12.76	0.0134	0.003	0.014	0.008	0.004
	稀料	kg	10.88	0.023	—	0.035	0.020	0.010
	棉纱	kg	16.11	—	—	0.030	—	—
	砂布 1号	张	0.93	0.150	0.150	0.130	0.130	0.080

工作内容：清扫基层、刷除浮锈、磨砂纸、对油、刷油等。

编号				15-197	15-198	15-199
项目名称				花饰铁栏杆		
				防锈漆一遍、调和漆二遍	调和漆二遍	每增减调和漆一遍
单位				m²		
总价（元）				**63.07**	**39.66**	**20.57**
其中	人工费（元）			44.83	29.22	15.30
	材料费（元）			18.24	10.44	5.27
名称		单位	单价（元）	消耗量		
人工	综合工日	工日	153.00	0.293	0.191	0.100
材料	调和漆	kg	14.11	0.635	0.635	0.320
	防锈漆	kg	15.51	0.446	—	—
	稀料	kg	10.88	0.109	0.063	0.032
	砂布 1号	张	0.93	0.400	0.400	0.200
	催干剂	kg	12.76	—	0.033	0.017
	棉纱	kg	16.11	0.050	—	—

工作内容:清扫基层、刷除浮锈、磨砂纸、对油、刷油等。

编号					15-200	15-201	15-202	15-203	15-204
项目名称					钢屋架				零星钢构件
					除轻锈	防锈漆一遍、调和漆二遍	调和漆二遍	每增减调和漆一遍	
单位					m^2				t
总价(元)					**11.91**	**45.22**	**29.76**	**14.96**	**522.21**
其中	人工费(元)				11.02	31.21	22.03	11.02	375.92
	材料费(元)				0.89	14.01	7.73	3.94	146.29
名称		单位	单价(元)		消耗量				
人工	综合工日	工日	153.00		0.072	0.204	0.144	0.072	2.457
材料	防锈漆	kg	15.51		—	0.330	—	—	—
	调和漆	kg	14.11		—	0.470	0.470	0.240	8.467
	钢丝刷 5排	把	6.20		0.020	—	—	—	—
	砂布 1号	张	0.93		0.300	0.300	0.300	0.150	—
	棉纱	kg	16.11		0.030	0.030	—	—	—
	催干剂	kg	12.76		—	0.041	0.024	0.012	—
	稀料	kg	10.88		—	0.090	0.047	0.024	0.845
	零星材料费	元	—		—	—	—	—	17.63

工作内容：喷砂除锈：运砂、筛砂、烘砂等全部工作。

编号				15-205	15-206	15-207	15-208
项目名称				旧铜活擦锈出亮刷清漆二遍	防火漆一遍		金属结构喷砂除锈
					单层钢门窗	其他金属面	
单位				m^2			t
总价（元）				**178.06**	**20.52**	**9.36**	**3660.64**
其中	人工费（元）			168.30	14.84	7.65	2457.95
	材料费（元）			9.76	5.68	1.71	1095.58
	机械费（元）			—	—	—	107.11
名称		单位	单价（元）	消耗量			
人工	综合工日	工日	153.00	1.100	0.097	0.050	16.065
材料	防火漆	kg	19.65	—	0.230	0.070	—
	清漆	kg	13.35	0.100	0.025	0.0072	—
	擦桐油	kg	6.01	1.000	—	—	—
	棉纱	kg	16.11	0.150	—	—	—
	催干剂	kg	12.76	—	0.0052	0.0014	—
	稀料	kg	10.88	—	0.062	0.018	—
	砂布 1号	张	0.93	—	0.088	0.020	—
	白布 宽0.9m	m	3.88	—	0.0013	0.0007	—
	石英砂	kg	0.28	—	—	—	3296.000
	煤	kg	0.53	—	—	—	267.800
	木柴	kg	1.03	—	—	—	29.870
机械	中小型机械费	元	—	—	—	—	107.11

工作内容: 清理基层、喷防火涂料等。

编号				15-209	15-210	15-211	15-212	15-213	15-214
项目名称				金属面					
				超薄型防火涂料(耐火时间、涂层厚度)			薄型防火涂料(耐火时间、涂层厚度)		
				0.5h、1.5mm	1h、2mm	1.5h、2.5mm	0.5h、3mm	1h、5.5mm	1.5h、7mm
单位				m^2					
总价(元)				**27.06**	**34.83**	**42.59**	**25.01**	**37.13**	**45.88**
其中	人工费(元)			9.18	11.48	13.77	10.56	13.16	15.76
	材料费(元)			14.08	18.60	23.12	10.11	18.54	23.60
	机械费(元)			3.80	4.75	5.70	4.34	5.43	6.52
名称		单位	单价(元)	消耗量					
人工	综合工日	工日	153.00	0.060	0.075	0.090	0.069	0.086	0.103
材料	超薄型防火涂料	kg	15.49	0.825	1.100	1.375	—	—	—
	防火涂料稀释剂	kg	13.00	0.100	0.120	0.140	—	—	—
	薄型防火涂料	kg	6.13	—	—	—	1.650	3.025	3.850
机械	中小型机械费	元	—	3.80	4.75	5.70	4.34	5.43	6.52

工作内容: 清理基层、喷防火涂料等。

编号				15-215	15-216	15-217
项目名称				金属面		
				厚型防火涂料(耐火时间、涂层厚度)		
				2h、20mm	2.5h、25mm	3h、30mm
单位				m^2		
总价(元)				**45.76**	**57.12**	**68.65**
其中	人工费(元)			13.16	16.37	19.74
	材料费(元)			27.17	33.96	40.76
	机械费(元)			5.43	6.79	8.15
名称		单位	单价(元)	消耗量		
人工	综合工日	工日	153.00	0.086	0.107	0.129
材料	厚型防火涂料	kg	2.47	11.000	13.750	16.500
机械	中小型机械费	元	—	5.43	6.79	8.15

第五节　抹灰面油漆

工作内容：1. 油漆：清理基层、找补腻子、磨砂纸、配料、对油、刷油。2. 真石漆：清除墙面杂物、浮灰、油污，刮 108 胶白水泥腻子、滚（刷）底涂、放线分格、喷涂真石主骨料 1~2 遍、滚涂配套罩面漆。

编　号				15-218	15-219	15-220	15-221	15-222
项目名称				底子油刮腻子各一遍	调和漆二遍	无光漆一遍	外墙真石漆	
							胶带条分格	木嵌条分格
单　位				m^2				
总价（元）				**12.96**	**12.34**	**6.92**	**181.90**	**190.42**
其中	人工费（元）			9.33	7.19	3.67	12.39	19.58
	材料费（元）			3.63	5.15	3.25	168.95	170.28
	机械费（元）			—	—	—	0.56	0.56
名　称		单位	单价（元）	消　耗　量				
人工	综合工日	工日	153.00	0.061	0.047	0.024	0.081	0.128
材料	调和漆	kg	14.11	—	0.248	—	—	—
	醇酸无光漆	kg	15.74	—	—	0.186	—	—
	透明底漆	kg	53.00	—	—	—	0.350	0.350
	H 型真石涂料	kg	23.36	—	—	—	5.000	5.000
	石膏粉	kg	0.94	0.282	0.153	—	—	—

续前

编号				15-218	15-219	15-220	15-221	15-222
项目名称				底子油刮腻子各一遍	调和漆二遍	无光漆一遍	外墙真石漆	
							胶带条分格	木嵌条分格
单位				m^2				
名称		单位	单价（元）	消耗量				
材料	光油	kg	11.61	0.214	0.082	—	—	—
	二甲苯稀释剂	kg	10.87	—	—	—	0.058	0.058
	醇酸稀释剂	kg	8.29	—	—	—	1.000	1.000
	防水漆（配套罩面漆）	kg	54.51	—	—	—	0.400	0.400
	稀料	kg	10.88	0.073	0.037	0.019	—	—
	砂纸	张	0.87	0.100	0.180	0.130	—	—
	白水泥	kg	0.64	—	—	—	0.500	0.500
	108 胶	kg	4.45	—	—	—	0.200	0.200
	锯材	m^3	1632.53	—	—	—	—	0.0008
	零星材料费	元	—	—	—	—	1.67	1.69
机械	中小型机械费	元	—	—	—	—	0.56	0.56

工作内容： 1. 室内外：清扫、满刮腻子二遍、打磨、刷底漆一遍、乳胶漆二遍等。2. 每增加一遍：刷乳胶漆一遍等。

编号				15-223	15-224	15-225	15-226
项目名称				乳胶漆			
				室外	室内		每增减一遍
				墙面		天棚面	
				二遍			
单位				m^2			
总价（元）				**20.85**	**17.47**	**20.69**	**3.96**
其中	人工费（元）			15.15	12.85	16.07	3.06
	材料费（元）			5.70	4.62	4.62	0.90
名称		单位	单价（元）	消耗量			
人工	综合工日	工日	153.00	0.099	0.084	0.105	0.020
材料	苯丙清漆	kg	10.64	0.1162	0.1162	0.1162	—
	苯丙乳胶漆外墙用	kg	10.64	0.2808	—	—	—
	苯丙乳胶漆内墙用	kg	6.92	—	0.2781	0.2781	0.1236
	成品腻子粉	kg	0.61	2.0412	2.0412	2.0412	—
	油漆溶剂油	kg	6.90	0.01291	0.01291	0.01291	—
	砂纸	张	0.87	0.101	0.101	0.101	0.040
	零星材料费	元	—	0.05	0.04	0.04	0.01

工作内容：1. 室内外：清扫、满刮腻子二遍、打磨、刷底漆一遍、乳胶漆二遍等。2. 每增加一遍：刷乳胶漆一遍等。

编号				15-227	15-228	15-229	15-230
项目名称				乳胶漆二遍			
				拉毛面	砖墙面	混凝土花格窗、栏杆、花饰	阳台、雨篷、窗间墙、隔板等小面积
单位				m^2			
总价（元）				**11.57**	**7.14**	**19.20**	**7.70**
其中	人工费（元）			7.65	4.59	13.77	4.59
	材料费（元）			3.92	2.55	5.43	3.11
名称		单位	单价（元）	消耗量			
人工	综合工日	工日	153.00	0.050	0.030	0.090	0.030
材料	乳胶漆	kg	6.92	0.567	0.3686	0.7741	0.4423
	砂纸	张	0.87	—	—	0.080	0.050
	白布 宽 0.9m	m	3.88	—	—	0.0012	0.0004

工作内容：清扫、配浆、满乱刮腻子二遍、磨砂纸、刷乳胶漆等。

编号				15-231	15-232	15-233	15-234
项目名称				乳胶漆			乳胶漆二遍
				线条（宽度 mm）			清水墙腰线、檐口线、门窗套、窗台板等
				50 以内	100 以内	150 以内	
单位				m			
总价（元）				**4.07**	**5.67**	**7.78**	**6.98**
其中	人工费（元）			3.67	5.05	6.89	5.20
	材料费（元）			0.40	0.62	0.89	1.78
名称		单位	单价（元）	消耗量			
人工	综合工日	工日	153.00	0.024	0.033	0.045	0.034
材料	苯丙乳胶漆内墙用	kg	6.92	0.0333	0.0501	0.0723	—
	苯丙乳胶漆外墙用	kg	10.64	—	—	—	0.1659
	苯丙清漆	kg	10.64	0.0139	0.0209	0.0302	—
	成品腻子粉	kg	0.61	0.0122	0.0184	0.0265	—
	油漆溶剂油	kg	6.90	0.0015	0.0023	0.0034	—
	砂纸	张	0.87	0.00747	0.01131	0.0163	0.020
	白布 宽 0.9m	m	3.88	—	—	—	0.0005
	零星材料费	元	—	—	0.01	0.01	—

工作内容：清理底子、找补腻子、磨砂纸、配料、对油、刷油。

编号				15-235	15-236	15-237	15-238	15-239
项目名称				踢脚线、窗台板、腰线、门窗盒		画油线	油漆面画石纹	抹灰面做假木纹
				底子油刮腻子各一遍	调和漆二遍			
单位				m^2		m	m^2	
总价（元）				**18.46**	**16.74**	**3.68**	**28.94**	**41.03**
其中	人工费（元）			14.08	10.56	3.37	24.02	35.19
	材料费（元）			4.38	6.18	0.31	4.92	5.84
名称		单位	单价（元）	消耗量				
人工	综合工日	工日	153.00	0.092	0.069	0.022	0.157	0.230
材料	调和漆	kg	14.11	—	0.298	—	0.179	0.178
	清漆	kg	13.35	—	—	—	—	0.084
	醇酸无光漆	kg	15.74	—	—	—	0.044	0.044
	石膏粉	kg	0.94	0.338	0.184	—	0.021	0.021
	色粉	kg	4.47	—	—	0.005	—	0.015
	大白粉	kg	0.91	—	—	—	0.240	0.240
	光油	kg	11.61	0.257	0.098	0.013	0.056	0.023
	羧甲基纤维素	kg	11.25	—	—	—	0.001	0.001
	稀料	kg	10.88	0.088	0.045	0.013	0.072	0.084
	砂纸	张	0.87	0.140	0.200	—	—	—
	聚醋酸乙烯乳液	kg	9.51	—	—	—	0.002	0.0015

第六节　喷刷、涂料

工作内容：清扫墙面、调制腻子、找补腻子、磨砂纸、对浆、刷浆、喷浆、门窗过水等。

编　号				15-240	15-241	15-242	15-243
项目名称				抹灰墙面			
				满刮浆腻子	刷石灰水一遍	画水色线	浆面套花
单　位				m^2		m	m^2
总价(元)				**6.64**	**1.24**	**2.25**	**9.39**
其中	人工费(元)			6.12	1.22	2.14	8.57
	材料费(元)			0.52	0.02	0.11	0.82
名　称		单位	单价(元)	消　耗　量			
人工	综合工日	工日	153.00	0.040	0.008	0.014	0.056
材料	乳胶漆	kg	6.92	0.013	—	0.010	0.036
	大白粉	kg	0.91	0.300	—	—	0.396
	色粉	kg	4.47	—	—	0.010	0.030
	白灰	kg	0.30	—	0.060	—	—
	羧甲基纤维素	kg	11.25	0.009	—	—	0.003
	砂纸	张	0.87	0.060	—	—	0.050
	工业盐	kg	0.91	—	0.003	—	—

工作内容：清扫、打磨、满刮腻子二遍（一遍）等。

<table>
<tr><td colspan="4">编　号</td><td>15-244</td><td>15-245</td><td>15-246</td></tr>
<tr><td colspan="4" rowspan="3">项目名称</td><td colspan="3">刮腻子</td></tr>
<tr><td>墙面</td><td>天棚面</td><td rowspan="2">每增减一遍</td></tr>
<tr><td colspan="2">满刮二遍</td></tr>
<tr><td colspan="4">单　位</td><td colspan="3">m^2</td></tr>
<tr><td colspan="4">总价（元）</td><td>11.68</td><td>14.29</td><td>4.92</td></tr>
<tr><td rowspan="2">其中</td><td colspan="3">人工费（元）</td><td>10.40</td><td>13.01</td><td>4.28</td></tr>
<tr><td colspan="3">材料费（元）</td><td>1.28</td><td>1.28</td><td>0.64</td></tr>
<tr><td colspan="2">名　称</td><td>单位</td><td>单价（元）</td><td colspan="3">消　耗　量</td></tr>
<tr><td>人工</td><td>综合工日</td><td>工日</td><td>153.00</td><td>0.068</td><td>0.085</td><td>0.028</td></tr>
<tr><td rowspan="2">材料</td><td>砂纸</td><td>张</td><td>0.87</td><td>0.040</td><td>0.040</td><td>0.020</td></tr>
<tr><td>成品腻子粉</td><td>kg</td><td>0.61</td><td>2.0412</td><td>2.0412</td><td>1.021</td></tr>
</table>

工作内容：清扫、打磨、满刮腻子二遍（一遍）等。

	编号			15-247	15-248	15-249
	项目名称			内墙刷丙烯酸涂料二遍	外墙满刮水泥腻子	外墙找补水泥腻子
	单位			m^2		
	总价（元）			**12.77**	**6.41**	**4.43**
其中	人工费（元）			7.19	5.36	3.83
	材料费（元）			5.58	1.05	0.60
	名称	单位	单价（元）	消耗量		
人工	综合工日	工日	153.00	0.047	0.035	0.025
材料	丙烯酸涂料	kg	10.95	0.420	—	—
	大白粉	kg	0.91	0.200	—	—
	乳胶漆	kg	6.92	0.025	—	—
	羧甲基纤维素	kg	11.25	0.050	—	—
	水泥	kg	0.39	—	0.600	0.350
	砂纸	张	0.87	0.070	0.120	0.070
	108 胶	kg	4.45	—	0.160	0.090

工作内容：清扫、打磨、满刮腻子二遍（一遍）等。

编号				15-250	15-251	15-252	15-253	15-254	15-255
项目名称				外墙刷丙烯酸涂料二遍					
				面砖、抹灰面	拉毛、疙瘩面	清水墙面	门窗套、腰线、窗台等	混凝土栏杆、花饰	抹灰面分色涂料
单位				m²					
总价（元）				**15.77**	**22.35**	**18.75**	**21.97**	**48.65**	**21.58**
其中	人工费（元）			11.17	16.83	13.92	17.14	42.08	16.98
	材料费（元）			4.60	5.52	4.83	4.83	6.57	4.60
名称		单位	单价（元）	消耗量					
人工	综合工日	工日	153.00	0.073	0.110	0.091	0.112	0.275	0.111
材料	乳胶漆	kg	6.92	0.023	0.029	0.025	0.025	0.035	0.023
	丙烯酸涂料	kg	10.95	0.400	0.480	0.420	0.420	0.570	0.400
	砂纸	张	0.87	0.070	0.070	0.070	0.070	0.100	0.070

工作内容：清扫、打磨、满刮腻子二遍（一遍）等。

编号				15-256	15-257	15-258	15-259
项目名称				每增减丙烯酸涂料一遍	外墙喷丙烯酸涂料二遍		
					面砖、抹灰面	拉毛、疙瘩、清水墙面	混凝土栏杆花饰
单位				m^2			
总价（元）				**7.93**	**11.15**	**15.11**	**29.25**
其中	人工费（元）			5.51	5.51	8.42	21.11
	材料费（元）			2.42	5.03	6.02	7.53
	机械费（元）			—	0.61	0.67	0.61
名称		单位	单价（元）	消耗量			
人工	综合工日	工日	153.00	0.036	0.036	0.055	0.138
材料	乳胶漆	kg	6.92	0.013	0.027	0.032	0.041
	丙烯酸涂料	kg	10.95	0.210	0.437	0.524	0.656
	砂纸	张	0.87	0.040	0.070	0.070	0.070
机械	中小型机械费	元	—	—	0.61	0.67	0.61

工作内容：清扫、打磨、满刮腻子二遍（一遍）等。

编号				15-260	15-261	15-262	15-263
项目名称				外墙面刷丙烯酸涂料			
				清水墙画墙缝	清水墙刷红土子	抹灰面刷水泥	踢脚线、窗台、腰线、门窗套刷水泥
单位				m^2			
总价（元）				**17.98**	**8.95**	**6.56**	**9.15**
其中	人工费（元）			16.83	8.42	6.12	8.57
	材料费（元）			1.15	0.53	0.44	0.58
名称		单位	单价（元）	消耗量			
人工	综合工日	工日	153.00	0.110	0.055	0.040	0.056
材料	乳胶漆	kg	6.92	0.040	—	—	—
	丙烯酸涂料	kg	10.95	0.080	—	—	—
	水泥	kg	0.39	—	—	0.340	0.440
	红土粉	kg	5.93	—	0.080	—	—
	108 胶	kg	4.45	—	0.013	0.070	0.091

工作内容：清扫、清铲、找补墙面、门窗框贴粘合带、遮盖门窗口、调制刷底油、喷塑、胶辊压平、刷面油等。

编号				15-264	15-265	15-266	15-267	15-268	15-269	15-270	15-271
项目名称				一塑三油							
				墙、柱、梁				天棚			
				大压花	中压花	喷中点幼点	平面	大压花	中压花	喷中点幼点	平面
单位				m^2							
总价（元）				**69.35**	**55.08**	**46.68**	**21.28**	**71.79**	**57.20**	**48.77**	**22.20**
其中	人工费（元）			18.82	16.98	15.30	8.87	20.96	18.82	17.14	9.79
	材料费（元）			47.80	35.65	29.15	12.41	47.80	35.65	29.15	12.41
	机械费（元）			2.73	2.45	2.23	—	3.03	2.73	2.48	—
名称		单位	单价（元）	消耗量							
人工	综合工日	工日	153.00	0.123	0.111	0.100	0.058	0.137	0.123	0.112	0.064
材料	底层固化剂	kg	11.64	0.222	0.1744	0.154	0.089	0.222	0.1744	0.154	0.089
	面层高光面油	kg	31.67	0.441	0.417	0.410	0.359	0.441	0.417	0.410	0.359
	中层涂料	kg	21.49	1.454	0.950	0.669	—	1.454	0.950	0.669	—
机械	中小型机械费	元	—	2.73	2.45	2.23	—	3.03	2.73	2.48	—

工作内容：基层清理、补小孔洞、调料遮盖不应喷处、喷涂料、压平、清铲、清理被喷污的位置等。

编号				15-272	15-273	15-274	15-275	15-276	15-277
项目名称				外墙 JH801			抹灰面多彩涂料		
				砖墙	混凝土墙	加气体混凝土墙	三遍	每增减一遍	
								底涂	中涂
单位				m^2					
总价（元）				**17.85**	**19.58**	**19.29**	**17.02**	**2.80**	**3.59**
其中	人工费（元）			11.32	11.32	11.32	8.11	1.68	1.68
	材料费（元）			6.24	7.97	7.68	8.90	1.12	1.91
	机械费（元）			0.29	0.29	0.29	0.01	—	—
名称		单位	单价（元）	消耗量					
人工	综合工日	工日	153.00	0.074	0.074	0.074	0.053	0.011	0.011
材料	无机建筑涂料 JH-80-1	kg	6.12	1.020	1.020	1.020	—	—	—
	多彩底涂	kg	10.36	—	—	—	0.106	0.106	—
	多彩中涂	kg	8.93	—	—	—	0.212	—	0.212
	多彩面涂	kg	13.91	—	—	—	0.352	—	—
	色粉	kg	4.47	—	0.035	—	—	—	—
	清油	kg	15.06	—	—	—	0.021	—	—
	稀料	kg	10.88	—	—	—	0.018	—	—
	砂布 1号	张	0.93	—	—	—	0.082	0.020	0.020
	塑料薄膜（0.26~0.45）	kg	12.73	—	—	—	0.026	—	—
	滑石粉	kg	0.59	—	—	—	0.156	—	—
	108 胶	kg	4.45	—	0.353	0.324	—	—	—
机械	中小型机械费	元	—	0.29	0.29	0.29	0.01	—	—

工作内容：清扫、配浆、刮腻子、磨砂纸、刷浆等。

编号				15-278	15-279	15-280	15-281
项目名称				彩色喷涂		砂胶涂料	
				抹灰面	混凝土墙	墙、柱面	天棚
单位				m^2			
总价（元）				**62.87**	**81.59**	**28.38**	**30.83**
其中	人工费（元）			19.89	21.88	22.34	24.79
	材料费（元）			42.61	59.21	5.41	5.41
	机械费（元）			0.37	0.50	0.63	0.63
名称		单位	单价（元）	消耗量			
人工	综合工日	工日	153.00	0.130	0.143	0.146	0.162
材料	丙烯酸彩砂涂料	kg	10.95	3.880	5.200	—	—
	水泥	kg	0.39	0.310	2.010	—	—
	108胶	kg	4.45	—	0.335	—	—
	砂胶料	kg	4.82	—	—	1.122	1.122
机械	中小型机械费	元	—	0.37	0.50	0.63	0.63

第七节 裱 糊

工作内容：清扫、执补、刷底油、刮腻子、磨砂纸、配制贴面材料、裱糊、刷胶、裁墙纸（布）、贴装饰面等。

编号				15-282	15-283	15-284
项目名称				墙面		
				墙纸		金属墙纸
				不对花	对花	
单位				m^2		
总价（元）				**37.24**	**42.04**	**37.63**
其中	人工费（元）			8.87	12.55	20.35
	材料费（元）			28.37	29.49	17.28
名称		单位	单价（元）	消耗量		
人工	综合工日	工日	153.00	0.058	0.082	0.133
材料	墙纸	m^2	18.34	1.100	1.160	—
	金属墙纸	m^2	8.09	—	—	1.150
	羧甲基纤维素	kg	11.25	0.0011	0.0011	0.0011
	壁纸专用粘贴剂	kg	25.73	0.2781	0.2781	0.2781
	成品腻子粉	kg	0.61	0.5292	0.5292	0.5292
	建筑胶	kg	2.38	0.0624	0.0624	0.0624
	零星材料费	元	—	0.56	0.58	0.34

工作内容：清扫、执补、刷底油、刮腻子、磨砂纸、配制贴面材料、裱糊、刷胶、裁墙纸（布）、贴装饰面等。

编号				15-285	15-286	15-287	15-288	15-289	15-290
项目名称				柱面			天棚		
				墙纸		金属墙纸	墙纸		金属墙纸
				不对花	对花		不对花	对花	
单位				m^2					
总价（元）				**38.16**	**43.26**	**39.62**	**42.14**	**48.31**	**45.43**
其中	人工费（元）			9.79	13.77	22.34	13.77	18.82	28.15
	材料费（元）			28.37	29.49	17.28	28.37	29.49	17.28
名称		单位	单价（元）	消耗量					
人工	综合工日	工日	153.00	0.064	0.090	0.146	0.090	0.123	0.184
材料	墙纸	m^2	18.34	1.100	1.160	—	1.100	1.160	—
	金属墙纸	m^2	8.09	—	—	1.150	—	—	1.150
	羧甲基纤维素	kg	11.25	0.0011	0.0011	0.0011	0.0011	0.0011	0.0011
	壁纸专用粘贴剂	kg	25.73	0.2781	0.2781	0.2781	0.2781	0.2781	0.2781
	成品腻子粉	kg	0.61	0.5292	0.5292	0.5292	0.5292	0.5292	0.5292
	建筑胶	kg	2.38	0.0624	0.0624	0.0624	0.0624	0.0624	0.0624
	零星材料费	元	—	0.56	0.58	0.34	0.56	0.58	0.34

工作内容：清扫、执补、刷底油、刮腻子、磨砂纸、配制贴面材料、裱糊、刷胶、裁墙纸（布）、贴装饰面等。

编号				15-291	15-292	15-293
项目名称				织锦缎		
				墙面	柱面	天棚
单位				m^2		
总价（元）				**86.85**	**89.15**	**100.32**
其中	人工费（元）			22.49	24.79	35.96
	材料费（元）			64.36	64.36	64.36
名称		单位	单价（元）	消耗量		
人工	综合工日	工日	153.00	0.147	0.162	0.235
材料	织锦缎	m^2	47.81	1.160	1.160	1.160
	羧甲基纤维素	kg	11.25	0.0011	0.0011	0.0011
	壁纸专用粘贴剂	kg	25.73	0.2781	0.2781	0.2781
	成品腻子粉	kg	0.61	0.5292	0.5292	0.5292
	建筑胶	kg	2.38	0.0624	0.0624	0.0624
	零星材料费	元	—	1.26	1.26	1.26

第八节 旧玻璃门窗、地板刷油

工作内容：清扫基层、磨砂纸、调制腻子、刮抹、找补腻子、对油生色、生粉、刷油等。

编号				15-294	15-295	15-296	15-297
项目名称				玻璃门窗		装板门	
				调和漆二遍	永明漆二遍	调和漆二遍	永明漆二遍
单位				m²			
总价(元)				**24.51**	**18.34**	**25.38**	**18.67**
其中	人工费(元)			19.89	15.45	19.89	15.30
	材料费(元)			4.62	2.89	5.49	3.37
名称		单位	单价（元）	消耗量			
人工	综合工日	工日	153.00	0.130	0.101	0.130	0.100
材料	调和漆	kg	14.11	0.260	—	0.313	—
	清漆	kg	13.35	—	0.154	—	0.183
	石膏粉	kg	0.94	0.050	0.050	0.060	0.060
	光油	kg	11.61	0.011	0.011	0.013	0.013
	砂纸	张	0.87	0.350	0.350	0.390	0.390
	稀料	kg	10.88	0.028	0.017	0.033	0.020
	催干剂	kg	12.76	0.013	0.013	0.013	0.013

工作内容：清扫基层、磨砂纸、调制腻子、刮抹、找补腻子、对油生色、生粉、刷油等。

编号				15-298	15-299	15-300	15-301	15-302
项目名称				木屋架、望板永明漆二遍	木地板			
					地板漆二遍	永明漆二遍	底子油一遍	刮腻子一遍
单位				m²				
总价（元）				**15.27**	**17.06**	**14.64**	**3.40**	**6.86**
其中	人工费（元）			9.95	11.32	11.63	2.14	6.12
	材料费（元）			5.32	5.74	3.01	1.26	0.74
名称		单位	单价（元）	消耗量				
人工	综合工日	工日	153.00	0.065	0.074	0.076	0.014	0.040
材料	清漆	kg	13.35	0.294	—	0.177	—	—
	地板漆	kg	18.30	—	0.269	—	—	—
	石膏粉	kg	0.94	0.010	0.022	0.022	—	0.071
	光油	kg	11.61	0.022	0.013	0.013	0.056	0.041
	砂纸	张	0.87	0.700	0.150	0.150	—	0.150
	稀料	kg	10.88	0.030	0.032	0.020	0.056	0.006
	催干剂	kg	12.76	0.015	0.013	0.010	—	—

第九节 底层处理

工作内容:清扫基层,烤、铲、挠油皮,清水冲洗等。

编号				15-303	15-304	15-305	15-306
项目名称				门窗			
				过火碱水	烤铲油皮	挠油皮	脱漆剂
单位				m^2			
总价(元)				**23.95**	**17.36**	**18.80**	**15.31**
其中	人工费(元)			22.82	16.20	18.63	12.29
	材料费(元)			1.13	1.16	0.17	3.02
名称		单位	单价(元)	消耗量			
人工	综合工日	工日	135.00	0.169	0.120	0.138	0.091
材料	火碱	kg	8.63	0.050	—	—	—
	草酸	kg	10.93	0.020	—	—	—
	汽油	kg	7.74	—	0.150	—	—
	脱漆剂	kg	8.46	—	—	—	0.300
	棉纱	kg	16.11	0.030	—	—	0.030
	砂纸	张	0.87	—	—	0.200	—

工作内容：清扫墙面、烤铲油皮、清洗剂刷洗、清理等。

编　号				15-307	15-308	15-309
项目名称				特殊复杂门窗烤铲油皮	烤铲油皮	
					抹灰墙面	清水墙面
单　位				m^2		
总价（元）				**22.52**	**38.90**	**76.02**
其中	人工费（元）			21.20	37.13	74.25
	材料费（元）			1.32	1.77	1.77
名　称		单位	单价（元）	消　耗　量		
人工	综合工日	工日	135.00	0.157	0.275	0.550
材料	汽油	kg	7.74	0.170	0.200	0.200
	砂纸	张	0.87	—	0.260	0.260

工作内容：铲除、挠洗、打磨崩裂和空鼓及清理蛤蟆斑等旧漆面缺陷。

编号				15-310	15-311	15-312	15-313	15-314	15-315
项目名称				清理旧漆面					
				单层木门窗	一玻一纱木门窗	百叶木门窗	厂库房门	单层组合窗	双层组合窗
单位				m^2					
总价(元)				**12.62**	**17.28**	**17.54**	**14.53**	**14.88**	**19.67**
其中	人工费(元)			12.42	17.01	17.28	14.31	14.72	19.44
	材料费(元)			0.20	0.27	0.26	0.22	0.16	0.23
名称		单位	单价（元）	消耗量					
人工	综合工日	工日	135.00	0.092	0.126	0.128	0.106	0.109	0.144
材料	零星材料费	元	—	0.20	0.27	0.26	0.22	0.16	0.23

第十节 玻 璃 安 装

工作内容：拆箱、量裁玻璃、清除裁口内灰尘、挤垫腻子、装镶玻璃、钉压条、抹油灰、调配图案、拼缝等。

编号				15-316	15-317	15-318	15-319	15-320	15-321
项目名称				木门窗					
				无色		压花			夹丝玻璃
				3mm 厚	5mm 厚	3mm 厚	5mm 厚	6mm 厚	7mm 厚
单位				m^2					
总价（元）				**48.65**	**63.69**	**65.00**	**75.70**	**86.04**	**150.68**
其中	人工费（元）			21.42	26.01	21.42	26.01	26.01	44.98
	材料费（元）			27.23	37.68	43.58	49.69	60.03	105.70
名称		单位	单价（元）	消耗量					
人工	综合工日	工日	153.00	0.140	0.170	0.140	0.170	0.170	0.294
材料	平板玻璃 3mm	m^2	19.91	1.200	—	—	—	—	—
	平板玻璃 5mm	m^2	28.62	—	1.200	—	—	—	—
	压花玻璃 3mm	m^2	33.41	—	—	1.200	—	—	—
	压花玻璃 5mm	m^2	38.50	—	—	—	1.200	—	—
	压花玻璃 6mm	m^2	47.12	—	—	—	—	1.200	—
	夹丝玻璃 7mm	m^2	87.95	—	—	—	—	—	1.174
	清油	kg	15.06	—	—	0.010	0.010	0.010	0.010
	汽油	kg	7.74	—	—	—	—	—	0.014
	圆钉	kg	6.68	0.020	0.020	0.020	0.020	0.020	0.010
	溶剂油	kg	6.10	0.014	0.014	0.014	0.014	0.014	—
	油灰	kg	2.94	1.060	1.060	1.060	1.060	1.060	0.474
	零星材料费	元	—	—	—	—	—	—	0.73

工作内容：拆箱、量裁玻璃、清除裁口内灰尘、挤垫腻子、装镶玻璃、钉压条、抹油灰、调配图案、拼缝等。

编号				15-322	15-323	15-324	15-325	15-326
项目名称				铝合金门窗				铝合金门安装玻璃 5mm 厚
				无色		茶色		
				5mm 厚	6mm 厚	5mm 厚	6mm 厚	
单位				m^2				
总价（元）				**129.91**	**135.65**	**167.52**	**183.03**	**113.79**
其中	人工费（元）			36.72	36.72	36.72	36.72	47.43
	材料费（元）			93.19	98.93	130.80	146.31	66.36
名称		单位	单价（元）	消耗量				
人工	综合工日	工日	153.00	0.240	0.240	0.240	0.240	0.310
材料	平板玻璃 5mm	m^2	28.62	1.200	—	—	—	1.200
	平板玻璃 6mm	m^2	33.40	—	1.200	—	—	—
	茶色玻璃 5mm	m^2	59.96	—	—	1.200	—	—
	茶色玻璃 6mm	m^2	72.88	—	—	—	1.200	—
	橡胶密封条	m	5.19	11.000	11.000	11.000	11.000	6.000
	扁胶条 3×（13~25）	m	4.40	0.400	0.400	0.400	0.400	0.200

工作内容: 拆箱、量裁玻璃、清除裁口内灰尘、挤垫腻子、装镶玻璃、钉压条、抹油灰、调配图案、拼缝等。

编号				15-327	15-328	15-329	15-330
项目名称				橱窗			木隔墙安装玻璃
				无色	茶色		
				5mm 厚		6mm 厚	
单位				m^2			
总价(元)				**67.05**	**104.66**	**129.34**	**58.36**
其中	人工费(元)			30.60	30.60	39.78	20.96
	材料费(元)			36.45	74.06	89.56	37.40
名称		单位	单价(元)	消耗量			
人工	综合工日	工日	153.00	0.200	0.200	0.260	0.137
材料	平板玻璃 5mm	m^2	28.62	1.200	—	—	1.174
	茶色玻璃 5mm	m^2	59.96	—	1.200	—	—
	茶色玻璃 6mm	m^2	72.88	—	—	1.200	—
	清油	kg	15.06	0.010	0.010	0.010	0.016
	油灰	kg	2.94	0.600	0.600	0.600	1.009
	溶剂油	kg	6.10	0.020	0.020	0.020	—
	汽油	kg	7.74	—	—	—	0.025
	圆钉	kg	6.68	0.010	0.010	0.010	0.010
	零星材料费	元	—	—	—	—	0.33

工作内容：拆箱、量裁玻璃、清除裁口内灰尘、挤垫腻子、装镶玻璃、钉压条、抹油灰、调配图案、拼缝等。

编号				15-331	15-332	15-333	15-334	15-335	15-336
项目名称				异形玻璃				黑板安装玻璃	钢框花房光棚安装玻璃
				木框		钢框			
				3mm 厚	5mm 厚	3mm 厚	5mm 厚		
单位				m^2					
总价（元）				**62.50**	**80.60**	**87.97**	**106.07**	**84.65**	**109.75**
其中	人工费（元）			35.19	42.84	53.55	61.20	22.95	55.08
	材料费（元）			27.31	37.76	34.42	44.87	61.70	54.67
名称		单位	单价（元）	消耗量					
人工	综合工日	工日	153.00	0.230	0.280	0.350	0.400	0.150	0.360
材料	平板玻璃 3mm	m^2	19.91	1.200	—	1.200	—	—	—
	平板玻璃 5mm	m^2	28.62	—	1.200	—	1.200	—	1.250
	磨砂玻璃 6mm	m^2	47.88	—	—	—	—	1.200	—
	清油	kg	15.06	0.010	0.010	0.010	0.010	0.007	0.008
	油灰	kg	2.94	1.060	1.060	3.500	3.500	0.460	5.820
	螺钉	百个	21.00	—	—	—	—	0.130	—
	扁钢卡勾	kg	6.58	—	—	—	—	—	0.240
	圆钉	kg	6.68	0.010	0.010	—	—	—	—
	溶剂油	kg	6.10	0.014	0.014	0.014	0.014	0.010	0.014

工作内容：1. 补安玻璃：剔除老油灰或拆压条、拆破碎玻璃、清裁口、量裁装配玻璃、钉钉子压条、抹油灰。2. 补抹油灰：剔铲离鼓、松动油灰、清裁口、补抹油灰、平整。

编号				15-337	15-338	15-339	15-340
项目名称				木门窗			
				补安玻璃	镶木条安玻璃		补抹油灰
				3mm 厚		5mm 厚	
单位				m^2			
总价（元）				**74.58**	**73.69**	**96.67**	**13.37**
其中	人工费（元）			46.51	40.39	52.48	10.25
	材料费（元）			28.07	33.30	44.19	3.12
名称		单位	单价（元）	消耗量			
人工	综合工日	工日	153.00	0.304	0.264	0.343	0.067
材料	平板玻璃 3mm	m^2	19.91	1.250	1.250	—	—
	平板玻璃 5mm	m^2	28.62	—	—	1.250	—
	红白松锯材 一类	m^3	4069.17	—	0.0017	0.0017	—
	圆钉	kg	6.68	0.010	0.030	0.030	—
	油灰	kg	2.94	1.060	0.440	0.440	1.060

工作内容：1. 补安玻璃：剔除老油灰或拆压条、拆破碎玻璃、清裁口、量裁装配玻璃、钉钉子压条、抹油灰。2. 补抹油灰：剔铲离鼓、松动油灰、清裁口、补抹油灰、平整。

编号				15-341	15-342	15-343	15-344	15-345
项目名称				钢门窗			铝合金门窗	
				补安玻璃		补抹油灰	补安玻璃	
				3mm 厚	5mm 厚		5mm 厚	6mm 厚
单位				m^2				
总价（元）				**119.33**	**141.70**	**27.12**	**151.24**	**157.21**
其中	人工费（元）			84.15	95.63	16.83	56.61	56.61
	材料费（元）			35.18	46.07	10.29	94.63	100.60
名称		单位	单价（元）	消耗量				
人工	综合工日	工日	153.00	0.550	0.625	0.110	0.370	0.370
材料	平板玻璃 3mm	m^2	19.91	1.250	—	—	—	—
	平板玻璃 5mm	m^2	28.62	—	1.250	—	1.250	—
	平板玻璃 6mm	m^2	33.40	—	—	—	—	1.250
	油灰	kg	2.94	3.500	3.500	3.500	—	—
	橡胶密封条	m	5.19	—	—	—	11.000	11.000
	扁胶条 3×（13~25）	m	4.40	—	—	—	0.400	0.400

工作内容：1. 补安玻璃：剔除老油灰或拆压条、拆破碎玻璃、清裁口、量裁装配玻璃、钉钉子压条、抹油灰。2. 补抹油灰：剔铲离鼓、松动油灰、清裁口、补抹油灰、平整。

编号				15-346	15-347	15-348	15-349	15-350
项目名称				塑钢窗补安玻璃	断桥铝合金窗补安玻璃	换夹丝玻璃		换幕墙玻璃
						钢门窗	钢框光棚	
单位				m^2				
总价（元）				**138.85**	**157.21**	**173.82**	**214.36**	**209.93**
其中	人工费（元）			38.25	56.61	56.30	61.05	68.70
	材料费（元）			100.60	100.60	117.52	153.31	141.23
名称		单位	单价（元）	消耗量				
人工	综合工日	工日	153.00	0.250	0.370	0.368	0.399	0.449
材料	夹丝玻璃 7mm	m^2	87.95	—	—	1.195	1.288	—
	钢化玻璃 6mm	m^2	106.12	—	—	—	—	1.215
	平板玻璃 6mm	m^2	33.40	1.250	1.250	—	—	—
	玻璃卡子	个	0.12	—	—	26.780	—	—
	清油	kg	15.06	—	—	0.093	0.008	—
	汽油	kg	7.74	—	—	0.142	0.013	—
	油灰	kg	2.94	—	—	1.998	5.995	—
	铁件	kg	9.49	—	—	—	0.247	—
	扁胶条 3×（13~25）	m	4.40	0.400	0.400	—	—	—
	扁胶条 5×30	m	4.40	—	—	—	4.264	—
	橡胶密封条	m	5.19	11.000	11.000	—	—	—
	玻璃胶	支	23.15	—	—	—	—	0.484
	零星材料费	元	—	—	—	0.83	1.08	1.09

第十一节　嵌边、刷养护液、清洗打蜡

工作内容：1. 石材波边线（嵌边）：清理基层、试排弹线、锯板修边、铺贴饰面、清理净面。2. 石材底面刷养护液：清理、刷养护液。

编　号				15-351	15-352	15-353	15-354	15-355	15-356
项目名称				波边线（嵌边）		石材底面刷养护液			
						光面石材			
				大理石	花岗岩	花岗岩		大理石	
						深色	浅色	深色	浅色
单　位				m^2					
总价（元）				**365.56**	**426.12**	**11.20**	**11.33**	**12.25**	**12.77**
其中	人工费（元）			41.92	44.22	7.65	7.65	7.65	7.65
	材料费（元）			322.50	380.76	3.55	3.68	4.60	5.12
	机械费（元）			1.14	1.14	—	—	—	—
名　称		单位	单价（元）	消　耗　量					
人工	综合工日	工日	153.00	0.274	0.289	0.050	0.050	0.050	0.050
材料	水泥	kg	0.39	14.698	14.698	—	—	—	—
	白水泥	kg	0.64	0.103	0.103	—	—	—	—
	粗砂	t	86.14	0.048	0.048	—	—	—	—

续前

编号				15-351	15-352	15-353	15-354	15-355	15-356
项目名称				波边线（嵌边）		石材底面刷养护液			
						光面石材			
				大理石	花岗岩	花岗岩		大理石	
						深色	浅色	深色	浅色
单位				m^2					
名称		单位	单价（元）	消耗量					
材料	大理石板	m^2	299.93	1.040	—	—	—	—	—
	花岗岩板	m^2	355.92	—	1.040	—	—	—	—
	石料切割锯片	片	28.55	0.0039	0.0047	—	—	—	—
	石材养护液	kg	83.65	—	—	0.0424	0.044	0.055	0.0612
	棉纱	kg	16.11	0.010	0.010	—	—	—	—
	锯末	m^3	61.68	0.006	0.006	—	—	—	—
	素水泥浆	m^3	—	（0.001）	（0.001）	—	—	—	—
	水泥砂浆 1：3	m^3	—	（0.0303）	（0.0303）	—	—	—	—
机械	中小型机械费	元	—	1.14	1.14	—	—	—	—

工作内容：清理、刷养护液。

编号				15-357	15-358	15-359	15-360	15-361	15-362
项目名称				石材底面刷养护液					光面石材表面刷保护液
				亚光石材		粗面石材			
				花岗岩	大理石	剁斧板	火烧板	蘑菇石	
单位				m^2					
总价（元）				**12.25**	**14.73**	**17.86**	**16.02**	**19.15**	**8.36**
其中	人工费（元）			7.65	7.65	7.65	7.65	7.65	7.65
	材料费（元）			4.60	7.08	10.21	8.37	11.50	0.71
名称		单位	单价（元）	消耗量					
人工	综合工日	工日	153.00	0.050	0.050	0.050	0.050	0.050	0.050
材料	石材养护液	kg	83.65	0.055	0.0846	0.1221	0.1001	0.1375	—
	石材保护液	kg	28.27	—	—	—	—	—	0.025

工作内容：清理表面、刷草酸、磨光、打蜡。

编号				15-363	15-364	15-365	15-366	15-367	15-368
项目名称				酸洗打蜡		旧磨石、大理石磨光	木门窗打软蜡	磨石地打硬蜡	磨石墙打硬蜡
				楼地面	楼梯台阶				
单位				m^2					
总价（元）				**8.06**	**11.57**	**35.76**	**10.10**	**16.79**	**19.39**
其中	人工费（元）			7.04	10.10	33.66	8.42	13.16	15.76
	材料费（元）			1.02	1.47	0.32	1.68	3.63	3.63
	机械费（元）			—	—	1.78	—	—	—
名称		单位	单价（元）	消耗量					
人工	综合工日	工日	153.00	0.046	0.066	0.220	0.055	0.086	0.103
材料	清油	kg	15.06	0.005	0.008	—	—	—	—
	地板蜡	kg	20.69	—	—	—	0.005	0.030	0.030
	上光蜡	kg	20.40	—	—	—	0.050	0.060	0.060
	松节油	kg	7.93	0.005	0.008	—	—	—	—
	草酸	kg	10.93	0.010	0.014	—	—	0.030	0.030
	硬白蜡	kg	18.46	0.027	0.038	—	—	—	—
	色粉	kg	4.47	—	—	—	0.020	0.050	0.050
	稀料	kg	10.88	—	—	—	0.002	0.010	0.010
	煤油	kg	7.49	0.040	0.057	—	—	—	—
	棉纱	kg	16.11	—	—	0.020	0.020	0.040	0.040
	木炭	kg	4.76	—	—	—	—	0.100	0.100
	砂纸	张	0.87	—	—	—	0.140	—	—
机械	中小型机械费	元	—	—	—	1.78	—	—	—

工作内容：清扫墙面、清洗剂刷洗、清理等。

编号				15-369	15-370	15-371	15-372	15-373
项目名称				清洗剂清水各一遍				
				刷石、假石	面砖、抹灰面	大理石面	卵石面	清水墙面
单位				m^2				
总价（元）				**46.94**	**31.28**	**30.74**	**41.95**	**38.23**
其中	人工费（元）			12.29	10.53	9.99	21.20	12.29
	材料费（元）			34.65	20.75	20.75	20.75	25.94
名称		单位	单价（元）	消耗量				
人工	综合工日	工日	135.00	0.091	0.078	0.074	0.157	0.091
材料	清洗剂	kg	50.27	0.670	0.400	0.400	0.400	0.500
	棉纱	kg	16.11	0.060	0.040	0.040	0.040	0.050

工作内容：清扫墙面、清洗剂刷洗、清理等。

编号				15-374	15-375	15-376	15-377
项目名称				火碱水、清水各一遍	酸水、清水各一遍		清水刷洗各种墙面
				刷石假石		清水墙面	
单位				m^2			
总价（元）				**16.84**	**16.85**	**16.58**	**5.29**
其中	人工费（元）			14.85	14.85	14.85	4.32
	材料费（元）			1.99	2.00	1.73	0.97
名称		单位	单价（元）	消耗量			
人工	综合工日	工日	135.00	0.110	0.110	0.110	0.032
材料	火碱	kg	8.63	0.100	—	—	—
	草酸	kg	10.93	—	0.080	0.070	—
	棉纱	kg	16.11	0.070	0.070	0.060	0.060

工作内容：1. 清洗：清扫、过水、调制腻子、找补腻子、磨砂纸、打蜡出亮等。2. 起浆底：铲除浆底、清理等全部操作过程。

编号				15-378	15-379	15-380	15-381
项目名称				磨石花砖面清洗	旧地板过火碱水	起浆底	
						抹灰墙面	清水墙面
单位				m^2			
总价（元）				**5.38**	**19.63**	**5.70**	**6.37**
其中	人工费（元）			4.86	18.23	4.73	5.40
	材料费（元）			0.52	1.40	0.97	0.97
名称		单位	单价（元）	消耗量			
人工	综合工日	工日	135.00	0.036	0.135	0.035	0.040
材料	草酸	kg	10.93	0.031	0.030	—	—
	火碱	kg	8.63	—	0.050	—	—
	棉纱	kg	16.11	0.011	0.040	0.060	0.060

第十六章　其 他 工 程

说　　明

一、本章包括柜类、货架，暖气罩，浴厕配件，压条、装饰线，旗杆，招牌、灯箱，美术字7节，共167条基价子目。

二、工程计价时应注意的问题。

1. 本章基价项目在实际施工中使用的材料品种、规格与基价取定不同时，可以换算。

2. 暖气罩挂板式是指钩挂在暖气片上；平墙式是指凹入墙内；明式是指凸出墙面；半凹半凸式按明式基价子目执行。

3. 装饰线条：

（1）木装饰线、石膏装饰线均以成品安装为准。

（2）石材装饰线条以成品安装为准。石材装饰线条磨边、磨圆角均包括在成品的单价中，不再另行计算。

4. 石材磨边、磨斜边、磨半圆边及台面开孔子目均为现场磨制。

5. 装饰线条以墙面上直线安装为准，如天棚安装直线形、圆弧形或其他图案，按以下规定计算：

（1）天棚面安装直线装饰线条人工乘以系数1.34。

（2）天棚面安装圆弧装饰线条人工乘以系数1.60，材料乘以系数1.10。

（3）墙面安装圆弧装饰线条人工乘以系数1.20，材料乘以系数1.10。

（4）装饰线条做艺术图案者，人工乘以系数1.80，材料乘以系数1.10。

6. 平面招牌是指安装在门前的墙面上；箱体招牌、竖式标箱是指六面体固定在墙体上；沿雨篷、檐口、阳台走向的立式招牌，套用平面招牌复杂项目。

7. 一般招牌和矩形招牌是指正立面平整无凸出面；复杂招牌和异形招牌是指正立面有凸起或造型。招牌的灯饰均不包括在基价内。

8. 美术字安装不分字体均执行本基价，美术字安装在其他面层是指铝合金扣板面，钙塑板面等。

9. 货架、柜类基价中未考虑面板样花及饰面板上贴其他材料的花饰、造型艺术品。

工程量计算规则

一、柜橱类、货架均以正立面的高（包括脚的高度在内）乘以宽以“m^2”计算。

二、暖气罩（包括脚的高度在内）按边框外围尺寸垂直投影面积以“m^2”计算。

三、散热器罩按数量以“个”计算。

四、大理石洗漱台按设计图示尺寸以展开面积计算，挡板、吊沿板面积并入其中，不扣除孔洞、挖弯、削角所占面积。

五、压条、装饰线条均按长度以“m”计算。

六、平面招牌基层，按正立面面积计算，复杂形凹凸造型部分不增减；立式招牌按平面招牌复杂形基价执行时，应按展开面积以“m^2”计算；箱体招牌和竖式标箱基层的项目按外围体积以“m^3”计算；突出箱外的灯饰，其他艺术装潢等项目可另行计算。

七、美术字安装按字的最大外围面积以“m^2”计算。

八、灯箱的面层按展开面积以“m^2”计算。

第一节 柜类、货架

工作内容：下料、刨光、弹线、成型、截安玻璃、五金配件安装、清理等全部操作过程。

编号				16–001	16–002	16–003	16–004	16–005
项目名称				柜台				
				带柜		不带柜		不锈钢柜台
				两面玻璃	四面玻璃	两面玻璃	四面玻璃	
				长 × 宽 × 高（1200 × 500 × 950）				
单位				m				
总价（元）				**1164.08**	**1122.58**	**1106.06**	**1085.53**	**1408.57**
其中	人工费（元）			673.20	673.20	653.31	653.31	330.48
	材料费（元）			476.36	434.86	438.23	417.70	1046.65
	机械费（元）			14.52	14.52	14.52	14.52	31.44
名称		单位	单价（元）	消耗量				
人工	综合工日	工日	153.00	4.400	4.400	4.270	4.270	2.160
材料	红白松锯材 一类	m^3	4069.17	0.057	0.052	0.047	0.040	—
	杉木锯材	m^3	2596.26	—	—	—	—	0.025
	胶合板 3mm	m^2	20.88	5.700	3.780	3.610	2.860	—
	胶合板 5mm	m^2	30.54	—	—	—	—	3.340
	大芯板（细木工板）	m^2	122.10	—	—	—	—	2.800
	防火胶板	m^2	25.23	—	—	—	—	4.330
	平板玻璃 6mm	m^2	33.40	1.260	1.820	1.420	2.120	—

续前

编号				16-001	16-002	16-003	16-004	16-005
项目名称				柜台				
				带柜		不带柜		不锈钢柜台
				两面玻璃	四面玻璃	两面玻璃	四面玻璃	
				长 × 宽 × 高（1200 × 500 × 950）				
单位				m^2				
名称		单位	单价（元）	消耗量				
材料	镜面玻璃 5mm	m^2	55.80	—	—	—	—	0.600
	车边玻璃 8mm	m^2	88.20	—	—	—	—	1.1557
	不锈钢踢脚线	m^2	154.21	—	—	—	—	0.400
	不锈钢支柱	m	22.36	1.340	1.340	2.100	2.100	0.9591
	不锈钢托架	个	11.32	2.490	2.490	5.200	5.200	—
	不锈钢刀架	m	29.06	—	—	—	—	2.120
	不锈钢滑道	m	13.77	—	—	—	—	1.060
	有机玻璃灯片	m^2	41.48	—	—	—	—	1.510
	塑料拉手	个	5.82	3.330	3.330	2.080	2.080	—
	圆钉	kg	6.68	—	—	—	—	0.202
	射钉（枪钉）	盒	36.00	—	—	—	—	0.631
	玻璃胶	支	23.15	0.250	0.260	0.270	0.280	0.700
	螺钉	个	0.21	—	—	—	—	18.360
	万能胶	kg	17.95	—	—	—	—	1.510
机械	中小型机械费	元	—	14.52	14.52	14.52	14.52	31.44

工作内容: 刨光、弹线、截角线、拼装、钉贴胶合板、贴装饰面板、装配玻璃、五金配件等全部操作过程。

编号				16-006	16-007	16-008	16-009	16-010
项目名称				附墙酒柜	隔断木衣柜	附墙衣柜	附墙书柜	壁橱
单位				m	m^2	m		m^2
总价(元)				**984.47**	**1115.59**	**1019.18**	**1046.26**	**753.07**
其中	人工费(元)			279.99	250.92	289.17	302.94	312.43
	材料费(元)			694.03	850.15	718.98	731.71	439.20
	机械费(元)			10.45	14.52	11.03	11.61	1.44
名称		单位	单价(元)	消耗量				
人工	综合工日	工日	153.00	1.830	1.640	1.890	1.980	2.042
材料	大理石板	m^2	299.93	0.0586	—	—	—	—
	胶合板 3mm	m^2	20.88	1.6241	—	1.9948	0.5532	1.050
	胶合板 9mm	m^2	55.18	1.050	2.4627	1.050	2.8987	—
	胶合板 12mm	m^2	71.97	0.7774	0.3818	0.949	—	—
	红榉木夹板 3mm	m^2	28.12	4.5654	6.7297	4.7596	5.8618	—
	大芯板(细木工板)	m^2	122.10	1.8706	2.3697	1.8706	1.5743	3.0755
	榉木封边、直板、倒圆线 25×5	m	4.76	6.7229	18.5236	7.7872	11.1522	—
	平板玻璃 8mm	m^2	50.55	0.0669	—	—	—	—
	镜面玻璃 5mm	m^2	55.80	0.1693	—	—	—	—
	铝合金轨道 TS-S	m	5.56	0.3352	—	0.4609	—	—
	四轮轴承滑车	个	53.21	1.0751	—	1.6126	—	—
	强力磁碰	个	8.41	0.2688	—	—	—	—

续前

编　号			16-006	16-007	16-008	16-009	16-010
项目名称			附墙酒柜	隔断木衣柜	附墙衣柜	附墙书柜	壁橱
单　位			m	m^2	m		m^2
名　称	单位	单价（元）	消耗量				
材料 下滑轨	m	9.88	0.3352	—	0.4609	—	—
自攻螺钉	10个	1.20	10.210	—	11.290	4.370	—
射钉（枪钉）	盒	36.00	0.6279	0.9551	0.6556	1.0125	—
合页	副	2.71	0.5375	3.925	—	5.4529	3.1001
木拉手	个	2.56	0.2688	4.710	—	2.1812	—
聚醋酸乙烯乳液	kg	9.51	2.036	3.0972	2.1257	3.2829	0.230
玻璃胶	支	23.15	0.196	—	—	—	—
圆钉	kg	6.68	0.2244	0.2244	0.2244	0.2244	0.2734
螺钉	个	0.21	—	15.700	—	—	—
木螺钉	个	0.16	—	—	—	21.810	—
磁性碰珠	个	4.58	—	—	—	—	1.5504
铁拉手	个	3.42	—	—	—	—	3.103
膨胀螺栓	套	0.82	—	—	—	—	2.0706
抽屉轨道	幅	11.10	—	0.785	—	—	—
杉木锯材	m^3	2596.26	—	0.0077	—	—	—
硬杂木锯材　一类烘干	m^3	4966.66	—	—	—	—	0.002
榉木皮	m^2	41.68	—	—	—	0.3444	—
榉木内角线　10×10	m	2.68	—	—	—	5.1477	—
半圆内角线	m	2.58	—	—	—	3.3411	—
磨砂玻璃　5mm	m^2	46.68	—	—	—	0.322	—
机械 中小型机械费	元	—	10.45	14.52	11.03	11.61	1.44

工作内容：下料、刨光、弹线、制裁、截角线、钉（胶）夹板、贴台面板、安装五金配件、装配玻璃、清理等全部操作过程。

编号				16-011	16-012	16-013	16-014	16-015
项目名称				嵌入式木壁柜	厨房矮橱		吊橱	附墙矮柜
					大理石台面	复合板台面		
单位				m^2				
总价（元）				**906.38**	**1343.64**	**1266.09**	**1115.09**	**964.52**
其中	人工费（元）			224.91	452.57	400.10	494.34	287.64
	材料费（元）			672.77	890.95	865.88	612.11	665.85
	机械费（元）			8.70	0.12	0.11	8.64	11.03
名称		单位	单价（元）	消耗量				
人工	综合工日	工日	153.00	1.470	2.958	2.615	3.231	1.880
材料	大理石板	m^2	299.93	—	0.795	—	—	—
	复合板	m^2	136.75	—	—	0.9846	—	—
	胶合板 3mm	m^2	20.88	—	1.050	1.512	—	—
	胶合板 9mm	m^2	55.18	4.6036	0.7793	0.740	—	2.443
	红榉木夹板 3mm	m^2	28.12	6.0496	—	—	—	4.1071
	硬木锯材	m^3	6977.77	—	—	—	0.0017	—
	红白松锯材 一类烘干	m^3	4650.86	—	0.0036	0.0036	—	—
	大芯板（细木工板）	m^2	122.10	1.0096	4.2149	4.709	4.3739	1.8434
	榉木封边、直板、倒圆线 25×5	m	4.76	8.765	—	—	—	12.411
	榉木内角线 10×10	m	2.68	—	—	—	—	4.9132

续前

编号				16-011	16-012	16-013	16-014	16-015
项目名称				嵌入式木壁柜	厨房矮橱		吊橱	附墙矮柜
					大理石台面	复合板台面		
单位				m^2				
名称		单位	单价（元）	消耗量				
材料	榉木皮	m^2	41.68	—	—	—	—	0.9706
	抽屉轨道	副	11.10	—	1.9922	2.040	—	—
	木拉手	个	2.56	1.3076	—	—	—	2.9004
	螺钉	个	0.21	13.080	—	—	—	23.210
	圆钉	kg	6.68	0.2244	0.004	0.052	0.1055	0.2244
	射钉（枪钉）	盒	36.00	1.0052	—	—	—	0.7221
	合页	副	2.71	3.2691	2.3907	2.550	4.1208	5.8009
	聚醋酸乙烯乳液	kg	9.51	3.2597	0.1723	0.2363	0.2121	2.3414
	铁拉手	个	3.42	—	4.3828	4.590	4.1208	—
	磁性碰珠	个	4.58	—	2.3907	2.550	4.1208	—
	玻璃胶	支	23.15	—	—	0.3281	—	—
	膨胀螺栓	套	0.82	—	—	—	4.947	—
	铁件	kg	9.49	—	—	—	1.6101	—
机械	中小型机械费	元	—	8.70	0.12	0.11	8.64	11.03

工作内容：下料、刨光、弹线、成型、截安玻璃、五金配件安装、清理等全部操作过程。

编号				16-016	16-017	16-018	16-019	16-020	16-021
项目名称				酒吧吊柜 1070×1200×315	酒吧台 1000×1150×450	展台	收银台	试衣间	服务台 1000×960×450
单位				m				个	m
总价（元）				**1401.27**	**1635.43**	**1719.48**	**1496.95**	**2752.58**	**1174.70**
其中	人工费（元）			761.94	976.14	460.53	913.41	559.98	775.71
	材料费（元）			617.55	642.96	1231.73	571.35	2171.13	382.66
	机械费（元）			21.78	16.33	27.22	12.19	21.47	16.33
名称		单位	单价（元）	消耗量					
人工	综合工日	工日	153.00	4.980	6.380	3.010	5.970	3.660	5.070
材料	防火胶板	m^2	25.23	—	—	0.990	—	—	—
	亚光防火板	m^2	29.98	—	—	—	—	—	6.180
	胶合板 3mm	m^2	20.88	3.230	3.360	—	8.460	—	6.180
	胶合板 5mm	m^2	30.54	—	4.140	3.7091	—	—	—
	胶合板 15mm	m^2	41.81	—	—	3.360	—	—	—
	大芯板（细木工板）	m^2	122.10	—	—	—	—	11.5668	—
	杉木锯材	m^3	2596.26	—	—	0.0301	—	—	—
	白枫木饰面板	m^2	39.01	—	—	0.495	—	7.920	—
	红白松锯材 一类	m^3	4069.17	0.087	0.093	—	0.097	—	—
	泡沫人造革	m^2	17.74	—	0.780	—	—	—	—
	铝合金型材	m	29.45	2.030	—	—	—	—	—
	铝合金扣板	m^2	180.62	—	—	2.5758	—	—	—
	金属抽屉条	m	11.01	—	2.060	—	—	—	—
	塑料透光片	m^2	9.52	0.250	—	—	—	—	—
	化纤地毯	m^2	214.16	—	—	1.2772	—	—	—

续前

编号				16-016	16-017	16-018	16-019	16-020	16-021
项目名称				酒吧吊柜 1070×1200×315	酒吧台 1000×1150×450	展台	收银台	试衣间	服务台 1000×960×450
单位				m				个	m
名称		单位	单价（元）	消耗量					
材料	镜面玻璃（成品）5mm	m^2	55.80	—	—	—	—	1.858	—
	茶色玻璃 4mm	m^2	42.81	1.650	—	—	—	—	—
	不锈钢压条 2mm	m	34.89	—	—	1.428	—	—	—
	不锈钢包角	m	7.91	—	—	2.040	—	—	—
	枫木线条 10×20	m	5.28	—	—	—	—	23.744	—
	枫木线条 10×30	m	6.76	—	—	—	—	4.558	—
	塑料泡沫	kg	10.83	—	0.700	—	—	—	—
	灯格片	m^2	26.17	—	—	0.4725	—	—	—
	L形执手锁	把	57.94	—	—	—	—	1.020	—
	暗插销	个	7.27	—	—	—	—	—	1.240
	暗铰链	只	4.65	—	4.120	—	—	—	—
	聚醋酸乙烯乳液	kg	9.51	—	—	1.6749	—	8.5575	—
	圆钉	kg	6.68	—	0.700	0.5872	—	0.4672	0.560
	射钉（枪钉）	盒	36.00	—	—	0.5165	—	1.0404	—
	螺钉	个	0.21	—	—	—	—	16.320	—
	合页	副	2.71	—	—	—	—	2.040	—
	砂纸	张	0.87	—	—	—	—	—	0.310
	双面胶带纸	m	5.65	8.210	—	—	—	—	—
	玻璃胶	支	23.15	0.730	—	—	—	—	—
	立时得胶	kg	22.71	—	—	—	—	—	1.780
	水胶粉	kg	18.17	—	—	—	—	—	0.820
机械	中小型机械费	元	—	21.78	16.33	27.22	12.19	21.47	16.33

工作内容：下料、刨光、弹线、成型、截安玻璃、五金配件安装、清理等全部操作过程。

编号				16-022	16-023	16-024	16-025
项目名称				货架		高货架	
				带柜	不带柜	单面	双面
单位				m^2			
总价（元）				**672.50**	**560.45**	**1049.46**	**1111.59**
其中	人工费（元）			313.65	200.43	671.67	671.67
	材料费（元）			345.24	346.41	364.18	426.31
	机械费（元）			13.61	13.61	13.61	13.61
名称		单位	单价（元）	消耗量			
人工	综合工日	工日	153.00	2.050	1.310	4.390	4.390
材料	红白松锯材 一类	m^3	4069.17	0.030	0.026	—	—
	胶合板 3mm	m^2	20.88	5.780	5.370	—	—
	胶合板 5mm	m^2	30.54	—	—	1.230	1.800
	防火板 12mm	m^2	15.04	—	—	0.540	0.910
	防火板 18mm	m^2	22.12	—	—	0.460	0.460
	防火板 20mm	m^2	24.78	—	—	0.245	0.680
	防火板 25mm	m^2	29.20	—	—	0.120	0.310
	平板玻璃 6mm	m^2	33.40	—	—	0.520	0.520

续前

编　号				16–022	16–023	16–024	16–025
项目名称				货架		高货架	
				带柜	不带柜	单面	双面
单　位				m^2			
名　称		单位	单价（元）	消　耗　量			
材料	平板玻璃 8mm	m^2	50.55	—	—	0.320	0.800
	镜面玻璃 5mm	m^2	55.80	—	—	0.520	—
	不锈钢托架	个	11.32	3.910	6.600	1.650	1.650
	不锈钢支柱	m	22.36	1.780	2.090	0.890	0.890
	不锈钢装饰条 20×10×0.5	m	7.18	—	—	2.890	3.560
	分光银色铝塑格栅	m^2	122.99	—	—	0.184	0.180
	乳白胶片	m^2	35.91	—	—	0.180	0.360
	镀铬管 *D*6	m	1.92	2.470	3.670	—	—
	磁吸块 50×20	个	7.12	1.030	—	—	—
	弹子铰链 80×30	个	3.08	2.060	—	—	—
	球形拉手	个	50.33	—	—	2.160	2.160
	铝轨 10×10×1	m	20.00	—	—	1.710	2.550
	金属抽屉条	m	11.01	—	—	0.440	0.440
机械	中小型机械费	元	—	13.61	13.61	13.61	13.61

第二节 暖 气 罩

工作内容：下料、裁口、成型、安装、清理等全部操作过程。

编号				16-026	16-027	16-028	16-029
项目名称				暖气罩			
				柚木板	塑板面	胶合板	
				挂板式		平墙式	明式
单位				m²			
总价（元）				**650.44**	**405.53**	**180.83**	**197.44**
其中	人工费（元）			87.36	69.00	90.58	95.47
	材料费（元）			558.01	332.86	87.25	97.82
	机械费（元）			5.07	3.67	3.00	4.15
名称		单位	单价（元）	消耗量			
人工	综合工日	工日	153.00	0.571	0.451	0.592	0.624
材料	柚木企口板 125×12	m³	18405.45	0.0244	—	—	—
	塑面板	m²	190.37	—	1.176	—	—
	胶合板 5mm	m²	30.54	—	—	0.5335	0.7029
	杉木锯材	m³	2596.26	—	—	0.0204	0.0204
	铝合金压条	m	8.10	8.1185	8.1185	—	—
	等边角钢 40×3	kg	3.75	3.8181	3.8181	—	—

续前

编号				16-026	16-027	16-028	16-029
项目名称				暖气罩			
				柚木板	塑板面	胶合板	
				挂板式		平墙式	明式
单位				m^2			
名称		单位	单价（元）	消耗量			
材料	钢筋	kg	3.97	1.1596	1.1596	—	—
	扁钢	kg	3.67	—	—	0.3026	0.3026
	铝板网	m^2	20.27	—	—	0.271	0.271
	镀锌钢管	kg	4.86	—	—	0.713	0.713
	调和漆	kg	14.11	0.420	0.420	—	—
	防锈漆	kg	15.51	0.420	0.420	—	—
	膨胀螺栓	套	0.82	12.546	12.546	—	6.579
	螺钉	个	0.21	—	—	13.1621	13.1621
	门轧头	个	3.16	—	—	1.632	1.632
	电焊条	kg	7.59	0.1326	0.1326	—	—
	202 胶 FSC-2	kg	7.79	0.0641	0.0735	—	—
机械	中小型机械费	元	—	5.07	3.67	3.00	4.15

工作内容：1. 制作安装暖气罩：放样、截料、平直、焊接、铁件制作安装、铝合金面板、框装配、成品固定矫正等全部操作过程。2. 拆装散热器罩：拆卸、安装等全部操作过程。

编号				16-030	16-031	16-032	16-033	16-034
项目名称				暖气罩				拆装散热器罩
				铝合金		钢板		
				平墙式	明式	平墙式	明式	
单位				m^2				个
总价（元）				**203.43**	**324.44**	**123.49**	**222.95**	**16.83**
其中	人工费（元）			82.47	105.57	40.39	70.84	16.83
	材料费（元）			116.95	210.96	71.41	130.33	—
	机械费（元）			4.01	7.91	11.69	21.78	—
名称		单位	单价（元）	消耗量				
人工	综合工日	工日	153.00	0.539	0.690	0.264	0.463	0.110
材料	铝合金装饰板	m^2	25.38	1.050	1.5748	—	—	—
	铝合金框料 25×2	m	13.89	4.5239	8.1957	—	—	—
	穿孔钢板 δ1.5	kg	4.58	—	—	9.9549	17.2004	—
	等边角钢 40×3	kg	3.75	5.0848	10.7622	5.1802	11.1712	—
	扁钢	kg	3.67	0.280	0.180	0.5691	0.5142	—
	调和漆	kg	14.11	0.0293	0.0596	0.0907	0.167	—
	防锈漆	kg	15.51	0.0293	0.0596	0.0907	0.167	—
	膨胀螺栓 M6×22	套	0.50	—	—	0.8792	0.8792	—
	镀锌螺钉	个	0.16	7.8033	15.6166	—	—	—
	螺钉	个	0.21	19.8135	45.8694	—	—	—
	电焊条	kg	7.59	0.1443	0.2948	0.1548	0.3149	—
机械	中小型机械费	元	—	4.01	7.91	11.69	21.78	—

第三节 浴厕配件

工作内容：1. 洗漱台：铁件制作安装、木料下料、铺钢板网、加楔、水泥砂浆打底、镶贴大理石、清理等全部操作过程。2. 其他：钻孔、加楔、拧螺钉、固定、清理等。

编号				16-035	16-036	16-037	16-038	16-039	16-040
项目名称				大理石洗漱台		不锈钢			塑料
				1 以外	1 以外	浴帘杆	浴缸拉手	毛巾杆	
单位				m^2		副			
总价（元）				**1118.24**	**1039.29**	**67.40**	**34.53**	**72.98**	**18.60**
其中	人工费（元）			388.31	355.42	3.52	4.59	6.89	3.52
	材料费（元）			712.86	667.65	63.88	29.94	66.09	15.08
	机械费（元）			17.07	16.22	—	—	—	—
名称		单位	单价（元）	消耗量					
人工	综合工日	工日	153.00	2.538	2.323	0.023	0.030	0.045	0.023
材料	水泥	kg	0.39	25.912	24.482	—	—	—	—
	粗砂	t	86.14	0.063	0.059	—	—	—	—
	锯材	m^3	1632.53	0.0158	0.0158	—	—	—	—
	大理石板	m^2	299.93	1.8047	1.7034	—	—	—	—
	膨胀螺栓 M8×80	套	1.16	9.2728	8.160	—	—	—	—

编号				16-035	16-036	16-037	16-038	16-039	16-040
项目名称				大理石洗漱台		不锈钢			塑料
				1以内	1以内	浴帘杆	浴缸拉手	毛巾杆	
单位				m^2		副			
名称		单位	单价（元）	消耗量					
材料	电焊条	kg	7.59	0.655	0.6065	—	—	—	—
	等边角钢 40×3	kg	3.75	24.3159	22.5105	—	—	—	—
	防锈漆	kg	15.51	0.1274	0.0691	—	—	—	—
	油漆溶剂油	kg	6.90	0.0131	0.0071	—	—	—	—
	帘子杆（成品）	副	61.95	—	—	1.010	—	—	—
	浴缸拉手（成品）	副	28.34	—	—	—	1.010	—	—
	不锈钢毛巾杆 8×450	副	64.14	—	—	—	—	1.010	—
	塑料毛巾杆架	副	14.28	—	—	—	—	—	1.010
	钢板网 0.8mm	m^2	15.92	1.3363	1.050	—	—	—	—
	木螺钉	百个	16.00	—	—	0.082	0.082	0.082	0.041
	水泥砂浆 1∶2	m^3	—	（0.0453）	（0.0428）	—	—	—	—
机械	中小型机械费	元	—	17.07	16.22	—	—	—	—

工作内容：钻孔、加楔、拧螺钉、固定、清理等全部操作过程。

编号				16-041	16-042	16-043	16-044
项目名称				毛巾环	卫生纸盒	肥皂盒	
						搁放式	嵌入式
单位				只			
总价（元）				**89.71**	**52.98**	**28.75**	**57.85**
其中	人工费（元）			2.75	5.20	2.91	49.57
	材料费（元）			86.96	47.78	25.84	8.28
名称		单位	单价（元）	消耗量			
人工	综合工日	工日	153.00	0.018	0.034	0.019	0.324
材料	水泥	kg	0.39	—	—	—	0.594
	白水泥	kg	0.64	—	—	—	0.1545
	粗砂	t	86.14	—	—	—	0.002
	不锈钢毛巾环	只	85.67	1.010	—	—	—
	不锈钢卫生纸盒	个	46.46	—	1.010	—	—
	不锈钢肥皂盒	个	25.16	—	—	1.010	—
	肥皂盒（瓷）	个	7.70	—	—	—	1.010
	螺钉	个	0.21	2.040	4.080	2.040	—
	水泥砂浆 1∶2.5	m^3	—	—	—	—	（0.0012）

工作内容：下料截口、成型、安装、清理等全部操作过程。

编号			16–045	16–046	16–047	16–048	16–049	16–050
项目名称			镜面玻璃				盥洗室镜箱	
			1 以外		1 以外		木镜箱	塑料镜箱
			带框	不带框	带框	不带框		
单位			m^2					个
总价（元）			**441.79**	**329.11**	**341.68**	**299.91**	**659.58**	**120.99**
其中	人工费（元）		96.39	52.79	73.75	47.74	370.57	4.90
	材料费（元）		344.54	275.46	267.29	251.53	289.01	116.09
	机械费（元）		0.86	0.86	0.64	0.64	—	—
名称	单位	单价（元）	消耗量					
人工 综合工日	工日	153.00	0.630	0.345	0.482	0.312	2.422	0.032
材料 锯材	m^3	1632.53	0.0122	0.0122	0.009	0.009	0.099	—
胶合板 5mm	m^2	30.54	1.050	1.050	1.050	1.050	2.141	—
镜面玻璃 5mm	m^2	55.80	—	—	—	—	0.942	—
镜面玻璃 6mm	m^2	67.98	1.180	—	1.180	—	—	—
车边镜面玻璃 600×900×6	m^2	144.25	—	1.030	—	1.030	—	—

续前

编号				16-045	16-046	16-047	16-048	16-049	16-050
项目名称				镜面玻璃				盥洗室镜箱	
				1 以内		1 以外		木镜箱	塑料镜箱
				带框	不带框	带框	不带框		
单位				m^2					个
名称		单位	单价（元）	消耗量					
材料	塑料镜箱 320×560×130	个	114.65	—	—	—	—	—	1.010
	铝合金型材 25.4×25.4	m	19.72	5.723	—	3.504	—	—	—
	圆钉	kg	6.68	0.026	0.026	0.016	0.016	0.471	—
	木螺钉 M4×60	百个	7.00	0.327	0.327	0.215	0.215	—	—
	圆头自攻螺钉 M6×（25~30）	个	0.67	38.500	—	23.100	—	—	—
	镀锌螺钉 M3×25	个	0.16	—	7.600	—	2.850	—	—
	玻璃胶	支	23.15	0.485	0.485	0.286	0.286	—	—
	油毡	m^2	3.83	1.030	1.030	1.030	1.030	1.010	—
	双面胶带纸	m	5.65	9.920	9.920	7.710	7.710	—	—
	木螺钉 M4×40	百个	7.00	—	—	—	—	0.347	0.042
机械	中小型机械费	元	—	0.86	0.86	0.64	0.64	—	—

第四节　压条、装饰线

工作内容：定位、弹线、下料、加楔、涂胶、安装、固定等全部操作过程。

编号				16-051	16-052	16-053	16-054	16-055	16-056	16-057
项目名称				金属装饰条				镜面不锈钢装饰线（mm）		
				压条	角线	槽线	铜嵌条 2×15	60 以内	60 以外	100 以外
单位				m						
总价（元）				**6.86**	**17.12**	**21.27**	**20.43**	**25.64**	**32.54**	**49.81**
其中	人工费（元）			3.06	5.51	5.51	8.87	8.57	8.57	8.57
	材料费（元）			3.80	11.61	15.76	11.56	17.07	23.97	41.24
名称		单位	单价（元）	消耗量						
人工	综合工日	工日	153.00	0.020	0.036	0.036	0.058	0.056	0.056	0.056
材料	金属压条 10×2.5	m	3.44	1.030	—	—	—	—	—	—
	金属角线 30×30×1.5	m	10.96	—	1.030	—	—	—	—	—
	金属槽线 50.8×12.7×1.2	m	14.99	—	—	1.030	—	—	—	—
	铜条 2×15	m	11.22	—	—	—	1.030	—	—	—
	镜面不锈钢板 6k	m^2	305.06	—	—	—	—	0.053	0.0742	0.1272
	胶合板 3mm	m^2	20.88	—	—	—	—	0.0425	0.063	0.1155
	自攻螺钉 M4×15	个	0.06	4.080	4.182	4.182	—	—	—	—
	202 胶 FSC-2	kg	7.79	0.0015	0.0088	0.0088	0.0006	0.0016	0.0019	0.0026

工作内容:定位、弹线、下料、加楔、涂胶、安装、固定等全部操作过程。

编号				16-058	16-059	16-060	16-061	16-062	16-063	16-064	16-065
项目名称				木质装饰线条							
				宽度(mm)							
				15 以内	25 以内	50 以内	80 以内	100 以内	150 以内	200 以内	200 以外
单位				m							
总价(元)				**10.57**	**10.57**	**15.81**	**19.67**	**20.14**	**24.02**	**25.97**	**27.12**
其中	人工费(元)			3.67	3.67	4.59	5.05	5.51	6.43	7.34	8.26
	材料费(元)			6.90	6.90	11.22	14.62	14.63	17.59	18.63	18.86
名称		单位	单价(元)	消耗量							
人工	综合工日	工日	153.00	0.024	0.024	0.030	0.033	0.036	0.042	0.048	0.054
材料	木质装饰线 13×6	m	6.52	1.050	—	—	—	—	—	—	—
	木质装饰线 19×6	m	6.52	—	1.050	—	—	—	—	—	—
	木质装饰线 50×20	m	10.43	—	—	1.050	—	—	—	—	—
	木质装饰线 80×20	m	13.64	—	—	—	1.050	—	—	—	—
	木质装饰线 100×12	m	13.57	—	—	—	—	1.050	—	—	—
	木质装饰线 150×15	m	16.33	—	—	—	—	—	1.050	—	—
	木质装饰线 200×15	m	17.27	—	—	—	—	—	—	1.050	—
	木质装饰线 250×20	m	17.43	—	—	—	—	—	—	—	1.050
	圆钉	kg	6.68	0.0053	0.0053	0.007	0.007	0.0161	0.0161	0.0161	0.0161
	锯材	m^3	1632.53	—	—	0.0001	0.0001	0.0001	0.0001	0.0001	0.0001
	202 胶 FSC-2	kg	7.79	0.0019	0.0028	0.0076	0.0118	0.0147	0.0221	0.0294	0.0368

工作内容：定位、弹线、下料、加楔、涂胶、安装、固定等全部操作过程。

编号				16-066	16-067	16-068	16-069	16-070	16-071
项目名称				木质装饰线条				挂镜线	
				顶角线(mm)				木质	塑料
				25以内	50以内	80以内	100以内		
单位				m					
总价(元)				**16.20**	**22.37**	**31.16**	**24.42**	**17.30**	**7.37**
其中	人工费(元)			3.67	3.67	4.13	4.13	9.18	2.45
	材料费(元)			12.53	18.70	27.03	20.29	8.12	4.92
名称		单位	单价(元)	消耗量					
人工	综合工日	工日	153.00	0.024	0.024	0.027	0.027	0.060	0.016
材料	木质装饰线 25×25	m	11.68	1.050	—	—	—	—	—
	木质装饰线 44×51	m	17.45	—	1.050	—	—	—	—
	木质装饰线 41×85	m	25.35	—	—	1.050	—	—	—
	木质装饰线 25×101	m	18.83	—	—	—	1.050	—	—
	塑料挂镜线	m	3.00	—	—	—	—	—	1.030
	松木锯材 三类	m^3	1661.90	—	—	—	—	0.0012	0.0011
	红白松锯材 一类烘干	m^3	4650.86	—	—	—	—	0.0013	—
	锯材	m^3	1632.53	0.0001	0.0001	0.0001	0.0001	—	—
	202胶 FSC-2	kg	7.79	0.0071	0.0136	0.018	0.018	—	—
	防腐油	kg	0.52	—	—	—	—	0.020	—
	圆钉	kg	6.68	0.007	0.0161	0.0161	0.0323	0.010	—

工作内容：弹线、砂浆调制、镶贴石材线、固定安装等全部操作过程。

编号				16-072	16-073	16-074	16-075	16-076	16-077	16-078	16-079
项目名称				石材装饰线							
				粘贴（mm）						干挂（mm）	
				50以内	80以内	100以内	150以内	200以内	200以外	200以内	200以外
单位				m							
总价（元）				**59.72**	**77.20**	**98.30**	**120.01**	**159.72**	**202.68**	**179.56**	**232.43**
其中	人工费（元）			14.23	16.68	18.97	20.04	22.49	26.01	35.50	45.90
	材料费（元）			45.48	60.51	79.32	99.95	137.21	176.64	143.98	186.42
	机械费（元）			0.01	0.01	0.01	0.02	0.02	0.03	0.08	0.11
名称		单位	单价（元）	消耗量							
人工	综合工日	工日	153.00	0.093	0.109	0.124	0.131	0.147	0.170	0.232	0.300
材料	水泥	kg	0.39	0.644	1.040	1.287	1.683	2.327	3.267	—	—
	粗砂	t	86.14	0.002	0.003	0.004	0.005	0.007	0.010	—	—
	白水泥	kg	0.64	0.0077	0.0124	0.0147	0.0194	0.0271	0.0386	—	—
	石材装饰线 50mm	m	44.56	1.010	—	—	—	—	—	—	—

编号				16-072	16-073	16-074	16-075	16-076	16-077	16-078	16-079
项目名称				石材装饰线							
				粘贴(mm)						干挂(mm)	
				50以内	80以内	100以内	150以内	200以内	200以外	200以内	200以外
单位				m							
名称		单位	单价(元)	消耗量							
材料	石材装饰线 80mm	m	59.17	—	1.010	—	—	—	—	—	—
	石材装饰线 100mm	m	77.60	—	—	1.010	—	—	—	—	—
	石材装饰线 150mm	m	97.76	—	—	—	1.010	—	—	—	—
	石材装饰线 175mm	m	134.17	—	—	—	—	1.010	—	1.010	—
	石材装饰线 200mm以外	m	172.53	—	—	—	—	—	1.010	—	1.010
	不锈钢连接件	个	2.36	—	—	—	—	—	—	1.4688	2.100
	合金钢钻头	个	11.81	—	—	—	—	—	—	0.0146	0.0209
	石料切割锯片	片	28.55	0.0013	0.0021	0.0025	0.0033	0.0047	0.0068	0.0075	0.0106
	棉纱	kg	16.11	0.0005	0.001	0.001	0.001	0.002	0.002	0.002	0.002
	大力胶	kg	19.04	—	—	—	—	—	—	0.2406	0.3483
	水泥砂浆 1:2.5	m^3	—	(0.0013)	(0.0021)	(0.0026)	(0.0034)	(0.0047)	(0.0066)	—	—
机械	中小型机械费	元	—	0.01	0.01	0.01	0.02	0.02	0.03	0.08	0.11

工作内容：定位、弹线、预埋铁件、成槽、穿丝、镶贴擦缝等全部操作过程。

编号				16-080	16-081	16-082	16-083
项目名称				石材装饰线			
				挂贴(mm)			
				100以内	100以外	200以内	200以外
单位				m			
总价(元)				**103.81**	**121.64**	**171.06**	**215.20**
其中	人工费(元)			28.00	29.22	31.52	35.19
	材料费(元)			75.78	92.38	139.48	179.92
	机械费(元)			0.03	0.04	0.06	0.09
名称		单位	单价(元)	消耗量			
人工	综合工日	工日	153.00	0.183	0.191	0.206	0.230
材料	水泥	kg	0.39	1.637	2.082	2.976	4.267
	白水泥	kg	0.64	0.0147	0.0194	0.0271	0.0386
	粗砂	t	86.14	0.005	0.006	0.008	0.012
	石材装饰线 95mm	m	72.83	1.010	—	—	—
	石材装饰线 125mm	m	88.65	—	1.010	—	—
	石材装饰线 175mm	m	134.17	—	—	1.010	—

续前

编号				16-080	16-081	16-082	16-083
项目名称				石材装饰线			
				挂贴（mm）			
				100 以内	100 以外	200 以内	200 以外
单位				m			
名称		单位	单价（元）	消耗量			
材料	石材装饰线 200mm 以外	m	172.53	—	—	—	1.010
	膨胀螺栓	套	0.82	0.503	0.6618	0.9265	1.3235
	合金钢钻头	个	11.81	0.0063	0.0083	0.0116	0.0116
	石料切割锯片	片	28.55	0.0025	0.0033	0.0047	0.0068
	棉纱	kg	16.11	0.001	0.0013	0.0018	0.0025
	铜丝	kg	73.55	0.0077	0.0101	0.0142	0.0202
	素水泥浆	m^3	—	（0.0001）	（0.0001）	（0.0002）	（0.0003）
	水泥砂浆 1∶2.5	m^3	—	（0.003）	（0.0039）	（0.0054）	（0.0077）
机械	中小型机械费	元	—	0.03	0.04	0.06	0.09

工作内容：1. 倒角：切割、抛光等。2. 磨圆边：粘板、磨边、成型、抛光等。3. 开槽、清理等。

编号				16-084	16-085	16-086	16-087	16-088	16-089	16-090
项目名称				石材倒角、抛光（宽度 mm）		石材磨制、抛光		石材开槽（断面面积 mm^2）		
				10 以内	10 以外	半圆边	加厚半圆边	30 以内	100 以内	200 以内
单位				m						
总价（元）				**10.10**	**14.74**	**27.97**	**44.54**	**7.27**	**23.13**	**26.34**
其中	人工费（元）			9.49	13.92	27.39	43.76	6.27	18.67	21.88
	材料费（元）			0.61	0.82	0.58	0.78	1.00	—	—
	机械费（元）			—	—	—	—	—	4.46	4.46
名称		单位	单价（元）	消耗量						
人工	综合工日	工日	153.00	0.062	0.091	0.179	0.286	0.041	0.122	0.143
材料	石料切割锯片	片	28.55	0.0176	0.0237	—	—	0.0352	—	—
	石材抛光片	片	3.89	0.0264	0.0356	0.0264	0.0356	—	—	—
	砂轮片（综合）	片	26.97	—	—	0.0176	0.0237	—	—	—
机械	中小型机械费	元	—	—	—	—	—	—	4.46	4.46

工作内容：切割、抛光等。

编号				16-091	16-092	16-093	16-094	16-095	16-096	16-097
项目名称				石材开孔(周长 mm)			瓷砖倒角、抛光	瓷砖开孔(周长 mm)		
				400 以内	800 以内	1000 以内		400 以内	800 以内	1000 以内
单位				个			m	个		
总价(元)				**4.55**	**9.26**	**11.54**	**6.27**	**2.80**	**5.60**	**7.08**
其中	人工费(元)			4.28	8.72	10.86	5.66	2.60	5.20	6.58
	材料费(元)			0.27	0.54	0.68	0.61	0.20	0.40	0.50
名称		单位	单价(元)	消耗量						
人工	综合工日	工日	153.00	0.028	0.057	0.071	0.037	0.017	0.034	0.043
材料	石料切割锯片	片	28.55	0.0095	0.019	0.0237	0.0176	0.007	0.0141	0.0176
	石材抛光片	片	3.89	—	—	—	0.0264	—	—	—

工作内容：定位、弹线、下料、加楔、涂胶、安装、固定等全部操作过程。

编号				16-098	16-099	16-100	16-101	16-102	16-103
项目名称				其他材料装饰线					
				石膏顶角线（mm）		石膏条	镜面玻璃条	铝塑线条	硬塑料线条
				100 以内	100 以外				
单位				m					
总价（元）				**11.73**	**22.77**	**8.59**	**5.76**	**21.29**	**7.39**
其中	人工费（元）			5.51	4.74	3.21	3.67	2.75	3.83
	材料费（元）			6.22	18.03	5.38	2.09	18.54	3.56
名称		单位	单价（元）	消耗量					
人工	综合工日	工日	153.00	0.036	0.031	0.021	0.024	0.018	0.025
材料	石膏顶角线 80×30	m	5.88	1.050	—	—	—	—	—
	石膏顶角线 120×30	m	17.11	—	1.050	—	—	—	—
	石膏装饰条 50×10	m	5.07	—	—	1.050	—	—	—
	镜面玻璃 5mm	m^2	55.80	—	—	—	0.0369	—	—
	铝塑线条 50×10	m	17.60	—	—	—	—	1.050	—
	硬塑料线条 40×30	m	3.30	—	—	—	—	—	1.050
	聚醋酸乙烯乳液	kg	9.51	0.0046	0.0071	0.0057	—	—	—
	202 胶 FSC-2	kg	7.79	—	—	—	0.0044	0.0074	—
	胶	kg	15.12	—	—	—	—	—	0.006

第五节 旗　　杆

工作内容:下料、焊接、预埋铁件、安装、抛光、清理等全部操作过程。

编　　号				16-104
项目名称				不锈钢旗杆
单　　位				m
总价(元)				**866.32**
其中	人工费(元)			130.82
	材料费(元)			721.74
	机械费(元)			13.76
名　　称		单位	单价(元)	消　耗　量
人工	综合工日	工日	153.00	0.855
材料	不锈钢无缝钢管	kg	47.82	14.5054
	旗杆球珠	只	72.37	0.068
	定滑轮	个	15.40	0.068
	铁件	kg	9.49	1.5671
	电焊条	kg	7.59	0.4331
	螺栓 M5×30	kg	14.58	0.272
机械	中小型机械费	元	—	13.76

第六节　招牌、灯箱

工作内容：下料、刨光、放样、裁料、组装、焊接成品、矫正、安装成型、清理等全部操作过程。

编号				16-105	16-106	16-107	16-108
项目名称				平面招牌			
				木结构		钢结构	
				一般	复杂	一般	复杂
单位				m^2			
总价（元）				**221.93**	**265.14**	**262.84**	**314.54**
其中	人工费（元）			69.31	84.30	123.32	143.67
	材料费（元）			150.87	178.87	129.21	160.46
	机械费（元）			1.75	1.97	10.31	10.41
名称		单位	单价（元）	消耗量			
人工	综合工日	工日	153.00	0.453	0.551	0.806	0.939
材料	红白松锯材 一类烘干	m^3	4650.86	0.0294	0.034	0.0137	0.0179
	等边角钢 45×4	kg	3.75	—	—	12.070	13.277
	镀锌薄钢板 δ0.7	m^2	25.82	0.200	0.200	0.200	0.200
	铁件	kg	9.49	—	—	0.680	0.752
	玻璃钢瓦 1800×720	块	11.30	—	0.101	—	0.101
	圆钉	kg	6.68	0.440	0.489	—	—
	镀锌瓦钉带垫 60	套	0.45	—	11.420	—	11.420
	电焊条	kg	7.59	—	—	0.340	0.370
	膨胀螺栓 M8×80	套	1.16	5.200	5.200	5.200	5.200
机械	中小型机械费	元	—	1.75	1.97	10.31	10.41

工作内容: 下料、刨光、放样、裁料、组装、焊接成品、矫正、安装成型、清理等全部操作过程。

编号				16-109	16-110	16-111	16-112	16-113	16-114	16-115	16-116
项目名称				箱式招牌				竖式招牌			
				钢结构							
				厚 500mm 以内		厚 500mm 以外		厚 400mm 以内		厚 400mm 以外	
				矩形	异形	矩形	异形	矩形	异形	矩形	异形
单位				m^3							
总价(元)				**1304.29**	**1409.30**	**868.16**	**950.58**	**1220.79**	**1342.45**	**876.17**	**964.10**
其中	人工费(元)			632.20	693.70	453.34	497.71	819.47	901.48	588.44	647.96
	材料费(元)			621.70	665.21	381.65	416.49	340.02	373.46	243.69	267.74
	机械费(元)			50.39	50.39	33.17	36.38	61.30	67.51	44.04	48.40
名称		单位	单价(元)	消耗量							
人工	综合工日	工日	153.00	4.132	4.534	2.963	3.253	5.356	5.892	3.846	4.235
材料	红白松锯材 一类烘干	m^3	4650.86	0.064	0.067	0.0333	0.0365	—	—	—	—
	等边角钢 45×4	kg	3.75	50.350	55.390	35.700	39.280	74.700	82.170	54.190	59.620
	钢拉杆	kg	3.80	11.930	13.120	9.180	9.990	9.700	10.670	6.460	7.110
	镀锌薄钢板 δ0.7	m^2	25.82	1.320	1.460	0.822	0.919	—	—	—	—
	玻璃钢瓦 1800×720	块	11.30	1.007	1.104	0.632	0.685	—	—	—	—
	镀锌瓦钉带垫 60	套	0.45	1.110	1.230	0.700	0.770	—	—	—	—
	电焊条	kg	7.59	1.700	1.880	1.224	1.250	2.240	2.470	1.610	1.770
	膨胀螺栓 M8×80	套	1.16	12.440	12.440	8.360	8.360	5.200	5.200	3.200	3.200
	铁件	kg	9.49	1.750	1.750	1.090	1.103	—	—	—	—
机械	中小型机械费	元	—	50.39	50.39	33.17	36.38	61.30	67.51	44.04	48.40

工作内容：下料、涂胶、安装面层等全部操作过程。

编号				16–117	16–118	16–119	16–120	16–121	16–122
项目名称				灯箱面层					
				有机玻璃	玻璃	金属板	玻璃钢	胶合板	铝塑板
单位				m^2					
总价（元）				**156.14**	**209.66**	**392.56**	**49.24**	**58.40**	**183.51**
其中	人工费（元）			23.56	23.56	40.85	21.42	18.82	23.56
	材料费（元）			132.58	186.10	351.71	27.82	39.58	159.95
名称		单位	单价（元）	消耗量					
人工	综合工日	工日	153.00	0.154	0.154	0.267	0.140	0.123	0.154
材料	有机玻璃 3mm	m^2	68.91	1.060	—	—	—	—	—
	镜面玻璃 6mm	m^2	67.98	—	1.210	—	—	—	—
	金属板	m^2	328.23	—	—	1.060	—	—	—
	玻璃钢	m^2	19.34	—	—	—	1.050	—	—
	胶合板 5mm	m^2	30.54	—	—	—	—	1.050	—
	铝塑板	m^2	143.67	—	—	—	—	—	1.050
	装饰螺钉	个	2.54	—	20.400	—	—	—	—
	螺钉	个	0.21	35.7639	—	—	35.7639	35.7639	35.7639
	钢钉	kg	10.51	—	—	0.2089	—	—	—
	双面强力弹性胶带	m	5.52	4.896	4.896	—	—	—	—
	玻璃胶	支	23.15	1.080	1.080	—	—	—	—
	202 胶 FSC–2	kg	7.79	—	—	0.204	—	—	0.204

第七节　美　术　字

工作内容：复纸字、字样排列、埋设铁件、拼装字样、成品矫正、安装等全部工作。

编　号				16–123	16–124	16–125	16–126	16–127	16–128
项目名称				泡沫塑料有机玻璃字（m^2）					
				0.2 以内			0.5 以内		
				混凝土面	砖墙面	其他面	混凝土面	砖墙面	其他面
单　位				个					
总价（元）				**80.40**	**66.69**	**51.24**	**114.64**	**101.02**	**87.40**
其中	人工费（元）			79.41	65.79	50.34	112.30	98.84	85.22
	材料费（元）			0.90	0.90	0.90	2.17	2.18	2.18
	机械费（元）			0.09	—	—	0.17	—	—
名　称		单位	单价（元）	消　耗　量					
人工	综合工日	工日	153.00	0.519	0.430	0.329	0.734	0.646	0.557
材料	美术字（成品）	个	—	（1.010）	（1.010）	（1.010）	（1.010）	（1.010）	（1.010）
	圆钉	kg	6.68	0.050	0.050	0.050	0.080	0.080	0.080
	立时得胶	kg	22.71	0.025	0.025	0.025	0.072	0.072	0.072
	零星材料费	元	—	—	—	—	—	0.01	0.01
机械	中小型机械费	元	—	0.09	—	—	0.17	—	—

工作内容：复纸字、字样排列、埋设铁件、拼装字样、成品矫正、安装等全部工作。

编号				16–129	16–130	16–131
项目名称				泡沫塑料有机玻璃字（m^2）		
				1 以内		
				混凝土面	砖墙面	其他面
单位				个		
总价（元）				**149.19**	**135.45**	**116.17**
其中	人工费（元）			145.20	131.58	112.30
	材料费（元）			3.74	3.74	3.74
	机械费（元）			0.25	0.13	0.13
名称		单位	单价（元）	消耗量		
人工	综合工日	工日	153.00	0.949	0.860	0.734
材料	美术字（成品）	个	—	（1.010）	（1.010）	（1.010）
	圆钉	kg	6.68	0.100	0.100	0.100
	立时得胶	kg	22.71	0.135	0.135	0.135
	零星材料费	元	—	0.01	0.01	0.01
机械	中小型机械费	元	—	0.25	0.13	0.13

工作内容: 复纸字、字样排列、埋设铁件、拼装字样、成品矫正、安装等全部工作。

编号				16-132	16-133	16-134	16-135	16-136	16-137
项目名称				木质字(m²)					
				0.2 以内			0.5 以内		
				混凝土面	砖墙面	其他面	混凝土面	砖墙面	其他面
单位				个					
总价(元)				**98.50**	**82.59**	**65.30**	**139.41**	**123.83**	**106.54**
其中	人工费(元)			93.33	77.42	60.13	131.58	116.13	98.84
	材料费(元)			5.17	5.17	5.17	7.70	7.70	7.70
	机械费(元)			—	—	—	0.13	—	—
名称		单位	单价(元)	消耗量					
人工	综合工日	工日	153.00	0.610	0.506	0.393	0.860	0.759	0.646
材料	美术字(成品)	个	—	(1.010)	(1.010)	(1.010)	(1.010)	(1.010)	(1.010)
	铁件	kg	9.49	0.390	0.390	0.390	0.580	0.580	0.580
	木螺钉 M4×40	百个	7.00	0.208	0.208	0.208	0.312	0.312	0.312
	零星材料费	元	—	0.01	0.01	0.01	0.01	0.01	0.01
机械	中小型机械费	元	—	—	—	—	0.13	—	—

工作内容：复纸字、字样排列、埋设铁件、拼装字样、成品矫正、安装等全部工作。

编号				16-138	16-139	16-140	16-141	16-142	16-143
项目名称				木质字（m^2）			金属字（m^2）		
				1以内			0.2以内		
				混凝土面	砖墙面	其他面	混凝土面	砖墙面	其他面
单位				个					
总价（元）				**180.50**	**165.05**	**141.79**	**80.25**	**73.64**	**58.03**
其中	人工费（元）			170.29	154.84	131.58	76.19	69.62	54.01
	材料费（元）			10.04	10.04	10.04	3.93	3.93	3.93
	机械费（元）			0.17	0.17	0.17	0.13	0.09	0.09
名称		单位	单价（元）	消耗量					
人工	综合工日	工日	153.00	1.113	1.012	0.860	0.498	0.455	0.353
材料	美术字（成品）	个	—	（1.010）	（1.010）	（1.010）	（1.010）	（1.010）	（1.010）
	铁件	kg	9.49	0.750	0.750	0.750	0.260	0.260	0.260
	木螺钉 M4×40	百个	7.00	0.416	0.416	0.416	0.208	0.208	0.208
	零星材料费	元	—	0.01	0.01	0.01	0.01	0.01	0.01
机械	中小型机械费	元	—	0.17	0.17	0.17	0.13	0.09	0.09

工作内容：复纸字、字样排列、埋设铁件、拼装字样、成品矫正、安装等全部工作。

编号				16-144	16-145	16-146	16-147	16-148	16-149
项目名称				金属字（m^2）					
				0.5 以内			1 以内		
				混凝土面	砖墙面	其他面	混凝土面	砖墙面	其他面
单位				个					
总价（元）				**124.24**	**110.24**	**94.94**	**161.41**	**147.48**	**127.59**
其中	人工费（元）			118.42	104.50	89.20	153.31	139.38	119.49
	材料费（元）			5.61	5.61	5.61	7.76	7.76	7.76
	机械费（元）			0.21	0.13	0.13	0.34	0.34	0.34
名称		单位	单价（元）	消耗量					
人工	综合工日	工日	153.00	0.774	0.683	0.583	1.002	0.911	0.781
材料	美术字（成品）	个	—	（1.010）	（1.010）	（1.010）	（1.010）	（1.010）	（1.010）
	铁件	kg	9.49	0.360	0.360	0.360	0.510	0.510	0.510
	木螺钉 M4×40	百个	7.00	0.312	0.312	0.312	0.416	0.416	0.416
	零星材料费	元	—	0.01	0.01	0.01	0.01	0.01	0.01
机械	中小型机械费	元	—	0.21	0.13	0.13	0.34	0.34	0.34

工作内容：字样排列、打眼、下木楔、拼装字样、成品校正、安装、清理等。

编号				16-150	16-151	16-152	16-153	16-154	16-155
项目名称				石材字（m^2）					
				0.2 以内			0.5 以内		
				混凝土面	块料面	其他面	混凝土面	块料面	其他面
单位				个					
总价（元）				**111.82**	**98.20**	**85.05**	**209.33**	**193.88**	**166.64**
其中	人工费（元）			79.56	65.94	52.79	129.44	113.99	86.75
	材料费（元）			32.24	32.24	32.24	79.85	79.85	79.85
	机械费（元）			0.02	0.02	0.02	0.04	0.04	0.04
名称		单位	单价（元）	消耗量					
人工	综合工日	工日	153.00	0.520	0.431	0.345	0.846	0.745	0.567
材料	石材字（成品）	个	—	（1.010）	（1.010）	（1.010）	（1.010）	（1.010）	（1.010）
	云石胶	kg	19.69	1.5918	1.5918	1.5918	3.9795	3.9795	3.9795
	沉头木螺钉 L35	个	0.03	13.5975	13.5975	13.5975	20.1075	20.1075	20.1075
	锯材	m^3	1632.53	0.0002	0.0002	0.0002	0.0003	0.0003	0.0003
	零星材料费	元	—	0.16	0.16	0.16	0.40	0.40	0.40
机械	中小型机械费	元	—	0.02	0.02	0.02	0.04	0.04	0.04

工作内容：复纸字、字样排列、埋设铁件、拼装字样、成品矫正、安装等全部工作。

编号				16-156	16-157	16-158	16-159	16-160	16-161
项目名称				不发光亚克力字（m^2）					
				1.0 以内			1.0 以外		
				混凝土面	块料面	其他面	混凝土面	块料面	其他面
单位				个					
总价（元）				**163.02**	**149.21**	**145.85**	**178.24**	**162.94**	**140.91**
其中	人工费（元）			153.31	139.38	136.02	168.30	153.00	130.97
	材料费（元）			8.69	8.81	8.81	8.92	8.92	8.92
	机械费（元）			1.02	1.02	1.02	1.02	1.02	1.02
名称		单位	单价（元）	消耗量					
人工	综合工日	工日	153.00	1.002	0.911	0.889	1.100	1.000	0.856
材料	亚克力字（成品）	个	—	（1.010）	（1.010）	（1.010）	（1.010）	（1.010）	（1.010）
	铁件	kg	9.49	0.4811	0.4811	0.4811	0.7217	0.7217	0.7217
	沉头木螺钉 L35	个	0.03	40.790	40.790	40.790	51.359	51.359	51.359
	万能胶	kg	17.95	0.132	0.1386	0.1386	—	—	—
	锯材	m^3	1632.53	0.0003	0.0003	0.0003	0.0003	0.0003	0.0003
	零星材料费	元	—	0.04	0.04	0.04	0.04	0.04	0.04
机械	中小型机械费	元	—	1.02	1.02	1.02	1.02	1.02	1.02

工作内容：复纸字、字样排列、埋设铁件、拼装字样、成品矫正、安装等全部工作。

编号				16-162	16-163	16-164	16-165	16-166	16-167
项目名称				发光亚克力字(m^2)					
				1.0 以内			1.0 以外		
				混凝土面	块料面	其他面	混凝土面	块料面	其他面
单位				个					
总价(元)				**178.44**	**163.14**	**159.46**	**195.07**	**178.24**	**154.07**
其中	人工费(元)			168.61	153.31	149.63	185.13	168.30	144.13
	材料费(元)			8.81	8.81	8.81	8.92	8.92	8.92
	机械费(元)			1.02	1.02	1.02	1.02	1.02	1.02
名称		单位	单价(元)	消耗量					
人工	综合工日	工日	153.00	1.102	1.002	0.978	1.210	1.100	0.942
材料	亚克力字(成品)	个	—	(1.010)	(1.010)	(1.010)	(1.010)	(1.010)	(1.010)
	铁件	kg	9.49	0.4811	0.4811	0.4811	0.7217	0.7217	0.7217
	沉头木螺钉 L35	个	0.03	40.7999	40.7999	40.7999	51.3597	51.3597	51.3597
	万能胶	kg	17.95	0.1386	0.1386	0.1386	—	—	—
	锯材	m^3	1632.53	0.0003	0.0003	0.0003	0.0003	0.0003	0.0003
	零星材料费	元	—	0.04	0.04	0.04	0.04	0.04	0.04
机械	中小型机械费	元	—	1.02	1.02	1.02	1.02	1.02	1.02

天津市房屋修缮工程预算基价

土建工程（五）

DBD 29-701-2020

天津市住房和城乡建设委员会
天 津 市 建 筑 市 场 服 务 中 心　主编

中 国 计 划 出 版 社

目　录

第十七章　室 外 工 程

第十八章　零 星 工 程

第十九章　机械拆除工程

第二十章　脚手架工程

第二十一章　楼层施工增加人工及高层脚手架增价

第二十二章　措 施 项 目

附　录

第十七章　室 外 工 程

说　　明

一、本章包括新砌围墙、新砌墙帽、拆砌墙帽、甬路、道路5节，共59条基价子目。

二、关于项目的界定：围墙基础与墙身的划分是以设计室外地坪为界，墙身包括附墙垛、墙帽。

三、工程计价时应注意的问题：

1. 围墙基础与墙身的划分是以设计室外地坪为界限，墙身包括附墙垛、二层檐墙帽。基础、防潮层、抹灰、勾缝等另行计算。大门垛另套砖柱基价计算。围墙厚度不同时，其工料允许按实调整。

2. 砖墁甬路包括栽砖牙子，但不包括灰土及其他垫层，如设计要求做垫层，应分别执行土方及相应垫层基价。

3. 本章的混凝土路面项目适用于居住小区围墙以内采用混凝土制作的甬路、道路、停车场。路牙另套相应基价。

4. 沥青混凝土系按"t"计算，其压实密度粗粒式沥青混凝土为2.36t/m^3，中粒式沥青混凝土为2.35t/m^3，细粒式沥青混凝土为2.30t/m^3。

工程量计算规则

一、砌围墙按不同厚度以墙中心线长乘以墙高（指墙檐高度）以"m^2"计算。

二、新砌各种墙帽均包括檐底以上的双面工程量，按墙体长度以"m"计算。

三、甬路按面积以"m^2"计算。

四、路面面层、路基的工程量按实铺面积以"m^2"计算，按平均厚度分别执行基价，不扣除雨水井、伸缩缝所占的面积。混凝土路面的伸缩缝已包括在基价内。加固筋、传力杆、嵌缝木板、路面随打随抹等未包括在基价内，应另行计算。

五、路牙按实铺长度以"m"计算。

六、预制混凝土块路面及路牙安装基价未包括预制块的制作及场外运输费用，应另行计算。

七、沥青混凝土路面工程量计算：铺筑于石灰土、多合土、两渣基层的粗粒式沥青混凝土的厚度按设计厚度另加0.5cm的沥青混凝土用量。铺筑于渣石基层的粗粒式沥青混凝土的厚度另加1cm的沥青混凝土用量。铺筑于粗粒式沥青混凝土的中、细粒式沥青混凝土的厚度另加0.3cm的沥青混凝土的细料用量，以利各铺筑层的嵌入和施工误差。遇有拖拉机过道口时，应减除该部位沥青混凝土用量。

第一节 新砌围墙

工作内容：选砖、浇砖、调制砂浆、运料、砌筑等。

编号				17-001	17-002	17-003	17-004
项目名称				页岩标砖半砖厚		页岩标砖一砖厚	
				M5 混合砂浆	M10 水泥砂浆	M5 混合砂浆	M10 水泥砂浆
单位				m^2			
总价（元）				**120.74**	**122.20**	**176.21**	**178.44**
其中	人工费（元）			51.30	51.30	76.95	76.95
	材料费（元）			67.19	68.65	95.65	97.88
	机械费（元）			2.25	2.25	3.61	3.61
名称		单位	单价（元）	消耗量			
人工	综合工日	工日	135.00	0.380	0.380	0.570	0.570
材料	页岩标砖 240×115×53	块	0.51	110.000	110.000	155.000	155.000
	水泥	kg	0.39	8.694	14.076	13.041	21.114
	粗砂	t	86.14	0.081	0.082	0.121	0.123
	灰膏	m^3	181.42	0.004	—	0.006	—
	M5 混合砂浆	m^3	—	（0.046）	—	（0.069）	—
	M10 水泥砂浆	m^3	—	—	（0.046）	—	（0.069）
机械	中小型机械费	元	—	2.25	2.25	3.61	3.61

工作内容：1. 铁栏杆：制作、安装等全部操作过程。2. 围墙上拉刺丝：角钢调直、下料、打眼、稳柱、调制砂浆灌浆、绑刺丝等。3. 铁栏杆围墙砖垛：选砖，浇砖，调制砂浆，运料，砌砖，划缝清理，型钢的加工成型、制作、安装。

编　　号				17-005	17-006	17-007	17-008	17-009
项目名称				围墙铁栏杆		铁栏杆围墙	修配铁栏杆	围墙上拉刺丝
				一般	复杂	砖垛		
单　　位				t		m^2	根	m^2
总价(元)				**11675.08**	**12555.53**	**172.95**	**16.09**	**59.23**
其中	人工费(元)			7007.85	7973.10	71.42	13.50	36.45
	材料费(元)			4288.49	4203.69	99.91	2.59	22.62
	机械费(元)			378.74	378.74	1.62	—	0.16
名　　称		单位	单价(元)	消　耗　量				
人工	综合工日	工日	135.00	51.910	59.060	0.529	0.100	0.270
材料	水泥	kg	0.39	—	—	6.365	—	0.918
	粗砂	t	86.14	—	—	0.037	—	0.005
	页岩标砖 240×115×53	块	0.51	—	—	46.000	—	—
	栏杆圆钢	kg	3.84	1060.000	—	—	—	—
	钢花饰栏杆	kg	3.76	—	1060.000	—	—	—
	预埋铁件	kg	9.49	—	—	0.870	—	—

续前

编号				17-005	17-006	17-007	17-008	17-009
项目名称				围墙铁栏杆		铁栏杆围墙	修配铁栏杆	围墙上拉刺丝
				一般	复杂	砖垛		
单位				t		m^2	根	m^2
名称		单位	单价（元）	消耗量				
材料	型钢	kg	3.70	—	—	16.369	0.700	—
	等边角钢 45×4	kg	3.75	—	—	—	—	3.850
	镀锌钢丝 *D*2.8	kg	6.91	—	—	—	—	0.070
	镀锌刺丝 *D*2.8	kg	6.91	—	—	—	—	1.000
	电焊条	kg	7.59	26.000	26.000	0.258	—	—
	氧气	m^3	2.88	0.700	0.700	—	—	—
	乙炔气	m^3	16.13	0.300	0.300	—	—	—
	黄花松锯材 二类	m^3	2778.72	0.005	0.005	—	—	—
	M10 水泥砂浆	m^3	—	—	—	（0.0208）	—	（0.003）
机械	中小型机械费	元	—	378.74	378.74	1.62	—	0.16

第二节　新砌墙帽

工作内容：选砖、浇砖、调制砂浆、运料、砌筑等。

编号				17-010	17-011	17-012	17-013	17-014	17-015
项目名称				馒头顶（泥鳅背）		蓑衣顶			
				M5 混合砂浆	M10 水泥砂浆	三退		五退	
						M5 混合砂浆	M10 水泥砂浆	M5 混合砂浆	M10 水泥砂浆
单位				m					
总价（元）				**76.15**	**77.01**	**66.10**	**66.88**	**92.44**	**93.40**
其中	人工费（元）			45.90	45.90	35.10	35.10	51.30	51.30
	材料费（元）			30.25	31.11	31.00	31.78	41.14	42.10
名称		单位	单价（元）	消耗量					
人工	综合工日	工日	135.00	0.340	0.340	0.260	0.260	0.380	0.380
材料	页岩标砖 240×115×53	块	0.51	25.000	25.000	50.000	50.000	66.000	66.000
	水泥	kg	0.39	10.689	14.082	4.347	7.038	5.859	9.486
	粗砂	t	86.14	0.051	0.052	0.040	0.041	0.054	0.055
	灰膏	m^3	181.42	0.020	0.017	0.002	—	0.003	—
	麻刀	kg	3.92	0.429	0.429	—	—	—	—
	碎砖	m^3	55.77	0.065	0.065	—	—	—	—
	M5 混合砂浆	m^3	—	（0.029）	—	（0.023）	—	（0.031）	—
	M10 水泥砂浆	m^3	—	—	（0.029）	—	（0.023）	—	（0.031）
	水泥白灰麻刀浆 1:5	m^3	—	（0.021）	（0.021）	—	—	—	—

第三节 拆砌墙帽

工作内容:拆后杂物清理、归堆、分检可利用材料、调制砂浆、砌筑等。

编号				17-016	17-017	17-018	17-019
项目名称				馒头顶(泥鳅背)		宝盒顶	
				M5混合砂浆	M10水泥砂浆	M5混合砂浆	M10水泥砂浆
单位				m			
总价(元)				**73.94**	**80.16**	**99.43**	**107.27**
其中	人工费(元)			52.65	58.05	68.85	75.60
	材料费(元)			21.29	22.11	30.58	31.67
名称		单位	单价(元)	消耗量			
人工	综合工日	工日	135.00	0.390	0.430	0.510	0.560
材料	页岩标砖 240×115×53	块	0.51	8.000	8.000	8.000	8.000
	水泥	kg	0.39	11.126	14.636	18.082	22.060
	粗砂	t	86.14	0.053	0.053	0.060	0.061
	灰膏	m^3	181.42	0.021	0.018	0.042	0.039
	麻刀	kg	3.92	0.449	0.449	0.959	0.959
	碎砖	m^3	55.77	0.049	0.049	0.052	0.052
	M5混合砂浆	m^3	—	(0.030)	—	(0.034)	—
	M10水泥砂浆	m^3	—	—	(0.030)	—	(0.034)
	水泥白灰麻刀浆 1:5	m^3	—	(0.022)	(0.022)	(0.047)	(0.047)

工作内容：拆后杂物清理、归堆、分检可利用材料、调制砂浆、砌筑等。

编号				17-020	17-021	17-022	17-023
项目名称				砖瓦檐（鹰不落）		墁砖面	
				M5 混合砂浆	M10 水泥砂浆	M5 混合砂浆	M10 水泥砂浆
单位				m			
总价（元）				**104.84**	**112.46**	**127.95**	**138.69**
其中	人工费（元）			68.85	75.60	82.35	90.45
	材料费（元）			35.99	36.86	45.60	48.24
名称		单位	单价（元）	消耗量			
人工	综合工日	工日	135.00	0.510	0.560	0.610	0.670
材料	页岩标砖 240×115×53	块	0.51	14.000	14.000	41.000	41.000
	水泥	kg	0.39	18.377	21.770	17.482	27.076
	粗砂	t	86.14	0.051	0.052	0.144	0.146
	麻刀	kg	3.92	1.061	1.061	0.163	0.163
	灰膏	m^3	181.42	0.046	0.043	0.014	0.007
	小青瓦 17×16	块	0.59	3.200	3.200	—	—
	碎砖	m^3	55.77	0.052	0.052	0.041	0.041
	M5 混合砂浆	m^3	—	（0.029）	—	（0.082）	—
	M10 水泥砂浆	m^3	—	—	（0.029）	—	（0.082）
	水泥白灰麻刀浆 1∶5	m^3	—	（0.052）	（0.052）	（0.008）	（0.008）

工作内容: 拆后杂物清理、归堆、分检可利用材料、调制砂浆、砌筑等。

编号				17-024	17-025	17-026	17-027	17-028	17-029
项目名称				蓑衣顶				花瓦顶	
				三退		五退		M5 混合砂浆	M10 水泥砂浆
				M5 混合砂浆	M10 水泥砂浆	M5 混合砂浆	M10 水泥砂浆		
单位				m					
总价(元)				**64.46**	**69.33**	**88.51**	**94.87**	**131.46**	**144.61**
其中	人工费(元)			37.80	41.85	54.00	59.40	110.70	122.85
	材料费(元)			26.66	27.48	34.51	35.47	20.76	21.76
名称		单位	单价(元)	消耗量					
人工	综合工日	工日	135.00	0.280	0.310	0.400	0.440	0.820	0.910
材料	页岩标砖 240×115×53	块	0.51	41.000	41.000	53.000	53.000	13.000	13.000
	水泥	kg	0.39	4.536	7.344	5.859	9.486	8.032	11.776
	粗砂	t	86.14	0.042	0.043	0.054	0.055	0.056	0.057
	灰膏	m^3	181.42	0.002	—	0.003	—	0.010	0.007
	麻刀	kg	3.92	—	—	—	—	0.163	0.163
	小青瓦 17×16	块	0.59	—	—	—	—	6.300	6.300
	M5 混合砂浆	m^3	—	(0.024)	—	(0.031)	—	(0.032)	—
	M10 水泥砂浆	m^3	—	—	(0.024)	—	(0.031)	—	(0.032)
	水泥白灰麻刀浆 1:5	m^3	—	—	—	—	—	(0.008)	(0.008)

第四节 甬 路

工作内容:清理基层、配料、基层找平、铺砌、灌缝等。

编号				17-030	17-031	17-032	17-033	17-034
项目名称				甬路				
				豆石混凝土	C15 混凝土	焦渣	平墁砖	侧墁砖
单位				m^2				
总价(元)				**35.65**	**45.62**	**64.47**	**48.70**	**81.14**
其中	人工费(元)			20.52	21.33	37.80	16.47	27.00
	材料费(元)			15.03	24.19	26.67	32.23	54.14
	机械费(元)			0.10	0.10	—	—	—
名称		单位	单价(元)	消耗量				
人工	综合工日	工日	135.00	0.152	0.158	0.280	0.122	0.200
材料	预拌混凝土 AC15	m^3	439.88	—	0.055	—	—	—
	豆石混凝土	m^3	—	(0.044)	—	—	—	—
	页岩标砖 240×115×53	块	0.51	—	—	—	48.000	86.000
	水泥	kg	0.39	13.970	—	—	11.049	14.660
	粗砂	t	86.14	0.032	—	—	0.040	0.053
	白灰	kg	0.30	—	—	28.600	—	—
	焦渣	m^3	108.30	—	—	0.167	—	—
	豆粒石	t	139.19	0.049	—	—	—	—
	水泥砂浆 1:1	m^3	—	(0.0022)	—	—	—	—
	水泥砂浆 1:3	m^3	—	—	—	—	(0.0254)	(0.0337)
机械	中小型机械费	元	—	0.10	0.10	—	—	—

第五节　道　　路

工作内容：砂摊平、灰土拌和、分层铺平、铺炉渣、摊铺碎石、整平碾压等。

编　　号				17-035	17-036	17-037	17-038	17-039	17-040
项目名称				路基					
				砂垫层		灰土垫层 2∶8		灰土垫层 3∶7	
				150mm 厚	每增减 10mm	100mm 厚	每增减 10mm	100mm 厚	每增减 10mm
单　　位				m^2					
总价（元）				**30.45**	**2.05**	**23.46**	**2.33**	**24.63**	**2.49**
其中	人工费（元）			5.81	0.41	8.10	0.81	8.10	0.81
	材料费（元）			24.64	1.64	15.36	1.52	16.53	1.68
名　　称		单位	单价（元）	消　耗　量					
人工	综合工日	工日	135.00	0.043	0.003	0.060	0.006	0.060	0.006
材料	粗砂	t	86.14	0.286	0.019	—	—	—	—
	白灰	kg	0.30	—	—	16.500	1.700	24.800	2.500
	黄土	m^3	77.65	—	—	0.134	0.013	0.117	0.012

工作内容：砂摊平、灰土拌和、分层铺平、铺炉渣、摊铺碎石、整平碾压等。

编号				17-041	17-042	17-043	17-044
项目名称				路基			
				炉渣垫层		碎石垫层	
				120mm 厚	每增减 10mm	100mm 厚	每增减 10mm
单位				m^2			
总价（元）				**26.82**	**2.25**	**29.97**	**2.72**
其中	人工费（元）			4.73	0.41	6.62	0.41
	材料费（元）			22.09	1.84	23.35	2.31
名称		单位	单价（元）	消耗量			
人工	综合工日	工日	135.00	0.035	0.003	0.049	0.003
材料	焦渣	m^3	108.30	0.204	0.017	—	—
	粗砂	t	86.14	—	—	0.114	0.011
	石子 5~40	t	85.12	—	—	0.159	0.016

工作内容：支拆模板、混凝土浇筑、振捣、找平、养护、灌注沥青砂浆伸缩缝、路牙挖槽和勾缝。

编号				17-045	17-046	17-047	17-048	17-049
项目名称				混凝土路面				
				C20		C25		预制混凝土块安装
				150mm 厚	每增减 10mm	150mm 厚	每增减 10mm	
单位				m^2				
总价（元）				**88.99**	**5.41**	**90.62**	**5.51**	**47.27**
其中	人工费（元）			17.55	0.81	17.55	0.81	36.05
	材料费（元）			71.34	4.60	72.97	4.70	10.08
	机械费（元）			0.10	—	0.10	—	1.14
名称		单位	单价（元）	消耗量				
人工	综合工日	工日	135.00	0.130	0.006	0.130	0.006	0.267
材料	预拌混凝土 AC20	m^3	450.56	0.153	0.0102	—	—	—
	预拌混凝土 AC25	m^3	461.24	—	—	0.153	0.0102	—
	水泥	kg	0.39	—	—	—	—	14.797
	粗砂	t	86.14	0.002	—	0.002	—	0.050
	滑石粉	kg	0.59	0.458	—	0.458	—	—
	石油沥青	kg	4.04	0.240	—	0.240	—	—
	木模板	m^3	1982.88	0.0005	—	0.0005	—	—
	沥青砂浆	m^3	—	（0.001）	—	（0.001）	—	—
	水泥砂浆 1∶2	m^3	—	—	—	—	—	（0.0064）
	水泥砂浆 1∶3	m^3	—	—	—	—	—	（0.0256）
机械	中小型机械费	元	—	0.10	—	0.10	—	1.14

工作内容：支拆模板、混凝土浇筑、振捣、找平、养护、灌注沥青砂浆伸缩缝、路牙挖槽和勾缝。

编号				17-050	17-051	17-052
项目名称				路牙		
				预制混凝土块安装	侧砌砖宽 53mm	立砌砖宽 115mm
单位				m		
总价（元）				**15.49**	**6.99**	**25.27**
其中	人工费（元）			14.99	4.59	15.39
	材料费（元）			0.46	2.38	9.69
	机械费（元）			0.04	0.02	0.19
名称		单位	单价（元）	消耗量		
人工	综合工日	工日	135.00	0.111	0.034	0.114
材料	页岩标砖 240×115×53	块	0.51	—	4.200	16.200
	水泥	kg	0.39	0.744	0.172	1.226
	粗砂	t	86.14	0.002	0.002	0.011
	M5 水泥砂浆	m^3	—	—	（0.0008）	（0.0057）
	水泥砂浆 1:2	m^3	—	（0.0013）	—	—
机械	中小型机械费	元	—	0.04	0.02	0.19

工作内容：放样、清底、配料铺筑、摊平泼水、安装、灌缝。

编号				17-053	17-054	17-055
项目名称				人行道水泥花砖铺设		地面干砂铺砖
				石灰砂浆 1∶3	水泥砂浆 1∶3	
单位				m^2		
总价（元）				**39.21**	**42.38**	**54.22**
其中	人工费（元）			14.18	14.18	16.47
	材料费（元）			25.03	28.20	37.75
名称		单位	单价（元）	消耗量		
人工	综合工日	工日	135.00	0.105	0.105	0.122
材料	水泥	kg	0.39	—	9.270	—
	粗砂	t	86.14	0.0422	0.037	0.044
	细砂	t	87.33	0.0041	0.0041	0.003
	白灰	kg	0.30	0.0062	—	—
	水泥砖 250×250×50	m^2	19.85	1.051	1.051	—
	水泥花砖 200×200	m^2	32.90	—	—	1.020
	零星材料费	元	—	0.17	0.18	0.14

工作内容: 放样、清扫路基、整修侧缘石、搭茬接缝、测温、人工摊铺、扒平点补、人工夯实井边路边、碾压平实。

编号				17-056	17-057	17-058	17-059
项目名称				人工摊铺沥青混凝土			
				粗粒式	中粒式	细粒式	细砂
单位				t			
总价(元)				**316.19**	**327.12**	**352.52**	**518.61**
其中	人工费(元)			38.07	39.15	34.83	42.80
	材料费(元)			278.12	287.97	317.69	475.81
名称		单位	单价(元)	消耗量			
人工	综合工日	工日	135.00	0.282	0.290	0.258	0.317
材料	粗粒式沥青混凝土	t	265.13	1.040	—	—	—
	中粒式沥青混凝土	t	274.60	—	1.040	—	—
	细粒式沥青混凝土	t	303.01	—	—	1.040	—
	石油沥青砂	t	454.51	—	—	—	1.040
	零星材料费	元	—	2.38	2.39	2.56	3.12

第十八章　零 星 工 程

说　　明

一、本章包括剔补槽、眼，其他工程 2 节，共 71 条基价子目。

二、工程计价时应注意的问题：

1. 本章楼板打眼皆按无吊顶考虑，如有吊顶人工费乘以系数 1.20。

2. 各项工程均包括现场内领退材料、全部水平运距及完工清理等。

3. 剔补槽、眼未包括机械，如发生机械费，按实际计算。

工程量计算规则

一、开槽根据墙质、管径按长度以 “m” 计算。

二、打眼根据墙、楼板厚度、孔径按数量以 “个” 计算。

三、补眼按数量以 “个” 计算。

四、拆补木楼板、木踢脚线，补钉木板条按面积以 “m^2” 计算。

五、其他工程按子目要求计算工程量。

第一节 剔补槽、眼

工作内容：定位、剔槽、清理渣土等。

<table>
<tr><td colspan="4">编 号</td><td>18-001</td><td>18-002</td><td>18-003</td><td>18-004</td></tr>
<tr><td colspan="4" rowspan="3">项目名称</td><td colspan="4">剔砖槽</td></tr>
<tr><td colspan="4">管径(mm)</td></tr>
<tr><td>20 以内</td><td>40 以内</td><td>50 以内</td><td>75 以内</td></tr>
<tr><td colspan="4">单 位</td><td colspan="4">m</td></tr>
<tr><td colspan="4">总价(元)</td><td>14.18</td><td>16.88</td><td>21.87</td><td>24.30</td></tr>
<tr><td rowspan="2">其中</td><td colspan="3">人工费(元)</td><td>14.18</td><td>16.88</td><td>21.87</td><td>24.30</td></tr>
<tr><td colspan="3">材料费(元)</td><td>—</td><td>—</td><td>—</td><td>—</td></tr>
<tr><td colspan="2">名 称</td><td>单位</td><td>单价(元)</td><td colspan="4">消 耗 量</td></tr>
<tr><td>人工</td><td>综合工日</td><td>工日</td><td>135.00</td><td>0.105</td><td>0.125</td><td>0.162</td><td>0.180</td></tr>
</table>

工作内容：定位、剔槽、清理渣土等。

编号				18-005	18-006	18-007	18-008
项目名称				剔混凝土槽			
				管径（mm）			
				20 以内	40 以内	50 以内	75 以内
单位				m			
总价（元）				**40.50**	**64.80**	**113.40**	**162.00**
其中	人工费（元）			40.50	64.80	113.40	162.00
	材料费（元）			—	—	—	—
名称		单位	单价（元）	消耗量			
人工	综合工日	工日	135.00	0.300	0.480	0.840	1.200

工作内容：定位、画线、找位置、剔槽（沟）、控制扬尘、清理渣土等。

编号				18-009	18-010	18-011
项目名称				拆剔原有墙槽	水磨石、水泥砂浆地面剔沟（沟宽 500mm 以内）	
					混凝土垫层	其他垫层
单位				m		
总价（元）				**10.53**	**80.19**	**37.80**
其中	人工费（元）			10.53	80.19	37.80
	材料费（元）			—	—	—
名称		单位	单价（元）	消耗量		
人工	综合工日	工日	135.00	0.078	0.594	0.280

工作内容:定位、打眼、清理渣土等。

编　号				18-012	18-013	18-014	18-015	18-016	18-017	18-018
项目名称				剔墙眼						
				半砖	一砖	一砖半	二砖	二砖半	木板、板条墙	轻质墙
单　位				个						
总价(元)				**14.85**	**24.03**	**33.75**	**56.16**	**73.04**	**7.43**	**12.29**
其中	人工费(元)			14.85	24.03	33.75	56.16	73.04	7.43	12.29
	材料费(元)			—	—	—	—	—	—	—
名　称		单位	单价(元)	消　耗　量						
人工	综合工日	工日	135.00	0.110	0.178	0.250	0.416	0.541	0.055	0.091

工作内容：定位、打眼、清理渣土等。

编号				18-019	18-020	18-021	18-022	18-023	18-024	18-025	18-026
项目名称				混凝土墙打透眼（厚100mm以内）				混凝土墙打透眼（厚150mm以内）			
				透眼直径（mm）							
				25以内	50以内	120以内	200以内	25以内	50以内	120以内	200以内
单位				个							
总价（元）				**19.58**	**24.17**	**28.35**	**32.40**	**37.80**	**38.88**	**48.60**	**64.80**
其中	人工费（元）			19.58	24.17	28.35	32.40	37.80	38.88	48.60	64.80
	材料费（元）			—	—	—	—	—	—	—	—
名称		单位	单价（元）	消耗量							
人工	综合工日	工日	135.00	0.145	0.179	0.210	0.240	0.280	0.288	0.360	0.480

工作内容: 定位、打眼、清理渣土等。

编号				18-027	18-028	18-029
项目名称				现浇混凝土楼板打透眼（厚 100mm 以内）		
				透眼直径（mm）		
				25 以内	50 以内	120 以内
单位				个		
总价（元）				**14.58**	**20.52**	**23.63**
其中	人工费（元）			14.58	20.52	23.63
	材料费（元）			—	—	—
名称		单位	单价（元）	消耗量		
人工	综合工日	工日	135.00	0.108	0.152	0.175

工作内容：定位、打眼、清理渣土等。

编号				18-030	18-031	18-032	18-033	18-034	18-035
项目名称				现浇混凝土楼板打透眼（厚 150mm 以内）				木楼板打透眼	
				透眼直径（mm）					
				25 以内	50 以内	120 以内	200 以内	50 以内	150 以内
单位				个					
总价（元）				**26.46**	**32.40**	**38.34**	**52.65**	**12.29**	**14.58**
其中	人工费（元）			26.46	32.40	38.34	52.65	12.29	14.58
	材料费（元）			—	—	—	—	—	—
名称		单位	单价（元）	消耗量					
人工	综合工日	工日	135.00	0.196	0.240	0.284	0.390	0.091	0.108

工作内容：配料、补眼、清理等全部操作过程。

编号			18-036	18-037	18-038	18-039	18-040	18-041	18-042	18-043
项目名称			补墙眼（单面）	补混凝土地板眼		补抹天棚眼	补木地板眼	拆补木地板	拆补木踢脚线	补钉木板条
				带吊板	不带吊板					
单位			个					m^2		
总价（元）			**16.85**	**35.58**	**17.92**	**17.10**	**24.02**	**324.25**	**224.03**	**36.94**
其中	人工费（元）		14.85	28.62	14.31	16.34	14.85	81.00	78.30	23.36
	材料费（元）		2.00	6.96	3.61	0.76	9.17	243.25	145.73	13.58
名称	单位	单价（元）	消耗量							
人工 综合工日	工日	135.00	0.110	0.212	0.106	0.121	0.110	0.600	0.580	0.173
材料 页岩标砖 240×115×53	块	0.51	2.000	—	—	—	—	—	—	—
预拌混凝土 AC15	m^3	439.88	—	0.011	0.0082	—	—	—	—	—
粗砂	t	86.14	0.006	—	—	—	—	—	—	—
灰膏	m^3	181.42	0.002	—	—	0.003	—	—	—	—
麻刀	kg	3.92	0.026	—	—	0.056	—	—	—	—
木模板	m^3	1982.88	—	0.001	—	—	—	—	—	—
镀锌钢丝 *D*4	kg	7.08	—	0.020	—	—	—	—	—	—
硬木条形地板 50×20	m^2	228.35	—	—	—	—	0.040	1.060	—	—
圆钉	kg	6.68	—	—	—	—	0.006	0.180	0.050	0.100
黄花松锯材 一类	m^3	3457.47	—	—	—	—	—	—	0.042	—
板条 1200×38×6	百根	58.69	—	—	—	—	—	—	—	0.220
防腐油	kg	0.52	—	—	—	—	—	—	0.350	—

第二节 其他工程

工作内容：脱节顺口整理、制作拆换、添配卡箍等。

编号				18-044	18-045	18-046	18-047	18-048	18-049	18-050
项目名称				立沟修理						
				疏通	接口					
					4层以下	8层以下	10层以下	15层以下	20层以下	20层以上
单位				根	个					
总价（元）				**44.96**	**49.04**	**71.58**	**95.88**	**139.08**	**172.83**	**229.53**
其中	人工费（元）			44.96	44.96	67.50	91.80	135.00	168.75	225.45
	材料费（元）			—	4.08	4.08	4.08	4.08	4.08	4.08
名称		单位	单价（元）	消耗量						
人工	综合工日	工日	135.00	0.333	0.333	0.500	0.680	1.000	1.250	1.670
材料	铁件（综合）	kg	9.49	—	0.430	0.430	0.430	0.430	0.430	0.430

工作内容：制作、安装等全部操作过程。

编号				18-051	18-052	18-053	18-054
项目名称				砌抹雨井安装铁箅子（mm）		厕坑安装	砖砌蹲台、污水池
				300×300 以内	450×700 以内		
单位				个			m^3
总价（元）				**259.72**	**725.01**	**114.84**	**928.08**
其中	人工费（元）			162.00	405.00	87.48	589.95
	材料费（元）			97.72	320.01	27.36	338.13
名称		单位	单价（元）	消耗量			
人工	综合工日	工日	135.00	1.200	3.000	0.648	4.370
材料	页岩标砖 240×115×53	块	0.51	69.000	397.000	—	548.000
	水泥	kg	0.39	21.486	83.895	2.860	65.790
	粗砂	t	86.14	0.116	0.472	0.007	0.383
	预制厕坑	个	25.64	—	—	1.000	—
	铸铁箅子 300×500	套	44.16	1.000	1.000	—	—
	M10 水泥砂浆	m^3	—	（0.056）	（0.250）	—	（0.215）
	水泥砂浆 1∶2	m^3	—	—	—	（0.005）	—
	水泥砂浆 1∶3	m^3	—	（0.010）	（0.017）	—	—

工作内容: 制作、安装等全部操作过程。

编号				18-055	18-056	18-057	18-058
项目名称				稳抹水池	污水池补抹	污水池、蹲坑补漏	表井、检查井接高、抹井口
单位				个			座
总价(元)				**85.67**	**53.03**	**24.06**	**131.57**
其中	人工费(元)			54.00	33.75	22.55	48.60
	材料费(元)			31.67	19.28	1.51	82.97
名称		单位	单价(元)	消耗量			
人工	综合工日	工日	135.00	0.400	0.250	0.167	0.360
材料	预制水池	个	19.66	1.000	—	—	—
	页岩标砖 240×115×53	块	0.51	—	—	—	130.000
	水泥	kg	0.39	18.414	17.000	1.000	18.666
	粗砂	t	86.14	0.056	0.047	0.003	0.109
	防水油	kg	4.30	—	2.000	0.200	—
	水泥砂浆 1:2.5	m^3	—	(0.0372)	—	—	—
	M10 水泥砂浆	m^3	—	—	—	—	(0.061)

工作内容：管道疏通，掏挖检查井、化粪井，工具运输，清洗等全部操作。

编号				18-059	18-060	18-061	18-062	18-063	18-064
项目名称				疏通下水道		下水道补抹捻口	井类掏水		
				人工	疏通器		上水	下水	化粪井
单位				处			个		
总价（元）				**135.00**	**82.50**	**27.65**	**135.00**	**270.00**	**540.00**
其中	人工费（元）			135.00	67.50	27.00	135.00	270.00	540.00
	材料费（元）			—	15.00	0.65	—	—	—
名称		单位	单价（元）	消耗量					
人工	综合工日	工日	135.00	1.000	0.500	0.200	1.000	2.000	4.000
材料	水泥	kg	0.39	—	—	1.000	—	—	—
	粗砂	t	86.14	—	—	0.003	—	—	—
	零星材料费	元	—	—	15.00	—	—	—	—

工作内容：疏通、开剔墙洞、烟道清灰、砌砖抹灰、试火清理等。

编号				18-065	18-066	18-067	18-068	18-069
项目名称				烟道		烟道剔墙洞		
				预检预通	疏通	三层以内	五层以内	八层以内
单位				根		个		
总价（元）				**6.75**	**27.00**	**50.10**	**72.64**	**140.14**
其中	人工费（元）			6.75	27.00	44.96	67.50	135.00
	材料费（元）			—	—	5.14	5.14	5.14
名称		单位	单价（元）	消耗量				
人工	综合工日	工日	135.00	0.050	0.200	0.333	0.500	1.000
材料	页岩标砖 240×115×53	块	0.51	—	—	7.000	7.000	7.000
	水泥	kg	0.39	—	—	0.770	0.770	0.770
	粗砂	t	86.14	—	—	0.009	0.009	0.009
	灰膏	m^3	181.42	—	—	0.002	0.002	0.002
	麻刀	kg	3.92	—	—	0.033	0.033	0.033

工作内容：工具运输、堵塞疏通、剔墙开洞、清理膛道、堵墙抹灰、勾缝及清理等。

编号				18-070	18-071
项目名称				垃圾道	
				通检	剔墙
单位				处	
总价（元）				**67.50**	**141.29**
其中	人工费（元）			67.50	135.00
	材料费（元）			—	6.29
名称		单位	单价（元）	消耗量	
人工	综合工日	工日	135.00	0.500	1.000
材料	页岩标砖 240×115×53	块	0.51	—	7.000
	水泥	kg	0.39	—	2.200
	粗砂	t	86.14	—	0.017
	灰膏	m^3	181.42	—	0.0022

第十九章　机械拆除工程

说　明

一、本章包括整体房屋及基础拆除、单项混凝土及砌体拆除 2 节，共 20 条基价子目。

二、关于项目的界定：整体拆除 ±0.000（室内地坪）以上部分套用整体拆除项目，以下部分套用整体基础拆除项目。

三、工程计价时应注意的问题：

1. 凡用机械拆除房屋的工程，均执行本章子目，不再套用人工拆除房屋的工程子目。

2. 机械拆除工程子目中，已综合考虑了配合人工拆除房屋的工程内容，不论其配合多少人工，均不得再套本章以外子目。

3. 机械拆除房屋工程分整体拆除和单项拆除两大类。其中整体拆除中，±0.000（室内地坪）以上部分套用主体整体拆除子目；以下部分套用基础整体拆除子目。

4. 当实际操作的拆除机械台班单价与基价中机械台班单价不同时，机械费可按实换算。

5. 采用简易计税方法计取增值税时，机械台班价格应为含税价格，具体见下表。

机械台班价格（简易计税方法）

序号	名称	规格型号	台班除税单价（元）	台班含税单价（元）
1	液力锤		2936.46	3201.33
2	汽车式起重机	16t	971.12	1043.79
3	电动空压机	$20m^3/min$	568.57	619.86
4	履带式单斗挖掘机	$1m^3$	1159.91	1263.69
5	气焊设备	$3m^3$	15.68	17.09
6	内燃空气压缩机	$9m^3/min$	518.4	565.16

工程量计算规则

一、单层及多层房屋的建筑面积按第一章拆除工程计算规则执行。

二、单位建筑按不同层数分别执行本章子目。

三、整体拆除单层建筑物，层高以 3.6m 折合一层，3.6m 以外部分超过 2m 时，按一层建筑面积计算，不足 2m 者不计算建筑面积。

四、拆除整体基础,按建筑物勒脚以上外围首层面积以“m^2”计算。
五、单项拆除项目的工程量计算,执行人工拆除计算规则。
六、水泥面层及块料面层所占厚度并入所拆项目的工程量内计算。
七、地下室凸出地面部分由室外地坪至首层楼板底,高度超过 1.4m 时,首层面积乘以系数 1.21。
八、半地下室地面距室外地坪高度超过 0.8m 时,可按地下室处理;高度小于 0.8m 时,按首层建筑面积以“m^2”计算并包括地面拆除。

第一节　整体房屋及基础拆除

工作内容：全部拆除、破碎、块体吊运、就近清理、堆放。

编　　号				19-001	19-002	19-003	19-004	19-005
项目名称				砖木结构		砖混结构		
				单层	多层（檐高 12m 以内）	单层	多层（三层以内）	多层（六层以内）
单　　位				m^2				
总价（元）				**25.69**	**29.09**	**23.08**	**32.16**	**36.70**
其中	人工费（元）			17.40	20.57	6.78	10.28	10.28
	材料费（元）			0.17	0.20	0.15	0.74	0.79
	机械费（元）			8.12	8.32	16.15	21.14	25.63
名　　称		单位	单价（元）	消　耗　量				
人工	综合工日	工日	113.00	0.154	0.182	0.060	0.091	0.091
材料	零星材料费	元	—	0.17	0.20	0.15	0.74	0.79
机械	液力锤	台班	2936.46	0.0027	0.0027	0.0054	0.007	0.0039
	汽车式起重机 16t	台班	971.12	0.0002	0.0004	0.0003	0.0006	0.0009
	电动空压机 $20m^3/min$	台班	568.57	—	—	—	—	0.0234

工作内容: 全部拆除、破碎、块体吊运、就近清理、堆放。

<table>
<tr><td colspan="4">编　　号</td><td>19-006</td><td>19-007</td><td>19-008</td></tr>
<tr><td colspan="4" rowspan="2">项目名称</td><td colspan="3">基础</td></tr>
<tr><td>三层以内</td><td>六层以内（带形基础）</td><td>六层以内（满堂基础）</td></tr>
<tr><td colspan="4">单　　位</td><td colspan="3">m^2</td></tr>
<tr><td colspan="4">总价（元）</td><td>38.18</td><td>73.21</td><td>84.34</td></tr>
<tr><td rowspan="3">其中</td><td colspan="3">人工费（元）</td><td>5.65</td><td>20.23</td><td>23.73</td></tr>
<tr><td colspan="3">材料费（元）</td><td>0.52</td><td>1.27</td><td>1.56</td></tr>
<tr><td colspan="3">机械费（元）</td><td>32.01</td><td>51.71</td><td>59.05</td></tr>
<tr><td colspan="2">名　　称</td><td>单位</td><td>单价
（元）</td><td colspan="3">消　耗　量</td></tr>
<tr><td>人工</td><td>综合工日</td><td>工日</td><td>113.00</td><td>0.050</td><td>0.179</td><td>0.210</td></tr>
<tr><td>材料</td><td>零星材料费</td><td>元</td><td>—</td><td>0.52</td><td>1.27</td><td>1.56</td></tr>
<tr><td rowspan="2">机械</td><td>液力锤</td><td>台班</td><td>2936.46</td><td>0.0094</td><td>0.0152</td><td>0.0177</td></tr>
<tr><td>履带式单斗挖掘机 $1m^3$</td><td>台班</td><td>1159.91</td><td>0.0038</td><td>0.0061</td><td>0.0061</td></tr>
</table>

第二节 单项混凝土及砌体拆除

工作内容: 全部拆除、破碎、块体吊运、就近清理、堆放。

编号					19-009	19-010	19-011	19-012	19-013	19-014
项目名称					混凝土基础及钢筋混凝土基础	灰土及砖基础	混凝土（垫层、路面、灰土）	钢筋混凝土		
								单层	三层以内	六层以内
单位					m^3					
总价（元）					**145.76**	**63.64**	**76.30**	**111.24**	**137.31**	**180.04**
其中	人工费（元）				43.39	8.36	14.69	32.54	48.82	65.09
	材料费（元）				1.87	—	—	1.20	4.53	4.77
	机械费（元）				100.50	55.28	61.61	77.50	83.96	110.18
名称			单位	单价（元）	消耗量					
人工	综合工日		工日	113.00	0.384	0.074	0.130	0.288	0.432	0.576
材料	零星材料费		元	—	1.87	—	—	1.20	4.53	4.77
机械	液力锤		台班	2936.46	0.0283	0.0129	0.0196	0.0256	0.0274	0.0168
	履带式单斗挖掘机 $1m^3$		台班	1159.91	0.015	0.015	0.0035	—	—	—
	汽车式起重机 16t		台班	971.12	—	—	—	0.0024	0.0036	0.0054
	电动空压机 $20m^3/min$		台班	568.57	—	—	—	—	—	0.0978

工作内容：拆除、控制扬尘、旧料清理成堆。

编号				19-015	19-016
项目名称				拆除混凝土结构	
				有筋	无筋
单位				m^3	
总价（元）				**668.20**	**489.58**
其中	人工费（元）			389.85	311.88
	材料费（元）			38.01	11.81
	机械费（元）			240.34	165.89
名称		单位	单价（元）	消耗量	
人工	综合工日	工日	113.00	3.450	2.760
材料	风镐尖	个	23.92	0.600	0.480
	乙炔气	m^3	16.13	0.918	—
	氧气	m^3	2.88	2.700	—
	零星材料费	元	—	1.07	0.33
机械	内燃空气压缩机 $9m^3/min$	台班	518.40	0.450	0.320
	气焊设备 $3m^3$	台班	15.68	0.450	—

工作内容：拆除、控制扬尘、旧料清理成堆。

编号				19-017	19-018	19-019	19-020
项目名称				砖砌体			其他砌体
				单层	三层以内	六层以内	
单位				m^3			
总价（元）				**40.23**	**48.89**	**66.20**	**47.91**
其中	人工费（元）			6.33	9.49	12.66	10.17
	材料费（元）			—	—	—	—
	机械费（元）			33.90	39.40	53.54	37.74
名称		单位	单价（元）	消耗量			
人工	综合工日	工日	113.00	0.056	0.084	0.112	0.090
机械	液力锤	台班	2936.46	0.0104	0.0116	0.0073	0.0053
	履带式单斗挖掘机 $1m^3$	台班	1159.91	0.0029	0.0046	0.0064	0.005
	电动空压机 $20m^3/min$	台班	568.57	—	—	0.0434	0.0288

第二十章　脚手架工程

说　明

一、本章包括楼平房脚手架，油漆脚手架，护身栏、屋面爬架、悬空架，里脚手架、翻板，满堂脚手架，电梯间脚手架，立水管架，活动平台、屋顶烟囱架，烟囱、水塔脚手架，滑车架，卷扬机架，龙门架，安全网、架子封席、封苫布 13 节，共 193 条基价子目。

二、工程计价时应注意的问题：

1. 各项脚手架工程搭设和拆除必须按现行安全规范执行。

2. 各项脚手架基价中均不包括脚手架的基础加固，如需加固时，加固费用按实计算。基础加固是指脚手架立杆下端或铁架底座下皮以下的一切做法。

3. 基价中除注明脚手架用镀锌铁丝绑扎外，其他各类脚手架均考虑扣件连接，每个扣件折合 *D*4.0 镀锌铁丝 0.18kg。

4. 单、双排脚手架均包括一次铺板，翻板适用于已搭设的脚手架在辅好一次板后，结合工程需要翻板之用。

5. 楼房自然层高度在 3.6m 以内者，按自然层计算，自然层高度超过 3.6m 者，按 3.6m 折合一层计算，不足 1.5m 不计层数。

6. 同一建筑物有楼、平房相连者，应分别套用相应基价计算。

7. 护身栏杆基价项目适用于屋面补漏工程维护安全生产单独搭设护身之用。外架子、烟筒架均包括护身栏杆，不得重复计算。

8. 凡搭拆各项脚手架，全部隔墙运料其综合工日乘以系数 1.10，全部隔房运料其综合工日乘以系数 1.20，部分隔墙或隔房运料时，应根据实际比例分别计算。

9. 场外材料运输以运费计算，已列入基价项目内。场外运费指施工现场以外的全部运费，不论实际运输距离远近和是否发生，基价均不得调整。

10. 基价材料费中已包括钢管、扣件、底座、钢丝绳等平时的润油、刷漆所需的费用。

工程量计算规则

一、单排、双排、油漆脚手架按面积以 "m^2" 计算。外墙四面交圈架子，面积以外墙长度每端加长 1m 后乘以高度计算。高度以室外地坪至檐口滴水，山墙高度量至山尖顶端另加 1.2m 为准。内墙面积以室内地坪至楼板下皮或山尖的平均高度乘以内墙净长计算。

二、独立柱脚手架按面积以 "m^2" 计算，按柱周长另加 3.6m 后乘以高度套用相应单排脚手架基价计算。

三、围墙脚手架长度按围墙中心线高度以自然地坪至围墙顶面，不扣除大门面积，独立门柱也不增加，套用里脚手架。

四、护身栏以 "m^2" 计算，按其高度自檐头向上 1.5m 乘以长度计算。

五、悬挑架按不同楼层按长度以 "m" 计算。

六、翻板按不同楼层套用基价计算。不论翻板步数多少，只计算一步的长度，不得逐层、逐步累计相加。

七、满堂脚手架按室内净长度乘以宽度以 "m^2" 计算。室内净高超过 3.6m 的天棚或顶板抹灰可按满堂脚手架执行（其高度以室内地坪或楼板面至天棚或楼板顶面计算，异型天棚其高度均按平均高度计算）。

八、过桥按 "座" 计算，基价规格是综合考虑的，实际搭设与基价规格不符时，不得调整。

九、铁脚手凳按不同步数以“m”计算,马蹄箭按不同楼层以“m”计算。

十、立水管架、附墙烟囱架、滑车架、卷扬机架,电梯脚手架分别按不同楼层以“座”计算。

十一、独立烟囱水塔脚手架按不同高度以“座”计算。

十二、龙门架按不同高度以“座”计算,其高度以吊滑车横杠为准。

十三、吊篮脚手架其工程量按外墙垂直投影面积以“m^2”计算。

十四、管道脚手架以“m”计算,高度从自然地坪算至管道下皮,多层排列管道时,以最上一层为准。长度按管道中心线长度以“m”计算。

十五、罩棚脚手架按其施工的水平投影面积以“m^2”计算。

十六、油漆、粉刷、玻璃工程以室内高度 3.6m 为准,包括使用高凳。如使用脚手架时,可按 3.6m 以内天棚及墙面抹灰脚手架 40% 计算,超过 3.6m 时,按 80% 计算。外檐施工需要搭设正式脚手架时,可按本基价第十四章有关规定计算。

十七、落料溜槽是按 15 天租赁费考虑的,根据需要按实调整。

第一节　楼平房脚手架

工作内容：场内外材料运输、脚手架搭设、一次铺板、脚手架拆除、拆除后材料整理、码放等操作过程。

编　号				20-001	20-002	20-003	20-004
项目名称				楼平房脚手架（钢）			
				平房		二楼	
				单排	双排	单排	双排
单　位				m^2			
总价（元）				**9.70**	**13.95**	**10.07**	**14.83**
其中	人工费（元）			5.81	8.78	6.62	9.99
	材料费（元）			3.89	5.17	3.45	4.84
名　称		单位	单价（元）	消　耗　量			
人工	综合工日	工日	135.00	0.043	0.065	0.049	0.074
材料	扣件	个	—	1.200	2.000	1.250	2.140
	脚手板	m^3	—	0.013	0.013	0.008	0.008
	钢管 2.3m 以内	根	—	0.550	0.550	0.590	0.590
	钢管 4~6m	根	—	0.470	0.810	0.480	0.850
	镀锌铁丝 *D*3.5	kg	—	0.030	0.030	0.020	0.020
	底座	个	—	0.130	0.250	0.080	0.150

工作内容：场内外材料运输、脚手架搭设、一次铺板、脚手架拆除、拆除后材料整理、码放等操作过程。

编　号				20-005	20-006	20-007	20-008	20-009
项目名称				楼平房脚手架（钢）				
				三～四层		五～七层		30m 以内高层双排脚手架
				单排	双排	单排	双排	
单　位				m^2				
总价（元）				**12.07**	**18.04**	**15.43**	**23.24**	**28.10**
其中	人工费（元）			8.64	12.96	12.15	18.23	21.87
	材料费（元）			3.43	5.08	3.28	5.01	6.23
名　称		单位	单价（元）	消　耗　量				
人工	综合工日	工日	135.00	0.064	0.096	0.090	0.135	0.162
材料	扣件	个	—	1.300	2.300	1.300	2.300	2.300
	脚手板	m^3	—	0.006	0.006	0.004	0.004	0.006
	钢管 2.3m 以内	根	—	0.600	0.600	0.610	0.610	0.610
	钢管 4~6m	根	—	0.490	0.910	0.510	0.920	0.940
	底座	个	—	0.060	0.110	0.050	0.080	0.080
	钢丝绳 $D8.5$	m	—	—	—	—	—	0.020
	镀锌铁丝 $D3.5$	kg	—	0.020	0.020	0.010	0.010	0.060

工作内容：场内外材料运输、脚手架搭设、一次铺板、脚手架拆除、拆除后材料整理、码放等操作过程。

编 号				20-010	20-011	20-012	20-013
项目名称				楼平房脚手架（木）			
				平房		二层	
				单排	双排	单排	双排
单 位				m^2			
总价（元）				**14.32**	**20.06**	**14.28**	**20.81**
其中	人工费（元）			5.40	7.97	6.08	9.05
	材料费（元）			8.92	12.09	8.20	11.76
名 称		单位	单价（元）	消 耗 量			
人工	综合工日	工日	135.00	0.040	0.059	0.045	0.067
材料	排木	根	—	0.550	0.550	0.590	0.590
	杉槁	根	—	0.550	0.880	0.490	0.850
	脚手板	m^3	—	0.013	0.013	0.008	0.008
	镀锌铁丝 *D*3.5	kg	—	0.210	0.370	0.220	0.390

工作内容：场内外材料运输、脚手架搭设、一次铺板、脚手架拆除、拆除后材料整理、码放等操作过程。

编号				20-014	20-015	20-016	20-017	20-018
项目名称				三~四层（木）		五~七层（木）		30m以内高层双排木脚手架
				单排	双排	单排	双排	
单位				m^2				
总价（元）				**15.52**	**23.38**	**18.78**	**27.74**	**33.50**
其中	人工费（元）			7.83	11.75	10.94	16.47	19.71
	材料费（元）			7.69	11.63	7.84	11.27	13.79
名称		单位	单价（元）	消耗量				
人工	综合工日	工日	135.00	0.058	0.087	0.081	0.122	0.146
材料	排木	根	—	0.600	0.600	0.610	0.610	0.610
	杉槁	根	—	0.420	0.830	0.400	0.770	0.790
	脚手板	m^3	—	0.006	0.006	0.006	0.004	0.006
	钢丝绳 *D*8.5	m	—	—	—	—	—	0.020
	镀锌铁丝 *D*3.5	kg	—	0.230	0.400	0.240	0.410	0.620

第二节　油漆脚手架

工作内容：场内外材料运输、脚手架搭设、一次铺板、脚手架拆除、拆除后材料整理、码放等操作过程。

编　号				20-019	20-020	20-021
项目名称				油漆脚手架（钢）		
				二层	三层	四～五层
单　位				m²		
总价（元）				**7.31**	**8.52**	**10.65**
其中	人工费（元）			5.67	6.75	8.78
	材料费（元）			1.64	1.77	1.87
名　称		单位	单价（元）	消耗量		
人工	综合工日	工日	135.00	0.042	0.050	0.065
材料	扣件	个	—	1.250	1.200	1.200
	钢管 2.3m 以内	根	—	0.040	0.040	0.040
	钢管 4~6m	根	—	0.510	0.520	0.530
	底座	个	—	0.070	0.050	0.030

工作内容: 场内外材料运输、脚手架搭设、一次铺板、脚手架拆除、拆除后材料整理、码放等操作过程。

编　号				20-022	20-023	20-024	20-025
项目名称				挂脚手架（钢）			罩棚脚手架
				二层	三层	四～五层	
单　位				m			m^2
总价（元）				**43.79**	**48.36**	**53.94**	**19.91**
其中	人工费（元）			27.41	31.19	36.59	9.05
	材料费（元）			16.38	17.17	17.35	10.86
名　称		单位	单价（元）	消　耗　量			
人工	综合工日	工日	135.00	0.203	0.231	0.271	0.067
材料	铁架子	片	—	0.600	0.600	0.600	—
	扣件	个	—	2.800	2.800	2.800	5.800
	脚手板	m^3	—	0.063	0.063	0.063	0.070
	钢管 2.3m 以内	根	—	0.140	0.140	0.140	0.140
	钢管 4~6m	根	—	0.600	0.600	0.600	1.600
	铁件	kg	—	0.200	0.200	0.200	—
	底座	个	—	—	—	—	0.300
	镀锌铁丝 *D*3.5	kg	—	0.030	0.030	0.030	0.180

工作内容：场内外材料运输、脚手架搭设、一次铺板、脚手架拆除、拆除后材料整理、码放等操作过程。

编号				20-026	20-027	20-028	20-029	20-030	20-031
项目名称				管道钢脚手架（高度 m）					
				6 以内	8 以内	10 以内	12 以内	14 以内	16 以内
单位				m					
总价（元）				**56.15**	**63.39**	**79.02**	**97.40**	**118.06**	**135.48**
其中	人工费（元）			27.00	32.94	44.69	56.57	72.90	87.48
	材料费（元）			29.15	30.45	34.33	40.83	45.16	48.00
名称		单位	单价（元）	消耗量					
人工	综合工日	工日	135.00	0.200	0.244	0.331	0.419	0.540	0.648
材料	扣件	个	—	20.200	20.200	24.600	27.600	29.800	31.700
	脚手板	m^3	—	0.066	0.066	0.066	0.066	0.066	0.066
	钢管 2.3m 以内	根	—	4.200	5.100	5.900	8.400	9.300	10.900
	钢管 4~6m	根	—	8.000	8.400	9.700	11.800	13.500	14.300
	底座	个	—	2.100	2.100	2.100	2.100	2.100	2.100
	镀锌铁丝 *D*3.5	kg	—	0.160	0.160	0.160	0.160	0.160	0.160

工作内容：场内外材料运输、脚手架搭设、一次铺板、脚手架拆除、拆除后材料整理、码放等操作过程。

编号				20-032	20-033	20-034
项目名称				油漆脚手架（木）		
				二层	三层	四～五层
单位				m^2		
总价（元）				**9.26**	**10.25**	**12.48**
其中	人工费（元）			5.13	6.08	8.10
	材料费（元）			4.13	4.17	4.38
名称		单位	单价（元）	消耗量		
人工	综合工日	工日	135.00	0.038	0.045	0.060
材料	排木	根	—	0.040	0.040	0.040
	杉槁	根	—	0.410	0.420	0.430
	镀锌铁丝 *D*3.5	kg	—	0.190	0.180	0.180

工作内容：场内外材料运输、脚手架搭设、一次铺板、脚手架拆除、拆除后材料整理、码放等操作过程。

编号				20-035	20-036	20-037	20-038	20-039
项目名称				钢木挂脚手架			吊篮脚手架	罩棚脚手架
				二层	三层	四～五层		
单位				m			m^2	
总价（元）				**50.01**	**55.17**	**60.94**	**14.08**	**32.19**
其中	人工费（元）			26.06	29.70	34.83	7.43	8.24
	材料费（元）			23.95	25.47	26.11	6.65	23.95
名称		单位	单价（元）	消耗量				
人工	综合工日	工日	135.00	0.193	0.220	0.258	0.055	0.061
材料	铁架子	片	—	0.600	0.600	0.600	—	—
	排木	根	—	0.140	0.140	0.140	—	—
	杉槁	根	—	0.600	0.600	0.600	—	1.600
	脚手板	m^3	—	0.063	0.063	0.063	—	0.070
	铁件	kg	—	0.200	0.200	0.200	—	—
	镀锌铁丝 $D3.5$	kg	—	0.510	0.510	0.510	—	1.100

工作内容：场内外材料运输、脚手架搭设、一次铺板、脚手架拆除、拆除后材料整理、码放等操作过程。

编号				20-040	20-041	20-042	20-043	20-044	20-045
项目名称				管道木脚手架(高度 m)					
				6 以内	8 以内	10 以内	12 以内	14 以内	16 以内
单位				m					
总价(元)				**99.66**	**112.87**	**150.93**	**186.15**	**226.44**	**253.58**
其中	人工费(元)			22.41	27.27	37.13	46.98	60.62	72.63
	材料费(元)			77.25	85.60	113.80	139.17	165.82	180.95
名称		单位	单价(元)	消耗量					
人工	综合工日	工日	135.00	0.166	0.202	0.275	0.348	0.449	0.538
材料	排木	根	—	4.200	5.100	5.900	8.400	9.300	10.900
	杉槁	根	—	5.500	5.900	8.800	10.100	12.600	13.500
	脚手板	m^3	—	0.066	0.066	0.066	0.066	0.066	0.066
	镀锌铁丝 *D*3.5	kg	—	4.620	5.430	6.370	8.780	9.650	11.050

第三节 护身栏、屋面爬架、悬空架

工作内容: 场内外材料运输、脚手架搭设、一次铺板、脚手架拆除、拆除后材料整理、码放等操作过程。

编号				20-046	20-047	20-048	20-049	20-050
项目名称				护身栏杆(钢)			屋面爬架(钢)	
				平房	二～三层	四～五层	二～三层	四～五层
单位				m^2				
总价(元)				**15.69**	**18.13**	**20.74**	**5.06**	**6.01**
其中	人工费(元)			10.13	11.75	13.50	4.05	5.00
	材料费(元)			5.56	6.38	7.24	1.01	1.01
名称		单位	单价(元)	消耗量				
人工	综合工日	工日	135.00	0.075	0.087	0.100	0.030	0.037
材料	扣件	个	—	3.300	3.900	4.500	0.600	0.600
	钢管 2.3m 以内	根	—	0.400	0.400	0.400	—	—
	钢管 4~6m	根	—	1.800	2.100	2.400	0.300	0.300
	底座	个	—	0.400	0.400	0.400	—	—

工作内容：场内外材料运输、脚手架搭设、一次铺板、脚手架拆除、拆除后材料整理、码放等操作过程。

编号				20-051	20-052	20-053	20-054
项目名称				悬挑架（钢）		悬空过桥（钢）	
				二～三层	四～五层	二～三层	四～五层
单位				m		座	
总价（元）				**28.44**	**29.90**	**632.09**	**758.16**
其中	人工费（元）			8.10	9.45	371.25	495.45
	材料费（元）			20.34	20.45	260.84	262.71
名称		单位	单价（元）	消耗量			
人工	综合工日	工日	135.00	0.060	0.070	2.750	3.670
材料	扣件	个	—	14.000	14.000	86.000	86.000
	脚手板	m^3	—	0.074	0.074	1.130	1.130
	钢管 2.3m 以内	根	—	2.900	2.900	21.000	21.000
	钢管 4~6m	根	—	3.600	3.600	29.000	29.000
	镀锌铁丝 *D*3.5	kg	—	0.200	0.200	—	—
	底座	个	—	1.050	1.050	—	—

工作内容：场内外材料运输、脚手架搭设、一次铺板、脚手架拆除、拆除后材料整理、码放等操作过程。

编号				20-055	20-056	20-057	20-058	20-059
项目名称				护身栏杆（木）			屋面爬架（木）	
				平房	二～三层	四～五层	二～三层	四～五层
单位				m²				
总价（元）				**24.25**	**29.69**	**34.38**	**6.49**	**7.25**
其中	人工费（元）			9.05	10.67	12.15	3.65	4.46
	材料费（元）			15.20	19.02	22.23	2.84	2.79
名称		单位	单价（元）	消耗量				
人工	综合工日	工日	135.00	0.067	0.079	0.090	0.027	0.033
材料	排木	根	—	0.400	0.400	0.400	—	—
	杉槁	根	—	1.600	2.000	2.400	0.300	0.300
	镀锌铁丝 *D*3.5	kg	—	0.520	0.650	0.780	0.100	0.100

工作内容：场内外材料运输、脚手架搭设、一次铺板、脚手架拆除、拆除后材料整理、码放等操作过程。

<table>
<tr><td colspan="4">编　号</td><td>20-060</td><td>20-061</td><td>20-062</td><td>20-063</td></tr>
<tr><td colspan="4" rowspan="2">项目名称</td><td colspan="2">悬挑架（木）</td><td colspan="2">木过桥（木）(高度 m）</td></tr>
<tr><td>二～三层</td><td>四～五层</td><td>10 以内</td><td>15 以内</td></tr>
<tr><td colspan="4">单　位</td><td colspan="2">m</td><td colspan="2">座</td></tr>
<tr><td colspan="4">总价（元）</td><td>57.03</td><td>58.51</td><td>2305.51</td><td>2842.31</td></tr>
<tr><td rowspan="2">其中</td><td colspan="3">人工费（元）</td><td>7.02</td><td>9.18</td><td>742.50</td><td>990.90</td></tr>
<tr><td colspan="3">材料费（元）</td><td>50.01</td><td>49.33</td><td>1563.01</td><td>1851.41</td></tr>
<tr><td colspan="2">名　称</td><td>单位</td><td>单价（元）</td><td colspan="4">消　耗　量</td></tr>
<tr><td>人工</td><td>综合工日</td><td>工日</td><td>135.00</td><td>0.052</td><td>0.068</td><td>5.500</td><td>7.340</td></tr>
<tr><td rowspan="4">材料</td><td>排木</td><td>根</td><td>—</td><td>2.900</td><td>2.900</td><td>81.900</td><td>128.100</td></tr>
<tr><td>杉槁</td><td>根</td><td>—</td><td>3.600</td><td>3.600</td><td>98.800</td><td>105.100</td></tr>
<tr><td>脚手板</td><td>m^3</td><td>—</td><td>0.074</td><td>0.074</td><td>1.313</td><td>1.313</td></tr>
<tr><td>镀锌铁丝 $D3.5$</td><td>kg</td><td>—</td><td>2.230</td><td>2.230</td><td>80.340</td><td>88.430</td></tr>
</table>

第四节　里脚手架、翻板

工作内容：场内外材料运输、脚手架搭设、一次铺板、脚手架拆除、拆除后材料整理、码放等操作过程。

编　号				20-064	20-065	20-066	20-067	20-068
项目名称				里脚手架	3.6m 以内天棚及墙面抹灰架	铁脚手凳		
						第一步	第二步	第三步
单　位				m^2		m		
总价(元)				**7.79**	**6.86**	**23.35**	**28.54**	**34.40**
其中	人工费(元)			5.81	5.00	6.21	9.86	13.91
	材料费(元)			1.98	1.86	17.14	18.68	20.49
名　称		单位	单价(元)	消　耗　量				
人工	综合工日	工日	135.00	0.043	0.037	0.046	0.073	0.103
材料	铁脚手凳	个	—	—	—	0.700	0.700	0.700
	扣件	个	—	1.200	1.430	—	—	—
	脚手板	m^3	—	0.013	0.020	0.063	0.063	0.063
	钢管 2.3m 以内	根	—	0.550	0.240	—	—	—
	钢管 4~6m	根	—	0.470	0.090	—	—	—
	底座	个	—	0.130	—	—	—	—
	镀锌铁丝 *D*3.5	kg	—	0.030	0.010	—	—	—

工作内容:场内外材料运输、脚手架搭设、一次铺板、脚手架拆除、拆除后材料整理、码放等操作过程。

编号				20-069	20-070	20-071	20-072
项目名称				上下翻板			
				平房	二层	三~四层	五~七层
单位				m			
总价(元)				**21.90**	**56.83**	**100.75**	**155.47**
其中	人工费(元)			8.10	17.69	34.02	56.97
	材料费(元)			13.80	39.14	66.73	98.50
名称		单位	单价(元)	消耗量			
人工	综合工日	工日	135.00	0.060	0.131	0.252	0.422
材料	排木	根	—	0.950	2.700	4.500	6.300
	杉槁	根	—	0.480	1.200	2.200	3.200
	镀锌铁丝 *D*3.5	kg	—	1.440	4.030	6.820	9.660

第五节　满堂脚手架

工作内容：场内外材料运输、脚手架搭设、一次铺板、脚手架拆除、拆除后材料整理、码放等操作过程。

编　号				20-073	20-074	20-075	20-076
项目名称				满堂脚手架(钢)(高度 m)			
				5 以内	8 以内	10 以内	15 以内
单　位				m^2			
总价(元)				**20.09**	**33.19**	**45.54**	**61.43**
其中	人工费(元)			12.56	21.20	29.84	41.85
	材料费(元)			7.53	11.99	15.70	19.58
名　称		单位	单价(元)	消　耗　量			
人工	综合工日	工日	135.00	0.093	0.157	0.221	0.310
材料	扣件	个	—	4.800	5.800	6.700	7.400
	脚手板	m^3	—	0.060	0.070	0.080	0.090
	钢管 4~6m	根	—	1.200	1.600	2.800	3.300
	镀锌铁丝 *D*3.5	kg	—	0.080	0.180	0.200	0.220
	底座	个	—	0.300	0.300	0.300	0.300

工作内容：场内外材料运输、脚手架搭设、一次铺板、脚手架拆除、拆除后材料整理、码放等操作过程。

编号				20-077	20-078	20-079
项目名称				马蹄箭（钢）		
				二层	三～四层	五～七层
单位				m		
总价（元）				**19.98**	**24.91**	**42.25**
其中	人工费（元）			8.91	13.77	31.19
	材料费（元）			11.07	11.14	11.06
名称		单位	单价（元）	消耗量		
人工	综合工日	工日	135.00	0.066	0.102	0.231
材料	扣件	个	—	4.700	4.700	4.700
	脚手板	m^3	—	0.080	0.080	0.080
	钢管 2.3m 以内	根	—	1.540	1.540	1.540
	钢管 4~6m	根	—	0.550	0.550	0.550

工作内容：场内外材料运输、脚手架搭设、一次铺板、脚手架拆除、拆除后材料整理、码放等操作过程。

编号				20-080	20-081	20-082	20-083
项目名称				满堂脚手架（木）（高度 m）			
				5 以内	8 以内	10 以内	15 以内
单位				m^2			
总价（元）				**30.18**	**41.98**	**60.28**	**77.18**
其中	人工费（元）			11.34	19.04	27.00	37.67
	材料费（元）			18.84	22.94	33.28	39.51
名称		单位	单价（元）	消耗量			
人工	综合工日	工日	135.00	0.084	0.141	0.200	0.279
材料	杉槁	根	—	1.200	1.600	2.800	3.300
	脚手板	m^3	—	0.060	0.070	0.080	0.090
	镀锌铁丝 $D3.5$	kg	—	0.940	1.100	1.250	1.400

工作内容：场内外材料运输、脚手架搭设、一次铺板、脚手架拆除、拆除后材料整理、码放等操作过程。

编号				20-084	20-085	20-086
项目名称				马蹄箭（木）		
				二层	三～四层	五～七层
单位				m		
总价（元）				**28.70**	**32.72**	**48.67**
其中	人工费（元）			8.10	12.42	28.08
	材料费（元）			20.60	20.30	20.59
名称		单位	单价（元）	消耗量		
人工	综合工日	工日	135.00	0.060	0.092	0.208
材料	排木	根	—	1.540	1.540	1.540
	杉槁	根	—	0.400	0.400	0.400
	脚手板	m^3	—	0.080	0.080	0.080
	镀锌铁丝 $D3.5$	kg	—	0.850	0.850	0.850

第六节　电梯间脚手架

工作内容：场内外材料运输、脚手架搭设、一次铺板、脚手架拆除、拆除后材料整理、码放等操作过程。

编　号				20-087	20-088	20-089	20-090	20-091	20-092
项目名称				电梯脚手架（钢）					
				井底至三层	井底至五层	井底至七层	井底至九层	井底至十一层	井底至十三层
单　位				座					
总价（元）				**1303.01**	**2052.49**	**2802.21**	**3592.82**	**4373.08**	**5180.97**
其中	人工费（元）			1159.65	1822.50	2493.45	3171.15	3848.85	4561.65
	材料费（元）			143.36	229.99	308.76	421.67	524.23	619.32
名　称		单位	单价（元）	消　耗　量					
人工	综合工日	工日	135.00	8.590	13.500	18.470	23.490	28.510	33.790
材料	扣件	个	—	96.600	151.200	207.900	263.600	320.300	390.600
	脚手板	m^3	—	0.630	1.050	1.400	1.790	2.210	2.610
	钢管 2.3m 以内	根	—	42.000	64.100	89.300	112.400	142.800	165.900
	钢管 4~6m	根	—	16.800	25.200	33.600	41.000	52.500	60.900
	镀锌铁丝 *D*3.5	kg	—	1.400	2.340	3.270	4.210	5.140	6.070
	底座	个	—	6.300	6.300	6.300	6.300	6.300	6.300

工作内容：场内外材料运输、脚手架搭设、一次铺板、脚手架拆除、拆除后材料整理、码放等操作过程。

编号				20-093	20-094	20-095	20-096	20-097
项目名称				电梯脚手架（钢）				
				井底至十五层	井底至十七层	井底至十九层	井底至二十一层	井底至二十三层
单位				座				
总价（元）				**6016.82**	**6968.79**	**7882.44**	**8867.66**	**9866.70**
其中	人工费（元）			5312.25	6100.65	6925.50	7794.90	8706.15
	材料费（元）			704.57	868.14	956.94	1072.76	1160.55
名称		单位	单价（元）	消耗量				
人工	综合工日	工日	135.00	39.350	45.190	51.300	57.740	64.490
材料	扣件	个	—	446.300	530.300	567.000	630.000	682.500
	脚手板	m^3	—	3.000	3.360	3.780	4.260	4.620
	钢管 2.3m 以内	根	—	190.100	215.300	242.600	266.700	293.000
	钢管 4~6m	根	—	69.300	78.800	88.200	96.600	105.000
	镀锌铁丝 *D*3.5	kg	—	7.010	7.940	8.880	9.810	10.750
	底座	个	—	6.300	6.300	6.300	6.300	6.300

工作内容：场内外材料运输、脚手架搭设、一次铺板、脚手架拆除、拆除后材料整理、码放等操作过程。

编号				20-098	20-099	20-100	20-101	20-102	20-103
项目名称				电梯脚手架（木）					
				井底至三层	井底至五层	井底至七层	井底至九层	井底至十一层	井底至十三层
单位				座					
总价（元）				**1350.99**	**2098.28**	**2878.00**	**3658.19**	**4506.73**	**5307.48**
其中	人工费（元）			962.55	1513.35	2069.55	2632.50	3194.10	3785.40
	材料费（元）			388.44	584.93	808.45	1025.69	1312.63	1522.08
名称		单位	单价（元）	消耗量					
人工	综合工日	工日	135.00	7.130	11.210	15.330	19.500	23.660	28.040
材料	排木	根	—	42.000	64.100	89.300	112.400	142.800	165.900
	杉槁	根	—	16.800	25.200	33.600	41.000	52.500	60.900
	脚手板	m^3	—	0.630	1.050	1.400	1.790	2.210	2.610
	镀锌铁丝 *D*3.5	kg	—	18.420	26.800	36.840	44.390	56.940	66.990

工作内容：场内外材料运输、脚手架搭设、一次铺板、脚手架拆除、拆除后材料整理、码放等操作过程。

编号				20-104	20-105	20-106	20-107	20-108
项目名称				电梯脚手架（木）				
				井底至十五层	井底至十七层	井底至十九层	井底至二十一层	井底至二十三层
单位				座				
总价（元）				**6176.50**	**7097.28**	**8058.37**	**9003.02**	**10035.24**
其中	人工费（元）			4409.10	5063.85	5748.30	6469.20	7226.55
	材料费（元）			1767.40	2033.43	2310.07	2533.82	2808.69
名称		单位	单价（元）	消耗量				
人工	综合工日	工日	135.00	32.660	37.510	42.580	47.920	53.530
材料	排木	根	—	190.100	215.300	242.600	266.700	293.000
	杉槁	根	—	69.300	78.800	88.200	96.600	105.000
	脚手板	m^3	—	3.000	3.360	3.780	4.260	4.620
	镀锌铁丝 $D3.5$	kg	—	77.040	87.400	96.800	107.180	117.230

第七节 立水管架

工作内容： 场内外材料运输、脚手架搭设、一次铺板、脚手架拆除、拆除后材料整理、码放等操作过程。

编号				20-109	20-110	20-111	20-112	20-113	20-114
项目名称				立水管脚手架（钢）					
				三角形					
				二层		三层		四～五层	
				靠架	不靠架	靠架	不靠架	靠架	不靠架
单位				座					
总价（元）				**67.69**	**162.16**	**112.41**	**251.17**	**202.09**	**329.71**
其中	人工费（元）			49.95	124.74	83.03	192.78	165.78	249.48
	材料费（元）			17.74	37.42	29.38	58.39	36.31	80.23
名称		单位	单价（元）	消耗量					
人工	综合工日	工日	135.00	0.370	0.924	0.615	1.428	1.228	1.848
材料	扣件	个	—	24.000	40.000	35.000	80.000	40.000	97.000
	钢管 2.3m 以内	根	—	10.000	18.000	16.000	24.000	18.000	36.000
	钢管 4~6m	根	—	2.000	6.000	4.000	10.000	6.000	13.000
	底座	个	—	1.000	3.000	1.000	3.000	1.000	3.000

工作内容: 场内外材料运输、脚手架搭设、一次铺板、脚手架拆除、拆除后材料整理、码放等操作过程。

编号				20-115	20-116	20-117
项目名称				立水管脚手架(钢)		
				梯形		
				二层	三层	四～五层
单位				座		
总价(元)				**74.34**	**125.12**	**240.31**
其中	人工费(元)			49.95	83.03	165.78
	材料费(元)			24.39	42.09	74.53
名称		单位	单价(元)	消耗量		
人工	综合工日	工日	135.00	0.370	0.615	1.228
材料	扣件	个	—	30.000	52.000	116.000
	钢管 2.3m 以内	根	—	11.000	21.000	27.000
	钢管 4~6m	根	—	4.000	6.000	8.000
	底座	个	—	2.000	2.000	2.000

工作内容：场内外材料运输、脚手架搭设、一次铺板、脚手架拆除、拆除后材料整理、码放等操作过程。

编号					20-118	20-119	20-120	20-121	20-122	20-123
项目名称					立水管脚手架（木）					
					三角形					
					二层		三层		四～五层	
					靠架	不靠架	靠架	不靠架	靠架	不靠架
单位					座					
总价（元）					**114.22**	**245.33**	**184.77**	**389.75**	**284.26**	**513.37**
其中	人工费（元）				44.96	112.32	74.79	173.48	149.18	224.51
	材料费（元）				69.26	133.01	109.98	216.27	135.08	288.86
名称		单位	单价（元）		消耗量					
人工	综合工日	工日	135.00		0.333	0.832	0.554	1.285	1.105	1.663
材料	排木	根	—		10.000	18.000	16.000	24.000	18.000	36.000
	杉槁	根	—		2.000	6.000	4.000	10.000	6.000	13.000
	镀锌铁丝 *D*3.5	kg	—		4.320	7.200	6.300	14.400	7.200	17.460

工作内容: 场内外材料运输、脚手架搭设、一次铺板、脚手架拆除、拆除后材料整理、码放等操作过程。

编号				20-124	20-125	20-126
项目名称				立水管脚手架（木）		
				梯形		
				二层	三层	四～五层
单位				座		
总价（元）				**135.18**	**227.79**	**398.26**
其中	人工费（元）			44.96	74.79	149.18
	材料费（元）			90.22	153.00	249.08
名称		单位	单价（元）	消耗量		
人工	综合工日	工日	135.00	0.333	0.554	1.105
材料	排木	根	—	11.000	21.000	27.000
	杉槁	根	—	4.000	6.000	8.000
	镀锌铁丝 $D3.5$	kg	—	5.400	9.360	20.900

第八节　活动平台、屋顶烟囱架

工作内容：场内外材料运输、脚手架搭设、一次铺板、脚手架拆除、拆除后材料整理、码放等操作过程。

编　号				20–127	20–128	20–129
项目名称				活动平台车 3m×4m		
				二步	三步	四步
单　位				座		
总价（元）				**449.72**	**592.85**	**939.77**
其中	人工费（元）			237.60	364.50	602.10
	材料费（元）			212.12	228.35	337.67
名　称		单位	单价（元）	消　耗　量		
人工	综合工日	工日	135.00	1.760	2.700	4.460
材料	扣件	个	—	52.500	65.100	77.400
	脚手板	m^3	—	0.735	0.735	1.418
	钢管 4~6m	根	—	33.600	37.800	44.100
	镀锌铁丝 *D*3.5	kg	—	5.360	5.360	8.040

工作内容：场内外材料运输、脚手架搭设、一次铺板、脚手架拆除、拆除后材料整理、码放等操作过程。

编号				20-130	20-131	20-132
项目名称				活动平台车 4m×4m		
				五步	六步	七步
单位				座		
总价（元）				**1349.93**	**1831.02**	**2554.16**
其中	人工费（元）			911.25	1375.65	2077.65
	材料费（元）			438.68	455.37	476.51
名称		单位	单价（元）	消耗量		
人工	综合工日	工日	135.00	6.750	10.190	15.390
材料	扣件	个	—	107.100	119.700	134.400
	脚手板	m^3	—	1.418	1.418	1.418
	钢管 4~6m	根	—	69.300	75.600	79.800
	镀锌铁丝 *D*3.5	kg	—	8.040	8.040	8.040

工作内容： 场内外材料运输、脚手架搭设、一次铺板、脚手架拆除、拆除后材料整理、码放等操作过程。

编号				20-133	20-134	20-135	20-136
项目名称				附墙烟囱架		屋面烟囱架(高度 m)	
				二～三层	四～五层	3 以内	5 以内
单位				座			
总价(元)				**698.70**	**1196.72**	**145.85**	**332.22**
其中	人工费(元)			356.40	712.80	99.90	237.60
	材料费(元)			342.30	483.92	45.95	94.62
名称		单位	单价(元)	消耗量			
人工	综合工日	工日	135.00	2.640	5.280	0.740	1.760
材料	扣件	个	—	221.000	346.000	29.000	62.000
	脚手板	m^3	—	1.000	1.000	0.220	0.310
	钢管 2.3m 以内	根	—	68.000	103.000	9.000	15.000
	钢管 4~6m	根	—	44.000	73.000	7.000	20.000
	底座	个	—	7.000	7.000	—	—

第九节　烟囱、水塔脚手架

工作内容：场内外材料运输、脚手架搭设、一次铺板、脚手架拆除、拆除后材料整理、码放等操作过程。

编　号				20-137	20-138	20-139	20-140
项目名称				砖烟囱、水塔脚手架（钢）（高度 m）			
				5 以内	10 以内	15 以内	20 以内
单　位				座			
总价（元）				**1942.25**	**4221.09**	**6032.69**	**10177.27**
其中	人工费（元）			1158.30	2922.75	3871.80	6898.50
	材料费（元）			783.95	1298.34	2160.89	3278.77
名　称		单位	单价（元）	消　耗　量			
人工	综合工日	工日	135.00	8.580	21.650	28.680	51.100
材料	扣件	个	—	184.800	371.700	558.600	737.100
	脚手板	m^3	—	2.205	2.205	4.410	4.410
	钢管 2.3m 以内	根	—	84.000	193.200	205.800	273.000
	钢管 4~6m	根	—	96.600	189.000	239.400	304.500
	松木锯材 三类	m^3	—	—	—	—	0.247
	缆风桩木 *D*180~240 长 6.0~7.8	m^3	—	—	—	0.030	0.030
	底座	个	—	33.600	33.600	33.600	33.600
	钢丝绳 *D*8.5	m	—	—	—	45.000	105.000
	镀锌铁丝 *D*3.5	kg	—	5.180	5.180	9.730	9.730
	圆钉	kg	—	—	—	—	8.240

工作内容: 场内外材料运输、脚手架搭设、一次铺板、脚手架拆除、拆除后材料整理、码放等操作过程。

编号				20-141	20-142	20-143	20-144
项目名称				砖烟囱、水塔脚手架(钢)(高度 m)			
				25 以内	30 以内	35 以内	40 以内
单位				座			
总价(元)				**14359.09**	**21722.39**	**28195.50**	**35842.41**
其中	人工费(元)			10057.50	16445.70	22350.60	28479.60
	材料费(元)			4301.59	5276.69	5844.90	7362.81
名称		单位	单价(元)	消耗量			
人工	综合工日	工日	135.00	74.500	121.820	165.560	210.960
材料	扣件	个	—	935.600	1125.600	1324.000	1510.000
	脚手板	m^3	—	6.615	6.615	6.615	6.615
	钢管 2.3m 以内	根	—	352.800	424.200	491.400	558.600
	钢管 4~6m	根	—	339.000	462.000	512.400	747.600
	松木锯材 三类	m^3	—	0.371	0.371	0.371	0.371
	缆风桩木 D180~240 长 6.0~7.8	m^3	—	0.030	0.030	0.060	0.080
	底座	个	—	33.600	33.600	33.600	33.600
	钢丝绳 D8.5	m	—	130.000	160.000	183.000	210.000
	圆钉	kg	—	12.360	12.360	12.360	12.360
	镀锌铁丝 D3.5	kg	—	15.540	15.540	15.540	15.540

工作内容： 场内外材料运输、脚手架搭设、一次铺板、脚手架拆除、拆除后材料整理、码放等操作过程。

编　　号				20-145	20-146	20-147	20-148	20-149
项目名称				砖烟囱、水塔脚手架（木）（高度 m）				
				高 5 以内	高 10 以内	高 15 以内	高 20 以内	高 25 以内
单　　位				座				
总价（元）				**2610.77**	**5624.92**	**7442.72**	**12093.75**	**17613.86**
其中	人工费（元）			1053.00	2678.40	3531.60	6272.10	10057.50
	材料费（元）			1557.77	2946.52	3911.12	5821.65	7556.36
名　　称		单位	单价（元）	消　耗　量				
人工	综合工日	工日	135.00	7.800	19.840	26.160	46.460	74.500
材料	排木	根	—	84.000	193.200	205.800	273.000	352.800
	杉槁	根	—	96.600	189.000	205.800	273.000	331.800
	脚手板	m^3	—	2.205	2.205	4.410	4.410	6.615
	松木锯材 三类	m^3	—	—	—	—	0.247	0.371
	缆风桩木 *D*180~240 长 6.0~7.8	m^3	—	—	—	0.030	0.030	0.030
	钢丝绳 *D*8.5	m	—	—	—	45.000	105.000	130.000
	镀锌铁丝 *D*3.5	kg	—	30.150	60.290	90.440	120.580	150.730
	圆钉	kg	—	—	—	—	8.240	12.360

工作内容：场内外材料运输、脚手架搭设、一次铺板、脚手架拆除、拆除后材料整理、码放等操作过程。

编号				20-150	20-151	20-152	20-153	20-154
项目名称				砖烟囱、水塔脚手架（木）（高度 m）			铁烟囱架（t）	
				30 以内	35 以内	40 以内	1 以内	1 以外
单位				座				
总价（元）				**25539.21**	**32492.34**	**40249.61**	**2377.08**	**3833.53**
其中	人工费（元）			16445.70	22350.60	28479.60	1822.50	2916.00
	材料费（元）			9093.51	10141.74	11770.01	554.58	917.53
名称		单位	单价（元）	消耗量				
人工	综合工日	工日	135.00	121.820	165.560	210.960	13.500	21.600
材料	排木	根	—	242.200	491.400	558.600	8.400	12.600
	杉槁	根	—	394.800	445.200	512.400	52.500	84.000
	脚手板	m^3	—	6.615	6.615	6.615	0.200	0.200
	松木锯材 三类	m^3	—	0.371	0.371	0.371	—	—
	缆风桩木 D180~240 长 6.0~7.8	m^3	—	0.030	0.060	0.080	—	—
	镀锌铁丝 D3.5	kg	—	180.870	211.020	241.160	24.330	38.570
	钢丝绳 D8.5	m	—	160.000	183.000	210.000	—	—
	圆钉	kg	—	12.360	12.360	12.360	—	—

第十节　滑　车　架

工作内容： 场内外材料运输、脚手架搭设、一次铺板、脚手架拆除、拆除后材料整理、码放等操作过程。

编　号				20-155	20-156
项目名称				滑车脚手架	
				简易	
				靠架	不靠架
单　位				座	
总价（元）				**154.03**	**264.22**
其中	人工费（元）			49.95	124.20
	材料费（元）			104.08	140.02
	名　称	单位	单价（元）	消　耗　量	
人工	综合工日	工日	135.00	0.370	0.920
材料	排木	根	—	10.000	16.000
	杉槁	根	—	2.000	2.000
	脚手板	m^3	—	0.252	0.252
	镀锌铁丝 *D*3.5	kg	—	5.040	7.920

工作内容：场内外材料运输、脚手架搭设、一次铺板、脚手架拆除、拆除后材料整理、码放等操作过程。

编　号				20-157	20-158	20-159	20-160
项目名称				滑车脚手架			
				四面斗			
				二层		三层	
				钢	木	钢	木
单　位				座			
总价（元）				**1005.34**	**1069.61**	**1300.14**	**1424.91**
其中	人工费（元）			778.95	646.65	972.00	807.30
	材料费（元）			226.39	422.96	328.14	617.61
名　称		单位	单价（元）	消　耗　量			
人工	综合工日	工日	135.00	5.770	4.790	7.200	5.980
材料	钢筋 *D*6	kg	—	5.800	5.800	7.400	7.400
	排木	根	—	—	17.900	—	23.100
	杉槁	根	—	—	21.000	—	32.600
	扣件	个	—	101.900	—	149.100	—
	脚手板	m^3	—	0.693	0.693	0.998	0.998
	钢管 2.3m 以内	根	—	17.900	—	23.100	—
	钢管 4~6m	根	—	21.000	—	32.600	—
	底座	个	—	8.400	—	8.400	—
	镀锌铁丝 *D*3.5	kg	—	1.540	15.320	2.310	22.330

工作内容：场内外材料运输、脚手架搭设、一次铺板、脚手架拆除、拆除后材料整理、码放等操作过程。

编号				20-161	20-162	20-163	20-164	20-165	20-166
项目名称				滑车脚手架					
				四面斗					
				四层		五层		六层	
				钢	木	钢	木	钢	木
单位				座					
总价（元）				**1622.58**	**1753.89**	**1700.23**	**2164.70**	**2495.25**	**2616.54**
其中	人工费（元）			1161.00	963.90	1509.30	1252.80	1857.60	1541.70
	材料费（元）			461.58	789.99	190.93	911.90	637.65	1074.84
名称		单位	单价（元）	消耗量					
人工	综合工日	工日	135.00	8.600	7.140	11.180	9.280	13.760	11.420
材料	钢筋 *D*6	kg	—	9.300	9.300	10.700	10.700	12.300	12.300
	排木	根	—	—	29.400	—	35.700	—	42.000
	杉槁	根	—	—	38.900	—	42.100	—	49.400
	扣件	个	—	213.200	—	265.600	—	315.000	—
	脚手板	m^3	—	1.344	1.344	1.680	1.680	1.995	1.995
	钢管 2.3m 以内	根	—	29.400	—	35.700	—	42.000	—
	钢管 4~6m	根	—	43.100	—	46.200	—	50.400	—
	底座	个	—	8.400	—	8.400	—	8.400	—
	镀锌铁丝 *D*3.5	kg	—	3.080	27.410	3.860	31.470	4.620	36.540

第十一节　卷扬机架

工作内容：场内外材料运输、脚手架搭设、一次铺板、脚手架拆除、拆除后材料整理、码放等操作过程。

编　号				20-167	20-168	20-169
项目名称				卷扬机架（钢）		
				二层	三层	四层
单　位				座		
总价（元）				**1839.07**	**2593.64**	**3309.18**
其中	人工费（元）			1503.90	2018.25	2504.25
	材料费（元）			335.17	575.39	804.93
名　称		单位	单价（元）	消　耗　量		
人工	综合工日	工日	135.00	11.140	14.950	18.550
材料	钢筋 *D*6	kg	—	—	—	18.700
	扣件	个	—	126.000	189.000	268.800
	脚手板	m^3	—	0.546	1.105	1.680
	钢管 2.3m 以内	根	—	8.400	10.500	22.100
	钢管 4~6m	根	—	71.400	107.100	126.000
	底座	个	—	8.400	8.400	12.600
	镀锌铁丝 *D*3.5	kg	—	1.280	2.570	3.860

工作内容:场内外材料运输、脚手架搭设、一次铺板、脚手架拆除、拆除后材料整理、码放等操作过程。

编号				20–170	20–171	20–172
项目名称				卷扬机架(钢)		
				五层	六层	七层
单位				座		
总价(元)				**4116.18**	**5233.52**	**6780.35**
其中	人工费(元)			3019.95	3800.25	4941.00
	材料费(元)			1096.23	1433.27	1839.35
名称		单位	单价(元)	消耗量		
人工	综合工日	工日	135.00	22.370	28.150	36.600
材料	钢筋 *D*6	kg	—	27.400	35.400	48.200
	扣件	个	—	333.900	399.000	477.000
	脚手板	m^3	—	2.205	2.940	3.920
	钢管 2.3m 以内	根	—	35.700	46.200	59.800
	钢管 4~6m	根	—	172.200	212.100	261.300
	底座	个	—	16.800	16.800	16.800
	镀锌铁丝 *D*3.5	kg	—	5.140	7.010	9.560

工作内容：场内外材料运输、脚手架搭设、一次铺板、脚手架拆除、拆除后材料整理、码放等操作过程。

编号				20-173	20-174	20-175
项目名称				卷扬机架（木）		
				二层	三层	四层
单位				座		
总价（元）				**2052.79**	**2777.47**	**3443.86**
其中	人工费（元）			1247.40	1675.35	2079.00
	材料费（元）			805.39	1102.12	1364.86
名称		单位	单价（元）	消耗量		
人工	综合工日	工日	135.00	9.240	12.410	15.400
材料	钢筋 *D*6	kg	—	—	—	18.700
	排木	根	—	8.400	10.500	22.100
	杉槁	根	—	71.400	89.300	95.600
	脚手板	m^3	—	0.546	1.105	1.680
	镀锌铁丝 *D*3.5	kg	—	29.500	34.500	48.720

工作内容：场内外材料运输、脚手架搭设、一次铺板、脚手架拆除、拆除后材料整理、码放等操作过程。

编号				20-176	20-177	20-178
项目名称				卷扬机架（木）		
				五层	六层	七层
单位				座		
总价（元）				**4411.74**	**5555.23**	**7174.14**
其中	人工费（元）			2506.95	3153.60	4099.95
	材料费（元）			1904.79	2401.63	3074.19
名称		单位	单价（元）	消耗量		
人工	综合工日	工日	135.00	18.570	23.360	30.370
材料	钢筋 *D*6	kg	—	27.400	35.400	48.200
	排木	根	—	35.700	46.200	59.800
	杉槁	根	—	133.400	168.600	213.100
	脚手板	m^3	—	2.205	2.940	3.920
	镀锌铁丝 *D*3.5	kg	—	62.930	65.980	69.180

第十二节　龙　门　架

工作内容：场内外材料运输、脚手架搭设、一次铺板、脚手架拆除、拆除后材料整理、码放等操作过程。

编　号				20-179	20-180	20-181
项目名称				龙门架（高度 m）		
				10 以内	20 以内	30 以内
单　位				座		
总价（元）				**4403.06**	**5971.42**	**7726.96**
其中	人工费（元）			1247.40	2004.75	3207.60
	材料费（元）			3155.66	3966.67	4519.36
名　称		单位	单价（元）	消　耗　量		
人工	综合工日	工日	135.00	9.240	14.850	23.760
材料	钢管桩	根	—	8.000	12.000	12.000
	龙门架	套	—	1.000	1.000	1.000
	钢丝绳 $D8.5$	m	—	70.000	92.000	175.000

第十三节　安全网、架子封席、封苫布

工作内容：场内外材料运输、挂网、拆网、封席、封笆、缝钉、苫布、拆除整理、打捆、堆放等操作过程。

编　号				20-182	20-183	20-184	20-185	20-186
项目名称				室内安全网(m)			安全网	
				5以内	10以内	15以内	脚手架外挂	内脚手架外挂
单　位				m^2				
总价(元)				**3.09**	**4.43**	**8.09**	**8.05**	**10.02**
其中	人工费(元)			2.70	4.05	7.70	5.40	6.89
	材料费(元)			0.39	0.38	0.39	2.65	3.13
名　称		单位	单价(元)	消　耗　量				
人工	综合工日	工日	135.00	0.020	0.030	0.057	0.040	0.051
材料	排木	根	—	—	—	—	0.200	0.100
	杉槁	根	—	—	—	—	0.270	0.370
	镀锌铁丝 $D3.5$	kg	—	0.180	0.180	0.180	0.230	0.350
	安全网 3m×6m	m^2	—	1.050	1.050	1.050	1.050	1.050

工作内容:场内外材料运输、挂网、拆网、封席、封笆、缝钉、苫布、拆除整理、打捆、堆放等操作过程。

编号				20–187	20–188	20–189
项目名称				架子封席	架子封荆笆	架子封苫布
单位				m^2		
总价(元)				**18.77**	**14.04**	**10.80**
其中	人工费(元)			5.40	6.75	4.86
	材料费(元)			13.37	7.29	5.94
名称		单位	单价(元)	消耗量		
人工	综合工日	工日	135.00	0.040	0.050	0.036
材料	镀锌铁丝 $D3.5$	kg	—	0.330	0.500	0.450
	荆笆	m^2	—	—	1.200	—
	竹竿 长 3~4m	根	—	0.600	—	—
	编织布	m^2	—	—	—	1.200
	苇席	m^2	—	1.200	—	—

工作内容：场内外材料运输、挂网、拆网、封席、封笆、缝钉、苫布、拆除整理、打捆、堆放等操作过程。

编号				20-190	20-191	20-192	20-193
项目名称				落料溜槽（m）			
				5以内	10以内	15以内	20以内
单位				座			
总价（元）				**1555.41**	**2532.67**	**3527.14**	**4501.20**
其中	人工费（元）			1312.20	2187.00	3061.80	4036.50
	材料费（元）			243.21	345.67	465.34	464.70
名称		单位	单价（元）	消耗量			
人工	综合工日	工日	135.00	9.720	16.200	22.680	29.900
材料	钢管 2.3m以内	根	—	24.200	35.700	48.300	65.100
	钢管 4~6m	根	—	33.600	46.200	59.900	73.500
	脚手板	m^3	—	3.045	4.410	5.985	7.140
	扣件	个	—	38.900	67.200	94.500	121.800
	底座	个	—	4.200	6.300	8.400	8.400
	镀锌铁丝 *D*3.5	kg	—	9.950	13.300	16.450	20.200

第二十一章　楼层施工增加人工及高层脚手架增价

说　明

一、基价中的垂直运输是以人力和机械运输综合考虑的。楼房施工按自然层计算，无自然层的建筑物计算高度从室外地坪至檐口滴水按 3.6m 为一层折算，其余额超过 1.5m 以外的按一层计算，1.5m 以内的不计层数。地下室层高超过 1.8m 者按一层计算，地下室多层者按自然层计算。当楼房或地下室施工时，按“楼层施工增加人工及高层脚手架增价”表执行。

二、施工时如使用电梯，经甲乙双方协商可不计算楼层加工，如计算楼层加工应付电梯台班费，两者只能计取一项，不可重复计算。

三、楼层加工每工日按 135 元计算。

楼层施工增加人工及高层脚手架增价

项目			层数						
			二～三	四～六	七～八	九～十二	十三～十五	十六～十八	十九～二十二
楼层施工增加人工（以预算总工日为计算基数）			0.0850	0.1105	0.1615	0.2168	0.2720	0.3273	0.3825
脚手架增价	吊篮脚手架	元/m^2	—	—	—	2.70	9.45	16.20	22.95
	外脚手架	元/m^2	—	—	—	12.15	31.05	45.90	60.75

第二十二章　措 施 项 目

说　　明

土建工程措施项目包括安全文明施工措施费（含环境保护费、文明施工、安全施工、临时设施），冬雨季施工增加费，非夜间施工照明费，二次搬运措施费，施工难度增加措施费，总包服务费，竣工验收存档资料编制费，大型机械费，地上、地下物处理及破路费、占道费，施工用水电费，施工用水电接通及拆除费，施工排水、降水费，室内空气污染测试费共13项。

一、安全文明施工措施费（包括环境保护、文明施工、安全施工、临时设施）是指现场文明施工、安全施工所需要的各项费用和为达到环保部门要求所需要的环境保护费用以及施工企业为进行建筑工程施工所必须搭设的生活和生产用的临时建筑物、构筑物和其他临时设施等费用。

临时设施包括临时宿舍、文化福利及公用事业房屋与构筑物、仓库、办公室、加工厂以及规定范围内的道路、水、电、管线等临时设施和其他小型临时设施。

临时设施费用包括临时设施的搭设、维修、拆除费或摊销费。

二、冬雨季施工增加费是指在冬期或雨期施工需增加的临时设施、防滑、排除雨雪，人工及施工机械效率降低等费用。

三、非夜间施工照明费是指为保证工程施工正常进行，在地下室等特殊施工部位施工时所采用的照明设备的安拆、维护、摊销、照明用电及人工降效等费用。

四、二次搬运措施费是指因施工场地条件限制而发生的材料、构配件、半成品等一次运输不能到达堆放地点，必须进行二次或多次搬运所发生的费用。

五、施工难度增加措施费指由于生产车间，居民居住、营业性用房（商场、旅店、医院等）不停产、不停业、不搬迁，进行施工所引起人工效率降低而发生的费用。

六、总包服务费是指发包单位将部分专业工程单独发包给其他承包人，发包单位应向总包单位支付总包对专业工程单独承包项目的服务费。

七、竣工验收存档资料编制费是指按城建档案管理规定，在竣工验收后，应提交的档案资料所发生的编制费用。

八、大型机械费是指大型机械台班费、租赁费、进出场费及安拆费等大型机械使用费。

九、地上、地下物处理及破路费、占道费是指因施工需要进行破路或处理地上、地下物（树木、花草、电缆、电线、电杆等）所发生的费用。

十、施工用水电费是指施工用水用电的费用。

十一、施工用水电接通及拆除费是指施工现场用水用电的临时管线及施工现场以外接通和拆除临时水源、电源所消耗的人工、材料、仪表、申报等费用。

十二、施工排水、降水费是指为确保工程在正常条件下施工，采取各种排水、降水措施所发生的各种费用。

十三、室内空气污染测试费是指检测室内污染所需要的费用。

工程量计算规则

一、安全文明施工措施费（含环境保护、文明施工、安全施工、临时设施）是按综合维修考虑的，以分部分项工程费中的人工费、材料费、机械费合计为基数乘以相应费率计算，其中人工费占16%（详见措施项目费率表）。

二、冬雨季施工增加费、非夜间施工照明费、竣工验收存档资料编制费以分部分项工程费及可计量的措施项目费中的人工费、机械费合计为基数乘以相应费率计算（详见措施项目费率表）。

三、二次搬运措施费以分部分项工程费中的材料费及可以计量的措施项目费中的材料费合计为基数。一次运输卸料点在预算基价中现场超运距加工范围 300m 以内的不计取二次搬运费，在超运距加工范围 300m 以外的乘以相应费率计取（详见措施项目费率表）。

四、施工难度增加措施费以分部分项工程费及可计量的措施项目费中的人工费的 3.49% 计取，全部为人工费（详见措施项目费率表）。

五、总包服务费以发包人与专业工程分包的承包人所签订的合同价格为基数乘以系数计取（参考系数为 1%~4%）。

六、大型机械费：施工中如需使用大型机械应双方协商并经确认可按实际发生计取。

七、地上、地下物处理及破路费、占道费按实际发生计取，人工单价为每工日 113 元。

八、施工用水电费按实际发生计取。

九、施工用水电接通及拆除费应按实际发生计取，其人工单价，拆除用工为每工日 113 元，其他用工为每工日 135 元。

十、施工排水、降水费按实际发生计取，人工单价为每工日 135 元。

十一、室内空气污染测试费按检测部门的收费标准计算。

措施项目费率表

<table>
<tr><th rowspan="2">序号</th><th rowspan="2">项目名称</th><th rowspan="2">取费基数</th><th colspan="2">费率</th><th rowspan="2">人工费占比</th></tr>
<tr><th>一般计税</th><th>简易计税</th></tr>
<tr><td>1</td><td>安全文明施工费</td><td>分部分项工程费合计</td><td>5.64%</td><td>5.62%</td><td>16%</td></tr>
<tr><td>2</td><td>冬雨季施工增加费</td><td rowspan="3">人工费 + 机械费
（分部分项工程项目 + 可计量的措施项目）</td><td>1.30%</td><td>1.40%</td><td>60%</td></tr>
<tr><td>3</td><td>非夜间施工照明费</td><td>0.24%</td><td>0.25%</td><td>16%</td></tr>
<tr><td>4</td><td>竣工验收存档资料编制费</td><td>0.20%</td><td>0.22%</td><td>—</td></tr>
<tr><td>5</td><td>施工难度增加费</td><td>人工费
（分部分项工程项目 + 可计量的措施项目）</td><td>3.49%</td><td>3.49%</td><td>100%</td></tr>
<tr><td>6</td><td>二次搬运费</td><td>材料费
（分部分项工程项目 + 可计量的措施项目）</td><td>1.71%</td><td>2.00%</td><td>—</td></tr>
</table>

附　　录

附录一 企业管理费、规费、利润和税金

一、企业管理费是指施工企业组织施工生产和经营管理所需费用,包括以下 14 种费用。

1. 管理人员工资:是指按工资总额构成规定,支付给管理人员和后勤人员的各项费用。

2. 办公费:是指企业管理办公用的文具、纸张、账表、印刷、邮电、书报、办公软件、现场监控、会议、水电、烧水和集体取暖降温(包括现场临时宿舍取暖降温)、建筑工人实名制管理等费用。

3. 差旅交通费:是指职工因公出差、调动工作的差旅费、住勤补助费,市内交通费和误餐补助费,职工探亲路费,劳动力招募费,职工退休、退职一次性路费,工伤人员就医路费,工地转移费以及管理部门使用的交通工具的油料、燃料及牌照费。

4. 固定资产使用费:是指管理和试验部门及附属生产单位使用的属于固定资产的房屋、设备、仪器等的折旧、大修、维修或租赁费。

5. 工具用具使用费:是指企业施工生产和管理使用的不属于固定资产的工具、器具、家具、交通工具和检验、试验、测绘、消防用具等的购置、维修和摊销费。

6. 劳动保险和职工福利费:是指由企业支付的职工退职金、按规定支付给离休干部的经费,集体福利费、夏季防暑降温、冬季取暖补贴、上下班交通补贴等。

7. 劳动保护费:是企业按规定发放的劳动保护用品的支出,如工作服、手套、防暑降温饮料以及在有碍身体健康的环境中施工的保健费用等。

8. 检验试验费:是指施工企业按照有关标准规定,对建筑以及材料、构件和建筑安装物进行一般鉴定、检查所发生的费用。包括自设试验室进行试验所耗用的材料等费用。不包括新结构、新材料的试验费,对构件做破坏性试验及其他特殊要求检验试验的费用和建设单位委托检测机构进行检测的费用,对此类检测发生的费用,由建设单位在工程建设其他费用中列支。但对施工企业提供的具有合格证明的材料进行检测不合格的,该检测费用由施工企业支付。

9. 工会经费:是指企业按《中华人民共和国工会法》规定的全部职工工资总额比例计提的工会经费。

10. 职工教育经费:是指按职工工资总额的规定比例计提,企业为职工进行专业技术和职业技能培训,专业技术人员继续教育、职工职业技能鉴定、职业资格认定、安全教育培训以及根据需要对职工进行各类文化教育所发生的费用。

11. 财产保险费:是指施工管理用财产、车辆等的保险费用。

12. 财务费:是指企业为施工生产筹集资金或提供预付款担保、履约担保、职工工资支付担保等所发生的各种费用。

13. 税金:是指企业按规定缴纳的城市维护建设税、教育附加、地方教育附加、房产税、车船使用税、土地使用税、印花税等。

14. 其他:包括技术转让费、技术开发费、工程定位复测费、投标费、业务招待费、绿化费、广告费、公证费、法律顾问费、审计费、咨询费、保险费等。

企业管理费以分部分项工程费及可计量措施项目费中人工费和机械费合计乘以相应费率计算,其中人工费、机械费为基期价格。企业管理费费率见下表。

企业管理费费率表

项目名称	计算基数	费率	
		一般计税	简易计税
管理费	基期人工费 + 基期机械费 （分部分项工程项目 + 可计量的措施项目）	10.49%	11%

二、规费是指按照国家法律、法规规定，由政府和有关部门规定必须缴纳或计取的费用，包括：

1. 社会保险费：

（1）养老保险费：是指企业按照规定标准为职工缴纳的基本养老保险费。

（2）失业保险费：是指企业按照规定标准为职工缴纳的失业保险费。

（3）医疗保险费：是指企业按照规定标准为职工缴纳的基本医疗保险费。

（4）工伤保险费：是指企业按照规定标准为职工缴纳的工伤保险费。

（5）生育保险费：是指企业按照规定标准为职工缴纳的生育保险费。

2. 住房公积金：是指企业按规定标准为职工缴纳的住房公积金。

规费 = 人工费合计 × 37.64%

三、利润是指施工企业完成所承包工程获得的盈利：

利润 = 人工费合计 × 利润率

利润率按本基价附录二中相关规定计取。

四、税金是指国家税法规定的应计入土建工程造价内的增值税销项税额。税金按税前总价为基数乘以相应税率或征收率计算。税率或征收率见下表。

税率或征收率表

项目名称	计算基数	税率或征收率	
		一般计税	简易计税
增值税销项税额	税前工程造价	9.00%	3.00%

五、企业管理费和规费的各项费用组成的划分比例见下列表，供施工企业内部核算参考。

企业管理费的各项费用组成的划分比例

序号	项目	比例	序号	项目	比例
1	管理人员工资	24.74%	9	工会经费	9.88%
2	办公费	10.78%	10	职工教育经费	10.88%
3	差旅交通费	2.95%	11	财产保险费	0.38%
4	固定资产使用费	4.26%	12	财务费	8.85%
5	工具用具使用费	0.88%	13	税金	8.52%
6	劳动保险和职工福利费	10.10%	14	其他	4.34%
7	劳动保护费	2.16%			
8	检验试验费	1.28%		合计	100.00%

规费的各项费用组成的划分比例

序号	项目		比例
1	社会保险费	养老保险	40.92%
		失业保险	1.28%
		医疗保险	25.58%
		工伤保险	2.81%
		生育保险	1.28%
2	住房公积金		28.13%
	合计		100.00%

附录二　工程价格计算程序

一、土建工程施工图预算计算程序：土建工程施工图预算应按下表计算各项费用。

施工图预算计算程序表

序号	费用项目名称	计算方法
1	分部分项工程费合计	Σ(工程量 × 编制期预算基价)
2	其中：人工费	Σ(工程量 × 编制期预算基价中人工费)
3	措施项目费合计	Σ措施项目计价
4	其中：人工费	Σ措施项目计价中人工费
5	小计	(1)+(3)
6	其中：人工费小计	(2)+(4)
7	企业管理费	(基期人工费 + 基期机械费) × 管理费费率
8	规费	(6) × 37.64%
9	利润	(6) × 相应利润率
10	其中：施工装备费	(6) × 相应施工装备费费率
11	税金	[(5)+(7)+(8)+(9)] × 税率或征收率
12	含税造价	(5)+(7)+(8)+(9)+(11)

注：基期人工费 = Σ(工程量 × 基期预算基价中人工费)，基期机械费 = Σ(工程量 × 基期预算基价中机械费)。

二、土建工程利润：利润中包含的施工装备费按土建工程利润表比例计提，投标报价时不参与报价竞争。

土建工程利润根据工程类别计算(工程类别划分标准、土建工程利润率见下列两表)。

土建工程利润率

工程类别	一类	二类	三类	四类
利润率	27.0%	23.0%	18.0%	11.0%
其中：施工装备费费率(取费基数与利润相同)	6.0%	6.0%	4.0%	4.0%

土建工程类别划分标准

项目			一类	二类	三类	四类
一般修缮工程	建筑面积	m^2	>5000	>3000	>1000	≤ 1000
	预算基价合计	万元	>70	>40	>20	≤ 20

续表

项目			一类	二类	三类	四类
古建修缮工程	一级		国家级文物保护的建筑物综合修缮	省、直辖市级文物保护的建筑物综合修缮	地区、县级文物保护的建筑物综合修缮	—
	建筑面积	m^2	营造单体仿古建筑，>300	营造单体仿古建筑，>100	营造单体仿古建筑，≤ 100	—

注：1. 以上各项工程分类标准均按单位工程的民用与工业建筑划分，建筑面积执行现行的建筑面积计算规则。

2. 一般修缮工程必须满足标准中两项规定条件，不能计算建筑面积的工程可按预算基价合计一项标准执行。

三、建筑安装工程费用组成见下图。

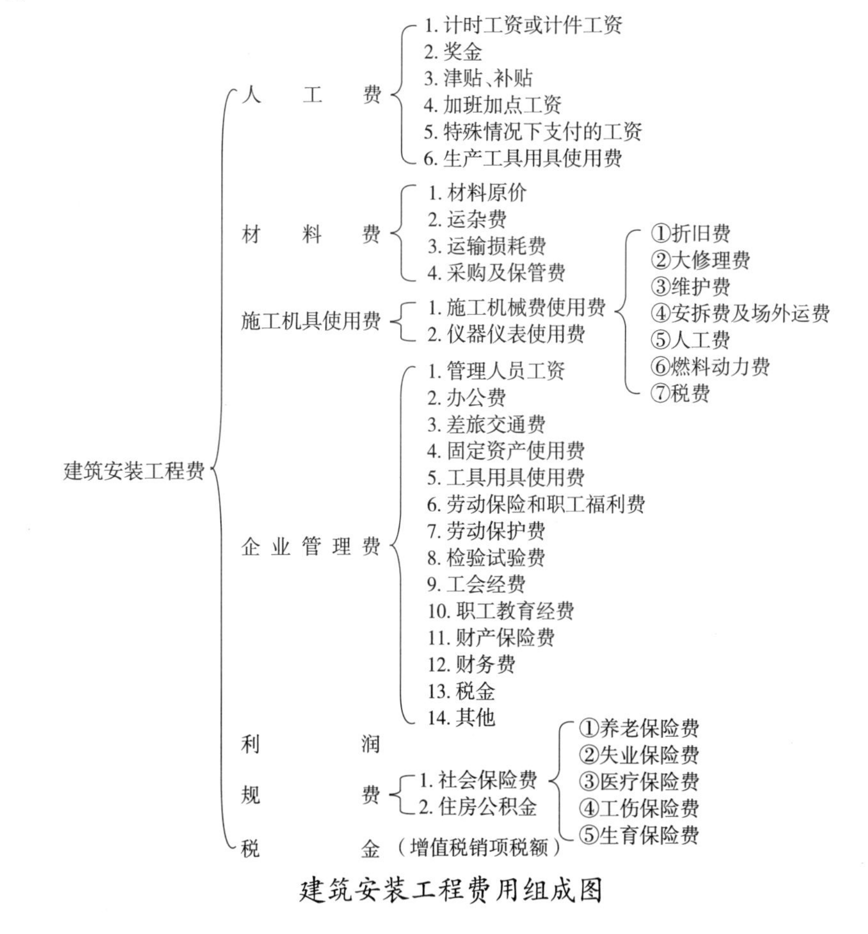

建筑安装工程费用组成图

附录三　材料超运距加工

一、本附录只适用于修缮工程材料场内运输超运距加工。

二、超运距加工是根据修缮工程施工环境综合考虑的，不论道路狭窄或繁华地区运输均执行本附录的规定。

三、各项加工是以人工推双轮车考虑的，如机动翻斗车运输不适于本附录的规定。

四、材料超运距加工采用 50m 步距递增加工计算方法，凡修缮施工工程材料运输超过基价规定 50m 以内时，按本附录的材料超运距加工表增加人工，超过 50m 以外者也按该表递增计算。

五、超运距加工最远至 300m 为止，超过 300m 时，其费用包括在二次倒运费中。

六、运门窗框扇按成樘计算，如单运框或单运扇，加工工日乘以系数 0.50。

七、运混凝土楼板加工以五孔为准，运五孔以上混凝土楼板时，加工工日乘以系数 1.25。

八、不直接用到工程上的现场内搬运，倒运各种材料包括装卸时，加工工日乘以系数 1.25。

九、凡加工工日采用规定系数的各项运输，其人工费同时一并调整。

十、超运距加工每工日 135 元。

材料超运距加工表

编号	材料名称	单位	人工工日	附注
1	砖	100 块	0.030	—
2	灰膏	m^3	0.249	—
3	白灰	t	0.220	—
4	水泥	10 袋	0.058	—
5	砂子	m^3	0.124	粗细砂同用
6	碎石	m^3	0.182	—
7	黄土	m^3	0.131	炉灰面同用
8	污土	m^3	0.157	—
9	大筒瓦	100 块	0.032	—

续表

编号	材料名称	单位	人工工日	附注
10	水泥瓦	100 块	0.037	红陶瓦同用
11	小青瓦	100 块	0.016	—
12	板条	10 捆	0.030	—
13	石棉瓦	10 张	0.059	—
14	檩木	10 根	0.049	—
15	规格材	m^3	0.226	柁架、瓦条、椽子、屋面板、地板同用
16	混凝土小型构件	块	0.026	—
17	混凝土楼板	块	0.051	—
18	门窗框扇	10 樘	0.049	—
19	苇箔	10 张	0.058	—
20	砂浆	m^3	0.288	各种砂浆同用
21	珍珠岩蛭石	m^3	0.064	—
22	粘板	10 张	0.016	纤维板同用
23	缸瓦管	10 节	0.050	ϕ100~ϕ250mm 同用

附录四　抹灰厚度表

抹灰厚度表

单位：mm

项目	底层			中层、面层					总厚度	
	配合比	新抹	铲补抹	配合比	新抹		铲补抹		新抹	铲补抹
					中层	面层	中层	面层		
钢筋混凝土补抹水泥砂浆素水泥浆 2mm	水泥砂浆 1:3	—	18	水泥砂浆 1:2	—		—	10	—	28
墙面抹水刷石素水泥浆 1mm	水泥砂浆 1:3	15	17	水泥石渣浆 1:1.5	—	10	—	10	25	27
方砖柱抹水刷石素水泥浆 2mm	水泥砂浆 1:3	15	17	水泥石渣浆 1:1.5	—	10	—	10	25	27
腰线水刷石素水泥浆 3mm	水泥砂浆 1:3	15	17	水泥石渣浆 1:1.5	—	10	—	10	25	27
零星水刷石素水泥浆 3mm	水泥砂浆 1:3	14	14	水泥石渣浆 1:1.5	—	10	—	10	24	24
墙裙、砖柱水磨石素水泥浆 2mm	水泥砂浆 1:3	15	17	水泥石渣浆 1:1.5	—	15	—	15	30	32
墙面、墙裙、池槽瓷砖素水泥浆 2mm	水泥砂浆 1:3	14	14	混合砂浆 1:1:2	—	9	—	9	23	23
零星抹水泥砂浆素水泥浆 2mm	水泥砂浆 1:3	12	15	水泥石浆 1:2	—	8	—	8	20	23
墙面、墙裙、池槽陶瓷锦砖素水泥浆 2mm	水泥砂浆 1:3	14	14	混合砂浆 1:1:2	—	7	—	7	21	21
板条、天棚、隔断墙抹麻刀灰	麻刀灰	8	9	麻刀灰	6	4	6	4	18	19
苇箔天棚、隔断抹麻刀灰	麻刀灰	9	10	麻刀灰	6	4	6	4	19	20
铅丝网抹水泥麻刀灰	水泥白灰麻刀砂浆	9	—	混合砂浆麻刀灰 1:1:4	7	4	—	—	20	—
灰线抹水泥白灰砂浆底麻刀灰面	混合砂浆 1:1:4	25	25	麻刀灰	—	4	—	4	29	29
混凝土天棚抹混合灰底、麻刀灰面素水泥浆 2mm	混合砂浆 1:1:4	125	125	麻刀灰	—	4	—	4	165	165
混凝土天棚抹水泥砂浆素水泥浆 2mm	水泥砂浆 1:3	10	—	水泥砂浆 1:2.5	—	7	—	—	17	—
墙面、墙裙、柱面、干粘石	水泥砂浆 1:3	15	17	水泥石膏浆	—	5	—	5	20	22

续表

项目	底层			中层、面层					总厚度	
	配合比	新抹	铲补抹	配合比	新抹		铲补抹		新抹	铲补抹
					中层	面层	中层	面层		
零星、干粘石素水泥浆 1mm	水泥砂浆 1:3	15	17	石渣浆 1:1.5	—	5	—	5	20	22
砖墙面白灰炉灰底、麻刀灰面	白灰炉灰 1:3	18	20	白麻刀灰	—	4	—	4	22	24
砖墙面白灰砂浆底、麻刀灰面	白灰砂浆 1:3	17	18	白麻刀灰	—	4	—	4	21	22
砖墙面麻刀灰两遍	白麻刀灰	15	15	白麻刀灰	—	4	—	4	19	19
墙砖面抹白灰砂浆底纸筋灰面	白灰砂浆 1:3	18	18	纸筋灰	—	3	—	3	21	21
板条墙青麻刀灰两遍	青麻刀灰	13	15	青麻刀灰	—	7	—	7	20	22
混凝土梁混合灰底麻刀灰面素水泥浆 2mm	混合砂浆 1:1:4	13	15	白麻刀灰	—	4	—	4	17	19
砖墙面、墙裙抹水泥砂浆	水泥砂浆 1:3	20	21	水泥砂浆 1:2.5	—	5	—	5	25	26
方砖柱抹水泥砂浆	水泥砂浆 1:3	13	14	水泥砂浆 1:2	—	7	—	7	20	21
装饰线抹水泥砂浆	水泥砂浆 1:3	15	17	水泥砂浆 1:2	—	10	—	10	25	27
大檐子面水泥砂浆	水泥砂浆 1:3	15	17	水泥砂浆 1:2	—	10	—	10	25	27
砖墙面水泥拉毛	水泥砂浆 1:3	13	15	混合砂浆 1:1:2	—	8	—	8	21	23
砖墙面抹挠石	水泥砂浆 1:3	10	12	水泥砂浆 1:2	—	10	—	10	20	22
砖墙面甩水泥疙瘩	水泥砂浆 1:3	10	12	水泥砂浆 1:2.5	—	15	—	15	25	27
混凝土栏板抹水泥砂浆	水泥砂浆 1:3	10	—	水泥砂浆 1:2	—	10	—	—	20	—
窗台、窗套抹白灰砂浆	水泥砂浆 1:3	15	—	水泥砂浆 1:2	—	10	—	—	25	—
护角线抹水泥砂浆	水泥砂浆 1:2.5	14	—	水泥砂浆 1:2.5	—	10	—	—	24	—
砌块混合灰底麻刀灰面	混合砂浆 1:1:4	18	—	白麻刀灰	—	4	—	—	22	—
作字 30mm	水泥砂浆 1:2	30	—	—	—	—	—	—	30	—
大理石板素水泥浆 1mm	水泥砂浆 1:2.5	30	—	—	—	—	—	—	30	—

续表

项目	底层			中层、面层					总厚度	
	配合比	新抹	铲补抹	配合比	新抹		铲补抹		新抹	铲补抹
					中层	面层	中层	面层		
柱面预制水磨石板素水泥浆 2mm	水泥砂浆 1:2.5	30	—	—	—	—	—	—	30	—
柱面花岗岩光面	水泥砂浆 1:3	40	—	水泥砂浆 1:2.5	—	10	—	—	50	—
混凝土墙面砖素水泥浆 3mm	水泥砂浆 1:3	14	—	混合砂浆 1:1:2	—	9	—	—	23	—
墙面面砖素水泥浆 3mm	水泥炉灰 1:3	14	—	混合砂浆 1:1:2	—	9	—	—	23	—
剁假石墙面素水泥浆 2mm	水泥砂浆 1:3	13	14	水泥石屑浆 1:2	—	10	—	10	23	24
剁假石柱面素水泥浆 3mm	水泥砂浆 1:3	11	11	水泥石屑浆 1:2	—	11	—	11	22	22
混凝土墙混合砂浆底、麻刀灰面	混合砂浆 1:1:4	15	15	白麻刀灰	—	4	—	4	19	19
混凝土柱混合灰底麻刀灰面	混合砂浆 1:1:4	14	—	白麻刀灰	—	4	—	4	18	—
砖墙面抹下碱水泥砂浆	水泥砂浆 1:3	12	14	水泥砂浆 1:2.5	—	10	—	10	22	24
混凝土墙面、墙裙抹水泥砂浆素水泥浆 2mm	水泥砂浆 1:3	12	12	水泥砂浆 1:2	—	11	—	11	23	23
砖柱白灰砂浆底麻刀灰面	白灰砂浆 1:3	15	—	白麻刀灰	—	4	—	—	19	—
混凝土柱抹水泥砂浆素水泥浆 2mm	水泥砂浆 1:3	11	—	水泥砂浆 1:2	—	7	—	—	18	—
混凝土梁抹水泥砂浆素水泥浆 2mm	水泥砂浆 1:3	11	11	水泥砂浆 1:2	—	7	—	7	18	18

附录五　砂浆、混凝土配合比

1. 砌筑砂浆

单位：m^3

编号		1	2	3	4
材料名称	单位	混合砂浆		水泥砂浆	
		M2.5	M5	M5	M10
水泥	kg	132	189	215	306
中（粗）砂	t	1.832	1.750	1.913	1.780
灰膏	m^3	0.092	0.092	—	—
水	m^3	0.61	0.41	0.225	0.225

2. 抹灰砂浆

单位：m^3

编号		5	6	7	8	9	10	11	12	13	14	15
材料名称	单位	水泥砂浆					水泥细砂浆	纯水泥浆	水泥白灰砂浆			水泥白灰麻刀浆
		1∶0.5	1∶1	1∶2	1∶2.5	1∶3	1∶1.5		1∶1∶2	1∶1∶4	1∶1∶6	1∶5
水泥	kg	1067	830	572	495	435	601	1517	390	274	210	248
中（粗）砂	t	0.658	1.01	1.39	1.503	1.587	—	—	0.947	1.328	1.537	—
细砂	t	—	—	—	—	—	1.095	—	—	—	—	—
灰膏	m^3	—	—	—	—	—	—	—	0.324	0.227	0.176	0.825
麻刀	kg	—	—	—	—	—	—	—	—	—	—	20.41
水	m^3	0.49	0.42	0.36	0.34	0.32	0.49	0.60	0.61	0.61	0.61	0.51

单位：m^3

编号		16	17	18	19	20	21	22	23	24	25
材料名称	单位	白灰砂浆		白灰麻刀砂浆		纸筋白灰浆	水泥石硝浆	水泥白灰浆（刷石、磨石用）			
		1 : 2.5	1 : 3	1 : 2.5	1 : 3		1 : 2	1 : 1.2	1 : 1.5	1 : 2	1 : 2.5
水泥	kg	—	—	—	—	—	616	822	738	630	550
白石渣	kg	—	—	—	—	—	—	1307	1465	1669	1819
石硝	kg	—	—	—	—		—	—	—	—	—
中（粗）砂	t	—	—	—	—		—	—	—	—	—
灰膏	m^3	—	—	—	—	0.967	—	—	—	—	—
麻刀	kg	—	—	—	—		—	—	—	—	—
纸筋	kg	—	—	—	—	38.8	—	—	—	—	—
水	m^3	0.61	0.61	0.61	0.61	0.51	0.26	0.32	0.29	0.26	0.23

单位：m^3

编号		26	27	28	29	30	31	32	33	34	35	36
材料名称	单位	干粘石	水泥白灰浆 1：0.3	水泥细砂浆 1：1.5	白水泥浆	青白灰浆	青麻刀灰浆	麻刀白灰浆	掺灰泥浆 1：3	混合砂浆		
										1：1：6	1：0.2：2	1：0.5：3
水泥	kg	—	1106	—	—	—	—	—	—	210	517	366
白水泥	kg	—	—	601	—	—	—	—	—	—	—	—
白石渣	kg	—	—		—	—	—	—	—	—	—	—
中（粗）砂	m^3	—	—		—	—	—	—	—	1.537	1.275	1.352
细砂	t	—	—	—	—	—	—	—	—	—	—	—
黄土	t	—	—	—	—	—	—	—	1.12	—	—	—
灰膏	m^3	—	—	—	—	0.87	0.875	0.988	0.313	0.176	0.086	0.152
麻刀	kg	—	—	—	—		41.50	20.41		—	—	—
青灰	kg	—	—	—	—	95.70	112			—	—	—
水	m^3	—	0.51	0.49	0.60	—	—	0.51	—	0.61	0.74	0.57

单位：m^3

编号		37	38	39	40	41	42	43
材料名称	单位	水泥 TG 胶浆	水泥 TG 胶砂浆	水泥石渣浆 1∶1.5	水泥豆石浆 1∶1.25	白水泥白石浆 1∶1.5	白水泥白石浆 1∶2.5	白水泥色石子浆 1∶2.5
						刷石、磨石用		
水泥	kg	209	242	738	783	—	—	—
白水泥	kg	—	—	—	—	738	550	544
中(粗)砂	t	—	—			—	—	—
白石渣	kg	—	—	1465	—	—	—	—
白石子	kg	—	—	—		1465	1819	—
色石子	kg	—	—	—	—	—	—	1819
豆粒石	t	—	—	—	—	—	—	—
色粉	kg	—	—	—	—	—	—	20
TG 胶	kg	156	54	—	—	—	—	—
水	m^3	0.86	0.26	0.29	0.35	0.29	0.23	0.22

3. 特种砂浆

单位：m^3

编号		44	45	46	47	48
材料名称	单位	重晶石砂浆 1∶4∶0.8	环氧酚醛树脂胶泥	水玻璃稀胶泥 1∶0.15∶0.5∶0.5	环氧树脂胶泥 1∶0.1∶0.08∶2	环氧呋喃树脂胶泥
水泥	kg	490	—	—	—	—
重晶石砂	kg	2467	—	—	—	—
石英粉	kg	—	1231	460	1294	1190
环氧树脂 6101	kg	—	479	—	652	495
酚醛树脂	kg	—	205	—	—	—
丙酮	kg	—	29	—	65	30
乙二胺	kg	—	34	—	52	35
水玻璃	kg	—	—	911	—	—
铸石粉	kg	—	—	460	—	—
氟硅酸钠	kg	—	—	137	—	—
糠醇树脂	kg	—	—	—	—	212
水	m^3	0.4	—	—	—	—

单位：m^3

编号		49	50	51	52	53
材料名称	单位	不发火沥青砂浆 1∶0.533∶0.533∶3.121	沥青胶泥	沥青砂浆 1∶2∶7	水玻璃耐酸砂浆 1∶0.12∶0.8∶1.5	铁屑砂浆
水泥	kg	—	—	—	—	1085
中（粗）砂	t	—	—	1.816	—	0.3
石油沥青	kg	408	1155	240	—	—
白云石砂	kg	1320	—	—	—	—
硅藻土	kg	224	—	—	—	—
石棉粉	kg	219	—	—	—	—
氟硅酸钠	kg	—	—	—	75.3	—
石英粉	kg	—	—	—	630	—
石英砂	kg	—	—	—	954	—
水玻璃	kg	—	—	—	504	—
铁屑	kg	—	—	—	—	1650
滑石粉	kg	—	—	458	—	—
水	m^3	—	—	—	—	0.4

4. 现浇混凝土

单位：m^3

编号		54	55	56	57	58	59	60	61	62	63	64
材料名称	单位	混凝土强度等级										
		C10		C15			C20			C25		
水泥	kg	233.13	216.86	305.43	279.80	259.97	339.73	332.03	308.72	381.97	372.17	352.59
中（粗）砂	t	0.899	0.921	0.852	0.884	0.904	0.832	0.841	0.864	0.822	0.828	0.841
石子 13~19mm	t	—	—	1.273	—	—	1.298	—	—	1.280	—	—
石子 19~25mm	t	1.343	—	—	1.317	—	—	1.311	—	—	1.290	—
石子 25~38mm	t	—	1.374	—	—	1.350	—	—	1.347	—	—	1.311
水	m^3	0.22	0.20	0.24	0.22	0.20	0.22	0.22	0.20	0.22	0.21	0.20

单位：m³

编号		65	66	67	68	69	70	
材料名称	单位	混凝土强度等级						
		C30			C35		C40	
水泥	kg	441.63	420.9	409.53	477.46	452.33	522.63	495.12
中（粗）砂	t	0.686	0.702	0.708	0.649	0.685	0.619	0.654
石子 13~19mm	t	1.346	—	—	1.336		1.337	—
石子 19~25mm	t	—	1.376	—	—	1.341	—	1.346
石子 25~38mm	t	—	—	1.387	—	—	—	—
水	m^3	0.22	0.21	0.20	0.21	0.20	0.21	0.20

5. 细石混凝土

单位：m^3

编号		71	72	73
材料名称	单位	混凝土强度等级		
		C20	C25	C30
水泥	kg	362.59	413.86	451.85
中（粗）砂	t	0.905	0.882	0.792
石子 6~13mm	t	1.145	1.158	1.236
水	m^3	0.24	0.24	0.22

附录六　建筑物各部质量表

建筑物各部质量表

名称		单位	质量(kg)	附注
屋顶	大筒瓦 50mm 草泥椽子笆砖顶	m^2	300	—
	大筒瓦 50mm 草泥椽子屋面板顶	m^2	250	—
	100mm 焦渣椽子屋面板顶	m^2	200	—
	红陶瓦油毡屋面板顶	m^2	80	—
	水泥瓦油毡屋面板顶	m^2	75	—
	小青瓦 50mm 草泥椽子笆砖顶	m^2	280	—
	小青瓦 50mm 草泥椽子屋面板顶	m^2	230	—
	石棉瓦带屋面板顶	m^2	37	—
	石棉瓦不带屋面板顶	m^2	20	—
	瓦陇铁带屋面板顶	m^2	25	—
	瓦陇铁不带屋面板顶	m^2	6	—
	平铁带屋面板顶	m^2	20	—
	平铁不带屋面板顶	m^2	8	—
	一毡二油带屋面板顶	m^2	16	—
	一毡二油不带屋面板顶	m^2	6	—
	一毡二油不带屋面板顶焊石子	m^2	23	—
	二毡三油带屋面板顶	m^2	21	—
	二毡三油不带屋面板顶	m^2	14	—
	二毡三油不带屋面板顶焊石子	m^2	28	—
	玻璃顶(框在内)	m^2	30	—
	黏土瓦(仅瓦重)	m^2	60	—
	水泥瓦(仅瓦重)	m^2	50	—
	红陶瓦(仅瓦重)	m^2	55	—
	一毡甩油焊口	m^2	2	—
	滑秸泥背,使用苇把代替屋面板时,质量不变	m^2	16	每厚 10mm

续表

名称		单位	质量(kg)	附注
天棚	钢丝网抹灰吊顶	m^2	45	—
	麻刀灰板条天棚	m^2	50	吊木在内,平均灰厚20mm
	砂子灰板条天棚	m^2	55	吊木在内,平均灰厚20mm
	苇箔抹灰天棚	m^2	48	—
	松木板抹灰天棚	m^2	25	吊木在内,平均灰厚20mm
	三合板抹灰天棚	m^2	18	吊木在内,平均灰厚20mm
	隔音纸板吊天棚	m^2	17	厚10mm,吊木及盖缝条在内
	隔音纸板吊天棚	m^2	18	厚13mm,吊木及盖缝条在内
	隔音纸板吊天棚	m^2	20	厚20mm,吊木及盖缝条在内
	天棚上铺焦渣锯末隔绝层	m^2	20	厚50mm,焦渣锯末按1:5混合
	楼板抹灰	m^2	30	抹混合麻刀灰浆厚20mm
	一般抹灰层	m^2	14	白麻刀灰每厚10mm
	防音纸板	m^2	6.5	910mm×1820mm×20mm
墙	板条墙两面抹灰	m^2	100	—
	100mm空心砖墙面两面抹灰	m^2	140	—
	半砖墙两面抹灰	m^2	250	—
	一砖墙两面抹灰	m^2	450	—
	一砖半砖墙两面抹灰	m^2	650	—
	二砖墙两面抹灰	m^2	850	—
	石膏抹面每厚10mm	m^2	16	—
地面	地板龙骨	m^2	20	仅龙骨重
	硬木地板	m^2	22	厚25mm,剪刀撑钉子等质量在内,不包括龙骨质量
	松木地板	m^2	18	厚25mm,剪刀撑钉子等质量在内,不包括龙骨质量
	小瓷砖地面	m^2	55	包括水泥砂浆打底
	水泥花砖地面	m^2	60	砖厚25mm,包括水泥砂浆打底
	水磨石地面	m^2	65	10mm面底,20mm水泥砂浆打底
	油毡防水层	m^2	15	每厚10mm
	木块地面	m^2	70	加防腐油膏砌,厚76mm

附录七　材料单位质量表

材料单位质量表

名称	规格	单位	质量(kg)	名称	规格	单位	质量(kg)
普通砖	240mm×115mm×53mm	块	2.6	碎石	5~40mm	m^3	1430
机砖	240mm×115mm×53mm	块	2.8	卵石	—	m^3	1430
黏土耐火砖	240mm×115mm×65mm	块	3.7	黏土	干松	m^3	1350
水泥挂瓦	330mm×200mm×15mm	块	3.0	焦渣	—	m^3	1000
水泥脊瓦	390mm×155mm×15mm	块	4.4	灰膏	—	m^3	1350
红陶挂瓦	330mm×200mm×17mm	块	3.15	水泥	散装	m^3	1250~1450
石棉瓦	1820mm×725mm×9mm	张	24	沥青	—	m^3	1000~1100
白灰	2:8 块粉比,密实状态	m^3	1354	灰土	夯实	m^3	1750
粗砂	—	m^3	1430	苇席	1330mm×2000mm	张	2.5
普通玻璃	—	m^3	2560	水泥砂浆	—	m^3	2000
汽油	—	m^3	640~670	白灰焦渣	—	m^3	1300
调和漆	—	m^3	1870	普通砖砌体	—	m^3	1800
红松	—	m^3	500~600	机砖砌体	—	m^3	1900
白松	—	m^3	400~500	缸砖砌体	—	m^3	2100
杂土	—	m^3	700~850	耐火砖砌体	—	m^3	2200
粘板	三层	m^2	1.9~2.8	空心砖砌体	—	m^3	1250~1500
粘板	五层	m^2	3.0~3.9	素混凝土	—	m^3	2200~2400
铁窗纱	—	m^2	0.45	钢筋混凝土	—	m^3	2400~2500
白灰砂浆	—	m^3	1700	—	—	—	—

附录八　材 料 价 格

说　　明

一、本附录的材料价格为不含税价格，是确定预算基价子目中材料费的基期价格。在编制工程计价文件时，应按编制期价格重新确定材料价格。

二、材料价格由材料采购价、运杂费、运输损耗费和采购及保管费组成。计算公式如下：

采购价为供应地点交货价格：

材料价格 =（采购价 + 运费）×（1+ 运输损耗率）×（1+ 采购及保管费费率）

采购价为施工现场交货价格：

材料价格 = 采购价 ×（1+ 采购及保管费费率）

三、运杂费指供货地点运至工地仓库（或现场指定堆放地点）所发生的全部费用。运输损耗指材料在运输装卸过程中不可避免的损耗，材料损耗率如下表。

材料损耗率

材料类别	损耗率
页岩标砖、空心砖、砂、水泥、陶粒、耐火土、水泥地面砖、白瓷砖、卫生洁具、玻璃灯罩	1.0%
机制瓦、脊瓦、水泥瓦	3.0%
石棉瓦、石子、黄土、耐火砖、玻璃、色石子、大理石板、水磨石板、混凝土管、缸瓦管	0.5%
砌块、白灰	1.5%

注：表中未列的材料类别，不计损耗。

四、采购及保管费是指为组织采购、供应和保管材料、工程设备的过程中所需要的各项费用。采购及保管费费率按 0.42% 计取。

五、附录中材料价格是编制期天津市建筑材料市场综合取定的施工现场交货价格，并考虑了采购及保管费。

六、采用简易计税方法计取增值税时，材料的含税价格按照税务部门有关规定计算，以“元”为单位的材料价格按系数 1.1086 调整。

材料价格表

序号	名称	规格	单位	单价（元）	附注
1	水泥		kg	0.39	
2	白水泥		kg	0.64	
3	麻丝快硬水泥		m^3	551.03	
4	SCM 无收缩水泥		t	820.00	
5	页岩标砖	240×115×53	块	0.51	
6	页岩空心砖	240×240×115	块	1.09	
7	耐火砖	230×115×65	块	2.08	
8	水泥挂瓦		块	1.38	
9	水泥脊瓦	455×195	块	1.46	
10	红陶瓦		块	1.09	
11	红陶脊瓦		块	1.26	
12	石棉瓦	（小波）1800×720×6	块	20.21	
13	石棉脊瓦	（小波）700×180×5	块	22.36	
14	笆砖		块	1.10	
15	大筒瓦		块	2.33	
16	小筒瓦		块	1.26	
17	大筒脊瓦		块	5.13	
18	小青瓦	15×14	块	0.50	
19	小青瓦	17×16	块	0.59	
20	簸箕瓦		块	1.33	

续表

序号	名称	规格	单位	单价（元）	附注
21	牛舌瓦		块	1.33	
22	树脂瓦		m^2	35.02	
23	油毡瓦		m^2	26.55	
24	白灰		kg	0.30	
25	青灰		kg	1.01	
26	油灰		kg	2.94	
27	灰膏		m^3	181.42	
28	黄土		m^3	77.65	
29	耐火土		kg	0.40	
30	硅藻土		kg	1.76	
31	红土粉		kg	5.93	
32	焦渣		m^3	108.3	
33	粗砂		t	86.14	
34	细砂		t	87.33	
35	粒砂		t	87.03	
36	砂粒		m^3	258.38	
37	石子	5~20	t	85.85	
38	石子	5~30	t	87.81	
39	石子	5~40	t	85.12	
40	石屑		t	82.88	
41	毛石		t	89.21	

续表

序号	名称	规格	单位	单价（元）	附注
42	白石子	大、中、小八厘	kg	0.19	
43	色石子		kg	0.31	
44	豆粒石		t	139.19	
45	蛭石		m^3	119.61	
46	水泥蛭石块		m^3	442.15	
47	加气混凝土块	300 × 600 × 150	m^3	318.48	
48	苇箔		m^2	2.35	
49	纸筋		kg	3.70	
50	麻刀		kg	3.92	
51	麻丝		kg	14.54	
52	麻绳		kg	9.28	
53	平板玻璃	3mm	m^2	19.91	
54	平板玻璃	4mm	m^2	24.50	
55	平板玻璃	5mm	m^2	28.62	
56	平板玻璃	6mm	m^2	33.40	
57	平板玻璃	8mm	m^2	50.55	
58	平板玻璃	12mm	m^2	109.67	
59	磨砂玻璃	5mm	m^2	46.68	
60	磨砂玻璃	6mm	m^2	47.88	
61	中空玻璃	16mm	m^2	125.28	
62	茶色玻璃	4mm	m^2	42.81	

续表

序号	名称	规格	单位	单价（元）	附注
63	茶色玻璃	5mm	m^2	59.96	
64	茶色玻璃	6mm	m^2	72.88	
65	茶色玻璃	10mm	m^2	110.51	
66	夹丝玻璃	7mm	m^2	87.95	
67	钢化玻璃	12mm	m^2	177.64	
68	钢化玻璃	6mm	m^2	106.12	
69	钢化玻璃	10mm	m^2	110.66	
70	钢化玻璃	（成品）15mm	m^2	258.39	
71	车边镜面玻璃	600×900×6	m^2	144.25	
72	车边玻璃	8mm	m^2	88.20	
73	镜面玻璃	5mm	m^2	55.80	
74	镜面玻璃	6mm	m^2	67.98	
75	镜面玻璃	（异型）5mm	m^2	157.98	
76	镜面玻璃	（成品）5mm	m^2	55.80	
77	镭射玻璃	400×400×8	m^2	220.97	
78	镭射玻璃	500×500×8	m^2	229.31	
79	镭射玻璃	800×800×8	m^2	277.25	
80	镭射夹层玻璃	400×400×（8+5）	m^2	314.78	
81	镭射夹层玻璃	500×500×（8+5）	m^2	362.72	
82	镭射夹层玻璃	800×800×（8+5）	m^2	379.40	
83	镭射玻璃	异型	m^2	521.15	

续表

序号	名称	规格	单位	单价（元）	附注
84	有机玻璃	3mm	m^2	68.91	
85	有机玻璃	10mm	m^2	136.63	
86	热反射玻璃	（镀膜玻璃）6mm	m^2	237.41	
87	幻影玻璃	500×500×8	m^2	63.94	
88	幻影玻璃	800×800×8	m^2	110.39	
89	幻影玻璃	600×600×8	m^2	73.11	
90	幻影夹层玻璃	400×400×（8+5）	m^2	127.59	
91	幻影夹层玻璃	500×500×（8+5）	m^2	134.76	
92	幻影夹层玻璃	800×800×（8+5）	m^2	151.97	
93	夹层玻璃		m^2	119.56	
94	防弹玻璃	19mm	m^2	1462.29	
95	红白松锯材	一类	m^3	4069.17	
96	红白松锯材	一类烘干	m^3	4650.86	
97	红白松锯材	二类	m^3	3266.74	
98	红白松锯材	二类烘干	m^3	3759.27	
99	红白松口扇料	烘干	m^3	4151.56	
100	松木锯材	三类	m^3	1661.90	
101	黄花松锯材	一类	m^3	3457.47	
102	黄花松锯材	二类	m^3	2778.72	
103	硬木锯材		m^3	6977.77	
104	杉木锯材		m^3	2596.26	

序号	名称	规格	单位	单价(元)	附注
105	锯材		m^3	1632.53	
106	榉木围边		m^3	15443.25	
107	木模板		m^3	1982.88	
108	框木料		m^3	4294.24	
109	扇木料		m^3	4294.24	
110	方木		m^3	2716.33	
111	原木		m^3	1686.44	
112	木柴		kg	1.03	
113	木炭		kg	4.76	
114	锯末		m^3	61.68	
115	锯末板		m^2	13.12	
116	锯成材		m^3	2001.17	
117	板条	1200×38×6	100根	58.69	
118	板条	1000×30×8	100根	401.68	
119	金属烤漆板条		m^2	216.34	
120	金属烤漆板条	异型	m^2	221.65	
121	大理石板		m^2	299.93	
122	大理石板	400×150	m^2	299.93	
123	大理石板	500×500	m^2	299.93	
124	大理石板	1000×1000	m^2	299.93	
125	大理石板拼花	成品	m^2	633.85	

续表

序号	名称	规格	单位	单价（元）	附注
126	大理石板异型	成品	m^2	728.48	
127	大理石扶手	直形	m	246.57	
128	大理石扶手	弧形	m	654.62	
129	大理石碎块		m^2	86.85	
130	大理石栏板	直形	m^2	305.19	
131	大理石栏板	弧形	m^2	475.97	
132	大理石踢脚线		m^2	193.07	
133	大理石圆弧腰线	80mm	m	130.92	
134	大理石圆弧阴角线	180mm	m	244.39	
135	大理石柱墩	高 400mm	m	381.86	
136	大理石柱帽	高 250mm	m	416.77	
137	大理石扶手弯头		只	194.93	
138	大理石踢脚线	宽 15cm	m	28.96	
139	大理石点缀		个	180.39	
140	大理石胶		kg	20.33	
141	花岗岩板		m^2	355.92	
142	花岗岩板	400 × 150	m^2	306.34	
143	花岗岩板	500 × 500	m^2	300.57	
144	花岗岩板	1000 × 1000	m^2	318.63	
145	花岗岩板异型	成品	m^2	867.01	
146	花岗岩板拼花	成品	m^2	801.98	

续表

序号	名称	规格	单位	单价（元）	附注
147	花岗岩门套		m^2	286.11	
148	花岗岩踢脚线		m	39.91	
149	花岗岩碎块		m^2	44.22	
150	花岗岩点缀		个	173.40	
151	文化石		m^2	114.52	
152	耐酸瓷板	230×113×65	块	6.88	
153	耐酸瓷板	150×150×30	块	3.00	
154	瓷板	152×152	m^2	38.54	
155	瓷板	200×200	m^2	43.76	
156	瓷板	200×300	m^2	53.03	
157	瓷板	200×250	m^2	47.23	
158	瓷板	200×150	m^2	51.86	
159	墙面砖	450×450	m^2	90.29	
160	墙面砖	500×500	m^2	118.60	
161	墙面砖	1000×800	m^2	189.16	
162	墙面砖	300×300	m^2	49.97	
163	墙面砖	400×400	m^2	75.92	
164	墙面砖	800×800	m^2	143.69	
165	墙面砖	1200×1000	m^2	211.46	
166	墙面砖	200×150	m^2	47.18	
167	墙面砖	240×60	m^2	48.47	

续表

序号	名称	规格	单位	单价（元）	附注
168	墙面砖	194×94	m^2	52.97	
169	墙面砖	150×75	m^2	39.03	
170	墙面砖	95×95	m^2	31.74	
171	凹凸假麻石墙面砖		m^2	80.41	
172	面砖腰线	200×65	1000 块	17170.68	
173	陶瓷地面砖	200×200	m^2	59.34	
174	陶瓷地面砖	300×300	m^2	62.81	
175	陶瓷地面砖	400×400	m^2	68.47	
176	陶瓷地面砖	600×600	m^2	83.25	
177	陶瓷地面砖	800×800	m^2	93.46	
178	陶瓷地面砖	500×500	m^2	74.12	
179	陶瓷地面砖	1000×1000	m^2	120.85	
180	陶瓷锦砖	马赛克	m^2	39.71	
181	硬木地板砖	企口	m^2	279.86	
182	硬木地板砖	平口	m^2	279.86	
183	广场地砖	拼图	m^2	33.78	
184	广场地砖	不拼图	m^2	33.78	
185	彩釉砖		m^2	33.21	
186	缸砖	150×150	m^2	29.77	
187	金属面砖	60×240	块	3.29	
188	劈离砖	194×94×11	块	0.35	

续表

序号	名称	规格	单位	单价（元）	附注
189	水泥花砖	200×200	m^2	32.90	
190	预制水磨石踏步板		m^2	73.48	
191	汉白玉板	400×400	m^2	286.14	
192	杉木地板	平口	m^2	142.17	
193	杉木地板	企口	m^2	145.26	
194	硬木地板	企口	m^2	279.86	
195	硬木地板	平口	m^2	299.55	
196	松木地板	平口	m^2	145.97	
197	松木地板	企口	m^2	146.44	
198	硬木拼花地板	平口	m^2	283.38	
199	硬木拼花地板	企口	m^2	309.53	
200	硬木条形地板	50×20	m^2	228.35	
201	木质活动地板	（含配件）600×600×25	m^2	240.43	
202	树脂软木地板		m^2	229.18	
203	软木橡胶地板		m^2	200.65	
204	铝质防静电地板		m^2	885.00	
205	复合地板		m^2	180.77	
206	竹地板		m^2	329.03	
207	塑料地板		m^2	117.40	
208	化纤地毯		m^2	214.16	
209	地毯熨带		m	13.84	

续表

序号	名称	规格	单位	单价（元）	附注
210	地毯胶垫		m^2	17.74	
211	羊毛地毯		m^2	478.08	
212	榉木实木踢脚线	直形	m^2	273.84	
213	杉木踢脚线	直形	m^2	150.72	
214	木踢脚线	成品	m	19.64	
215	复合板踢脚线		m^2	33.74	
216	防静电踢脚线		m^2	384.39	
217	金属踢脚线		m^2	375.45	
218	不锈钢踢脚线		m^2	154.21	
219	塑料踢脚线		m^2	27.11	
220	塑料踢脚盖板		m	5.24	
221	塑料板压口盖板		m	5.48	
222	塑料板阴阳角卡口板		m	27.04	
223	胶合板	3mm	m^2	20.88	
224	胶合板	5mm	m^2	30.54	
225	胶合板	9mm	m^2	55.18	
226	胶合板	12mm	m^2	71.97	
227	胶合板	15mm	m^2	41.81	
228	石膏板		m^2	10.58	
229	纤维板	1000×2150×3.2	m^2	19.73	
230	玻璃纤维板		m^2	27.26	

续表

序号	名称	规格	单位	单价(元)	附注
231	刨花板	12mm	m^2	27.28	
232	胶压刨花木屑板		m^2	28.60	
233	榉木夹板	3mm	m^2	28.70	
234	橡木夹板	3mm	m^2	49.16	
235	红榉木夹板	3mm	m^2	28.12	
236	柚木夹板	3mm	m^2	42.20	
237	榉木皮		m^2	41.68	
238	榉木线	50×10	m	9.95	
239	柚木皮		m^2	46.03	
240	榉木内角线	10×10	m	2.68	
241	榉木封边、直板、倒圆线	25×5	m	4.76	
242	木拉手		个	2.56	
243	木卡条		m	2.59	
244	木压条		m	0.90	
245	榉木条		m	9.95	
246	钙塑板		m^2	16.08	
247	复合板		m^2	136.75	
248	胶压刨花木屑板		m^2	28.60	
249	白枫木饰面板		m^2	39.01	
250	木丝板		m^2	49.42	
251	橡胶板	2mm	m^2	21.33	

续表

序号	名称	规格	单位	单价（元）	附注
252	橡胶板	3mm	m^2	32.88	
253	轻钢龙骨不上人型	（平面）300×300	m^2	65.49	
254	轻钢龙骨不上人型	（跌级）300×300	m^2	71.17	
255	轻钢龙骨不上人型	（平面）450×450	m^2	61.16	
256	轻钢龙骨不上人型	（跌级）450×450	m^2	66.84	
257	轻钢龙骨不上人型	（平面）600×600	m^2	49.79	
258	轻钢龙骨不上人型	（跌级）600×600	m^2	55.48	
259	轻钢龙骨不上人型	（平面）600×600 以外	m^2	49.79	
260	轻钢龙骨不上人型	（跌级）600×600 以外	m^2	55.48	
261	轻钢龙骨上人型	（平面）300×300	m^2	93.91	
262	轻钢龙骨上人型	（跌级）300×300	m^2	98.40	
263	轻钢龙骨上人型	（平面）450×450	m^2	85.25	
264	轻钢龙骨上人型	（跌级）450×450	m^2	90.39	
265	轻钢龙骨上人型	（平面）600×600	m^2	76.59	
266	轻钢龙骨上人型	（跌级）600×600	m^2	81.73	
267	轻钢龙骨上人型	（平面）600×600 以外	m^2	76.59	
268	轻钢龙骨上人型	（跌级）600×600 以外	m^2	81.73	
269	轻钢龙骨不上人型	圆弧形	m^2	51.15	
270	轻钢龙骨上人型	圆弧形	m^2	62.51	
271	轻钢龙骨		m	6.82	
272	轻钢龙骨	75×50	kg	6.82	

续表

序号	名称	规格	单位	单价(元)	附注
273	轻钢龙骨	75×40	kg	5.56	
274	轻钢龙骨	75×40	m	5.56	
275	轻钢龙骨	75×50	m	6.82	
276	小龙骨		m	3.14	
277	中龙骨		m	3.14	
278	大龙骨		m	2.27	
279	中小龙骨		m	3.14	
280	次龙骨	25×24	m	3.98	
281	边龙骨	22×22	m	3.98	
282	复合主龙骨	(T形)25×32	m	3.98	
283	石膏龙骨	50×70	m	12.98	
284	UC38 主龙骨	12×38	m	3.98	
285	H 龙骨	20×20	m	3.98	
286	镀锌轻钢大龙骨	38 系列	m	4.28	
287	镀锌轻钢中小龙骨		m	4.28	
288	小龙骨平面连接件		个	1.40	
289	轻钢龙骨主接件		个	4.87	
290	轻钢龙骨平面连接件		个	1.44	
291	铝合金龙骨不上人型	(平面)300×300	m^2	61.59	
292	铝合金龙骨不上人型	(跌级)300×300	m^2	72.53	
293	铝合金龙骨不上人型	(平面)450×450	m^2	83.89	

续表

序号	名称	规格	单位	单价（元）	附注
294	铝合金龙骨不上人型	（跌级）450×450	m^2	88.22	
295	铝合金龙骨不上人型	（平面）600×600	m^2	49.79	
296	铝合金龙骨不上人型	（跌级）600×600	m^2	54.12	
297	铝合金龙骨不上人型	（平面）600×600 以外	m^2	49.79	
298	铝合金龙骨不上人型	（跌级）600×600 以外	m^2	54.12	
299	铝合金龙骨上人型	（平面）300×300	m^2	88.22	
300	铝合金龙骨上人型	（跌级）300×300	m^2	93.91	
301	铝合金龙骨上人型	（平面）450×450	m^2	83.89	
302	铝合金龙骨上人型	（跌级）450×450	m^2	88.22	
303	铝合金龙骨上人型	（平面）600×600	m^2	72.53	
304	铝合金龙骨上人型	（跌级）600×600	m^2	78.21	
305	铝合金龙骨上人型	（平面）600×600 以外	m^2	78.21	
306	铝合金龙骨上人型	（跌级）600×600 以外	m^2	78.21	
307	铝合金格栅	（含配件）90×90×60	m^2	336.05	
308	铝合金格栅	（含配件）125×125×60	m^2	405.46	
309	铝合金格栅	（含配件）158×158×60	m^2	425.84	
310	铝合金花片格栅	（含配件）25×25×25	m^2	498.29	
311	铝合金花片格栅	（含配件）40×40×40	m^2	489.47	
312	直条形铝合金格栅	（含配件）630×90×60	m^2	448.71	
313	直条形铝合金格栅	（含配件）630×60×126	m^2	464.13	
314	条形铝合金空腹格栅	含配件	m^2	498.56	

续表

序号	名称	规格	单位	单价（元）	附注
315	多边形铝合金空腹格栅	含配件	m^2	116.51	
316	方形铝合金空腹格栅	含配件	m^2	89.80	
317	条形铝合金吸声格栅	含配件	m^2	538.78	
318	方形、三角形铝合金吸声格栅	含配件	m^2	93.38	
319	直条形铝合金格栅	（含配件）1260×60×126	m^2	428.87	
320	直条形铝合金格栅	（含配件）1260×90×60	m^2	440.17	
321	铝格栅	（含配件）100×100×4.5	m^2	182.13	
322	铝格栅	（含配件）125×125×4.5	m^2	193.12	
323	铝格栅	（含配件）150×150×4.5	m^2	176.38	
324	分光银色铝塑格栅		m^2	122.99	
325	分光银色铝型格栅		m^2	122.99	
326	圆筒形铝合金	（含配件）600×600	m^2	802.66	
327	圆筒形铝合金	（含配件）800×800	m^2	723.88	
328	方筒形铝合金	（含配件）900×900	m^2	761.89	
329	方筒形铝合金	（含配件）600×600	m^2	735.45	
330	方筒形铝合金	（含配件）1200×1200	m^2	726.91	
331	铝合金型材		m	29.45	
332	铝合金扣板		m^2	180.62	
333	铝合金型材	25.4×25.4	m	19.72	
334	铝合金送风口	成品	个	167.75	
335	铝合金回风口	成品	个	161.96	

续表

序号	名称	规格	单位	单价（元）	附注
336	铝合金中龙骨	（T形）h30	m	6.55	
337	铝合金中龙骨	（T形）h45	m	9.69	
338	铝合金小龙骨	（T形）h22	m	6.55	
339	铝合金边龙骨	（T形）h22	m	6.55	
340	铝合金龙骨主接件		个	1.40	
341	铝合金龙骨次接件		个	1.40	
342	铝合金龙骨小连接件		个	1.40	
343	铝合金大龙骨垂直吊挂件		个	1.40	
344	铝合金中龙骨垂直吊挂件		个	1.40	
345	铝合金中龙骨平面连接件		个	1.40	
346	铝合金大龙骨	（U形）h45	m	12.75	
347	铝合金大龙骨	（U形）h60	m	12.75	
348	铝合金插缝板		m^2	51.86	
349	铝合金龙骨连接件		个	1.40	
350	铝合金插接件		个	0.91	
351	铝合金条板龙骨垂直吊挂件		个	1.40	
352	铝合金条板龙骨	h45	m	6.55	
353	铝合金条板龙骨	h35	m	6.55	
354	铝合金靠墙条板		m^2	47.60	
355	铝合金装饰板		m^2	25.38	
356	铝合金压条		m	8.10	

续表

序号	名称	规格	单位	单价(元)	附注
357	铝合金轨道	TS–S	m	5.56	
358	铝合金卷闸门		m^2	287.11	
359	铝合金龙骨		m	11.68	
360	铝合金骨架		kg	42.02	
361	铝合金龙骨		kg	11.68	
362	铝合金条板	宽 100mm	m^2	70.34	
363	铝合金穿孔面板		m^2	84.29	
364	铝合金扁管	100 × 44 × 1.8	m	33.36	
365	铝合金压条	15 × 14	m	6.34	
366	铝合金拉手		对	31.32	
367	铝合金框料	25 × 2	m	13.89	
368	铝合金 L 形	30 × 12 × 1	m	11.05	
369	铝合金型材		kg	24.90	
370	铝合金型材	104 系列	kg	41.76	
371	铝合金 U 形	80 × 13 × 1.2	m	20.00	
372	铝合金方管	20 × 20	m	12.04	
373	铝合金方管	25 × 25 × 1.2	m	13.31	
374	铝合金格片		m^2	102.74	
375	铝合金窗帘轨	单轨成套	m	21.22	
376	铝合金窗帘轨	双轨成套	m	49.23	
377	铝合金嵌入式方板		m^2	110.18	

续表

序号	名称	规格	单位	单价（元）	附注
378	铝合金吸声板		m^2	112.93	
379	铝合金浮搁式方板		m^2	117.56	
380	铝扣板	300 × 300	m^2	193.30	
381	铝扣板	600 × 600	m^2	234.46	
382	条形铝扣板		m^2	178.65	
383	铝板	600 × 600	m^2	173.24	
384	铝板	1200 × 300	m^2	153.60	
385	铝板网		m^2	20.27	
386	铝板	1.5mm	m^2	173.24	
387	电化铝装饰板	宽 100mm	m^2	51.99	
388	矿棉吸声板		m^2	34.73	
389	石膏吸声板		m^2	15.88	
390	岩棉吸声板		m^2	11.94	
391	岩棉板		m^2	8.14	
392	阳光板		m^2	69.32	
393	宝丽板		m^2	42.84	
394	铝塑板		m^2	143.67	
395	波音板		m^2	67.06	
396	石棉板		m^2	17.19	
397	矿棉板		m^2	31.15	
398	塑料透光片		m^2	9.52	

续表

序号	名称	规格	单位	单价（元）	附注
399	乳白胶片		m^2	35.91	
400	波音软片		m^2	58.32	
401	有机玻璃灯片		m^2	41.48	
402	方格形有机胶片		m^2	21.20	
403	灯格片		m^2	26.17	
404	吊杆		kg	7.92	
405	吊筋		kg	3.84	
406	38 吊件		件	0.97	
407	38 接长件		件	0.50	
408	小龙骨垂直吊挂		个	1.40	
409	中龙骨垂直吊挂		个	1.40	
410	全玻塑钢隔断		m^2	248.21	
411	半玻塑钢隔断		m^2	292.55	
412	全塑钢板隔断		m^2	355.70	
413	三聚氰胺板隔断		m^2	72.65	
414	铝合金平开门	不含玻璃	m^2	382.82	
415	铝合金推拉门	不含玻璃	m^2	352.33	
416	铝合金固定窗	不含玻璃	m^2	268.96	
417	铝合金平开窗	不含玻璃	m^2	319.44	
418	铝合金推拉窗	不含玻璃	m^2	299.04	
419	铝合金百叶窗		m^2	352.55	

续表

序号	名称	规格	单位	单价（元）	附注
420	铝合金防盗窗		m^2	331.39	
421	隔热断桥铝合金平开窗	含中空玻璃	m^2	660.61	
422	隔热铝合金推拉窗	含中空玻璃	m^2	740.90	
423	隔热断桥铝合金阳台封闭窗	含中空玻璃	m^2	729.00	
424	隔热断桥铝合金飘凸窗平开	含中空玻璃	m^2	660.61	
425	隔热断桥铝合金飘凸窗内平开下悬	含中空玻璃	m^2	660.61	
426	断桥铝平开门	含中空玻璃	m^2	846.93	
427	断桥铝推拉门	含中空玻璃	m^2	816.44	
428	塑钢门	不带亮	m^2	556.44	
429	塑钢门	带亮	m^2	505.62	
430	塑钢窗带纱窗		m^2	217.82	
431	单层塑钢窗		m^2	255.43	
432	不锈钢防盗窗		m^2	309.98	
433	不锈钢伸缩门	含轨道	m	1148.45	
434	钢质防火门	成品	m^2	785.11	
435	木质防火门	成品	m^2	542.04	
436	防火卷帘门		m^2	494.61	
437	防火卷帘门手动装置		套	358.25	
438	防盗门		m^2	1473.67	
439	彩板门		m^2	487.84	
440	彩板窗		m^2	238.84	

序号	名称	规格	单位	单价(元)	附注
441	铁窗纱		m^2	7.46	
442	纱门窗压条		m	2.28	
443	单扇套装平开实木门		樘	1270.41	
444	双扇套装平开实木门		樘	2134.28	
445	双扇套装子母对开实木门		樘	1626.12	
446	木质门窗套		m^2	213.68	
447	石材装饰线	50mm	m	44.56	
448	石材装饰线	80mm	m	59.17	
449	石材装饰线	95mm	m	72.83	
450	石材装饰线	100mm	m	77.60	
451	石材装饰线	150mm	m	97.76	
452	石材装饰线	125mm	m	88.65	
453	石材装饰线	175mm	m	134.17	
454	石材装饰线	200mm 以外	m	172.53	
455	木质装饰线	13×6	m	6.52	
456	木质装饰线	19×6	m	6.52	
457	木质装饰线	25×25	m	11.68	
458	木质装饰线	44×51	m	17.45	
459	木质装饰线	41×85	m	25.35	
460	木质装饰线	50×20	m	10.43	
461	木质装饰线	80×20	m	13.64	

续表

序号	名称	规格	单位	单价(元)	附注
462	木质装饰线	100×12	m	13.57	
463	木质装饰线	150×15	m	16.33	
464	木质装饰线	200×15	m	17.27	
465	木质装饰线	250×20	m	17.43	
466	木质装饰线	25×101	m	18.83	
467	贴脸	80mm	m	8.50	
468	贴脸	100mm	m	10.82	
469	贴脸	120mm	m	14.84	
470	枫木线条	10×20	m	5.28	
471	枫木线条	10×30	m	6.76	
472	硬塑料线条	40×30	m	3.30	
473	线条	压坡线	m	6.62	
474	铝塑线条	50×10	m	17.60	
475	石膏顶角线	80×30	m	5.88	
476	石膏顶角线	120×30	m	17.11	
477	收口线		m	8.06	
478	半圆内角线		m	2.58	
479	金属角线	30×30×1.5	m	10.96	
480	金属槽线	50.8×12.7×1.2	m	14.99	
481	铝收边线		m	11.00	
482	铝单板		m^2	584.06	

序号	名称	规格	单位	单价（元）	附注
483	槽铝		m	19.47	
484	铝骨架		kg	42.02	
485	角铝		m	10.30	
486	电化角铝	25.4×2	m	10.30	
487	地槽铝	75mm	m	37.63	
488	工字铝		m	5.78	
489	角铝	25.4×1	m	19.47	
490	铜条	2×15	m	11.22	
491	铜管	*DN*20	m	117.50	
492	铜管	*DN*50	m	150.17	
493	铜压棍	*D*18×1.2	m	41.07	
494	铜压板	5×40	m	107.60	
495	铜 U 形卡		只	13.63	
496	铜焊丝		kg	66.41	
497	装饰铜板		m^2	327.31	
498	铜管弯头	*DN*60	个	12.64	
499	铜管弯头	*DN*75	个	18.84	
500	镜面不锈钢板	0.8mm	m^2	202.62	
501	镜面不锈钢板	6k	m^2	305.06	
502	镜面不锈钢板	（成型）8k	m^2	324.10	
503	不锈钢装饰条	20×10×0.5	m	7.18	

续表

序号	名称	规格	单位	单价（元）	附注
504	不锈钢压棍		m	22.37	
505	不锈钢方管	50 × 50	m	51.28	
506	不锈钢卡口槽		m	19.16	
507	不锈钢连接件		个	2.36	
508	不锈钢干挂件	钢骨架干挂材专用	套	3.74	
509	不锈钢压条	2mm	m	34.89	
510	不锈钢压条	6.5 × 15	m	11.77	
511	不锈钢包角		m	7.91	
512	不锈钢球	D63	个	95.96	
513	不锈钢管 U 形卡	3mm	只	1.74	
514	不锈钢支柱		m	22.36	
515	不锈钢滑道		m	13.77	
516	不锈钢焊丝		kg	67.28	
517	不锈钢压板		m	19.49	
518	不锈钢型材		kg	16.32	
519	不锈钢槽钢	10 × 20 × 1	m	40.89	
520	不锈钢管	DN32 × 1.5	m	42.12	
521	不锈钢管	DN50	m	52.26	
522	不锈钢管	DN76 × 2	m	41.25	
523	不锈钢方管	37 × 37	m	143.01	
524	不锈钢方管	35 × 38 × 1	m	97.23	

续表

序号	名称	规格	单位	单价（元）	附注
525	成套挂件	幕墙专用	套	306.35	
526	四瓜挂件	幕墙专用	套	1178.11	
527	二瓜挂件	幕墙专用	套	224.11	
528	不锈钢扶手	（弧形）*DN*60	m	41.48	
529	不锈钢扶手	（弧形）*DN*75	m	51.00	
530	不锈钢扶手	（直形）*DN*50	m	35.31	
531	不锈钢扶手	（直形）*DN*60	m	35.31	
532	不锈钢扶手	（直形）*DN*75	m	41.48	
533	螺旋形不锈钢扶手		m	91.02	
534	塑料扶手		m	28.55	
535	铜管扶手	（直形）*DN*60	m	321.92	
536	铜管扶手	（直形）*DN*75	m	428.02	
537	铜管扶手	（弧形）*DN*60	m	377.67	
538	铜管扶手	（弧形）*DN*75	m	481.38	
539	硬木扶手	（直形）100×60	m	111.29	
540	硬木扶手	（直形）150×60	m	184.25	
541	硬木扶手	（直形）60×60	m	64.92	
542	硬木扶手	（弧形）100×60	m	380.25	
543	硬木扶手	（弧形）150×60	m	677.03	
544	硬木扶手	（弧形）60×60	m	241.13	
545	螺旋形木扶手		m	296.78	

续表

序号	名称	规格	单位	单价（元）	附注
546	硬木弯头	60×65	个	69.25	
547	硬木弯头	100×60	个	118.71	
548	硬木弯头	150×60	个	178.07	
549	车花木栏杆	*D*40	m	22.56	
550	不车花木栏杆	*D*40	m	16.39	
551	钢筋	*D*10 以内	kg	3.97	
552	钢筋	*D*10 以外	kg	3.80	
553	钢筋	综合	kg	3.97	
554	圆钢	*D*6	kg	3.97	
555	圆钢	*D*（6~6.5）	kg	3.90	
556	圆钢	*D*18	kg	3.89	
557	圆钢	*D*20	kg	3.89	
558	圆钢	综合	kg	3.88	
559	钢板	$\delta 3$	kg	3.72	
560	钢板	$\delta 4$	kg	3.84	
561	钢板	$\delta 5$	kg	3.79	
562	钢板	$\delta 6$	kg	3.79	
563	钢板	综合	kg	4.18	
564	穿孔钢板	$\delta 1.5$	kg	4.58	
565	双层钢板		kg	3.87	
566	中厚钢板	综合	kg	3.71	

续表

序号	名称	规格	单位	单价(元)	附注
567	薄钢板	(冷轧)≥ δ2	kg	4.05	
568	薄钢板	(热轧)≥ δ2	kg	3.72	
569	镀锌薄钢板	δ1.2	m^2	43.75	
570	镀锌薄钢板	δ0.89	m^2	34.69	
571	镀锌薄钢板	δ0.7	m^2	25.82	
572	镀锌薄钢板	δ0.55	m^2	20.08	
573	镀锌薄钢板	δ0.46	m^2	17.48	
574	镀锌薄钢板	δ0.25	m^2	12.22	
575	钢板网	0.8mm	m^2	15.92	
576	钛金钢板		m^2	632.72	
577	磨砂钢板		m^2	65.65	
578	彩色压型钢板	不带保温	m^2	63.81	
579	彩色压型钢板	带保温	m^2	103.40	
580	冷拔钢丝	D5	kg	3.91	
581	镀锌钢丝	D4	kg	7.08	
582	镀锌钢丝	D3.5	kg	6.99	
583	镀锌钢丝	D2.8	kg	6.91	
584	镀锌钢丝	D1.2	kg	7.20	
585	镀锌钢丝	D0.9	kg	7.34	
586	镀锌钢丝	D0.7	kg	7.42	
587	拧花镀锌钢丝网	914×900×19	m^2	7.30	

续表

序号	名称	规格	单位	单价（元）	附注
588	拧花镀锌钢丝网	914×900×13	m^2	7.30	
589	等边角钢	45×4	kg	3.75	
590	等边角钢	40×3	kg	3.75	
591	等边角钢	25×4	kg	3.72	
592	等边角钢	50×5	kg	3.75	
593	角钢	综合	kg	3.47	
594	扁钢	20×3	kg	3.68	
595	扁钢		kg	3.67	
596	扁钢	65×5	kg	3.64	
597	钻头	*D*14	根	16.22	
598	钻头	*D*16	根	16.65	
599	钻头	*D*18	根	18.37	
600	钻头	*D*22	根	20.09	
601	钻头	*D*25	根	28.58	
602	钻头	*D*28	根	37.06	
603	钻头	*D*30	根	46.30	
604	钻头	*D*32	根	60.57	
605	钻头	*D*35	根	77.79	
606	钻头	*D*40	根	107.02	
607	珍珠岩		m^3	98.63	
608	铸石粉		kg	1.11	

续表

序号	名称	规格	单位	单价(元)	附注
609	重晶石		kg	1.05	
610	石英石		kg	0.58	
611	石英砂		kg	0.28	
612	石英粉		kg	0.42	
613	白云石砂		kg	0.47	
614	滑石粉		kg	0.59	
615	石膏粉		kg	0.94	
616	石棉粉	温石棉	kg	2.14	
617	调和漆		kg	14.11	
618	防锈漆		kg	15.51	
619	乳胶漆		kg	6.92	
620	清漆		kg	13.35	
621	硝基清漆		kg	16.09	
622	漆片		kg	42.65	
623	地板漆		kg	18.30	
624	聚氨酯漆		kg	21.70	
625	防火漆		kg	19.65	
626	醇酸无光漆		kg	15.74	
627	沥青漆		kg	11.34	
628	脱漆剂		kg	8.46	
629	丙烯酸清漆		kg	27.19	

续表

序号	名称	规格	单位	单价（元）	附注
630	聚氨酯防潮底漆		kg	20.34	
631	环氧富锌底漆	封闭漆	kg	28.43	
632	无光调和漆		kg	16.79	
633	透明底漆		kg	53.00	
634	防水漆	配套罩面漆	kg	54.51	
635	油漆溶剂油		kg	6.10	
636	苯丙清漆		kg	10.64	
637	苯丙乳胶漆外墙用		kg	10.64	
638	苯丙乳胶漆内墙用		kg	6.92	
639	防腐油		kg	0.52	
640	焊锡		kg	59.85	
641	溶剂油		kg	6.10	
642	汽油		kg	7.74	
643	煤油		kg	7.49	
644	清油		kg	15.06	
645	光油		kg	11.61	
646	稀料		kg	10.88	
647	醇酸稀释剂		kg	8.29	
648	硝基稀释剂		kg	13.67	
649	松节油		kg	7.93	
650	银粉		kg	22.81	

续表

序号	名称	规格	单位	单价（元）	附注
651	色粉		kg	4.47	
652	大白粉		kg	0.91	
653	环氧树脂	E44（6101）	kg	28.33	
654	酚醛树脂		kg	24.09	
655	糠醇树脂	呋喃树脂	kg	7.74	
656	羧甲基纤维素		kg	11.25	
657	聚醋酸乙烯乳液		kg	9.51	
658	108 胶		kg	4.45	
659	地板蜡		kg	20.69	
660	上光蜡		kg	20.40	
661	砂蜡		kg	14.42	
662	水玻璃		kg	2.38	
663	防水油		kg	4.30	
664	防水粉		kg	4.21	
665	草酸		kg	10.93	
666	乙二胺		kg	21.96	
667	丙酮		kg	9.89	
668	氟硅酸钠		kg	7.99	
669	邻苯二甲酸二丁酯		kg	14.62	
670	乙醇		kg	9.69	
671	工业盐		kg	0.91	

续表

序号	名称	规格	单位	单价（元）	附注
672	氧气		m^3	2.88	
673	二甲苯		kg	5.21	
674	胶黏剂	404	kg	18.17	
675	乙炔气		m^3	16.13	
676	铅油		kg	11.17	
677	TG 胶		kg	4.41	
678	胶黏剂	YJ-302	kg	26.39	
679	冷底子油		kg	6.41	
680	清洗剂		kg	50.27	
681	丙烯酸稀释剂		kg	18.24	
682	底层固化剂		kg	11.64	
683	面层高光面油		kg	31.67	
684	多彩底涂		kg	10.36	
685	多彩中涂		kg	8.93	
686	多彩面涂		kg	13.91	
687	丙烯酸彩砂涂料		kg	10.95	
688	砂胶料		kg	4.82	
689	中层涂料		kg	21.49	
690	丙烯酸涂料		kg	10.95	
691	盐酸		kg	4.27	
692	沥青玛𤁗脂		kg	12.40	

序号	名称	规格	单位	单价(元)	附注
693	聚氨酯乙料		kg	14.85	
694	聚氨酯甲料		kg	15.28	
695	丁基胶黏剂		kg	14.45	
696	乙酸乙酯		kg	17.26	
697	机油		kg	7.21	
698	酒精		kg	6.06	
699	氩气		m^3	18.60	
700	环氧树脂	6101	kg	28.33	
701	界面处理剂		kg	2.06	
702	SBS 弹性沥青防水胶		kg	30.29	
703	聚氨酯嵌缝膏		kg	10.02	
704	防火涂料		kg	13.63	
705	JGN 胶黏剂		kg	47.86	
706	植筋胶黏剂		ml	0.04	
707	聚乙烯醇		kg	11.00	
708	二氧化碳气体		m^3	1.21	
709	建筑胶		kg	2.38	
710	超薄型防火涂料		kg	15.49	
711	防火涂料稀释剂		kg	13.00	
712	薄型防火涂料		kg	6.13	
713	厚型防火涂料		kg	2.47	

续表

序号	名称	规格	单位	单价（元）	附注
714	丁基黏结剂		kg	14.45	
715	404 黏结剂		kg	20.00	
716	XY409 胶		kg	15.38	
717	彩色着色剂涂料		kg	13.68	
718	密封胶		kg	31.90	
719	二甲苯稀释剂		kg	10.87	
720	SY-19 胶		kg	17.74	
721	结构胶	DC995	L	63.82	
722	耐候胶	DC79HN	L	58.84	
723	结构胶		kg	43.70	
724	密封胶		支	6.71	
725	乳胶		kg	8.22	
726	塑料胶黏剂		kg	9.73	
727	胶黏剂	791	kg	6.49	
728	胶黏剂	792	kg	15.79	
729	彩条纤维布		m^2	7.22	
730	密封油膏		kg	17.99	
731	建筑密封膏		kg	19.04	
732	大力胶		kg	19.04	
733	XY-401 胶		kg	23.94	
734	胶黏剂	YJ-Ⅲ	kg	18.17	

续表

序号	名称	规格	单位	单价（元）	附注
735	202 胶	FSC-2	kg	7.79	
736	石材胶	（云石）胶	kg	19.69	
737	903 胶		kg	9.73	
738	浸入胶		kg	37.17	
739	找平胶		kg	35.40	
740	底胶		kg	35.40	
741	密封剂		kg	6.92	
742	氯丁橡胶黏结剂		kg	14.87	
743	耐碱玻纤网格布	标准	m^2	6.78	
744	玻璃纤维网格布		m^2	2.16	
745	三元乙丙橡胶卷材	1mm	m^2	41.22	
746	塑料卷材	1.5mm	m^2	75.51	
747	SBS 防水卷材		m^2	34.20	
748	改性沥青防水卷材	SBS3mm	m^2	34.20	
749	SBS 改性沥青防水卷材		m^2	34.20	
750	聚氯乙烯防水卷材		m^2	31.98	
751	高聚物改性沥青自粘卷材		m^2	34.20	
752	高分子自粘胶膜卷材		m^2	28.43	
753	三元乙丙橡胶卷材		m^2	41.22	
754	氯丁橡胶卷材		m^2	36.63	

续表

序号	名称	规格	单位	单价（元）	附注
755	再生橡胶卷材		m^2	20.25	
756	油毡		m^2	3.83	
757	玻璃纤维油毡		m^2	6.37	
758	石油沥青油毡	350#	m^2	3.83	
759	建筑油膏		kg	5.07	
760	UPVC 雨水管	100mm	m	25.96	
761	PVC 边条		m	5.64	
762	PVC 扣板		m^2	36.95	
763	钢丝绳	$\phi12$	kg	6.67	
764	稀释剂		kg	27.43	
765	钢梁		kg	3.65	
766	钢檩条		kg	3.59	
767	钢墙架		kg	3.67	
768	钢天窗架		kg	3.66	
769	钢屋架		kg	3.64	
770	钢护栏		kg	3.82	
771	钢楼梯踏步式		kg	3.66	
772	零星钢构件		kg	3.77	
773	金属结构铁件		kg	3.78	
774	单釉缸瓦管	150×600	节	11.33	

序号	名称	规格	单位	单价（元）	附注
775	单釉缸瓦管	200 × 600	节	14.18	
776	单釉缸瓦管	250 × 600	节	27.38	
777	单釉缸瓦管	300 × 600	节	30.40	
778	镀锌瓦楞铁	$\delta 0.46$	m^2	28.51	
779	镀锌瓦钉带垫	60	套	0.45	
780	镀锌铁丝	$D2.8$	kg	6.91	
781	镀锌铁丝	$D3.5$	kg	0.00	
782	镀锌铁丝	$\phi 4.0$	kg	7.08	
783	镀锌瓦钩		个	1.16	
784	矿渣棉	135kg	m^3	82.25	
785	矿渣棉		kg	0.58	
786	沥青矿渣棉毡		m^3	42.40	
787	预拌抹灰砂浆	M5	t	317.43	
788	预拌抹灰砂浆	M10	t	329.07	
789	预拌抹灰砂浆	M20	t	352.17	
790	预拌抹灰砂浆	M15	t	342.18	
791	预拌抹灰砂浆	M15	t	338.94	
792	预拌砌筑砂浆	M5	t	314.04	
793	预拌砌筑砂浆	M10	t	325.68	
794	预拌地面砂浆	M15	t	346.58	

续表

序号	名称	规格	单位	单价（元）	附注
795	预拌地面砂浆	M20	t	357.51	
796	预拌混凝土	AC10	m^3	430.17	
797	预拌混凝土	AC15	m^3	439.88	
798	预拌混凝土	AC20	m^3	450.56	
799	预拌混凝土	AC25	m^3	461.24	
800	预拌混凝土	AC30	m^3	472.89	